Lehrbuch der Konditorei

Edith Auinger-Pfund • Erich Breiteneder • Eduard Fruth • Josef Hassler • Maximilian Liebl • Gerhard Montibeller • Rupert Reinprecht • Norbert Renger • Klara Schranz • Udo Schranz

unter Mitarbeit von Dr. Friedrich Kunz

Lehrbuch der Konditorei

*Edith Auinger-Pfund • Erich Breiteneder • Eduard Fruth • Josef Hassler •
Maximilian Liebl • Gerhard Montibeller • Rupert Reinprecht •
Norbert Renger • Klara Schranz • Udo Schranz
unter Mitarbeit von Dr. Friedrich Kunz*

t.
Trauner Schulbuch Verlag

Edith Auinger-Pfund, Berufsschule für Konditoren, Bäcker und andere Berufe in Linz
Erich Breiteneder, Berufsschule für Konditoren, Bäcker und andere Berufe in Baden
Eduard Fruth, Kuchen- & Tortenmanufaktur in Wien
Josef Hassler, Berufsschule II für Konditoren und andere Berufe in Klagenfurt
Maximilian Liebl, Landesberufsschule St. Nikolaus für Konditoren, Bäcker und andere Berufe in Innsbruck
Gerhard Montibeller, Gewerbliche Berufsschule für Konditoren und andere Berufe in Feldkirch
Rupert Reinprecht, Landesberufsschule für Konditoren, Bäcker und andere Berufe in Gleinstätten
Norbert Renger, Gastgewerbefachschule in Wien
Klara Schranz, Dipl.-Diätassistentin und ernährungsmedizinische Beraterin in Rankweil
Udo Schranz, Gewerbliche Berufsschule für Konditoren und andere Berufe in Feldkirch
Dr. Friedrich Kunz, STAMAG Stadlauer Malzfabrik GesmbH in Wien

Approbiert für den Unterrichtsgebrauch an österreichischen Berufsschulen für die Lehrberufe Konditor, (Zuckerbäcker), Lebzelter und Wachszieher sowie Bonbon- und Konfektmacher in den Unterrichtsgegenständen Nahrungsmittelkunde, Fachkunde, Fachzeichnen und Praktikum.

4. Auflage 2003

Lektorat: Mag. Ursula Wimmer-Vystrcil, Mag. Ingrid Trauner
Cover: Mag. Wolfgang Kraml
Layout: Mag. Wolfgang Kraml, Trauner Verlag; Art & Publishing, Linz
Grafiken: Adelheid Hinterkörner, Trauner Verlag; Art & Publishing, Linz
Gesamtherstellung: Trauner Druck, Linz
ISBN 3-85487-132-5

VORWORT DER AUTOREN

Das vorliegende Buch ist ein Lehrbuch für die Ausbildung im Konditorenhandwerk. Den Intentionen der Verfasser entsprechend, vermittelt es umfassende theoretische Kenntnisse. Umfassend, weil das Buch die lehrplanmäßigen Vorgaben – soweit sie den theoretischen Fachunterricht betreffen – erfüllt. Umfassend aber auch, weil dieses Werk die gesamten Unterrichtsfächer abdeckt.

Die im Buch vertretenen Lehrmeinungen sind das Ergebnis einer Teamarbeit. Es ist gelungen, die oft erstaunlich großen fachtheoretischen Unterschiedlichkeiten auszugleichen. Somit präsentiert sich erstmals ein Lehrmittel, das österreichweit eine einheitliche Berufsausbildung ermöglicht und in der Zukunft eine einheitliche Basis im praktischen Ausbildungsbereich und im Prüfungswesen schafft.

Der Aufbau des Schulbuches lässt sich so beschreiben:

- Am Beginn der Kapitel findet man eine Einführung bzw. Übersicht.
- Abgeschlossen wird jedes Kapitel mit einer Zusammenfassung.
- Fragen und Arbeitsaufgaben bieten die Möglichkeit, das Erlernte zu wiederholen.

Wir hoffen, eine oft und gern benutzte Lehr- und Lernhilfe, eine Vorbereitungshilfe für diverse Fachprüfungen, ein Nachschlagewerk, das auch Arbeitsanleitungen für die Praxis gibt, geschaffen zu haben.

Besonders bedanken möchten wir uns bei all jenen, die uns beim Entstehen dieses Buches unterstützt haben:

Kolb Gmbh, Meiningen; Dotter Gastronomiemaschinen, Wolfurt; Rotor Küchenmaschinen GesmbH, Hallein; Elektra Bregenz Aktiengesellschaft, Schwaz; Osttiroler Getreidemühlen, Waldner GesmbH, Lienz; Ernst Neumärker, Hemer; Schweitzer Ladenbau GesmbH und Co KG, Wels; Agrolinz Melamin GmbH, Linz; Konditorei Leo Jindrak, Linz; Bäko, Linz; STAMAG Stadlauer Malzfabrik GesmbH, Wien

Die Verfasser

VORWORT DES BUNDESINNUNGSMEISTERS

Liebe Leserinnen und Leser,
liebe Konditormeister und Konditoren in Ausbildung,

das „Lehrbuch der Konditorei" wurde in der Fachwelt mit Begeisterung angenommen. Nicht nur, dass es an den Berufschulen sofort als Lehrbehelf voll akzeptiert worden ist, es hat auch in die Backstuben der Konditoreien Österreichs, Deutschlands und der Schweiz und in die Fachbibliotheken Eingang gefunden.

Mit dem vorliegenden Werk verfügen Sie über einen umfangreichen Grundriss der Konditorei, der Ihnen nicht nur bei Ihrer Ausbildung zum Konditor und weiter bis zum Meister äußerst hilfreich, sondern auch in der betrieblichen Praxis eine wertvolle Unterstützung sein wird.

Dr. Paulus Stuller
Bundesinnungsmeister der Konditoren

Um die Lesbarkeit des Buches nicht zu erschweren, wurde bei personenbezogenen Formulierungen auf das Nebeneinander von „weiblicher" und „männlicher" Form verzichtet. In diesen Fällen gilt aber genauso die „weibliche" Form.

INHALTSVERZEICHNIS

I ERNÄHRUNGSLEHRE

1 PHYSIKALISCHE UND CHEMISCHE GRUNDBEGRIFFE

Der Konditor stellt aus Rohstoffen wie Mehl, Eier, Zucker, Fett, Obst usw., Speisen für die Ernährung des Menschen her.
Spezielles Fachwissen über Zusammensetzung, Aufbau, Eigenschaften, Gewinnung und Verwendung der Nahrungsmittel ist Voraussetzung für seine Arbeit. Das bedeutet, dass der Konditor ständig mit chemischen und physikalischen Naturgesetzen konfrontiert wird.
Ein physikalischer Vorgang ist die Bearbeitung des Teiges durch Kneten, Rühren oder Schlagen. So wird dem Teig Luft zugeführt. Beim Backprozess dehnt sich die Luft aus und lockert den Teig.
Ein chemischer Vorgang ist zB, dass Backpulver die Teiglockerung durch Bildung von Kohlendioxid bewirkt.

Zum besseren Verständnis werden daher Grundbegriffe der Chemie und Physik im ersten Kapitel wieder in Erinnerung gerufen.

1.1 PHYSIK

Die **Physik** erforscht Vorgänge vor allem in der unbelebten Natur, wobei keine stofflichen Veränderungen vorkommen.
Sie beschäftigt sich mit den Eigenschaften von Körpern, deren Zustandsformen und innerem Aufbau. In der Technik werden physikalische Erkenntnisse (Naturgesetze) genutzt.

Masse und Dichte

Setzt man einen Körper in Bewegung, verspürt man einen Widerstand. Ebenso kommt ein bewegter Körper nicht von selbst zur Ruhe. Diesen Widerstand nennt man **Trägheit**[1]. Die Ursache für die Trägheit ist die **Masse** (m), also die Körpermaterie. Jeder Körper hat Masse, somit ist auch jeder Körper träge. Die Einheit, in der die Masse gemessen wird, ist das Kilogramm (kg).

Setzt man nun die Masse ins Verhältnis zum Volumen, also zum Raum des Körpers, erhält man die **Dichte**.

$$\textbf{Dichte} = \frac{Masse}{Volumen} = \frac{m}{V}$$

[1] Die Trägheit wurde erstmals von Galileo Galilei erkannt und 1667 von Isaac Newton im Trägheitssatz formuliert.

Beispiele:

Stoff	Dichte in kg/dm3
Luft	0,00129
Wasser	1,00

Kraft, Arbeit und Energie

Um den Bewegungszustand eines Körpers zu ändern – um ihn zu beschleunigen, zu bremsen oder seine Richtung zu ändern –, bedarf es einer Anstrengung. Diese nennt man **Kraft** (F).

Unter **Arbeit** versteht man in der Umgangssprache jede mit körperlicher (oder geistiger) Anstrengung verbundene Tätigkeit.
Im physikalischen Sinn wird Arbeit (W) verrichtet, wenn ein Körper einen Weg (s) unter Einwirkung der Kraft (F) in Wegrichtung zurücklegt.

Arbeit *= Kraft (in Wegrichtung) x Weg*
W *= F x s*

Die Summe aller Arbeit, die in einen Körper hineingesteckt wurde, ergibt ein Arbeitsvermögen. Das Arbeitsvermögen eines Körpers nennt man seine **Energie** (W).

Die Einheit, in der Energie gemessen wird, heißt **Joule**[2].

Wärmelehre

Jedes Leben braucht Wärme. Für jedes pflanzliche und tierische Leben und für den Menschen ist die Sonne eine natürliche Wärme- und Energiequelle. Zum Backen, Kochen und Braten dienen uns künstliche Wärmequellen. Mit festen, flüssigen oder gasförmigen Brennstoffen (Kohle, Öl, Gas) oder elektrischem Strom wird die künstliche Wärme erzeugt.

Wärmezustand

Stoffe in unserer Umgebung und die Luft haben eine messbare Temperatur. Sie sind heiß, warm, kühl oder kalt. Der Mensch hat sehr unterschiedliche Wärmeempfindungen und daher sind seine Angaben sehr ungenau.
Für die genaue Messung der Temperatur werden **Thermometer** (Wärmemesser) verwendet. Die Thermometerskala ist nach den Wissenschaftlern Celsius, Reaumur, Fahrenheit oder Kelvin benannt.

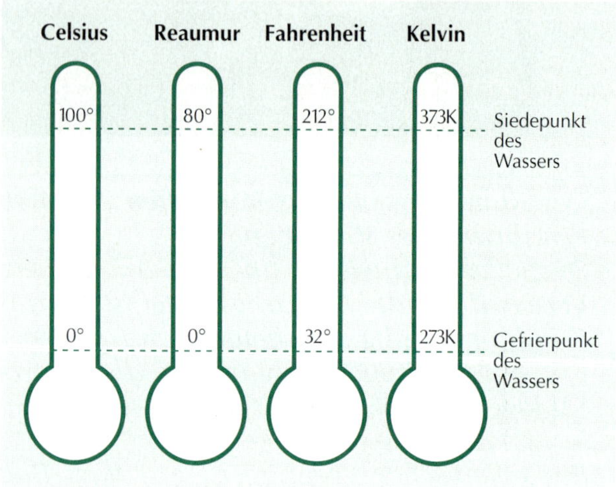

Aggregatzustände (Zustandsformen der Stoffe)

Aggregatzustand	Charakteristika
Feste Stoffe (Körper)	Haben eine bestimmte Form oder Gestalt und lassen sich nur durch physikalische Einwirkung (Schneiden, Reiben usw.) in ihrer Form verändern; zB Steine, Metall, Salz.
Flüssige Stoffe	Haben keine eigene Form oder Gestalt. Sie passen sich der Form der Gefäße an, zB Wasser.
Gasförmige Stoffe	Haben keine Form oder Gestalt. Sie dehnen sich aus und üben auf die umliegenden Stoffe Druck aus, zB Kohlendioxid bewirkt eine Volumenszunahme bei Hefegebäck.

Viele Stoffe können ihren Aggregatzustand durch Einwirkung von Wärme oder Kälte verändern.

- Erreichen **feste** Stoffe den Schmelzpunkt, so werden sie **flüssig**.
- **Flüssige** Stoffe werden bei niedrigen Temperaturen **fest**. Sie erreichen den Gefrierpunkt.
- Unter Einwirkung von Hitze werden **flüssige** Stoffe **gasförmig**, wenn sie den Siedepunkt erreichen.
- **Gasförmige** Stoffe werden durch Abkühlen **flüssig**. Dieser Vorgang heißt Kondensation.

[2] Benannt nach dem englischen Physiker J. P. Joule.

Die unterschiedlichen Aggregatzustände kann man bei **Wasser** am besten beobachten.

- Bei **0 °C** (Gefrierpunkt) entsteht Eis. Wasser wird in einen festen Zustand überführt.
- Durch Schmelzen von Eis entsteht wiederum Wasser (Schmelzpunkt).
- Bei **100 °C** (Siedepunkt) wird aus Wasser ein gasförmiger Stoff (Dampf).
- Durch Abkühlen von Wasserdampf entsteht wieder Wasser (Kondensation).

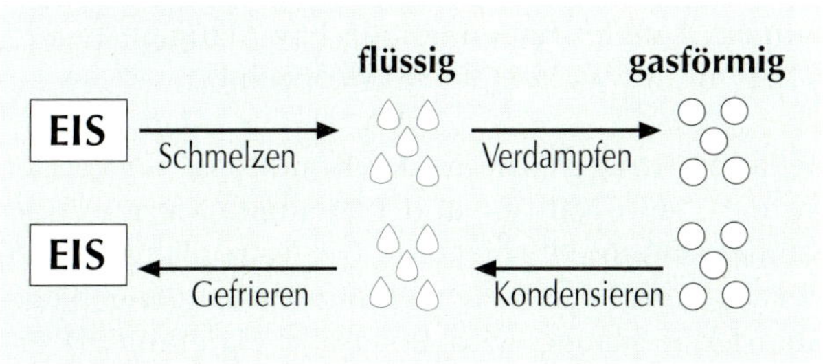

Veränderungen der Aggregatzustände spielen im beruflichen Alltag des Konditors eine große Rolle, besonders bei der Herstellung von Speiseeis und Destillaten, bei Arbeiten mit Fetten, Schokolade und Zucker.

1.2 Chemie

Die **Chemie** ist die Lehre von den Stoffen und den Vorgängen, die zu stofflichen Veränderungen führen. Sie erforscht die Eigenschaften der Stoffe und beschäftigt sich mit ihrer Gewinnung und Verwendung.

Bei der Veränderung entstehen Stoffe mit anderen Eigenschaften, zB Wasserstoff und Sauerstoff bilden Wasser. Dieses hat andere chemische Eigenschaften als seine Ausgangsstoffe.
Verbinden sich mehrere Stoffe zu einem neuen Stoff, so spricht man von Synthese.

Anorganische Chemie

Sie beschäftigt sich mit den Stoffen aus der unbelebten Natur und deren Umwandlung (Salz, Luft, Gestein, Metalle).

Organische Chemie

Das ist die Lehre von den lebenden Stoffen und deren Umwandlung (Nährstoffe: Kohlenhydrate, Fette, Eiweiß). Sie werden von Lebewesen wie Pflanzen und Tieren gebildet und enthalten als Baustein immer Kohlenstoff.

Elemente

Die chemischen Grundstoffe heißen Elemente. Sie können nicht weiter in andere Stoffe zerlegt werden. Die verschiedenen Elemente haben einen wissenschaftlichen Namen, der aus dem Lateinischen oder Griechischen stammt. Von diesem wird der Anfangsbuchstabe als **Elementsymbol** genommen.

Element	Elementsymbol
Kohlenstoff (Carboneum)	C
Wasserstoff (Hydrogenium)	H
Sauerstoff (Oxygenium)	O
Stickstoff (Nitrogenium)	N
Phosphor	P
Schwefel (Sulfur)	S
Natrium	Na
Eisen (Ferrum)	Fe

Nach den Eigenschaften teilt man die Elemente in folgende Hauptgruppen ein:

- **Metalle:** Aluminium, Eisen, Blei, Kupfer, Nickel, Silber, Gold usw.
- **Nichtmetalle:** Kohlenstoff, Wasserstoff, Sauerstoff, Stickstoff, Phosphor, Schwefel, Jod usw.
- **Edelgase:** Helium, Neon, Argon, usw.

Atome

Die kleinsten Bestandteile der Elemente sind die Atome. Die Atome eines Elementes sind gleich groß und haben die gleichen Eigenschaften. Sie unterscheiden sich von Atomen anderer Elemente durch ihre Eigenschaften und Größe.

Ein Atom besteht aus einem Atomkern und den Atomhüllen bzw. -schalen.

- Im **Atomkern** befinden sich die positiv geladenen Protonen und neutralen Neutronen.
- In der **Atomhülle** kreisen die negativ geladenen Elektronen.

Aufbau eines Atommodells (Wasserstoffatom)

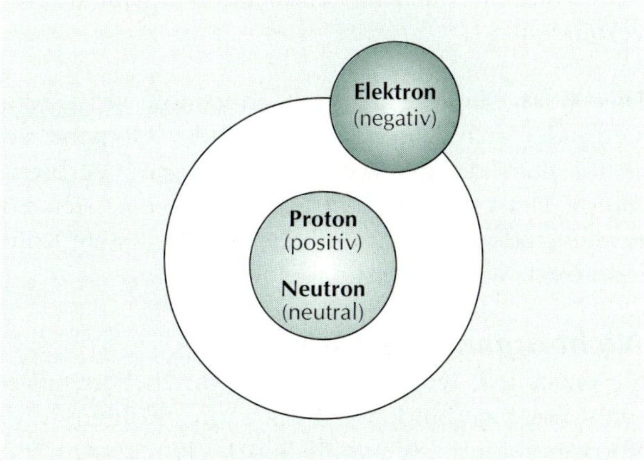

Die **Wertigkeit** eines Elementes gibt an, mit wie vielen einwertigen Elementen sich ein Atom dieses Elementes verbinden kann.

Beispiel 1

- Wasserstoffatom H ist einwertig.
- Sauerstoffatom O ist zweiwertig.
- Wasserstoff hat einen Bindearm und Sauerstoff hat zwei Bindearme. Zwei Atome Wasserstoff und ein Atom Sauerstoff verbinden sich zu einem Molekül **Wasser (H_2O)**.

H – O – H

Beispiel 2

- Wasserstoffatom H ist einwertig.
- Kohlenstoffatom C ist vierwertig.
- Wasserstoff hat einen Bindearm und Kohlenstoff hat vier Bindearme. Vier Atome Wasserstoff und ein Atom Kohlenstoff verbinden sich zu einem Molekül **Methangas (CH_4)**.

H
I
H – C – H
I
H

Moleküle

Verbinden sich mehrere Atome miteinander, so entsteht ein Molekül. Das Molekül ist also der kleinste Teil einer chemischen Verbindung oder eines Stoffes.
Die chemische Formel eines Moleküls gibt an, welche Elemente in der Verbindung enthalten sind und nennt zugleich die Anzahl der Atome.

- **Summenformel:** gibt die Zahl der Atome an, zB H_2O.
- **Strukturformel:** gibt an, wie die Atome untereinander verbunden sind, zB H – O – H.

Säuren

Säuren sind chemische Verbindungen, die sauer schmecken und ätzend wirken (Vorsicht!). Säuren bilden sich, wenn sich Nichtmetalloxide mit Wasser verbinden.

Das Wort „Säure" lässt auf Sauerstoff schließen. Verbindet sich Sauerstoff mit einem Element, so nennt man diesen Vorgang Oxidation (Verbrennung). Der neue Stoff ist ein Oxid. Wenn sich zB Kohlenstoff und Sauerstoff verbinden, entsteht Kohlendioxid. Wärme wird dabei frei.

Nicht organische Säuren

Sie entstehen, wenn sich Oxide von Nichtmetallen mit Wasser verbinden (zB Salzsäure, Kohlensäure, Phosphorsäure, Schwefelsäure). Trockenfrüchte werden beispielsweise mit schwefeliger Säure haltbar gemacht. Nicht organische Säuren sind auch in Putzmitteln zu finden (Vorsicht: ätzend!).

Organische Säuren

Sie werden im Organismus von Lebewesen – meist bei sauren Gärungen – gebildet. Früchte enthalten zB Zitronensäure und Apfelsäure. Bei Lagerteigen von Lebkuchen entsteht Essigsäure. Weitere Beispiele: Propionsäure, Buttersäure, Palmitinsäure, Milchsäure.

Laugen, Basen

Verbinden sich Metalloxide mit Wasser, so entstehen Laugen. Laugen haben seifige bzw. laugige Eigenschaften und wirken ätzend (Vorsicht!).

Bekannte Laugen, die in der Konditorei verwendet werden, sind Natron- und Kalilauge (Natrium und Kalium sind unedle Metalle). Die Natronlauge findet Verwendung bei der Herstellung von Laugengebäck. Aus der Kalilauge wird Pottasche (Triebmittel) erzeugt.

pH-Wert

Der pH-Wert ist eine Maßzahl, die angibt, wie stark konzentriert eine Säure oder eine Lauge ist. Der pH-Wert gibt die Wasserstoffionenkonzentration in Flüssigkeiten an. Ionen sind positiv oder negativ geladene Teilchen. In Flüssigkeiten sind die Moleküle teilweise in positiv geladene H-Ionen und negativ geladene OH-Ionen gespalten. Überwiegen die positiven H-Ionen, so spricht man von Säuren. Überwiegen hingegen die negativ geladenen OH-Ionen, so handelt es sich um Laugen.

Die Skala geht von 0 bis 14. Jogurt ist zB bereits eine schwache Säure.

pH-Werte	Konzentration
0–7	Säuren
7	neutrale Lösungen (zB reines Wasser)
7–14	Laugen

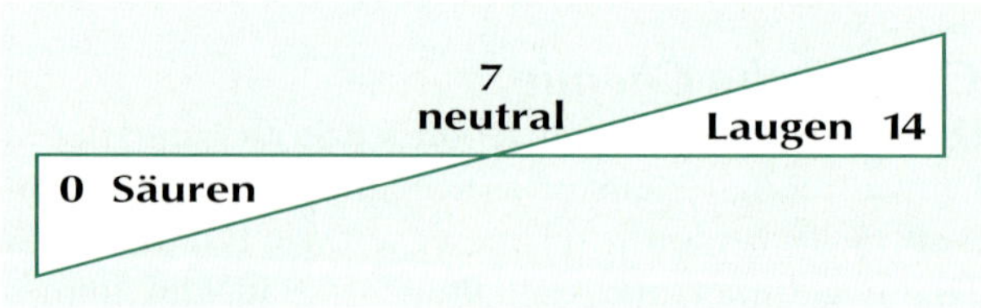

Je kleiner der pH-Wert eines Nahrungsmittels ist, desto größer ist sein Säuregehalt und dadurch seine Haltbarkeit. Im neutralen bis schwach alkalischen Bereich wachsen Mikroorganismen am besten.
Die Bestimmung des pH-Wertes erfolgt durch einen Farbanzeiger, wie zB einen **Lackmuspapierstreifen**. Säuren färben Lackmuspapier rot, Laugen fär-

ben es blau. Genauere Messungen erfolgen mit einem elektrischen pH-Meter.

Verschiedene Produkte	pH-Werte
Konzentrierte Salzsäure	0
Magensalzsäure	1,5
Zitronensaft	2
Majonäse und Salate	4,5
Jogurt / saure Milch	4–5
Wasser	7
Spülmittel	9
Milch	6,7–6,8
Kalilauge	14

Salze

Verbindet sich eine Lauge mit einer Säure, so entsteht Salz, wenn das Wasser verdampft oder entweicht. Bei diesem Vorgang wird die saure Eigenschaft der Säure durch den basischen Charakter der Lauge aufgehoben. Der chemische Vorgang heißt **Neutralisation**.

Beispiel
Verbindet sich Natronlauge mit Salzsäure, entsteht Kochsalz (Natriumchlorid).

$NaOH + HCl = NaCl + H_2O$

Salze erhalten ihre Namen nach dem Metall und nach der Säure, aus denen sie gebildet werden.

- Chloride: Salze der Salzsäure
- Sulfite: Salze der schwefeligen Säure
- Carbonate: Salze der Kohlensäure; finden Verwendung bei der Teiglockerung, zB bei der Herstellung von Feingebäck
- Nitrite: Salze der salpetrigen Säure
- Phosphate: Salze der Phosphorsäure

Alkohol

Alkohol gehört zu den organischen Verbindungen. Reiner Alkohol ist eine wasserklare Flüssigkeit mit scharfem Geschmack und brennendem Geruch.

Äthylalkohol

Er ist in verschiedener Konzentration in den alkoholischen Getränken enthalten. Er entsteht bei der alkoholischen Gärung durch Hefe. Dabei wird Traubenzucker in Alkohol und Kohlendioxid gespalten. Diese Gärung findet unter anderem auch im Hefeteig statt; das Kohlendioxid lockert den Teig. Das Aroma des Alkohols bewirkt eine Geschmacksverbesserung.

Stoffmischungen (Gemische)

Sie bestehen aus zwei oder mehreren Stoffen, die ihre eigenen spezifischen Eigenschaften behalten. Sie können durch physikalische Methoden wieder in diese Bestandteile getrennt werden.

Viele Rohstoffe und Zwischenprodukte der Konditorei (Massen und Teige) sind Mischungen aus verschiedenen Stoffen. Entscheidend für den Konditor ist das Verhalten der Stoffe innerhalb der Stoffmischungen.

Gemenge

Sie entstehen, wenn feste Stoffe miteinander gemischt werden; zB Mehlmischungen, Gewürzmischungen.

Aufschlämmung (Suspension)

Das ist eine Mischung aus einem festen, unlöslichen Stoff und einer Flüssigkeit. Diese Mischung ist instabil, dh. die schweren, festen Stoffe bilden einen Bodensatz, die leichtere Flüssigkeit steigt an die Oberfläche. In der Konditorei kommen solche Mischungen vor, wenn Cremepulver mit Milch oder Hefe mit Milch verrührt wird.

Emulsion

Das ist eine relativ stabile Mischung von zwei verschiedenen flüssigen Stoffen, zB Milch (Fett in Wasser, fein verteilt). Die Stabilisierung der Mischung bewirken so genannte Emulgatoren wie Dotter oder Lecithin.

Schaum

Schaum ist die Mischung eines Gases mit einer Flüssigkeit, zB Eischnee, geschlagenes Schlagobers.

Lösungen

Das sind Stoffmischungen, bei denen sich die Bestandteile nicht mehr optisch unterscheiden lassen. Sie können sich nicht selbst entmischen, sie sind stabil, zB Zuckerlösungen. Durch Erwärmen können mehr Stoffe gelöst werden, die Flüssigkeit wird dadurch konzentrierter. Flüssigkeiten nehmen nur bis zu einer bestimmten Menge Stoffe auf (gesättigte Lösung). Wird darüber hinaus noch weiterhin Stoff zugeführt, bildet dieser einen Bodensatz. Zuckerlösungen werden mit zunehmender Konzentration zähflüssiger (Viskosität).

Unechte Lösungen (Kolloide)

Sie sind weder Lösungen noch Gemische. In ihnen sind die Teilchen nicht völlig gelöst, dh. nicht so fein verteilt wie bei einer echten Lösung. Bekannte Kolloide sind Eiweißstoffe (Gliadin, Glutenin, Kollagen) und Kohlenhydrate (Stärke, Pektin).

Zusammenfassung: Physikalische und chemische Grundbegriffe

Physik

Sie erforscht Vorgänge vor allem in der unbelebten Natur (ohne stoffliche Veränderungen) und Naturgesetze. Sie beschäftigt sich außerdem mit den Eigenschaften von Körpern.

Masse = Körpermaterie, gemessen in Kilogramm.
Dichte = Masse im Verhältnis zum Volumen.

$$\text{Dichte} = \frac{\text{Masse}}{\text{Volumen}} = \frac{m}{V}$$

Kraft = Anstrengung, um den Bewegungszustand eines Körpers zu ändern.
Arbeit = Kraft (in Wegrichtung) x Weg.
Energie = Summe aller Arbeit, die in einen Körper hineingesteckt wurde; gemessen in Joule.

Wärmelehre
- Natürliche Wärme (Sonne) ist Voraussetzung für jedes Leben.
- Künstliche Wärmequellen sind Kohle, Gas, Öl.

Thermometer ist der Wärmemesser (meistens nach Grad Celsius).

Aggregatzustände der Stoffe sind fest, flüssig, gasförmig.
Wärme verändert den Aggregatzustand: Eis – Wasser – Wasserdampf (fest – flüssig – gasförmig).

Chemie

Das ist die Lehre von den Stoffen und den Vorgängen, die zu stofflichen Veränderungen führen. Sie erforscht die Eigenschaften der Stoffe, ihre Gewinnung und Verwendung.
- **Anorganische** Chemie beschäftigt sich mit den Stoffen aus der unbelebten Natur.
- **Organische** Chemie ist die Lehre von den lebenden Stoffen.

Die chemischen Grundstoffe heißen **Elemente**. Sie sind nicht mehr zerlegbar und werden mit ihren Anfangsbuchstaben (Elementsymbole) bezeichnet. Die Elemente werden eingeteilt in Metalle, Nichtmetalle und Edelgase.

Atome = kleinste Bestandteile der Elemente, bestehend aus Atomkern mit Protonen und Neutronen und der Atomhülle mit den Elektronen.

Moleküle = kleinste Teile einer chemischen Verbindung, bestehen aus mehreren Atomen unterschiedlicher Elemente.

Säuren = Verbindungen aus Nichtmetalloxiden mit Wasser. Man unterscheidet zwischen nicht organischen Säuren und organischen Säuren. Säuren sind sauer und wirken ätzend.

Basen = Verbindungen aus Metalloxiden und Wasser. Sie sind seifig bzw. laugig und wirken ätzend.

pH-Wert ist die Maßzahl, die die Stärke einer Säure oder Lauge angibt.
- pH 0 bis 7: Säuren
- pH 7: neutral (Wasser)
- pH 7 bis 14: Laugen

Salze = Verbindungen aus einer Säure mit einer Lauge, zB NaCl (= Kochsalz).

Alkohol = organische Verbindung, die bei der alkoholischen Gärung entsteht (Hefeteig).

Stoffmischungen
- Gemenge: Mischungen von festen Stoffen.
- Aufschlämmung: Instabile Mischung aus einem festen, unlöslichen Stoff und einer Flüssigkeit. Es entsteht Bodensatz und der leichtere Stoff steigt auf.

- Emulsion: Mischung von zwei verschiedenen flüssigen Stoffen, die mittels Emulgatoren zu relativ stabilen Mischungen werden.
- Schaum: Mischung eines Gases mit einer Flüssigkeit.

Lösungen = stabile Mischungen, bei denen sich die einzelnen Bestandteile nicht mehr optisch unterscheiden lassen. Ihre Konzentration ist unterschiedlich, die kleinsten Bestandteile sind Moleküle.

Kolloide = unechte Lösungen, bei denen die Teilchen nicht völlig gelöst sind (zwischen Stoffmischung und Lösung).

Fragen und Arbeitsaufgaben

1. Was versteht man unter Dichte?
2. Was bedeutet Energie im physikalischen Sinn?
3. Welche Wärmequellen gibt es?
4. Wie wird Wärme gemessen?
5. Beschreiben Sie die Aggregatzustände!
6. Was versteht man unter anorganischer und organischer Chemie?
7. Was sind Elemente, Atome und Moleküle?
8. Erklären Sie anhand des pH-Wertes, was man unter Säuren und Laugen versteht?
9. Wie entsteht ein Salz?
10. Erklären Sie die Begriffe Gemenge, Aufschlämmung, Emulsion, Schaum und Lösung!

2 GRUNDLAGEN DER ERNÄHRUNG

Unter Ernährung verstehen wir die Zufuhr von Nahrung, um
- *die Körpersubstanz aufzubauen und zu erhalten,*
- *die Organfunktionen (Herztätigkeit, Verdauung usw.) aufrechtzuerhalten und*
- *die Leistungsfähigkeit (körperlich, geistig) zu gewährleisten.*

Die Zufuhr der Nahrung hat die Natur bestens geregelt durch Triebe, nämlich Hunger und Durst.

Wohlbefinden, Gesundheit und Leistungsfähigkeit des Menschen stehen im unmittelbaren Zusammenhang mit seiner Ernährung.

Der Mensch braucht deshalb eine biologisch vollwertige Nahrung, das heißt die Kost muss alle zum Leben notwendigen Nährstoffe in verwertbarer Form und angemessener Menge enthalten, muss gut schmecken, appetitlich aussehen und frei von schädlichen Inhaltsstoffen sein.

(Forderung der Weltgesundheitsorganisation WHO)

Das vielfältige Lebensmittelangebot ermöglicht es, sich auf individuelle Weise optimal zu ernähren. Es ist nicht notwendig, bestimmte Lebensmittel zu meiden und andere in riesigen Mengen zu verzehren. Das Geheimnis richtiger Ernährung heißt Ausgewogenheit.

Falsch zusammengestellte Kost bewirkt Übergewicht und dieses ist Voraussetzung und Wegbereiter für die meisten Wohlstands- oder Zivilisationserkrankungen wie Herzinfarkt, Zuckerkrankheit, Gicht usw. Jede Einseitigkeit bei der Nahrungmittelauswahl führt zu Mangelerscheinungen und damit ebenfalls zu Erkrankungen verschiedenster Art.

Einflussfaktoren auf die Ernährungsweise des Menschen

Viele gesellschaftliche Faktoren beeinflussen die Ernährungsweise eines Menschen.

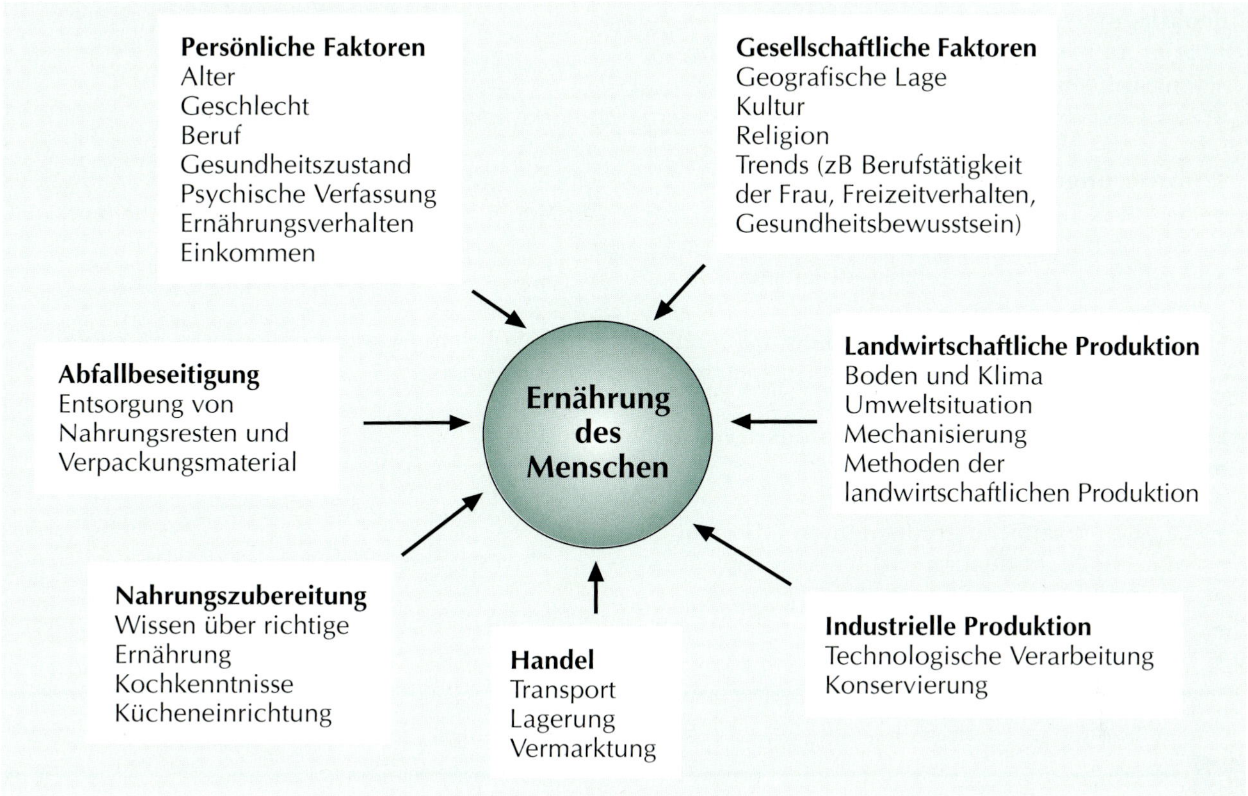

Dazu einige Anmerkungen

Psychische Verfassung

Angst, Unzufriedenheit, Ärger, Frust, Stress, Alleinsein und Probleme können Esslust auslösen. Essen und Trinken wird dann zur Ersatzbefriedigung, als Entschädigung für Kränkung oder als Belohnung für überwundene Schwierigkeiten konsumiert, zB bei der Kindererziehung.

Einkommen

Die Menschen in den Industrieländern können sich beim Essen und Trinken fast jeden Wunsch erfüllen. Rund ein Viertel ihres Einkommens geben sie dafür aus.

Haushaltsstrukturen

Mehrpersonenhaushalte werden immer seltener. Kleinfamilien mit maximal zwei Kindern, Singles verschiedenen Alters und kinderlose Paare bilden heute die gängigsten Haushaltsformen.
Die Nachfrage nach Kleinpackungen und Fertiggerichten, aber auch nach speziellen Lebensmitteln für bestimmte Altersgruppen nimmt ständig zu.

Berufstätigkeit der Frau

Durch die zunehmende Berufstätigkeit der Frau wird die Zeit für die Zubereitung von Mahlzeiten knapper. Convenience-Produkte als Halbfertig- oder Fertiggerichte sind daher gefragt.

Freizeit

Essen und Trinken ist zunehmend ein Teil der Freizeitgestaltung (essen gehen, Feste feiern, Urlaub). Zwischenmahlzeiten in Imbiss-Stuben werden immer häufiger und die Bedeutung der Hauptmahlzeiten nimmt ab. Einkaufen in entfernt liegenden Einkaufsstätten mit großer Nahrungsmittelauswahl wird zum Erlebnis. Essen und Trinken gehören zur Geselligkeit und sind ein wichtiger Teil unserer Kultur.

Gesundheitsbewusstsein

In den letzten Jahren ist das Gesundheitsbewusstsein in der Bevölkerung stark gewachsen. Gesunde Lebensmittel liegen im Trend. Voraussetzung ist, dass sie gleichzeitig schmackhaft und bekömmlich sind. Außerdem müssen sich immer mehr Menschen aufgrund von Erkrankungen gesund ernähren. Diätetische Lebensmittel werden aber auch zunehmend von gesundheitsbewussten Verbrauchern konsumiert.

Industrielle Produktion der Nahrungsmittel

Unsere Kost ist im Vergleich zur Kost unserer Vorfahren mehr verarbeitet, dh. ballaststoffärmer, energiekonzentrierter und stärker gewürzt. Die Nahrung wird deshalb durch weniger Kauen, in kürzerer Zeit und in größeren Mengen verzehrt. Meist wird der Appetit gestillt und nicht der Hunger. Das Nahrungsmittelangebot wird durch die vielen neuen Produkte, die auf den Markt kommen, ständig erweitert.

Zusammenfassung: Grundlagen der Ernährung

Ernährung ist die Zufuhr von Nahrung
- zum Aufbau und Erhalt der Körpersubstanz,
- zur Aufrechterhaltung der Organfunktionen und
- zur Gewährleistung körperlicher und geistiger Leistungsfähigkeit.

Anforderungen an die Nahrung
- Sie muss alle notwendigen Nährstoffe in der richtigen Menge und verwertbaren Form enthalten,
- gut schmecken und appetitlich aussehen und
- frei von schädlichen Inhaltsstoffen sein.

Falsche Ernährung, vor allem Überernährung, führt zu Wohlstandserkrankungen wie Herzinfarkt, Zuckerkrankheit, Gicht sowie zu verschiedenen Mangelerkrankungen.

Einflussfaktoren auf die Ernährungsweise des Menschen
- Persönliche Faktoren
- Gesellschaftliche Faktoren
- Landwirtschaftliche Produktion
- Industrielle Produktion
- Handel
- Nahrungszubereitung
- Abfallbeseitigung

Fragen und Arbeitsaufgaben

1. Was verstehen Sie unter Ernährung?
2. Welche Einflussfaktoren auf die Ernährungsweise des Menschen kennen Sie?
3. Wie wirkt sich das Freizeitverhalten auf die Ernährung aus?
4. Hat das steigende Gesundheitsbewusstsein Einfluss auf die Ernährung?

3 BESTANDTEILE DER NAHRUNG

Etwa 60 Tonnen Lebensmittel isst der Mensch im Laufe seines Lebens. Diese Lebensmittel müssen im Verdauungstrakt in ihre Bestandteile zerlegt (abgebaut) werden, weil der Organismus keine Lebensmittel, sondern nur Nährstoffe verwerten kann.
Die Nährstoffe werden in den folgenden Kapiteln behandelt. Der Körper benötigt diese
- *zum Aufbau und zur Erhaltung der Zellen im menschlichen Organismus und*
- *zur Deckung des Energiebedarfes.*

3.1 LEBENSMITTEL

Lebensmittel

Nahrungsmittel | **Genussmittel**

Lebensmittel sind alle Stoffe, die dazu bestimmt sind, vom Menschen in unverändertem, zubereitetem oder verarbeitetem Zustand überwiegend zu Ernährungs- und Genusszwecken verzehrt zu werden.

Nahrungsmittel

Sie dienen dem Aufbau und der Erhaltung des Körpers, der Gesundheit und Leistungsfähigkeit. Sie enthalten jene Nährstoffe, die der Mensch benötigt.

Einteilung der Nahrungsmittel

Nach der Herkunft
- Pflanzliche Nahrungsmittel: Getreide, Gemüse, Obst usw.
- Tierische Nahrungsmittel: Fleisch, Fisch, Eier, Milch usw.

Nach dem Verarbeitungsgrad
Er ist entscheidend für die Qualität der Nahrungsmittel.
- Rohe Nahrungsmittel
- Verarbeitete Nahrungsmittel

Speisen sind zubereitete Nahrungsmittel.

Genussmittel

Das sind Stoffe, die eine anregende oder beruhigende Wirkung auf den Organismus ausüben; zB Tee, Kaffee, Kakao, Tabak und Alkohol.

Genussmittel besitzen keinen oder fast keinen Nährwert (Joule), mit Ausnahme von Alkohol, dessen Energiewert beinahe dem von Fett entspricht.

3.2 Nahrungsbestandteile

Inhaltsstoffe unserer Lebensmittel = Nahrungsbestandteile

Energieliefernde Inhaltsstoffe	*Nicht energieliefernde Inhaltsstoffe*
Kohlenhydrate Fette Eiweiß = *Hauptnährstoffe* Alkohol	Wasser Mineralstoffe Vitamine Enzyme Aroma- und Farbstoffe Alkaloide

Aufgaben der Nahrungsbestandteile im Organismus

- Eiweiß, Wasser und Mineralstoffe sind **Baustoffe**.
- Kohlenhydrate und Fette sind **Brennstoffe**, die Energie liefern. Eiweiß liefert Energie nur in Zeiten des Nahrungsmangels und bei hoher Eiweißzufuhr. Alkohol liefert Energie, ist aber kein lebensnotwendiger Nährstoff.
- Vitamine, Mineralstoffe und Enzyme wirken als **Reglerstoffe** für Stoffwechselvorgänge.
- Aromastoffe und Farbstoffe **regen den Appetit an** und fördern die Verdauungssaftsekretion[1].
- Alkaloide, zB Koffein, sind Stoffe, die im Körper eine **anregende oder beruhigende Wirkung** haben. Sie sollen aber wegen der schädigenden Nebenwirkungen selten aufgenommen werden.

Zusammenfassung: Bestandteile der Nahrung

Einteilung der Lebensmittel
- Nahrungsmittel
- Genussmittel

Nahrungsbestandteile
- Energieliefernde Inhaltsstoffe: Kohlenhydrate, Fette, Eiweiß = Hauptnährstoffe, Alkohol.
- Nicht energieliefernde Inhaltsstoffe: Wasser, Vitamine, Mineralstoffe, Enzyme, Aroma- und Farbstoffe, Alkaloide.

Aufgaben der einzelnen Inhaltsstoffe
- Eiweiß, Wasser, Mineralstoffe sind **Baustoffe**.
- Kohlenhydrate, Fett (im Notfall auch Eiweiß) sind **Brennstoffe**.
- Vitamine, Mineralstoffe, Enzyme sind **Reglerstoffe**.
- Aroma- und Farbstoffe wirken **appetitanregend**.
- Alkaloide wirken **anregend oder beruhigend**.

Fragen und Arbeitsaufgaben

1. Wie werden Lebensmittel unterteilt?
2. Welche Inhaltsstoffe gibt es?
3. Welche Nahrungsbestandteile sind Baustoffe und welche sind Brennstoffe im menschlichen Körper?

[1] Sekretion = Absonderung, Ausschüttung.

4 KOHLENHYDRATE (SACCHARIDE)

Wir nehmen täglich verschiedene Kohlenhydratarten auf. Welche sind Ihnen bekannt? Mit Kohlenhydraten verbindet man meist sofort die Begriffe „Dickmacher" und „süß". Machen Kohlenhydrate wirklich dick? Schmecken alle Kohlenhydrate süß? Diskutieren Sie diese Fragen!

Der hohe Zuckerkonsum, besonders bei Kindern und Jugendlichen, stellt eine hohe Gefährdung für die Gesundheit dar. Kennen Sie die Folgen?

Kohlenhydrate sind rein mengenmäßig gesehen die wichtigsten Nährstoffe und liefern die am schnellsten verfügbare Energie.

Kohlenhydratlieferanten sind die Pflanzen. Kohlenhydrate sind in Getreide, Kartoffeln, Obst, Honig, Zucker enthalten. Mindestens die Hälfte aller verzehrten Speisen sollten aus dem pflanzlichen Bereich stammen.

4.1 BILDUNG

Kohlenhydrate bestehen aus den chemischen Elementen Kohlenstoff (C), Wasserstoff (H) und Sauerstoff (O). Die Bildung der Kohlenhydrate erfolgt in der **grünen Pflanze**.

- Die Pflanze nimmt aus dem Boden **Wasser** (H_2O) und aus der Luft **Kohlendioxid** (CO_2) auf. CO_2 wird von Mensch und Tier ausgeatmet.

- Mit diesen anorganischen Stoffen bildet die Pflanze mithilfe der **Lichtenergie** (Sonne) und dem **Blattgrün** (Chlorophyll) **Traubenzucker** (Einfachzucker), eine energiereiche organische Verbindung.

- Gleichzeitig bildet die Pflanze **Sauerstoff** (O_2) für Mensch und Tier.

Dieser Vorgang wird als **Fotosynthese** bezeichnet. Er ist der einzige in der Natur, bei dem aus anorganischen Stoffen organische Stoffe (Einfachzucker) entstehen.
Einfachzucker sind Grundbestandteile für die Bildung von Doppel- und Vielfachzucker und auch Ausgangsprodukt für die Bildung von Fetten und Eiweißstoffen. Das heißt, dass alle Lebewesen auf die Kohlenhydratbildung in der Pflanze angewiesen sind.

4.2 Arten

Kohlenhydrate (Saccharide)

Einfachzucker (Monosaccharide)	Zweifachzucker (Disaccharide)	Vielfachzucker (Polysaccharide)

Einfachzucker (Monosaccharide)

Sie sind die einfachste Art der Kohlenhydrate und die Grundbausteine für alle weiteren Kohlenhydrate. Monosaccharide können nicht mehr weiter in kleinere Bausteine zerlegt werden. Sie werden direkt ins Blut aufgenommen.

Formel: $C_6H_{12}O_6$

Arten der Einfachzucker

Traubenzucker (Glukose)
Er ist in Honig, Obst und verschiedenen Gemüsesorten enthalten. Er ist auch Bestandteil der Zweifachzucker und vieler Vielfachzucker. Im menschlichen Blut befindet sich Traubenzucker in gelöster Form.

Fruchtzucker (Fructose)
Er ist in Obst und Honig enthalten.

Schleimzucker (Galaktose)
Er kommt als Bestandteil des Milchzuckers in der Milch vor.

Eigenschaften

- Einfachzucker sind wasserlöslich.
- Sie schmecken süß, haben aber unterschiedliche Süßkraft.

Einfachzucker	**Relative Süßkraft** (bezogen auf Rohr- oder Rübenzucker = 100)
Traubenzucker	74
Fruchtzucker	173
Schleimzucker	32

- Vergärbarkeit: Einfachzucker werden durch Mikroorganismen vergoren.

Alkoholische Gärung
Einfachzucker ↓ durch Hefepilze vergoren ↓ Alkohol und Kohlendioxid zB als Lockerung bei Hefeteigen

Milchsäuregärung
Einfachzucker ↓ durch Milchsäurebakterien vergoren ↓ Milchsäure zB bei Lagerteigen (Lebkuchen)

Zweifachzucker (Disaccharide)

Verbinden sich zwei Einfachzuckermoleküle, so entsteht ein Molekül Zweifachzucker (Disaccharid) unter Abspaltung von einem Molekül Wasser.

Formel: $C_{12}H_{22}O_{11}$

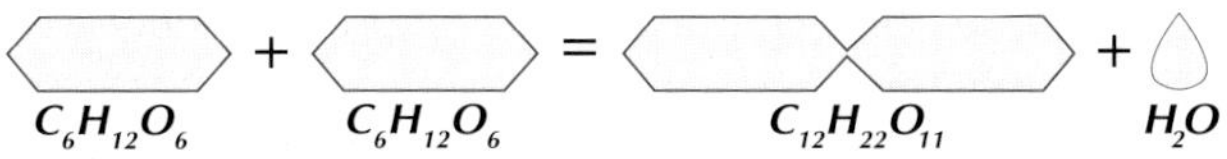

Disaccharide werden bei der Verdauung durch Enzyme in Einfachzucker gespalten und gelangen in dieser Form ins Blut.

Arten der Zweifachzucker

Rohr- und Rübenzucker (Saccharose)
Er ist eine Verbindung von **einem Molekül Traubenzucker und einem Molekül Fruchtzucker**. Er ist in Zuckerrohr und Zuckerrübe sowie in Knollen und Früchten enthalten. In Form von Kristall- oder Puderzucker ist er der am meisten verwendete Rohstoff in der Konditorei.

Malzzucker (Maltose)
Er ist eine Verbindung **aus zwei Molekülen Traubenzucker** und entsteht im keimenden Getreide durch Abbau von Stärke. Malzzucker wird vor allem aus Gerste gewonnen und als Backmittel eingesetzt. Bei der Bierherstellung ist Malzzucker das Ausgangsprodukt.

Milchzucker (Laktose)
Er besteht **aus einem Molekül Traubenzucker und einem Molekül Schleimzucker**. Er kommt nur in der Milch und in Milchprodukten vor.

Eigenschaften

- Zweifachzucker sind wasserlöslich.
- Sie schmecken süß und besitzen ebenfalls unterschiedliche Süßkraft.

Zweifachzucker	Relative Süßkraft (bezogen auf Rohr- oder Rübenzucker = 100)
Rübenzucker	100
Malzzucker	32
Milchzucker	16

- Vergärbar werden Disaccharide erst, wenn sie in Monosaccharide gespalten werden.

Invertzucker

Durch Kochen mit verdünnten Säuren entsteht aus Rohr- oder Rübenzucker ein Gemisch aus Trauben- und Fruchtzucker, der Invertzucker genannt wird. Er kommt in natürlicher Form im Bienenhonig vor (relative Süßkraft 130).

Vielfachzucker (Polysaccharide)

Sie entstehen durch die Verbindung vieler Einfachzuckermoleküle (100 bis mehrere 1000) zu „Riesenmolekülen". Sie werden auch Makromoleküle genannt.

Polysaccharide schmecken nicht süß und sind deshalb als Zuckerart nicht mehr erkennbar.

Formel: $(C_6H_{10}O_5)_n$

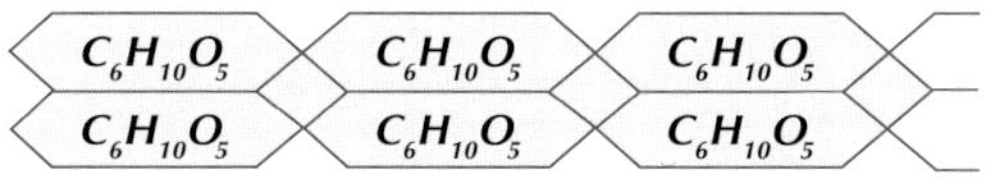

Arten und Eigenschaften der Vielfachzucker

Stärke
Sie besteht aus mehreren hundert Einfachzuckerbausteinen und ist in verschiedenen Getreidesorten, Kartoffeln und Hülsenfrüchten enthalten. Sie ist der wichtigste Reservestoff der Pflanzen.

- Stärke hat keinen süßen Geschmack.
- Sie ist nicht im Wasser löslich.
- Stärke beginnt bei ca. 35 °C zu quellen und verkleistert – je nach Herkunft – bei ca. 60–80 °C. Daher dient sie als Bindemittel (zB Puddings, Cremen).

Dextrine
Sie sind Abbauprodukte der Stärke. Sie entstehen durch trockenes Erhitzen von Stärke und haben einen angenehmen Röstgeschmack. Dextrine sind in der Brotrinde, im Zwieback, im Toast und im gelindeten Mehl enthalten. Sie sind leicht verdaulich und werden deshalb in der Krankenkost verwendet.

- Dextrine sind im Wasser löslich.
- Sie schmecken leicht süßlich.

Zellulose
Sie ist die Gerüstsubstanz der pflanzlichen Zellwände und ist in Obst, in Gemüse und in den Randschichten des Getreides enthalten.
Die menschlichen Verdauungsenzyme können Zellulose nicht aufspalten. Sie hat also für den menschlichen Körper keinen Nährwert, ist aber als Ballaststoff sehr wichtig und regt die Darmtätigkeit an.

- Zellulose ist wasserunlöslich.
- Sie besitzt aber starkes Quellvermögen und wirkt deshalb sättigend.

Pektine
Sie sind im Kern- und Beerenobst enthalten und dienen ebenfalls als Ballaststoffe.

- Pektine lösen sich beim Kochen und quellen auf. Beim Kochen mit Säure und Zucker quellen sie stark auf und gelieren dann beim Erkalten. Diese Eigenschaft wird bei der Herstellung von Konfitüre und Gelee genützt.
- Durch die gute Quellfähigkeit können im Darm Giftstoffe absorbiert (aufgesaugt) werden.

Glykogen
- Es wird als Reservestoff in der Leber und in den Muskeln des menschlichen Körpers gespeichert. Bei Bedarf wird Glykogen zur Energiegewinnung wieder in Traubenzucker umgewandelt und im Körper verbrannt.
- Glykogen ist wasserlöslich.

4.3 Bedeutung für den Menschen

Aufgaben der Kohlenhydrate

Energielieferant
Kohlenhydrate werden in überwiegender Form als Stärke und als Rohr- und Rübenzucker (Saccharose) verzehrt und im Verdauungstrakt zu Einfachzucker (Traubenzucker) gespalten. Durch die gute Löslichkeit gehen Monosaccharide sofort ins Blut über und sind so rasche Energielieferanten.
Beim Abbau des Traubenzuckers in den Zellen kommt es mithilfe des eingeatmeten Sauerstoffs zur Bildung von Kohlendioxid und Wasser unter Freisetzung von Energie (Wärme und Kraft). Das Kohlendioxid wird ausgeatmet.

Vorratsstoff
Teilweise wird Traubenzucker in Form von Glykogen in der Leber und in den Muskeln als ständige Energiereserve gespeichert (ca. 350 g reichen für 24 Stunden).
Überschüssiger Traubenzucker wird in Körperfett umgewandelt und gespeichert. Die Folge ist Gewichtszunahme.

Ballaststoff
Als Ballaststoffe werden die unverdaulichen Bestandteile pflanzlicher Nahrungsmittel bezeichnet, die keine Energie liefern, im Körper aber wichtige Funktionen erfüllen.
Ihre Wirkung beruht vor allem auf ihren Eigenschaften, Wasser zu binden und aufzuquellen. Ballaststoffe wirken dadurch auf die Verdauung.

Wirkung
- Sie regen die Kautätigkeit an und erhöhen den Speichelfluss (dadurch Entlastung des Magens).
- Sie bewirken eine bessere Sättigung. Dadurch verringern sie die Energiezufuhr und verhindern die Entstehung von Übergewicht.
- Sie bewirken eine langsame Aufnahme der Nährstoffe ins Blut (Entlastung der Bauchspeicheldrüse – wichtig für Diabetiker).
- Sie bewirken eine bessere Darmfunktion und wirken damit vorbeugend gegen Verstopfung.
- Sie bewirken die Ausscheidung schädlicher Stoffe.
- Sie schützen die Darmschleimhaut und daher vor Darmkrebs.

Kohlenhydratbedarf des Menschen

1 g Kohlenhydrate liefert dem Körper 17 kJ.

Etwa **55–60 % des täglichen Energiebedarfs** sollen in Form von Kohlenhydraten gedeckt werden.
Durchschnittlicher Tagesbedarf: 4–6 g pro kg Körpergewicht. Dem entsprechen bei einem Erwachsenen von ca. 70 kg Körpergewicht etwa 280 bis 420 g.

Bei der Zusammenstellung des Speiseplanes sollte darauf geachtet werden, dass der Kohlenhydratbedarf in erster Linie durch **stärkehaltige Nahrungsmittel** gedeckt wird - vor allem durch Getreide und -produkte (Brot, Getreideflocken, Müsli), Kartoffeln, Teigwaren und Hülsenfrüchte. Aufgrund ihres natürlichen Zuckergehaltes sind auch frisches Obst und Gemüse ein wertvoller Kohlenhydratlieferant.

Wichtig sind **Vollkornprodukte**. Sie sind reicher an Vitaminen, Mineral- und Ballaststoffen als Produkte aus Auszugsmehlen und sollen deshalb den Vorzug bekommen.

Alle oben genannten Nahrungsmittel liefern **komplexe Kohlenhydrate**. Sie enthalten neben den Kohlenhydraten auch reichlich Ballaststoffe. Sie sind deshalb keine Dickmacher, sondern verhindern die Entstehung von Übergewicht und die damit verbundenen Zivilisationskrankheiten.

Der Konsum von Zucker sowie zuckerhaltigen Speisen und Lebensmitteln soll knapp bemessen sein. Man nennt diese Kohlenhydrate auch **isolierte Kohlenhydrate**.

Ca. **40–50 g pro Tag** bei einem Erwachsenen sind genug! Dabei sind der sichtbare und der in Lebensmitteln und Getränken versteckte Teil zusammengerechnet (15 g = 1 EL).

Isolierte Kohlenhydrate haben den Nachteil, dass sie den Blutzuckerspiegel belasten. Dadurch kommt es zu Übergewicht. Dies führt wiederum zu Diabetes sowie Herz- und Kreislauferkrankungen (Herzinfarkt, Schlaganfall). Isolierte Zucker bewirken auch Karies.

Ballaststoffbedarf des Menschen

Der Tagesbedarf liegt bei ca. 30 g Ballaststoffen.

Ballaststoffe sind, wie bereits erwähnt, vor allem in Vollkornprodukten, Obst, Gemüse und Hülsenfrüchten enthalten. Viel Abwechslung in der Auswahl dieser Lebensmittel sichert den Bedarf an Ballaststoffen. Durch reichliche Flüssigkeitszufuhr wird es möglich, dass ihre Wirkung voll entwickelt wird.

Ballaststoffgehalt einiger Nahrungsmittel zur Deckung des Tagesbedarfs

Nahrungsmittel	Ballaststoffgehalt in g
2 Scheiben Vollkornbrot (100 g)	9 g
2 Semmeln (80 g)	1 g
2 Äpfel (200 g)	5 g
Grüne Bohnen (200 g)	6 g
Kartoffeln (200 g)	5 g
Karotten (100 g)	3 g

4.4 Nachweis der Kohlenhydrate

Nachweis von Traubenzucker

Mithilfe von Glukoseteststäbchen: Sie werden in die Testflüssigkeit gehalten.

Ergebnis: Findet eine farbliche Veränderung am Stäbchen statt (gelb–grün–rosa–violett, je nach der Konzentration von Traubenzucker), enthält die Flüssigkeit Traubenzucker.

Nachweis von Dextrinen

Mithilfe von Jodlösung.

Ergebnis: Dextrine ergeben eine Verfärbung von rot bis violett.

Nachweis von Stärke

Ebenfalls mit Jodlösung.

Ergebnis: Jod färbt Stärke blau bis violett.

Nachweis von Zellulose

Ebenfalls mit Jodlösung.

Ergebnis: Zellulose verfärbt sich durch die Jodlösung dunkelbraun.

Zusammenfassung: Kohlenhydrate (Saccharide)

Kohlenhydratbildung in der Pflanze
Durch die Fotosynthese: Aus CO_2, H_2O und Sonnenenergie wird im Blattgrün (Chlorophyll) Traubenzucker und Sauerstoff gebildet.

Arten
- Einfachzucker (Monosaccharide): Traubenzucker, Fruchtzucker, Schleimzucker.
- Zweifachzucker (Disaccharide): Rohr- und Rübenzucker, Malzzucker, Milchzucker.
- Vielfachzucker (Polysaccharide): Stärke, Dextrine, Zellulose, Pektine, Glykogen.

Isolierte Kohlenhydrate: Zucker, Auszugsmehle.
Komplexe Kohlenhydrate: Vollkornprodukte, Hülsenfrüchte, Kartoffeln usw.

Eigenschaften
- Einfachzucker, Zweifachzucker und Dextrine sind im Wasser löslich.
- Stärke, Zellulose und Pektine quellen auf.
- Einfachzucker sind durch Hefepilze oder Milchsäurebakterien vergärbar.
- Zucker ist Süßungsmittel (mit unterschiedlicher Süßkraft), wirkt konservierend und hat Bräunungsvermögen.

Bedeutung für den Menschen
- Energielieferant: 1 g Kohlenhydrate liefert 17 kJ.
- Vorratsstoff: in Form von Glykogen.
- Tagesbedarf: 55 bis 60 % des täglichen Energiebedarfs oder ca. 4 bis 6 g pro kg Körpergewicht.
- Ballaststoffbedarf: ca. 30 g Ballaststoffe täglich. Wichtig: reichliche Flüssigkeitszufuhr!
- Wirkungsweise der Ballaststoffe im menschlichen Körper:
  - Sie erhöhen die Kautätigkeit und den Speichelfluss,
  - sättigen besser und verzögern die Nährstoffaufnahme im Blut,
  - erhöhen die Darmbewegung und bewirken die Ausscheidung schädlicher Stoffe,
  - schützen die Darmschleimhaut.

Als **Kohlenhydratlieferanten** sind stärkehaltige Nahrungsmittel, wie Getreide, Getreideprodukte (vor allem Vollkornprodukte), Kartoffeln, Teigwaren, Hülsenfrüchte und Obst geeignet.

Fragen und Arbeitsaufgaben

1. Wie heißt das Wort für die Kohlenhydratbildung in der Pflanze? Beschreiben Sie kurz den Vorgang!
2. Welche Arten von Kohlenhydraten kennen Sie?
3. Nennen Sie die Eigenschaften der verschiedenen Kohlenhydratarten!
4. Welche Aufgaben haben die Kohlenhydrate im menschlichen Körper?
5. Wie hoch ist der Kohlenhydratbedarf des Menschen und welche Nahrungsmittel sind am besten geeignet, ihn zu decken?
6. Welche Wirkungsweise im menschlichen Körper haben Ballaststoffe?
7. Nennen Sie ballaststoffreiche Nahrungsmittel!

5 FETTE (LIPIDE)

Bewusst ausgewählt und maßvoll genossen sind Fette ein wichtiger Bestandteil unserer Ernährung.
Doch viele Menschen essen zu viel Fett. In Österreich übersteigt der Fettkonsum den Fettbedarf um das Doppelte. Dies führt zu Übergewicht und dadurch zu vielen Erkrankungen, zB Herz- und Kreislauferkrankungen. Sie stehen an der Spitze der Todesursachen.
Wie können Sie Ihren Fettkonsum reduzieren?

Fett ist der energiereichste Nährstoff. Es ist enthalten in:

- **tierischen Nahrungsmitteln:** Fleisch, Wurst, Eiern, Butter, Obers usw.;
- **pflanzlichen Nahrungsmitteln:** Öl, Nüsse, Samen, Margarine usw.

5.1 Bildung

Fette bestehen wie die Kohlenhydrate aus den Elementen Kohlenstoff (C), Wasserstoff (H) und Sauerstoff (O). Aus diesen Elementen werden die Bestandteile der Fette Glycerin und Fettsäuren gebildet.

- **Glycerin**: ist ein dreiwertiger Alkohol – $C_3H_5(OH)_3$.
- **Fettsäuren**: sind organische Säuren mit unterschiedlichem chemischen Aufbau.

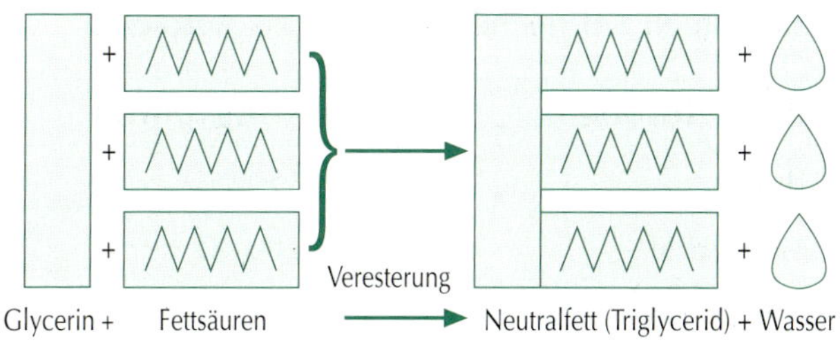

Fett entsteht, wenn an ein Molekül Glycerin drei Moleküle Fettsäuren angelagert werden – unter Abspaltung von drei Molekülen Wasser. Das entstandene Fett nennt man auch Neutralfett oder Triglycerid (Tri = drei Fettsäuren, Glycerid = Glycerin-Alkohol).

5.2 Arten

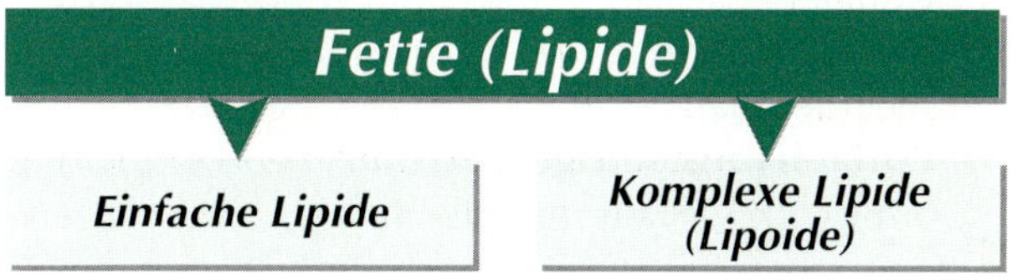

Einfache Lipide

Die unterschiedlichen Arten der Fette ergeben sich, wie bereits erwähnt, aus dem unterschiedlichen chemischen Aufbau der Fettsäuren. Die Fettsäuren unterscheiden sich hinsichtlich der Anzahl der Kohlenstoffatome und der Anzahl der Doppelbindungen. Der Aufbau der Fettsäuren hat Einfluss auf die Eigenschaften und die ernährungsphysiologische Bedeutung der Fette.

Arten der einfachen Lipide

Nach der Anzahl der Kohlenstoffatome
Durch die Anzahl der C-Atome ergibt sich die Länge der Fettsäureketten.

- **Kurzkettige** Fettsäuren enthalten 4 bis 6 C-Atome, zB Buttersäure im Milchfett.

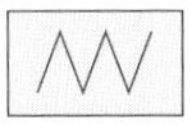

- **Mittelkettige** Fettsäuren enthalten 7–13 C-Atome.

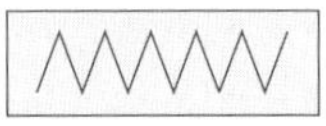

- **Langkettige** Fettsäuren enthalten 14 bis 20 C-Atome, zB Stearinsäure.

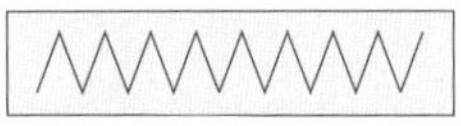

Nach der Anzahl der Doppelbindungen
Aus der Anzahl der Doppelbindungen ergeben sich gesättigte, einfach ungesättigte und mehrfach ungesättigte Fettsäuren.

- **Gesättigte Fettsäuren**
  Sie haben keine Doppelbindung, alle C-Atome sind mit je zwei H-Atomen gebunden; zB Stearinsäure, Palmitinsäure.
  Sie sind vorwiegend in tierischen Fetten, wie Speck, Talg, Schmalz, Butter usw., enthalten.

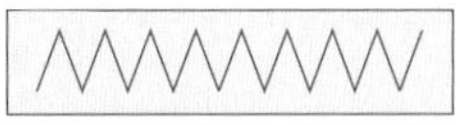

- **Ungesättigte Fettsäuren**
  Sie enthalten in der Kohlenstoffkette eine oder mehrere Doppelbindungen. In ihrer Strukturformel sind C-Atome mit einer Doppelbindung (=) gebunden und haben deshalb zwei H-Atome weniger.
  Nach der Anzahl der Doppelbindungen unterscheidet man:
  Einfach ungesättigte Fettsäuren (1 Doppelbindung), zB Ölsäure im Olivenöl.

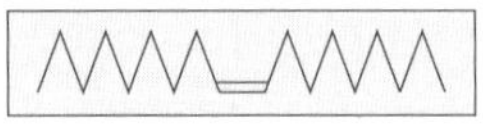

Mehrfach ungesättigte Fettsäuren (zwei und mehr Doppelbindungen), zB Linolsäure im Maiskeimöl. Diese Fettsäuren sind reaktionsfähiger als gesättigte Fettsäuren.

Mehrfach ungesättigte Fettsäuren werden auch als essenzielle (= lebensnotwendige) Fettsäuren bezeichnet. Sie müssen mit der Nahrung aufgenommen werden, da der Körper sie nicht selbst bilden kann. Sie sind vorwiegend in pflanzlichen Ölen (Distel-, Sonnenblumen-, Maiskeim-, Raps-, Kürbiskern-, Erdnussöl usw.) enthalten. Die wichtigste essenzielle Fettsäure ist die Linolsäure.

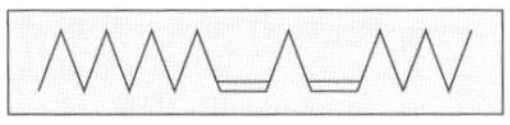

Eigenschaften

Löslichkeit
- Fette sind in Wasser unlöslich. Sie haben ein geringeres spezifisches Gewicht als Wasser und setzen sich daher an der Wasseroberfläche ab.
- In Benzin und Alkohol sind Fette jedoch löslich (Ölgewinnung durch Extrahieren).
- Fette sind aber selbst Lösungsmittel für die fettlöslichen Vitamine.

Schmelzpunkt
Als Schmelzpunkt bezeichnet man jene Temperatur, bei der festes Fett flüssig wird. Der Schmelzpunkt der Fette wird bestimmt durch:
- Anzahl der Kohlenstoffatome in der Fettsäure: Kurzkettige Fettsäuren haben einen niedrigeren Schmelzpunkt als langkettige. Der Schmelzpunkt steigt also mit der Anzahl der C-Atome.
- Anzahl der Doppelbindungen in der Fettsäure: Je mehr Doppelbindungen, desto flüssiger ist das Fett (Öl). Der Schmelzpunkt sinkt mit der Anzahl der Doppelbindungen.

Fette mit niedrigerem Schmelzpunkt sind leichter verdaulich, da sie leichter aufgespalten und aufgenommen werden können.

Bezeichnung	Schmelztemperatur
Pflanzenöle	5–18 °C
Pflanzenmargarine	ca. 25 °C
Butter	30–35 °C
Schweineschmalz	35–40 °C
Kokosfett, gehärtet	bis ca. 45 °C

Siedetemperatur, Rauchpunkt, Zersetzungspunkt
Beim Erhitzen der Fette bräunen Speisen und es bilden sich Röststoffe. Bei Überhitzung der Fette kommt es zur Spaltung in Glycerin und freie Fettsäuren und anschließend entsteht ein gesundheitsschädliches, stechend riechendes Gas, das Acrolein.

Bezeichnung	Zersetzungspunkt
Butter	150 °C
Margarine	180 °C
Pflanzenöle	190 °C
Gehärtete Fette	260–290 °C

Verderblichkeit
Fette verderben durch Einwirken von Sauerstoff, Licht, Wärme, Metallen und Bakterien. Dabei werden die Fette in ihre Bestandteile Glycerin und Fettsäuren zerlegt. Sie erhalten dadurch einen ranzigen Geruch und Geschmack.
Ranzige Fette wirken zerstörend auf die Vitamine A, C, D, B_6. Das Ranzigwerden der Fette kann durch Zugabe von Vitamin E verzögert werden.
Fette immer kühl, trocken, licht- und luftgeschützt lagern.

Emulgierbarkeit
Fette sind in Wasser nicht löslich. Sie können sich aber in Flüssigkeiten tröpfchenartig verteilen. Es entsteht eine Emulsion.

- Öl-Wasser-Emulsionen (Fett in Wasser): zB Milch.
- Wasser-Öl-Emulsionen (Wasser in Fett): zB Butter, Margarine.

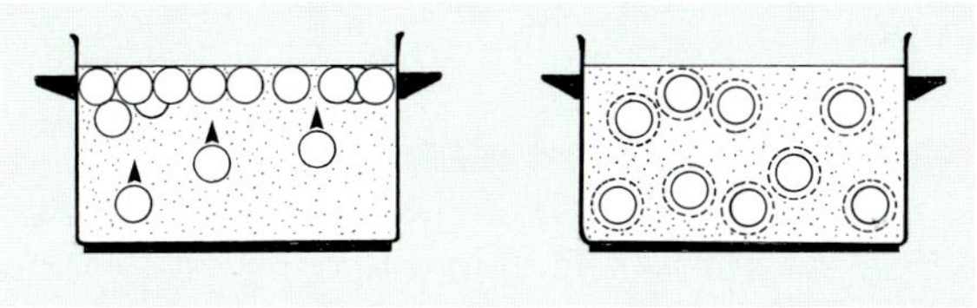

Die Beständigkeit einer Emulsion wird durch den Zusatz eines Emulgators erreicht. Das ist ein Stoff, der die Fett-Tröpfchen umhüllt und das Aufsteigen verhindert, zB Lecithin im Eidotter (bei der Herstellung von Majonäse).
Emulgierte Fette sind leichter verdaulich, da die Verdauungssäfte diese leichter spalten können.

Fetthärtung
Gesättigte Fette haben einen höheren Schmelzpunkt als ungesättigte. Durch Wasserstoffanlagerung werden ungesättigte Fettsäuren in gesättigte umgewandelt, der Schmelzpunkt wird erhöht. Durch diesen Vorgang können flüssige Öle (zB Soja-, Sonnenblumen-, Erdnuss-, Palmöl) in feste Fette übergeführt werden (siehe Kap. II / 5.2 Pflanzenöle).

Komplexe Lipide (Lipoide)

Sie haben einen komplizierten, den Fetten ähnlichen chemischen Aufbau, enthalten zudem aber noch Stickstoff und Phosphor.

Arten der komplexen Lipide

Lecithin
Es ist Baustoff für Gehirn- und Nervenzellen und ist im Dotter, Obers und in Getreidekeimen enthalten. Lecithin dient als Emulgator bei der Margarine- und Majonäseherstellung.

Cholesterin
Es ist ein wichtiger Baustein der Zellwände, der Gallensäure, von Hormonen und für die Bildung von Vitamin D. Cholesterin ist nur in tierischen Nahrungsmitteln, wie in Butter, im Obers und in anderen fetten Milchprodukten, im Dotter, in Innereien, in fettem Fleisch und in fetter Wurst, enthalten.
Der menschliche Körper bildet aber auch selbst bei Bedarf Cholesterin. Sind die Cholesterinwerte im Blut erhöht, wird die Gefäßverkalkung dadurch beschleunigt. Das hat wiederum die Entstehung von Herz- und Kreislauferkrankungen zur Folge.

Carotin
Es ist die Vorstufe von Vitamin A und in Karotten, im Dotter, im Spinat, in der Petersilie usw. enthalten. Carotin wird im Körper zu Vitamin A umgewandelt (siehe auch Kap. I / 9.1 Arten / Fettlösliche Vitamine). Es dient auch als gelber Lebensmittelfarbstoff.

Ergosterin
Es ist die Vorstufe des Vitamins D_2 und ist im Weizenkeimöl, im Kohl, im Spinat, in Pilzen, in der Hefe enthalten.

5.3 Bedeutung für den Menschen

Aufgaben der Fette

Brennstoff
Fette dienen dem Körper, ähnlich wie die Kohlenhydrate, hauptsächlich als Energielieferant (Brennstoff). Sie werden in den Zellen zur Energiegewinnung abgebaut. Überschüssiges Fett wird als Reserve eingelagert und als Übergewicht sichtbar.

Baustoff
Unser Körper braucht, wie bereits erwähnt, mehrfach ungesättigte (essenzielle) Fettsäuren. Sie sind vor allem in den hochwertigen pflanzlichen Ölen (Maiskeim-, Sonnenblumen-, Distel-, Raps-, Sojaöl usw.) enthalten. Ein Mangel kann zu schweren Stoffwechselstörungen führen.

Die essenziellen Fettsäuren erfüllen im Körper wichtige Aufgaben:

- Aufbau der Zellstrukturen
- Bausteine für Hormone
- Senkung des Blutcholesterinspiegels

Vorratsstoff
Überschüssige Fette werden in den Fettgewebszellen als Depotfett gelagert. Bei einem ständigen Zuviel an Fetten in der Nahrung werden die Speicher im Unterhautfettgewebe vergrößert, es kommt zu Übergewicht. Das bedeutet eine große Belastung für Herz, Kreislauf, Skelett und Stoffwechsel.
Bei einem Mangel an Brennstoffen im Körper wird das Depotfett wieder abgebaut und zur Energieversorgung herangezogen.

Schutzstoff

Eine bestimmte Menge an Depotfetten im Unterhautfettgewebe schützt den Körper gegen Wärmeverlust nach außen und äußere Einflüsse wie Druck oder Stoß. Viele innere Organe sind häufig, ebenfalls zum Schutz, in Fettgewebe eingebettet; zB Nieren, Augen, Gehirn.

Träger fettlöslicher Vitamine

Die fettlöslichen Vitamine A, D, E und K und das Provitamin Carotin können nur mithilfe von geringen Fettmengen aus dem Darm aufgenommen werden. Meistens sind diese Vitamine in Nahrungsmitteln enthalten, die ohnedies fetthältig sind.

Fettbedarf des Menschen

1 g Fett liefert dem Körper 37 kJ.

Fette enthalten also pro Gramm mehr als doppelt so viel Energie wie Kohlenhydrate oder Eiweißstoffe. Sie sind konzentrierte Energieträger.

Der Fettbedarf richtet sich nach dem Energiebedarf des Menschen. Er ist abhängig vom Alter, Körpergewicht, von der Art der körperlichen Betätigung und von der Außentemperatur.

25–30 % der Gesamtenergiezufuhr sollen durch Fett gedeckt werden. Der durchschnittliche **Tagesbedarf** liegt bei **0,8 g Fett pro kg Körpergewicht**.

Der Bedarf an essenziellen Fettsäuren liegt bei ca. 10 g pro Tag. Dieser Bedarf wird am besten durch die Verwendung hochwertiger Pflanzenöle für Salate oder Rohkost gedeckt. Durch hohe Temperaturen beim Braten oder Backen werden essenzielle Fettsäuren zerstört.

Empfohlene Tagesfettbedarfsdeckung

Kochfett: Pflanzliche Öle, Speisefett	ca. 15 g
Streichfett: Butter, Margarine	ca. 20 g
Verstecktes Fett: Fleisch und Wurst, Milch und Milchprodukte, Süßigkeiten, Süßspeisen, Nüsse, Majonäse usw.	ca. 30 g
Gesamtfettzufuhr/Tag	**ca. 65 g**

Die derzeit in Westeuropa konsumierte Menge von durchschnittlich etwa 130 g Fett pro Tag ist doppelt so hoch wie die empfohlenen Werte. Hauptverantwortlich für diese hohe Fettzufuhr sind die versteckten Fette, die in Lebensmitteln kaum auffallen.

Den täglichen Fettkonsum vermindern

- Mit Koch- und Streichfetten (das ist das sichtbare Fett – Butter, Margarine, Öl usw.) sparen.
- Fettreiche Lebensmittel (fette Fleisch- und Wurstwaren, Milchprodukte, Eier, Knabberartikel, Back- und Süßwaren, Nüsse) nur in kleinen Mengen verzehren.
- Fettarme Produkte wählen, dh. auf den Fettgehalt der verschiedenen Nahrungsmittel achten.
- Fettarme Zubereitungsarten bevorzugen (dämpfen, dünsten, grillen, braten im Rohr, Tontopf oder in der Bratfolie; nur selten in schwimmendem Fett backen).

5.4 Nachweis der Fette

Nachweis mittels Fließpapier

Gemahlene Nüsse auf ein Löschblatt geben und ein wenig auf dem Papier verreiben.
Ergebnis: Das Fett in den Nüssen erzeugt einen Fettfleck.
Ist Fett in größeren Mengen in einem Lebensmittel enthalten, so kann es mit Fließpapier nachgewiesen werden.

Nachweis durch Extrahieren

In ein Reagenzglas geriebene Nüsse mit Benzin geben, die Probe schütteln und dann ca. 15 Minuten stehen lassen. Anschließend die Probe filtrieren.
Ergebnis: Mit Benzin kann aus Nahrungsmitteln Fett herausgelöst werden. Fett ist in Benzin löslich.

Nachweis unterschiedlicher Fette mittels Schmelzpunkt

Unterschiedliche Fette in Reagenzgläser geben und nacheinander im Wasserbad bis zum Schmelzpunkt erwärmen. Mit einem Thermometer die Temperatur im flüssigen Fett messen.
Ergebnis: Die unterschiedlichen Fette haben verschiedene Schmelzpunkte (durch unterschiedliche Fettsäuren).

Nachweis durch Ranzigwerden

Fetthaltige Nahrungsmittel auf eine Glasplatte geben und anschließend auf einen warmen, sonnigen Platz legen. Nach einigen Stunden oder nach drei bis vier Tagen (je nach Nahrungsmittel) mit Lackmuspapier prüfen.
Ergebnis: Das Lackmuspapier verfärbt sich rot durch die Anwesenheit freier Fettsäuren, die bei der Zersetzung der Fette durch Licht und Luftsauerstoff entstehen.

Zusammenfassung: Fette (Lipide)

Bildung
Fette bestehen aus drei Elementen: Kohlenstoff, Wasserstoff, Sauerstoff.
Bausteine der Fette sind Glycerin (Alkohol) und Fettsäuren. Glycerin und drei Fettsäuren ergeben Triglycerid (Neutralfett) und Wasser.

Einfache Lipide – Arten der Fettsäuren
Die Fettsäuren in den Fetten unterscheiden sich:
- Nach der Anzahl der Kohlenstoffatome: kurz-, mittel- und langkettige Fettsäuren.
- Nach der Anzahl der Doppelbindungen: gesättigte, einfach und mehrfach ungesättigte Fettsäuren.

Eigenschaften
- Löslichkeit: in Benzin oder Alkohol.
- Schmelzpunkt: wird bestimmt durch die Art der Fettsäuren.
  Der Schmelzpunkt steigt mit der Anzahl der C-Atome (langkettige Fettsäuren) und er sinkt mit der Anzahl der Doppelbindungen (mehrfach ungesättigte Fettsäuren).
- Siedepunkt, Rauchpunkt, Zersetzungspunkt werden erreicht durch Überhitzung.
- Verderblichkeit: Ranzigwerden durch Sauerstoff, Licht, Wärme, Metalle und Bakterien. Wichtig: richtige Lagerung!
- Emulgierbarkeit: Durch Zugabe eines Emulgators (zB Lecithin) entsteht eine beständige Mischung aus Fett und Wasser => Emulsion (zB Milch, Butter, Margarine).
- Fetthärtung: Ungesättigte Fettsäuren werden durch Anlagerung von Wasserstoff zu gesättigten Fettsäuren.

Komplexe Lipide (Lipoide)
Komplizierter, den Fetten ähnlicher chemischer Aufbau, zusätzlich Phosphor und Stickstoff.
- Lecithin: Emulgator
- Cholesterin: Bestandteil des tierischen Fettes
- Carotin: Vorstufe von Vitamin A
- Ergosterin: Vorstufe von Vitamin D

Bedeutung für den Menschen
- Brennstoff – Energielieferant: 1 g = 37 kJ.
- Baustoff: Fett ist Träger essenzieller (dh. lebensnotwendiger) Fettsäuren zum Aufbau der Zellwände und zur Bildung von Hormonen.
- Vorratsstoff: Überschüssige Fette werden als Depotfett in den Fettgewebszellen eingelagert.
- Schutzstoff gegen Wärmeverlust und für innere Organe (zB Nieren, Augen, Gehirn).
- Träger der fettlöslichen Vitamine A, D, E, K und des Provitamins Carotin.

Fettbedarf
30 % des Gesamtenergiebedarfes oder 0,8 g pro kg Körpergewicht; Deckung durch Kochfett, Streichfett und versteckte Fette, vor allem durch hochwertige Pflanzenfette.

Fragen und Arbeitsaufgaben

1. Wie heißen die Bausteine der Fette?
2. Welche Arten der Fettsäuren gibt es?
3. Welche Eigenschaften der Fette sind von Bedeutung?
4. Nennen Sie komplexe Lipide!
5. Was versteht man unter Fetthärtung?
6. Welche Aufgaben erfüllen die Fette im menschlichen Körper?
7. Wie hoch ist der Fettbedarf des Menschen und wie wird er am sinnvollsten gedeckt?

6 EIWEISS-STOFFE (PROTEINE)

Eiweißstoffe sind die Grundlagen allen Lebens. Eiweiß ist ein wichtiger Baustoff, der zum Aufbau und zur Erneuerung der Körpersubstanz dient. Der Organismus besteht aus 50000 verschiedenen Eiweißarten. Wir nehmen täglich Eiweiß über tierische und pflanzliche Lebensmittel auf. Kennen Sie wichtige Eiweißlieferanten?

Eiweißstoffe oder Proteine sind die eigentlichen Baustoffe unseres Körpers. Jede Zelle besteht aus Eiweiß. Eiweißstoffe sind vor allem enthalten in

- **tierischen Nahrungsmitteln:** in Milch, Eiern, Fisch, Fleisch und in
- **pflanzlichen Nahrungsmitteln:** in Hülsenfrüchten und in geringeren Mengen in Nüssen, Brot und anderen Getreideprodukten sowie Kartoffeln.

6.1 BILDUNG

Eiweißstoffe bestehen aus den Elementen Kohlenstoff (C), Wasserstoff (H), Sauerstoff (O) und zusätzlich aus Stickstoff (N), manchmal auch aus Schwefel und Phosphor.

Nur Pflanzen und einige Mikroorganismen können aus diesen Elementen Eiweißstoffe aufbauen. Tiere bauen das im Futter enthaltene Eiweiß zu körpereigenem Eiweiß um. Der Mensch kann sowohl aus pflanzlichen als auch aus tierischen Eiweißstoffen Körpereiweiß aufbauen.

Die Grundbausteine der Eiweißstoffe sind die **Aminosäuren**.

Für unseren Körper sind 20 verschiedene Aminosäuren von Bedeutung. Acht davon sind für den Menschen **essenziell**. Sie müssen mit der Nahrung zugeführt werden, weil der Körper sie selbst nicht aufbauen kann. Die Aminosäuren verbinden sich zu Ketten, die man **Peptide** nennt.

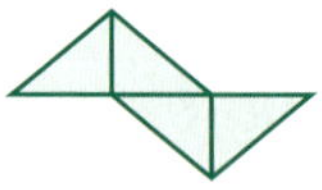

Sind an der Kettenbildung mehr als 100 Aminosäuren beteiligt, so entstehen **Eiweißstoffe (Proteine)**.

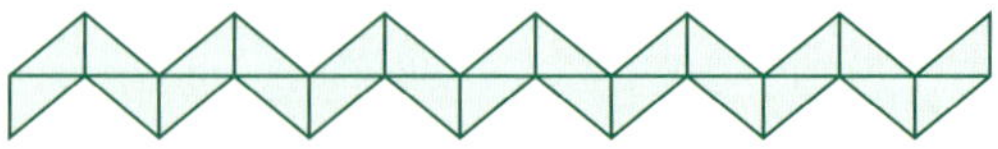

6.2 Arten

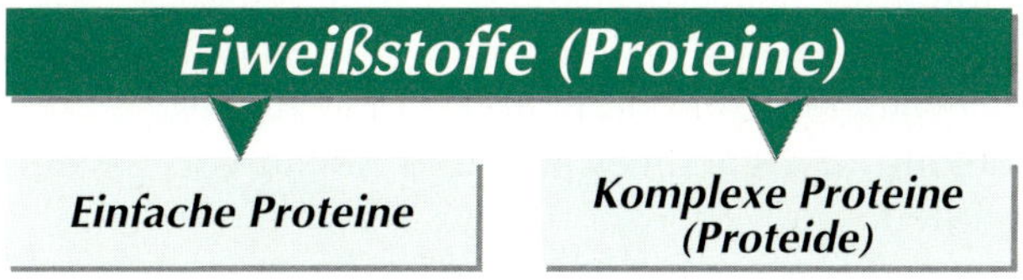

Einfache Proteine

Arten und Eigenschaften der einfachen Proteine

Albumine
Sie sind im Ei, im Fleisch, im Fisch, in der Milch, im Getreide, in Hülsenfrüchten, im Gemüse und in Kartoffeln in geringen Mengen enthalten.

- Sie sind wasserlöslich, dh. sie gehen beim Kochen ins Kochwasser über.
- Bei 70 °C gerinnen die Albumine (Eiweißstoffe werden fest).
- Sie sind im Körper im Blut, Zellplasma und in Enzymen enthalten.

Globuline
Sie kommen gemeinsam mit den Albuminen im Fleisch, im Fisch, in der Milch, im Ei, in Hülsenfrüchten, in Nüssen und in geringen Mengen in Kartoffeln vor.

- Sie sind nicht wasserlöslich, sondern nur in verdünnten Salzlösungen löslich.
- Sie gerinnen bei 70 °C.
- Sie sind im Körper im Blut, in Enzymen, Hormonen und Zellen enthalten.

Gluten (Klebereiweiß)
Es ist in den Getreidesorten Weizen, Dinkel, Grünkern, Roggen, Hafer und Gerste sowie in den daraus erzeugten Produkten (Mehl usw.) enthalten. Die Getreidesorten enthalten unterschiedliches Klebereiweiß (zB Weizen enthält Gliadin und Glutenin).

- Es ist nicht im Wasser löslich (Ausnahme: Klebereiweiß des Roggens), sondern quillt auf und bindet Wasser. Das ist eine wichtige Eigenschaft bei der Teigherstellung – Gluten bewirkt die gute Backeigenschaft und ergibt einen formbaren und zähen Teig.
- Bei 70 °C gerinnen die Klebereiweißstoffe und bilden das Teiggerüst. Sie bewirken die Teiglockerung durch Einschließen der Gärgase im Brot und Gebäck.
- Das Gluten von Weizen, Dinkel, Grünkern, Roggen, Hafer und Gerste ist Auslöser für die Stoffwechselstörung Zöliakie (siehe Kap. I / 13.4 Zöliakiediät).

Kollagene
Sie sind in Fleisch, im Fisch und in Knochen enthalten.

- Sie sind wasserunlöslich, werden aber durch längeres Kochen (zB von Knochen, Knorpeln, Gräten und Häuten) ausgelaugt.
- Kollagene sind leimbildend; beim Abkühlen bildet sich eine gallertartige Substanz (Gelatine).

Komplexe Proteine (Proteide)

Eiweißstoffe, die außer Aminosäuren noch andere Stoffe enthalten, werden als Proteide bezeichnet. Am Aufbau der Proteide können beteiligt sein: Phosphorsäure, Lipoide, Polysaccharide, Farbstoffe, Metall.

Arten der komplexen Proteine

Casein
Es besteht aus Protein und Phosphorsäure und ist hauptsächlich in Milch und Milchprodukten (Haupteiweißstoff der Milch) enthalten. Casein gerinnt durch Säure, zB Milchsäure (bei Sauermilch und Topfen), Magensalzsäure (im Magen bei der Verdauung) oder durch das Enzym Lab (ebenfalls im Magen).

Lipoproteide
Sie bestehen aus Protein und einer Fettkomponente. Sie kommen in verschiedenen Arten im Blut vor und transportieren das Fett im Blut (Cholesterin und Triglyceride).

Schleimstoffe
Diese bestehen aus Protein und Kohlenhydraten. Sie kommen im Speichel, in allen Schleimhäuten sowie in den Gelenken vor.

Hämoglobin
Das ist der rote Blutfarbstoff. Hämoglobin besteht aus Eiweiß und dem eisenhältigen Farbstoff Häm. Es ist wichtig für den Sauerstofftransport von der Lunge zu den Zellen.

Myoglobin
Das ist der rote Muskelfarbstoff. Es regelt die Sauerstoffversorgung des Muskelgewebes.

Chlorophyll (Blattgrün)
Hierbei handelt es sich um den grünen Pflanzenfarbstoff, der die Fotosynthese ermöglicht.

6.3 Eigenschaften

Gerinnungsvermögen (Denaturierung)

Eiweißstoffe denaturieren, gerinnen oder flocken aus, dh. lösliche Eiweißstoffe (Albumine und Globuline) gehen in eine unlösliche Form über (Koagulation). Das Eiweiß wird fest. Geronnenes Eiweiß ist leichter verdaulich. Die vollständige Denaturierung ist nicht mehr rückgängig zu machen.

Das Gerinnen von Eiweißstoffen ist auf drei Arten möglich:

- Durch Hitze (bei 70 °C): zB Festwerden des Eiklars, Bildung von Milchhaut, Gerinnung des Klebers bei der Teigherstellung.
- Durch Zusatz von Säuren oder Laugen: in der Lebensmittelproduktion, zB bei der Herstellung von Milchprodukten und Käse.
- Durch Lab: Dieses Enzym bewirkt die säurefreie Gerinnung der Milch (in der Käseerzeugung).

Wasserbindungsvermögen

Eiweißstoffe können Wasser binden. Klebereiweiß gerinnt beim Backen und nimmt dabei ein Mehrfaches seines Gewichtes an Wasser auf. Zusammen mit Stärke entsteht das Teiggerüst.

Bräunungsvermögen

Beim Erhitzen über 100 °C gerinnen und bräunen die Eiweißstoffe an den Randschichten.

Auslaugbarkeit

Wasserlösliche Eiweißstoffe (Albumine) werden aus Nahrungsmitteln ausgelaugt.

Verderbbarkeit

Eiweißreiche Nahrungsmittel verderben leicht. Bakterien und Enzyme verändern die Eiweißstoffe bis zur Zersetzung.

6.4 Bedeutung für den Menschen

Aufgaben der Eiweißstoffe

Jedes Lebewesen besitzt in seinen Zellen Eiweißstoffe, die nach einem genauen Plan aufgebaut sind (arteigene Eiweißstoffe). Die gesamten Aminosäuren ergeben nahezu unbegrenzte Aufbaumöglichkeiten. Die verschiedenen Aminosäuren werden je nach Eiweißart in einer ganz bestimmten Reihenfolge aneinander gekettet.

Baustoff

Bei der Verdauung werden die Eiweißstoffe der Nahrung in die kleinsten Bausteine, die Aminosäuren, zerlegt, aus denen der Mensch sein arteigenes Eiweiß in allen Körperzellen aufbaut: Eiweißstoffe für das Blut, für das Gewebe, für Enzyme und für Hormone. Eiweißstoffe dienen zum Aufbau der Körpermasse im Wachstum der Kinder und während der Schwangerschaft und beim Heilungsprozess. Es findet also ein ständiger Auf- und Abbau von Eiweißstoffen statt.

Energielieferant

Werden Eiweißstoffe über den Bedarf gegessen, so dienen sie nicht mehr als Baustoff, sondern sie werden zur Energiegewinnung abgebaut. Auch bei Kohlenhydratmangel dienen Eiweißstoffe zur Energiegewinnung.

Eiweißbedarf des Menschen

1 g Eiweiß liefert 17 kJ.

Der durchschnittliche **Tagesbedarf** an Eiweiß liegt beim Erwachsenen bei **0,8 g pro kg Körpergewicht** oder **10–12 % des gesamten Energiebedarfes**.

Erhöhter Eiweißbedarf besteht:

- bei Schwangeren und stillenden Müttern;
- bei Kindern und Jugendlichen zur Neubildung von Körpersubstanz im Wachstum;
- beim Heilungsprozess;
- mit zunehmendem Alter, um den Alterungsprozess zu bremsen.

Die notwendigen Mengen eines Erwachsenen von 45–60 g Eiweiß pro Tag lassen sich sehr schnell erreichen. Bei der Bedarfsdeckung muss aber nicht nur die Menge an zugeführtem Eiweiß, sondern auch die biologische Wertigkeit der Proteine beachtet werden.

Biologische Wertigkeit der Eiweißstoffe

Die biologische Wertigkeit gibt an, wie viel Gramm körpereigenes Eiweiß der Mensch aus 100 g Nahrungsmitteleiweiß aufbauen kann.

Je mehr ein Nahrungsmittel essenzielle Aminosäuren enthält, desto höher ist seine biologische Wertigkeit. Die Aminosäure, die am wenigsten vorhanden ist, bestimmt die biologische Wertigkeit. Sie begrenzt diese und wird als limitierende Aminosäure bezeichnet. Durch Kombination von Eiweißstoffen verschiedener Nahrungsmittel kann die biologische Wertigkeit erhöht werden (= biologischer Ergänzungswert). Eine besonders gute Ergänzungswirkung ergibt sich durch die gemeinsame Aufnahme von tierischem und pflanzlichem Eiweiß.

Biologische Wertigkeit von Milchprotein

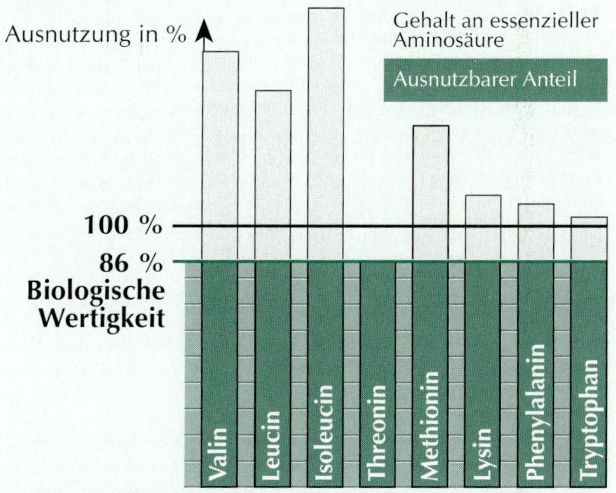

Aus 100 g Milcheiweiß können 86 g Körpereiweiß aufgebaut werden. 100 g Milcheiweiß sind in rund 3 l Milch enthalten! Die limitierende Aminosäure ist Threonin. Sie begrenzt die biologische Wertigkeit auf 86%.

Tierisches Eiweiß ist dem menschlichen Eiweiß im Aufbau ähnlich. Es enthält mehr essenzielle Aminosäuren und hat deshalb eine hohe biologische Wertigkeit. Pflanzliches Eiweiß enthält im Durchschnitt weniger essenzielle Aminosäuren. Trotzdem ist es sinnvoll, den pflanzlichen Nahrungsmitteln den Vorzug zu geben, da diese wesentlich ausgewogener in der Zusammensetzung der Nährstoffe sind. Sie enthalten außerdem wichtige Kohlenhydrate und Ballaststoffe, dafür aber weniger Fett und kein Cholesterin.

Nahrungsmittel	Biologische Wertigkeit
Eier	94 %
Milch	86 %
Fisch	80 %
Fleisch	76 %
Hefe (frisch)	69 %
Kartoffeln	67 %
Weizenmehl	35 %
Hülsenfrüchte	30 %

Einen guten Ergänzungswert ergeben:
- Kartoffeln mit Ei, Milchprodukten, Fisch oder Fleisch.
- Getreideprodukte mit Milchprodukten, Ei, Fleisch, Fisch.
- Hülsenfrüchte mit Ei, Fisch oder Fleisch, Getreide- oder Milchprodukten.

Die Eiweißzufuhr der österreichischen Bevölkerung ist zu hoch, es wird zu viel tierisches und zu wenig pflanzliches Eiweiß zugeführt.

Die richtige Menge lässt sich erreichen, wenn Fleisch und Wurstwaren eingeschränkt werden. Zwei- bis dreimal pro Woche eine kleine Portion mageres Fleisch (max. 150 g/Portion) und zwei- bis dreimal magere Wurst (max. 50 g) und eine Portion eines Milchproduktes sind ausreichend. Mindestens einmal pro Woche magerer Fisch und bis zu drei Eier pro Woche sollen auf dem Speiseplan stehen. Vor allem Hülsenfrüchte (Sojabohnen, Erbsen, Linsen und Bohnen) tragen zur Deckung des pflanzlichen Eiweißbedarfes bei und sollten viel häufiger gegessen werden.

Werden mengenmäßig zu viele Eiweißstoffe verzehrt, so werden die Nieren überlastet, weil sie die Abbauprodukte der Eiweißstoffe ausscheiden (Stickstoff).

6.5 Nachweis der Eiweiss-Stoffe

Nachweis von Casein

In Milch etwas Zitronensaft oder Essigsäure geben und die Probe ca. fünf Minuten stehen lassen. Anschließend durch einen Filter geben.
Ergebnis: Die Eiweißstoffe der Milch (Casein) gerinnen (flocken aus) und bleiben im Filter. Die klare Flüssigkeit, die zurückbleibt, nennt man Molke.

Nachweis von Albumin und Globulin

Molke (Rückstand aus dem ersten Versuch) zum Kochen bringen und das Aussehen beobachten.
Ergebnis: Die klare Flüssigkeit (Molke) wird weiß, dh. durch Hitze gerinnen die Albumine und Globuline. Sie werden deshalb auch als Hitzeeiweiß bezeichnet.

Nachweis von Klebereiweiß

Weizenmehl mit Wasser verkneten, anschließend unter fließendem Wasser vorsichtig die Stärke herauswaschen.
Ergebnis: Das Klebereiweiß bildet mit Wasser eine zähe, dehnbare Masse.

Zusammenfassung: Eiweißstoffe (Proteine)

Bildung
Aus den Elementen Kohlenstoff, Wasserstoff, Sauerstoff, Stickstoff (Schwefel, Phosphor).
Die Bausteine der Eiweißstoffe sind Aminosäuren. Es gibt 20 Aminosäuren, davon sind acht essenziell.

Arten
- Einfache Proteine: Albumine, Globuline, Gluten (Klebereiweiß) und Kollagene. Sie bestehen nur aus Aminosäuren.
- Komplexe Proteine (Proteide): Casein, Lipoproteide, Schleimstoffe, Hämoglobin, Myoglobin, Chlorophyll. Das sind zusammengesetzte Eiweißstoffe und sie enthalten außer Aminosäuren noch weitere Stoffe.

Eigenschaften
- Gerinnungsvermögen: Eiweißstoffe gerinnen durch Hitze, durch Zugabe von Säuren oder Laugen oder durch das Enzym Lab.
- Wasserbindungsvermögen: Eiweißstoffe binden Wasser (bewirkt die Backeigenschaft) und bewirken die Teiglockerung.
- Bräunungsvermögen: Eiweißstoffe bräunen beim Erhitzen über 100 °C.
- Auslaugbarkeit.
- Rasche Verderbbarkeit.

Bedeutung für den Menschen
- Baustoff für jede Zelle.
- Bei Bedarf auch Energielieferant: Überschüssiges Eiweiß wird zur Energiegewinnung abgebaut. Bei Kohlenhydratmangel werden Eiweißstoffe in Energie umgewandelt.
- 1 g Eiweiß sind 17 kJ.
- Tagesbedarf: 0,8 g pro kg Körpergewicht oder 10–12 % des gesamten Energiebedarfs.

Die **biologische Wertigkeit** der Eiweißstoffe gibt an, wie viel Gramm körpereigenes Eiweiß der Mensch aus 100 g Nahrungsmitteleiweiß aufbauen kann.
Die Kombination der tierischen und pflanzlichen Eiweißstoffe ergibt die höchste biologische Wertigkeit, wobei der pflanzliche Anteil größer sein soll.

Geeignet als Eiweißlieferanten sind in mäßigen Mengen magere Fleisch- und Wurstwaren, Fisch, Milch- und Milchprodukte, Eier (tierische Eiweißlieferanten) und pflanzliche Eiweißstoffe wie Getreide und Getreideprodukte, Kartoffeln und vor allem Hülsenfrüchte.

Fragen und Arbeitsaufgaben

1. Wie heißen die Grundbausteine der Eiweißstoffe?
2. Welche Eiweißarten kennen Sie?
3. Was verstehen Sie unter Proteiden? Nennen Sie einige Beispiele!
4. Welche Eigenschaften haben die Eiweißstoffe?
5. Welche Aufgaben erfüllen die Eiweißstoffe im menschlichen Körper?
6. Wie hoch ist der tägliche Eiweißbedarf des Menschen?
7. Was verstehen Sie unter der biologischen Wertigkeit der Eiweißstoffe?
8. Wie lässt sich der Eiweißbedarf des Menschen am sinnvollsten decken?

7 WASSER

Ohne Wasser gibt es kein Leben! Wasser ist ein kostbares, für den Menschen unentbehrliches Gut.
Haben Sie sich angesichts der laufenden Berichte über Umweltverschmutzung schon Gedanken über eine gesicherte Versorgung mit sauberem Trinkwasser gemacht?

Der menschliche Körper besteht etwa zu 65 % aus Wasser.

Ohne ausreichende Wasserzufuhr kann man nur wenige Tage überleben. Wasser ist auch in fast allen Nahrungsmitteln enthalten. Wasser enthält zum Unterschied von Kohlenhydraten, Fett und Eiweißstoffen keine Energie (Joule).

7.1 ZUSAMMENSETZUNG

Wasser zählt zu den anorganischen Nahrungsbestandteilen. Ein Molekül Wasser setzt sich aus zwei Atomen Wasserstoff (H) und einem Atom Sauerstoff (O) – zusammen = **H_2O**.

7.2 QUALITÄTSKRITERIEN FÜR TRINKWASSER

Trinkwasser ist für den menschlichen Genuss geeignet und muss speziellen Qualitätsanforderungen entsprechen. Zu 98 % wird die Trinkwasserversorgung in Österreich durch Quell- und Grundwasser gedeckt; es kann meist ohne besondere Behandlung getrunken werden. Grundwasser wird auf seinem langen unterirdischen Weg gereinigt und eventuell mit Mineralstoffen und Kohlensäure angereichert. Der Rest wird aus Oberflächenwasser (Flüsse, Seen) gewonnen und muss entkeimt bzw. chemisch aufbereitet werden.

Anforderungen an das Trinkwasser

- Es soll einen angenehmen und erfrischenden Geschmack haben.
- Es soll klar, farb- und geruchlos sein.
- Es soll gelöste Mineralstoffe enthalten.
- Es muss frei von krankheitserregenden Keimen sein.
- Es darf nur begrenzt Schwermetalle, Nitrat, organische Lösungsmittel, Schädlings- und Unkrautbekämpfungsmittel enthalten (Grenzwert bei Nitrat: 50 mg pro Liter).

Die Eignung des Wassers als Trinkwasser ist im Österreichischen Lebensmittelbuch sowie in einigen Verordnungen (zB Nitrat-, Pestizidverordnung) geregelt und wird von den Gesundheitsbehörden überprüft. Die Verwendung von Wasser aus hauseigenen Brunnen für gewerbliche Zwecke unterliegt einer behördlichen Genehmigung.

7.3 Eigenschaften

Siedepunkt

Wasser siedet bei normalem Luftdruck bei 100 °C und wird dabei gasförmig (Dampf). Durch Druckerhöhung kann der Siedepunkt erhöht werden (zB im Druckkochtopf).

Gefrierpunkt

Wasser gefriert bei 0 °C und dehnt sich dabei aus. Zucker und Salz setzen den Gefrierpunkt herab.

Lösungsmittel

Wasser ist ein sehr gutes Lösungsmittel für Stoffe wie Salz, Zucker, Farb- und Geschmacksstoffe, aber auch – was oft nicht erwünscht ist – für Albumine, wasserlösliche Vitamine und Mineralstoffe. Heißes Wasser löst schneller als kaltes Wasser. Beim Kochen im Wasser entstehen Nährstoffverluste durch Herauslösen.

Quellvermögen

Wasser lässt verschiedene Nahrungsmittel aufquellen, zB Mehl (bei der Teigbereitung), getrocknete Nahrungsmittel (Trockenobst, Blattgelatine, Gemüse nehmen beim Einweichen Wasser auf).

Wasserhärte

Wasser enthält eine unterschiedliche Menge an Mineralstoffen. Die im Wasser gelösten Mineralstoffe (Calcium-, Magnesiumsalze) bestimmen die Wasserhärte. Sie wird in deutschen Härtegraden (°d) gemessen. Die Messung der Wasserhärte erfolgt mittels Indikatorpapierstreifens. 1 °d = 10 mg gelöste Mineralstoffe in einem Liter Wasser.

Härtegrade	Charakteristika
unter 5 °d	sehr weich
5–8 °d	weich
9–12 °d	mittelhart
13–18 °d	ziemlich hart
19–30 °d	hart
über 30 °d	sehr hart

Hartes Wasser hat einen frischen Geschmack, geringere Lösungskraft und bewirkt Kalkablagerungen bei Maschinen. Weiches Wasser schmeckt fad, hat aber eine gute Lösungskraft.

7.4 Bedeutung für den Menschen

Aufgaben des Wassers

Im menschlichen Körper ist Wasser die Grundlage aller Lebensvorgänge. Wassermangel führt beim Menschen bereits nach einigen Tagen zum Tod.

Baustoff

Wasser ist der mengenmäßig wichtigste Bestandteil des menschlichen Organismus. Neugeborene haben einen Wasseranteil von ca. 80 %, beim Erwachsenen liegt der Wert bei 60 bis 65 %. Ein Wasserverlust von mehr als 20 % ist lebensbedrohend.

Alle Körperflüssigkeiten und Körperzellen enthalten Wasser. Zwei Drittel des Wassers im Körper befindet sich in den Zellen, das restliche Drittel in den Blutgefäßen und Zellzwischenräumen. Zusammen mit den Mineralstoffen bewirkt das Wasser den so genannten osmotischen Druck der Zellen bzw. die Elastizität des Gewebes.

Lösungsmittel

Die verwertbaren Nahrungsbestandteile (Nährstoffe) können nur in gelöster Form durch die Darmwand ins Blut aufgenommen und zu den Zellen transportiert werden. Hier laufen die Stoffwechselvorgänge ebenfalls über das Wasser ab.

Transportmittel

Körperflüssigkeiten transportieren alle gelösten Nährstoffe und den Sauerstoff zu den Organen und Geweben. Auch die Abbauprodukte des Stoffwechsels können nur mithilfe des Wassers transportiert und ausgeschieden werden.
Auf diese Weise ist Wasser am Prozess der Energiegewinnung und Verdauung beteiligt.

Wärmeregler

Der Organismus reagiert bei großer körperlicher Belastung oder heißem Klima durch die Abgabe von Schweiß. Bei dieser Verdunstung kühlt der Körper ab.

Wasserbedarf des Menschen

Die Gesamtzufuhr von Wasser für einen gesunden Erwachsenen sollte **täglich 2 bis 2,5 Liter** betragen. Dadurch wird der Flüssigkeitsverlust durch Ausscheidung von Harn, Stuhl, Schweiß und Atmung wettgemacht.
Bei Fieber, Durchfall und Erbrechen oder Anstrengung bei starker Hitze kann der Wasserbedarf beträchtlich ansteigen.
Auch Kinder haben einen höheren Wasserbedarf und sollen viel trinken. Mit zunehmendem Salzgehalt der Speisen steigt der Flüssigkeitsbedarf ebenfalls an.

Empfehlenswerte Zufuhr von Wasser pro Tag und kg Körpergewicht

Personengruppe / Alter (Jahre)		Wasserzufuhr
Säuglinge		110–140 ml
Kinder	1–3	110 ml
	4–6	90 ml
	7–9	65 ml
	10–12	50 ml
	13–14	40 ml
Jugendliche	15–18	30–35 ml
Erwachsene		25–30 ml
Schwangere		35 ml
Stillende		45 ml

Durst signalisiert Wasserbedarf, ist aber nicht immer ein zuverlässiges Zeichen dafür. Ältere Menschen haben häufig ein vermindertes Durstgefühl. Auch bei Wanderungen spürt man den Durst manchmal nicht.

Gedeckt wird der Wasserbedarf durch reichlich Obst und Gemüse und durch feste Nahrungsmittel, die in unterschiedlichen Mengen Wasser enthalten.

Die restliche Flüssigkeitszufuhr von ca. 1,5 l pro Tag wird durch Getränke, wie Wasser, Mineralwasser, verdünnte Säfte, Kräuter- und Früchtetees, erreicht. Nicht geeignet sind Kaffee und schwarzer Tee, stark gesüßte Limonaden oder Säfte sowie alkoholische Getränke und so genannte Energy-Drinks.

7.5 Nachweis der Eigenschaften des Wassers

Nachweis des Siedepunktes

Wasser erhitzen und beobachten, bei welcher Temperatur Wasser kocht.
Ergebnis: Wasser kocht bei 100 °C.

Nachweis der Lösungseigenschaft

Zucker in kaltes und heißes Wasser geben und beide Proben beobachten.
Ergebnis: Heißes Wasser löst Zucker besser und schneller als kaltes Wasser. Mit steigender Temperatur verbessert sich die Löslichkeit.

Härtegradbestimmung

Den Härtegrad bestimmt man mittels Indikatorpapierstreifens.

Zusammenfassung: Wasser

Wasser ist ein anorganischer Nahrungsbestandteil und liefert keine Energie.

Zusammensetzung
2 Moleküle Wasserstoff (H) und 1 Molekül Sauerstoff (O) = H_2O

Qualitätskriterien für Trinkwasser
- angenehmer, erfrischender Geschmack
- klar, farb- und geruchlos
- mit gelösten Mineralsalzen
- frei von krankheitserregenden Keimen
- geringfügige Verunreinigungen (maximal 50 mg Nitrat pro Liter)

Eigenschaften
- Siedepunkt bei 100 °C
- Gefrierpunkt bei 0 °C
- Lösungsmittel
- Quellvermögen
- Wasserhärte gibt an, wie viele mg Mineralstoffe im Wasser gelöst sind (hartes Wasser – weiches Wasser)

Bedeutung für den Menschen
- Aufgaben: Baustoff, Lösungsmittel, Transportmittel, Wärmeregler
- Wasserbedarf: ca. 2,5 l pro Tag bei Erwachsenen

Wasserbedarf decken durch:

- Wasser als Bestandteil von Nahrungsmitteln (zB Obst und Gemüse)
- Getränke (Wasser, Mineralwasser, Früchte-, Kräutertees, verdünnte Obst- und Gemüsesäfte)

Der Wasserbedarf hängt vom Alter, von der Körpertemperatur, vom Salzgehalt der Nahrung, von Anstrengung und eventuell von Krankheit (Fieber) ab.

Fragen und Arbeitsaufgaben

1. Aus welchen Elementen besteht Wasser?
2. Welche Arten des Wassers gibt es?
3. Welche Eigenschaften besitzt Wasser?
4. Was versteht man unter Wasserhärte?
5. Welche Aufgaben erfüllt Wasser im menschlichen Körper?
6. Wie viel Wasser braucht der Mensch täglich?
7. Wie wird der Wasserbedarf am besten gedeckt?

8 MINERALSTOFFE

„Das Angebot an isotonischen Getränken ist groß, der Absatz ist bestens. Mineralstoffe sind in Mode gekommen."

Diskutieren Sie diese Aussage! Welche Erfahrungen haben Sie damit gemacht?
Isotonische Getränke sollen den Verlust an Mineralstoffen und Flüssigkeit nach sportlicher Tätigkeit ersetzen. Wissenschaftler meinen, für Freizeitsportler wären sie überflüssig. Mit Mineralwasser verdünnte Obst- und Gemüsesäfte sind deutlich billiger und erfüllen denselben Zweck.

Im folgenden Kapitel erfahren Sie einiges über die wichtigsten Mineralstoffe im Körper und über ihr Vorkommen in unserer Nahrung.

Mineralstoffe sind anorganische Nahrungsbestandteile. Sie werden in Wasser gelöst und von den Pflanzen aus dem Boden aufgenommen. Über pflanzliche und tierische Nahrung gelangen die Mineralstoffe schließlich in den Körper.

Mineralstoffe liefern dem Organismus keine Energie, sind aber für die Erhaltung der Gesundheit und Leistungsfähigkeit der Menschen von großer Bedeutung. Sie wirken schon in kleinsten Mengen. Viele Mineralstoffe sind essenziell, und müssen in ausreichender Menge dem Organismus zugeführt werden.

8.1 Arten

Nach der vorhandenen Menge im Körper werden die Mineralstoffe eingeteilt.

Mineralstoffe

- **Mengenelemente**
  - Körper benötigt sie in Gramm-Mengen. Anteil im Körper etwa 4% des Körpergewichtes.
- **Spurenelemente**
  - Körper benötigt sie in Milligramm-Mengen. Anteil im Körper bis 0,02% des Körpergewichtes.

Mengenelemente

Bezeichnung	Aufgabe im Körper	Vorkommen	Tagesbedarf [1]
Calcium (Ca)	• Aufbau von Knochen und Zähnen • Blutgerinnung • Erregbarkeit von Muskeln und Nerven	Milch und Milchprodukte, Fisch, grüne Gemüsearten, Vollkornprodukte	0,8 g

[1] gemäß Nährwertkennzeichnungsverordnung (BGBl. 896/1995)

Bezeichnung	Aufgabe im Körper	Vorkommen	Tagesbedarf[1]
Phosphor (P)	• Bestandteil von Knochen und Zähnen • Bestandteil bestimmter Enzyme • am Stoffwechsel beteiligt	Milch und Milchprodukte, Fleisch, Fisch, Hülsenfrüchte, Getreide	0,8 g
Magnesium (Mg)	• essenzieller Bestandteil aller Gewebe und Körperflüssigkeiten • aktiviert wichtige Stoffwechselenzyme • Erregbarkeit von Nerven und Muskeln	Vollkornprodukte, Hülsenfrüchte, Fisch, grünes Gemüse, Milch und Milchprodukte, Mineralwasser	0,3 g
Natrium (Na)	• Regulation des Wasserhaushaltes in Blut und Gewebsflüssigkeit (osmotischer Druck) • Erregbarkeit der Muskeln	Kochsalz (NaCl), salzhaltige Nahrungsmittel, Mineralwasser, isotonische Getränke	2 g
Chlor (Cl)	• Regulation des Wasserhaushaltes (osmotischer Druck) • Magensäurebildung	Mineralwasser, isotonische Getränke; zusammen mit Natrium im Kochsalz	3 g
Kalium (K)	• Regulation des Wasserhaushaltes (osmotischer Druck) • Erregbarkeit der Muskeln und Nerven • Wasserausscheidung	Gemüse, Obst (Bananen, Trockenfrüchte), Kartoffeln, Natureis	3 g
Schwefel (S)	• Aufbau von Eiweißstoffen • Entgiftung in der Leber	in eiweißreichen Nahrungsmitteln: Fleisch, Eier, Milch und Milchprodukte, Hülsenfrüchte	nicht bekannt

Spurenelemente

Bezeichnung	Aufgabe im Körper	Vorkommen	Tagesbedarf
Eisen (Fe)	• Bestandteil des roten Blutfarbstoffes (Hämoglobin) und des Muskelfarbstoffes Myoglobin • Enzymbestandteil • Sauerstofftransport	Fleisch, Leber, Eidotter, Obst, Gemüse, Nüsse, Vollkornprodukte, Hülsenfrüchte	14 mg[1]
Jod (J)	• Bestandteil des Schilddrüsenhormons	jodiertes Kochsalz, Meeresfisch, Meersalz, Milch	0,15 mg[1]

[1] gemäß Nährwertkennzeichnungsverordnung (BGBl. 896/1995)

Bezeichnung	Aufgabe im Körper	Vorkommen	Tagesbedarf
Fluor (F)	• zur Festigung der Knochen und Zähne • Härtung des Zahnschmelzes	Fisch, Mineralwasser, Trinkwasser, schwarzer Tee	1,5–4 mg
Zink (Zn)	• wichtig für Insulin speicherung und Immunsystem	Fleisch, Milchprodukte, Vollkornprodukte	15 mg[1]
Selen (Se)	• Bestandteil von Enzymen	in eiweißreichen Nahrungsmitteln: Fisch, Fleisch, Nüsse, Vollkorngetreide	0,2–0,3 mg

8.2 Bedeutung für den Menschen

Mineralstoffbedarf des Menschen

Mineralstoffe werden im Körper nicht produziert, sondern müssen mit der Nahrung dem Organismus in der richtigen Menge zugeführt werden. Sie sind daher lebensnotwendig.

Der Bedarf an **Kochsalz** liegt bei ca. **5 g täglich**, oft sind es aber Mengen von 10 bis 15 g, die täglich konsumiert werden. Durch den hohen Konsum von Salz und salzhaltigen Produkten ist meistens **Natrium** überreichlich vorhanden. Erhöhte Natriumaufnahme über einen längeren Zeitraum bewirkt die Entstehung von Bluthochdruck. Natrium bindet Wasser im Körper.

Calcium zählt oft zu den Nährstoffen, die dem Körper unzureichend zugeführt werden. Der Tagesbedarf liegt bei ca. 0,8 g. Mengenmäßiger Bedarf weiterer Mineralstoffe siehe Tabelle oben.

Mineralstoffverluste durch Ausscheidung von Harn und Schweiß müssen ersetzt werden. Besteht der Speiseplan aus reichlich Getreide und Getreideprodukten, vor allem Vollkornprodukten, Gemüse, Kartoffeln, Obst, Milch- und Milchprodukten, enthält er zwei- bis dreimal pro Woche eine Portion Fleisch, zwei bis drei Eier, mindestens einmal Fisch, wenig Fett und genügend Getränke, so ist auch der Mineralstoffbedarf gedeckt.
Schwierig wird die Bedarfsdeckung bei älteren Personen oder Reduktionsdiäten. Unkontrollierte Einnahme von Mineralstoffpräparaten in hohen Dosierungen ohne ärztliche Anweisung ist aber abzulehnen.

Tips zur Bedarfsdeckung

- Mineralstoffe werden im Wasser ausgelaugt, deshalb ist es ratsam, die Lebensmittel unzerkleinert in wenig Wasser bissfest zu garen.
- Vitamin-C-haltige Nahrungsmittel (Zitrusfrüchte, Paprika, Kiwis) verbessern die Eisenaufnahme aus dem Darm.
- Vollkornprodukte sind reicher an Mineralstoffen als Weißmehlprodukte. Empfehlenswert ist täglich eine Portion eines Vollkornproduktes.
- Mineralwässer sollen natriumarm, aber calcium- und magnesiumreich sein.

Zusammenfassung: Mineralstoffe

- Sie sind anorganische Nahrungsbestandteile.
- Sie sind in Wasser gelöst und werden aus dem Boden von Pflanzen aufgenommen.
- Sie liefern keine Energie, sind aber essenziell.

Arten
- Mengenelemente: Calcium (Ca), Phosphor (P), Magnesium (Mg), Natrium (Na), Chlor (Cl), Kalium (K), Schwefel (S) usw.
  Sie werden in Gramm-Mengen benötigt.
- Spurenelemente: Eisen (Fe), Jod (J), Fluor (F), Zink (Zn), Selen (Se) usw.
  Sie werden in Milligramm-Mengen benötigt.

Aufgaben
- Baustoff: Calcium, Phosphor, Fluor, Magnesium.
- Reglerstoff: Natrium, Kalium, Chlor, Magnesium, Eisen, Jod.

Mineralstoffbedarf des Menschen
Durch einen abwechslungsreichen Speiseplan mit reichlich Getreide und Getreideprodukten (Vollkornprodukten), Gemüse und Obst, Milch und Milchprodukten, Fisch, mäßig Fleisch, Eiern und wenig Fett sowie genügend Getränken wird die Mineralstoffzufuhr dem Bedarf entsprechend gesichert.
- Der Kochsalzbedarf (Natriumchlorid) von ca. 5 g wird meistens überschritten und führt zu Bluthochdruck.
- Calcium wird meist zu wenig aufgenommen.

Fragen und Arbeitsaufgaben

1. Wie werden die Mineralstoffe eingeteilt?
2. Nennen Sie die wichtigsten Mineralstoffe!
3. Wie ist Kochsalz zusammengesetzt?
4. Welche Aufgaben erfüllen die Mineralstoffe im menschlichen Körper?
5. Wie wird der Mineralstoffbedarf des Menschen am besten gedeckt?

9 VITAMINE

Welche Vitamine sind Ihnen bekannt? Wissen Sie, welche Wirkung sie im Körper ausüben? Das folgende Kapitel soll Ihnen die Bedeutung der Vitamine bewusst machen. Sie erfahren, welche Funktionen die Vitamine im Organismus erfüllen, wie Sie den Bedarf decken und durch welche Maßnahmen Vitamine am besten erhalten werden können.

Der Begriff „Vitamin“ ist aus zwei Wörtern zusammengesetzt, aus „vita“, dh. Leben, und aus „amin“, dh. stickstoffhaltig.

Vitamine sind lebensnotwendige organische Verbindungen, die der Körper nicht oder nur in unzureichender Menge bilden kann. Sie sind für Wachstum, Erhaltung der Körperfunktionen und Fortpflanzung des Menschen unentbehrlich.

9.1 Arten

Die Vitamine werden nach ihrer Löslichkeit eingeteilt.

Vitamine

- **Fettlösliche Vitamine**
- **Wasserlösliche Vitamine**

Fettlösliche Vitamine

Bezeichnung	Aufgabe im Körper	Vorkommen	Tagesbedarf
Vitamin A – Retinol	• an Aufbau und Funktion der Haut und Schleimhäute beteiligt • am Sehprozess beteiligt • an der Infektionsabwehr beteiligt	Milch, Eier, Butter, Margarine, Öle, Leber, Weizen, Obst (Marillen, Pfirsiche), gelbes und grünes Gemüse (Paprika, Petersilie)	0,8 mg[1]
Provitamin A – Carotin (siehe Kap. I / 5.2 Arten / Komplexe Lipide)	• wird im Körper zu Vitamin A umgewandelt		

[1] gemäß Nährwertkennzeichnungsverordnung (BGBl. 896/1995)

Bezeichnung	Aufgabe im Körper	Vorkommen	Tagesbedarf
Vitamin-D-Komplex – Calciferol (zB D_2, D_3) Ergosterin (siehe Kap. I/ 5.2 Arten / Komplexe Lipide)	• reguliert die Aufnahme von Calcium • Bildung von Knochen, Knorpeln, Zähnen • Vorstufe des Vitamins D_2	Meeresfische, Lebertran, Eidotter, Milch, Butter, Margarine	0,005 mg[1]
Vitamin E – Tocopherol	• schützt ungesättigte Fettsäuren vor der Zersetzung durch Sauerstoff	Pflanzenöl (Weizenkeimöl),Vollkornprodukte, Leber, Eidotter, Butter, Blattgemüse	10 mg[1]
Vitamin K – Phyllochinon	• an der Blutgerinnung beteiligt	Hülsenfrüchte, grünes Gemüse, mageres Fleisch, Vollmilch	0,06–0,08 mg

Wasserlösliche Vitamine

Bezeichnung	Aufgabe im Körper	Vorkommen	Tagesbedarf[1]
Vitamin B_1 – Thiamin	• Bestandteil wichtiger Enzyme • am Kohlenhydratabbau beteiligt • am Stoffwechsel beteiligt	Vollkornprodukte, Hülsenfrüchte, Milch, Nüsse, Hefe, Schweinefleisch	1,4 mg
Vitamin B_2 – Riboflavin, Laktoflavin	• Bestandteil von Enzymen für den Stoffwechsel von Kohlenhydraten, Fetten und Eiweiß • Förderung des Wachstums beim Embryo	Vollkornprodukte, Fleisch, Milch, Käse, Weizenkeime, Gemüse, Germ	1,6 mg
Vitamin B_6 – Pyridoxin	• beteiligt am Eiweißstoffwechsel	Eier, Nüsse, Bananen, Vollkornprodukte, Hefe, Fleisch	2 mg
Vitamin B_{12} – Cobalamin	• Bildung der roten Blutkörperchen	Eidotter, Fleisch, Fisch, Milch, Käse, Blattgemüse	0,001 mg
Niacin – Vitamin PP	• Koenzym[2] vieler Enzyme für den Energiestoffwechsel	Vollkornprodukte, Fleisch, Fisch, Innereien, Gemüse, Germ	18 mg
Pantothensäure	• Koenzym im Stoffwechsel von Fettsäuren, Eiweiß und Kohlenhydraten	Hefe, Nüsse, Gemüse	6 mg
Folsäure – Vitamin B_9	• Bildung von roten Blutkörperchen und Hämoglobin • für den Zellstoffwechsel (Zellvermehrung)	grüne Blattgemüse, Tomaten, Hülsenfrüchte, Germ, eiweißreiche Lebensmittel (Getreide)	0,2 mg

[1] gemäß Nährwertkennzeichnungsverordnung (BGBl. 896/1995)
[2] Koenzym = Nichteiweißbestandteil eines Enzyms, ermöglicht den Ablauf einer Reaktion.

Wasserlösliche Vitamine

Bezeichnung	Aufgabe im Körper	Vorkommen	Tagesbedarf[1]
Vitamin C – Ascorbinsäure	• zum Aufbau von Bindegewebe • beim Knochenaufbau • für die Wundheilung • für das Wachstum • Schutz vor Infektionen • Schutz vor Zerstörung anderer Vitamine durch Sauerstoff • Förderung der Eisenaufnahme und -speicherung • Hemmung der Bildung von Nitrosaminen[3] im Magen	frisches Obst: Kiwis, Johannisbeeren, Zitrusfrüchte; frisches Gemüse: Paprika, Sauerkraut, Brokkoli, Kräuter, Kartoffeln, Tomaten, grüne Blattgemüse	60 mg
Vitamin H – Biotin	• wichtig für den Kohlenhydrat- und Fettstoffwechsel • Schutz vor Hautentzündungen	Hefe, Eidotter, Karfiol, Getreide, Nüsse, Haferflocken, Hülsenfrüchte	0,15 mg

9.2 Bedeutung für den Menschen

Ohne Vitamine ist kein Leben möglich, dh. die Vitamine sind essenziell und müssen mit der Nahrung zugeführt werden.

Vitaminbedarf des Menschen

Kein Vitamin kann die Aufgabe eines anderen übernehmen. Es ist daher nicht ausreichend, sich auf ein Vitamin zu konzentrieren.

Vitamine wirken wie Katalysatoren, dh. sie ermöglichen Stoffwechselvorgänge, ohne dabei vollkommen verbraucht zu werden. Sie können somit in einem anderen Prozess wieder verwendet werden. Deshalb ist der Vitaminbedarf des Menschen, gemessen an der großen Aktivität im Stoffwechsel, relativ gering. Mit Ausnahme von Vitamin C und Niacin liegt ihr Tagesbedarf unter 10 mg (siehe vorangehende Tabellen).

Eine genaue Berechnung der Vitaminzufuhr ist kaum möglich und im Allgemeinen auch nicht erforderlich. Eine genügende Zufuhr ist gesichert, wenn reichlich Rohkost verzehrt wird und die Vielfalt der Lebensmittel ausgenützt wird.

Fettlösliche Vitamine müssen immer gemeinsam mit geringen Fettmengen verzehrt werden, damit ihre Aufnahme aus dem Darm gesichert ist.

Antioxidativ wirkende Vitamine, wie zB E, C, Carotin, schützen vor Angriffen der so genannten freien Radikale, das sind aggressive Stoffe, die durch verschiedene Umstände, wie Smog, Ozoneinwirkung, Stress, Rauchen usw., entstehen können. Sie greifen die Zellen an und führen zu verschiedenen Krankheiten (zB Krebs, Rheuma, Herzinfarkt, Schlaganfall).

Überhöhte Vitaminzufuhr (Hypervitaminose)

Wasserlösliche Vitamine werden im Körper nicht gespeichert, sondern mit dem Harn ausgeschieden. Ein Zuviel im Körper ist daher nicht möglich.

Anders ist es bei den **fettlöslichen Vitaminen**. Sie können in der Leber gespeichert werden. Es kann zu Vergiftungserscheinungen (Erbrechen, Durchfall, Schleimhautblutungen) kommen.

Vitaminmangel (Hypovitaminose)

Unterversorgung kommt relativ oft vor und macht sich durch Müdigkeit, Blässe, Konzentrationsschwäche, Infektionsanfälligkeit, Appetitlosigkeit, Verdauungsstörungen bemerkbar.

Schwere Mangelerscheinungen bei Unterversorgung an Vitaminen oder gar das **völlige Fehlen eines Vitamins (Avitaminose)**, wie Skorbut bei Vitamin-

[3] Nitrosamine = aus Nitrit und Aminen gebildeter krebserregender Stoff

C-Mangel, Nachtblindheit bei Vitamin-A-Mangel oder Rachitis bei Vitamin-D-Mangel findet man heute nur mehr in den Entwicklungsländern. Dort stellt der Vitaminmangel allerdings ein großes Problem dar.

Vitaminmangel kann durch folgende Situationen entstehen.

Bei erhöhtem Vitaminbedarf:

- Wachstum
- Schwangerschaft und Stillzeit
- Alter
- Bestimmte Erkrankungen wie Infektions- und Darmerkrankungen
- Einnahme bestimmter Medikamente wie Antibiotika, Antibabypille
- Stress
- Rauchen
- Regelmäßiger Alkoholkonsum

Bei einseitiger Nahrungsmittelauswahl:
Gefährdet sind hier in erster Linie Jugendliche und alte Menschen, die sehr wenig essen oder sich einseitig ernähren.

Bei unsachgemäßer Lagerung und durch falsche Zubereitungsmethoden von Nahrungsmitteln:
Vitaminverluste entstehen bei der Lagerung und Verarbeitung der Lebensmittel durch Hitze, Luft, Licht und Wasser.

Vitamin	Zerstörung durch					
	Wasser	Hitze	Licht	Sauerstoff	Säuren	Alkalien
A		•	••	••	•	
D		•	•	•	•	•
E		•	•	•		
K		•	•	•	•	•
B_1	••	••	•	•		•
B_2	••	•	•	•		•
B_6	••	•	•	•		
B_{12}	••	•	•	•		
C	••	••	••	••		•
H	•		•			

• = geringe Zerstörung •• = starke Zerstörung

Fettlösliche Vitamine werden eher durch Licht und Sauerstoff zerstört, sind aber gegenüber Hitze recht beständig.

Wasserlösliche Vitamine sind gegenüber Hitze sehr empfindlich und gehen beim Kochen in Wasser ins Kochwasser über. Das Kochwasser wird dann meistens weggeschüttet.

Regeln für die Erhaltung der Vitamine in Lebensmitteln

- **Verluste durch Wasser:** Lebensmittel unzerkleinert waschen, nicht im Wasser liegen lassen. Garmethoden wie Dämpfen oder Dünsten wählen statt Kochen in viel Wasser. Kochwasser wieder für Saucen und Suppen verwenden, nicht wegschütten.
- **Verluste durch Hitze:** Hitzeempfindliche Lebensmittel kühl lagern. Garzeit kurz halten und niedrige Gartemperaturen wählen. Langes Warmhalten der Speisen vermeiden.
- **Verluste durch Licht und Luftsauerstoff:** Frische Lebensmittel dunkel und kühl lagern, am besten im Kühlschrank.
- Bei allen Verarbeitungsprozessen der Nahrungsmittel erfolgt eine Zerstörung oder Verminderung der Vitamine.
  Der Großteil von Obst und Gemüse sollte daher **roh verzehrt** werden. Da sich viele Vitamine unter der Schale von Obst und Gemüse befinden, ist es ratsam, diese Lebensmittel gewaschen und ungeschält zu essen.
- **Tiefkühlen** ist eine Konservierungsmethode, bei der keine Vitaminverluste entstehen, wenn man die Lagerdauer des Gefriergutes berücksichtigt.
- **Vollkornprodukte** enthalten wesentlich mehr Vitamine als Weißmehlprodukte.
- Der Vitamingehalt von Speisen kann durch Darüberstreuen von **frischen Kräutern** (Petersilie, Schnittlauch) verbessert werden.

Zusammenfassung: Vitamine

Vitamin: „vita" = Leben, „amin" = stickstoffhaltig.
Vitamine sind lebensnotwendige organische Verbindungen, die für Wachstum, Stoffwechsel und sonstige Körperfunktionen des Menschen unentbehrlich sind.

Arten
- Fettlösliche Vitamine: A, D, E, K
- Wasserlösliche Vitamine: B_1, B_2, B_6, B_{12}, Niacin, Pantothensäure, Folsäure, C, H

Bedeutung für den Menschen
- Vitamine sind essenziell.
- Kein Vitamin kann die Aufgabe eines anderen übernehmen.
- Sie wirken wie Katalysatoren.

Aufgaben der Vitamine im menschlichen Körper
- Als Bestandteil der Enzyme ermöglichen sie den Stoffwechsel der Kohlenhydrate, Fette und Eiweißstoffe und die Energiegewinnung.
- Fettlösliche Vitamine sind wichtig für Blutgerinnung und Sehvorgang.
- Vitamin C schützt vor Infektionen und wird zum Aufbau von Bindegewebe und Knochen benötigt.
- Die Vitamine E, C und Carotin schützen vor so genannten freien Radikale. Diese können Krebs, Rheuma, Herzinfarkt, Schlaganfall bewirken.

Vitaminbedarf des Menschen
- Der Vitaminbedarf ist mengenmäßig sehr gering, es reichen Milligramm.
- Wasserlösliche Vitamine können nicht gespeichert werden (regelmäßige Zufuhr!).
- Fettlösliche Vitamine werden gespeichert. Daher ist überhöhte Vitaminzufuhr möglich (Erbrechen, Durchfall, Schleimhautblutungen).

Vitaminmangel ist relativ häufig (Müdigkeit, Blässe, Konzentrationsschwäche, Infektionsanfälligkeit, Appetitlosigkeit). Er entsteht durch
- erhöhten Vitaminbedarf,
- gestörte Vitaminaufnahme,
- einseitige Nahrungsmittelauswahl und
- unsachgemäße Nahrungsmittelzubereitung und -lagerung.

Vitaminverluste entstehen durch
- Wasser, Hitze, Licht, Luftsauerstoff und
- Verarbeitungsprozesse

Fragen und Arbeitsaufgaben

1. Wie werden die Vitamine eingeteilt?
2. Welche Aufgaben im menschlichen Körper erfüllen die Vitamine?
3. Wie wird der Vitaminbedarf eines Menschen am besten gedeckt?
4. Wie macht sich Vitaminmangel bemerkbar?
5. Durch welche Einflüsse werden Vitamine zerstört?
6. Wie können Sie Vitaminverluste bei der Zubereitung von Speisen gering halten?

10 AROMA- UND FARBSTOFFE

Sie haben bestimmt schon festgestellt, dass eine farblich ansprechende, gut duftende und geschmacklich abgerundete Speise den Appetit anregt.

Die Stoffe, die dies bewirken, heißen Aroma- und Farbstoffe. Sie sind im Körper nur in geringer Menge vorhanden, üben aber einen Einfluss auf Appetit und Verdauung aus. Sie sind Bestandteile der Nahrung, die nur zum Teil verwertet werden können.

10.1 AROMASTOFFE

Geschmacks- und Geruchsstoffe üben eine anregende Wirkung auf das Nervensystem aus, was zu einer vermehrten Absonderung von Verdauungssäften führt. Die Nahrung kann besser ausgenützt werden.

Aromastoffe

- **Geschmacksstoffe**
- **Geruchsstoffe**

Geschmacksstoffe

- Sie sind als Begleitstoffe in den Nahrungsmitteln enthalten und geben den natürlichen Eigengeschmack.
- Sie entstehen erst bei der Zubereitung der Speisen durch Rösten und Backen.
- Sie werden auch in Form von Kräutern, Gewürzen oder Säuren den Speisen zugesetzt.

Geruchsstoffe

Sie entstehen als Stoffwechselprodukt in Pflanzenteilen.

Ätherische Öle

Sie sind in aromaintensiven Pflanzenteilen enthalten und sind leicht flüchtig. Sie werden gewonnen aus:

- Blüten: Rosenblüten-, Nelkenblütenöl usw.
- Blättern: Pfefferminzöl (Menthol) usw.
- Früchten und Samen: Anisöl
- Fruchtschalen: Orangen-, Zitronenöl

Organische Säuren

Das sind die Aromastoffe in Obst und Gemüse.

- Fruchtsäuren: Zitronen-, Apfel-, Weinsäure in Früchten.
- Gerbsäuren: bewirken einen bitteren Geschmack in Kaffee und Kakao.
- Oxalsäure: im Rhabarber.

Aromen (Essenzen)

Sie enthalten geruchs- und geschmacksgebende Stoffe, die zur Aromatisierung der Lebensmittel dienen.

10.2 FARBSTOFFE

Farbstoffe

- **Natürlich färbende Bestandteile von Lebensmitteln**
- **Lebensmittelfarbstoffe**

Natürlich färbende Bestandteile von Lebensmitteln

- **Carotin:** Vorstufe zu Vitamin A, rotgelber Farbstoff in Karotten und Tomaten. Carotin wird zum Färben von Margarine und Käse verwendet.
- **Chlorophyll:** grüner Pflanzenfarbstoff im Blattgrün.
- **Karamell:** brauner Zuckerfarbstoff, der beim Schmelzen von Zucker entsteht.
- **Anthocyan:** dunkelroter Farbstoff in roten Rüben und in der Weintraubenschale.

Lebensmittelfarbstoffe

Die Farbstoffverordnung bestimmt die Art und Menge der Farbstoffe, die zum Färben von Lebensmitteln zugelassen sind.

Zusammenfassung: Aroma- und Farbstoffe

Aromastoffe

Sie wirken appetitanregend.

Geschmacksstoffe sind in den Nahrungsmitteln enthalten, entstehen bei der Zubereitung von Speisen oder werden zugesetzt.

Geruchsstoffe
- Ätherische Öle: Öle aus Blüten, Blättern, Früchten
- Organische Säuren: Aromastoffe in Obst und Gemüse
- Aromen (Essenzen)

Farbstoffe

- Natürlich färbende Bestandteile von Lebensmitteln: Carotin, Chlorophyll, Karamell, Anthocyan
- Lebensmittelfarbstoffe: sind der Farbstoffverordnung zu entnehmen

Fragen und Arbeitsaufgaben

1. Welche Wirkungsweise haben Aromastoffe auf den Menschen?
2. Welche Geschmacks- und Geruchsstoffe kennen Sie?
3. Welche natürlich färbende Bestandteile von Lebensmitteln kennen Sie?

11 ENERGIE- UND NÄHRSTOFFBEDARF DES MENSCHEN

Die Menschen der westlichen Industrienationen essen zu viel und zu einseitig. Das beweisen vor allem die zahlreich auftretenden ernährungsbedingten Krankheiten in unserer Zeit. Daher ist es notwendig, über den Bedarf an Nährstoffen sowie über den Gehalt dieser Stoffe in den Nahrungsmitteln Bescheid zu wissen.
Wiederholen Sie bitte den Energiegehalt der Nährstoffe und ihren Tagesbedarf!

11.1 BESTIMMUNG DES NORMALGEWICHTES

Zur Bestimmung des Energie- bzw. Nährstoffbedarfes muss zunächst das Normalgewicht ermittelt werden. Dazu wird der Body-Mass-Index (Körpermassenindex) errechnet, der das Verhältnis von Körpergewicht zu Körpergröße angibt.

Normalgewicht nach Body-Mass-Index

$$BMI = \frac{\text{Körpergewicht in Kilogramm}}{(\text{Körpergröße in Meter})^2}$$

BMI-Normalwerte für Erwachsene
- Frauen: 19–21
- Männer: 20–25

Beispiel
Frau, Körpergewicht 60 kg, Körpergröße 1,70 m

$$BMI = \frac{60}{1{,}70^2} = 20{,}76$$

Ein BMI-Index unter 21 bzw. 25 bedeutet Normalgewicht, bei 25 bis 30 spricht man von Übergewicht und bei über 30 von Fettsucht. BMI unter 17 bedeutet Magersucht.

Body-Mass-Index-Nomogramm

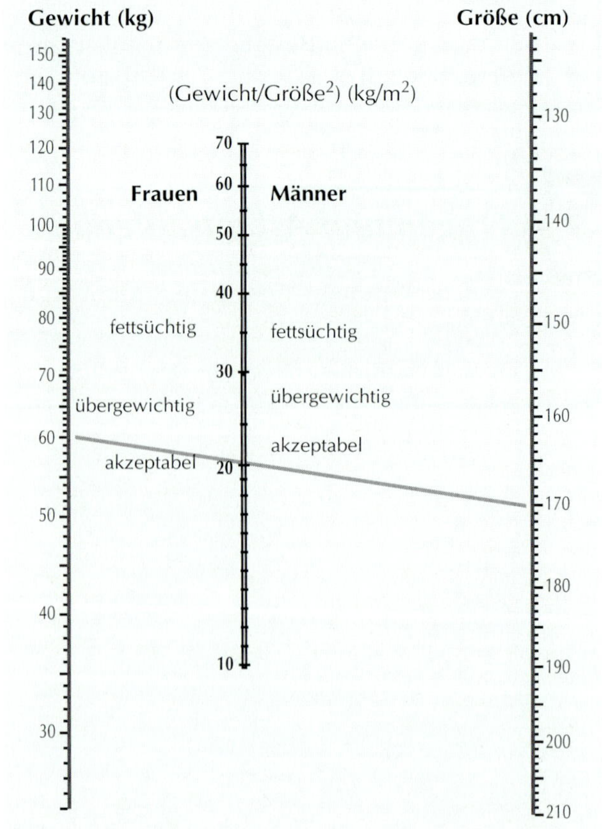

11.2 Energiebedarf

Der Mensch benötigt Energie
- zur Aufrechterhaltung der Körpertemperatur,
- zur Aufrechterhaltung der Körperfunktionen (Herz- und Gehirntätigkeit, Tätigkeit der übrigen Organe, Drüsen und Muskeln, Stoffwechselvorgänge) und
- für die körperliche Tätigkeit.

Der Energiegehalt der Nährstoffe wird in Joule gemessen (1000 J = 1 kJ).
Ein Joule ist die Energiemenge, die gebraucht wird, um einen Körper mit der Masse von 102 g um einen Meter zu heben.

Joulegehalt der Nährstoffe[1]
- 1 g Kohlenhydrate: 17 kJ
- 1 g Fett: 37 kJ
- 1 g Eiweiß: 17 kJ
- (1 g Alkohol: 29 kJ)

Der Gesamtenergiebedarf des Menschen setzt sich folgendermaßen zusammen:

Gesamtenergiebedarf

Grundumsatz | *Leistungsumsatz*

Leistungsumsatz:
Arbeitsumsatz
Freizeitumsatz

Grundumsatz

Die Energiemenge, die der Mensch in völliger Ruhe, im Liegen, in 24 Stunden, bei einer Raumtemperatur von 20°C benötigt, wird als Grundumsatz bezeichnet.

> ***Grundumsatz** = durchschnittlich 4,2 kJ je Kilogramm Körpergewicht und Stunde*

Der Grundumsatz ist von folgenden Faktoren abhängig:
- **Alter:** Jugendliche und junge Erwachsene haben einen um 10 % höheren Energiebedarf als mittlere Altersgruppen. Beim älteren Menschen (über 65 Jahre) verringert sich der Energiebearf um etwa 10 % gegenüber den mittleren Altersgruppen.
- **Geschlecht:** Der Grundumsatz ist bei Männern bedingt durch Größe, Gewicht und Zusammensetzung des Körpers etwas größer.
- **Klima:** Hohe Umgebungstemperaturen verringern den Grundumsatz.
- **Individuelle Faktoren:** Hormone der Schilddrüse steuern den Grundumsatz (Schilddrüsenüberfunktion bewirkt höheren Grundumsatz), Fieber erhöht den Grundumsatz, Medikamente beeinflussen den Grundumsatz ebenfalls.
- **Sportler** haben aufgrund des höheren Muskelanteils einen höheren Grundumsatz.
- Auch **Schwangere** haben durch das Wachstum des Kindes ab Mitte der Schwangerschaft einen 10% höheren Grundumsatz.
- Durch strenge **Fastenkuren** sinkt der Grundumsatz.

Der Grundumsatz hat den höchsten Anteil am Gesamtenergiebedarf des Menschen.

Leistungsumsatz

Für jede zusätzliche Leistung, die ein Mensch vollbringt, braucht er zusätzliche Energie. Diese Energiemenge, die über den Grundumsatz hinaus benötigt wird, bezeichnet man als Leistungsumsatz.

Der Leistungsumsatz wird bestimmt durch:
- **Muskeltätigkeit**.
- **Konzentrierte geistige Tätigkeit:** Diese bewirkt nur eine geringe Umsatzsteigerung.
- **Verdauungstätigkeit:** Für die Resorption und die Umbauvorgänge der Nährstoffe ergeben sich 12 % Energieverluste.

Arbeitsumsatz

Die verschiedenen Berufe werden nach dem jeweilen Leistungsumsatz in leichte, mittelschwere, schwere und schwerste Arbeit eingeteilt.

Arbeitsumsatz pro Stunde	Frauen	Männer
Leichtarbeiter: Lehrer, Friseur, Uhrmacher, am Fließband, beim Autofahren, bei Büroarbeit	unter 250 kJ	unter 315 kJ
Mittelschwere Arbeit: Konditor, Koch, Schreiner, Verkäufer, Autoschlosser, Hausfrau (bei stärkerer körperlicher Arbeit)	250–500 kJ	315–630 kJ
Schwerarbeiter: Maurer, Zimmermann, Dachdecker, Masseur, mehrere Disziplinen im Leistungssport usw.	über 500 kJ	630–840 kJ
Schwerstarbeiter: Stahl- und Hochofenarbeiter, Steinbrucharbeiter, Waldarbeiter, Hochleistungssportler usw.	über 650 kJ	über 840 kJ

[1] gemäß Nährwertkennzeichnungsverordnung (BGBl. 896/1995)

Freizeitumsatz

Für den Leistungsumsatz in der berufsfreien und schulfreien Zeit wird ein Energiebedarf von 800 bis 2 000 kJ angesetzt. Er wird als Freizeitumsatz bezeichnet.

Gesamtenergiebedarf

Erwachsene mit leichter körperlicher Tätigkeit haben durchschnittlich einen täglichen Energiebedarf von 7 500 bis 9 000 kJ (bei Frauen) bzw. 9 000 bis 11 000 kJ (bei Männern).

Beispiel
Weiblicher Konditorlehrling, Körpergewicht 60 kg, Körpergröße 1,70 m (mittelschwere Arbeit)

Grundumsatz: 4,2 kJ x 60 x 24 =	6 048 kJ
Arbeitsumsatz: 300 kJ x 8 =	2 400 kJ
Freizeitumsatz: 1000 kJ	1 000 kJ
Verdauungstätigkeit: + 12 % =	1 133 kJ
	10 581 kJ
+ 10 % für Jugendliche	1 058 kJ
Gesamtenergiebedarf	**11 639 kJ**

Die **Energiezufuhr** soll gleichmäßig über den Tag verteilt werden, denn kleinere Mahlzeiten fördern die Konzentration und Leistungsfähigkeit und führen nicht zu Ermüdungserscheinungen.
Die folgende Tabelle zeigt eine Übersicht.

Mahlzeit	Anteil an der täglichen Energiezufuhr
Frühstück	25 %
Jause	10 %
Mittagessen	30 %
Jause	10 %
Abendessen	25 %

Bei einem hohen Energiebedarf ist darauf zu achten, dass keine Mahlzeit mehr als 4 000 kJ enthält. Zu reichhaltige Mahlzeiten belasten den Organismus – die Konzentrationsfähigkeit wird verringert, was wiederum eine Gefährdung während der Arbeit darstellt (Arbeitsunfälle).

Das Verhältnis zwischen Energiezufuhr und Energieverbrauch muss bei einer sinnvollen Ernährung gleich sein. Liegt die Energiezufuhr mit der Nahrung höher als der Energiebedarf, wird die überschüssige Energie in Form von Fett gespeichert.

Wer abnehmen will, muss körperliche Leistungen vollbringen und/oder die Energiezufuhr reduzieren. Im umgekehrten Fall, bei zu niedriger Energiezufuhr mit der Nahrung, werden Reserven abgebaut.

Durch die ständig fortschreitende Technisierung unserer Arbeitsplätze und in unserer Umwelt verringert sich unser Gesamtenergiebedarf. Die Nahrungsaufnahme muss dieser Veränderung daher angepasst werden.

11.3 Nährstoffbedarf

Es ist nicht nur wichtig, dass mit der Nahrung der Gesamtenergiebedarf gedeckt wird, sondern es müssen auch alle Nährstoffe in der richtigen Menge und Zusammensetzung aufgenommen werden. Der Gesamtenergiebedarf wird durch die energieliefernden Nährstoffe Kohlenhydrate, Fette und Eiweiß gedeckt.

Die **energieliefernden Nährstoffe** werden nach dem Gesamtenergiebedarf (Erwachsener zB 11600 kJ) im Verhältnis aufgeteilt:

Nährstoff	Verhältnis	Berechnung
Kohlenhydrate	50–55 %	6380 kJ: 17 kJ = 375 g
Fette	30–35 %	4060 kJ: 39 kJ = 104 g
Eiweißstoffe	10–15 %	1160 kJ: 17 kJ = 68 g

Die tägliche Menge der Nährstoffzufuhr ist abhängig vom täglichen Gesamtenergiebedarf.

Die Nahrungsmittel enthalten neben energieliefernden Nährstoffen (Kohlenhydrate, Fett, Eiweiß) zusätzlich **nicht energieliefernde, essenzielle Nährstoffe** wie Vitamine, Mineralstoffe, Spurenelemente, Wasser und Ballaststoffe. Sie ermöglichen den Stoffwechsel der Energielieferanten.
Mit steigendem Gesamtenergiebedarf erhöht sich auch der Bedarf an nicht energieliefernden Nährstoffen.

Die Nahrungsmittelqualität ist abhängig vom Energie- und Nährstoffgehalt. Der Energiegehalt von Zucker ist beispielsweise hoch, sein Nährstoffgehalt bezüglich seines Vitamin-, Mineral- und Ballaststoffgehaltes ist jedoch schlecht zu bewerten.

Bemerkenswert bei der Nährstoffempfehlung ist der hohe Anteil der Kohlenhydrate und der geringe Fettanteil.

Beispiel für die Zusammensetzung einer Tageskost für einen Konditorlehrling mit mittelschwerer Arbeit
(Gesamtenergiebedarf ca. 11 000 kJ)

Nahrungsmittel	Portionen
Milch (3,5 %)	1/4 l (250 g)
Käse	3 Scheiben (90 g)
Fleisch/Fisch oder Ei	mäßige Portion (100–150 g)
Koch- und Streichfett	40 g
Brot	7– 8 Scheiben (380 g)
Kartoffeln	5 mittelgroße Stück (350 g)
Zucker (Konfitüre/Honig)	3 Esslöffel (40 g)
frisches Gemüse/Salat	je 1 Portion (350 g)
frisches Obst	3 Stück (300 g)

Energieliefernde Inhaltsstoffe
- Kohlenhydrate: ca. 360 g
- Fett: ca. 80 g
- Eiweiß: ca. 90 g

Nicht energieliefernde Inhaltsstoffe
- Wasser: 2–2,5 l
- Ballaststoffe: ca. 30 g
- Vitamine, Mineralstoffe, Spurenelemente

Zusammenfassung: Energie- und Nährstoffbedarf des Menschen

Bestimmung des Normalgewichtes

Für die Bestimmung des Energie- bzw. Nährstoffbedarfs muss das Normalgewicht ermittelt werden.

$$\textbf{Body-Mass-Index (BMI)} = \frac{\text{Körpergewicht in Kilogramm}}{(\text{Körpergröße in Meter})^2}$$

Normalwerte für Erwachsene
- Frauen: 19–21
- Männer: 20–25

Der Energiegehalt der Nährstoffe wird in **Kilojoule (kJ)** angegeben.

Joulegehalt der Nährstoffe (laut Nährwertkennzeichnungsverordnung)
- 1 g Kohlenhydrate = 17 kJ
- 1 g Fett = 37 kJ
- 1 g Eiweiß = 17 kJ
- (1 g Alkohol = 29 kJ)

Gesamtenergiebedarf

Er ergibt sich aus
- Grundumsatz und
- Leistungsumsatz (Arbeitsumsatz, Freizeitumsatz).

Grundumsatz ist abhängig von Alter, Geschlecht, Klima, individuellen Faktoren (zB Krankheit, Sport, Schwangerschaft, Abmagerungsdiäten usw.).

Arbeitsumsatz wird nach der körperlichen Schwere der Arbeit ermittelt (leichte, mittelschwere, schwere Arbeit und Schwerstarbeit).

Energiebedarf bei leichter körperlicher Tätigkeit

- Erwachsene Frauen: 7 500 bis 9 000 kJ pro Tag
- Erwachsene Männer: 9 000 bis 11 000 kJ pro Tag

Der Bedarf soll durch 5 Mahlzeiten pro Tag gedeckt werden.

Nährstoffbedarf

Energieliefernde Nährstoffe bezogen auf den Gesamtenergiebedarf (100 %)

- Kohlenhydrate: 50–55 %
- Fette: 30–35 %
- Eiweißstoffe: 10–15 %

Nicht energieliefernde Nährstoffe

- Wasser: 2–2,5 l
- Ballaststoffe: ca. 30 g
- Vitamine, Mineralstoffe, Spurenelemente

Fragen und Arbeitsaufgaben

1. Wie wird das Normalgewicht nach dem BMI bestimmt?
2. Wozu braucht der Mensch Energie?
3. In welcher Einheit wird der Energiegehalt der Nährstoffe gemessen?
4. Wie viel Energie liefern die einzelnen Nährstoffe?
5. Wie setzt sich der Gesamtenergiebedarf des Menschen zusammen?
6. Welche Faktoren beeinflussen den Gesamtenergiebedarf?
7. Wie soll die Energiezufuhr (in %) bei den Mahlzeiten verteilt werden?
8. Wie wird der Gesamtenergiebedarf auf die energieliefernden Nährstoffe verteilt?
9. Welche nicht energieliefernden Nährstoffe müssen in der Nahrung enthalten sein?

12 STOFFWECHSEL

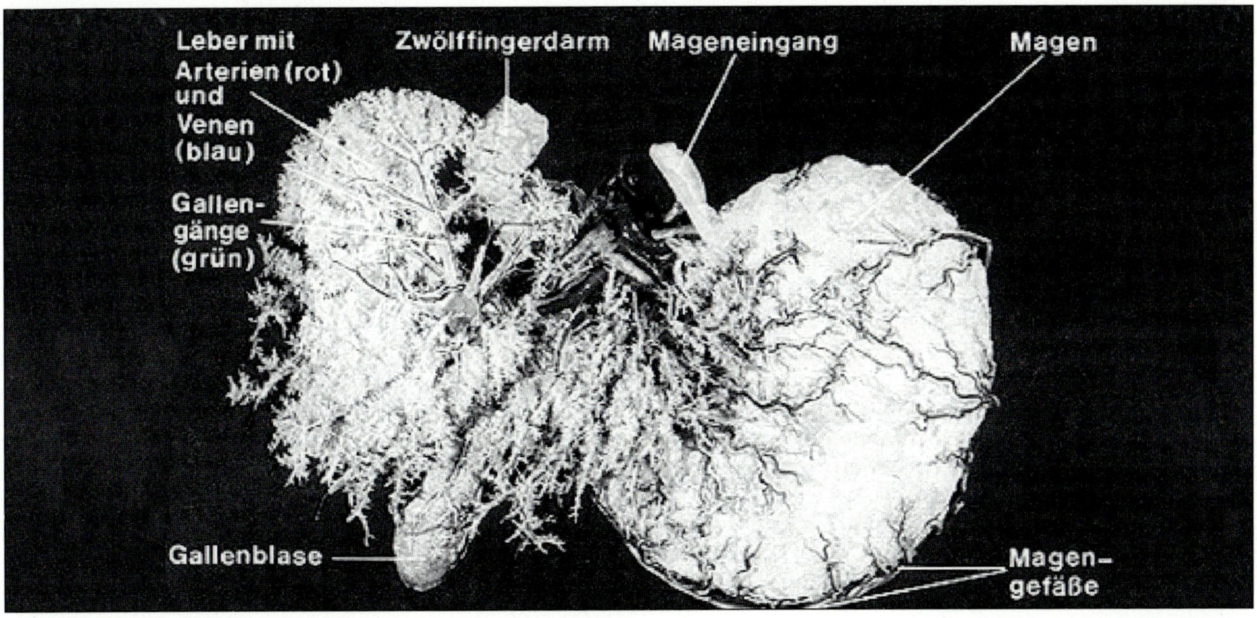

Die Nahrung kann nicht in der Form, in der wir sie aufnehmen, vom Körper verwendet werden, sondern sie wird zuerst in ihre kleinsten Bestandteile zerlegt. Erst dann können die speziellen Aufgaben im Körper erfüllt werden.

Im gesamten Verdauungs- und Stoffwechselgeschehen spielen Hormone und Enzyme als Steuerungsmechanismen eine wesentliche Rolle.

12.1 HORMONE

Hormone werden in kleinsten Mengen in den Hormondrüsen gebildet und direkt an das Blut abgegeben. Sie regeln im Organismus alle wichtigen Vorgänge: Wachstum, Stoffwechsel, Fortpflanzung.
Die Hormone wirken in sehr niedriger Konzentration.

Insulin

Aus der Bauchspeicheldrüse; es regelt und steuert den Blutzuckerspiegel.

Adrenalin

Es wird in Stress-Situationen gebildet und greift in den Fettstoffwechsel ein.

Tyroxin

Aus der Schilddrüse; es regelt den Grundumsatz.

Wachstumshormone

Sie sind für das Wachstum verantwortlich.

12.2 ENZYME

Das sind Eiweißstoffe, die chemische Reaktionen – wie die Spaltung der Nährstoffe – in Mensch, Tier und Pflanze bewirken, ohne sich selbst zu verändern. Sie wirken in der lebenden Zelle als auch außerhalb.

Enzyme, die den gesamten Stoffwechsel ermöglichen, werden unterteilt in:

- **Verdauungsenzyme:** Sie spalten die Nährstoffe in ihre Bausteine (Einfachzucker, Glycerin und Fettsäuren sowie Aminosäuren).
- **Stoffwechselenzyme:** Sie bauen die Einfachzucker, das Glycerin, die Fett- und Aminosäuren in den Zellen zu Energie ab und zu körpereigenen Substanzen auf.

Man macht sich die Enzymtätigkeit auch bei der Herstellung von Lebensmitteln zu Nutze, zB bei der Käse-, Sauerkraut- und Weinerzeugung. Ebenso ist ein Teil des Lebensmittelverderbs auf die Tätigkeit von Enzymen zurückzuführen. (Siehe Exkurs: Enzymtätigkeit in der Konditorei.)

Heute sind nahezu 2 000 Enzyme bekannt. Ihre Namen enden mit der Endsilbe **-ase**. Die Enzyme, die für den Stoffwechsel der Nahrung wichtig sind, heißen Verdauungsenzyme. Ein Enzym kann immer nur auf einen ganz bestimmten Stoff einwirken, andere Stoffe werden nicht verändert.

Kohlenhydratspaltende Enzyme

- Amylase spaltet Stärke in Malzzucker.
- Maltase spaltet Malzzucker in Traubenzucker.
- Saccharase spaltet Rohr-/Rübenzucker in Trauben- und Fruchtzucker.
- Laktase spaltet Milchzucker in Trauben- und Schleimzucker.
- Zymase spaltet Traubenzucker in Alkohol und Kohlendioxid.
- Zellulase spaltet Zellulose in Traubenzucker.

Amylase, Maltase, Saccharase und Laktase bewirken den Abbau der Kohlenhydrate zu Monosacchariden bei der Verdauung im menschlichen Körper.

Beispiel: Enzym Maltase
Diese Zuckerarten können nicht vom Enzym Maltase gespalten werden.

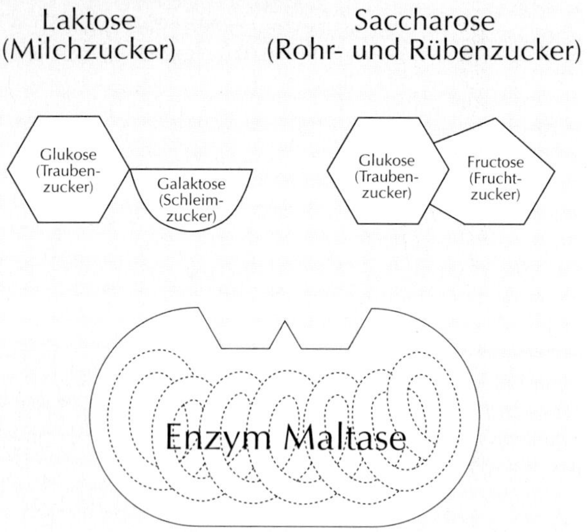

Malzzucker hingegen kann vom Enzym Maltase gespalten werden.

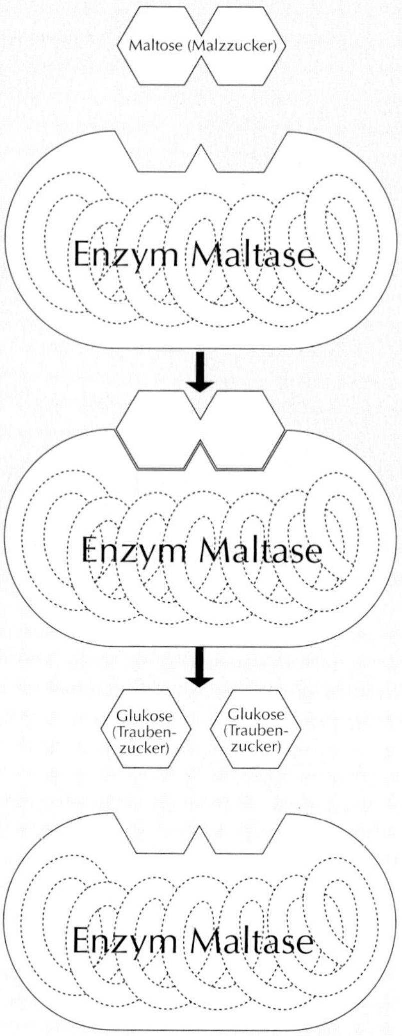

Eiweißspaltende Enzyme (Proteasen)

Peptidasen spalten Eiweißstoffe in Aminosäuren.

Fettspaltende Enzyme (Lipasen)

Sie spalten Fett in Glycerin und Fettsäuren.

Exkurs: Enzymtätigkeit in der Konditorei

Wie bereits erwähnt wirken Enzyme nicht nur im menschlichen, tierischen und pflanzlichen Organismus. Sie wirken auch in den Lebensmitteln weiter und verändern diese ständig.

Die Enzymreaktionen, die während der Lagerung oder Verarbeitung der Nahrungsmittel eintreten, werden unterteilt in:

- **Erwünschte Enzymreaktionen,** die gefördert und gelenkt werden, zB Gare von Teigen, die Reifung von Käse, Fermentieren von Kakaobohnen, Gewinnung von alkoholischen Getränken (zB Wein, Bier).
- **Unerwünschte Enzymreaktionen** finden bei Fäulnis oder beim Verderben der Nahrungsmittel statt, zB Ranzigwerden der Fette, Bräunungsvorgänge beim Obst.

Kohlenhydratspaltende Enzyme

- Amylase und Maltase wirken in geringem Umfang bereits während der Mehllagerung und sind besonders im feuchten und warmen Teig aktiv.
- Das Enzym Zymase vergärt den im Teig enthaltenen Zucker und produziert dabei die Lockerungsgase CO_2.

Eiweißspaltende Enzyme (Proteasen)

Bereits während der Mehllagerung setzt der Eiweißabbau ein. Teige aus kleberschwachem Mehl verlieren durch den Kleberabbau an Elastizität und Gärstabilität. Gebäckstücke aus solchen Teigen sind von kleinem Volumen und grob geport.

Fettspaltende Enzyme (Lipasen)

Der Fettabbau macht sich in fettreichen Nahrungsmitteln bemerkbar, zB Butter, Margarine, Nüsse usw. Das Fett wird in seine Bestandteile Fettsäuren und Glycerin gespalten. Die Nahrungsmittel werden ranzig und sind nicht mehr zum Verzehr geeignet.

Oxidasen

Sie haben eine auf- und abbauende Wirkung, zB bei der Braunfärbung von Früchten, bei der Mehlreifung durch Sauerstoffanlagerung.
Dunkle Mehlarten weisen eine höhere Enzymaktivität auf als helle Mehle. Ursache ist der höhere Gehalt an Randschichten, die enzymreicher sind.

Hemmen bzw. Anregen der Enzymtätigkeit

Die Wirkungsweise der Enzyme hängt von mehreren Faktoren ab:

- Enzyme wirken nur in Anwesenheit von frei verfügbarem **Wasser**. Wasser wird zB bei bestimmten Vorgängen angelagert. Wasserentzug (zB durch Trocknen) schränkt die Aktivität der Enzyme ein.
- Die **Temperatur** beeinflusst die Wirkungsweise der Enzyme. Die höchste Wirksamkeit haben Enzyme bei einer Temperatur von 30 bis 40 °C. Bei niedrigeren Temperaturen wird die Enzymaktivität verlangsamt und bei hohen Temperaturen zwischen 50 und 100 °C werden die Enzyme infolge der Eiweißgerinnung zerstört.
  Die gewünschten Temperaturveränderungen können durch Kühlen und Gefrieren oder durch den Gärschrank bewirkt werden.
- Der **pH-Wert** beeinflusst die Enzymaktivität. Enzyme sind als Eiweißkörper vom pH-Wert ihrer Umgebung stark abhängig. Die Amylasen im Getreide arbeiten am besten bei einem pH-Wert von 5. Bei bestimmten pH-Werten können die Enzyme auch unwirksam werden.
  Kochsalzzugabe hemmt demnach die Enzymtätigkeit der Hefezellen. Teige ohne Kochsalzzugaben treiben und fließen sehr stark auseinander.

12.3 Nahrungsverwertung (Stoffwechsel)

Aus der Nahrung wird im Stoffwechsel Energie erzeugt. Gleichzeitig wird eine Menge Baustoffe gebildet und Endprodukte werden ausgeschieden.

Nahrungsaufnahme

Empfehlungen für die optimale Ernährung in Bezug auf die Nährstoffzufuhr gibt die Deutsche Gesellschaft für Ernährung (siehe Kap. I / 13.1 Vollkost / Zehn Regeln für eine vollwertige Ernährung ...).

Verdauung

Bei der Verdauung wird die aufgenommene Nahrung im Verdauungstrakt durch Enzyme in die kleinsten Bestandteile zerlegt.

Weg der Nahrung

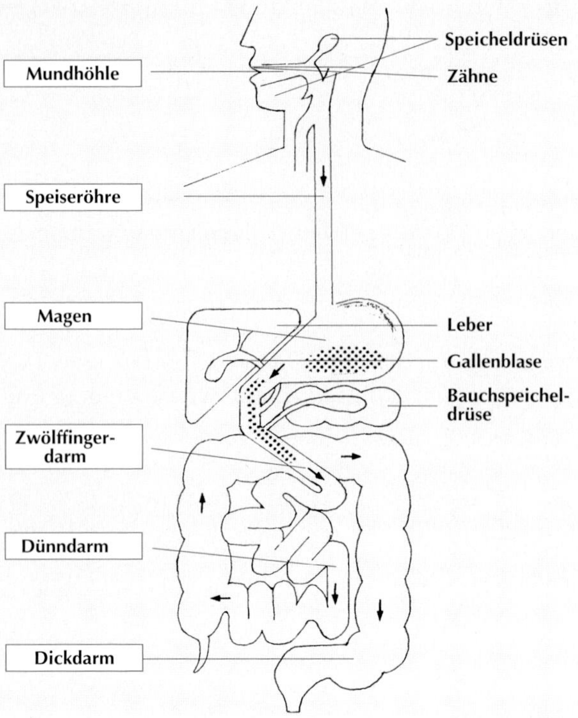

Mund

Die Verdauung beginnt im Mund. Die Nahrung wird zerkleinert und mit Speichel vermengt. Die Speichelproduktion wird angeregt durch den würzigen Geruch der Speisen oder durch schön angerichtete Mahlzeiten. Die Menge hängt von der Konsistenz der Speisen ab. Bei flüssigen Speisen wird weniger Speichel abgesondert als bei festen Speisen.

- Im Mundspeichel wird die Nahrung langsam gelöst und der Kohlenhydratabbau (Stärkeabbau) beginnt durch Amylasen.

Speiseröhre

Der gleitfähige Speisebrei wird geschluckt und gelangt durch die Speiseröhre in den Magen.

Magen

Im Magen verweilt der Speisebrei je nach Zusammensetzung ein bis zwei Stunden. Sehr fettreiche Speisen verbleiben noch länger.

- Durch den Gehalt kleiner Mengen an Lipasen im Magen werden bereits emulgierte Fette gespalten.
- Im Magen beginnt die Eiweißverdauung. Durch die Salzsäure gerinnen die Eiweißstoffe und Peptidasen beginnen die Eiweißstoffe zu spalten.

Durch den Magenausgang wird die Nahrung in kleinen Schüben in den Zwölffingerdarm abgegeben.

Zwölffingerdarm

Er ist der Hauptort der chemischen Verdauung. Die Nahrung wird mit dem Bauchspeichel und dem Gallensaft vermischt.

- Gallensaft wird von der Leber erzeugt und in der Gallenblase gespeichert. Diese gibt den Gallensaft bei Bedarf an den Zwölffingerdarm weiter. Der Gallensaft emulgiert die Fette (Zerkleinerung der Fette).
- Bauchspeichel wird in der Bauchspeicheldrüse erzeugt und an den Zwölffingerdarm abgesondert. Die Amylase der Bauchspeicheldrüse setzt die Aufspaltung der Kohlenhydrate fort. Die Lipase der Bauchspeicheldrüse spaltet die emulgierten Fette in Glycerin und Fettsäuren. Die Eiweißstoffe werden durch Peptidasen aus der Bauchspeicheldrüse zu Peptiden weiter gespalten.

Dünndarm

- Im Dünndarm wird der Milchzucker durch die Laktase des Dünndarmsaftes endgültig in Einfachzucker gespalten.
- Hier erfolgt auch der vollständige Abbau der Fette zu Glycerin und Fettsäuren.
- Die Peptide (Eiweißstoffe) werden durch weitere Peptidasen in Aminosäuren zerlegt.

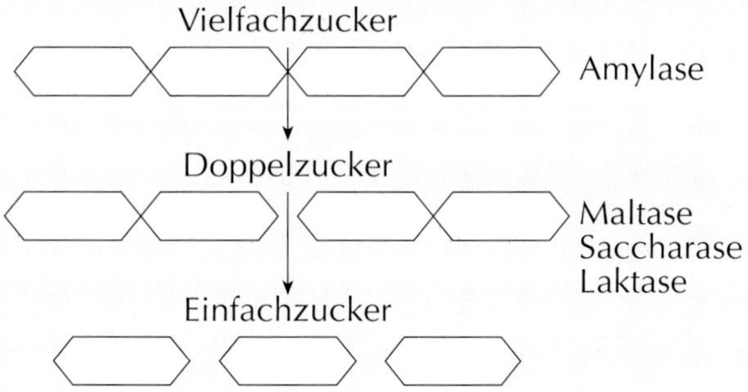

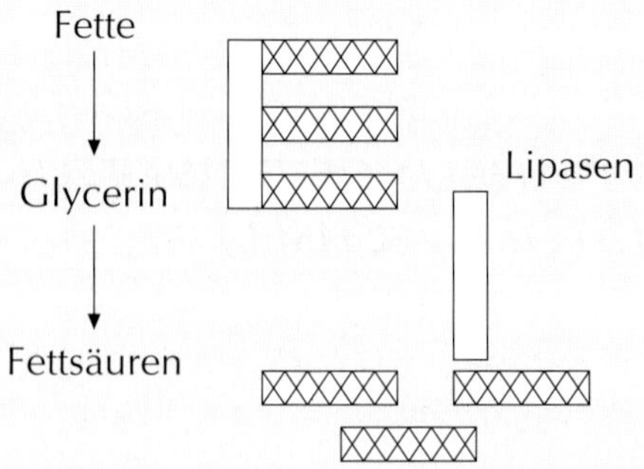

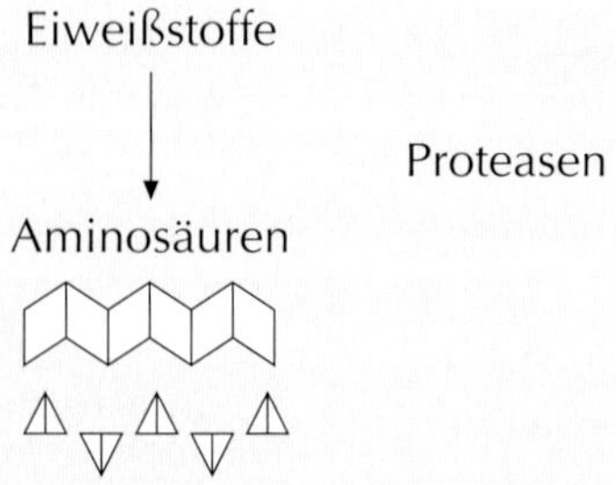

Resorption

Der **Dünndarm** ist der Hauptort der Resorption. Resorption ist die Aufnahme der kleinsten Bausteine (Monosaccharide, Aminosäuren, Glycerin und Fettsäuren) durch die Darmwand in die Blutbahn und die Lymphbahn. Von dort gelangen die Nährstoffbausteine zu den Zellen. Der Dünndarm ist mit unzähligen Darmzotten ausgekleidet und damit ist seine Oberfläche für diese Aufgabe stark vergrößert.
Durch die Peristaltik (Darmbewegung) werden die Nahrungsreste nach und nach in den Dickdarm befördert.

Zellstoffwechsel (Zwischenstoffwechsel)

In den Zellen wird Energie gewonnen und körpereigene Substanzen werden aufgebaut.

Energiegewinnung in den Körperzellen

Einfachzucker, Glycerin, Fettsäuren und überschüssige Aminosäuren werden mithilfe des eingeatmeten Sauerstoffes zu Energie abgebaut. Dabei oxidiert der Wasserstoff der Nährstoffe mit dem Sauerstoff der eingeatmeten Luft zu Wasser. Diese Wasserbildung ist der wichtigste energieliefernde Vorgang.
Nährstoffe können sich hinsichtlich der Energiebereitstellung teilweise gegenseitig ergänzen. Die roten Blutkörperchen und auch Gehirn- und Nervenzellen sind auf die Aufnahme von Glukose (Traubenzucker) angewiesen.

Bildung körpereigener Substanzen

Die Körperbestandteile unterliegen einem ständigen Auf-, Ab- und Umbau. Hauptsächlich Eiweißstoffe werden zum Aufbau von körpereigenen Substanzen benötigt. Eiweiß ist Bestandteil jeder Zelle.
Der Aufbau von körpereigenem Eiweiß ist sehr kompliziert und bei jedem Individuum anders festgelegt.

Voraussetzung ist das Vorhandensein einer ausreichenden Menge an essenziellen und nicht essenziellen Aminosäuren. Der Eiweißbedarf ist besonders in der Wachstumsphase erhöht.
Aufgebaut werden außerdem Bluteiweißstoffe und spezifische Eiweißverbindungen für Enzyme und Hormone.

Ausscheidung

Im **Dickdarm** wird ein Teil des Wassers resorbiert (aufgesaugt). Die unverdaulichen Nahrungsbestandteile (Ballaststoffe, Endprodukte aus dem Stoffwechsel), die sich nun im Dickdarm befinden, werden dadurch eingedickt. Sie werden durch die Darmbakterien zersetzt und ausgeschieden.

Zusammenfassung: Stoffwechsel

Hormone

Sie regeln Wachstum, Stoffwechsel, Fortpflanzung.

Arten
- Insulin und Glucagon
- Adrenalin
- Tyroxin
- Wachstumshormone

Enzyme

Sie sind Eiweißstoffe, die chemische Reaktionen (zB Stoffwechselvorgänge im Organismus) bewirken, ohne sich selbst zu verändern.

Arten
- Kohlenhydratspaltende Enzyme: Amylase, Maltase, Saccharase, Laktase, Zymase, Zellulase
- Eiweißspaltende Enzyme: Proteasen => Peptidasen
- Fettspaltende Enzyme: Lipasen
- Oxidasen

Faktoren für die Wirkungsweise der Enzyme
- frei verfügbares Wasser
- Temperatur (30 bis 40 °C)
- optimaler pH-Wert

Nahrungsverwertung (Stoffwechsel)

- Nahrungsaufnahme
- Verdauung: Abbau der Nährstoffe durch Enzyme in kleine, einfache Bausteine; Verdauungsorgane: Mund (Speichel), Magen (Magensaft), Zwölffingerdarm (Bauchspeichelsaft, Gallensaft), Dünndarm (Dünndarmsaft), Dickdarm
- Resorption: Aufnahme der einfachen Bestandteile durch die Dünndarmwand in das Blut
- Zellstoffwechsel (Zwischenstoffwechsel): Gewinnung von Energie und Aufbau körpereigener Substanzen in den Zellen
- Ausscheidung: Eindicken und Ausscheiden der Endprodukte

Enzymatische Spaltung
- Vielfachzucker durch **Amylasen** zu Doppelzucker und durch **Maltase, Saccharase, Laktase** in Einfachzucker.
- Fette durch **Lipasen** in Glycerin und Fettsäuren.
- Eiweißstoffe durch **Proteasen** in Peptide und durch **Peptidasen** zu Aminosäuren.
- Vitamine, Mineralstoffe und Spurenelemente werden nicht weiter abgebaut.

Fragen und Arbeitsaufgaben

1. Wie wirken Enzyme?
2. Welche Arten von Enzymen gibt es?
3. Wie heißen die Enzyme der Hefe?
4. Was verstehen Sie unter Stoffwechsel?
5. In welche Abschnitte wird der Stoffwechsel gegliedert?
6. Welche Funktionen hat die Verdauung?
7. Welche Organe gehören zum Verdauungstrakt?
8. Wie erfolgt die enzymatische Spaltung der Nährstoffe?

13 ERNÄHRUNG DES GESUNDEN ERWACHSENEN UND DIÄTKUNDE

Die Nahrungsbestandteile wurden bereits alle besprochen. In diesem Kapitel werden nun alle theoretischen Erkenntnisse konkret in der Vollkost praktisch angewendet. In 10 Regeln wird die Ernährung für einen gesunden Erwachsenen dargestellt.
Von diesen Regeln wird auf die Ernährung bei verschiedenen Erkrankungen, die Diäten, übergeleitet.
Das Wort „Diät" (griechisch „diaita") bedeutet „gesunde Lebensweise". In der Ernährungslehre stellt sich die Frage nach der richtigen Ernährung des gesunden und kranken Menschen.

Ausgangspunkt bei den verschiedenen Diätformen ist immer die **Vollkost**, welche bei krankhaften Veränderungen so abgeändert wird, dass durch gezielte Nahrungsaufnahme Stoffwechselstörungen verbessert und Spätfolgen beseitigt oder gemindert werden.

Eingesetzt werden verschiedene Diätformen in der Vorsorgemedizin (Übergewicht, Untergewicht) und in der Behandlung von ernährungsabhängigen Erkrankungen, zB bei Stoffwechselstörungen der Kohlenhydrate, Fette und Eiweißstoffe, bei Allergien und bei Erkrankungen im Verdauungsapparat und Harntrakt.

Arbeitet der **Konditor** in speziellen Einrichtungen, wie Krankenanstalten, Pflegeheimen, Kurheimen, Kurhotels usw., so sollte er über häufig auftretende ernährungsabhängige Krankheiten informiert sein und notwendige Maßnahmen und Anleitungen in der Herstellung seiner Speisen kennen.

13.1 VOLLKOST

Die Vollkost ist die Ernährung des gesunden Erwachsenen. In der Vollkost ist der Gehalt an Energie- und Nährstoffen dem tatsächlichen Bedarf angepasst. Verbreitete Ernährungsfehler werden vermieden. Auswahl und Zubereitung der Lebensmittel sind nicht eingeschränkt.

Die Vollkost darf nicht mit der Normalkost verwechselt werden, da diese auch die normalen Ernährungsfehler, wie zu viel tierische Fette und Salz, zu wenig Kohlenhydrate und Ballaststoffe und zu viel Alkohol, enthält.
Bei der richtigen Auswahl, Zusammenstellung und Zubereitung der Lebensmittel helfen die „Zehn Regeln für eine vollwertige Ernährung" und der „Ernährungskreis".

Zehn Regeln für eine vollwertige Ernährung von der Deutschen Gesellschaft für Ernährung (DGE)

Ernährungskreis: Im Ernährungskreis sind die Lebensmittel in sieben Gruppen geordnet.

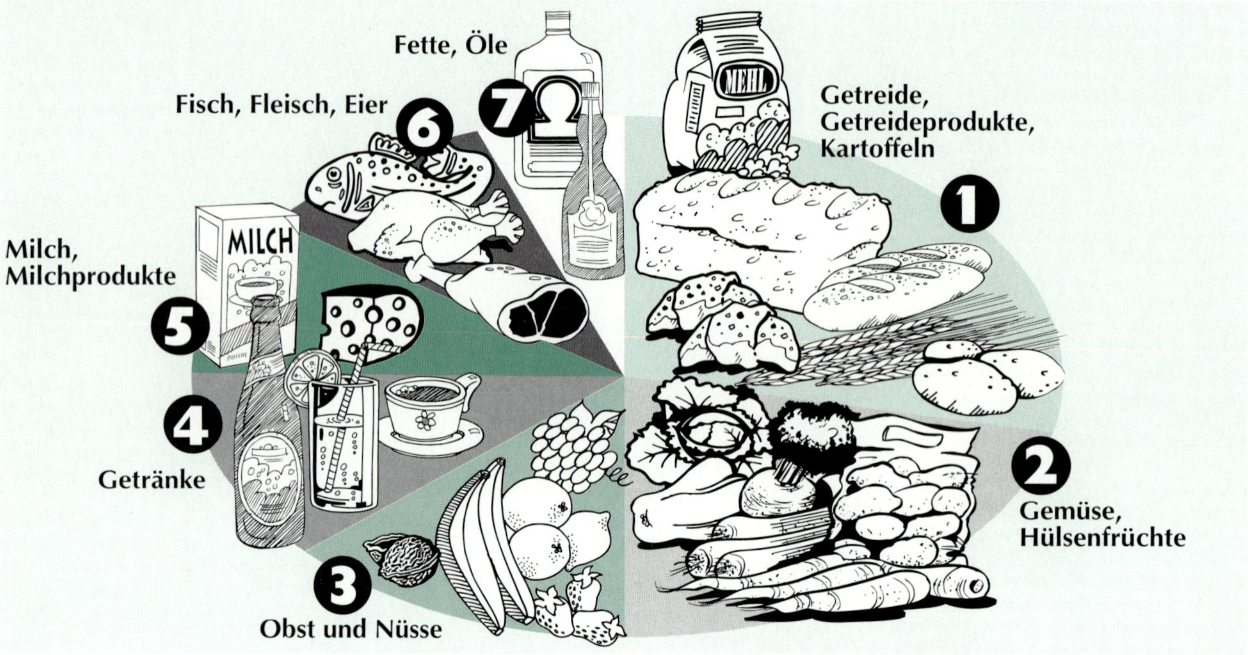

Die Segmentgröße zeigt die Bedeutung der Gruppen für eine vollwertige Ernährung.

- Wählen Sie Ihre Lebensmittel täglich aus allen sieben Gruppen!
- Bevorzugen Sie die Gruppen 1 bis 5!
- Essen Sie weniger Lebensmittel aus den Gruppen 6 und 7!
- Wechseln Sie vor allem in Gruppe 6 die Lebensmittel konsequent ab!

1. Vielseitig, aber nicht zu viel

Abwechslungsreiches Essen schmeckt und ist vollwertig.

Essen Sie von möglichst vielen verschiedenen Lebensmitteln kleine Portionen! Je vielfältiger Sie Ihren Speiseplan zusammenstellen, desto leichter lässt sich eine mangelhafte Versorgung mit lebensnotwendigen Nährstoffen oder eine Belastung durch unerwünschte Stoffe in der Nahrung vermeiden.

2. Wenig Fett und fettreiche Lebensmittel

Zu viel Fett macht fett.

Fett liefert mehr als doppelt so viele Joule wie die gleiche Menge an Kohlenhydraten oder Eiweißstoffen. Übergewicht und viele Krankheiten können die Folgen von zu fettreicher Ernährung sein.

- Reduzieren Sie den Verzehr von Streichfetten und bevorzugen Sie fettarme Zubereitungsarten!
- Achten Sie nicht nur auf die sichtbaren Fette, sondern auch auf die versteckten Fette, zB in Fleisch, Wurst, Käse, Eiern, Obers, Nüssen, Kuchen, Eis und Schokolade!

3. Würzig, aber nicht salzig

Kräuter und Gewürze unterstreichen den Eigengeschmack der Speisen.

Zu viel Salz übertönt viele Geschmackseindrücke und kann zur Entstehung von Bluthochdruck beitragen. Bevorzugen Sie daher Kräuter und Gewürze!

4. Wenig Süßes

Zu süß kann schädlich sein.

Zucker und Süßigkeiten können Karies verursachen. Zu viel Zucker wird vom Körper in Fett umgewandelt und in Form von Fettpolstern gespeichert. Zudem werden bei hohem Zuckerkonsum nährstoff- und ballaststoffreiche Lebensmittel vom Speiseplan verdrängt.

Genießen Sie Süßes zwar ohne Reue, aber nur selten und in kleinen Mengen!

5. Viele Vollkornprodukte

Sie liefern wichtige Nährstoffe und Ballaststoffe.

- Essen Sie täglich Vollkornbrot und häufig Getreidegerichte!
- Vollkornprodukte, zB Naturreis, Vollkornbrot, Getreidegerichte, Vollkornnudeln oder Müsli, enthalten günstige Polysaccharide.
- Neben den für die Verdauung wichtigen Ballaststoffen liefern sie zusätzlich Vitamine und Mineralstoffe.

6. Reichlich Gemüse, Kartoffeln und Obst

Diese Lebensmittel gehören in den Mittelpunkt Ihrer Ernährung.

- Essen Sie täglich Obst und Gemüse, einen Teil davon roh!
- Essen Sie häufig Kartoffeln und wählen Sie auch öfters Hülsenfrüchte!
- Mit diesen Lebensmitteln erhalten Sie pflanzliches Eiweiß, Vitamine, Mineralstoffe und Ballaststoffe.

7. Wenig tierisches Eiweiß

Pflanzliches Eiweiß ist so wichtig wie tierisches Eiweiß.

Pflanzliches Eiweiß in Kartoffeln, Hülsenfrüchten und Getreide ist günstig für eine vollwertige Ernährung. Auch Milch, fettarme Milchprodukte und vor allem Fisch sind wertvolle Proteinlieferanten.
Es empfiehlt sich, den Verzehr weiterer tierischer Proteinlieferanten (Fleisch, Wurst und Eier), die relativ viel Fett, Cholesterin und Purine enthalten, einzuschränken.

8. Trinken mit Verstand

Ihr Körper braucht Wasser, aber keinen Alkohol.

Zwei bis zweieinhalb Liter Wasser pro Tag benötigt Ihr Körper. Löschen Sie Ihren Durst mit Wasser bzw. Mineralwasser, Gemüsesäften, ungesüßtem Früchtetee und verdünnten Obstsäften! In Maßen können Sie auch ungesüßten schwarzen Tee oder Kaffee genießen.
Trinken Sie alkoholische Getränke nur gelegentlich! Alkohol schadet Ihrer Figur und Ihrer Leber und macht abhängig.

9. Öfters kleine Mahlzeiten

Das bringt Sie in Schwung und mindert Leistungstiefs.

Essen Sie anstatt der üblichen drei Hauptmahlzeiten besser fünf kleinere Mahlzeiten! Denn große Mahlzeiten belasten die Verdauungsorgane und machen müde.

10. Schmackhaft und schonend zubereiten

Garen Sie kurz mit wenig Wasser und Fett!

So bleiben die Nährstoffe und der Eigengeschmack der Speisen erhalten.
Durch zu lange Lagerung, falsche Vorbereitung, zu langes Kochen, Wiederaufwärmen und Verwendung von zu viel Wasser beim Garen werden die lebensnotwendigen Nährstoffe zerstört und ausgelaugt.

Beachten Sie deshalb folgende Regeln:
- Direkt vor dem Verzehr vor- und zubereiten.
- Nicht stärker zerkleinern als notwendig.
- Wenig Wasser und Fett verwenden.
- Die richtige Gartemperatur wählen.
- Die Garzeit möglichst kurz halten.
- Das Kochwasser verwenden.
- Das Warmhalten der Speisen vermeiden.
- Bis zum Wiederaufwärmen die Speisen kühl aufbewahren.

Nährstoffe

Kohlenhydrate

Der Tagesbedarf kann gedeckt werden durch Kombinationen von:
- Getreidekost, zB 30 g (3 EL) Müslimischung oder 30 g (8 EL) Cornflakes;
- Brot, zB 300 g (6 Scheiben) Vollkornbrot oder 6 Vollkornweckerln;
- Beilagen, zB 150 g (9 gehäufte EL) gekochten Vollkornteigwaren oder 150 g (6 gehäufte EL) gekochtem Vollkornreis oder 200 g (3 Stück, hühnereigroß) Kartoffeln oder 100 g (8 EL) rohen Hülsenfrüchten.

Fette

Die empfohlene Linolsäurezufuhr liegt bei 10 g. Die Cholesterinzufuhr soll bei normalen Blutfettwerten nicht mehr als 300 mg/Tag betragen.
Die Fettzufuhr soll 1/3 gesättigte Fettsäuren zu 1/3 einfach ungesättigte Fettsäuren zu 1/3 mehrfach ungesättigte Fettsäuren betragen.

Der Tagesbedarf kann gedeckt werden durch Kombinationen von:
- 1/3 Streichfett, zB 2 EL (20 g) Butter oder Margarine;
- 1/3 Kochfett, zB 2 EL (20 g) Sonnenblumen- oder Maiskeimöl bzw. Olivenöl zum Braten und für Salate;
- 1/3 entfällt auf verstecktes Fett – deshalb bewusst magere Sorten wählen, (siehe dazu die Empfehlungen zur Deckung des Proteinbedarfes).

Eiweißstoffe

Der Tagesbedarf kann gedeckt werden durch Kombinationen von:
- mageren Milchprodukten, zB 1/4 l (1 Becher) Jogurt 1 % F. i. T. oder 1/4 l Buttermilch oder 1/4 l Fruchtjogurt;
- magerem Käse bis 35 % F. i. T., zB 1 gehäuften EL Magertopfen, Hüttenkäse oder 3 dünnen Schnitten Quargel, Bierkäse, Tilsiter, Camembert;
- mageren Wurstsorten, zB 3 Blatt Schinken, Krakauer, Putenwurst, Rindersaftschinken;
- magerem Fleisch oder Fisch, zB 150 g Putenschnitzel, Kalbsnaturschnitzel, Scholle, Forelle, Zander.

Vitamine
Der Tagesbedarf kann gedeckt werden durch zusätzlichen Verzehr von:
- 1 bis 2 Stück frischem Obst,
- 250 g frischem Gemüse.

Mineralstoffe
Wird die Nahrung nach den bisher genannten Empfehlungen zusammengesetzt, so ist der Mineralstoffbedarf gedeckt. Für den Zusatz von Mineralstoffpräparaten gibt es keinen Grund, außer es wird ein tatsächlicher Mangel nachgewiesen.

13.2 Leichte Vollkost

Die leichte Vollkost ist eine Variante der Vollkost. Sie unterscheidet sich von ihr dadurch, dass jene Lebensmittel und Zubereitungsarten nicht verwendet werden, die bei mehr als 5 % der Menschen Unverträglichkeitserscheinungen hervorrufen. Oder es werden Lebensmittel weggelassen, die von einzelnen Personen als unverträglich empfunden werden.

Anwendungsbereiche

- Bei nicht eindeutig nachweisbaren Unverträglichkeiten gegenüber bestimmten Speisen und Lebensmitteln.
- Bei akuten Magen-Darm-Erkrankungen als Kostaufbau in der Endstufe.
- Nach chirurgischen Eingriffen im Magen-Darm-Trakt als Kostaufbau in der Endstufe.
- Generell als Basisernährung bei Erkrankungen des Verdauungstraktes.
- Ernährung des älteren Menschen.

Zubereitung der Lebensmittel

- Dünsten, Kochen, Faschiertes und Aufläufe sind günstige Zubereitungsarten und -formen.
- Generell zu meiden sind Röstprodukte, in Fett Gebackenes, Spiegeleier, Bratkartoffeln, fettes Fleisch (Schwein, Hammel, Ente, Gans), fette Wurstsorten, Fischkonserven in Öl, stark gesalzene und sehr saure Produkte, Essig (nur sehr stark verdünnt erlaubt), Senf, Rettich, Pfeffer u. Ä.
- Nicht günstig sind Convenience- und Fastfood-Produkte.

Energie

Der Energiebedarf entspricht dem der Vollkost. Ein Unterschied zur Vollkost besteht in der Verteilung der Energie auf die Mahlzeiten. Es sollten mindestens sechs Mahlzeiten pro Tag eingenommen werden.
Wenn die Verdauung nicht optimal funktioniert, sind langsames Essen und gutes Kauen besonders wichtig.

Nährstoffe

Kohlenhydrate
Der Kohlenhydrat- und Ballaststoffbedarf entspricht dem der Vollkost. Jedoch muss auf frische, grobe Vollkornprodukte und Hülsenfrüchte verzichtet werden, da sie sehr oft zu Blähungen führen. Trotzdem ist es sehr wichtig, dass die Ballaststoffempfehlung eingehalten wird. Einen Tag altes, fein vermahlenes Vollkornbrot oder -weckerl, Haferflocken und Hirse liefern wichtige Beiträge zur Ballaststoffversorgung.

Fette
Der Fettbedarf entspricht dem der Vollkost. Es sollen leicht verdauliche Fette, wie zB Butter und hochwertige Öle (Sonnenblumenöl) verwendet werden. Stark erhitzte Fette sind zu vermeiden.

Eiweißstoffe
Der Proteinbedarf entspricht dem der Vollkost. Leicht verdauliche, also magere Proteinträger werden empfohlen.

Vitamine
Der Vitaminbedarf entspricht dem der Vollkost. Auf nicht ausgereiftes, rohes Stein- und Kernobst sowie blähendes Gemüse (Kraut, Kohl, Tomate, Zwiebel, Lauch und Knoblauch) soll verzichtet werden.

Mineralstoffe
Der Mineralstoffbedarf entspricht dem der Vollkost.

Flüssigkeit
Die Empfehlungen für die Flüssigkeitszufuhr entsprechen denen der Vollkost. Zusätzlich sollen kohlensäurehaltige oder saure Getränke vermieden werden. Alkohol darf nur nach Absprache mit dem Arzt getrunken werden.

Für die leichte Vollkost geeignete bzw. ungeeignete Lebensmittel

Bezeichnung	Geeignet	Ungeeignet
Brot	Knäckebrot, altbackenes Weißbrot, Schwarzbrot, Zwieback	alle frischen und fettreichen Gebäck- und Brotsorten
Konditorwaren	leichte Hefegebäcke vom Vortag, weil nicht mehr blähend, zB Zopf, Topfenstrudel oder Topfentaschen; leichte Biskuitmassen: Rouladen, Biskotten, Fruchtschnitten ohne Steinobst; Aufläufe: Reis-, Grieß-, Topfen-, Apfelauflauf, Scheiterhaufen, Obstknödel (Erdbeeren, Marillen)	Blätterteiggebäck, Creme- und Oberstorten, Gebäck mit Schokolade, Nüssen und/oder viel Fett, frischer Germteig
Kartoffeln	gedämpft, gekocht, möglichst als Kartoffelbrei	gebratene oder frittierte Kartoffeln
Gemüse und Salate	Karfiolröschen, Brokkoli, Fenchel, gedünstete Gurken, Karotten, junger Kohlrabi, rote Rüben, Spargel, Spinat, Kopf-, Feld- und Endiviensalat	Hülsenfrüchte, Pilze, Weiß- und Rotkraut, Gurken, Sauerkraut, Kohl, Paprikaschoten, Porree, Rettich, Zwiebeln, Oliven
Obst	vorzugsweise als Kompott oder Obstsaft, kleine Portionen Bananen, Erdbeeren, Himbeeren, Äpfel, Birnen, Melonen, Mandarinen, Kiwis, Pfirsiche	Steinobst, wie Pflaumen, Zwetschken, Kirschen, Ringlotten, Marillen; Quitten, Rhabarber, Weintrauben, Johannisbeeren, Brombeeren, Orangen, Grapefruits, Trockenobst, Nüsse
Fleisch und Wurstwaren	mageres, zartes Fleisch, gekocht, gedünstet oder gegrillt, vom Kalb, Rind, (Schwein), Wild und Geflügel; fettarme, milde Wurstsorten wie gekochter Schinken, Schinkenwurst, kalter Braten	fette, gebratene, geräucherte, scharf gewürzte Fleisch- und Wurstwaren; zB Gans, Ente, Salami, fetter Aufschnitt, Landjäger, Speck usw.
Fisch und Fischwaren	magerer Fisch, gekocht, gegrillt, gedünstet, wie Forelle, Hecht, Kabeljau, Scholle, Schellfisch, Seehecht usw.	fette, gebratene, geräucherte und marinierte Fische, zB Aal, Hering, Karpfen, Tunfisch; Schalen- und Krustentiere
Eier	weich gekocht, zum Legieren von Suppen, als mildes Rührei	hart gekochte, gebratene Eierspeisen
Milch und Milchprodukte	Vollmilch, Magermilch, Buttermilch, Jogurt, Topfen, Käse bis zu 35 % Fett (mild)	fettreiche Käsesorten mit über 35 % Fett, Schlagobers in größeren Mengen

13.3 Diabetesdiät (Diät bei Zuckerkrankheit)

Ursache von Diabetes mellitus ist ein absoluter oder relativer Insulinmangel. Insulin ist ein Hormon der Bauchspeicheldrüse, das in die Blutbahn abgegeben wird und den Blutzuckerspiegel regelt. Insulin ermöglicht die Aufnahme von Traubenzucker in die Zellen, die Umwandlung von Traubenzucker in Glykogen und den Fettaufbau im Fettgewebe.
Durch Insulinmangel ist die Verwertung der Kohlenhydrate und auch die der Fette und Eiweißstoffe gestört. Es entsteht somit eine tief greifende Störung in der Verwertung der Nährstoffe.

Insulinmangel bewirkt einen zu hohen Blutzuckerspiegel. Kennzeichen sind Erbrechen und Bewusstlosigkeit **(Hyperglykämie)**. Sofortige Insulinbehandlung ist dringend notwendig.
Sinken die Blutzuckerwerte zu weit ab, treten Heißhunger, Zittern, Schweissausbruch und Schwindel bis tiefe Bewusstlosigkeit auf. Rasche Kohlenhydratzufuhr ist unbedingt erforderlich **(Hypoglykämie)**.

Die Aufrechterhaltung eines konstanten Blutzuckerspiegels ist somit wichtigstes Ziel jeder Diabetesbehandlung. Spätschäden, wie Durchblutungsstörungen, Erblindung und Schädigungen der Nieren, können dadurch weitgehend verhindert werden.

Wird die gestörte Stoffwechsellage nicht durch gezielte Maßnahmen korrigiert, dann sind ausgeprägte Krankheitserscheinungen die Folge, zB Leistungsminderung, Muskelschwund, Gefäßveränderungen an den Augen, Nieren, Nerven und Durchblutungsstörungen.

Formen des Diabetes mellitus

Typ-I-Diabetes (Diabetes von Jugendlichen)

Diese Form des Diabetes tritt schon im Kindesalter oder bei Jugendlichen auf. Bei der Entdeckung der Krankheit ist sofort Insulinbehandlung (Spritzen) notwendig, da ein absoluter Insulinmangel vorliegt. Die Bauchspeicheldrüse produziert kein Insulin mehr. Bei der Behandlung des Typ-I-Diabetes sind gezielte Ernährungsmaßnahmen, die verabreichten Insulinmengen und sportliche Betätigung genau aufeinander abzustimmen.

Typ-II-Diabetes (Altersdiabetes)

Betroffen sind ältere Personen, meist mit Übergewicht, die häufig noch einige Zeit mit Diät und Tabletten ihren Blutzuckerspiegel regulieren können. Sind mit der Zeit die Insulinreserven der Bauchspeicheldrüse völlig erschöpft, so müssen auch Typ-II-Diabetiker Insulin spritzen.

Diabetesdiät

Qualitative Diabetesdiät

Typ-II-Diabetiker finden meistens das Auslangen mit einer qualitativen Diabetesdiät.

Allgemeine Empfehlungen

- Isolierte Kohlenhydrate (Zucker), die rasch ins Blut aufgenommen werden, sind in der Nahrungsmittelauswahl zu meiden. Ungeeignet sind deshalb Süßigkeiten und Süßspeisen, süße Getränke, gesüßte Milch und Milchprodukte, Honig, Konfitüre, Weintrauben und Trockenobst.
- Kohlenhydrate, die im Verdauungstrakt langsam zu Traubenzucker abgebaut werden, belasten den Blutzuckerspiegel weniger und sind aus diesem Grund geeigneter, zB Vollkornbrot, Kartoffeln, Reis, Teigwaren, Gemüse, Obst.

Die Energiezufuhr muss dem wirklichen Energiebedarf angepasst sein. Übergewicht verschlechtert die Stoffwechsellage des Diabetikers zusätzlich und Gewichtsabnahme ist notwendig.

Die Mahlzeiten, besonders die der kohlenhydrathaltigen Speisen, sollen auf fünf bis sechs kleinere pro Tag aufgeteilt werden. Dadurch wird der Blutzuckerspiegel nicht übermäßig belastet.

Die Fettzufuhr muss auf 60 bis 80 g pro Tag eingeschränkt werden mit einem hohen Anteil an pflanzlichen Fetten. Das verbessert die Stoffwechsellage und verhindert Übergewicht.

Quantitative Diabetesdiät

Beim Typ-I-Diabetiker oder oft beim insulinpflichtigen Altersdiabetiker ist es notwendig, die Kohlenhydratzufuhr genau auf die verabreichte Insulinmenge abzustimmen.
Dazu wird der Kohlenhydratgehalt der Speisen und Getränke berechnet.

12 g Kohlenhydrate in einem Nahrungsmittel enthalten = 1 Broteinheit (BE)

Beispiel: 25 g Vollkornbrot = 12 g Kohlenhydrate = 1 BE

Die Anzahl der Broteinheiten bestimmt der Arzt aufgrund des Gesamtenergiebedarfes des Diabetikers.

Tabellen (Kohlenhydrataustauschtabellen) geben an, welche Menge eines kohlenhydrathaltigen Nahrungsmittels eine Broteinheit ergibt. Die kohlenhydrathaltigen (BE-haltigen) Mahlzeiten werden gleichmäßig über den Tag verteilt.

- In Broteinheiten gerechnet werden Brot, Teigwaren, Mehl, alle Getreideprodukte, Reis, Haferflocken, Grieß, Kartoffeln, Obst, gepresste Obstsäfte, Bier, Milch, Jogurt, Gemüsesorten mit einem hohen Anteil an Kohlenhydraten (zB Erbsen, Linsen, Bohnen, Schwarzwurzeln).
- In Broteinheiten nicht gerechnet werden: Fleisch, Fisch, Eier, Käse, Topfen, Wasser, Tee, Kaffee, viele Gemüsesorten und Salate.

Zum **Süßen** verwendet der Diabetiker künstliche Süßungsmittel (zB Saccharin, Cyclamat), die keine Kalorien liefern. Zuckeraustauschstoffe (zB Fruchtzucker, Sorbit) müssen im Rahmen der BE-Berechnung mitberücksichtigt werden.

Im **Handel** befinden sich eine Reihe von Diabetikerprodukten (Konfitüre, Schokolade oder Feinbackwaren). Ihre Zusammensetzung muss der Diabetiker aber stets berücksichtigen. Frisch und nach Vorschrift erzeugte Diabetikerprodukte in der Konditorei sind für den Diabetiker eine willkommene Abwechslung.

Nährwertberechnung

Siehe Kap. IV / 21 Fachrechnen.

Kohlenhydrat- oder Broteinheitenaustauschtabelle

1 BE entsprechen:

Mehle, Nährmittel, Teigwaren

Blätterteig, tiefgekühlt	40 g
Cornflakes (Mais), ungezuckert	14 g
Eierteigwaren, gekocht	50 g
Eierteigwaren, roh (Spagetti, Makkaroni, Spätzle)	17 g
Haferflocken (2 gestrichene EL)	18 g
Kakaopulver, schwach entölt	32 g
Kartoffelknödel	50 g
Kartoffelknödelmehl	16 g
Reis, gekocht	50 g
Reis, roh (1 gestrichener EL)	15 g
Roggenmehl, Weizengrieß (1 gestrichener EL)	16 g
Stärkemehle (Mais-, Reismehl), Puddingpulver	14 g
Strudelteig, tiefgekühlt	20 g
Weizenmehl (1 gestrichener EL)	16 g

Brot

Diabetiker-Zwieback, ungesüßt (2 Stück)	17 g
Knäckebrot (2 Scheiben)	16 g
Mischbrot, Grahambrot (1 dünne Scheibe)	25 g
Roggenschrotbrot, Roggenvollkornbrot (1 dünne Scheibe)	26 g
Semmel, Brezel (1/2 Stück)	21 g
Semmelbrösel	15 g
Soletti	15 g
Weißbrot, Pumpernickel, Steinmetzbrot, Simonsbrot	24 g

Milch und Milchprodukte

Buttermilch, saure Milch	300 g
Naturjogurt	240 g
Trinkmilch, Magermilch (1/4 Liter)	240 g

Kartoffeln, Hülsenfrüchte, Gemüse

Erbsen, Bohnen, getrocknet	20 g
Erbsen, frisch	90 g
Kartoffel, geschält (1 hühnereigroße Kartoffel)	60 g
Maiskörner, frisch oder tiefgekühlt	70 g
Schwarzwurzeln	75 g

Andere Gemüsesorten und Salatpflanzen müssen wegen des geringen Kohlenhydratgehaltes nicht in BE gerechnet werden.

Obst

Äpfel, Aprikosen, Pflaumen (ohne Stein), Kirschen (sauer, mit Stein)	100 g
Bananen (ohne Schale)	60 g
Birnen, Heidelbeeren, Kirschen und Zwetschken (mit Stein)	90 g
Erdbeeren, Himbeeren, rote Johannisbeeren, Mandarinen (mit Schale)	150 g
Kiwi	120 g
Mandarinen (ohne Schale)	110 g
Orangen (ohne Schale), Stachelbeeren, Grapefruits (ohne Schale), schwarze Johannisbeeren	130 g
Orangen, Grapefruits (mit Schale)	170 g
Pfirsiche (mit Stein), Preiselbeeren	120 g
Wassermelone	160 g

Ungünstig sind Obstsorten wie Weintrauben, Feigen, Mangos, Ananas, Zwetschken, Kirschen, Trockenobst.

Bis 50 g ohne Berechnung verzehrbar sind: Erdnüsse, Haselnüsse, Kokosnüsse, Mandeln, Walnüsse, Mohn, Kürbiskerne, Sesamsamen, Sonnenblumenkerne. Es ist jedoch der hohe Fett- und Kaloriengehalt zu beachten.

Obstsäfte (unvergoren, ohne Zuckerzusatz)

Apfelsaft	110 g
Grapefruitsaft, Orangensaft, Himbeersaft	120 g
Johannisbeersaft, rot	100 g
Johannisbeersaft, schwarz	90 g
Karottensaft	200 g
Roter-Rüben-Saft	150 g
Zitronensaft	150 g

Zuckeraustauschstoffe, Diabetikerwaren

Diabetikerhonig	15 g
Diabetikerkonfitüre	25 g
Diabetikerschokolade	30 g
Fruchtzucker (Fructose)	12 g
Sorbit	12 g

13.4 Zöliakiediät

Zöliakie ist eine Krankheit, bei der eine Überempfindlichkeit der Dünndarmschleimhaut gegenüber Gluten (Klebereiweiß) besteht. Die Anlage zur Zöliakie ist meist vererbt.

Gluten besteht aus Glutenin und Gliadin. Krankheitsauslösend wirkt das Glutenin in Weizen, Dinkel, Grünkern, Roggen, Hafer und Gerste. Mais, Reis, Hirse und Buchweizen werden normal toleriert. Gluten ist vorwiegend im Mehlkörper enthalten. Es kann aber aus dem Getreide ausgewaschen werden. Stärke enthält daher kein Gluten.

Krankheitsbild

Typisch für diese Erkrankung ist eine Abnahme der Darmzotten bis zum totalen Schwund. Die Nährstoffe können nicht mehr aufgenommen werden. Die Folge sind:

- erheblicher Gewichtsverlust und damit verbunden ein Zurückbleiben in der Entwicklung des Kindes sowie eine Wesensveränderung;
- aufgetriebener Bauch;
- Durchfälle.

Zöliakiediät

Die Basisernährung ist die Vollkost. Glutenhaltige Lebensmittel müssen jedoch ganz aus der Nahrung weggelassen werden.

Verboten sind deshalb alle Getreideprodukte und -gerichte aus Weizen, Dinkel, Grünkern, Roggen, Hafer und Gerste wie Brot, Gebäck, Kuchen, Teigwaren, Haferflocken, gebundene Suppen und Saucen. Auch Wurstarten und Speisewürzen enthalten Mehl und somit auch Gluten.

Erlaubt sind Mais, Reis, Hirse, Buchweizen, Kartoffeln, Obst, Gemüse, Fleisch, Fisch, Fette und Öle, Eier, Milch- und Milchprodukte, Zucker, Honig, Schokolade, reines Kakaopulver usw.
Im Handel gibt es glutenfreie Fertigprodukte wie Brot, Gebäck, Teigwaren, Backwaren und Mehl. Bei Säuglingen und Kleinkindern ist die glutenfreie Ernährung relativ unproblematisch, da die in Österreich auf dem Markt befindlichen Säuglingsnahrungsmittel glutenfrei sind.

Für den **Konditor** ist diese Krankheit eine neue Herausforderung, erlaubte frische Süßspeisen anzubieten. Eine Alternative ist bei dieser Personengruppe immer gefragt. Diese Krankheit kommt zwar nicht sehr häufig vor, es ist aber für die Betroffenen oft sehr schwer, geeignete Produkte zu finden. Da das Gluten im Mehl diesem die Backfähigkeit gibt, ist die Herstellung glutenfreier Süßspeisen nicht leicht.
Geeignete Mehle sind: Maismehl, Maisstärkemehl, Kartoffelmehl, Reismehl, Buchweizenmehl, Hirsemehl. Zum Binden und Verbessern der Backfähigkeit wird Johannisbrotkernmehl (Nestargel) verwendet, das in der Apotheke erhältlich ist.

Zusammenfassung: Ernährung des gesunden Erwachsenen und Diätkunde

Vollkost

Die Vollkost ist die Ernährungsform des gesunden Erwachsenen. Ausgangspunkt bei den verschiedenen Diätformen ist ebenfalls die Vollkost.

Die **„Zehn Regeln für eine vollwertige Ernährung“** und der **„Ernährungskreis“** helfen bei der richtigen Auswahl, Zusammenstellung und Zubereitung der Lebensmittel.

1. Vielseitig, aber nicht zu viel
2. Wenig Fett und fettreiche Lebensmittel
3. Würzig, aber nicht salzig
4. Wenig Süßes
5. Viele Vollkornprodukte
6. Reichlich Gemüse, Kartoffeln und Obst
7. Wenig tierisches Eiweiß
8. Trinken mit Verstand
9. Öfters kleine Mahlzeiten
10. Schmackhaft und schonend zubereiten

Leichte Vollkost

Sie ist eine Variante der Vollkost. Sie ist die Basisernährung bei Erkrankungen des Verdauungstraktes. Es werden unverträgliche Lebensmittel weggelassen (zB Gurken, Kraut, Hülsenfrüchte, frittierte oder stark gewürzte Speisen). Es sollen mindestens 6 Mahlzeiten pro Tag eingenommen werden.

Geeignete Backwaren

- Leichte Hefegebäcke (einen Tag alt)
- Leichte Biskuitgebäcke
- Aufläufe

Diabetesdiät

Sie wird bei Insulinmangel angewendet. Die Aufrechterhaltung eines konstanten Blutzuckerspiegels ist das Ziel jeder Diabetesbehandlung.

Formen
- **Typ-I-Diabetes** (Diabetes bei Jugendlichen): Die Betroffenen müssen eine quantitative Diät halten und Insulin spritzen.
- **Typ-II-Diabetes** (Altersdiabetes): Die Betroffenen müssen meist eine qualitative Diät halten.

Bei der quantitativen Diabetesdiät wird der Kohlenhydratgehalt der Speisen und Getränke berechnet.

12 g Kohlenhydrate in einem Nahrungsmittel enthalten = 1 Broteinheit (BE)

Die Anzahl der Broteinheiten bestimmt der Arzt aufgrund des Gesamtenergiebedarfs des Diabetikers. In der Kohlenhydrataustauschtabelle sind die Mengen der Nahrungsmittel, die 1 BE ergeben, angeführt.

Zöliakiediät

Zöliakie ist eine Krankheit im Kindesalter, bei der eine Überempfindlichkeit der Dünndarmschleimhaut gegenüber Gluten (Klebereiweiß) besteht. Gluten ist vorwiegend im Mehlkörper enthalten.

Basisernährung ist die Vollkost ohne glutenhaltige Lebensmittel.
- Verboten sind alle Getreideprodukte aus Weizen, Dinkel, Roggen, Hafer, Gerste und Grünkern, auch gebundene Suppen, Saucen, Wurst und Speisewürzen.
- Erlaubt sind Mais, Reis, Hirse, Buchweizen, Kartoffeln, Obst, Gemüse usw.

Fragen und Arbeitsaufgaben

1. Welche Regeln sollen bei der Vollkost beachtet werden?
2. Mit welchen Lebensmitteln soll der Nährstoffbedarf an Kohlenhydraten, Fetten und Eiweiß bei der Vollkost gedeckt werden?
3. In welchen Bereichen wird die leichte Vollkost angewendet?
4. Welche Zubereitungsarten von Speisen sind in der leichten Vollkost empfehlenswert?
5. Welche Backwaren eignen sich für die leichte Vollkost?
6. Erklären Sie das Krankheitsbild des Diabetes mellitus!
7. Welche Formen des Diabetes mellitus gibt es?
8. Erklären Sie den Unterschied zwischen der qualitativen und quantitativen Diabetesdiät!
9. Was ist eine Broteinheit?
10. Was ist Zöliakie?
11. Worauf muss bei der Zöliakiediät geachtet werden?

14 ESS-STÖRUNGEN

... Den Tag mit bangem Blick auf die Waage beginnen.
... Die Kalorienzahl fast aller Lebensmittel auswendig wissen.
... Sich beim Essen stets krampfhaft zurückhalten.
... Abends im Bett Diätpläne für den nächsten Tag schmieden und davon träumen: Wenn ich erst richtig schlank bin ...

Schlanksein ist zu einem Modediktat geworden, unter dem immer mehr Menschen, vor allem Frauen und junge Mädchen, leiden. Ess-Störungen können die Folge sein.
Kennen Sie Jugendliche mit Ess-Störungen?
Wie stehen Sie selbst zu ihrem Körpergewicht?

14.1 Latente Ess-Sucht

Laut einer Umfrage kontrolliert ein Drittel aller Frauen ihre Nahrungsaufnahme ständig. Man bezeichnet diese Menschen als gezügelte Esser. Auf Dauer kann es dadurch zu Störungen in der Nahrungsaufnahme kommen.

Latent Ess-Süchtige führen eine ständige Auseinandersetzung mit ihrem Körpergewicht. Es fehlt das Vertrauen in die eigenen Bedürfnisse und Körpersignale. Ein laufender Wechsel zwischen Zuvielessen und Diäthalten findet statt.
Durch die häufigen Diäten sinkt der Grundumsatz. Nach Beendigung der Diät steigt das Gewicht dadurch umso rascher an. Man spricht vom Jo-Jo-Effekt.

Latente Ess-Sucht begünstigt den Einstieg in andere Ess-Störungen. Versagt die Selbstkontrolle eines Tages, kann sich eine Ess-Fett-Sucht oder eine Bulimie entwickeln. Positive Reaktionen der Mitmenschen auf die Selbstkontrolle können den Betroffenen zu noch mehr Selbstkontrolle anspornen, was zur Magersucht führen kann.

14.2 Magersucht

Bei Jugendlichen (90 bis 95 % der Betroffenen sind Mädchen) ist die Magersucht die häufigste Ess-Störung. In der Pubertät wächst die Angst vor dem Dicksein. Freiwilliges Hungern, unterstützt von Appetitzüglern und Abführmitteln, und später eintretende Appetitlosigkeit führen zu enormen Gewichtsverlusten mit körperlichen Schäden.

Neben dem Schlankheitswahn sind die Ursachen meist im psychischen Bereich zu finden. Magersüchtige haben Schwierigkeiten mit ihrer Rolle in der Gesellschaft. Sie haben zu wenig Selbstbestätigung in der Kindheit erhalten, Probleme im Elternhaus und/

oder in der Schule, Schwierigkeiten beim Erwachsenwerden, Ängste vor der Sexualität oder der künftigen Rolle als Mutter. Magersüchtige sind oft überbehütete Musterkinder.
Psychotherapeutische Hilfe ist bei dieser Krankheit unbedingt notwendig. Die Heilungschancen liegen heute bei 60 %. In einem Drittel der Fälle wird die Magersucht chronisch. 10 % aller Betroffenen sterben daran.

14.3 Ess-Brech-Sucht (Bulimie)

Diese Ess-Störung tritt meist bei jungen Frauen (90 % der Betroffenen) im Alter zwischen 15 und 30 Jahren auf. Extreme Essanfälle, dabei werden fett- und zuckerreiche Nahrungsmittel bevorzugt, werden mit anschließendem, selbst erzeugtem Erbrechen ausgeglichen.

Auch hier liegt die Ursache im psychischen Bereich. Ess-Brech-Süchtige streben nach traditionell männlichen Werten (starkes Erfolgs- und Leistungsdenken, Selbstdisziplin, Selbstständigkeit). Erfolge werden nur schlecht wahrgenommen. Misserfolge stehen dafür im Mittelpunkt der Aufmerksamkeit. Das Selbstwertgefühl ist stark von Figur und Gewicht abhängig. Bei psychotherapeutischer Hilfe besteht auch bei dieser Krankheit eine gute Heilungschance. Die durchschnittliche Krankheitsdauer liegt allerdings bei sieben Jahren.

14.4 Ess-Fett-Sucht

Äußeres Merkmal der Ess-Fett-Sucht ist das Übergewicht. Es wird durch regelmäßiges Zuvielessen und Diätkuren, an die sich Essanfälle anschließen, bewirkt.
Ess-Süchtige schlucken ihre Gefühle hinunter. Essen ist keine Reaktion auf Hungergefühle, sondern überwiegend eine Befriedigung von emotionalen Bedürfnissen. Das übermäßige Essen ist ein Weg, mit Ängsten, Überforderung, Nähe, Ärger, Trauer, Wut, Zurückweisung, Intimität und Einsamkeit umzugehen. Der Betroffene fühlt sich dem Essen hilflos ausgeliefert. Das Image, er sei faul und unbeherrscht, gibt ihm das Gefühl von Minderwertigkeit. Die Zuflucht wird wieder im Essen gesucht. Damit schließt sich der Kreislauf.
Ess-Süchtige benötigen psychologische Betreuung. Selbsterfahrungsgruppen, in denen der Umgang mit den eigenen Gefühlen geübt wird, sind wichtig.

Zusammenfassung: Ess-Störungen

Latente Ess-Sucht

Gezügelte Esser kontrollieren ihre Nahrungsaufnahme ständig. Auf Dauer kann es zu Störungen in der Nahrungsaufnahme kommen. Andere Ess-Störungen wie
Ess-Fett-Sucht oder Bulimie können sich entwickeln.

Magersucht

Bei Jugendlichen (90 bis 95 % der Betroffenen sind Mädchen) ist die Magersucht die häufigste Ess-Störung. Freiwilliges Hungern, unterstützt von Appetitzüglern und Abführmitteln, und später eintretende Appetitlosigkeit führen zu enormen Gewichtsverlusten mit körperlichen Schäden.
Psychotherapeutische Hilfe ist bei dieser Krankheit unbedingt notwendig.

Ess-Brech-Sucht (Bulimie)

Diese Ess-Störung tritt meist bei jungen Frauen (90 % der Betroffenen) im Alter zwischen 15 und 30 Jahren auf. Extreme Essanfälle werden mit selbst erzeugtem Erbrechen ausgeglichen.
Bei psychotherapeutischer Hilfe besteht auch bei dieser Krankheit eine gute Heilungschance.

Ess-Fett-Sucht

Äußeres Merkmal der Ess-Fett-Sucht ist das Übergewicht. Es wird durch regelmäßiges Zuvielessen und Diätkuren, an die sich Essanfälle anschließen, bewirkt. Das übermäßige Essen ist ein Weg, mit Ängsten, Trauer, Wut und Einsamkeit umzugehen.
Ess-Süchtige benötigen psychologische Betreuung.

Fragen und Arbeitsaufgaben

1. Überlegen Sie sich, was Sie heute gegessen haben! Können Sie Ernährungsfehler finden?
2. Welche Wirkung haben Abmagerungsdiäten?
3. Welche Ursachen haben Magersucht und Bulimie?
4. Wie ist Essgestörten zu helfen?

II NAHRUNGSMITTELKUNDE

1 ZUCKER UND ANDERE SÜSSENDE ZUTATEN

Zucker und andere süßende Zutaten sind für Konditoren von großer Bedeutung. Es schmecken nicht nur die meisten Erzeugnisse süß, sondern auch die Berufsbezeichnung „Zuckerbäcker" deutet auf den hohen Stellenwert des Zuckers in der Konditorei hin. Als Grundlage für dieses Kapitel wiederholen Sie die Kohlenhydrate.

Süßende Zutaten

- Zucker
- Andere Zuckerarten
- Süßungsmittel
- Honig
- Invertzuckercreme
- Glukosesirup

1.1 ZUCKER

Herkunft

Regional

- Zucker wird aus dem Zuckerrohr und der Zuckerrübe gewonnen. Die Heimat des **Zuckerrohrs** war ursprünglich Indien. Durch die Kolonialisierung im 17. Jahrhundert gelangte es in den karibischen Raum, wo es in Plantagen angebaut und nach Europa exportiert wurde.
- Im 18. Jahrhundert entdeckte der Naturwissenschaftler Andreas Sigismund Marggraf bei Untersuchungen den hohen Zuckergehalt der Runkelrübe. Sein Schüler Franz Carl Achard führte sein Werk weiter und baute 1798 die erste Zuckerfabrik in Niederschlesien. Seither wird in Europa Zucker nur mehr aus der **Zuckerrübe** gewonnen.

Botanisch

- **Zuckerrohr** wird in tropischen Ländern angebaut. Das Zuckerrohr ist eine zwei bis fünf Meter hohe, schilfrohrähnliche Pflanze. Der Zucker befindet sich in den Stängeln.
- **Zuckerrüben** werden in Österreich in den wärmeren Teilen von Nieder- und Oberösterreich und im Burgenland angebaut. Es werden pro Hektar rund 80 000 Rüben geerntet. Durch Züchtung konnte der Zuckergehalt von 4 % auf 15 bis 20 % erhöht werden. Daher wird aus sechs Kilogramm Rüben ca. ein Kilogramm Zucker gewonnen.

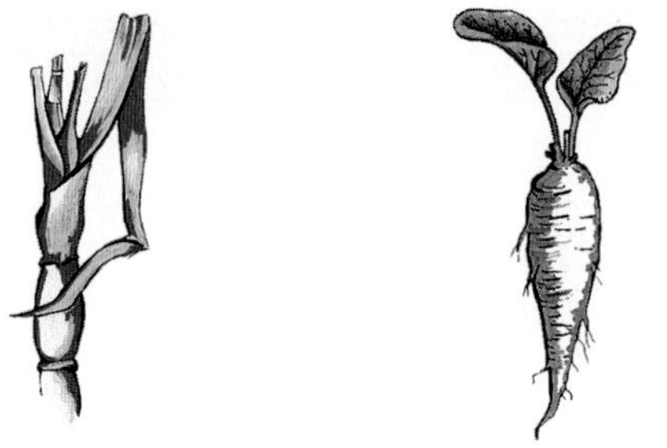

Zuckerrohr Zuckerrübe

Zusammensetzung

Zuckerrübe und -rohr bestehen aus den folgenden Stoffen:

Inhaltsstoffe	Prozent
Saccharose (= Rüben- oder Rohrzucker)	15%
Wasser, Eiweiß, Pektin, Säure, Mineralstoffe, Zellulose	insgesamt 85%

Raffinadezucker (zB Kristall-, Puderzucker usw.) besteht aus 100 % Saccharose.

Gewinnung

Ernten

Die Zuckerrübenernte und Zuckergewinnung, die so genannte Rübenkampagne, läuft in den Monaten Oktober bis Dezember. Während dieser Zeit arbeiten die Zuckerfabriken rund um die Uhr. Die frischen Zuckerrüben sollen nämlich durch Lagerung möglichst wenig Zucker verlieren.

Reinigen

Mit einem Wasserstrahl werden die Rüben gewaschen.

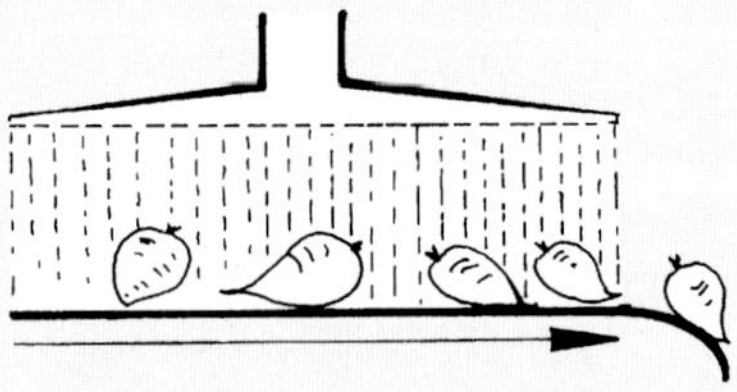

Schnitzel und Rohsaft gewinnen

Nach einer Endreinigung in den Waschanlagen erfolgt das Zerkleinern der Rüben. Die Schneidemaschinen, ausgestattet mit einer kreisenden Scheibe, auf der zahlreiche Messer befestigt sind, zerkleinern die Rüben zu nudelartigen Schnitzeln. Der Saft wird aus den Schnitzeln durch heißes Wasser im Gegenstrom herausgelöst (Extraktion). Der so gewonnene Saft wird als Rohsaft bezeichnet.

Die ausgelaugten Schnitzel werden nach mechanischer Abpressung und nach Zugabe von Melasse in Trockentrommeln getrocknet, danach pelletiert (gepresst) und als Futtermittel verkauft.

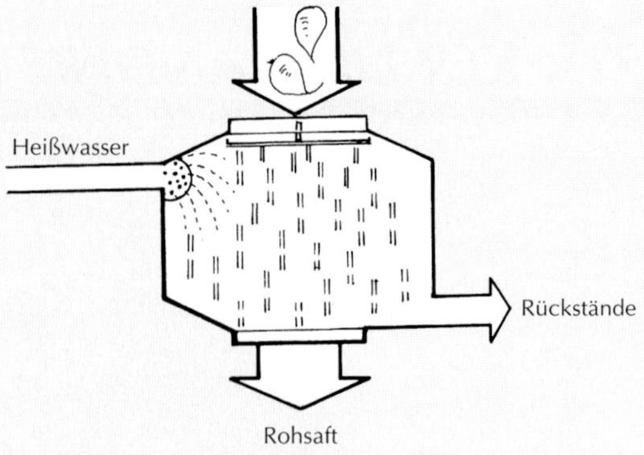

Rohsaft reinigen

Die Nichtzuckerstoffe im Rohsaft werden durch Kalk und Kohlensäure gebunden und ausgefällt. Dann werden Nichtzuckerstoffe und Kalk in Filteranlagen abgefiltert. Der gereinigte Rohsaft wird als Dünnsaft bezeichnet.

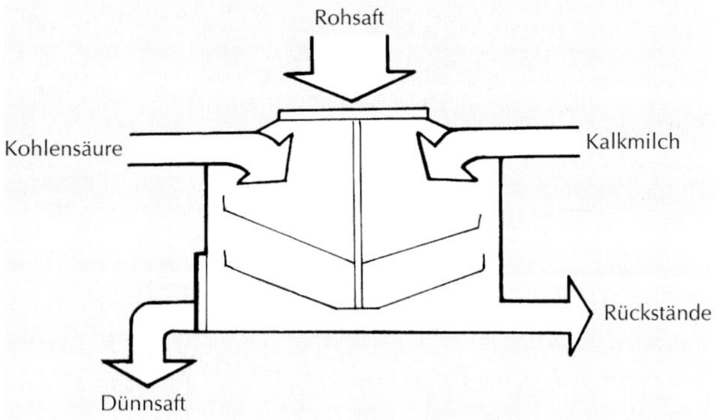

Saft eindicken

Der Dünnsaft wird in einer mehrstufigen Verdampfung eingedickt. Es entsteht Dicksaft.

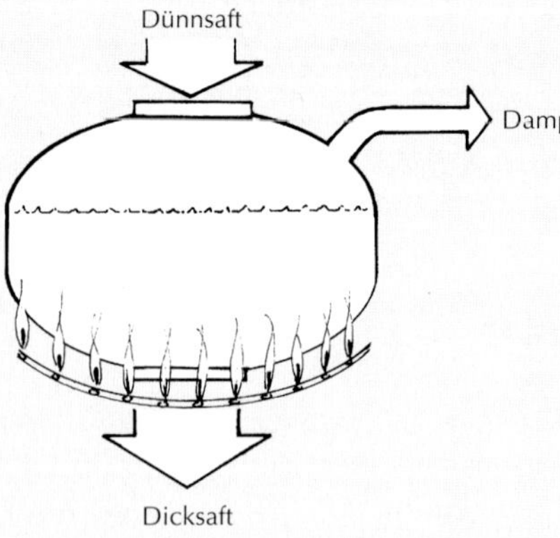

Kristallisieren

Der Dicksaft wird in den Kochapparaten unter Vakuum weiter eingedickt. Die Kristallisation wird durch Hinzufügen (Impfen) von Puderzucker ausgelöst. Durch weiteres Eindicken wachsen die Kristalle bis zur gewünschten Zuckerkorngröße.

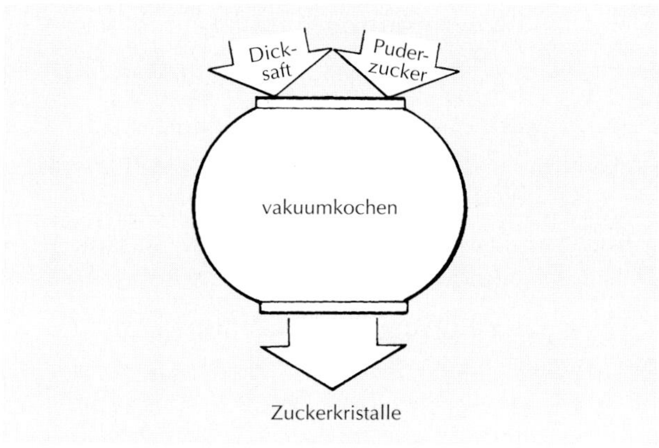

Zentrifugieren

Die Zuckerkristalle werden durch Zentrifugen von anhaftender Melasse getrennt. Die abgetrennte Melasse hat noch einen hohen Zuckeranteil und sie wird daher weiteren Kristallisationsstufen (Saft eindicken, kristallisieren und zentrifugieren) unterzogen. Die Endprodukte sind

- der reine Zucker, der getrocknet, gekühlt und in Silos bis zur Weiterverarbeitung gelagert wird,
- die Melasse, die noch Zucker- und Mineralstoffe enthält. Sie wird für die Erzeugung von Backhefe und für die Alkoholerzeugung als Rohstoff verwendet.

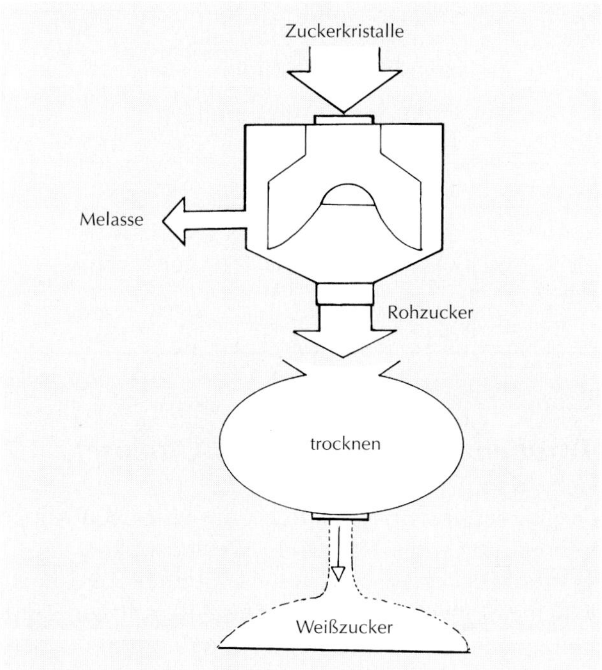

Eigenschaften

Süßkraft

Zucker wird zum Süßen der Konditoreiprodukte verwendet. Das richtige Dosieren ist zu beachten. Die Süßkraft nimmt ab, wenn der Zucker mit Säuren in Zusammenhang gebracht wird (zB saures Obst, Jogurt).

Konservierende Wirkung

Zucker dient als Konservierungsmittel. Durch seine wasseranziehende Wirkung kann diese Eigenschaft bei der Herstellung von Gelees, Konfitüren, Obstsäften sowie Dickzuckerfrüchten genutzt werden.

Karamellisierung

Wird Kristallzucker trocken erhitzt, schmilzt er zunächst und färbt sich dann braun. Man nennt diesen Vorgang Karamellisieren. Karamellzucker wird für Puddings, Cremen, Pralinenfüllungen, Dobos usw. verwendet. Er zeichnet sich durch seinen besonderen Geschmack und seine Farbe aus.

Gärungsfähigkeit

Bei der Herstellung von Hefeteigen bewirkt der Zucker den Gärverlauf. Zu wenig Zucker heißt, die Hefe hat zu wenig Nahrung, der Teig kann nicht ausreichend gelockert werden. Zu viel Zucker wirkt gärhemmend. Daher wird bei schweren Hefeteigen (fett- und zuckerreich) eine indirekte Teigführung bevorzugt.

Gefrier- und Siedepunktveränderung

Durch die Beigabe von Zucker wird entsprechend der Konzentration der Gefrierpunkt gesenkt und der Siedepunkt erhöht.

Lagerung

Bei richtiger Lagerung ist Zucker fast unbegrenzt haltbar.

- Trocken aufbewahren, weil Zucker hygroskopisch ist.
- Verschlossen lagern. Damit ist der Zucker vor Fremdgerüchen und Schädlingsbefall geschützt.

Handelsformen

Bezeichnung	Charakteristika	Verwendung
Feinkristallzucker	Kleine Zuckerkristalle.	Zum Süßen von Speisen und Getränken; für Teige, Massen, Cremen usw.
Normalkristallzucker	Größere Kristalle.	Wenn sich die Kristalle nicht so rasch auflösen müssen, zB Aufkochen mit Flüssigkeiten.

Bezeichnung	Charakteristika	Verwendung
Staubzucker	Fein vermahlener und gesiebter Kristallzucker.	Für Buttermassen, Schlagobers usw.
Puderzucker	Feinst vermahlener Staubzucker.	Für Konditorwaren, für Glasuren, zum Bestreuen.
Würfelzucker	Feiner, gepresster Kristallzucker ohne Bindemittel.	Zum Süßen von warmen Getränken und Verfeinern von Obstknödeln.
Kandiszucker	Raffinadezucker in großen Kristallen (weiß, gelblich oder braun). Durch Karamellisieren der Zuckerlösung erhält er die braune Farbe.	Zum Süßen von Tee, Bowle, Punsch usw.
Hagelzucker	Grobkörnige, backfeste Zuckersorte.	Als Dekor von Hefegebäcken, zB Brioche.
Gelierzucker	Feinkristallzucker mit Apfelpektin und Zitronensäure.	Für Konfitüren, Gelees und sämige Fruchtsäfte.
Roh- oder Gelbzucker	Teilweise gereinigter Kristallzucker, den anhaftende Melassereste gelbbraun färben.	Für Gewürz- und Lebkuchen, Tees und Fruchtspeisen.
Braunzucker	Mit Rohrzuckersirup veredelter Kristallzucker.	Für Gewürz- und Lebkuchen und Tees.
Vollzucker	Schonend getrockneter Zuckerrübensaft mit den Inhaltsstoffen (Mineralstoffen, Vitaminen) der Zuckerrübe; kleinkörnig, leicht karamellartiges Aroma.	Zum Backen und Süßen wie herkömmlicher Zucker.
Vanillezucker	Feinkristallzucker mit echter Vanille.	Zum Aromatisieren aller Konditoreiprodukte.
Vanillinzucker	Kristall- oder Staubzucker mit mindestens 1 % Vanillin.	Zum Aromatisieren aller Konditoreiprodukte.
Zuckerhut	In Kegelform gepresster Kristallzucker.	Für Feuerzangenbowle.
Dekorzucker (süßer Schnee)	Puderzucker, der zusätzlich mit Stärke und aufgesprühtem Fett behandelt wurde; verzögert das Feuchtwerden der Oberfläche.	Zum Bestreuen von feuchten Oberflächen wie Obstkuchen usw.

1.2 Andere Zuckerarten

Herkunft

Zuckerarten sind natürliche Stoffe, die aus Nahrungsmitteln gewonnen werden. Sie besitzen mit dem Zucker vergleichbare Energiewerte, weisen aber unterschiedliche Eigenschaften und Verwendungsmöglichkeiten auf.

Arten und Eigenschaften

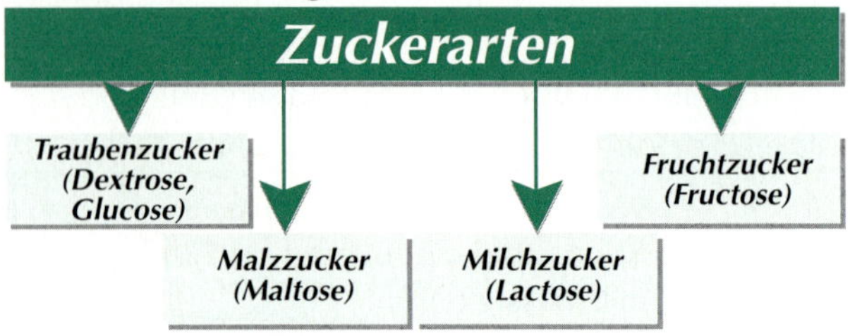

Traubenzucker (Dextrose, Glucose)

siehe Kap. I / 4.2.
Die Erzeugung erfolgt durch enzymatischen Abbau von Stärke (Mais-, Kartoffel-, Weizenstärke). Traubenzucker ist als weißes, geruchloses, leicht lösliches Pulver im Handel. Die Süßkraft von Traubenzucker beträgt etwa 2/3 der Süßkraft von Rüben- und Rohrzucker.

Fruchtzucker (Fructose)

siehe Abschnitt Zuckeraustauschstoffe.

Malzzucker (Maltose)

siehe Kap. I / 4.2.

Milchzucker (Lactose)

siehe Kap. I / 4.2.

1.3 SÜSSUNGSMITTEL

Da Rohr- und Rübenzucker im Hinblick auf Karies, Diabetes, Übergewicht und Fettstoffwechselstörungen in größeren Mengen Probleme bringen kann, wird er in steigendem Maß durch andere Produkte ersetzt. Man unterscheidet dabei **Zuckeraustauschstoffe** und **Süßstoffe.**

Zuckeraustauschstoffe

Herkunft

Zuckeraustauschstoffe werden aus Einfach- oder Zweifachzucker hergestellt. Im Energiegehalt und in der Süßkraft sowie in ihrer bindenden und konservierenden Eigenschaft sind sie dem Rohr- und Rübenzucker sehr ähnlich.
Sie werden langsamer im Körper aufgenommen und Insulin sparend abgebaut, deshalb finden sie in der Herstellung von Diabetikerprodukten Verwendung. Ihre Energiemenge von 2–4 kcal pro Gramm und ihr Kohlenhydratanteil müssen in der Ernährung berücksichtigt werden (12 g Fruchtzucker, Sorbit, Xylit entsprechen 1 BE in der Ernährung bei Diabetes).
Bei höheren Einnahmemengen kann es zu Blähungen und Durchfall kommen.

Arten und Eigenschaften

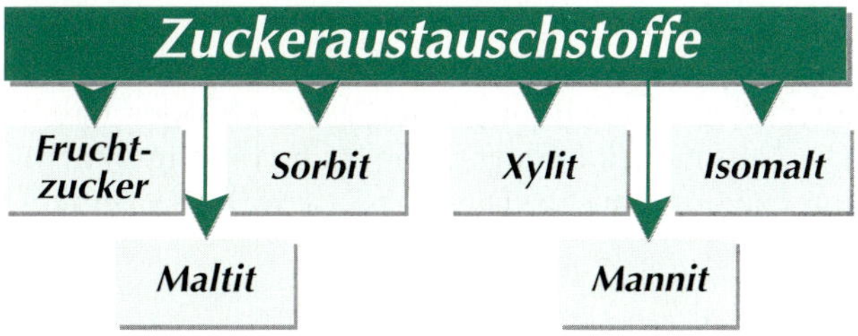

Fruchtzucker

Er ist zur Hälfte im Rohr- und Rübenzucker, in Honig und in Früchten enthalten. Seine Süßkraft ist höher als die von Rohr- und Rübenzucker.
Abführende Wirkung tritt bei Einzeldosen von 80 g und mehr auf, weshalb die maximale Tagesdosis nicht mehr als 60 g und die Einzeldosis nicht mehr als 25 g betragen sollen.
Reiner Fruchtzucker ist als weißes, kristallines, leicht lösliches Pulver im Handel.

Sorbit

Sorbit ist der bekannteste Zuckeraustauschstoff, er wird aus Traubenzucker gewonnen. Seine Süßkraft ist nur halb so groß wie die des Rohr- und Rübenzuckers, deshalb wird den Handelsprodukten zumeist noch Saccharin zugesetzt. Sorbit ist backfest und hitzebeständig und kann wie Rohr- und Rübenzucker dosiert werden.
Wegen seiner wasserbindenden Eigenschaft wird Sorbit oft als Weichhaltemittel verwendet.
Sorbit wirkt abführend, deshalb sollte die Tagesdosis von 40–50 g nicht überschritten werden. Sorbit hat einen angenehm süßen Geschmack und ist wasserlöslich.

Xylit

Xylit ist ähnlich wie Sorbit und wird durch ein aufwändiges Verfahren aus Stroh, Haferschalen oder Buchenholz gewonnen. Xylit ist etwas süßer als Rohr- und Rübenzucker und hitzebeständig. Auf Grund seiner abführenden Wirkung beträgt die maximale Tagesdosis 30–50 g.

Isomalt, Maltit, Mannit

Sie werden aus Zweifachzuckern (Milchzucker, Malzzucker, Isomaltose) gewonnen. Diese Stoffe sind im Geschmack weniger süß als Rohr- und Rübenzucker. Isomalt ist nicht wasseranziehend und daher besonders für Zuckerkunstarbeiten geeignet. Diese Zuckeraustauschstoffe wirken besonders stark abführend.

Süßstoffe

Süßstoffe sind synthetische Produkte, die chemisch mit Zucker nicht verwandt sind und in der Natur nicht vorkommen. Sie sind im Vergleich zu den Zuckeraustauschstoffen nicht vom Körper verwertbar. Sie sind kalorienfrei und werden deshalb als Süßungsmittel in der Ernährung bei Diabetes mellitus, Fettstoffwechselstörungen und Übergewicht empfohlen. Sie haben eine deutlich höhere Süßkraft als Rohr- und Rübenzucker.

Arten und Eigenschaften

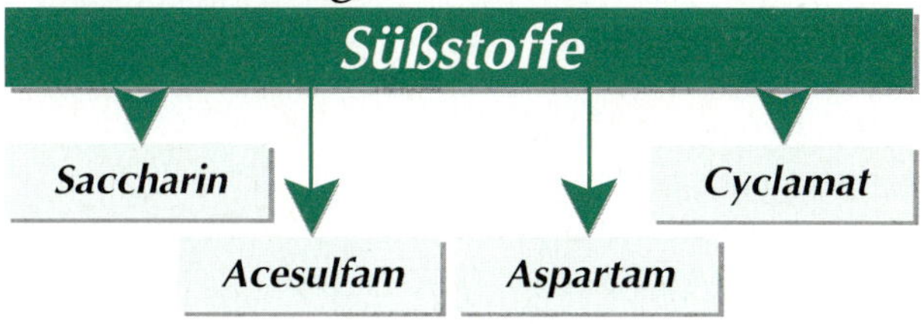

Saccharin

Die Süßkraft von Saccharin ist ca. um das Fünfhundertfache höher als jene von Rohr- und Rübenzucker und zum Kochen und Backen geeignet. Saccharin ist oft in Verbindung mit Cyclamat im Handel.

Cyclamat

Cyclamat weist eine etwa 30-mal höhere Süßkraft als Rohr- und Rübenzucker auf und ist zum Backen und Kochen geeignet.

Acesulfam

Acesulfam hat etwa die 200fache Süßkraft von Rohr- und Rübenzucker und wird häufig in Kombination mit Aspartam bei Lebensmitteln eingesetzt. Acesulfam ist zum Backen und Kochen geeignet.

Aspartam
Die Süßkraft liegt ca. 200-mal höher als jene von Rohr- und Rübenzucker.
Aspartam enthält die Aminosäure Phenylalanin, welche bei der Stoffwechselerkrankung Phenyketonurie nicht verwendet werden darf. Es ist nicht koch- und backfest, das heißt für Backzwecke nicht geeignet.

Gesetzliche Bestimmungen
Bei der Herstellung von Lebensmitteln mit Süßungsmitteln ist die **Süßungsmittelverordnung** zu beachten. Sie enthält Vorschriften über Reinheit, Verwendung, Kennzeichnung der zugelassenen Süßungsmitteln und der damit versetzten Lebensmittel.

Lagerung
- Angebrochene Flaschen flüssiger Süßungsmittel sollen im Kühlschrank gelagert werden.
- In fester Form sind Süßungsmittel unbegrenzt haltbar.

1.4 HONIG

Honig ist neben reifen, süßen Früchten die älteste süßende Zutat. In der Konditorei wird er wegen seines intensiven Geschmacks vor allem für die Lebkuchenherstellung verwendet.

Zusammensetzung

Inhaltsstoffe	**Prozent** (je nach Honigsorte unterschiedlich)
Invertzucker = Gemisch aus Fruchtzucker (Fructose) und Traubenzucker (Glukose)	34–41 % 28–35 %
Doppelzucker: Rohr- und Malzzucker	4–15 %
Vielfachzucker	1–14 %
Wasser	15–20 %
Vitamine	in Spuren
Mineralstoffe	0,3 %
verschiedene Säuren	0,1–0,2 %

Der Anteil an Kohlenhydraten (Einfach-, Doppel- und Vielfachzucker) beträgt insgesamt 79 %.

Gewinnung

Rohstoffe umwandeln
Bienen sammeln nicht den Honig, sondern die Rohstoffe Nektar und Honigtau. Der von den Bienen gesammelte Nektar wird mit dem Kopfdrüsensekret angereichert. Doppelzucker wird in Invertzucker umgewandelt. Weiters wird das im Nektar vorhandene Wasser großteils entzogen und so der Saft konzentriert und eingedickt.

Reifen
Honig wird zum Reifen in Waben eingefüllt und mit einer dünnen Wachsschicht verschlossen.

Schleudern
Honig wird vom Imker durch das Ausschleudern der Waben gewonnen.

Arten

Waldhonig
Dieser Honig entstammt dem Honigtau von Laubpflanzen (Blatthonig) oder Nadelbäumen (Koniferenhonig). Der Geschmack und das Aroma sind herb, malzig und würzig. Die Farbe schwankt von bernsteinfarben, rotbraun bis zu einem grünlichen Schwarz.

Blütenhonig
Es handelt sich hier um die Nektarabsonderungen aller Blüten, ob Blume, Blütenstrauch oder Baum. Der Geschmack und das Aroma sind blumig-mild bis intensiv-aromatisch. Die Farbe ist weiß bis dunkelgelb.

Sortenhonig
Es gibt verschiedene Sortenbezeichnungen wie Löwenzahn-, Raps-, Edelkastanien-, Lindenblüten- und Sonnenblumenhonig.

Eigenschaften

Süßkraft
Aufgrund seines feinen, milden Aromas wird Honig in der Konditorei zum Süßen von Teegebäckfüllungen, Speiseeis, Cremen, Pralinenfüllungen, Lebkuchenteigen, Bienenstichen, Florentinern, Mohn- und Nussfüllungen sowie Vollwertgebäcken verwendet.

Braunfärbung
Gebäcke, die mit Honig gesüßt werden, weisen eine schöne Bräunung und Glanz auf. Das wird durch die Eigenfarbe des Honigs und die Farbbildung beim Backprozess erreicht.

Konservierende Wirkung
Da Honig einen hohen Gehalt an Invertzucker hat,

bleiben Gebäcke, die mit Honig hergestellt sind, über längere Zeit frisch, zB Lebkuchengebäcke.

Hitzeempfindlichkeit

Honig darf nicht stark erhitzt werden, da Aromen und andere Inhaltsstoffe ab 42 °C verloren gehen.

Lagerung

- Gekühlt und dunkel lagern.
- Vor Fremdgerüchen schützen, da Honig andere Gerüche annimmt.
- Bei längerer Lagerung kristallisiert Honig (keine Qualitätseinbuße). Kristallisierter Honig kann im Wasserbad (bis maximal 42 °C) verflüssigt werden.
- Richtig gelagerter Honig ist bis zu zwei Jahre haltbar. Wird er länger aufbewahrt, so sollte man ihn tiefkühlen.

1.5 Invertzuckercreme

Invertzuckercreme (früher „Kunsthonig") wird durch Kochen von Saccharose in verdünnten Säuren hergestellt. Dabei wird der Zucker in Trauben- und Fruchtzucker gespalten. Um eine honigähnliche Beschaffenheit zu erreichen, werden künstliches Honigaroma sowie Farbstoffe zugesetzt. Auch Verschnitte mit Honig gelten als Invertzuckercreme.

Dem Honig ist Invertzuckercreme insofern ähnlich, als er ebenfalls hauptsächlich aus Invertzucker besteht und etwa den gleichen Energiewert hat.

Invertzuckercreme darf für Waren, die in ihrer Bezeichnung „Honig" anführen, nicht verwendet werden.

1.6 Glukosesirup

Glukosesirup (Stärkesirup) wird durch den Abbau von Stärke mit Säure gewonnen. Er ist ein Gemisch aus Traubenzucker und Dextrinen.

Zusammensetzung

Inhaltsstoffe	Prozent
Traubenzucker (Glukose)	40 %
Dextrin	40 %
Wasser	20 %

Gewinnung

- Stärke wird mit Wasser verflüssigt.
- Die Verzuckerung erfolgt durch Kochen mit Säure (oder Enzymen) unter Druck. Dabei zerfallen die Vielfachzucker in Einfachzucker und Dextrine. Der Kochvorgang wird beim gewünschten Abbaugrad (DE-Einheiten) unterbrochen.
- Der Glukosesirup wird neutralisiert und filtriert.
- Der Wassergehalt wird durch Eindampfung auf 20 % reduziert.

Eigenschaften

Aussehen und Geschmack

Glukosesirup ist leicht gelblich und durchsichtig, leicht süßlich und sehr zäh. (Immer mit einem nassen Löffel aus dem Gefäß entnehmen.)

Einfachzuckergehalt

Sein hoher Gehalt an Vielfachzucker (Dextrine) und Zweifachzucker (Malzzucker) verzögern das Auskristallisieren von Rohr- und Rübenzucker.

Lagerung

- Trocken lagern. Bei feuchter Lagerung besteht die Gefahr von Schimmel.
- Verschlossen aufbewahren.

Zusammenfassung: Zucker und andere süßende Zutaten

Zucker

Er wird der Herkunft nach in Rübenzucker und Rohrzucker eingeteilt.

Gewinnung

- Ernten
- Schnitzel und Rohsaft gewinnen
- Kristallisieren
- Reinigen
- Rohsaft reinigen
- Saft eindicken
- Zentrifugieren

Eigenschaften

- Süßkraft
- Karamellisierung
- Gärungsfähigkeit
- Gefrier- und Siedepunktveränderung
- Konservierende Wirkung

Zucker wird in verschiedensten Handelsformen angeboten.

Andere Zuckerarten („Zuckeraustauschstoffe")

Das sind natürliche Stoffe, die auch im Austausch gegen Zucker bei Diabetes eingesetzt werden (Fructose).

Arten

- Fruchtzucker (Fructose)
- Traubenzucker (Dextrose)

Süßungsmittel

Das sind Verbindungen, deren Süßkraft die des Zuckers vielfach stark überschreitet. Süßungsmittel wie Saccharin, Cyclamat und Aspartam haben keinen Energiewert. Die Verwendung von Süßungsmittel ist an die Süßungsmittelverordnung gebunden.

- Xylit
- Sorbit
- Isomalt
- Mannit

Honig

Gewinnung

- Rohstoffe umwandeln
- Reifen
- Schleudern

Arten

- Waldhonig
- Blütenhonig
- Sortenhonig

Eigenschaften

- Süßkraft
- Braunfärbung
- Konservierende Wirkung
- Hitzeempfindlichkeit

Invertzuckercreme

Er wird durch Kochen von Zucker und Säure hergestellt und dient als Honigersatz.

Glukosesirup

Er ist ein Gemisch aus Traubenzucker und Dextrinen. Der Sirup wird durch den Abbau von Stärke durch Säure gewonnen.

Fragen und Arbeitsaufgaben

1. Nennen Sie die zwei Pflanzen, aus denen Zucker gewonnen wird!
2. Was verstehen Sie unter Saccharose?
3. Erklären Sie die Zuckergewinnung!
4. Welche Eigenschaften des Zuckers beeinflussen Konditoreiprodukte?
5. Wie muss Zucker gelagert werden?
6. Nennen Sie fünf Handelsformen des Zuckers, die in der Konditorei verwendet werden!
7. Woraus werden „Zuckeraustauschstoffe" gewonnen?
8. Welche Speisen werden mit „Zuckeraustauschstoffen" gesüßt?
9. Was verstehen Sie unter Fructose?
10. Worin unterscheiden sich Süßungsmittel von Zuckeraustauschstoffen?
11. Welche Arten von Süßungsmittel kennen Sie?
12. Was verstehen Sie unter Saccharin?
13. Nennen Sie eine Verwendungsmöglichkeit von Honig in der Konditorei!
14. Welche Honigarten kennen Sie?
15. Wie kann kristallisierter Honig wieder verflüssigt werden?
16. Wie wird Glukosesirup gewonnen?

2 GETREIDE UND GETREIDEPRODUKTE

Seit Jahrtausenden ist Getreide das wichtigste Grundnahrungsmittel des Menschen. Zuerst wurden die Getreidekörner zerstampft, mit Wasser vermischt und als Brei gegessen. Später wurde der Brei auf von der Sonne erhitzten Steinen zu Fladen getrocknet. Nach der Entdeckung des Feuers wurden die Fladen in verschiedenen Formen gebacken. Die ersten Brote, durch Sauerteig gelockert, erfanden jüdische Sklaven. Im Mittelalter wurde das Brot zum Volksnahrungsmittel.

2.1 GETREIDE

Getreide wird in Österreich vor allem im Burgenland und in Nieder- und Oberösterreich angebaut. Österreich kann seinen Getreidebedarf selbst decken und produziert darüber hinaus einen Überschuss.

Zusammensetzung des Getreidekorns

Weizenkorn-bestandteile	Prozent	Inhaltsstoffe
Aleuronschicht	9 %	Ballaststoffe, Mineralstoffe, Vitamine
Mehlkörper	83 %	Stärke, Eiweißstoffe
Schalen	6 %	Ballaststoffe, Mineralstoffe, Vitamine
Keimling	2 %	Fette, Eiweißstoffe, Vitamine, Mineralstoffe

Aufbau des Getreidekorns

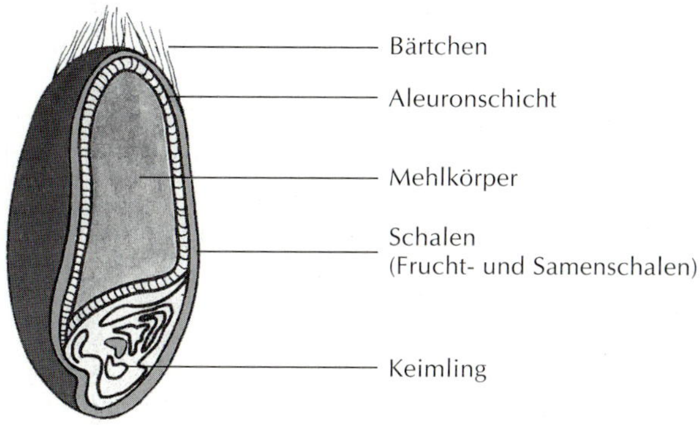

Der mengenmäßig wichtigste Nährstoff ist die **Stärke**, die hauptsächlich im Mehlkörper vorhanden ist.

Der größte Anteil an **Fett** ist im Keimling enthalten (2 % Fett im Weizen- und Roggenkeimling, ca. 7% im Haferkeimling). Das Keimlingsfett ist besonders reich an mehrfach ungesättigten Fettsäuren und enthält kein Cholesterin.

Arten

Die einzelnen Getreidearten weichen in der Zusammensetzung des Korns und im Energiegehalt voneinander ab.

Weizen

Er ist das wichtigste Getreide für den Konditor.
Verwendung: für alle Teige und Massen.
Gemeiner Weizen ergibt gute, backfähige Mehle.
Durumweizen eignet sich für die Herstellung von Teigwaren (Hartweizen).
Dinkelweizen weist einen hohen Eiweißgehalt auf. Er ist die Urform des Weizens und besonders für Vollwertbackwaren geeignet.
Grünkern ist ein im ersten Reifezustand geernteter und gedarrter Dinkel; als Schrot oder Mehl für Aufläufe, Knödel usw. verwendbar.

Roggen

Er ist das wichtigste Brotgetreide neben dem Weizen. Der Zusatz von Roggenmehl wirkt sich positiv auf die Teigbeschaffenheit aus. Der Lebkuchenteig wird weniger zäh und der Geschmack verbessert.
Verwendung: für Lebkuchenteige.

Gerste

Es ist das älteste bekannte Getreide. Es ist anspruchslos und gedeiht in allen Erdteilen.
Verwendung: zur Herstellung von Malz, Malzkaffee, Bier- und Branntweinerzeugung und für die Krankenkost.

Hafer

Er wird überall in den gemäßigten Klimazonen angebaut. Hafer ist nährstoff- und fettreich, aber nicht backfähig.
Verwendung: als Diät- und Kindernährmittel.

Hirse

Sie ist das mineralstoffreichste Getreide. Hirse gehört zu den ältesten Getreidearten und dient vor allem in Afrika der Ernährung der Bevölkerung.
Verwendung: für Fladenbrote, Getreidegerichte und Branntweinerzeugung.

Buchweizen (Heiden)

Er gehört nicht zum Getreide, sondern zu den Knöterichgewächsen, die auch auf kargen Böden wachsen. Er lässt sich wie Getreide zu Mehl verarbeiten.
Verwendung: für Süßspeisen und Kuchen.

Mais

Er ist nicht backfähig.
Verwendung: als Maisstärke (Cremepulver), Maiskeimöl usw.

Reis

Er ist die wichtigste Kulturpflanze der Erde. Besonders im asiatischen Raum ernährt sich der Großteil der Bevölkerung von Reis.
Verwendung: als Reisstärke und für Aufläufe.

2.2 Die Vermahlung

Gewinnung

Das Mehl wird aus Getreidekörnern gewonnen. Der Müller trennt in zahlreichen Arbeitsgängen Schale, Keimling und Mehlkörper voneinander.

Reinigen

Alle kornfremden Bestandteile (Staub, Eisenteile, Unkrautsamen, Steine, Stroh, Ungeziefer usw.) werden durch Magnete, Aspirateure und verschiedene Trieure entfernt. Anschließend wird das Getreide auf ca. 17 % Wassergehalt benetzt.

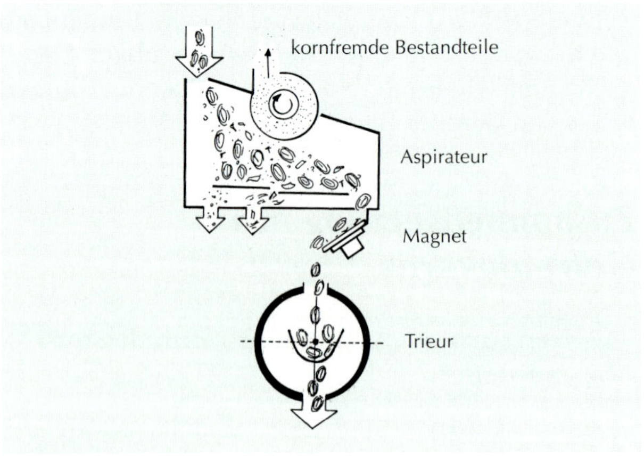

Schälen

Die unverdaulichen Randschichten (Bärtchen, Schale) und der Keimling werden vom Korn entfernt.

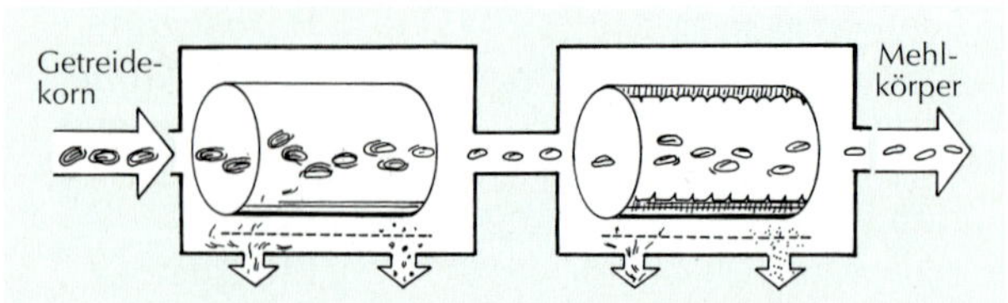

Vermahlen

Man unterscheidet nach der Feinheit

- Schrot (sehr grob gemahlen),
- Grieß (grob gemahlen),
- Dunst (sehr feiner Grieß) und
- Mehl (sehr fein gemahlen).

In den Walzenstühlen wird das Getreide zuerst mit grob geriffelten Walzen grob vermahlen und es fallen Schrot und Grieß an.
Bei der Feinvermahlung auf fein geriffelten Walzen fallen Dunst und Mehl an. Der Vermahlungsvorgang besteht aus zehn bis zwanzig Zerkleinerungsstufen.

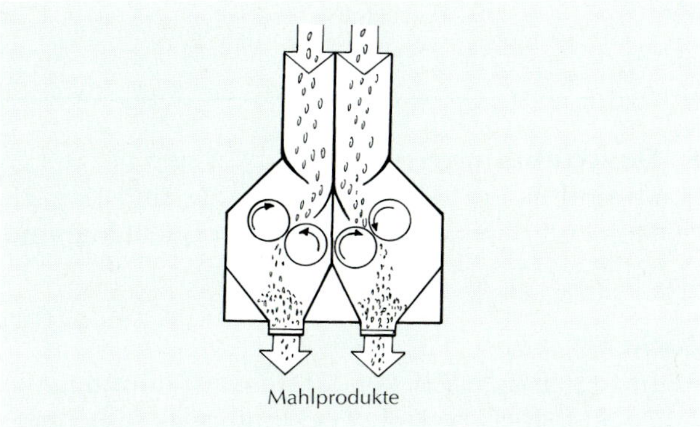

Sichten

Nach jedem Zerkleinerungsdurchgang folgt ein Siebvorgang in einem Plansichter. Hier wird das Mehl getrennt und der Größe nach sortiert. Die nach jeder Siebung anfallenden Mehle werden je nach Helligkeit und Mehlaschegehalt zu gesetzlich festgelegten Mehltypen zusammengemischt.

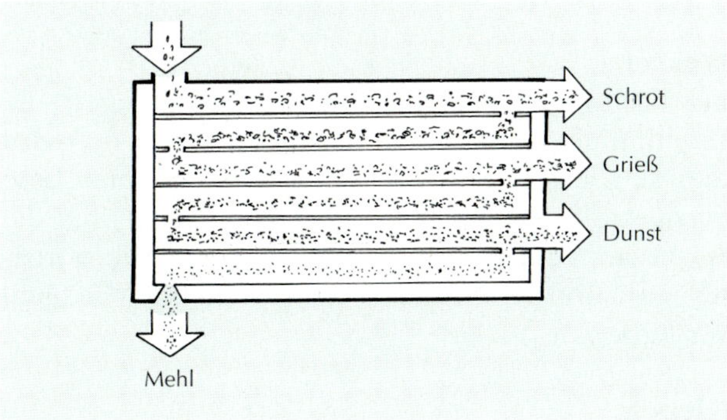

Arten

Getreideprodukte

→ Schrot | Grieß | Dunst | Mehl

Schrot

Das ist geschältes, grob zerkleinertes Getreide. Ungeschältes Getreide, das grob zerkleinert wird, ergibt Vollkornschrot.

Grieß

Der Mehlkörper oder das ganze Korn (Vollkorngrieß) wird grob gemahlen.

- Weichweizengrieß (Maisgrieß): für Puddings, Beilagen, Aufläufe und Polenta.
- Hartweizengrieß: für Teigwaren, Beilagen und Mehlspeisen.

Dunst

Fühlt sich noch körnig an und liegt im Feinheitsgrad zwischen Grieß und Mehl.

Mehl

Mehl ist fein gemahlen und mengenmäßig das wichtigste Getreideprodukt. Man unterscheidet zwischen Vollkorn- und Auszugsmehlen.

Vollkornmehl

Es wird aus ganzen Getreidekörnern gewonnen. Keimling und Randschichten werden mit vermahlen.

Auszugsmehl

Es wird aus dem Mehlkörper gewonnen.

- **Glattes Mehl:** enthält sehr fein vermahlene Mehlkörper und wird für Teige verwendet.
- **Griffiges Mehl:** enthält auch Dunstteilchen und ist körnig. Es eignet sich zB für im Wasser gekochte Speisen (Knödel).

2.3 Mehle

In der Konditorei wird vor allem Weizenmehl verwendet. Bei Vollkorn- und Lebkuchengebäcken sind auch Roggen- und Dinkelmehle unter den Zutaten.

Zusammensetzung

Die Zusammensetzung des Mehles ist abhängig vom Ausmahlungsgrad und der Mehltype.

Der **Ausmahlungsgrad** gibt an, wie viel kg Mehl aus 100 kg Getreide herausgemahlen werden können.

- Je höher der Ausmahlungsgrad, desto dunkler ist das Mehl.
  Vollkornmehl hat einen Ausmahlungsgrad von 80 bis 100 % (hoher Schalenanteil).
- Ist das Mehl hell, spricht man von einem niedrigen Ausmahlungsgrad.
  Auszugsmehl hat einen Ausmahlungsgrad von 40 bis 80 % (geringer Schalenanteil).

Die **Typenzahl des Mehles** gibt an, wie viel Gramm Mineralstoffe in 100 kg getrocknetem Mehl enthalten sind. Weiters gibt sie an, um welche Mehlart es sich handelt (zB: W = Weizen, R = Roggen).
Mineralstoffe sind nur in den Randschichten des Korns enthalten. Deshalb gilt: je höher die Typenzahl, desto höher der Schalenanteil.

Inhaltsstoffe	Weizenmehl	Roggenmehl	Weizenvollkornmehl
Kohlenhydrate	71,3 % (davon 3,5 % Zucker und Dextrine)	64,8 %	60,4 %
Ballaststoffe	2,0 %	10,8 %	11,6 %
Fett	1,1 %	1,1 %	2,0 %
Eiweiß	10,9 %	7,4 %	11,7 %
Wasser	14,5 %	14,6 %	12,6 %
Mineralstoffe (K, P, Ca, Mg, Na, Fe)	0,2 %	0,53 %	0,86 %
Vitamine (E, B_1, B_2, Niacin, A)	in Spuren	in Spuren	in Spuren

Vollkornmehl hat im Vergleich zum Auszugsmehl:

- hohe Typenzahl und hohen Ausmahlungsgrad (dunkler)
- hohen Gehalt an Mineralstoffen, Vitaminen, Fett- und Ballaststoffen
- hohen Sättigungswert

Arten und Eigenschaften

Mehle

- Weizenmehl
- Roggenmehl
- Vollkornmehl

Weizenmehl

Es ist für den Konditor von größter Bedeutung. Er benötigt es vor allem für die Herstellung von Teigen. Für die Herstellung von Massen ist der Anteil an Weizenmehl im Vergleich zu anderen Rohstoffen gering.

Eigenschaften

Sie hängen von den einzelnen Inhaltsstoffen ab:

Stärke

Sie ist ein Vielfachzucker. Die Stärkekörnchen befinden sich in den Zellen des Getreidemehlkörpers. Beim Gärprozess in Hefeteigen wird die Hefe von den Abbauprodukten der Stärke ernährt. In Verbindung mit den Eiweißstoffen bildet Stärke die Krume und gibt dem Gebäck die Festigkeit.

- **Verkleisterung:** Bei der Teigbereitung lagert die Stärke etwa 1/3 ihres Eigengewichtes an Wasser an der Oberfläche an. Erst bei einer Temperatur von ca. 40 °C beginnt die Stärke zu quellen, dh. sie nimmt langsam Flüssigkeit auf. Ab 60 °C beginnt die Stärke zu verkleistern. Die Eiweißhaut des Stärkekorns gerinnt und wird so wasserdurchlässig. Wasser wird angesaugt und festgehalten. Die aufgequollenen Stärkekörner werden größer und nehmen an Volumen zu.
- **Dextrinbildung:** Ab 100 °C baut sich die Stärke ab und es entstehen Dextrine. Sie sind je nach Molekülgröße wasserlöslich oder quellfähig und schmecken süß.

Zucker

- In Teigen dient Zucker der Hefe als Nahrung. Aus Zucker stellt die Hefe Lockerungsgas (CO_2) her.
- Unter Einwirkung von Hitze wird der Doppelzucker in der Gebäckkruste braun.

Zellulose

Sie ist für den menschlichen Körper unverdaulich.

- Der Anteil dieser Rohfaser ist je nach Mehlsorte unterschiedlich (bestimmt Helligkeit des Mehles).
- Zellulose ist in Wasser unlöslich, lagert aber Wasser an ihrer Oberfläche an.

Wasser

Ein höherer Wasseranteil als 15 % verringert die Lagerfähigkeit und die Güte des Mehles. Ebenso wird die Teigausbeute negativ beeinflusst. Denn eine verstärkte Enzymtätigkeit greift den Kleber und die Stärke an. Schimmelsporen und andere Mikroorganismen könnten sich rasch entwickeln und das Mehl verderben.

Kleber

Er ist gequollenes Mehleiweiß. Die Eiweißstoffe im Weizenmehl (75 % Gliadin und 25 % Glutenin) bilden in Verbindung mit Wasser den Kleber. Gliadin ist für die Wasserbindung zuständig und Glutenin gibt die notwendige Festigkeit.

Eigenschaften	Auswirkungen
Wasserunlöslich	Ein Auswaschen von Stärke für die Kleberprobe ist möglich.
Wasserbindend und quellfähig	Teige können viel Wasser aufnehmen. Dadurch wird eine Teigbindung herbeigeführt.
Dehnbar und elastisch	Daraus ergibt sich eine gute Formbarkeit und das Gashaltevermögen der Teige.
Löslich (durch Säuren)	Alte, säurereiche Teige verlieren durch das Auflösen der Kleberstränge an Elastizität.
Gerinnung (durch Hitze bei ca. 65 bis 70 °C)	Die Ofenhitze bewirkt das Gerinnen, dh. das Festwerden der Kleberstränge. Dadurch entsteht das Porengerüst. Das frei werdende Wasser wird von der verkleisterten Stärke aufgenommen bzw. ein Teil des Wassers verdampft.

Fett
Da der Keimling nicht zur Gänze entfernt werden kann, gelangt Keimlingsfett in das Mehl.
- Der Fettanteil wirkt sich positiv auf die Elastizität des Klebers aus.
- Ein zu großer Fettanteil lässt das Mehl allerdings leichter ranzig werden.

Mineralstoffe
Im Mehl kommen vor allem Kalium, Magnesium, Calcium, Phosphor und Eisen vor (Grundlage für die Typenbestimmung).
Durch das Vorhandensein von Mineralstoffen wird der Kleber kräftiger und die Arbeit der Hefezellen und der Enzyme wird dadurch begünstigt.

Vitamine
Mehle beinhalten Vitamine der B-Gruppe und in kleineren Mengen Vitamin A.
- Dunkle Mehle sind vitaminreicher als helle Mehle.
- Ein Teil der Vitamine geht beim Backprozess durch die Hitze verloren, vor allem die Vitamine der B-Gruppe.
- Um die Kleberelastizität zu steuern, wird dem Mehl Vitamin C beigegeben.

Enzyme
Im Mehl sind zuckerspaltende, eiweißspaltende und fettspaltende Enzyme vorhanden.
- Wichtig ist der Gehalt an Diastase, weil davon die Gärkraft des Mehles abhängt.
- Bei der Mehllagerung machen sich Atmungsenzyme bemerkbar, die einen Gewichtsverlust durch Abbau hervorrufen.

Roggenmehl

In der Konditorei findet Roggenmehl vorrangig bei der Herstellung von Lebkuchenteigen Verwendung.

Eigenschaften
- Durch den Zusatz von Roggenmehl bekommen Lebkuchenteige eine dunklere Farbe und einen würzigen, kräftigen Geschmack.
- Aufgrund des niedrigen Gliadin- und Gluteninanteils und des Vorhandenseins löslicher Eiweißstoffe lässt sich der Kleber nicht auswaschen.
- Teige, die mit Roggenmehl hergestellt werden, werden erst durch die Teigsäuerung backfest.

Vollkornmehle

Beim Vollkornmehl werden die Randschichten und der Keimling des Getreidekorns mit vermahlen. Das Mehl wird durch die enthaltenen Randschichten in seiner Farbe dunkler. Es enthält um ca. 10 % mehr Ballaststoffe als helles Mehl. Es sind auch mehr Mineralstoffe, Spurenelemente, Vitamine und ungesättigte Fettsäuren (Keimling) enthalten.

Arten
- Weizenvollkornmehl
- Roggenvollkornmehl
- Spezielle Vollkornmehle: Buchweizen-, Grünkern- und Dinkelmehl

Eigenschaften
- Feines Vollkornmehl eignet sich für Feinbackwaren. Je feiner das Mehl, desto schneller nimmt es die Flüssigkeit auf. Vollkornmehle brauchen etwas mehr Flüssigkeit (ca. 5 bis 10 %), weil die Ballaststoffe mehr Flüssigkeit aufsaugen.
- Es empfiehlt sich, das Vollkornmehl so kurz wie möglich vor der Verarbeitung zu mahlen (betriebseigene Getreidemühle).

Lagerung der Mehle

Enzyme beginnen ab einem Feuchtigkeitsgehalt des Mehles von 15 % tätig zu werden. Stärke, Eiweiß und Fett werden abgebaut und das Mehl beginnt säuerlich und ranzig zu schmecken. Es wird zäh, weich, schmierig und nimmt einen dumpfen Geruch an.
- Kühl, dunkel und trocken aufbewahren. Bei einer Temperatur von ca. 15 °C ist Mehl mehrere Monate haltbar.
- Verschlossen lagern. Damit ist Mehl vor Fremdgerüchen und Schädlingsbefall geschützt.

Qualitätskontrolle der Mehle

Die Qualitätseigenschaften der Mehle hängen stark von den Eigenschaften der Stärke und des Klebers ab und werden ständig im Mühlenlabor überprüft.

Prüfungsmethoden
- Kleberauswaschen
- Kleberdehnbarkeit
- Backprobe
- Bestimmen des Säuregrads
- Bestimmen der Verkleisterungstemperatur
- Bestimmen der Wasseraufnahmefähigkeit

Der Konditor bedient sich ebenfalls einiger Prüfungsmethoden, die er in der Backstube durchführen kann.

Sinnesprüfungen
- Geruch
- Farbe
- Geschmack
- Feuchtigkeit
- Feinheit

Handelsformen der Mehle

Mehltypen	Charakteristika	Verwendung
W 480	Weizenauszugsmehl	Für feine Backwaren (Massen).
W 700	Weizenmehle mit mittlerem Klebergehalt	Für alle Teige und Massen.
W 1600	Weizenbrotmehl	Für Weizenbrot und Lebkuchenteig.
R 500	Weißroggenmehl	Für helles Mischbrot.
R 960	Roggenmehl	Für Lebkuchenteig und Schwarzbrot.
R 2500	Schwarzroggenmehl	Für dunkles Brot.

Mehle werden in Papiersäcken zu 1, 25 oder 50 kg geliefert. An Großabnehmer wird Mehl „lose„ geliefert (Backindustrie, Bäckereien).

2.4 Stärkemehle

Stärke ist ein Polysaccharid, dh. ein Vielfachzucker. Sie ist Ausgangsprodukt für Glukosesirup und Dextringlasur sowie Bestandteil verschiedener Bindemittel (Saftbinder, Eisbindemittel).

Gewinnung

Stärke wird aus Weizen, Roggen, Mais, Reis und Kartoffeln oder aus tropischen Pflanzen (Sagopalme, Tapioka, Maniok) gewonnen.

Die Gewinnung erfolgt durch Auswaschen mit Wasser oder Trocknen der zerkleinerten Pflanzenteile. Bei Getreidestärke ist eine chemische Trennung des Klebers und der Zellulose unerlässlich.

Eigenschaften

Eigenschaft	Auswirkung
Weiße Farbe	Problemlos Massen, Eiklar und Cremen zusetzbar.
Feuchtigkeitsanziehend	Eignet sich für Likörpralinen mit Kruste.
Geruch- und geschmacklos	Massen, Cremen usw. behalten ihren typischen Geruch und Geschmack.
Wasserunlöslich, schwerer als Wasser	Sinkt in angerührten Cremeansätzen ab, macht ein Eingießen von Flüssigkeiten möglich.
Nicht teigbildend	Weil keine Bindung, Teigspannung, Formbarkeit und kein Gashaltevermögen erzeugt wird.
Nicht vergärbar	Hefen enthalten keine Enzyme, mit denen sie einen Abbau der Stärke direkt bewerkstelligen können.
Abbaubar und spaltbar	Niederwertigerer Zucker entsteht • natürlich durch Enzyme (Diastasen) und • künstlich durch Hitze, Säure, Wasser.
Quellbar bzw. verkleisterbar	In Verbindung mit Hitze (65 bis 80 °C) kann Stärke viel Wasser binden.
Veränderbar	Bei der trockenen Erhitzung (200 °C) verlieren Stärkemoleküle ihren inneren Zusammenhang. Es entstehen Dextrine.

Handelsformen

Bezeichnung	Charakteristika	Verwendung
Stärkemehl	Reine Stärke	Für Eiermassen, Patisserie, Puderkästen für Bonbons, zum Binden von Fruchtcremen.
Cremepulver	Mit Geschmacks- und Farbstoffen versetzte Stärke	Für gekochte Cremen.
Kaltcremepulver	Vorverkleisterte Stärke	Für kalt hergestellte Cremen.

Zusammenfassung: Getreide und Getreideprodukte

Getreide

Es ist seit Jahrtausenden das wichtigste Grundnahrungsmittel.
Das Getreidekorn besteht aus Stärke (= wichtigster Nährstoff), Eiweiß, Fett, Mineralstoffen, Ballaststoffen.

Arten
- Weizen
- Roggen
- Gerste
- Hafer
- Hirse
- Mais
- Reis
- Buchweizen (Heiden) = Knöterichgewächs

Getreideprodukte

Gewinnung
- Getreidekörner reinigen
- Schälen
- Vermahlen
- Sichten

Mahlprodukte
- Schrot
- Grieß
- Dunst
- Mehl (griffig und glatt)

Mehle

Die Zusammensetzung des Mehles ist vom Ausmahlungsgrad und der Mehltype abhängig.

Arten
- Weizenmehl
- Roggenmehl
- Spezielle Vollkornmehle: Buchweizen-, Grünkern- und Dinkelmehl

Die **Eigenschaften** des Weizenmehles hängen von den Inhaltsstoffen ab, wie zB Stärke, Zucker, Zellulose, Wasser, Kleber, Fett, Mineralstoffe, Vitamine und Enzyme.

Kühl, dunkel, trocken und verschlossen lagern.

Stärkemehle

Sie werden aus Weizen, Roggen, Mais, Reis, Kartoffeln und tropischen Pflanzen gewonnen. Stärke ist zB Hauptbestandteil von Cremepulver und Kaltcremepulver.

Fragen und Arbeitsaufgaben

1. Nennen Sie den mengenmäßig wichtigsten Nährstoff im Getreidekorn!
2. Welche Inhaltsstoffe befinden sich weiters im Getreidekorn?
3. Welche Getreidearten kennen Sie?
4. Beschreiben Sie die Mehlgewinnung?
5. Nennen Sie die vier Mahlprodukte, die sich bei der Vermahlung ergeben!
6. Was verstehen Sie unter dem Ausmahlungsgrad und der Mehltype?
7. Nennen Sie drei Inhaltsstoffe des Weizenmehls und erklären Sie die Auswirkung bei Teigen und Massen!
8. Charakterisieren Sie Roggen- und Vollkornmehle!
9. Wie sollen Mehle richtig gelagert werden?
10. Nennen Sie vier Eigenschaften von Stärkemehlen und ihre Auswirkungen auf Backerzeugnisse!

3 EIER

Eier sind ein wichtiger Bestandteil vieler Konditoreiprodukte. Das Ei ist ein reines Naturprodukt und ernährungs- sowie backtechnologisch von großer Bedeutung. Im folgenden Kapitel erfahren Sie wichtige Details über die Verwendung und die Behandlung des Eies.

3.1 HÜHNEREIER

Aufbau und Zusammensetzung

In der Konditorei versteht man unter Eiern immer Hühnereier. Die Verwendung von Eiern anderer Geflügelarten ist grundsätzlich verboten (Ausnahme: Wachteleier in der kalten Küche). In Halbfabrikaten (Convenience-Produkten) sind Eier, meist in getrockneter Form, enthalten.

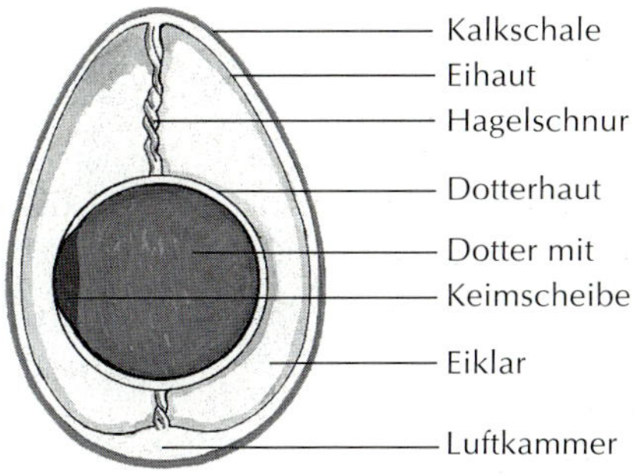

Schale

Sie beträgt ca. 10 % des Gesamtgewichtes des Eies und besteht aus:

- **Kalkschale:** aus porösem, luftdurchlässigem Kalk (weiß oder hellbraun).
- **Eihaut:** direkt unter der Kalkschale.
- **Luftkammer:** wird durch die Eihaut gebildet und liegt am stumpfen Ende des Eies.

Eiklar

Es umschließt den Dotter und ist von klarer, durchsichtiger, gallertartiger Substanz. Das Gewicht des Eiklars beträgt ca. 57 % des Gesamtgewichts.

Dotter

Er befindet sich in der unteren Eihälfte und ist von intensiver gelber Farbe. Das Dottergewicht beträgt etwa 33 % des Eigewichts. Der Dotter besteht aus:

- **Dotterhaut:** umschließt den Dotter; verhindert beim Aufschlagen des Eies, dass der Dotter sofort auseinander rinnt.
- **Hagelschnüre:** halten den Dotter am oberen und unteren Ende des Eies fest.
- **Keimscheibe:** ist der helle Fleck an der Außenseite des Eidotters.

Inhaltsstoffe	Eiklar	Dotter
Kohlenhydrate	0,5 %	0,3 %
Fett (emulgiertes Fett, Lecithin, Cholesterin)	in Spuren	32 %
Eiweiß (Albumine, Globuline)	11 %	16 %
Wasser	88 %	50 %
Mineralstoffe (Calcium, Eisen, Phosphor)	0,5 %	1,7 %
Vitamine (A, D, B_1, B_2)	–	in Spuren

Eigenschaften

Eiklar und Dotter haben eine unterschiedliche, teilweise gegenläufige Wirkung.

Eiklar beeinflusst:

Schlagfähigkeit

Eiweißstoffe halten die eingeschlagene Luft in kleinen Bläschen – dies führt zur Schaumbildung. Die Schaumstabilität wird durch Zugabe von Zucker oder einer Prise Salz erhöht.

Volumenbildung

Geschlagenes Eiklar trägt zur Lockerung von Cremen und Gebäcken bei. Der Eischnee muss sofort weiterverarbeitet werden, denn ein Absetzen von Wasser führt zum Volumenverlust. Gefäße und Geräte sowie das Eiklar selbst völlig frei von Fett- oder Dotterresten halten, weil Fett das Schaumbildungsvermögen beeinträchtigt.

Gerüstbildung

Eiweißstoffe des Eiklars (Albumine) gerinnen bei Hitzeeinwirkung. Die Wände der Bläschen, die beim Schlagen entstanden sind, verfestigen sich und es entsteht ein stabiles Gerüst (bleibende Form des Gebäcks).

Bindefähigkeit

Sie wird für diverse Cremen genützt. Beim Erstarren durch Hitzeeinwirkung verfestigt sich das Eiklar und bindet dabei eine große Menge an Wasser.

Trockenheit der Gebäcke

Je höher der Anteil an Eiklar, desto trockener ist das Backwerk (zB Windgebäcke, Makronen). Gegenmaßnahme: Ein Teil des Eiklars wird durch Dotter ersetzt (zB Biskotten).

Dotter beeinflusst:

Schlagfähigkeit

Der hohe Fettanteil verhindert eine allzu große Schaumbildung.

Emulgierbarkeit

Durch den hohen Lecithingehalt lassen sich Dotter und Fett gut vermischen (Eiserzeugung, Herstellung von Schlagcremen).

Färbung

Gelbfärbung der Krume durch die Eigenfarbe des Dotters.

Oberflächenbräunung

Wird erreicht durch Bestreichen von Gebäcken mit verrührten Eiern oder Dottern vor dem Backen.

Geschmack

Die Dotterfette wirken geschmacksverstärkend. Dotterreiche Gebäcke haben einen sehr feinen Geschmack.

Saftigkeit der Gebäcke

Der fetthaltige Dotter bewirkt eine mürbere Beschaffenheit der Gebäckkrume und verzögert das Austrocknen.

Behandlung

Die Verwendung von Eiern unterliegt aufgrund ihrer Anfälligkeit für Salmonellenbefall sehr strengen Bestimmungen.

- Nur frische Eier mit sauberer, unverletzter Schale verwenden.
- Beim Aufschlagen soll der Inhalt möglichst wenig mit der Schale in Berührung kommen.
- Arbeitsflächen, auf denen mit rohen Eiern gearbeitet wird, immer sorgfältig reinigen und nicht mit Fertigprodukten in Berührung bringen.
- Produkte, die rohe Bestandteile von Hühnereiern enthalten und an Einrichtungen der Gemeinschaftsversorgung (zB Spitäler, Altersheime, Schulen) geliefert werden, müssen unbedingt ausreichend erhitzt werden (mindestens 75 °C Kerntemperatur).
- Bei verschiedenen Cremen und Desserts, die nicht einem ausreichenden Erhitzungsprozess unterzogen werden, nur pasteurisierte Eier verwenden (siehe besondere Vorsichtsmaßnahmen bei den einzelnen Produkten).

Lagerung

- Gekühlt und dunkel lagern.
- Vor Fremdgerüchen schützen: Eier sind durch ihre poröse Schale geruchsempfindlich.
- Hohe Luftfeuchtigkeit: Durch die poröse Kalkschale geht Feuchtigkeit verloren.
- Tiefkühlen: Vor dem Einfrieren aufschlagen und als Vollei oder getrennt als Dotter und Eiklar einfrieren. In der Schale tiefgefrorene Eier würden zerplatzen.

Qualitätskontrolle

Durch längere Lagerung kommt es zu Wasserverlusten im Eiinneren und zur Vergrößerung der Luftkammer. Der Frischezustand der Eier wird durch die Licht-, Schüttel- oder Schwimmprobe festgestellt.

Qualitätsklassen

Klasse Extra und Klasse 1

- Eier dürfen nicht älter als 2 Wochen sein.
- Schale muss sauber und unverletzt sein.
- Gewicht: mindestens 61 g.
- „Extra"-Eier dürfen nur in Kleinpackungen bis zu 30 Stück verkauft werden.

Klasse 2

- Eier dürfen nicht älter als 4 Wochen sein.
- Ansonsten gelten die Bestimmungen für Klasse 1.

Klasse 3

- Luftkammer muss über 7 mm sein.
- Schale darf leichte Verschmutzungen und Verletzungen aufweisen, nicht jedoch die Schalenhaut.
- Eiinhalt muss frei von schlechtem Geruch und Einlagerungen sein.

Verarbeitungseier

- Eier, die nicht mehr der Klasse 3 entsprechen, aber noch nicht verdorben sind.

Gewichtsgruppen

Bezeichnung	Gewicht
XL – sehr groß	73 g und darüber
L – groß	63 g bis 72 g
M – mittel	53 g bis 62 g
S – klein	52 g und darunter

Da die Größen von Eiern so unterschiedlich sind, ist Messen oder Wiegen unerlässlich. Bei einem Durchschnittsgewicht von 50 g wiegt das Eiklar ca. 30 g und der Dotter ca. 20 g. Die Eimaße werden im Kap. IV / 3 Maße und Gewichte genauer behandelt.

3.2 Eikonserven

Trockeneier

Sie sind als Pulver oder in kristalliner Form erhältlich:

- Trockendotter
- Trockeneiklar (Albumin)
- Trockenvollei

Die Verarbeitungshinweise sind der jeweiligen Verpackung zu entnehmen. Die Verwendung von Trockeneiern ist im „Österreichischen Lebensmittelbuch" geregelt. Grundsätzlich dürfen sie für alle Produkte verwendet werden, für die sie nicht verboten sind.

Pasteurisierte Eier

Sie sind in flüssiger Form ebenfalls als Vollei, Eiklar und Dotter erhältlich. Sie eignen sich vor allem für Konditoreierzeugnisse, die nach der Herstellung nicht mehr vollständig durcherhitzt werden (zB Tiramisu, Mousse au chocolat).

In ungeöffnetem Zustand über mehrere Wochen haltbar, nach dem Öffnen der Packung jedoch so rasch wie möglich verbrauchen.

Tiefkühleier

Das sind Volleier, Eiklar oder Dotter, die von der Schale befreit und einem Gefriervorgang unterzogen wurden. Die Verwendung von tiefgekühlten Dottern ist nur eingeschränkt möglich (zB für Teige). Tiefkühlkette nie unterbrechen!

Gesetzliche Bestimmungen

Eier sind sehr heikle Produkte in der Konditorei. Es gibt deshalb spezielle gesetzliche Bestimmungen, die in der

- Hühnereierverordnung und in der
- Eiproduktionsverordnung

zu finden sind.

Zusammenfassung: Eier

Hühnereier

In der Konditorei dürfen nur Hühnereier verwendet werden. Wegen der Salmonellengefahr und deren Übertragung auf Fertigprodukte muss besonders sorgfältig gearbeitet werden.

Aufbau
- Eischale: Kalkschale, Eihaut, Luftkammer
- Eidotter: Dotterhaut, Hagelschnüre, Keimscheibe
- Eiklar: klare, durchsichtige, gallertartige Substanz

Eiklar und Dotter haben unterschiedliche **Eigenschaften** in Konditoreiprodukten:

Eiklar beeinflusst:
- Schlagfähigkeit
- Volumenbildung
- Gerüstbildung
- Bindefähigkeit
- Trockenheit der Gebäcke

Dotter beeinflusst:
- Schlagfähigkeit
- Emulgierbarkeit
- Färbung
- Oberflächenbräunung
- Geschmack
- Saftigkeit der Gebäcke

Die Lagerung soll gekühlt, bei hoher Luftfeuchtigkeit, geruchs- und lichtgeschützt erfolgen.

Die Eier werden in fünf **Qualitätsklassen** und in vier **Gewichtsgruppen** eingeteilt.

Eikonserven

- Trockeneier
- Pasteurisierte Eier
- Tiefkühleier

Fragen und Arbeitsaufgaben

1. Beschreiben Sie den Aufbau des Hühnereies!
2. Welche zwei Eiweißstoffe enthält das Hühnerei?
3. Wie wirkt sich die Schlagfähigkeit des Eiklars auf die Volumenbildung und Gerüstbildung von Gebäcken aus?
4. Was bewirkt eine erhöhte Dotterzugabe bei Eiermassen?
5. Beschreiben Sie einige Punkte, die bei der Behandlung und Lagerung von Eiern beachtet werden müssen!
6. Beschreiben Sie die Qualitätsklassen und Gewichtsgruppen für Eier!
7. Beschreiben Sie die in der Konditorei verwendeten Eikonserven und ihre Besonderheiten!

4 MILCH UND MILCHPRODUKTE

Milch und Milchprodukte gehören zu den Grundnahrungsmitteln. Milch ist durch den hohen Nährstoffgehalt ein hochwertiges Lebensmittel für alle Altersgruppen. Besonders wertvoll sind das Milcheiweiß mit seinen essenziellen Aminosäuren und das leicht verdauliche Milchfett.

Milch- und Milchprodukte

Milch | **Trockenmilch** | **Rahm** | **Butter** | **Topfen** | **Käse**

4.1 MILCH

Zusammensetzung

Inhaltsstoffe	Rohmilch
Kohlenhydrate (Milchzucker)	4,8 %
Fett	3,9 %
Eiweiß (2,8 % Kasein, der Rest Albumin und Globulin)	3,5 %
Wasser	87,1 %
Mineralstoffe (Ca, Mg, Na, K, P)	0,7 %
Vitamine (A, B_1, B_2, B_6, B_{12}, C, D)	in Spuren

Gewinnung

Melken

Die Kühe am Bauernhof werden gemolken. Anschließend wird die Milch unter Beachtung der notwendigen Hygienemaßnahmen gekühlt und zu Sammelstellen gebracht. Dort erfolgt eine kontrollierte Übernahme. Mit einem wärmeisolierten Milchtankwagen wird die Milch in die Molkerei geliefert, wo sie verschiedenen Verfahren unterzogen wird.

Milch prüfen

Im Labor wird die Milch auf ihren Gehalt an Inhaltsstoffen (Fett, Eiweiß, Geruch, Geschmack und Aussehen) untersucht. Weiters werden das spezifische Gewicht, der Keimgehalt und der Säuregrad festgestellt.

Zentrifugieren (Separieren)

Mit Zentrifugen werden Magermilch und Rahm getrennt.

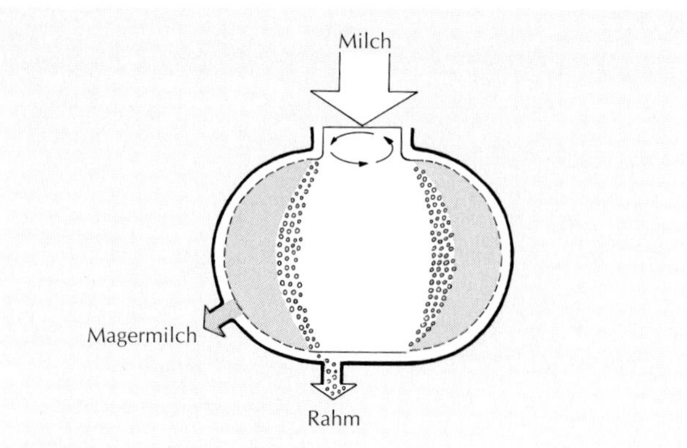

Standardisieren

Der gewünschte Fettgehalt der Milch wird eingestellt.

Homogenisieren

Milch wird mit Druck durch feinste Düsen gepresst. Dabei werden die vorhandenen Fettkügelchen stark verkleinert. Der Geschmack wird vollmundiger und die Milch wird leichter verdaulich. Außerdem rahmt homogenisierte Milch nicht mehr auf.

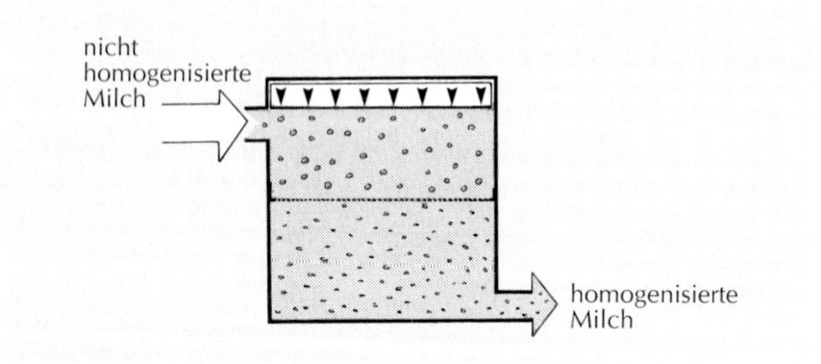

Säuern

Sauermilchprodukten werden die jeweiligen Kulturen beigegeben (zB Jogurtbakterien, Acidophilus-Stämme).

Pasteurisieren (Hitzebehandlung)

Es dient dem Abtöten von schädlichen Keimen (siehe Kap. II / 19.3 Physikalische Konservierungsmethoden). Alle Milchprodukte in Österreich müssen pasteurisiert werden.

Abfüllen

Die Milch wird maschinell in Flaschen, Einweggebinde, Kannen abgefüllt oder weiterverarbeitet.

Eigenschaften

Die verschiedenen Inhaltsstoffe verleihen der Milch ihre besonderen Eigenschaften.

Milcheiweiß

Es besteht vor allem aus Albumin und Kasein.

- **Albumin** gerinnt durch Hitze.
  Beim Erhitzen der Milch sammelt sich Albumin an der Oberfläche und gerinnt (Hautbildung). Das Wasser bildet darunter Dampf und bringt so die Milch zum Überkochen. Durch Rühren mit dem Schneebesen wird die Milchhaut zerstört und die Milch kann nicht mehr so leicht überkochen. Albumin ist auch für das Anbrennen der Milch beim Erhitzen verantwortlich, es brennt sich am Geschirrboden fest. Daher vorher Geschirr mit kaltem Wasser ausspülen.
- **Kasein** gerinnt durch Milchsäure oder das Enzym Lab (im Kälbermagen vorhanden).
  Die Milchsäurebakterien verwandeln Milchzucker in Milchsäure, diese bringt das Kasein zum Gerinnen, bis es ausflockt (Sauerwerden der Milch, Topfengewinnung).

Milchzucker

Der Milchzucker ist ein Doppelzucker, der nur durch Milchsäurebakterien vergoren werden kann.

- Er bräunt besonders stark und trägt so beim Backprozess zur intensiveren Färbung der Gebäckkruste bei.
- Milchzucker besitzt nur geringe Süßkraft.

Milchfett

Es ist im Wasseranteil der Milch als Emulsion verteilt. Milchfett setzt sich aus verschiedenen Fettsäuren zusammen. Deshalb hat es einen breiten Schmelzbereich (10 bis 36 °C). Innerhalb dieses Schmelzbereichs ist Milchfett weich, darunter fest und darüber flüssig. Je flüssiger das Milchfett, desto intensiver der Geschmack.

Abhängig von der Verarbeitung sind die Milchfette

- fest (beim Schlagen von Schlagobers),
- halb flüssig (beim Schaumigrühren von Fett) oder
- flüssig (beim Einmelieren von Fett in Massen, bei der Verarbeitung in Teigen).

Weitere Eigenschaften

- Qualitätsverbesserung der Gebäcke in Bezug auf Geschmack, Volumen, Porung Frischhaltung.
- Leichtere Verarbeitbarkeit: Der Teig klebt weniger als zB mit Wasser und lässt sich leichter formen.
- Milchfett macht den Kleber geschmeidiger.

Lagerung

- Verschlossen aufbewahren, damit die Milch keine Fremdgerüche annehmen kann und keine empfindlichen Vitamine durch Licht zerstört werden.
- Gekühlt lagern bei einer Temperatur bis maximal + 6 °C.
- Auf das Mindesthaltbarkeitsdatum achten. Es ist auf der Verpackung angegeben.
- Bei Sauermilchprodukten (zB Jogurt) kann es durch natürliche Gasentwicklung zu bombierten Bechern kommen.

Handelsformen

Bezeichnung	Fettgehalt	Verwendung
Vollmilch	3,6 %	Für Teige, Massen, Cremen, Speiseeis (heiße Herführung), Trinkmilch, Milchmixgetränke.
Magermilch	maximal 1 %	Für Diäterzeugnisse.
Sauermilch	3,6 %	Für Milchmixgetränke.
Buttermilch	1 %	Für Teige, Milchmixgetränke.
Jogurt	1 % oder 3,6 %	Für Cremen, Desserts, Speiseeis, kalte Küche, Milchmixgetränke.
H-Milch	0,5 % oder 3,6 %	Zur Vorratshaltung wie Milch und Magermilch.
Kondensmilch	7,5 bis 10 %	Zum Aufhellen von Kaffee, Cremen usw.

4.2 Trockenmilch (Milchpulver)

Trockenmilch dient vor allem der Vorratshaltung.

Zusammensetzung

Inhaltsstoffe	Vollmilch-pulver	Mager-milch-pulver
Kohlenhydrate (Milchzucker)	38 %	51 %
Fett	26,8 %	0,7 %
Eiweiß	26 %	36 %
Wasser	2,3 %	3 %
Andere Bestandteile: Mineralstoffe, Vitamine usw.	6,9 %	9,3 %

Gewinnung

Eindicken

Voll- oder Magermilch wird im Vakuum eingedickt.

Trocknen

Die häufigste Art der Trocknung ist das Sprühverfahren. Im Sprühturm wird der eingedickten Milch durch Heißluft das Wasser entzogen. Die festen Bestandteile bilden das Milchpulver.

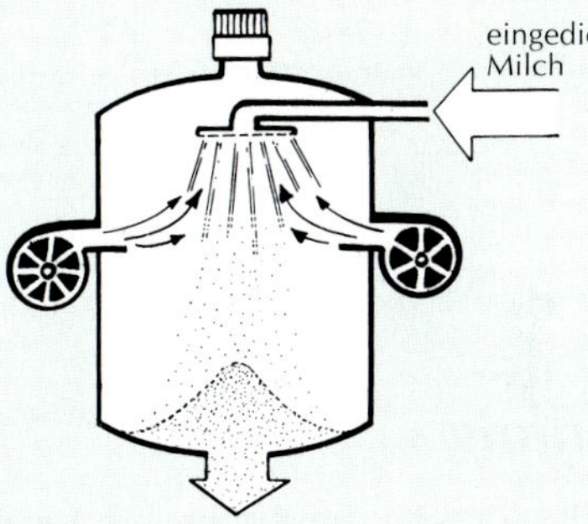

Behandlung

Milchpulver wird in Wasser aufgelöst. Dabei sind die Angaben auf der Packung zu beachten.

Lagerung

- Milchpulver kann bei Zimmertemperatur gelagert werden.
- Milch, die aus Milchpulver hergestellt wurde, unterliegt den gleichen Lagerbedingungen wie Frischmilch.

Handelsformen

Bezeichnung	Fettgehalt	Verwendung
Vollmilchpulver	26,8 % (mindestens 26 %)	Für Speiseeis (kalte Herführung), wie Milch.
Magermilchpulver	0,7 % (maximal 1,5 %)	Für Speiseeis (kalte Herführung) und Diäterzeugnisse.

4.3 Rahm

Rahm ist ein sehr fettreiches Milchprodukt. In der Konditorei hat Rahm vor allem als Schlagobers mit einem Fettgehalt von 36 % Bedeutung, sowohl in flüssiger als auch in geschlagener Form.

Zusammensetzung

Inhaltsstoffe	Schlagobers	H-Kaffeeobers	Sauerrahm
Kohlenhydrate (Milchzucker)	3 %	4,1 %	3 %
Fett	36 %	10,7 %	15 %
Eiweiß	2,7 %	3,1 %	3,5 %
Wasser	58 %	81,7 %	78,2 %
Mineralstoffe	0,3 %	0,4 %	0,3 %

Gewinnung

Rahm wird entweder durch Abschöpfen (Abrahmen) nicht homogenisierter Milch oder durch Zentrifugieren gewonnen.

Abstehen und Abschöpfen

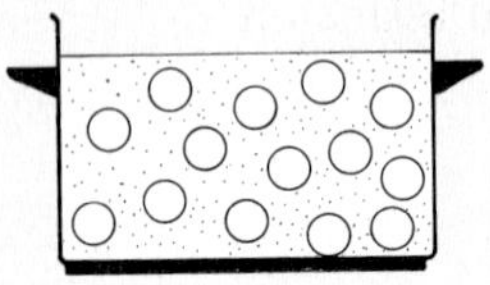

Ursprünglich sind Fett-Tröpfchen im Milchserum verteilt.

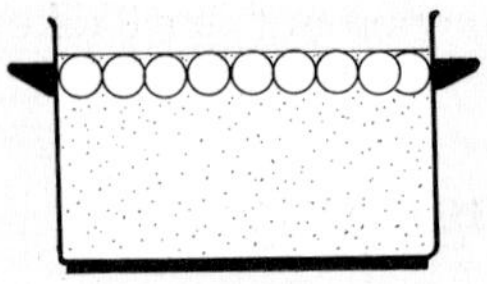

Nach ca. 24 Stunden: Fett-Tröpfchen sammeln sich an der Oberfläche.

Zentrifugieren

Diese Gewinnung ist die gängigste Art der Rahmgewinnung. Unter Ausnutzung der Schwerkraft wird das leichtere Milchfett von den schweren, wässrigen Milchteilchen getrennt (siehe Milchgewinnung).

Reifen

Nach einer Reifezeit von ca. 24 Stunden ist der Rahm schlagfähig.

Eigenschaften

- Rahm hat einen feinen, vollmundigen Geschmack.
- Ab einem bestimmten Fettgehalt ist Rahm schlagfähig (Schlagobers).
- Geschlagenes Obers ist begrenzt formbar (dressierfähig) und standfest. Zucker und Gelatine erhöhen die Standfestigkeit.
- Rahm kann durch Zusatz von Milchsäurebakterien gesäuert werden, dadurch verändern sich Haltbarkeit, Geschmack und Konsistenz (Sauerrahm). Er wird zum Vollenden verschiedener Saucen, Marinaden und Speisen verwendet.
- Kaffeeobers ist durch den geringeren Fettgehalt nicht schlagfähig.

Behandlung

Beim Schlagen von Obers wird eine Volumenszunahme von bis zu 40 % erreicht. Die Beigabe von Puderzucker (50 bis 70 g je Liter) und Gelatine (4 Blatt je Liter) verbessert die Standfestigkeit. Sie binden das Wasser, es kann sich nicht so leicht absetzen.

Regeln für das Schlagen von Obers

- Schlagobers muss kalt und gut ausgereift sein.
- Aufschlagbesen mit vielen Drähten und kühlen Aufschlagkessel verwenden.
- Rasches und intensives Aufschlagen (Vorsicht: Bei zu langem Schlagen beginnt der Rahm zu buttern!).
- Schlagobers kann auch mit einem Obersbläser aufgeblasen werden.

Lagerung

- Kühl bei Temperaturen unter + 5 °C aufbewahren.
- In säureunempfindlichen, verschlossenen Gefäßen lagern.
- Die auf der Packung angegebene Mindesthaltbarkeit beachten.

Qualitätskontrolle

- Wichtigstes Qualitätsmerkmal sind der Fettgehalt und der Frischezustand. Beides muss auf der Packung angegeben sein.
- Schlagobers verliert durch Einfrieren an Schlagfähigkeit und damit an Qualität. Es kann nach dem Auftauen noch für Cremen (zB Trüffelcreme) verwendet werden.
- Schlagcreme ist ein Erzeugnis aus Milch und Pflanzenfetten und darf nicht als Schlagobers bezeichnet werden.

Handelsformen

Bezeichnung	Fettgehalt	Verwendung
Schlagobers	36 %	Für Obersfüllungen, Cremen, Massen, Bonbonfüllungen, Dekormittel.

Bezeichnung	Fett-gehalt	Verwendung
H-Schlagobers	32 %	Zur Vorratshaltung, wie Schlagobers.
Kaffeeobers	15 %	Zum Aufhellen von Kaffee.
H-Kaffeeobers	10 %	Zur Vorratshaltung, wie Kaffeeobers.
Kondensrahm	15 %	Zum Aufhellen von Kaffee.
Sauerrahm	15 %, 20 %	Für die kalte Küche.
Crème fraîche	36 %	Für die kalte Küche.

4.4 Butter

Der bekannte Werbeslogan: „Butter kann durch nichts ersetzt werden!" trifft bei den Qualitätsprodukten des Konditors zu. Einige dieser Erzeugnisse tragen in ihrer Bezeichnung das Wort Butter, zB Buttercreme, Butterteig, Butterkeks usw.

Zusammensetzung

Inhaltsstoffe	Prozent
Kohlenhydrate (Milchzucker)	0,7 %
Fett	82 %
Eiweiß	0,7 %
Wasser	16 %
Mineralstoffe (K, P, Na usw.)	0,6 %
Vitamine (A, D, E, K usw.)	in Spuren

Gewinnung

Butter wird aus Rahm hergestellt. Rahm wird so lange geschlagen, bis sich das Milchfett vom Milchserum trennt. Aus 21 bis 25 Liter Milch gewinnt man ein Kilogramm Butter.

Zentrifugieren (Separieren)

Der Rahm wird von der Magermilch getrennt.

Pasteurisieren (Hitzebehandlung)

Rahm mit einem Fettgehalt von ca. 22 bis 30 % wird auf + 85 °C erhitzt und rasch auf + 4 °C abgekühlt.

Buttern

Beim Buttern wird das Milchfett von der Buttermilch getrennt.

- **Sauerrahmbutter:** Bei diesem Verfahren wird der Rahm mit Milchsäurebakterien versetzt. Der Rahm dickt nach einiger Zeit ein und wird in großen rotierenden Trommeln aus rostfreiem Stahl verbuttert.
- **Süßrahmbutter:** Hier wird der Rahm nach dem Reifen in einer Spezialmaschine verbuttert.

Formen und verpacken

Nach dem Ablassen der Buttermilch wird die Butter geknetet und anschließend in einer Formmaschine geformt und verpackt.

Eigenschaften

Geschmack

Butter hat einen charakteristischen, aromatischen Geschmack, der Konditoreiprodukten, im Vergleich zur Margarine, eine besondere Note verleiht.

Schmelzverhalten

Die Schmelzeigenschaften von Butter hängen vom Milchfett ab.

- Bei Kühlschranktemperatur ist Butter hart,
- bei Raumtemperatur ist Butter weich und
- oberhalb von ca. 36 °C ist Butter flüssig.

Dadurch wird die Mischbarkeit mit anderen Rohstoffen und die Geschmeidigkeit bei Blätter-, Plunderteigen usw. beeinflusst.

Wassergehalt

Durch den Wassergehalt von ca. 16 % ist Butter als Siedefett ungeeignet. Das Wasser ist in der Butter als Emulsion verteilt (Wasser-in-Fett-Emulsion). Durch Schmelzen geht die Emulsion verloren.

Verderbbarkeit

Butter verdirbt schneller als Margarine und sollte deshalb nicht für Dauergebäcke verwendet werden.

Lagerung

Butter ist durch ihren Gehalt an fettlöslichen Vitaminen und Fettsäuren besonders empfindlich.

- Kühl und verschlossen lagern, da Butter schnell Fremdgerüche annimmt und auf Wärme empfindlich reagiert.
- Bei unsachgemäßer Lagerung (zB länger als drei Monate) wird Butter gelb, ranzig, weich, schmierig und schmeckt seifig.

Handelsformen

Bezeichnung	Charakteristika	Verwendung
Teebutter	Süß- oder Sauerrahmbutter von 1. Qualität.	Als Streichbutter und für Teige, Massen, Cremen.
Kräuterbutter	Teebutter mit Kräuter- und Salzzusatz.	Für die kalte Küche.
Tafelbutter	Verarbeitungsbutter von geringerer Qualität.	Für Teige, Massen.
Butterschmalz	Gekochte Butter, fast wasserfrei und lange haltbar.	Für Teige, Massen.

Butterschmalz
Durch Ausschmelzen von Butter werden Eiweiß- und Wasserbestandteile entfernt. Butterschmalz enthält höchstens 0,5 % Wasser und mindestens 99,3 % Fett. Dadurch kann es stärker erhitzt werden als Butter. Es ist intensiver im Geschmack.

4.5 Topfen

Der Topfen zählt zu der ältesten Käsesorte der Welt. In Österreich ist Topfen ein beliebtes Nahrungsmittel (Frischkäse). Sowohl in der Konditorei als auch in der Patisserie wird Topfen für Süßspeisen verwendet.

Zusammensetzung

Inhaltsstoffe	Magertopfen (4,5 % F. i. T.)	Speisetopfen (40 % F. i. T.)
Kohlenhydrate (Milchzucker)	4 %	3 %
Fett	1 %	10 %
Eiweiß	18 %	12 %
Wasser	77 %	75 %

Der Fettgehalt des Topfens wird in der Sachbezeichnung als Fettgehalt in der Trockenmasse (abgekürzt F. i. T.) in Prozent angegeben. Die Trockenmasse besteht aus Kohlenhydrat, Fett und Eiweiß – sie enthält kein Wasser; zB Magertopfen 23 % Trockenmasse und 77 % Wasser.

Gewinnung

Milch behandeln
Rohmilch wird geprüft, zentrifugiert und pasteurisiert. Je nach gewünschter Fettstufe des Topfens wird Voll- oder Magermilch verwendet.

Säuern
Milchsäurebakterien und Lab werden der Milch zugesetzt. Man spricht daher von Säuregerinnung und von Lab-Säuregerinnnung. In der Molkerei werden beide Verfahren einzeln oder in Kombination angewendet. Bei der Säuerung entsteht der Bruch. Die Flüssigkeit wird als Molke bezeichnet.

Flüssigkeit abscheiden
Der Topfenbruch wird durch Pressen von der Molke getrennt und rasch auf + 4 °C abgekühlt, um eine weitere Säuerung zu verhindern.

Eigenschaften

- Topfen hat einen neutralen Geschmack und eignet sich daher sowohl für Süßes als auch für Pikantes.
- Er ist leicht verdaulich und energiearm.
- Topfen hat einen hohen Wasseranteil.

Lagerung

- Kühl und verschlossen aufbewahren (Topfen reift bei Zimmertemperatur, was zur Übersäuerung und zur Geschmacksveränderung führt).
- Die Becher sind mit einem Ablaufdatum versehen.
- Topfen kann bis zu 12 Monate eingefroren werden.

Handelsformen

Bezeichnung	Fettgehalt	Verwendung
Magertopfen	1 % F.i.T.	Für Diätprodukte.
Speisetopfen	10, 20, 30, 40 % F.i.T.	Für Cremen, Füllungen, Teige.
Kräutertopfen	20 %, 40 % F.i.T.	Für die kalte Küche.

4.6 Käse

In Österreich wird der Käse nach seinem Gehalt an Trockenmasse eingeteilt. Dieser bestimmt die Konsistenz einer Käsesorte (zB Hart-, Schnitt-, Weich-, Frisch- und Sauermilchkäse).

Zusammensetzung

Die Fettgehaltsangabe bei Käse bezieht sich nicht auf den Fettgehalt im gesamten Käse, sondern auf den Fettgehalt in der Trockenmasse (F. i. T.). Die Trockenmasse ist die Käsemasse nach Abzug des Wassergehalts. Der absolute Fettgehalt ist daher wesentlich niedriger als der relative, zB ein Camembert mit einem relativen Gehalt von 55 % F. i. T. hat einen absoluten Fettgehalt von ca. 23 %.

Inhaltsstoffe	Emmentaler	Edamer
Kohlenhydrate	2 %	2 %
Fett absolut	25,7 %	23,6 %
Eiweiß	27 %	28 %
Wasser	43 %	47,5 %
F. i. T.	45 %	45 %

Inhaltsstoffe	Camembert	Schmelzkäse
Kohlenhydrate	2 %	–
Fett absolut	24,2 %	23,1 %
Eiweiß	19 %	16 %
Wasser	56 %	58 %
F. i. T.	55 %	55 %

Gewinnung

Formen und pressen

Der Topfen (Käsebruch) mit verschiedenen Zusätzen (je nach Sorte) wird in Formen gefüllt und gepresst.

Salzen

Anschließend findet eine Behandlung im Salzbad statt. Dadurch wird der Käse haltbarer, die Rinde wird härter und der Geschmack intensiver.

Reifen

Käse muss je nach Sorte Tage, Wochen oder Monate in Reifekellern reifen. Durch die Tätigkeit von Bakterien, Hefen und Schimmelpilzen erhält der Käse seine Aromastoffe und Struktur (Konsistenz, Lochung, Rinde). Die Reifung entfällt bei Frischkäsesorten.

Verpacken

Käse wird je nach Sorte mit Paraffin, Wachs oder Kunststoff beschichtet oder in Alufolie verpackt. Frischkäse wird meist in Kunststoffbecher abgefüllt.

Eigenschaften

- Jede Käsesorte hat einen sehr charakteristischen Geruch und Geschmack.
- Die Festigkeit von Käse ist vom Wassergehalt abhängig und beeinflusst die Schnittfähigkeit.

Lagerung

- Verschlossen lagern. Manche Käsesorten riechen sehr stark.
- Kühl lagern (Kühlschrank).
- Hart- und Schnittkäse können mehrere Wochen gelagert werden. Beim Tiefgefrieren wird Hartkäse bröckelig.
- Schmelzkäse trocken und bei Zimmertemperatur aufbewahren (bis neun Monate haltbar).
- Frischkäse ist verschlossen und gekühlt zwei Wochen haltbar. Vollreifer Käse, der wieder gekühlt wird, stirbt ab (besonders Weißschimmelkäse).

Handelsformen

Bezeichnung/F. i. T.	Sorten	Verwendung
Hartkäse über 60 % F. i. T.	Emmentaler, Parmesan	Gerieben zum Bestreuen und für Käsemürbteige, kalte Küche.
Schnittkäse 45 bis 55 % F. i. T.	Bierkäse, Edamer, Gouda, Raclette, Tilsiter	Gerieben für Käsemürbteige, kalte Küche.
Weichkäse 40 bis 50 % F. i. T.	Camembert, Brie, Österzola	Für Käsemürbteige, kalte Küche.
Frischkäse 19 bis 38 % F. i. T.	Gervais, Cottage Cheese	Aufstriche für die kalte Küche.
Sauermilchkäse 30 bis 40 % F. i. T.	Quargel, Graukäse, Sauerkäse	Für die kalte Küche.
Schmelzkäse 15 bis 65 % F. i. T.	Rahm-, Doppelrahm-, Kräuterrahmkäse usw.	Für Käseteige.

Zusammenfassung: Milch und Milchprodukte

Milch und Milchprodukte gehören zu den Grundnahrungsmitteln.

Milch

Gewinnung
- Melken
- Milch prüfen
- Zentrifugieren
- Standardisieren
- Homogenisieren
- Säuern: nur bei Sauermilchprodukten
- Pasteurisieren
- Abfüllen

Die verschiedenen Inhaltsstoffe, wie Milcheiweiß (Albumin, Kasein), Milchzucker, Milchfett, verleihen der Milch ihre **Eigenschaften**.

Verschlossen, gekühlt aufbewahren. Auf das Mindesthaltbarkeitsdatum achten.

Im Handel werden Voll-, Mager-, Sauer-, Butter-, Kondens- und H-Milch angeboten, weiters noch Jogurt und Vollmilchpulver.

Trockenmilch (Milchpulver)

Gewinnung
- Eindicken
- Trocknen

Milchpulver bei Zimmertemperatur lagern.

Rahm

Er ist ein fettreiches Milchprodukt.

Gewinnung
- Abstehen und Abschöpfen oder
- Zentrifugieren.

Verschlossen, gekühlt aufbewahren. Auf das Mindesthaltbarkeitsdatum achten.

Die wichtigsten Handelsformen sind Schlagobers, Kaffeeobers, Sauerrahm, Crème fraîche und Haltbarprodukte.

Butter

Gewinnung
- Zentrifugieren
- Rahm pasteurisieren
- Süß- oder Sauerrahm buttern
- Formen und verpacken

Eigenschaften
- Aromatischer Geschmack
- Schmelzverhalten
- Hoher Wassergehalt
- Verderbbarkeit

Topfen

Gewinnung
- Milch prüfen, zentrifugieren und pasteurisieren
- Säuern
- Flüssigkeit abscheiden

Gekühlt und verschlossen aufbewahren. Ablaufdatum beachten.

Topfen wird für Süßes und Pikantes verwendet. Im Handel wird er mit verschiedenem Fettgehalt angeboten.

Käse

Gewinnung
- Topfen (Käsebruch) formen und pressen
- Salzen
- Reifen
- Verpacken

Die **Fettgehaltsangabe** bezieht sich auf den Fettgehalt in der Trockenmasse (F. i. T.). Trockenmasse = Käsemasse nach Abzug des Wassergehalts.

Im Handel werden verschiedenste Sorten von Hart-, Schnitt-, Weich-, Frisch-, Sauermilch- und Schmelzkäse angeboten.

Fragen und Arbeitsaufgaben

1. Beschreiben Sie die Milchgewinnung!
2. Zählen Sie die Inhaltsstoffe von Milch und Milchprodukten auf (ohne Mengenangaben)!
3. Welche Eigenschaften erhält Milch durch das Milcheiweiß?
4. Beschreiben Sie den Vorgang der Milchsäuerung!
5. Wie wirkt sich Milchzucker auf Konditoreierzeugnisse aus?
6. Beschreiben Sie die Eigenschaften von Milchfett!
7. Wie soll Milch gelagert werden?
8. Wofür werden H-Milch und Milchpulver verwendet?
9. Wie wird Trockenmilch hergestellt?
10. Wie wird Rahm gewonnen?
11. Welche Eigenschaften besitzen Rahmprodukte?
12. Was ist beim Schlagen von Schlagobers zu beachten?
13. Nennen Sie einige Produkte aus Rahm!
14. Wodurch unterscheiden sich Süß- und Sauerrahmprodukte?
15. Beschreiben Sie das Schmelzverhalten von Butter!
16. Wie wird Topfen gewonnen?
17. Beschreiben Sie die Gewinnung von Käse!
18. Was versteht man unter dem Zusatz F. i. T.?
19. Nennen Sie einige Käsesorten und ihre Handelsformen!

5 SPEISEFETTE

Fette finden in der Konditorei in vielen Bereichen und in vielen Formen Anwendung, zB als Milchfett (Butter), Margarine, Pflanzenöle, Kakaobutter, Wachse. Die vielen Arten von Fetten, ihre unterschiedlichen Eigenschaften und Einsatzmöglichkeiten erfordern spezielle Kenntnisse, die in diesem Kapitel vermittelt werden.

5.1 BUTTER

Butter ist ein tierisches Fett, das durch Abscheiden des Rahms von der Rohmilch gewonnen wird. Man unterscheidet Süßrahm- und Sauerrahmbutter.

Butter ist geschmacklich der Margarine vorzuziehen. In Österreich gibt es viele Konditoreiprodukte, deren Fettanteil ausschließlich aus Butter bestehen darf. Die Eigenschaften von Butter sind mit denen der Margarine vergleichbar (siehe Kap. II / 4.4 Butter).

5.2 PFLANZENÖLE

Herkunft

Pflanzenöle werden aus den fetthaltigen Früchten und Samen von Ölfrüchten gewonnen. Diese Früchte wandeln Stärke zu Glycerin und Fettsäuren um, aus denen sich nach und nach verschiedene Fette und Öle bilden. In der reifen Frucht ist fast die gesamte Stärke in Fett umgewandelt. Pflanzenöle haben einen sehr hohen Anteil an ungesättigten und mehrfach ungesättigten Fettsäuren und sind deshalb biologisch sehr hochwertig.

Gewinnung

Pflanzenöle werden durch Auspressen oder Extraktion von ölhaltigen Früchten oder Samen bzw. durch eine Kombination der beiden Verfahren gewonnen.

Auspressen

Die gereinigten Ölfrüchte werden auf ca. 70 °C erhitzt, zerquetscht und nach dem Fleischwolfprinzip ausgepresst. Der verbleibende Presskuchen enthält noch sehr viel Öl, sodass der Vorgang des Zerkleinerns und Auspressens wiederholt wird. Das restliche Öl kann auch durch Extrahieren herausgeholt werden. Bei kalt gepressten Ölen entfällt der Erhitzungsvorgang.

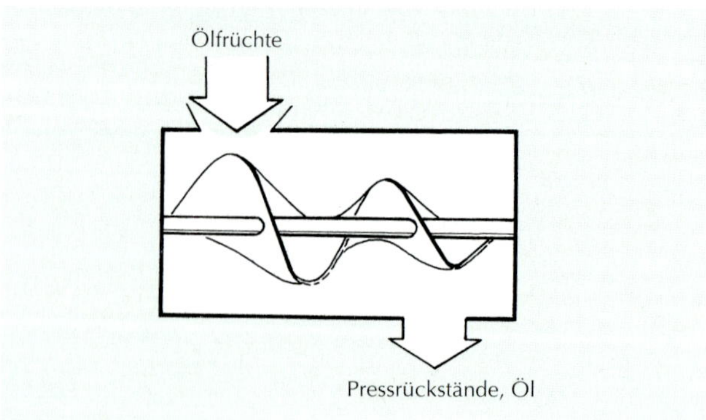

Extrahieren

Auch bei diesem Verfahren wird die Ölsaat zerkleinert. Dann wird das Öl mit Lösungsmitteln fast vollständig herausgelöst. Das Lösungsmittel wird im Anschluss durch Destillation wieder vom Öl getrennt.

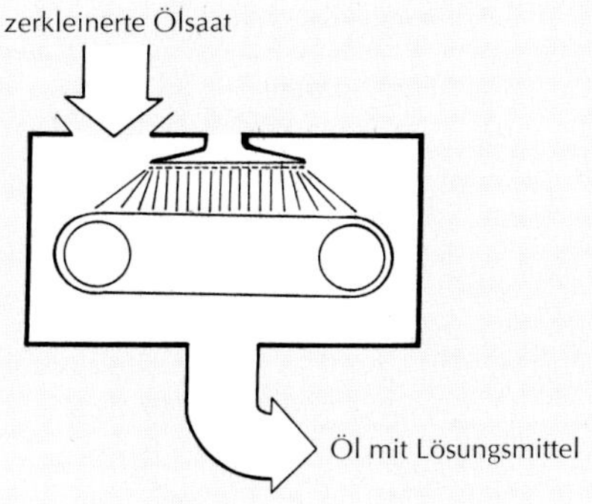

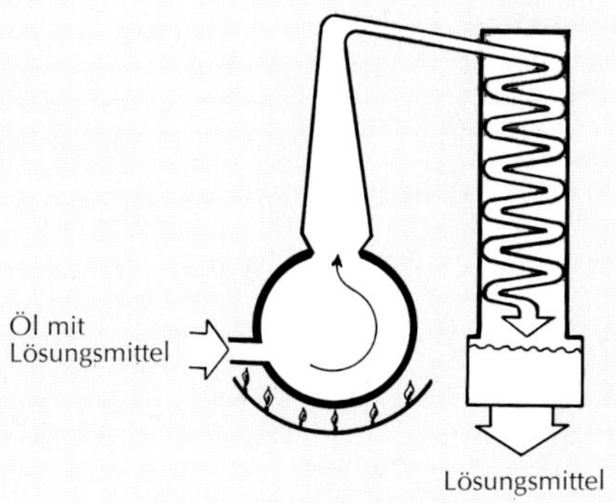

Raffinieren

Die so gewonnenen Öle müssen gereinigt (raffiniert) werden. Ziel der Raffination ist das Entfernen pflanzlicher Verunreinigungen, die Farbe, Geschmack, Geruch und Haltbarkeit beeinträchtigen würden. Sie erfolgt in 3 Stufen:

- **Neutralisieren:** Ölfremde Stoffe werden gebunden und durch Zentrifugieren vom Öl getrennt.
- **Entfärben:** Unerwünschte Farbstoffe werden durch nochmalige Reinigung und Filterung entfernt.
- **Dämpfen:** Unerwünschte Geruchs- und Geschmacksstoffe werden durch heißen Wasserdampf, der unter Vakuum durch das Öl geblasen wird, entfernt.

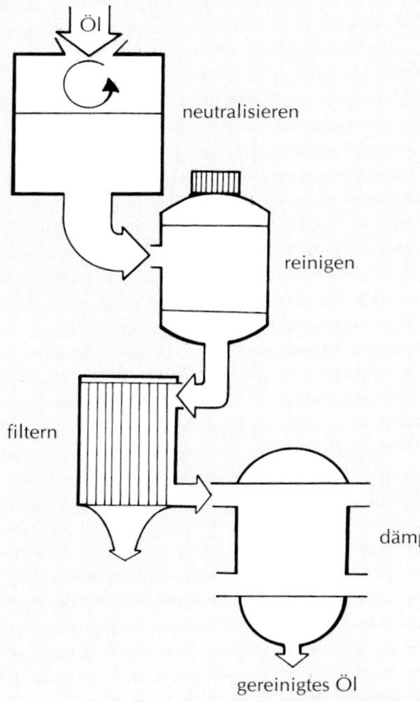

Härten

Manche Öle (Erdnuss-, Kokosöl) werden einer Fetthärtung unterzogen. Daher entstehen aus flüssigen Ölen oder weichen Fetten festere bzw. harte Fette. Die Fetthärtung kann durch drei verschiedene Verfahren geschehen.

- **Hydrieren:** Mehrfach ungesättigte Fettsäuren mit niedrigem Schmelzpunkt werden durch Anlagerung von Wasserstoffatomen in einfach ungesättigte und/oder gesättigte Fettsäuren mit höherem Schmelzpunkt umgewandelt. Auch der Rauchpunkt eines Fettes kann durch dieses Verfahren erhöht werden.
- **Umestern:** Dabei erfolgt innerhalb und zwischen den Fettmolekülen eine Umlagerung der Fettsäuren. Es entstehen andere Fette mit veränderten Molekularstrukturen und Schmelzpunkten.
- **Fraktionieren:** Auch flüssige Öle bzw. weiche Fette bestehen zum Teil aus festen Fettfraktionen, die von den flüssigen Bestandteilen durch Kühlen und Auspressen getrennt werden.

Arten

Bezeichnung	Gewinnung	Verwendung
Sojaöl	Aus den Samen der Sojabohne.	Für Brat- und Backfett, Margarineherstellung, Speiseöl.
Sonnenblumenöl	Aus den Samen der Sonnenblume; reich an Carotin und Vitamin E.	Für Speise- und Salatöl, Margarineherstellung.
Rapsöl	Aus den Samen des Raps.	Für Speise- und Salatöl, Brat- und Backfett, Margarineherstellung.
Weizenkeimöl	Aus den Keimlingen der Weizenkörner; reich an Vitamin E.	Für Speise- und Salatöl.
Maiskeimöl	Aus den Keimlingen der Maiskörner; große Bedeutung in der Ernährung.	Für Speise- und Salatöl.

Bezeichnung	Gewinnung	Verwendung
Kürbiskernöl	Aus den gerösteten Kürbiskernen kaltgepresst; reich an Vitamin E.	Für Salatöl.
Olivenöl	Meist kaltgepresstes Öl aus den Früchten des Olivenbaumes.	Für Speise- und Salatöl.
Kokosfett	Aus Kopra, dem Fruchtfleisch der Kokosnuss.	Für Margarineherstellung, Siedefett.
Palmöl	Aus dem Fruchtfleisch der Ölpalme.	Für Back- und Bratfett, Margarineherstellung.
Palmkernfett	Aus den Kernen der Ölpalme.	Für Siedefett, Margarineherstellung.
Erdnussöl	Durch Pressen der Erdnüsse.	Für Speiseöl.
Erdnussfett	Gehärtetes Erdnussöl.	Für Brat- und Backfett.
Baumwollsaatöl	Aus den Samen der Baumwollsaat; reich an Vitamin E.	Für Brat- und Backfett, Margarineherstellung, Speiseöl.

5.3 Margarine

Zusammensetzung

Margarine ist wie Butter eine Emulsion von Wasser und Fett mit folgender Zusammensetzung:

Inhaltsstoffe	Prozent
Öle und Fette	80 %
Frischmilch (entrahmt, gesäuert) und Wasser	18 %
Trockensubstanz: Milcheiweiß, Milchzucker, Salz, Lecithin, Stärke, Carotin	2 %

Herstellung

Margarine besteht aus einem Fett- und einem Wasseranteil. Sie werden in getrennten Schritten zubereitet.

Fettphase

Sie besteht aus reinem Pflanzenöl, Hartfett, Lecithin, Carotin, fettlöslichen Vitaminen.

Milch/Wasser-Phase

Sie besteht aus Sauermilch, Wasser, Stärke, Zitronensäure.

Mischen

Fett- und Milch/Wasser-Phase werden durch Verrühren bei - 15 °C in einem geschlossenen Schnellkühlsystem zu einer Emulsion vermischt. Dabei werden kleinste Wassertröpfchen in die Fettphase eingebettet. Es entsteht Margarine. Sie wird unmittelbar nach dem Austritt aus dem Schnellkühler verpackt.

Handelsformen

Bezeichnung	Charakteristika	Verwendung
Milchmargarine	Enthält pflanzliche und tierische Fette, gesäuerte, entrahmte Milch und Wasser.	Zum Backen und Kochen.
Delikatessmargarine	Enthält rein pflanzliche Fette und gesäuerte, entrahmte Milch.	Als Brotaufstrich und zum Kochen.
Diätmargarine	Delikatessmargarine mit hohem Anteil an mehrfach ungesättigten Fettsäuren.	Als Brotaufstrich und zum Kochen.
Crememargarine	Delikatess- oder Milchmargarine, Spezialfett für den Konditor mit hohem Aufschlagvolumen.	Für Cremen.
Backmargarine	Delikatess- oder Milchmargarine; Spezialfett für den Konditor, das im Teig leicht mischbar ist und nicht ölig werden darf.	Für Mürbteige, Hefeteige usw.
Ziehmargarine	Delikatess- oder Milchmargarine; Spezialfett für den Konditor – ist ein besonders dehnbares Fett.	Für Blätter- und Plunderteige.

5.4 Siedefette

Das sind Fette, in denen Krapfen, Brandteigringe, Früchte in Backteig usw. schwimmend gebacken werden.

Arten

- Gehärtetes Erdnussfett
- Gehärtetes Kokosfett
- Ungehärtetes Palmkernfett
- Schweineschmalz: nur zum Backen von diversen Traditionsgebäcken

Eigenschaften

- Hoher Rauchpunkt: Der Rauchpunkt von Siedefetten sollte nicht unter 220 °C liegen.
- Hitzebeständigkeit: Siedefette sind sehr reine Fette, bei denen keine Veränderung von Geruch oder Geschmack durch Hitzeeinwirkung auftritt.
- Kein Wassergehalt: Der Fettanteil von Siedefetten beträgt 100 %. Sie dürfen kein Wasser enthalten, um Spritzen zu vermeiden.
- Neutraler Geschmack: Siedefette dringen beim Backen in die Gebäcke ein und würden sonst deren Geschmack verändern.

Behandlung

Siedefette werden in Konditoreien für mehrere verschiedene Backvorgänge verwendet. Eine sachgemäße Behandlung ist daher sehr wichtig, da sich damit die Haltbarkeit verlängert. Verdorbene Siedefette können zu Gesundheitsschäden führen! Ihre Verwendung ist verboten!

Regeln im Umgang mit Siedefetten

- Fett langsam schmelzen. Heizschlangen unbedingt bedeckt halten, sonst kann es zu Verbrennung bzw. Entflammung kommen.
- Fettgeräte sauber halten, insbesondere Heizschlangen von Verharzungen befreien.
- Siedefett abdecken. Licht, Luft, Wärme und Feuchtigkeit begünstigen die Oxidation und beschleunigen die Zersetzung.
- Verunreinigungen (zB Mehl, Marmelade und Zucker) durch regelmäßiges Filtern entfernen. Sie verbrennen und senken den Rauchpunkt.
- Siedefett nie über 190 °C erhitzen.

Merkmale von verdorbenen Siedefetten

- Starke Rauchbildung und die Augen beginnen zu brennen. Stechender, brennender Fettgeruch.
- Ranziger Nachgeschmack.
- Kleinblasiges, anhaltendes Schäumen des Fettes.
- Absetzen dunkler, zäh zusammenhängender Rückstände.
- Dunkle Verfärbung des Fettes.

Der Zustand von Siedefetten kann durch eine Fettprüfung gemessen werden. Mithilfe von speziellen Messverfahren wird die Verwendbarkeit oder Verdorbenheit angezeigt.

5.5 Kakaobutter

Sie wird durch Auspressen der gerösteten, vermahlenen Kakaobohne gewonnen. Die Kakaobutter ist ein sehr hochwertiges Fett. Sie findet nicht nur im Konditoreibereich, sondern auch in Arzneimitteln und Kosmetikprodukten Verwendung (siehe auch Kap. II / 9.3 Kakaobutter).

5.6 Trennfette

Diese Fette werden auf Backunterlagen aufgetragen, um ein Anhaften des Backgutes beim Backprozess zu verhindern. Trennfette sollen entsprechend der Backhitze und Lagerdauer der Produkte, für die sie verwendet werden, gewählt werden.

Gehärtete Pflanzenfette

Sie sind sehr hitzebeständig und werden zum Befetten von Blechen und Formen verwendet, vor allem für Produkte ohne längere Lagerung wie Putitzen, Sandkuchen usw.

Butter

Sie eignet sich als Trennfett nur für Backwaren, die einer geringen Hitze ausgesetzt sind, zB pochierte Puddinge, gestockte Cremen.

Wachse

Zum Auftragen auf Bleche und als Beschichtung für Backtrennpapier. Wachse haben den Vorteil, dass sie nicht ranzig werden, deshalb sind sie als Trennfett für Dauerwaren geeignet.

Bienenwachs

Das feine Aroma von Bienenwachs eignet sich sehr gut für Lebkuchengebäcke. Ein weiterer Vorteil ist auch die lange Haltbarkeit.

5.7 Eigenschaften von Fetten

Luftaufnahmevermögen

Beim Schaumigrühren von Fett (für schwere Massen) wird Luft aufgenommen und von den Fett-Teilchen gehalten. Diese Fähigkeit wird auch beim Schlagen von Obers ausgenützt. Zum Schaumigrühren muss das Fett weich sein (Raumtemperatur), um optimal Luft aufnehmen zu können. So ergibt sich ein großes Volumen für Gebäcke. Fett kann jedoch das Luftaufnahmevermögen von Eiern, vor allem Eiklar, stark beeinträchtigen bzw. verhindern.

Frischhaltevermögen

Durch den Fettanteil trocknen Gebäcke nicht so rasch aus, sie bleiben länger weich bzw. saftig (zB Biskuitmasse im Vergleich zu schwerer Sandmasse).

Geschmacksstoffträger

Die Verwendung von Fett bewirkt, dass die Geschmacksstoffe anderer Rohstoffe besser zur Geltung kommen.

Geschmeidigkeit

- Geringe Fettmengen machen Teige geschmeidiger, zB Hefeteig.
- Hohe Fettmengen behindern die Kleberquellung – der Teig wird zäher (zB Mürbteig wird kurz).

Gärhemmende Wirkung

Fett umschließt die Hefezelle und behindert so das Eindringen von Nährstoffen. Dies kann gärhemmend wirken.

Rauchpunkt

Wasserhaltige Fette verlieren beim Erhitzen ihre Form als Emulsion – flüssige Fett-Teilchen und Wasser trennen sich. Das Wasser verdampft (Spritzen). Das verbleibende Fett verfärbt sich bei weiterer Erhitzung braun und beginnt zu rauchen. Reine Fette können auf Temperaturen weit über 100 °C erhitzt werden. Sie können nicht sieden, sie erreichen jedoch den Rauchpunkt, dh. dass chemische Veränderungen durch Hitzeeinwirkung auftreten (siehe Kap. I / 5.2 Arten von Fetten).

- Der Rauchpunkt ist bei verschiedenen Fetten sehr unterschiedlich.
- Je höher der Rauchpunkt, desto eher ist ein Fett als Siedefett geeignet.
- Der Rauchpunkt sinkt mit wiederholtem Erhitzungsprozess.
- Wann der Rauchpunkt erreicht ist, ist auch am stechenden, beißenden Geruch von erhitztem Fett zu erkennen.

5.8 Lagerung von Fetten

- Immer kühl, dunkel und trocken aufbewahren, um bakteriologische und enzymatische Veränderungen zu verhindern.
- Mit Verpackung aufbewahren, damit die Fette so vor dem Austrocknen geschützt werden (Folie).

Zusammenfassung: Speisefette

Sie werden in der Konditorei als Rohstoff, Siedefett und Trennmittel verwendet.

Butter

Süßrahm- und Sauerrahmbutter sind tierische Fette. Butter wird aus der Rohmilch gewonnen (siehe Kap. II / 4.4 Butter).

Pflanzenöle

Sie haben einen hohen Anteil an ungesättigten Fettsäuren und sind deshalb biologisch hochwertig. Sie werden aus Sojabohnen, Sonnenblumenkernen, Rapssamen, Kopra, Maiskeimen, Oliven usw. gewonnen.

Gewinnung

- Auspressen
- Extrahieren
- Raffinieren
- Härten

Margarine

Herstellung

Margarine besteht aus einem Fett- und einem Wasseranteil.

- Fettphase
- Milch/Wasser-Phase
- Mischen der Phasen zu einer Emulsion

Im Handel werden Milch-, Delikatess-, Diät-, Creme-, Back- und Ziehmargarine angeboten.

Siedefette

Es werden raffinierte und gehärtete Pflanzenöle zum Backen von Fettgebäcken verwendet.

Eigenschaften
- hoher Rauchpunkt
- hitzebeständig und geschmacksneutral
- reine Fette (wasserfrei)

Kakaobutter

Sie ist ein hochwertiges Fett im Konditoreibereich, das aus Kakaobohnen gewonnen wird (siehe Kap. II / 9.3 Kakaobutter).

Trennfette

Sie werden auf Backunterlagen aufgetragen, um ein Anhaften des Backgutes beim Backen zu verhindern.

Arten
- Gehärtete Pflanzenfette
- Butter
- Wachse
- Bienenwachs

Eigenschaften von Fetten

- Luftaufnahmevermögen
- Frischhaltevermögen
- Geschmacksstoffträger
- Rauchpunkt
- Geschmeidigkeit
- Gärhemmende Wirkung

Konditoreifette sollen kühl, dunkel, trocken und verpackt gelagert werden.

Fragen und Arbeitsaufgaben

1. Zählen Sie einige wichtige Konditoreifette auf!
2. Beschreiben Sie die Gewinnung von Pflanzenölen!
3. Zu welchem Zweck erfolgt die Fetthärtung?
4. Welche Möglichkeiten zur Fetthärtung kennen Sie?
5. Woraus setzt sich Margarine zusammen?
6. Beschreiben Sie das Herstellungsverfahren von Margarine!
7. Welche Spezialmargarinen werden in der Konditorei verwendet?
8. Nennen Sie einige wichtige Eigenschaften von Siedefetten!
9. Beschreiben Sie die Bedeutung von Trennfetten in der Konditorei!
10. Beschreiben Sie die Eigenschaften von Fetten!
11. Was versteht man unter dem Rauchpunkt und wie kann er verändert werden?
12. Wie sollen Fette gelagert werden?

6 OBST

Obst hat durch seinen hohen Vitamin-, Mineral- und Ballaststoffgehalt große Bedeutung für die Ernährung. Früchte sind besonders geschmackstoffreich und von ansprechendem Aussehen.
Für Konditoreiprodukte bedeutet die Verwendung von Früchten eine unerschöpfliche Vielfalt an kreativen Möglichkeiten sowohl im geschmacklichen als auch im dekorativen Bereich.

Herkunft

Regional

- **Einheimische Früchte** gedeihen in Mitteleuropa und in Gebieten mit ähnlichen Klimabedingungen.
- **Südfrüchte** wachsen im Mittelmeerraum, in tropischen und subtropischen Klimazonen.

Botanisch

- **Kernobst:** Im Inneren dieser Früchte befindet sich ein Kerngehäuse, in dem die Samen eingebettet sind (zB Äpfel, Birnen, Quitten).
- **Steinobst:** Das sind Früchte mit saftigem Fruchtfleisch und einem harten Kern im Inneren, der den Samen umschließt (zB Kirschen, Pfirsiche, Mangos, Avocados).
- **Beerenobst:** Beeren sind saftige kleine Früchte, deren Samen im Fruchtfleisch eingebettet sind (zB Erdbeeren, Heidelbeeren, Weintrauben, Stachelbeeren).
- **Schalenobst:** Das sind fettreiche Samen, deren Kern von einer harten Schale umgeben ist (zB Walnüsse, Mandeln, Haselnüsse, Paranüsse).

Zusammensetzung

Inhaltsstoffe	Fruchtobst	Schalenobst
Kohlenhydrate (Trauben- und Fruchtzucker, Pektin, Stärke)	5 bis 20 %	8 bis 20 %
Fett	unter 0,5 %	45 bis 65 %
Eiweiß	0,2 bis 1,3 % (Wildfrüchte bis zu 3,6 %)	12 bis 25 %
Wasser	75 bis 90 %	5 bis 8 %

Inhaltsstoffe	Fruchtobst	Schalenobst
Mineralstoffe (Natrium, Kalium, Calcium, Magnesium, Phosphor, Eisen)	bis 1 %	1 bis 3 %
Vitamine (Carotin, Vitamin A, B_1, B_2, C)	bis 0,01 %	bis 0,01 %
Fruchtsäure	0,5 bis 2 % (Zitronen bis 8 % Zitronensäure)	–
Ätherische Öle, Enzyme	in Spuren	in Spuren
Cellulose	1 bis 40 %	3 bis 5 %
Energiegehalt (pro 100 g)	energiearm, 80–250 kJ	energiereich, bis 3000 kJ

6.1 Kernobst

Äpfel

Sie sind das am meisten verwendete Obst in Küche und Konditorei. Sie haben eine vitaminreiche Schale und ein festes, saftiges Fruchtfleisch. Äpfel sind sehr pektinreich und enthalten relativ viel Fruchtsäure.

Die Haltbarkeit von Äpfeln hängt von der Sorte und den Lagerbedingungen ab. Häufig werden sie vor der Genussreife gepflückt und müssen einige Wochen nachreifen. Die Apfelernte erstreckt sich von Ende September bis Ende Oktober. Manche Sorten können bis in den Frühling des Folgejahres gelagert werden.

Sorten: Es gibt über 1000 verschiedene Sorten.

- Tafeläpfel: Granny Smith, McIntosh, Golden Delicious, Gloster, Idared usw.
- Wirtschaftsäpfel: Ontario, Maschansker, Lederapfel usw.

Anbaugebiete: gemäßigte Klimazonen Europas, Nord- und Südamerikas, Afrikas.

Verwendung:

- Äpfel werden gegart und roh verarbeitet.
- Geschälte, rohe Apfelstücke immer mit Zitronensaft beträufeln (sonst Braunverfärbung).
- In Stücke geschnitten können Äpfel tiefgekühlt werden (für Füllungen).
- Für Apfelstrudel, Apfelkuchen, Apfelmus, Kompott, Gelee, Apfelsaft.

Birnen

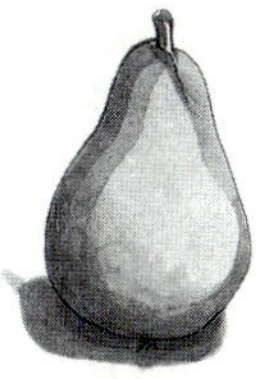

Reife Birnen haben ein weiches, saftiges Fruchtfleisch und einen geringen Säuregehalt. Sie werden vor der Reife geerntet und benötigen eine Nachreifezeit während der Lagerung. Reife Birnen sind leicht verderblich und müssen sofort verarbeitet werden.

Sorten: Williams Christbirne, Butterbirne, Gute Luise, Alexander Lucas usw.

Anbaugebiete: gemäßigte Klimazonen Europas, Nord- und Südamerikas, Afrikas.

Verwendung:

- Birnen sollten nicht tiefgekühlt werden.
- Blanchiert für Kompottfrüchte, Füllungen, in der Patisserie.

Quitten

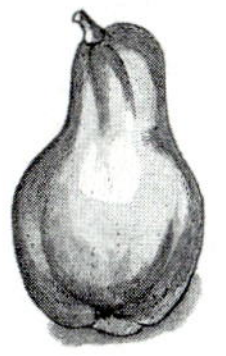

Das sind harte, im Rohzustand ungenießbare Früchte. Sie haben eine apfel- bzw. birnenförmige Gestalt.

Sorten: Apfelquitten, Birnenquitten.

Anbaugebiete: Ursprünglich Japan, heute wachsen sie auch in Europa und Amerika.

Verwendung:

- Für Quittenkäse, Gelee, Kompott, Konfitüre, Likör.

6.2 Steinobst

Kirschen

Sie haben ein saftiges Fruchtfleisch. Ihre Farbe reicht von hell- bis dunkelrot.

Sorten: Süßkirschen (Herzkirschen, Maikirschen) und Sauerkirschen (Weichseln).

Anbaugebiete: vorwiegend in Mitteleuropa.

Verwendung:

- Kirschen können ohne Kerne tiefgekühlt werden.
- Roh für Speiseeis und Bonbons (zB Likörweichseln), zum Mitbacken für Kirschenkuchen und -strudel.
- Dickgezogen als Belegkirschen.
- Geschmacksgeber für Cremen, Füllungen (Schwarzwälder Kirschtorte).

Marillen (Aprikosen)

Die in Mittel- und Südeuropa beheimatete Marille ist von zartoranger Farbe (hoher Carotingehalt) und süßem Geschmack. Nicht vollreife Marillen schmecken leicht mehlig.

Sorten: Wachauer, Klosterneuburger, Kremser Marillen; Mandel-, Pfirsichaprikosen.

Anbaugebiete: Das bekannteste von ihnen ist in Österreich die Wachau (NÖ) mit ihrem milden Klima. Marillen sind sehr frostempfindlich.

Verwendung:

- Marillen eignen sich ohne Kerne zum Einfrieren.
- Für Obstkuchen und -strudel, Kompott, Konfitüre, Rohkost (als Dörrfrüchte), Marillenbrand, Speiseeis, Persipanherstellung (Kerne).

Pfirsiche

Sie haben eine behaarte Schale und ein saftiges, süßes Fruchtfleisch. Bei manchen Sorten löst sich das weiße, gelbe oder orange Fruchtfleisch schwer, bei anderen leicht vom Kern.

Sorten: Mayflower (früher Alexander), South Heaven.

Nektarinen: Sie besitzen eine glatte Schale und ein sich vom Kern lösendes gelbes Fruchtfleisch.

Anbaugebiete: alle gemäßigten Klimazonen der Erde.

Verwendung:

- Für Speiseeis, Kompott, Konfitüre, Belegfrüchte.
- Zur Persipanherstellung und Gewinnung von Bittermandelöl (Kerne).

Zwetschken

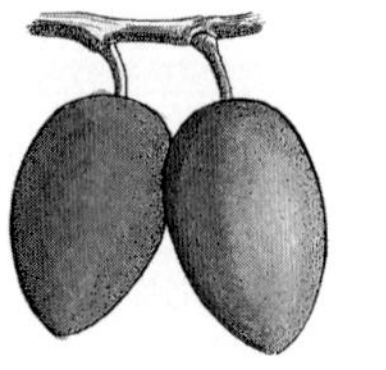

Ihre Haut ist rötlich bis blau. Das Fruchtfleisch ist sehr saftig, süß und von grüngelber Farbe.

Sorten: Hauszwetschken, Mirabellen, Ringlotten (Reineclauden).

Anbaugebiete: Mittel- und Südeuropa.

Verwendung:

- Zwetschken können ohne Kern tiefgekühlt werden.
- Für Kuchen, Strudel, Speiseeis, Kompott (Zwetschkenröster), Füllungen.
- Für Rohkost (Dörrpflaumen), Branntwein (Sliwowitz).

6.3 Beerenobst

Erdbeeren

Sie haben ein hell- bis dunkelrotes Fruchtfleisch und sind in reifem Zustand sehr saftig (bis zu 90 % Wasser) und aromatisch. Ihre Größe hängt von der Sorte ab.

Sorten: Gartenerdbeeren (große hellrote Beeren), Walderdbeeren (kleine, wild wachsende, aromatische Früchte), Monatserdbeeren (klein, dunkelrot, helles bis weißes Fruchtfleisch).

Anbaugebiete: Nord-, Mittel- und Südeuropa, Vorderasien und USA.

Verwendung:

- Als Belegfrüchte, für Konfitüren, Desserts, Fruchtsäfte und zum Abschmecken (Erdbeermark).
- Bei tiefgekühlten oder erhitzten Erdbeeren kommt das Aroma besser zur Geltung.
- Walderdbeeren eignen sich nicht zum Tiefkühlen.

Himbeeren

Die Himbeere setzt sich aus vielen kleinen Beeren zusammen, die eine Frucht bilden. Das Fruchtfleisch ist dunkelrot, sehr saftig und aromatisch.

Sorten: Waldhimbeeren (klein, sehr aromatisch, wild wachsend), Gartenhimbeeren (groß, gelbes oder rotes Fruchtfleisch).

Anbaugebiete: alle gemäßigten Klimazonen der Erde.

Verwendung:

- Sie können tiefgekühlt werden.
- Als Belegfrüchte, für Speiseeis, Konfitüre, Fruchtsirup, zum Abschmecken als Mark.

Ribiseln (Johannisbeeren)

Diese kleinen Früchte wachsen traubenähnlich an Reben. Sie sind sehr reich an Vitamin C und an Pektin.

Sorten: weiße, rote und schwarze Ribiseln.

Anbaugebiete: alle gemäßigten Klimazonen der Erde.

Verwendung:

- Rote Ribiseln eignen sich gut zum Tiefkühlen.
- Für Konfitüre, Fruchtsirup und als Belegfrüchte (Ribiselschnitten).

Heidelbeeren

Das sind schwarzblaue kleine Früchte mit hohem Vitamin-C-Gehalt. Sie wachsen in Waldgebieten und gebirgigem Gelände bis in große Höhen.

Sorten: Waldheidelbeeren (klein, sehr aromatisch), Kulturheidelbeeren (größer, mit hellem Fruchtfleisch).

Anbaugebiet: Mitteleuropa.

Verwendung:
- Heidelbeeren können tiefgekühlt werden.
- Als Belegfrüchte, für Speiseeis, Konfitüren, Desserts.

Brombeeren

Die schwarzblauen Früchte bestehen wie die Himbeeren aus vielen kleinen Beeren. Sie sind reich an Vitamin C. Nur vollreife Früchte sind zum Verzehr geeignet.

Sorten: wilde Brombeeren, Kulturbrombeeren.

Loganbeeren: Kreuzung aus Himbeeren und Brombeeren.

Anbaugebiete: Europa und Amerika.

Verwendung:
- Sie eignen sich zum Tiefkühlen.
- Als Belegfrüchte, für Fruchtsirupe, Konfitüren, Fruchtsalate, Speiseeis, Desserts, Liköre.

Holunderbeeren (Holler)

Holunderbeeren sind kugelig, schwarzrot und reich an Vitaminen und Mineralstoffen. Sie wachsen doldenförmig angeordnet auf dem Holunderstrauch.

Anbaugebiete: aus Eurasien, heute wild wachsend in ganz Mitteleuropa.

Verwendung:
- Blüten werden für Tee, zum Backen in Backteig und für Fruchtsirup verwendet.
- Beeren können zu Fruchtsirup, Hollerröster und Likör verarbeitet werden.

Weintrauben

Die Weinrebe gehört zu den ältesten Kulturpflanzen der Welt. Die Weinbeere ist eine saftige, dünnschalige, manchmal kernlose Frucht. Viele Beeren bilden eine Traube.

Sorten: Die Vielfalt der Traubensorten ist unerschöpflich, zB Tafeltrauben (Regina, Marsala), Keltertrauben (für die Weinherstellung: Traminer, Müller-Thurgau, Zweigelt usw.).

Rosinen: getrocknete Weinbeeren aus kernreichen Sorten.

Sultaninen: getrocknete, kernlose Weintrauben aus der Türkei und aus Kalifornien.

Korinthen: kleine, getrocknete blaue Weinbeeren.

Anbaugebiete: Wachau, Südsteiermark, Burgenland, Italien, Spanien, Frankreich, Kalifornien.

Verwendung:
- Sie eignen sich nicht zum Tiefgefrieren.
- Als Frischfrüchte zum Belegen, Garnieren, zur Herstellung von Fruchtsaft.
- Getrocknet für Füllungen, Speiseeis, Rohkost. (Sie sind meist geschwefelt. Getrocknete Weinbeeren, die nicht erhitzt werden, müssen ungeschwefelt sein. Vor der Verwendung waschen und aussuchen.)

Stachelbeeren

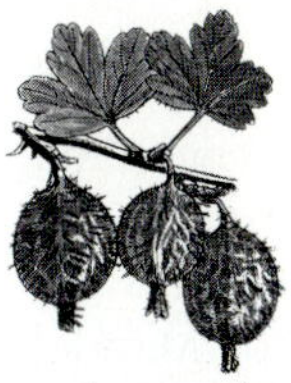

Sie sind sehr saftige Früchte, die ihren höchsten Zuckergehalt in vollreifem Zustand erreichen. Sie sind reich an Vitamin C.

Sorten: rote, gelbe und grüne Stachelbeeren.

Anbaugebiete: ursprünglich vom Westhimalaja bzw. aus Südeuropa, heute in allen gemäßigten Klimazonen der Erde.

Verwendung:
- Sie eignen sich nicht zum Tiefkühlen.
- Für Konfitüre, Gelee und Kompott.

Preiselbeeren

Sie sind fest und haben einen herbsäuerlichen Geschmack.

Anbaugebiete: in allen gemäßigten Klimazonen der Erde, im Gebirge in sonnigen Lagen.

Sorten: wilde Preiselbeeren, Kulturpreiselbeeren (haselnussgroß, meist aus den USA).

Verwendung:
- Zum Tiefkühlen geeignet.
- Für Konfitüre, Kompott, Gelee und Likör.

6.4 Schalenobst

Haselnüsse

Die rundlichen oder ovalen Nüsse haben einen weißlichen Kern. Er ist von einer braunen Samenhaut umgeben, die sich bei gerösteten Kernen leicht entfernen lässt.

Sorten: türkische Haselnüsse (Kerasunder), neapolitanische Haselnüsse.

Anbaugebiete: Mittel- und Südeuropa, Kalifornien.

Verwendung:
- Sie werden für Konditoreiprodukte meist geröstet.
- Für Teige, Massen, Füllungen, Speiseeis, Nougat, Krokant und als Dekormittel.

Walnüsse

Die weißen Walnusskerne sind von einer dünnen Samenhaut umgeben, die sich nur bei frischen Kernen entfernen lässt. Geschälte Walnusskerne werden schnell ranzig.

Sorten: Papiernüsse (groß, dünnschalig), Pekanüsse (länglich), Steinnüsse (klein, mit harter Schale).

Anbaugebiete: in allen gemäßigten Klimazonen der Erde, Südfrankreich, Kalifornien.

Verwendung:
- Unreife Walnüsse: kandiert (Schwarze Nüsse), Herstellung von Likör.
- Reife Nüsse: als Dekor (Lebkuchen), für Teige, Massen, Füllungen, Nougat.

Mandeln

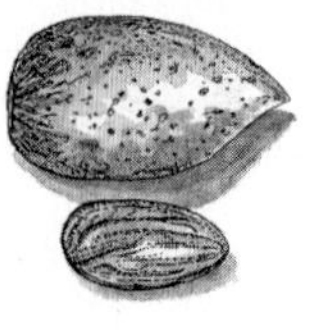

Der Mandelbaum trägt pfirsichähnliche Früchte, deren Kerne von einer steinharten Schale umgeben sind. Der aus zwei Hälften bestehende Mandelkern ist weiß, länglich und von „kernigem" Biss. Er enthält das wertvolle Mandelöl.

Sorten: süße Mandeln (Barimandel, Valencia), Bittermandeln (bitterer Geschmack).
Anbaugebiete: Mittelmeerländer, Kalifornien.
Verwendung:
- Ganze Kerne werden geschält und ungeschält angeboten sowie gestiftelt, gehobelt oder gerieben.
- Schälen durch Blanchieren der Kerne und anschließendes Abziehen der braunen Samenhaut, zum Halbieren mehrere Tage in kaltem Wasser (täglich wechseln) einweichen.
- Für Dekor (Belegen von Lebkuchen, Einstreuen von Torten) oder als Kuchenfrüchte, für Füllungen, Bonbons.
- Zur Herstellung von Krokant, Mandelnougat und vor allem Marzipanrohmasse.
- Entbitterte Bittermandeln zur Herstellung von Marzipanrohmasse und Mandelöl.

Pistazien

Die zweigeteilten Kerne haben eine grüne Farbe, eine rötlich braune Samenhaut und eine graubraune, dünne Schale, die beim Rösten aufspringt. Sie haben einen süßlichen, mandelähnlichen Geschmack. Pistazien sind sehr teuer.

Anbaugebiet: Mittelmeerländer.
Verwendung:
- Geschälte und halbierte Kerne als Dekor (Bonbons).
- Gerieben als Geschmacksgeber und Färbemittel für Speiseeis, Bonbonfüllungen, Cremen.
- In der Schale geröstet und gesalzen als Knabberei.

Pinienkerne (Pignolien)

In den Schuppen der Pinienzapfen reifen jeweils zwei längliche Samenkerne, die von einer Steinschale und einer Samenhaut umgeben sind.
Anbaugebiete: Mittelmeerländer, China.
Verwendung:
- Für Pignoliengebäck aus Makronenmassen, als Dekor und Kuchenfrüchte.

Erdnüsse

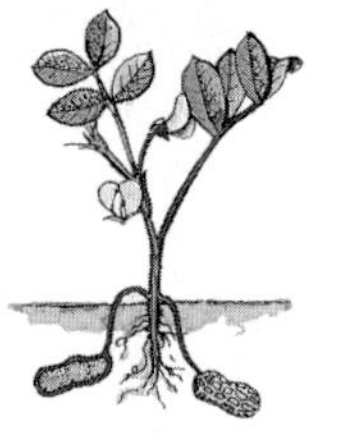

Sie gehören zu den Ölfrüchten. Der Blütenstiel der Erdnusspflanze bohrt sich in die Erde, wo die Fruchtknollen, die Erdnüsse, heranreifen.
Anbaugebiete: tropische und subtropische Gebiete Indiens, Afrikas und Amerikas.
Verwendung:
- Als Nussersatz, zur Herstellung von Negerbrot.
- Zur industriellen Fettgewinnung (Erdnussöl, Erdnussbutter) und als Knabberei (geröstet, gesalzen).

Maronen (Edelkastanien)

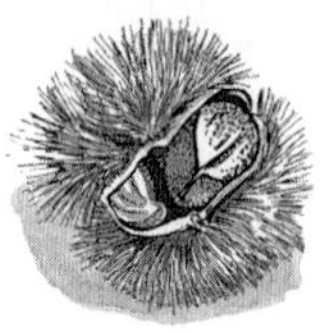

Das sind hellbraune, kastanienähnliche Früchte, die von einer Samenhaut, einer weichen, dunkelbraunen Schale und einem grünen, außen stacheligen Fruchtfleisch umgeben sind. Im Rohzustand sind sie ungenießbar, sie müssen vor der Verarbeitung gekocht oder gebraten werden.

Anbaugebiet: Mittelmeerländer.
Verwendung:
- Gebraten zum sofortigen Verzehr.
- Als Püree (gekochte Maronen mit Zucker) zum Abschmecken von Cremen und Füllungen oder als Dessert.

Cashewnüsse

Das sind sichelförmig gebogene, zweigeteilte Kerne. Das Fruchtfleisch ist weiß und zart.

Anbaugebiete: Indien, Ostafrika und Brasilien.
Verwendung:
- Anstelle von Nüssen und Mandeln
- Für Rohkostmischungen („Studentenfutter").

Paranüsse (Brasilnüsse)

Das sind große Nüsse mit einer dreikantigen, steinharten Schale.
Anbaugebiet: Brasilien.
Verwendung:
- Anstelle von Nüssen und Mandeln
- Für Rohkostmischungen („Studentenfutter").

Kokosnüsse

Die Frucht der Kokospalme zählt zu den Ölfrüchten. Aus ihr wird Kokosöl gewonnen. Das weiße, fasrige Fruchtfleisch bildet einen Hohlraum, der mit Kokosmilch gefüllt ist. Sie dient in den Ursprungsländern als Erfrischungsgetränk. Die steinharte, dünne Schale wird von einer fasrigen Schicht umgeben, die jedoch vor dem Export entfernt wird.

Anbaugebiete: in allen tropischen Zonen der Erde.
Verwendung:
- Kokosfett ist Bestandteil gehärteter Fette und von

Fettglasuren.
- Kokosraspeln (geraspeltes, getrocknetes Fleisch der Kokosnuss) als Dekormittel und Geschmacksträger (Kokosbusserl).

6.5 SÜDFRÜCHTE

Zitrusfrüchte (Agrumen)

Die orangen, gelben oder grünen Früchte wachsen auf Bäumen. Sie haben eine porige, bitter schmeckende Schale, die viele Geschmacks- und Aromastoffe enthält und, sofern unbehandelt, verwertet wird (Orangeat und Zitronat). Im Inneren sind die Früchte spaltenförmig aufgebaut. Jede Spalte ist von einer dünnen Haut umgeben. Zitrusfrüchte enthalten viele verschiedene Fruchtsäuren. Sie eignen sich nicht zum Tiefkühlen, da sie sehr bitter werden.
Anbaugebiete: Mittelmeerländer, Florida, Kalifornien, Südafrika.

Sorten und Verwendung:
Orangen (Apfelsinen) haben oranges Fruchtfleisch.
Blutorangen sind innen rötlich bis dunkelrot.

- Zur Saftgewinnung, als Belegfrüchte, für Speiseeis und Marmelade.
- Für Dickzuckerfrüchte (Rohkost, Kuchenfrüchte).
- In der Patisserie: filetierte Orangen.

Mandarinen sind kleinere Früchte, deren Spalten sich leicht von der Schale lösen.

- Als Belegfrüchte (abgehäutete Spalten in Dosen).

Grapefruits sind große, meist bittere Früchte mit gelbem oder rosarotem Fruchtfleisch.

- Zum Rohgenuss und für die Saftgewinnung.

Kumquats sind Zwergorangen aus Japan, die mit der Schale verzehrt werden können.

- Zu Dekorzwecken und als Cocktailfrüchte.

Zitronen sind längliche, saure Früchte mit gelbem Fruchtfleisch (Zitronensäuregehalt bis 8 %). **Zedratzitronen** haben eine sehr dicke, grüngelbe Schale, sie wird dickgezogen (Zitronat).

- Zum Rohgenuss ungeeignet.
- Schale und Saft zum Würzen und für Dekorzwecke (Zitronenscheiben).
- Zitronat für Kuchenfrüchte und Füllungen.

Limetten sind grüne Früchte mit milderem Geschmack als Zitronen.

- Für Dekorzwecke (Zesten) und als Geschmacksstoff (Limettenschaum).

Bananen

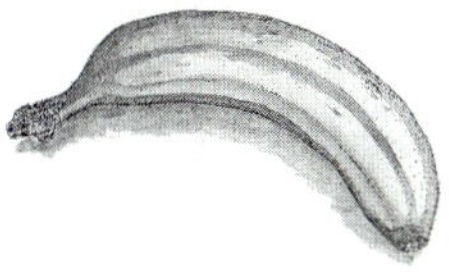

Die Banane gehört zu den ältesten bekannten Kulturfrüchten. Sie wächst auf Stauden. Bananen sind aromatische, weiche Früchte mit weißem Fruchtfleisch und einer gelben Schale. Sie haben einen hohen Anteil an Kohlenhydraten. Nach Europa gelangen meist unreif geerntete Früchte, die in speziellen Reifungsanlagen nachreifen. Überlagerte Bananen schmecken mehlig.
Anbaugebiete: in allen Tropengebieten der Erde.
Verwendung:
- Bananen können nicht tiefgekühlt werden (Braunfärbung).
- Frische Bananen als Belegfrüchte, für Speiseeis, Cremen und Fruchtsalate.
- Getrocknete, blättrig geschnittene Bananen für Rohkostmischungen.

Ananas

Sie bestehen aus vielen kleinen Beerenfrüchten, die zu einer großen Frucht verwachsen sind. Von jeder einzelnen Beere ist außen nur noch der feste, grünlich gelbe Schuppenteil zu sehen. Das Fruchtfleisch umschließt einen Strunk, der ungenießbar ist und entfernt werden muss. Das Fruchtfleisch ist gelb, fasrig, sehr saftig und schmeckt süß säuerlich.
Anbaugebiete: in allen Tropengebieten der Erde.
Verwendung:
- Ananas sind nicht tiefkühlgeeignet.
- Sie werden frisch, in Dosen und getrocknet angeboten.
- Als Belegfrüchte für Obstsalate, Speiseeis und zum Dickziehen.
- Sie enthalten einen Stoff, der das Erstarren von Gelatine verhindert (Abhilfe: Erhitzen auf 40 °C).

Melonen

Die großen grünen, orangen oder gelben Früchte sind Beerenfrüchte. Das Fruchtfleisch geht in eine ca. 1 cm dicke Schale über und umschließt eine Vielzahl von kleinen dunkelbraunen bzw. weißen Kernen.
Sorten: Honigmelonen (gelblich grünes Fruchtfleisch, das honigartig schmeckt), Zuckermelonen (gelbes

bis orangefarbenes Fruchtfleisch, bis zu 4 kg schwer), Wassermelonen (glatte grüne Schale, rotes, sehr saftiges Fruchtfleisch, bis 15 kg schwer).

Anbaugebiet: Mittelmeerländer.

Verwendung:

- Sie können nicht tiefgekühlt werden.
- Für Fruchtsalate, zum Rohgenuss und dickgezogen als Kuchenfrüchte.

Kiwis

Kiwis sind ovale Früchte mit grün brauner, behaarter Schale und einem grünen Fruchtfleisch, in das viele kleine schwarze Kerne eingebettet sind. Sie sind äußerst reich an Vitamin C und schmecken säuerlich.

Anbaugebiete: Neuseeland, China, Australien, Österreich, Mittelmeerraum.

Verwendung:

- Kiwis sind nicht geeignet zum Absteifen mit Gelatine.
- Roh und geschält als Dekorfrüchte, für Speiseeis, Fruchtsalate.

Feigen

Die runden, an einem Ende spitz zulaufenden Früchte haben eine hellgrüne bis violette Schale. Das rötliche Fruchtfleisch enthält viele kleine Samenkerne. Feigen werden bis zu dreimal im Jahr geerntet.

Anbaugebiete: Kleinasien, Mittelmeerländer, Nord- und Südamerika sowie Westafrika.

Verwendung:

- Frische Feigen für Dekorzwecke in der Patisserie.
- Getrocknete Feigen für Rohkost, Früchtebrot, Zwetschkenkrampusse, Fruchtfüllungen.

Datteln

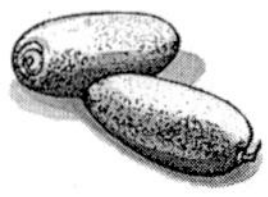

Das sind Beerenfrüchte mit einem harten Kern. Sie wachsen auf langen Rispen inmitten der Baumkrone.

Anbaugebiete: Mittelmeerländer, Kalifornien.

Verwendung: wie Feigen.

Maracujas (Passionsfrüchte)

Die etwa apfelgroßen Früchte sind gelb bis rötlich orange. In ihrem Inneren befinden sich viele kleine Kerne, die in eine geleeartige, saftige Masse eingebettet sind. Sie haben einen sehr charakteristischen Geschmack.

Anbaugebiete: tropische Gebiete.

Verwendung:

- Zur Dekoration von Desserts und zur Saft- und Konzentratgewinnung.

Mangos

Die ovale, etwa zehn Zentimeter lange, abgeflachte Mango ist die Steinfrucht des Mangobaumes. Die ledrige Schale ist gelb oder rot. Das gelbe Fruchtfleisch löst sich sehr schwer vom Kern. Mangofrüchte haben einen süßen, sehr charakteristischen Geruch und Geschmack. Sie sind in vollreifem Zustand schlecht lagerfähig und werden deshalb zum Export vor der Reife geerntet.

Anbaugebiete: tropische Gebiete.

Verwendung:

- Für Fruchtsalate, Fruchtmark, Speiseeis und als Dekor von Desserts.

Karambolen

Die Karambole, auch Sternfrucht, ist etwa zwölf Zentimeter lang, dunkelgelb und hat ein durchscheinendes Fruchtfleisch.

Anbaugebiete: tropische Gebiete, Brasilien.

Verwendung:

- Zum Dekorieren von Desserts und für Fruchtsalate.

Litschis

Sie haben eine dünne, spröde und rötliche Schale. Das Fruchtfleisch ist weiß und hat einen süßen Geruch und Geschmack. Es umschließt einen harten, länglichen Kern.

Anbaugebiete: China und subtropische Gebiete.

Verwendung:

- Für Fruchtsalate, Kompotte und zum Garnieren von Desserts.

Behandlung von Obst

- Obst verleiht Konditoreiwaren ein besonders ansprechendes Aussehen. Man kann die verschiedensten Früchte kombinieren.
- Belegfrüchte müssen immer mit Gelee überzogen werden, um ihr frisches Aussehen über mehrere Stunden zu erhalten. Es können auch tiefgekühlte Früchte, wenn sie rasch geliert werden, als Belegfrüchte dienen.
- Einheimisches Frischobst sollte immer saisongemäß verarbeitet werden (Erdbeer-, Marillenzeit). Fallen saisonmäßig zu viele Früchte an, so können sie durch verschiedene Methoden zu Obsterzeugnissen weiterverarbeitet (siehe Kap. IV / 14 Obstverarbeitung) oder tiefgekühlt werden.
- Die meisten Vitamine in Früchten befinden sich in und unter der Schale. Deshalb sollten sie möglichst dünn oder gar nicht geschält werden.

- Früchte sollten sehr kurz gegart werden, da Vitamin C durch Hitze zerstört wird. Wenn möglich sollten sie frisch und roh verarbeitet werden.

- Obst, das nicht geschält wird, muss vor der Verwendung gründlich gewaschen werden, um Schmutz und Spritzmittel weitestgehend zu entfernen.

Einkauf von Obst

- Die meisten Obstsorten werden in unreifem Zustand geerntet. Beim Einkauf muss man darauf achten, dass die Früchte nicht zu hart, grün, geschmacklos usw., aber auch noch nicht vollständig ausgereift sind.

- Früchte, die lange vor der eigentlichen Saison auf den Markt kommen oder einen sehr langen Anlieferungsweg haben, sind meist geschmacklich nicht sehr intensiv, auch wenn sie in Farbe und Festigkeit reif wirken.

- Zur Erntezeit ist einheimisches Obst am billigsten. Deshalb sollte es zu dieser Zeit gekauft werden, wenn man sich einen Vorrat anlegen will.

- Schalenfrüchte beim Einkauf genau prüfen. Oft werden Schädlinge (Motten) schon mitgeliefert.

Lagerung von Obst

- Angefaulte Früchte müssen sofort entfernt werden. Sie dürfen auch nicht mit anderen Früchten gemeinsam gelagert werden, da Fäulniserreger auf diese übergreifen.

- Kernobst, vor allem Äpfel, ist gut lagerfähig und kann bis zu vier Monate in kühlen, lichtgeschützten, luftigen Räumen aufbewahrt werden.

- Stein- und Beerenobst ist durch den hohen Wassergehalt leicht verderblich und kann nur wenige Tage aufbewahrt werden.
  Es eignet sich jedoch gut zum Tiefkühlen. Die Früchte müssen zum Einfrieren flach ausgebreitet und schockgefrostet werden. Erst in gefrorenem Zustand können sie in Behälter abgefüllt werden.

- Schalenfrüchte können durch den hohen Fettgehalt leicht ranzig werden. Durch Rösten werden sie länger lagerfähig. Sie sind gut verschlossen aufzubewahren, da Motten ihre Eier darin ablegen.

- Zitrusfrüchte sind durch ihren hohen Gehalt an Fruchtsäuren lange lagerfähig. Sie sollen bei Zimmertemperatur (nicht im Kühlschrank oder Froster) gelagert werden. Bei Druckstellen kann sich Schimmel bilden.

- Die meisten exotischen Früchte sind nur sehr kurz lagerfähig. Sie sollen nie im Kühlschrank aufbewahrt werden. Sie eignen sich nicht zum Tiefkühlen.

Zusammenfassung: Obst

Obst wird in einheimische Früchte und Südfrüchte unterteilt. In der Konditorei werden vor allem folgende Früchte verwendet:

Kernobst

Im Inneren dieser Früchte befindet sich ein Kerngehäuse, in das die Samen eingebettet sind.
Arten: Äpfel, Birnen, Quitten.

Steinobst

Das sind Früchte mit saftigem Fruchtfleisch und einem harten Kern im Inneren, der den Samen umschließt.
Arten: Kirschen, Marillen, Pfirsiche, Zwetschken.

Beerenobst

Beeren sind saftige kleine Früchte, deren Samen im Fruchtfleisch eingebettet sind.
Arten: Erdbeeren, Himbeeren, Ribiseln, Heidelbeeren, Brombeeren, Holunderbeeren, Weintrauben, Stachelbeeren, Preiselbeeren.

Schalenobst

Das sind fettreiche Samen, deren Kern von einer harten Schale umgeben ist.
Arten: Haselnüsse, Walnüsse, Mandeln, Pistazien, Pinienkerne, Erdnüsse, Maronen, Cashewnüsse, Paranüsse, Kokosnüsse.

Südfrüchte

Sie wachsen im Mittelmeerraum, in tropischen und subtropischen Klimazonen.
Arten: Zitrusfrüchte, Bananen, Ananas, Melonen, Kiwis, Feigen, Datteln, Maracujas, Mangos, Karambolen, Litschis.

Behandlung, Einkauf und Lagerung der verschiedenen Obstsorten sind unterschiedlich.

Fragen und Arbeitsaufgaben

1. Teilen Sie die Früchte nach ihrer botanischen und regionalen Herkunft ein!
2. Nennen Sie Kernobstsorten und deren Verwendung!
3. Was ist bei der Aufbewahrung von Äpfeln zu beachten?
4. Was muss beim Tiefkühlen von Steinobst beachtet werden?
5. Wofür können die Kerne von manchen Steinobstsorten verwendet werden?
6. Nennen Sie einige Beerenobstsorten und deren Verwendung!
7. Welche Schalenobstsorten sind für die Konditorei von Bedeutung?
8. Beschreiben Sie das Schälen von Mandeln!
9. Welche Schalenfrüchte zählen außerdem zu den Ölfrüchten?
10. Nennen und beschreiben Sie einige Südfrüchte, die in der Konditorei von Bedeutung sind!
11. Nennen Sie einige wichtige Zitrusfrüchte und deren Verwendung!
12. Was ist bei der Aufbewahrung von Südfrüchten generell zu beachten?
13. Wie werden Maracujas und Karambolen noch genannt?
14. Wie sollen Früchte behandelt werden, damit die Vitamine erhalten bleiben?
15. Zählen Sie einige Punkte auf, die beim Einkauf von Obst zu beachten sind!
16. Erklären Sie die Lagerbedingungen verschiedener Obstarten!

7 MARZIPAN

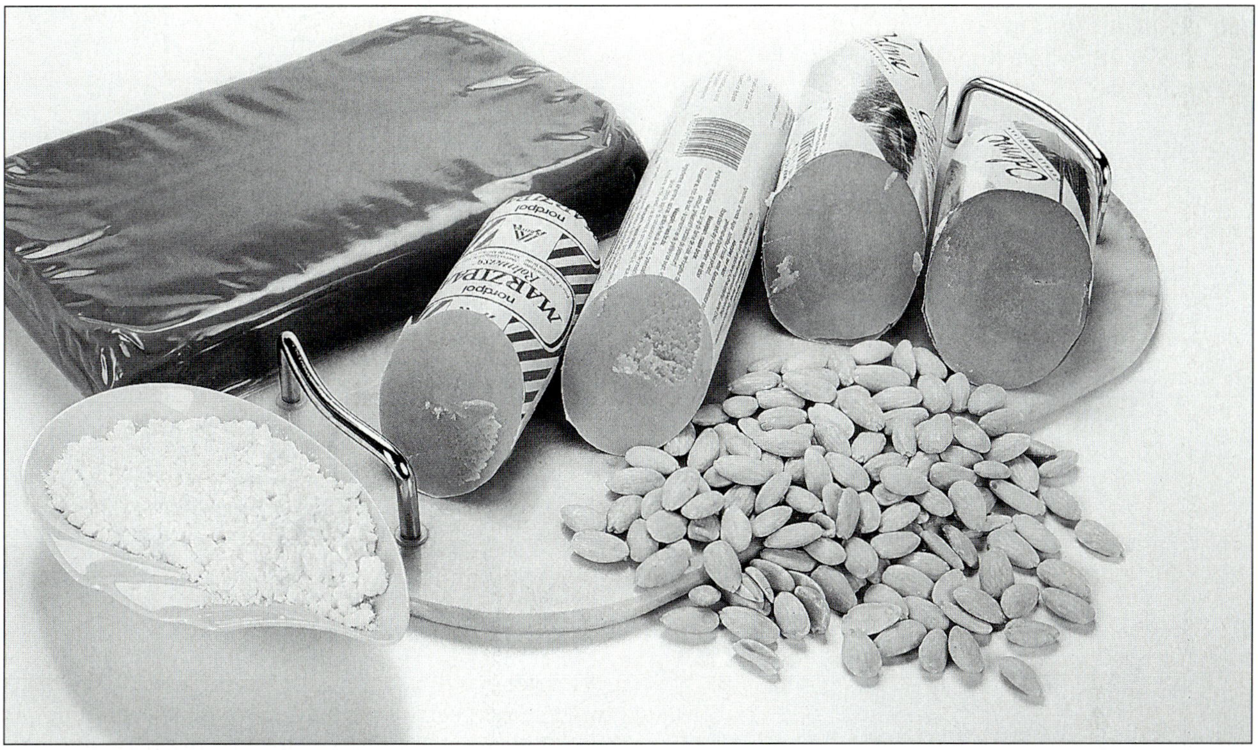

Marzipan ist in Süd- und Mitteleuropa schon seit dem Mittelalter bekannt. Zum ersten Mal dürfte Marzipan jedoch im Nahen Osten, der Heimat des Mandelbaumes, hergestellt worden sein, von wo aus es etwa 800 n. Chr. nach Europa gelangte.

Marzipan und Marzipanrohmasse sind Halbfabrikate aus Zucker, fein geriebenen Mandeln oder Bittermandeln und weiteren Zusätzen.

Marzipan

- **Marzipanrohmasse**
- **Angewirktes Marzipan**
- **Französisches Marzipan**
- **Modelliermarzipan**
- **Marzipanersatzprodukt (Persipan)**

7.1 MARZIPANROHMASSE

Sie wird für alle Erzeugnisse, bei denen der Mandelgeschmack zum Ausdruck kommen soll (zB Bonbons, Makronenmassen, Franchipanfüllung usw.), verwendet.

Zusammensetzung

Marzipanrohmasse besteht aus zwei Teilen Mandeln und einem Teil Zucker.

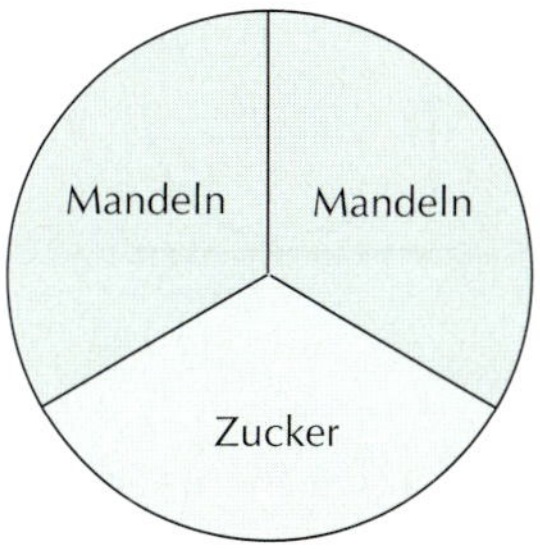

Herstellung

Auslesen, reinigen und schälen der Mandeln

Für die Marzipanrohmasse dürfen nur qualitativ hochwertige Mandeln verwendet werden. Beschädigte Mandeln und Bruchmandeln werden entfernt (händisch oder computergesteuert). Die Mandeln werden durch Sieben und im Luftstrom vom Staub befreit, mit heißem Wasser überbrüht und zwischen Gummiwalzen geschält. Ein Quellvorgang begünstigt die Lösung des Zuckers, die Konsistenz und die helle Farbe der Rohmasse.

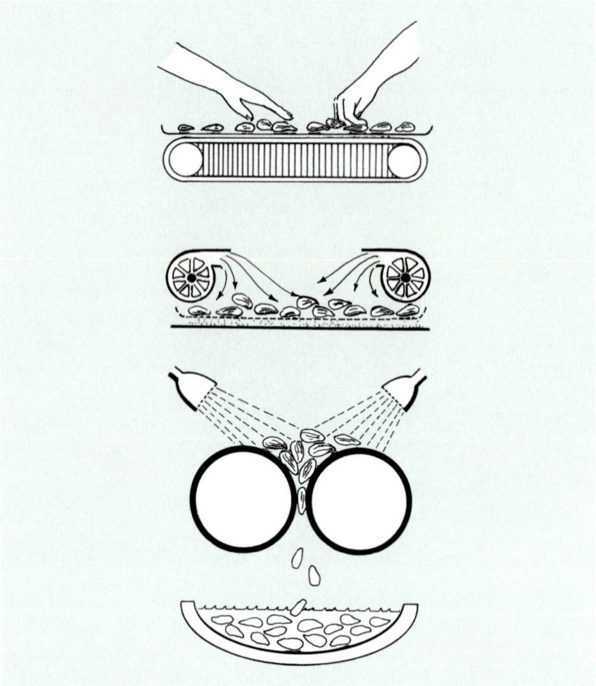

Mischen und reiben

Die Mandeln werden mit dem entsprechenden Zuckeranteil vermischt und zuerst grob zerrieben, anschließend fein gewalzt, bis die gewünschte Feinheit erreicht ist.

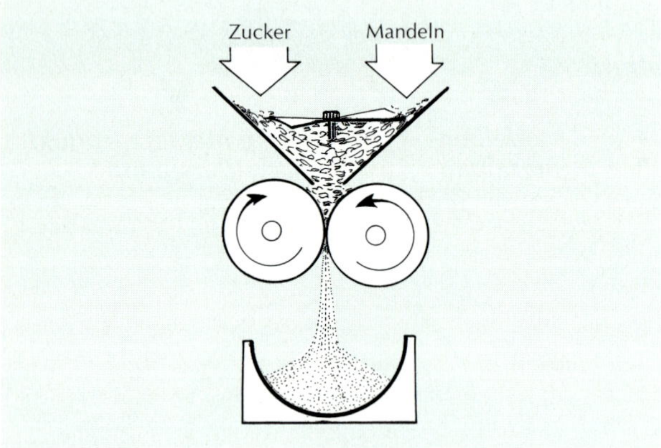

Abrösten

Die Masse wird bei etwa 85 bis 90 °C im Wasserbad unter ständiger Bewegung abgeröstet (Geschmacksverbesserung durch Homogenität). Dies bewirkt:

- Lösung des größten Teils des Zuckers
- Verdampfen eines Teils des Wassers
- Abtötung vorhandener Keime

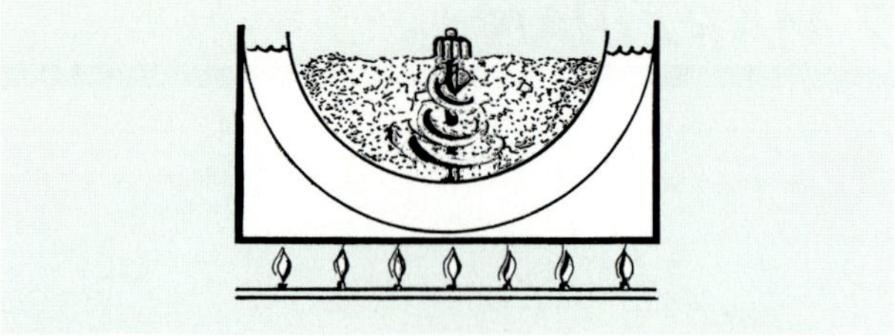

Abkühlen und verpacken

Danach wird die Masse durch Zufuhr keimfreier Luft gut abgekühlt und vakuumverpackt.

7.2 Angewirktes Marzipan

Für angewirktes Marzipan ist die Bezeichnung Marzipan gebräuchlich. Marzipan eignet sich zum Eindecken von Torten, Modellieren von Marzipanfiguren oder als Dekor (Schilder, Rosen usw.).

Zusammensetzung

Wird der Marzipanrohmasse Puderzucker im Verhältnis 1 : 1 zugesetzt, so erhält man ein modellierfähiges und haltbares Marzipan. Bei Marzipan beträgt das Verhältnis Mandeln zu Zucker 1 : 2.

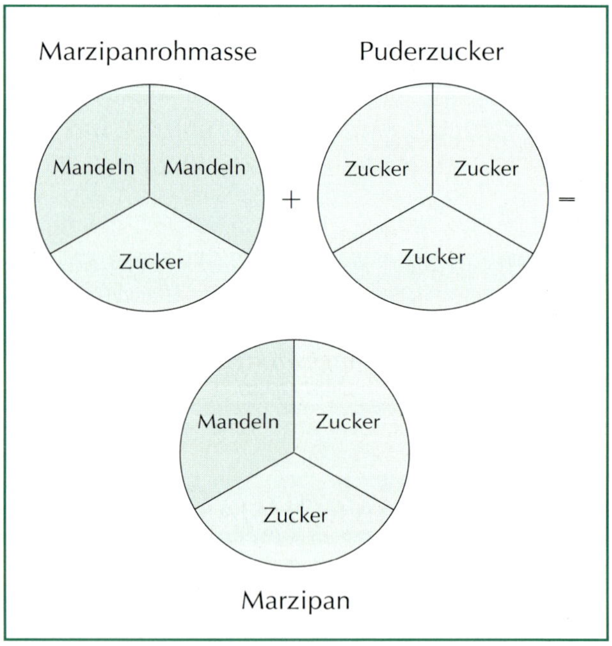

Herstellung

Marzipanrohmasse, Puderzucker und andere erlaubte Beigaben, wie zB Glukosesirup und Invertzucker (verhindern die Zuckerkristallisation) oder Spirituosen (Geschmeidigkeit und Geschmacksstoff), zusammenwirken.

Marzipan kann mit Lebensmittelfarben oder natürlichen Farbstoffen (zB Kakaopulver) eingefärbt werden.

7.3 Französisches Marzipan

Zusammensetzung

Das Mandel-Zucker-Verhältnis beträgt 1 : 2.

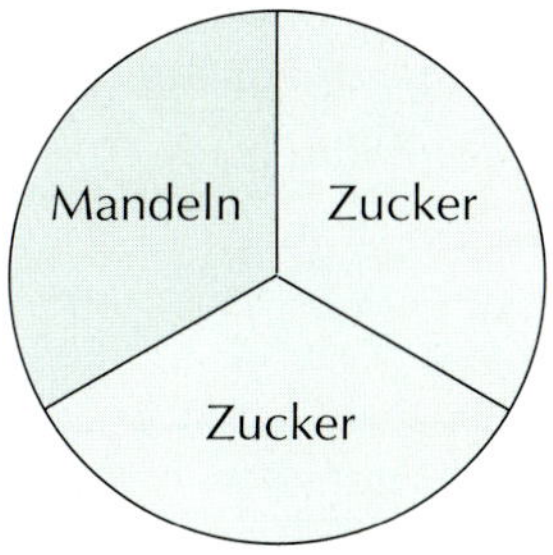

Herstellung

Es kann ohne großen Aufwand in der Backstube hergestellt werden, da kein Röstprozess durchgeführt werden muss. Man benötigt jedoch unbedingt einen Melangeur zum Zerkleinern der Mandeln.

Mandeln reiben

Die geschälten, getrockneten Mandeln grob reiben, dann melangieren, bis sich die Mandelmasse mit der Hand ballen lässt (Mandelöl tritt aus).

Zucker kochen

Zucker mit 10 % Glukosesirup kochen. Glukosesirup verhindert zu starke Rückkristallisation des Zuckers. Je höher der Zucker gekocht wird, desto fester wird das Marzipan.

Kochgrade	Auswirkungen
118 bis 120 °C (schwacher Ballen)	Ergibt Marzipan von mittelfester Konsistenz – keine Flüssigkeitsbeigabe notwendig.
122 bis 125 °C (starker Ballen)	Ergibt Marzipan von festerer Konsistenz (sehr gut modellierfähig) – Flüssigkeitszugabe vor der Verarbeitung erforderlich.

Zuckerlösung einrühren

- Heiße Zuckerlösung sehr langsam in die leicht ölige Mandelmasse einrühren. Immer umrühren, um Überhitzung der Mandeln und zu starkes Anziehen der Masse zu vermeiden.
- Masse etwas abtablieren. Zucker stirbt teilweise ab und Marzipan wird heller.
- Nach dem Erkalten kann französisches Marzipan verpackt und längere Zeit aufbewahrt werden.
- Vor der Verarbeitung noch einmal melangieren (eventuell Flüssigkeitszugabe).

7.4 Modelliermarzipan

Dies ist ein speziell für Modellierarbeiten hergestelltes Marzipan, das von diversen Firmen als Halbfabrikat angeboten wird. Es enthält – ähnlich wie französisches Marzipan – im Vergleich zur Marzipanrohmasse einen höheren Zuckeranteil sowie Glukosesirup, Invertzucker usw. Modelliermarzipan ist in verschiedenen Farben erhältlich und bedarf keiner weiteren Behandlung vor der Verarbeitung.

7.5 Persipanrohmasse und Persipan

Persipanrohmasse

Sie besteht völlig oder teilweise aus Marillenkernen und entbitterten Bittermandeln. Zuckeranteil und Herstellungsvorgang von Persipanrohmasse entsprechen dem der Marzipanrohmasse.

Persipan

Es entsteht durch Anwirken von Persipanrohmasse mit Puderzucker zu gleichen Teilen.

Persipan und Persipanrohmasse unterscheiden sich durch den Geschmack deutlich von Marzipan und Marzipanrohmasse. Alle anderen Eigenschaften sind identisch.

Gesetzliche Bestimmungen

Die Regelung von Marzipan und Persipan erfolgt im Österreichischen Lebensmittelbuch Kap. B 16 Abs. 21–22.

7.6 Eigenschaften von Marzipan

- Marzipanhaltige Gebäcke und Füllungen bleiben weicher und mürber.
- Zuckeranteil muss rezepturmäßig berücksichtigt werden, sonst erhält man brüchige Gebäcke durch zu viel Zucker.
- Zuckeranteil treibt Gebäcke in die Breite (zB Franchipanfülle), deshalb kann etwas Mehl zugegeben werden.
- Einschlagen von Konditoreiwaren mit Marzipan schützt vor dem Austrocknen und ergibt glatte Oberflächen vor dem Glasieren.

7.7 Behandlung von Marzipan

- Immer auf sauberen Arbeitsflächen arbeiten, damit möglichst wenig gärfördernde Substanzen in die Masse gelangen.
- Mit sauberen und trockenen Händen arbeiten (Bakterien!).
- Beim Ausrollen nur mit Puderzucker oder Weizenstärke stauben (Mehl wirkt gärfördernd!).

7.8 Lagerung von Marzipan

- Trocken, dunkel und kühl lagern (nicht im Kühlschrank!).
- Verschlossen aufbewahren (Schädlingsbefall, Gefahr des Austrocknens).
- Marzipan ist durch den hohen Zuckergehalt besser haltbar als Marzipanrohmasse.

Zusammenfassung: Marzipan

Marzipan und Marzipanrohmasse sind Halbfabrikate aus Zucker, fein geriebenen Mandeln oder Bittermandeln und weiteren Zusätzen.

Marzipanrohmasse

Sie besteht aus zwei Teilen Mandeln und einem Teil Zucker. Sie wird für Bonbonfüllungen, Massen, Franchipanfüllung und Marzipan verwendet.

Herstellung

- Auslesen, reinigen und schälen der Mandeln
- Mischen und reiben
- Abrösten
- Abkühlen und verpacken

Angewirktes Marzipan

Das Verhältnis von Mandeln zu Puderzucker beträgt 1 : 2. Marzipan eignet sich zum Eindecken von Torten, Modellieren von Marzipanfiguren und als Dekor.

Bei der **Herstellung** werden Marzipanrohmasse, Puderzucker und andere erlaubte Beigaben (Glukosesirup, Invertzucker, Spirituosen) zusammengewirkt.

Französisches Marzipan

Das Mandel-Zucker-Verhältnis beträgt 1 : 2.

Herstellung

- Mandeln reiben
- Zucker kochen
- Zuckerlösung einrühren

Modelliermarzipan

Es enthält einen höheren Zuckeranteil als Marzipanrohmasse und weiters Glukosesirup, Invertzucker, eventuell Lebensmittelfarben.

Persipanrohmasse und Persipan

Sie werden aus Marillenkernen und entbitterten Bittermandeln hergestellt. Persipan entsteht durch Anwirken von Persipanrohmasse mit Puderzucker (1 : 1). Beim Arbeiten immer auf **Sauberkeit** achten (Gärung!).

Trocken, dunkel, kühl und verschlossen lagern.

Fragen und Arbeitsaufgaben

1. Welche Produkte fallen unter den Überbegriff Marzipan?
2. Beschreiben Sie die wichtigsten Schritte bei der Herstellung von Marzipanrohmasse!
3. Unterscheiden Sie den angewirkten Marzipan von der Marzipanrohmasse!
4. Beschreiben Sie die Herstellung von französischem Marzipan!
5. Wodurch wird die Festigkeit von französischem Marzipan beeinflusst?
6. Was versteht man unter Modelliermarzipan?
7. Unterscheiden Sie angewirkten Marzipan von Persipan!
8. Was muss beim Arbeiten mit Marzipan unbedingt beachtet werden?
9. Wie müssen Marzipan und Marzipanerzeugnisse gelagert werden?

8 NOUGAT

Nougat ist ein Halbfabrikat aus Haselnüssen, Walnüssen oder Mandeln, Zucker und eventuell Kakaoerzeugnissen.
Je nach Art der Kerne, Beigabe des Zuckers und Art und Menge der zugesetzten Kakaoerzeugnisse können verschiedene Nougatarten erzeugt werden. Sie unterscheiden sich durch Farbe, Konsistenz und Geschmack.

Zusammensetzung

Das mengenmäßige Verhältnis liegt bei ca. 1 : 1 : 1 von Zucker zu Kernen und zu Kakaoerzeugnissen. Es dürfen auch bestimmte Würzstoffe und andere Zusätze beigegeben werden.

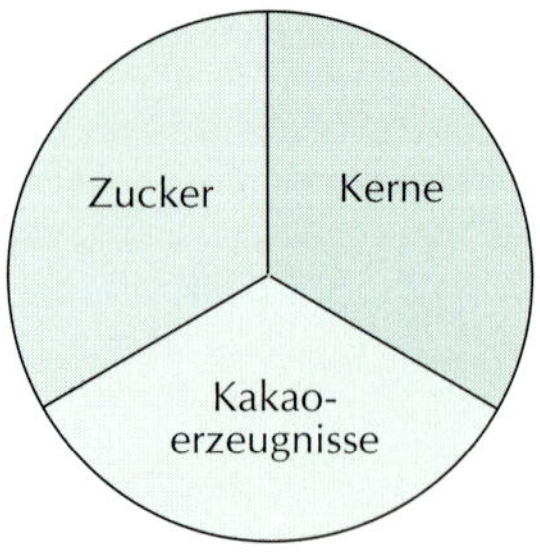

- **Zucker:** Gekochten oder geschmolzenen Zucker verwenden (je nach Geschmack und Farbe des Nougats). Puderzucker eignet sich für Gianduja-Nougat.
- **Kerne:** Geröstete Haselnüsse, Walnüsse oder getrocknete Mandeln verwenden. Das Öl der Kerne hat einen sehr niedrigen Schmelzpunkt (Weichheit des Nougats). Das zerriebene Zucker-Kerne-Gemisch ist zähflüssig.
- **Kakaoerzeugnisse:** Es werden Kuvertüren und Kakaobutter verwendet. Die Kakaobutter verleiht der Nougatmasse Schnittfestigkeit. Die jeweiligen Kakaoerzeugnisse beeinflussen Aussehen, Geschmacksrichtung und Festigkeit der Nougatmasse.
- **Würzstoffe und andere Zusätze:** Es werden Vanillin, Äthylvanillin, natürliche Aromen, Früchte, Gewürze, Milchprodukte, Kaffee, Honig usw. beigegeben.

Herstellung

Kerne reinigen

Entfernen von Staub, Schalenteilen und Fremdkörpern mittels Sieben, Luftstroms und Magneten.

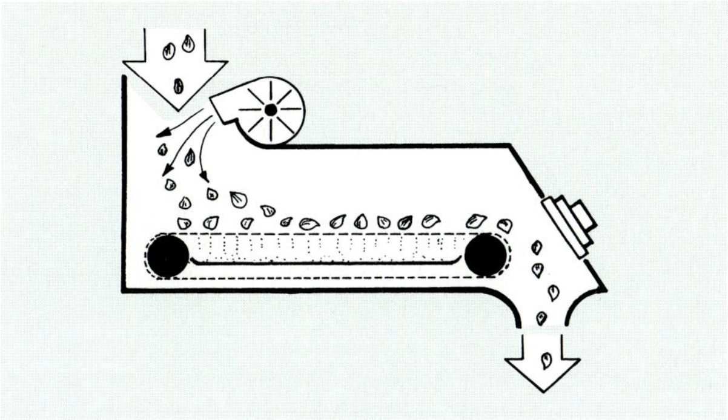

Rösten

Das Rösten der Kerne dient der

- Lösung der Schale,
- Entwicklung von Geschmacks- und Aromastoffen,
- Erzielung einer dunkleren Farbe und
- Verdampfung des Wassergehaltes (längere Haltbarkeit).

Mandeln werden nur getrocknet, um die weiße Farbe zu erhalten. Durch einen Röstvorgang würden Bitterstoffe entstehen.

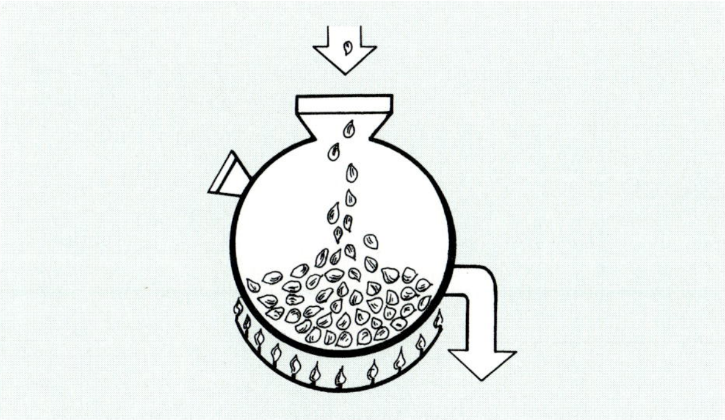

Schälen

Bei Haselnüssen fällt die Schale von den gerösteten Kernen leicht ab. Mandeln werden zuerst blanchiert, dann von der Schale befreit.

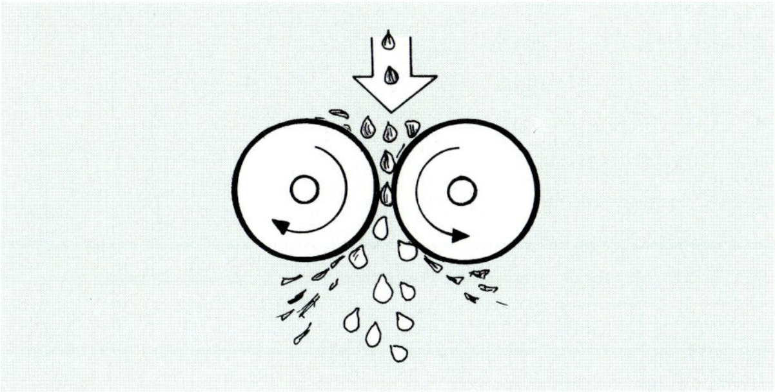

Zucker vorbereiten

Der Zucker wird gekocht (125 °C) oder geschmolzen (brauner Karamell), mit den unzerkleinerten Kernen vermengt und abgekühlt.

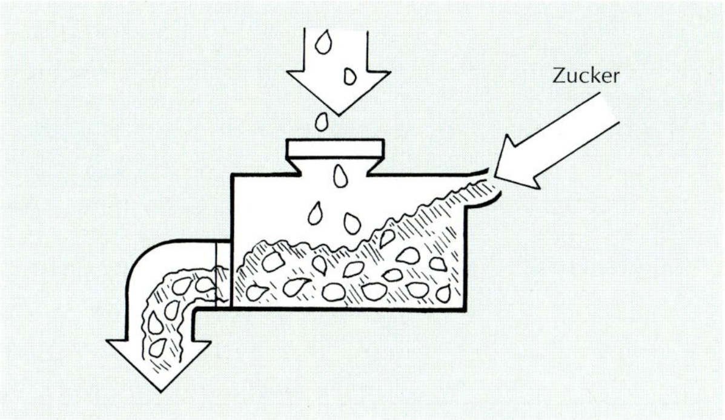

Reiben

Nach dem Erkalten wird die Masse grob gerieben und stufenweise melangiert, bis aus den Kernen Öl austritt. Während des Melangierens werden die Kakaoerzeugnisse untergemischt. Dadurch entsteht eine bindige Masse, die beim Erkalten erstarrt. Um eine gute Struktur zu erreichen, muss die Nougatmasse temperiert werden.

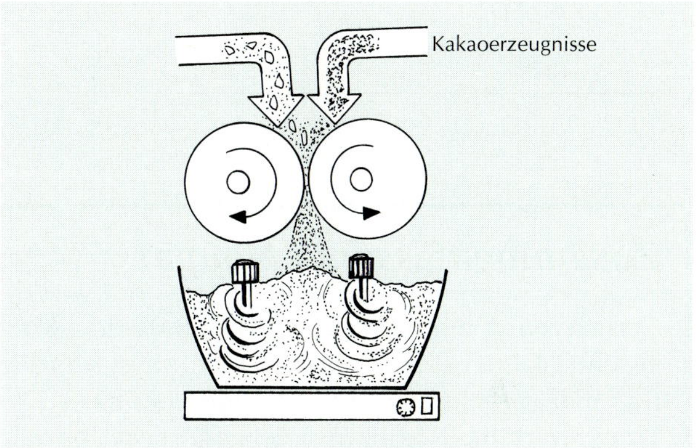

Lagerung

- Trocken, dunkel und kühl lagern (nicht im Kühlschrank!).
- Verschlossen aufbewahren (Schädlingsbefall!).

Arten

Bezeichnung	Charakteristika	Verwendung
Heller Nougat	• geröstete, geschälte Haselnüsse • gekochter Zucker • helle Kakaoerzeugnisse (Milchkuvertüre, weiße Schokolade oder Kakaobutter) • schmeckt süß	Für Bonbons, Nougateier usw., zum Abschmecken von Cremen, Speiseeis.

Bezeichnung	Charakteristika	Verwendung
Dunkler Nougat	• dunkel geröstete Haselnüsse • geschmolzener Zucker (schmeckt intensiv) • dunkle Kakaoerzeugnisse (Kuvertüre und eventuell Kakaomasse) • leicht bitterer Geschmack	Für Schichtnougatbonbons.
Mandelnougat	• geschälte, getrocknete Mandeln • gekochter Zucker • weiße Schokolade oder Kakaobutter	Für Bonbons.
Gianduja-Nougat	• getrocknete Mandeln oder hell geröstete Haselnüsse bzw. Walnüsse • Puderzucker (wird nicht erhitzt) • Kakaoerzeugnisse (je nach Geschmacks- und Farbwunsch)	Für Bonbons.
Walnussnougat	• getrocknete Walnüsse • gekochter Zucker oder Puderzucker	Für Bonbons.
Nougat Montelimar (weißer Nougat)	• Rezept und Herstellung unterscheiden sich grundlegend von den anderen Nougatarten (siehe Kap. IV / 16.4 Bonbonrezepte)	Für Bonbons.

Zusammenfassung: Nougat

Nougat wird aus gerösteten Haselnüssen, Walnüssen oder getrockneten Mandeln, gekochtem oder geschmolzenem Zucker hergestellt. Meist werden Kakaoerzeugnisse beigegeben.
Das mengenmäßige Verhältnis liegt bei ca. 1 : 1 : 1 von Zucker zu Kernen und zu Kakaoerzeugnissen.
Trocken, dunkel, kühl und verschlossen lagern.

Herstellung
- Reinigen der Kerne
- Rösten
- Schälen
- Zucker vorbereiten
- Reiben

Arten
- Heller Nougat
- Dunkler Nougat
- Weißer Nougat
- Gianduja-Nougat
- Walnussnougat
- Nougat Montelimar

Fragen und Arbeitsaufgaben

1. Welche Rohstoffe werden für die Herstellung von Nougat verwendet?
2. Welche Eigenschaften verleihen Kakaoerzeugnisse der Nougatmasse?
3. Beschreiben Sie die Herstellung von Nougat allgemein!
4. Warum werden die Haselnüsse geröstet?
5. Welche Arten von Nougat kennen Sie und wodurch unterscheiden sie sich?
6. Was ist die Besonderheit von Gianduja-Nougat?
7. Wie sollen Nougat und Erzeugnisse mit Nougat gelagert werden?

9 KAKAO UND SCHOKOLADE

Im 16. Jahrhundert wurde die Kakaobohne durch die spanischen Eroberungszüge in Süd- und Mittelamerika nach Europa gebracht. Die Bezeichnung „Schokolade“ setzt sich zusammen aus den Worten „cacao“ (Kakao) und „atl“ (Wasser). Im 18. Jahrhundert begann die plantagenmäßige Pflanzung des Kakaobaums und die Schokolade wurde billiger angeboten. Heute wird der durchschnittliche Schokoladekonsum eines Westeuropäers auf 5 bis 7 Kilogramm jährlich geschätzt.

Als Kakaomasse bezeichnet man die gerösteten, gereinigten und vermahlenen Samen des Kakaobaumes. Schokolade ist eine Mischung aus Kakaomasse, Kakaobutter und Zucker sowie Gewürzen. Unter „Kakao“ schlechthin versteht man (Voll-)Kakaopulver.

Herkunft des Kakaos

Regional

Der Kakaobaum wächst in den tropischen Regionen um den Äquatorgürtel.

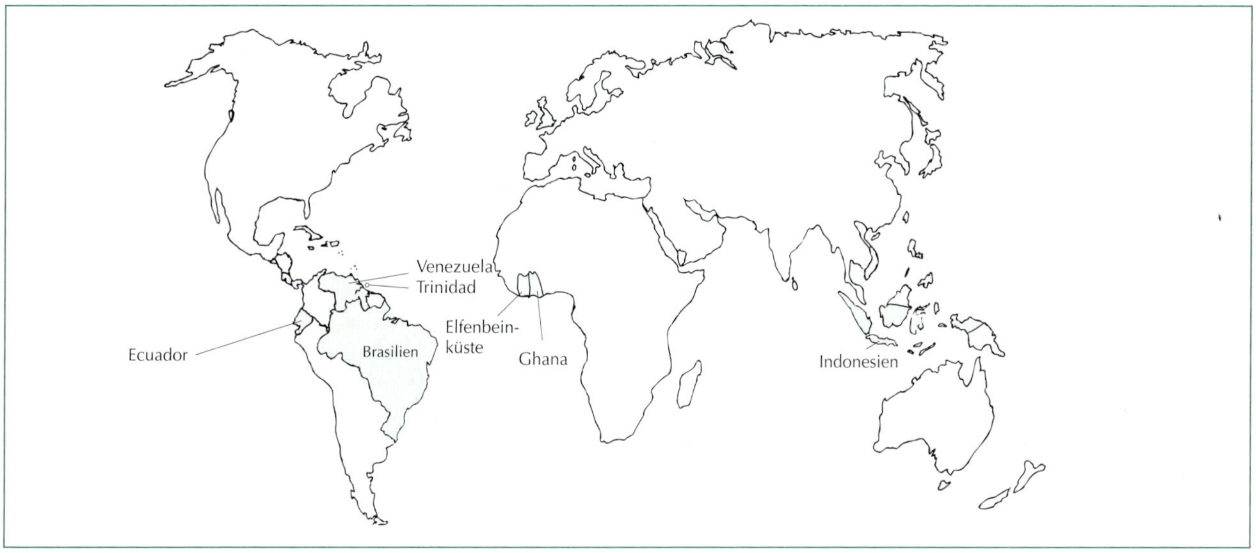

Botanisch

Der Kakaobaum wird in den Plantagen 8 Meter hoch. Er trägt das ganze Jahr über Früchte und Blüten zugleich, was eine zweimalige Ernte pro Jahr ermöglicht. Man unterscheidet die Kakaobäume Forastero (Konsumkakao) und Criollo (Edelkakao).

Die gelben bis braunen Früchte sind länglich (10 bis 20 cm) und wachsen direkt am Stamm oder an starken Ästen. Im Inneren der Früchte befinden sich, eingebettet in das weiße Fruchtfleisch, die Kakaobohnen (40 bis 70 Stück pro Frucht). Sie sind die Samen des Kakaobaumes.

Gewinnung des Kakaos

Kakaobohnen ernten

Nach der Ernte werden die Früchte aufgeschlagen und das Fruchtfleisch wird mit den Bohnen herausgelöst. Dieser Arbeitsgang sowie auch die Ernte erfolgen händisch.

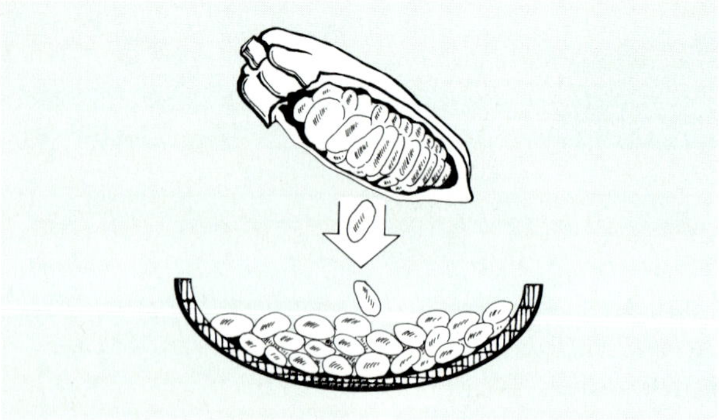

Fermentieren

Das Innere der Kakaofrüchte wird in Kisten zwischen Bananenblätter gelegt und in der Tropensonne einige Tage einem Gärungsprozess ausgesetzt.
Zweck des Gärungsprozesses:

- Geschmacksverbesserung (Bildung von Aromastoffen).
- Veränderung der Farbe von weißlich gelb zu dunkelbraun.
- Abfaulen des noch anhaftenden Fruchtfleisches.
- Bohnen werden keimunfähig.

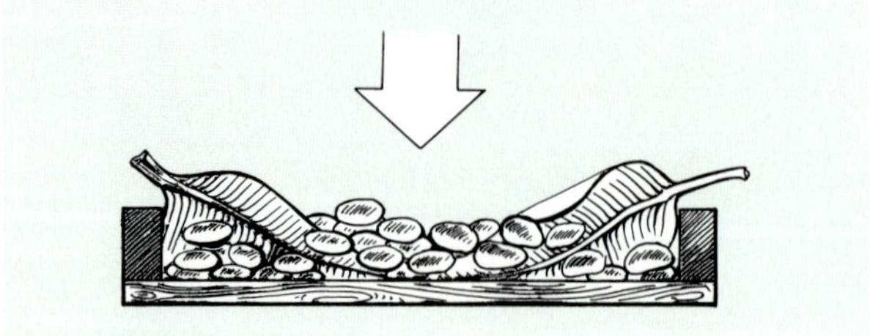

Trocknen

Zum Trocknen werden die Kakaobohnen für ca. fünf Tage am Boden ausgebreitet. Beim Trocknen erfolgt eine Weiterentwicklung des Kakaoaromas. Dabei müssen die Bohnen immer wieder händisch gewendet werden.

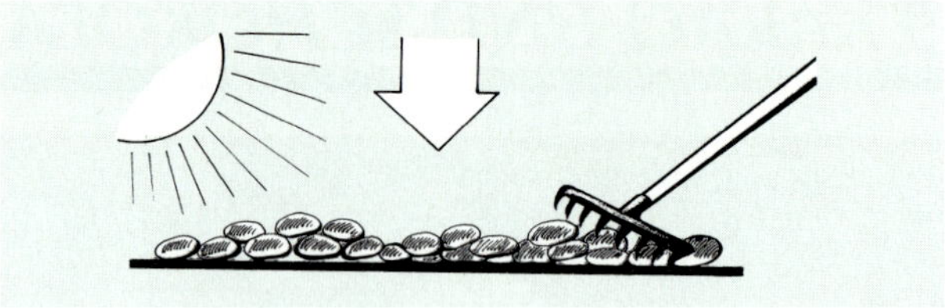

Verpacken

Die getrockneten Bohnen (Rohkakao) werden verpackt und in die Verbraucherländer exportiert. Eine Verarbeitung zu Endprodukten in den Ursprungsländern ist wegen der dort herrschenden hohen Temperaturen nicht ideal.

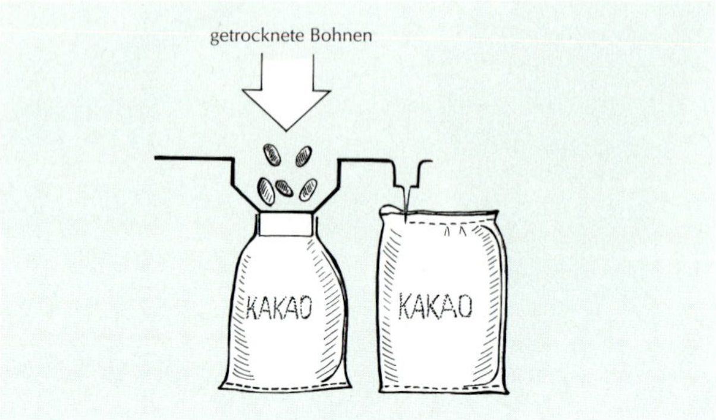

9.1 Kakaomasse („Ungesüsste Schokolade„)

Sie ist das Ergebnis der bloßen Vermahlung der gerösteten und geschälten Kakaobohne. Ihr darf nichts zugesetzt oder entzogen werden. Sie ist das Ausgangsprodukt für alle Kakaoerzeugnisse (zB Kuvertüre, Schokolade usw.). Sie wird zum Abschmecken von Cremen, Fondants oder Speiseeis und als Beigabe zu dunklem Nougat verwendet.

Zusammensetzung

Inhaltsstoffe	Prozent
Kakaobutter	50–58 %
Kakaotrockenbestandteile (Eiweiß, Stärke, Mineralstoffe, Gerbstoffe, Theobromin, Koffein)	40–45 %
Wasser	ca. 1 %

Herstellung

Kakaobohnen reinigen

Dies geschieht bereits in den Fabriken der Verbraucherländer. Die Reinigung erfolgt mittels Luftstroms, Sieben, Bürsten und Magneten, um alle Fremdkörper gründlich zu entfernen.

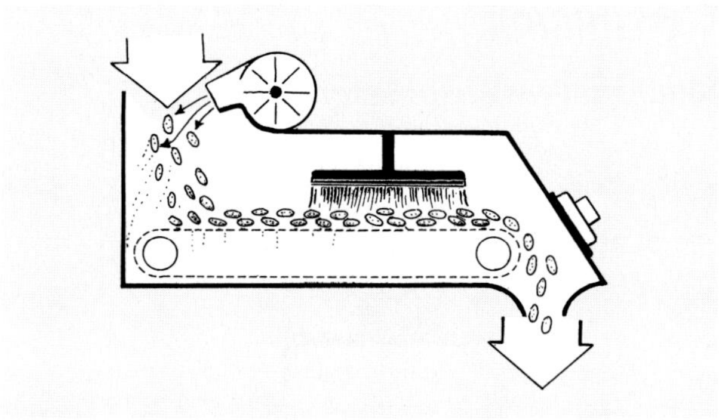

Rösten

Der Röstprozess ist einer der wichtigsten Schritte bei der Schokoladenherstellung. Die Rösttemperatur beträgt 120 bis 130 °C. Zweck des Röstprozesses:

- Verdampfen des Wassergehalts bis auf ca. 1 %.
- Lösung von Samenschale und Keimling.
- Entstehung von Aromastoffen und Röstprodukten (besonderer Geschmack).
- Färbung zum endgültigen Schokoladenbraun.

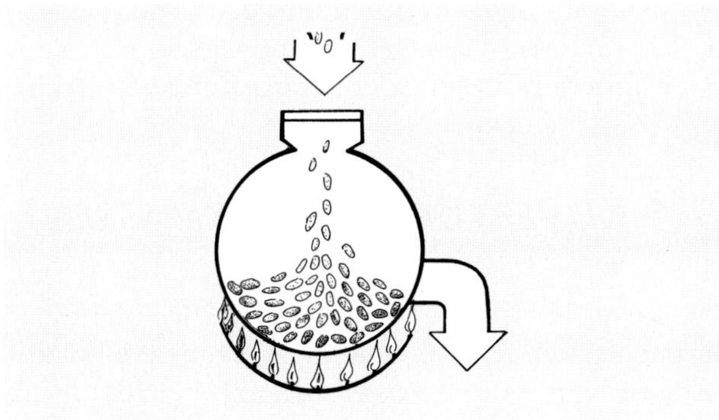

Brechen

Die Kakaobohnen werden gebrochen. Samenschale und Keimling werden mittels Luftstroms entfernt. Es entstehen die so genannten Kakaonibs.

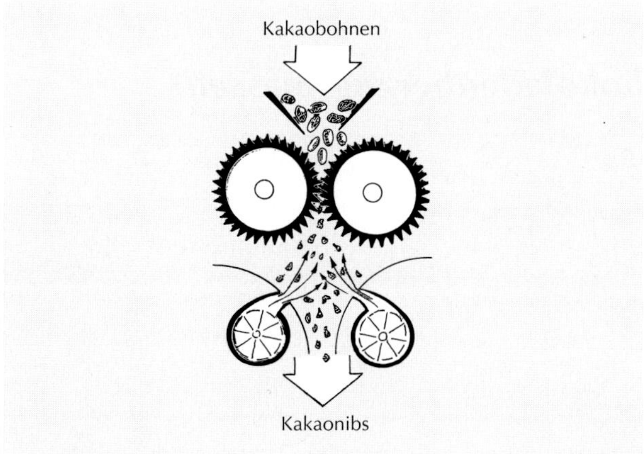

Vermahlen

Die Nibs verschiedener Sorten werden nun je nach Rezeptur gemischt und in mehreren Stufen feinst vermahlen, bis das Fett aus den Zellen austritt und das die Masse zähflüssig macht. Das dabei entstehende Erzeugnis wird als Kakaomasse bezeichnet. Sie ist das Ausgangsprodukt für sämtliche Zwischen- und Endprodukte aus der Kakaobohne.

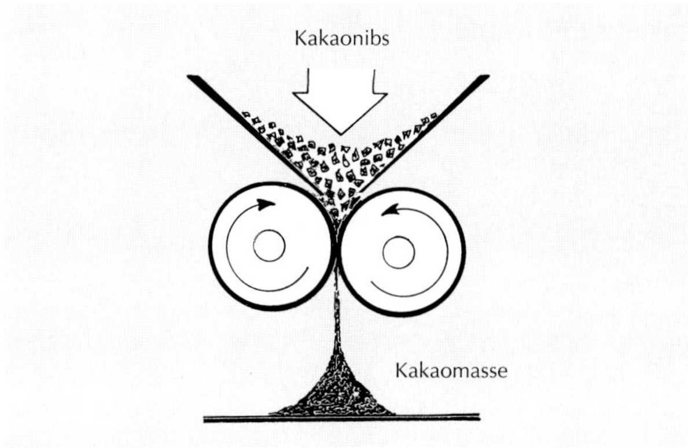

Eigenschaften

- Sehr bitter, aber geschmacksintensiv.
- Dunkelbraun.
- In zerlassenem Zustand zähflüssig, in erstarrtem Zustand hart und spröde.

9.2 Kakaopulver

Es eignet sich zur Herstellung von Trinkkakao, als Dekormittel (Kakaomalerei, Übersieben usw.) und als Geschmacks- und Farbstoff für Massen, Teige und Speiseeis.

Zusammensetzung

Kakaopulver besteht vor allem aus Kakaotrockenbestandteilen, enthält jedoch auch Kakaobutter. Je nach verbliebenem Fettgehalt unterscheidet man zwischen

- Magerkakao (mindestens 8 % F. i. T.) und
- Vollkakao (mindestens 20 % F. i. T.).

Gewinnung

Kakaomasse pressen

Kakaopulver wird durch Abpressen der Kakaobutter aus der Kakaomasse gewonnen. Die verbleibenden Trockenbestandteile werden als Kakaopresskuchen bezeichnet.

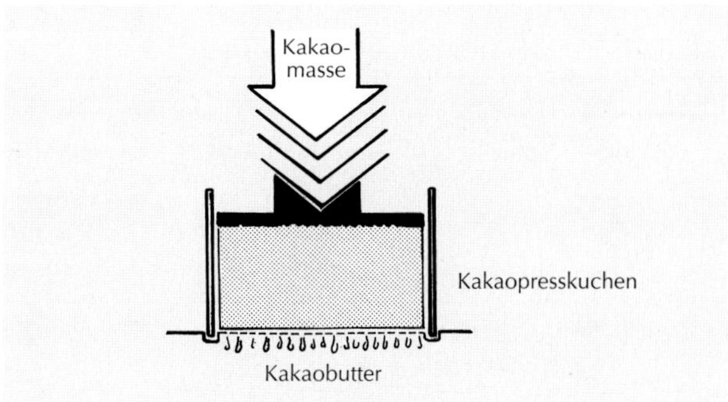

Reiben, sieben und verpacken

Der Presskuchen wird zu feinem Pulver verrieben, gesiebt und verpackt.

9.3 Kakaobutter

Kakaobutter ist ein besonders hochwertiges und haltbares Fett. Sie ist für die Schmelzeigenschaften aller Kakaoerzeugnisse verantwortlich. Sie besteht aus verschiedenen Fettsäuren mit unterschiedlichen Schmelzpunkten (Schmelzbereich 28 bis 34 °C). Diese machen eine spezielle Behandlung (Temperierung) der flüssigen Kakaobutter notwendig, um beim Erstarren eine gleichmäßige Kristallbildung und damit eine mattglänzende Oberfläche zu erhalten.

Sie dient als Zusatz bei der Herstellung von Kuvertüren, Schokoladen usw. und als Rohstoff für Cremen (zB Canachecreme).

Gewinnung

Kakaomasse auspressen

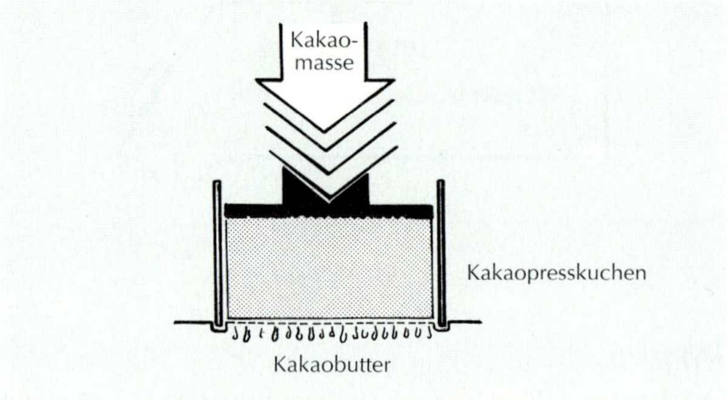

Das Fett, das dabei vom Presskuchen abgeschieden wird, ist die Kakaobutter.

Eigenschaften

- Bei Raumtemperatur hart und spröde.
- Von muscheligem Bruch und gelblicher Farbe.
- Charakteristischer Geruch und Geschmack.
- Temperierung vor jeder Verarbeitung notwendig.

9.4 Kuvertüren (Tunkmassen)

Die Kuvertüre ist eines der wichtigsten Halbfabrikate in der Konditorei. Sie ist keine Verzehrschokolade, sondern wird nur im gewerblichen Bereich verwendet. Sie wird deshalb auch Schokoladeüberzugsmasse genannt.
Sie wird zum Überziehen von Torten, Bonbons, für Cremen (zB Canachecreme) und für Dekors und Schokoladenschaustücke verwendet.

Zusammensetzung von Kuvertüren (Schokoladeüberzugsmassen)

Bezeichnung	Inhaltsstoffe	Prozent
Kuvertüre	fettfreie Kakaotrockenmasse Kakaobutter	mindestens 2,5 % mindestens 31 %
Dunkle Kuvertüre (Grenzwerte laut Verordnung über Kakao- und Schokoladeerzeugnisse)	fettfreie Kakaotrockenmasse Kakaobutter	mindestens 16 % mindestens 31 %
Milchkuvertüre	Zucker fettfreie Kakaotrockenmasse fettfreie Milchtrockenmasse Gesamtfett Milchfett	höchstens 55 % mindestens 2,5 % mindestens 10,5 % mindestens 31 % mindestens 3,5 %
Weiße Kuvertüre	Zucker fettfreie Milchtrockenmasse Kakaobutter Milchfett	höchstens 55 % mindestens 10,5 % mindestens 31 % mindestens 3,5 %

Herstellung

Zutaten mischen

Kakaomasse, Kakaobutter, Zucker, eventuell Milchpulver werden zerkleinert und durch Kneten vermischt.

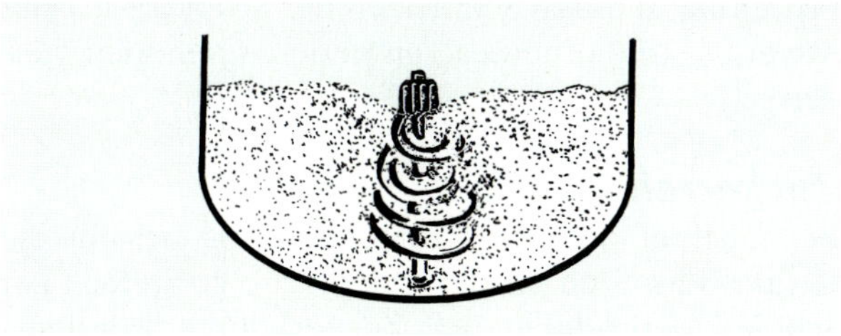

Walzen

Die Masse wird durch Walzen stufenweise feinst vermahlen.

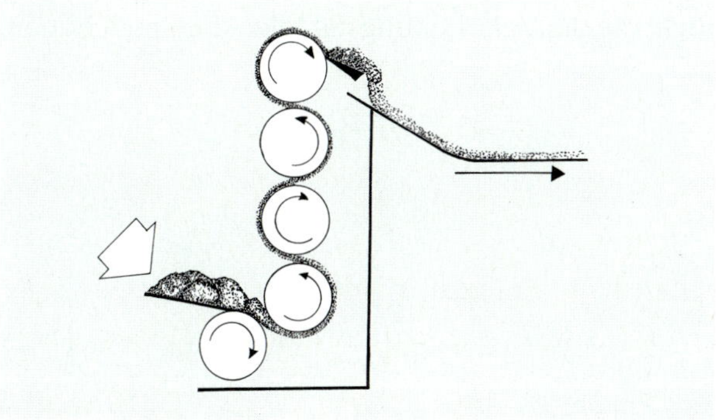

Conchieren

Durch das Conchieren werden die Bestandteile intensiv vermischt. Durch das ständige Reiben und Bewegen der Masse durch schwere Walzen erfolgt eine weitere Zerkleinerung der Trockenbestandteile. Das restliche Wasser entweicht durch Verdunstung und verschiedene Geschmacksstoffe (Gerbsäuren) reagieren mit dem Luftsauerstoff (milderer Geschmack). In modernen Fabriken dauert dieser Vorgang etwa 45 Minuten.

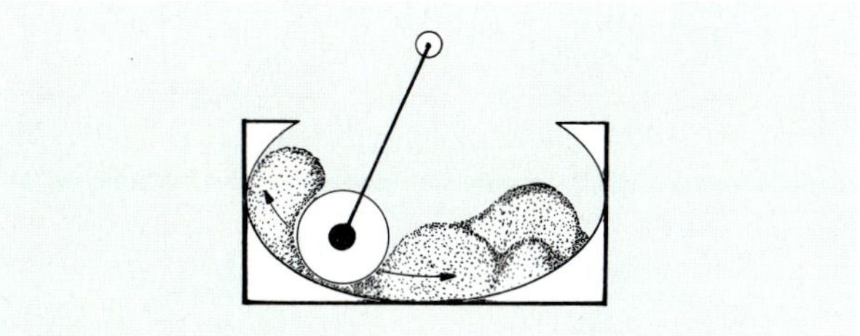

Temperieren

Wird die Kuvertüre in Formen abgefüllt, muss sie temperiert werden.

Eigenschaften

- Zarter Schmelz.
- Muscheliger Bruch.
- Kuvertüre enthält als einziges Fett Kakaobutter (in der Milchkuvertüre auch Milchfett). Daher liegt der Schmelzbereich ebenfalls bei 28 bis 34 °C.
- Mattglänzende Oberfläche bei richtiger Temperierung.

9.5 Schokolade

Schokolade ist der Kuvertüre sehr ähnlich. Sie hat aber einen höheren Zuckergehalt und weniger Kakaobestandteile. Außerdem können für die Schokoladenherstellung Zusätze verwendet werden wie Nougat, Schlagobers, Nüsse, Rosinen, Cremefüllungen usw. Schokolade wird für den Endverbraucher in Tafel- oder Fantasieform angeboten und ist mit Ausnahme von Schokoladenmasse, Koch- oder Konsumschokolade (= Speiseschokolade) kein Halbfabrikat.

Zusammensetzung

Inhaltsstoffe	**Schokolade (auch Kochschokolade**	**Milchschokolade**
Gesamtkakaotrockenmasse (siehe Seite 132)	mindestens 35 %	mindestens 25 %
fettfreie Kakaotrockensubstanz	mindestens 14 %	mindestens 2,5 %
Kakaobutter	mindestens 18 %	abhängig von jeweiliger Zusammensetzung
Zucker	höchstens 65 %	höchstens 55 %
Milchfett	–	mindestens 3,5 %
Gesamtmilchtrockenmasse	–	mindestens 14 %

Schokolade und Milchschokolade sind mit diesen Grenzwerten in der Verordnung über Kakao- und Schokoladeerzeugnisse geregelt. Die genauen Anteile der einzelnen Inhaltsstoffe können für Berechnungen hinsichtlich der Einhaltung gesetzlicher Bestimmungen (zB Verhältnis von Zucker zu Schokolade bei Sacherglasur) von Bedeutung sein.

Herstellung

Schokolade wird wie die Kuvertüre hergestellt. Die Zusätze werden je nach Beschaffenheit vor dem Conchieren (zB Nougat) oder unmittelbar vor dem Abfüllen zu Tafeln (zB ganze Nüsse, Rosinen usw.) beigegeben.

Schokoladen darf bis zu 0,5 % Lecithin als Emulgator beigegeben werden. Ein Zusatz von maximal 5 % anderem Pflanzenfett als Kakaobutter ist bei gleichzeitiger Deklaration erlaubt (nicht bei Kuvertüren!).

Eigenschaften

- Sehr süß.
- Im geschmolzenen Zustand sehr dickflüssig.
- Ungeeignet zum Überziehen und Tunken.

9.6 Kakaohaltige Fettglasuren

Sie enthalten nur geringe Mengen an Kakaobutter (aus dem verwendeten Magerkakao), hauptsächlich jedoch andere, zum Teil gehärtete Pflanzenfette. Sie werden in verschiedenen Qualitäten angeboten, und zwar in Abhängigkeit von der eingesetzten Fettqualität. Neben den kakaohaltigen Fettglasuren gibt es auch Fettglasuren ohne Kakao in verschiedenen Geschmacksrichtungen im Handel (zB Haselnuss, Punsch-Rosa, Weiß).

Ihre Verwendung und Zusammensetzung ist im österreichischen Lebensmittelbuch klar geregelt, sodass es für den Konsumenten keine Verwechslung mit Schokolade bzw. Kuvertüre gibt.

Eigenschaften

- Fettglasuren müssen nicht temperiert werden.
- Sie sind je nach Art der eingesetzten Rohstoffe Fett und Kakao in verschiedenen Qualitäten hinsichtlich Geschmack, Farbe und Härte erhältlich.
- Sie eignen sich zum Überziehen und Dekorieren feiner Backwaren und Dauerbackwaren. Sie sind aber vom Einsatz her, durch die Bestimmungen des österreichischen Lebensmittelbuches Kap. B 15, B 18 und B 34, eingeschränkt.

9.7 Lagerung von Kakao und Schokolade

- Ideale Lagertemperatur 18 bis 20 °C.
- Nicht über 26 °C lagern (Fettreif!).
- Verschlossen aufbewahren (Schädlingsbefall!).
- Kakaopulver immer trocken, licht- und geruchsgeschützt bei Temperaturen bis maximal 20 °C lagern.
- Kakaobutter kann bei 15 bis 18 °C lange aufbewahrt werden.

Fehler durch falsche Lagerung

Fettreif

Beim Schmelzen der Schokolade und Wiedererstarren ohne Temperierung setzt sich Kakaobutter an der Oberfläche ab und bildet einen grauen Film. Der Fettreif kann durch Schmelzen der Schokolade oder Kuvertüre und erneutes Temperieren behoben werden.

Zuckerreif

Bei feuchter oder zu kühler Lagerung besteht die Gefahr, dass sich an der Oberfläche zuckerhaltiger Schokoladeprodukte der Zucker durch Kondenswasser löst. Beim Wiederauskristallisieren dieses gelösten Zuckers durch Wasserverdunstung entstehen feine weiße Punkte. Dieser Zuckerreif löst sich beim Schmelzen des Erzeugnisses im Gegensatz zum Fettreif nicht mehr auf. Es bleiben Klümpchen zurück, die die Verarbeitungsfähigkeit beeinträchtigen.

Zusammenfassung: Kakao und Schokolade

Kakao

Als Kakaobohnen bezeichnet man die entsprechend behandelten Samen des Kakaobaumes.

Gewinnung
- Kakaobohnen ernten
- Fermentieren
- Trocknen
- Verpacken

Kakaomasse („ungesüßte Schokolade")

Sie ist Ausgangsprodukt für alle Erzeugnisse aus Kakao.

Herstellung
- Kakaobohnen reinigen
- Rösten
- Brechen
- Vermahlen

Kakaopulver

Als Kakao bezeichnet man die zu Pulver vermahlene, in unterschiedlichem Ausmaß entfettete Kakaomasse aus den gerösteten, gereinigten und vermahlenen Samen des Kakaobaumes.

Gewinnung
- Kakaomasse pressen
- Kakaopresskuchen verreiben, sieben und verpacken

Kakaobutter

Sie ist ein besonders hochwertiges und haltbares Fett.

Gewinnung
- Kakaomasse auspressen
- Kakaobutter wird abgeschieden

Kuvertüren (Tunkmassen)

Herstellung
- Zutaten mischen
- Walzen
- Conchieren
- Temperieren

Arten
- Dunkle Kuvertüre
- Milchkuvertüre
- Weiße Kuvertüre

Schokolade

Sie wird wie die Kuvertüre hergestellt. Sie hat allerdings einen höheren Zuckergehalt, weniger Kakaobestandteile und es können Zusätze verwendet werden. Ein Zusatz von maximal 5 % anderem Pflanzenfett als Kakaobutter ist bei entsprechender Deklaration zulässig.

Kakaohaltige Fettglasuren

Sie enthalten etwas Kakaobutter, hauptsächlich jedoch andere, gehärtete Pflanzenfette.

Kakaoprodukte kühl, trocken und gut verschlossen lagern, um Fett- und Zuckerreif zu vermeiden.
- **Fettreif:** grauer Film durch Absetzen der Kakaobutter.
- **Zuckerreif:** Zuckerkristalle durch feuchte Lagerung.

Fragen und Arbeitsaufgaben

1. Beschreiben Sie den Weg der Kakaobohne von der Ernte bis zum Versand!
2. Was ist Kakaomasse und wie wird sie hergestellt?
3. Welche Erzeugnisse können aus der Kakaomasse gewonnen werden?
4. Nennen und beschreiben Sie die verschiedenen Arten von Kuvertüren!
5. Beschreiben Sie die Herstellungsverfahren der Schokolade!
6. Wodurch unterscheidet sich Schokolade von Kuvertüre?
7. Was verstehen Sie unter kakaohaltiger Fettglasur und was ist bei deren Verwendung zu beachten?
8. Was verstehen Sie unter Fett- und Zuckerreif und wie kann man sie vermeiden?
9. Wie sollen Kakaoerzeugnisse gelagert werden?

10 KAFFEE

Kaffee hat seinen Namen von der Landschaft Kaffa in Äthiopien. Von dort aus gelangte er nach Arabien, wo seine Wirkung seit vielen Jahrhunderten bekannt ist. Die europäische Kaffeetradition ist eng verbunden mit den Türkenbelagerungen. Das erste Wiener Kaffeehaus soll nach der Türkenbelagerung 1683 entstanden sein. Im 17. und 18. Jahrhundert begann durch die Kolonialisierung der plantagenmäßige Kaffeeanbau in den klassischen Kaffeeanbauländern. Brasilien ist heute der weltgrößte Kaffeelieferant.

Unter Kaffee versteht man die in verschiedenen Verfahren aufbereiteten Samen der Kaffeekirsche.

Kaffee sollte in Maßen genossen werden. Denn der Inhaltsstoff Koffein wirkt auf das zentrale Nervensystem. Koffein steigert die Herztätigkeit und damit den Blutdruck (vorübergehende Leistungssteigerung, aber auch Schweißausbrüche und nervöses Zittern).

Herkunft

Regional

Der Kaffeestrauch gedeiht in den Ländern um den Äquatorgürtel der Erde.

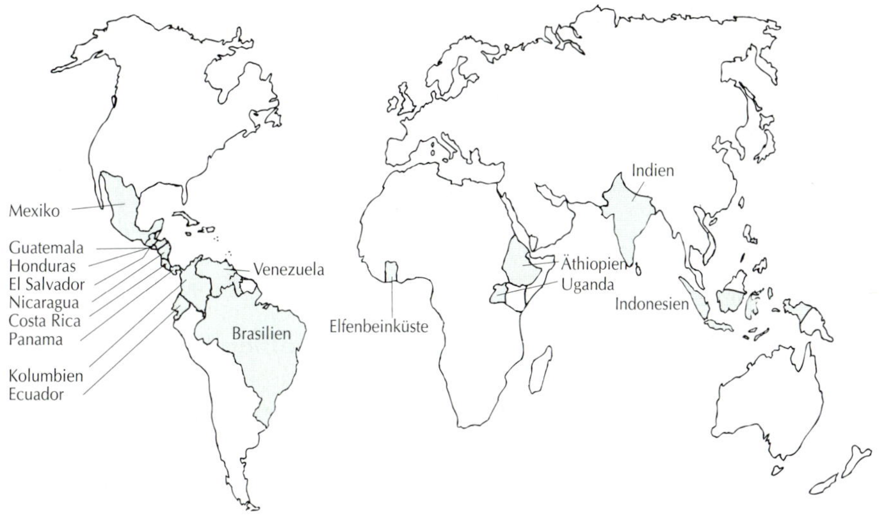

Botanisch

Kaffee wird aus den Früchten des Kaffeestrauches („Coffea") gewonnen. Sie sind kirschenähnlich, rot und enthalten meist 2 Samenkerne, die Kaffeebohnen.

Kaffee wird in Plantagen angebaut. Der Kaffeestrauch erreicht eine Höhe von ca. 3 Metern. Die beiden wichtigsten Sorten sind Coffea arabica (= beste Qualität) und Coffea robusta.

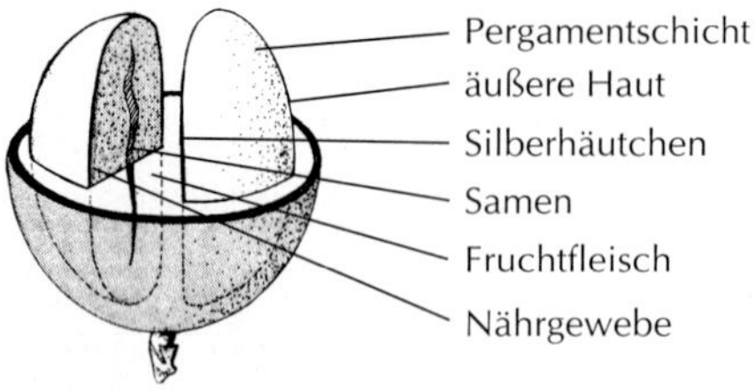

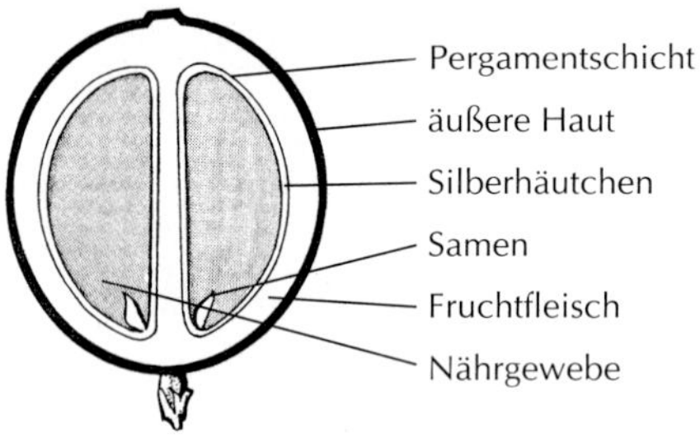

Gewinnung

Kaffeekirschen ernten

Sie werden meist händisch geerntet. Die Ernte dauert 6 bis 8 Wochen.

Aufbereiten

Bei der nassen oder trockenen Aufbereitung werden die Kaffeebohnen haltbar und lagerfähig gemacht.

Nasse Aufbereitung

- **Waschen, quellen und zerquetschen** der Kaffeekirschen. Sie werden im Pulper zerquetscht und das Fruchtfleisch wird mit Wasser weggeschwemmt.

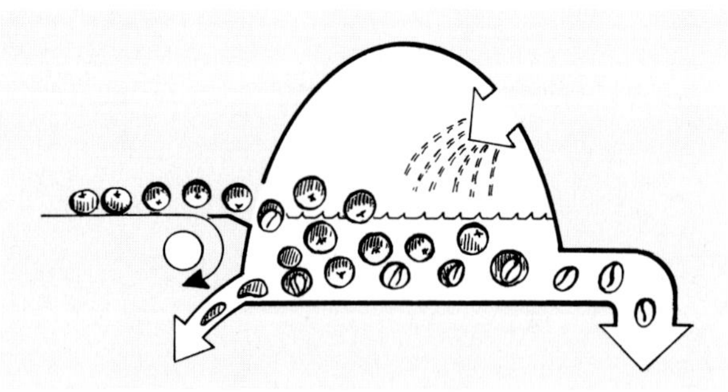

- **Fermentieren und waschen:** Die Früchte werden in Behältern einige Tage einem Gärungsprozess ausgesetzt. Fruchtfleischreste werden durch Waschen entfernt. Das Ergebnis ist der so genannte Hornschalenkaffee.

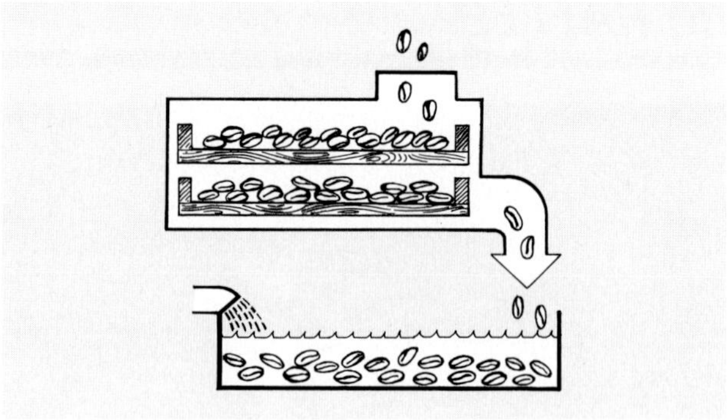

- **Trocknen:** Das Trocknen erfolgt in Anlagen oder in der Sonne.

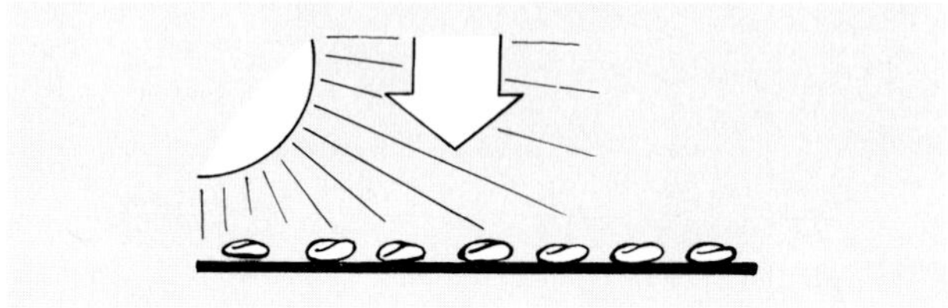

- **Schälen, reinigen und sortieren:** In Schäl- und Poliermaschinen werden die Pergamentschicht und das Silberhäutchen von den Kaffeebohnen entfernt. Die Bohnen werden sortiert und mittels Luftstroms gereinigt.

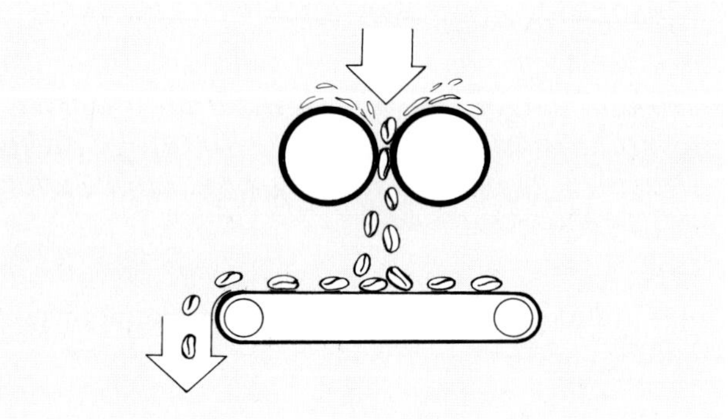

- **Verpacken:** Der gewaschene Rohkaffee wird in Jutesäcke verpackt und so exportiert.

Trockene Aufbereitung

- **Trocknen:** Die Kaffeekirschen werden in der Sonne getrocknet, wobei das Fruchtfleisch spröde wird.

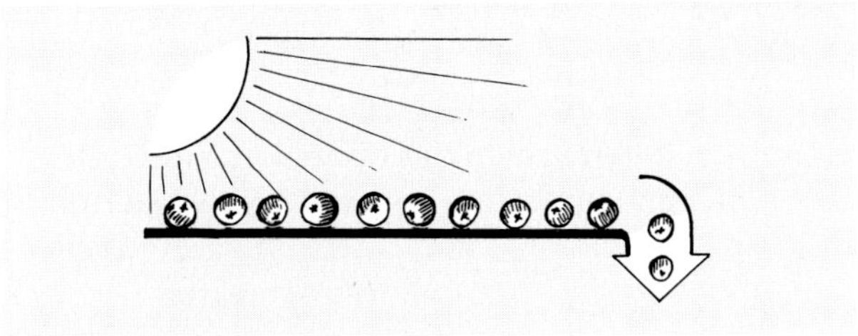

- **Schälen und brechen:** Die getrockneten Kirschen werden in Brechmaschinen aufgebrochen und von der Pergamentschicht und vom Silberhäutchen befreit.

- **Reinigen, sortieren und verpacken:** Die Kaffeebohnen werden sortiert, mittels Luftstroms gereinigt und verpackt.

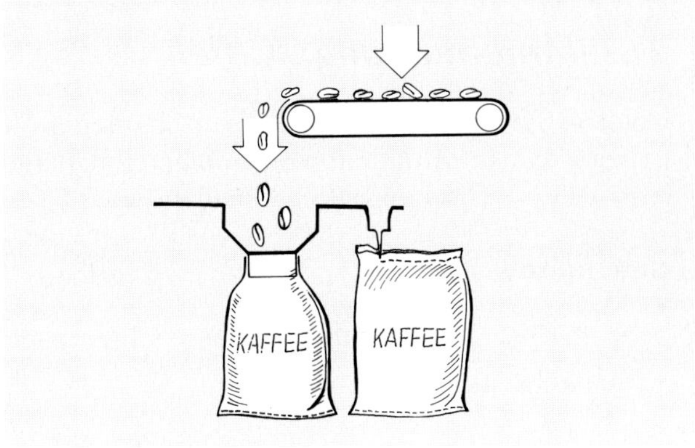

Kaffeebohnen rösten

Das Rösten erfolgt erst in den Verbraucherländern, da beim Transport Aromaverluste entstehen würden. Die Kaffeebohnen werden vier Minuten lang bei Temperaturen von 200 bis 220 °C geröstet. Das Rösten ist von entscheidender Bedeutung für die Qualität und den Geschmack des Kaffees.

Lagerung

- Kaffee wird in aromageschützten Verpackungen angeboten. Die Haltbarkeit ist auf der Packung angegeben.
- Nach dem Öffnen muss Kaffee in luftdicht verschlossenen Behältern gelagert und möglichst rasch verbraucht werden.
- Trocken und verschlossen lagern.

Handelsformen

Bezeichnung	Herstellung	Verwendung
Bohnenkaffee	Kaffeebohnen mahlen und mit heißem Wasser überbrühen.	Getränk, Herstellung von Kaffeeextrakt und Löskaffee.
Löskaffee	Bohnenkaffee wird gefrier- oder sprühgetrocknet.	Geschmacksstoff für Füllungen, Eis, Desserts.
Kaffeeextrakt	Wird gewonnen durch Extraktion (Eindicken) von Bohnenkaffee.	Geschmacksstoff für Füllungen, Eis, Desserts.
Entkoffeinierter Kaffee	Koffein wird vor dem Rösten aus den rohen Kaffeebohnen herausgelöst (mittels Wasserdampfes oder chemischer Lösungsmittel).	Getränk, wenn die Wirkung von Koffein unerwünscht ist.
Säurearmer Kaffee	Verschiedene Stoffe werden durch Wasserdampf aus den Bohnen entfernt, die Zusammensetzung der Gerbsäure wird dadurch verändert.	Magenschonendes Getränk.

Zusammenfassung: Kaffee

Unter Kaffee versteht man die in verschiedenen Verfahren aufbereiteten Samen der Kaffeekirsche. Kaffee ist seit vielen Jahrhunderten bekannt. Der plantagenmäßige Kaffeeanbau begann mit der Kolonialisierung der heute klassischen Kaffeeanbauländer.

Gewinnung
- Kaffeekirschen ernten
- Nass oder trocken aufbereiten
- Kaffeebohnen rösten

Im Handel wird Kaffee in Form von Bohnen-, Löskaffee, Kaffeeextrakt, entkoffeinierter und säurearmer Kaffee angeboten.

Fragen und Arbeitsaufgaben

1. Beschreiben Sie die Kaffeegewinnung!
2. Welche Handelsformen des Kaffees kennen Sie?

11 TEE

Im Allgemeinen versteht man unter Tee schwarzen Tee (auch russischen Tee), der aus den Blättern des Teestrauches gewonnen wird. Es werden jedoch auch aus Teilen anderer Pflanzen (Früchte, Kräuter) Tees zubereitet, denen zum Teil heilende Wirkung zugeschrieben wird.

Herkunft

Regional

Der Teestrauch gedeiht, ähnlich wie Kakao und Kaffee, vor allem in den Regionen um den Äquatorgürtel in einer Höhenlage bis zu 2500 Metern an Abhängen. Je höher das Anbaugebiet, desto feiner das Aroma des geernteten Tees. Der Ertrag ist aber geringer. Man unterscheidet Tief-, Mittel- und Hochlandtee.

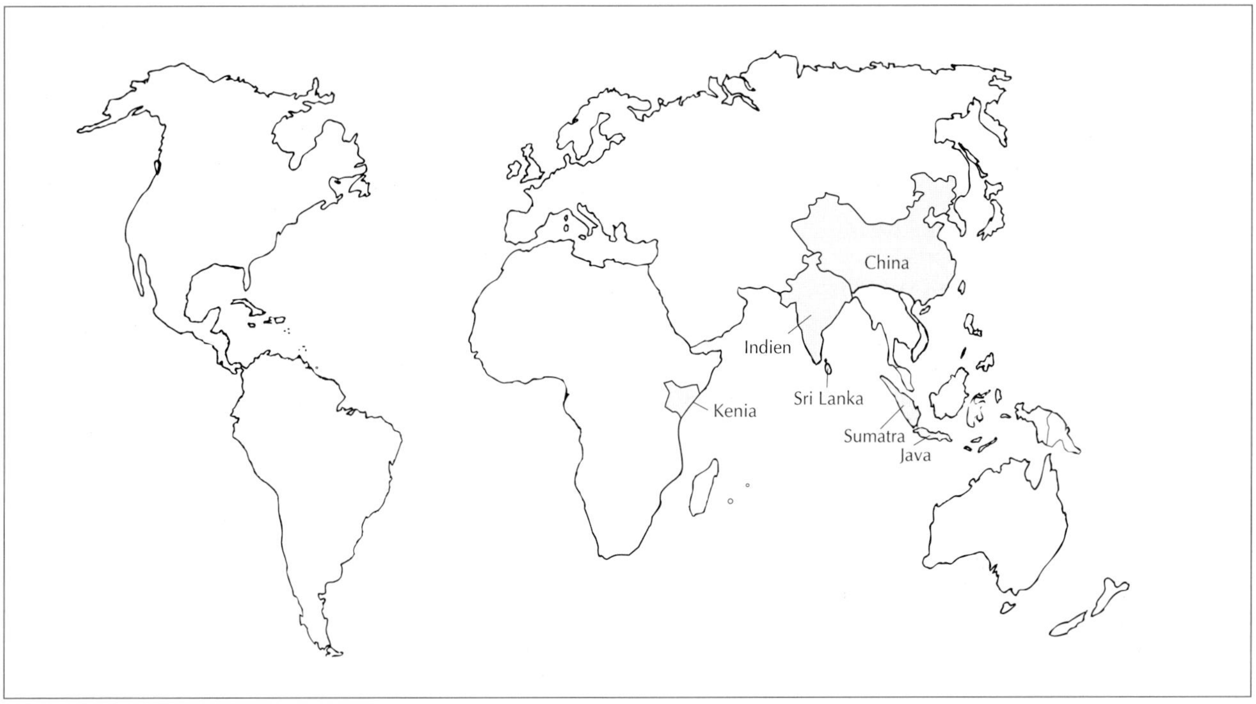

Botanisch

Tee wird heute fast ausschließlich in Plantagen angebaut. Der Teestrauch wird für die Ernte auf einer Höhe von 80 bis 90 Zentimetern gehalten. Ungeschnitten würde der Teestrauch eine Höhe zwischen 4 Metern (chinesischer Tee) und 20 Metern (Assam-Tee aus Indien) erreichen.

Gewinnung

Tee ernten

Geerntet werden nur die Blätter und Knospen der Sträucher. Die jüngsten Blätter ergeben die feinsten Tees. Die Teeblätter müssen händisch geerntet werden, da es maschinell nicht möglich ist, „two leaves and the bud" (zwei Blätter und die Knospe) zu pflücken. Tee wird vor allem von Frauen geerntet, die die Blätter in einem Korb auf ihrem Rücken sammeln und in den Teefabriken abliefern.

Die Erntezeit erstreckt sich in äquatornahen Anbaugebieten über das ganze Jahr. Es wird im Zweiwochenrhythmus gepflückt. In kühleren Gegenden besteht von Dezember bis März eine Erntepause.

Welken der Teeblätter

Die Blätter werden auf luftdurchlässiger Unterlage ausgebreitet. Dabei gehen ca. 30 % der Feuchtigkeit verloren. Der Welkprozess muss vom „Teamaker" zum richtigen Zeitpunkt abgebrochen werden.

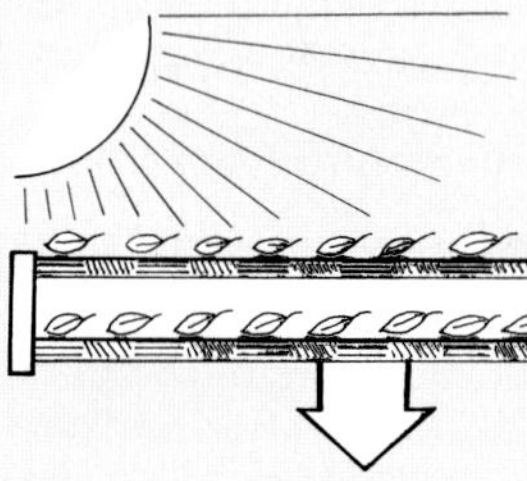

Rollen

In rotierenden Maschinen werden die gewelkten Blätter gerollt, dabei brechen die Blattzellen auf.

Fermentieren

Der ausgetretene Zellsaft wird einem Oxidations- und Gärungsprozess ausgesetzt. Dabei entwickelt sich das spezielle Teearoma. Das Fermentieren ist für die Qualität des Tees von besonderer Bedeutung.

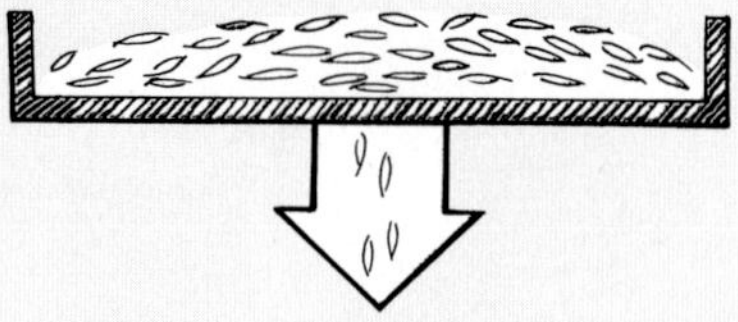

Trocknen

Die fermentierten Blätter werden mit Heißluft getrocknet und verfärben sich dabei von bräunlich auf schwarz. Die Haltbarkeit des Tees wird so gewährleistet.

Reinigen, sortieren und verpacken

Die Sortierung und gleichzeitige Reinigung erfolgt über Stufensiebe. Dabei wird der Tee der Größe nach in die beiden Hauptgruppen (Broken- und Blatt-Sorten) getrennt. Anschließend wird der Tee in Holzkisten zu je 50 kg verpackt. Gegen Aromaverlust schützt eine Metallfolie.

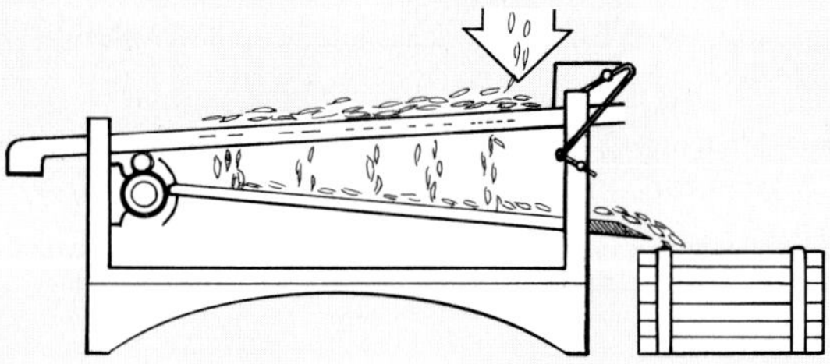

Qualitätssorten

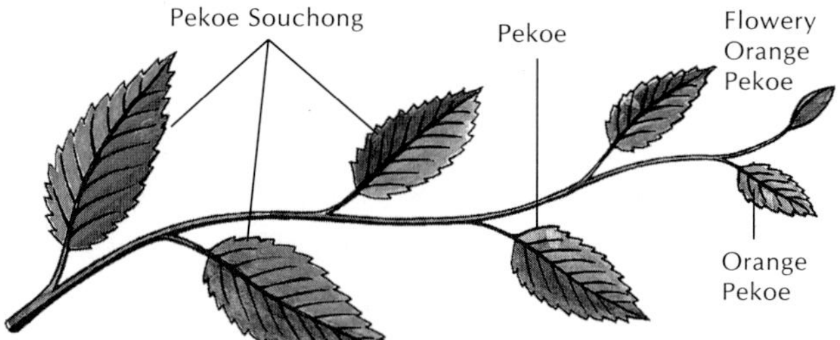

Blatt-Tees

Sie bestehen aus großen Blättern und enthalten viele Rippen und Stängel.

- Flowery Orange Pekoe (FOP): zarte erste Blätter, viele Blattknospen und Blattspitzen (Tips).
- Orange Pekoe (OP): erste und zweite Blätter, wenige Blattknospen, keine Tips.
- Pekoe (P): gröbere Blätter.
- Pekoe Souchong (PS) und Souchong (S): qualitativ minderwertige Tees.

Broken-Tees

Sie bestehen aus dem wertvollen Blattfleisch und den

Blattspitzen. Die Blätter werden beim Herstellungsprozess mehrmals gebrochen.

- Broken Orange Pekoe (BOP): feiner, gebrochener Tee mit Blattspitzen.
- Broken Pekoe (BP): gröberer, gebrochener Tee mit Stängeln und Stielen.
- Fannings (F): kleinste Blattbruchstücke (sehr aromatisch und ergiebig).

Oolong- oder halbfermentierter Tee

Bei diesem Tee wird die Fermentation unterbrochen. Dies ergibt einen milderen Geschmack.

Grüner Tee

Die Teeblätter werden nicht fermentiert, sondern vor dem Rollen gedämpft. Dies ergibt einen höheren Gerbsäuregehalt und einen leicht bitteren Geschmack.

Weißer Tee

Die Blätter werden weder fermentiert noch gedämft, sondern nur an der Luft getrocknet. Hauptsächlich in China hergestellt.

Einkauf und Lagerung

- Die Qualität des Tees ist beim Einkauf besonders wichtig. Ob offen oder in Beuteln hängt von der Art des Aufgießens ab.
- Tee ist lange haltbar, wenn er luftdicht verschlossen aufbewahrt wird (Metalldose).

Handelsformen

Bezeichnung	**Charakteristika**	**Verwendung**
Teemischungen aus schwarzem Tee	Mischungen verschiedener Teesorten (Blends), zB aus Darjeeling-, Ceylon-, Assam-Tees.	Für Aufgussgetränk.
Aromatisierter Tee	Schwarze Tees, mit verschiedenen Aromen angereichert.	Für Aufgussgetränk, zB Wildkirschtee.
Kräutertee	Getrocknete Teile von Kräutern, die mit kochendem Wasser übergossen werden.	Für Aufgussgetränk, Heilmittel, zB Kamillen-, Lindenblütentee.
Früchtetee	Getrocknete Teile von Früchten, die mit kochendem Wasser übergossen werden.	Für Aufgussgetränk, zB Hagebuttentee.
Offener Tee oder Tee in Beuteln	Jeder Tee wird lose oder in Beuteln angeboten, zB schwarzer, Früchte- oder Kräutertee.	Für Aufgussgetränk.
Teeextrakte	Aufbereitetem Tee wird das Aroma durch spezielle Verfahren entzogen.	Für Aromatisieren von Cremen.
Instantteeprodukte	Tee wird durch Trocknungsverfahren pulverisiert und häufig aromatisiert.	Für Getränke, zB Eistees.

Zusammenfassung: Tee

Der Teestrauch wächst in den Regionen um den Äquatorgürtel in einer Höhenlage bis zu 2500 Metern an Abhängen. Man unterscheidet den China- und den Assam-Teestrauch.

Gewinnung

- Tee ernten
- Teeblätter welken
- Rollen
- Fermentieren
- Trocknen
- Reinigen und sortieren
- Verpacken

Qualitätssorten

- Blatt-Tees (Flowery Orange Pekoe, Orange Pekoe, Pekoe, Pekoe Souchong, Souchong)
- Broken-Tees (Broken Orange Pekoe, Broken Pekoe, Fannings)
- Oolong- oder halbfermentierter Tee
- Grüner Tee
- Weißer Tee

Luftdicht verschlossen lagern. Im Handel werden die verschiedensten Teemischungen lose oder in Beuteln angeboten.

Fragen und Arbeitsaufgaben

1. Wo und wie wird der Teestrauch angepflanzt?
2. Erklären Sie die Gewinnung des Tees!
3. Welche Qualitätsstufen von Tees kennen Sie und wie unterscheiden sie sich?
4. In welchen Handelsformen wird Tee angeboten?

12 WÜRZMITTEL

Würzmittel sind geschmacksgebende Stoffe. Sie verleihen Lebensmitteln, in kleinsten Mengen beigegeben, einen besonderen Geschmack.

Würzmittel in der Konditorei

- Gewürze
- Speisesalz
- Aroma, Essenzen, Extrakte
- Genuss-Säuren
- Spirituosen

Beim Würzen bzw. Abschmecken von Konditoreierzeugnissen muss darauf geachtet werden, dass die richtige Qualität und Dosis an Würzmitteln verwendet wird, um den Eigengeschmack der Produkte nicht zu zerstören. „Weniger ist mehr" heißt das Motto.

12.1 GEWÜRZE

Das sind getrocknete Pflanzenteile, die besonders intensive Geruchs- und Geschmacksstoffe enthalten.

Herkunft

Die meisten Gewürze, die heute verwendet werden, stammen aus tropischen Ländern. Sie wurden deshalb erst durch Kreuzzüge und Seefahrer des Mittelalters in Europa bekannt, die sie als Beutegut mitbrachten. Heute ist der Gewürzanbau in vielen ehemaligen europäischen Kolonien von besonderer wirtschaftlicher Bedeutung.

Zusammensetzung

Geruchs- und Geschmacksstoffe sind im Zellgewebe der Gewürze gespeichert.

- **Ätherische Öle:** Dies sind flüchtige Aromastoffe, die bei unsachgemäßer Lagerung entweichen. Sie sind fettlöslich, jedoch nicht wasserlöslich. Deshalb wirkt die Beigabe von Fett häufig geschmacksverstärkend.
- **Gerbstoffe:** Es handelt sich um Bitterstoffe, die wasserlöslich und nicht flüchtig sind.
- **Harze:** Sie sind fettlösliche Bestandteile der Gewürze, die einen scharfen Geschmack verleihen.

Arten

Im Folgenden werden die in der Konditorei verwendeten Gewürze beschrieben.

Vanille

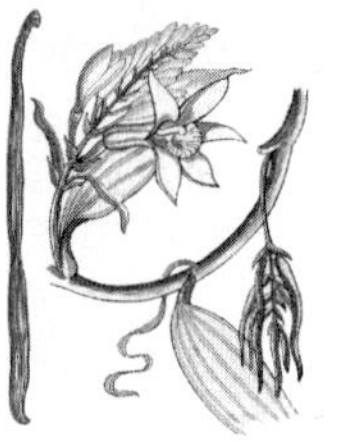

Die Vanilleschote ist die getrocknete, fermentierte, dunkelbraune Kapselfrucht einer tropischen Orchideenpflanze. Sie ist 15 bis 20 Zentimeter lang und enthält als wichtigsten Bestandteil das Vanillin (1,5 bis 4,5 %). Vanille ist ein sehr teures Gewürz und wird häufig durch das naturidentische Aroma Vanillin ersetzt. Bourbon-Vanille ist die hochwertigste Sorte.

Anbaugebiete: Mexiko, Java, Mauritius, Madagaskar.

Verwendung:

- Die Vanilleschote wird der Länge nach aufgeschnitten. Das Fruchtmark mit den kleinen schwarzen Kernen wird herausgeschabt.
- Bei gekochten Erzeugnissen wird die aufgeschnittene Vanilleschote mitgekocht. Durch Einlegen der Vanilleschoten in Puderzucker erhält man vanillierten Zucker.
- Für Teige, Massen, Cremen (Vanillecreme), Speiseeis, Schokolade.

Zitronenschale

Die abgeriebene Schale von unbehandelten Zitronen wird frisch oder konserviert (mit Zucker versetzt, als Paste oder gefriergetrocknet) zum Würzen verwendet. Zitronenöl ist das aus der Schale gelöste, in Alkohol gebundene ätherische Öl der Zitronenschale.

Anbaugebiete: Spanien, Israel, Südafrika, Südstaaten der USA.

Verwendung:

- Für Teige, Massen, Cremen, Zuckerglasuren, Speiseeis, Erfrischungsgetränke.

Zimt

Das ist die getrocknete, rötliche, innere Rinde des Zimtlorbeerbaumes. Die abgelösten Rindenstücke werden ineinander geschoben. Sie rollen sich von beiden Seiten her ein. Der Rindenbruch wird zu Zimtpulver vermahlen.

Zimt enthält ca. 5 % ätherisches Öl und hat einen milden, aromatischen Geruch und Geschmack.

Anbaugebiete: Sri Lanka (hochwertiger Zimt), Südchina.

Verwendung:

- Zimtpulver: für Teige und Massen, die Nüsse und andere Kerne enthalten.
- Zimtstangen: zum Mitkochen bei Kompotten, Glühwein.

Gewürznelke

Gewürznelken sind die aufbereiteten und getrockneten Blütenknospen des Gewürznelkenbaumes. Sie enthalten ca. 15 % ätherische Öle.

Anbaugebiete: Ostküste Afrikas, Madagaskar.

Verwendung:

- Nelkenpulver: für Teige und Massen, die Nüsse und andere Kerne enthalten.
- Gewürznelken: zum Mitkochen bei Kompotten, Glühwein.

Anis

Das ist die reife, getrocknete Frucht eines ca. 50 Zentimeter hohen Doldengewächses. Die tropfenförmigen Samenkörner haben einen kleinen Stiel am Ende und einen süßlich aromatischen Geschmack. Aniskörner enthalten 2 bis 3 % ätherische Öle.

Anbaugebiet: Mittelmeerländer.

Verwendung:

- Für Anisgebäcke, Gewürzmischungen.

Muskatnuss, Muskatblüte

Sie stammen von den Kernen der pfirsichähnlichen Früchte des Muskatbaumes, die beim Reifwerden aufspringen. Der Samen, die Muskatnuss (bis 16 % ätherische Öle), wird von einer orangegelben Schale, der Muskatblüte (= Macis – 12 % ätherische Öle), umschlossen. Beide haben ein würziges, exotisches Aroma.

Anbaugebiete: Molukken, Indonesien, Westindien, Afrika.

Verwendung:

- Für Gewürzmischungen.

Piment (Neugewürz)

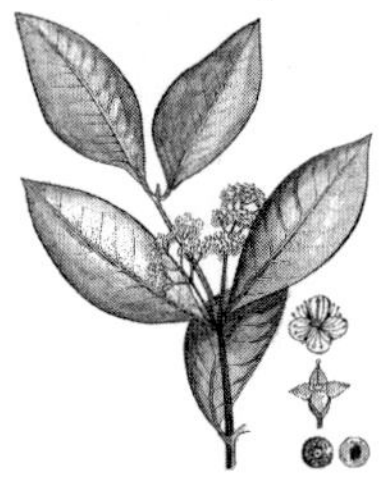

Das sind die getrockneten Beerenfrüchte des Nelkenpfefferbaumes. Die Beeren sind etwa 7 Millimeter groß und haben einen nelken- bzw. pfefferähnlichen Geschmack. Sie enthalten ca. 5 % ätherische Öle.

Anbaugebiete: Mittelamerika, Jamaika, Westindien.

Verwendung:

- Für Gewürzmischungen.

Kardamom

Das sind die getrockeneten Samenkörner aus der Fruchtkapsel der Kardamomstaude, eines Ingwergewächses. Die Samenkörner sind etwa 3 Millimeter lang und dunkelbraun.

Anbaugebiete: Indien, Sri Lanka, Madagaskar.

Verwendung:

- Für Gewürzmischungen.

Sternanis

Das ist die sternförmige, rotbraune Samenkapsel eines Magnolienbaumes. Sie enthält Anisöl und andere Aromen. Ihr Geschmack ist anisähnlich, jedoch stärker.
Anbaugebiete: Südostasien, Westafrika, Südamerika.
Verwendung:
- Für Anisgebäcke, Gewürzmischungen.

Koriander

Er stammt von der Korianderpflanze, einem Doldengewächs. Die Körner sind rund und mittelbraun. Sie haben einen Durchmesser von ca. 4 Millimeter.
Anbaugebiete: Mittelmeerländer, Deutschland.
Verwendung:
- Für Gewürzmischungen, Brotgewürz.

Ingwer

Er stammt aus den Wurzeln der schilfartigen Ingwerstaude. Die Ingwerwurzel enthält etwa 5 % ätherisches Öl und hat einen scharfen, brennenden Geschmack.
Anbaugebiete: Indien, China, Westafrika, Südamerika.
Verwendung:
- Für Ingwergebäcke, Gewürzmischungen, kandiert für Rohkostmischungen.
- Zur Getränkeherstellung (Gingerale).

Kümmel

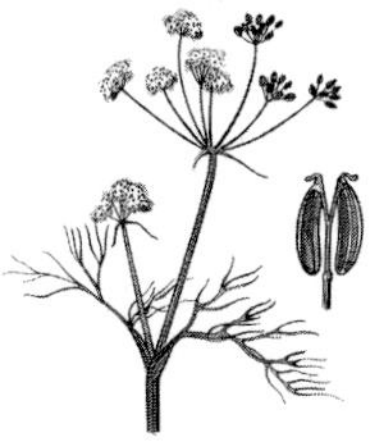

Die Kümmelpflanze ist ein etwa 50 Zentimeter hohes Doldengewächs mit hellbraunen, sichelförmig gebogenen Samenkörnern. Kümmel enthält 2 bis 3 % ätherisches Öl und schmeckt herb würzig.
Anbaugebiete: Mittel- und Osteuropa.
Verwendung:
- Für Kümmel- und Käsegebäcke.

Pfeffer

Er ist die Beerenfrucht des Pfefferstrauches. Pfefferkörner enthalten 1,5 bis 3,5 % ätherische Öle. Pfeffer ist weltweit das meistgehandelte Gewürz.
Sorten:
- **Schwarzer Pfeffer** wird unreif geerntet und getrocknet. Er hat einen scharfen Geschmack.
- **Weißer Pfeffer** sind die reif geernteten und fermentierten Körner. Er hat einen milderen und feineren Geschmack.
- **Grüner Pfeffer** wird unreif geerntet und eingelegt. Er ist aromatisch und nicht scharf.

Anbaugebiete: Indien, Sri Lanka, Thailand.
Verwendung:
- Für Pfefferlebkuchen, Käsegebäcke und fast alle pikanten Speisen.

Paprika

Paprika ist ein rotes Pulver, das aus den getrockneten Früchten der Paprikapflanze (Nachtschattengewächs) gewonnen wird.
Sorten:
- **Edelsüßer Paprika** ist eher mild.
- **Rosenpaprika** ist mittelscharf.
- **Chili** aus Ostasien ist besonders scharf.

Anbaugebiete: Mittelamerika, Indien, Ungarn, Bulgarien, Spanien.
Verwendung:
- Für Käsegebäcke, Käsecremen, diverse pikante Speisen.

Safran

Safran sind die orangegelben, getrockneten Blütenfäden des Safrankrokus. Safran enthält ca. 1 % ätherische Öle. Er wirkt stark gelbfärbend und ist deshalb ein natürlicher Farbstoff. Er ist das teuerste Gewürz der Welt. Für ein Kilogramm Safran benötigt man zwischen 80 000 und 200 000 Blüten.
Anbaugebiete: Mittelmeerländer, Vorderasien.
Verwendung:
- Für Käsegebäcke.

Gewürzmischungen

Dabei handelt es sich um Mischungen verschiedener Gewürze zur Erzielung einer typischen Geschmacksrichtung **(Lebkuchengewürz, Brotgewürzmischung)**. Eine sehr bekannte Gewürzmischung ist **Curry**, der in der kalten Küche Bedeutung hat.

Lagerung

- Kühl und trocken lagern, da Wärme und Feuchtigkeit zu Schimmelbildung führen.
- Verschlossen aufbewahren, da sich sonst die ätherischen Öle verflüchtigen und der Geschmack verloren geht. Außerdem verändert die Einwirkung von Licht die Eigenschaften.

12.2 Speisesalz

Speisesalz besteht aus Natrium und Chlor. Es wird für Hefe- und Blätterteige, Brand- und Eiermassen und vor allem für pikante Erzeugnisse (Käsegebäck, Aufstriche) verwendet.

Arten

Steinsalz

Salzhaltiges Gestein wird mit Wasser ausgelaugt, dabei entsteht vorerst Salzsole. Die Sole wird in Sudhäusern eingedampft. Dabei kristallisiert das Kochsalz aus. Anschließend wird es getrocknet (Siedsalz).

Quellsalz

Salz kann auch durch unterirdische Wasserläufe gelöst werden, die als Solequellen austreten.

Meersalz

Aus Meerwasser, das ca. 2 bis 3 % Kochsalz enthält, erfolgt die Speisesalzgewinnung. In flachen Becken, den Salzgärten, in denen durch Sonnenwärme das Meerwasser verdunstet, bleibt das Meersalz zurück. Meersalz enthält im Vergleich zu Steinsalz zusätzlich noch Jod.

Eigenschaften

Beeinflusst den Kleber

Die Kleberquellung wird verringert. Er bleibt fester und elastischer (zB Hefeteig).

Gärhemmende Wirkung

Salz entzieht der Hefezelle das Wasser, die Gärung wird verlangsamt oder gestoppt.

Erhöht die Schlagfähigkeit

Eiklar wird durch Salzzusatz leichter schlagfähig (membranauflösende Wirkung). Es verliert jedoch leichter den Stand.

Geschmacksverbesserung

Geringe Salzzugabe rundet süßen Geschmack ab und gibt den Speisen eine besondere Würze. Empfohlene Salzmenge:

- Hefeteige: 10 bis 15 g/kg Mehl
- Andere Teige und Massen: 1 bis 5 g/kg Mehl

Lagerung

- Bei trockener Lagerung unbegrenzt haltbar.

12.3 Aromen, Essenzen, Extrakte

Das sind konzentrierte Würzstoffe, die in Kleinstmengen Lebensmitteln beigegeben werden. In der Konditorei werden zu kleinen Massen die Aromastoffe nach Gefühl und Geschmack beigegeben. Bei größeren Massen sind die durchschnittlichen Zugabemengen vom Hersteller zu beachten (zB 1–2: 1000 g, dh. 1 bis 2 g pro kg Lebensmittel).

In der Verordnung über Aromen (BGBl. II 42/1998) sind die Höchstmengen mancher Aromastoffe (in mg/kg), die Getränken und Lebensmitteln beigegeben werden dürfen, festgesetzt.

Arten

Natürliche Aromastoffe

Sie werden aus natürlichen Ausgangsstoffen extrahiert (zB Vanilleextrakt, Orangenschalenessenz) oder durch andere physikalische, enzymatische oder mikrobiologische Verfahren aus pflanzlichen oder tierischen Stoffen gewonnen. Zur Extraktion verwendet man Lösungsmittel, die anschließend wieder entfernt werden. Natürlich bedeutet, dass sie aus natürlichen Rohstoffen gewonnen werden (zB Himbeeraroma kann neben Himbeeren auch aus Zedernholzextrakt gewonnen werden).

Die **Gewinnung** erfolgt durch:

- Destillieren
- Extrahieren
- Pressen
- Zentrifugieren
- Trockendestillieren

Naturidentische Aromastoffe

Sie sind in ihrer chemischen Zusammensetzung natürlichen Aromastoffen gleich, werden aber synthetisch hergestellt. Naturidentisch heißt nicht, dass die Stoffe auch in den jeweiligen Lebensmitteln natürlich vorkommen müssen. Es bedeutet, dass sie in der Natur nachgewiesen und im Labor nachgebaut wurden.

Künstliche Aromastoffe

Sie kommen in der Natur nicht vor, sie werden künstlich hergestellt. Beispiel: Äthylvanillin wird aus den Sulfitablaugen hergestellt, die bei der Zellstoffgewinnung (bzw. aus Erdöl) anfallen.

Die Industrie ist in der Lage, jede nur erdenkliche Art von Aromen herzustellen. Der Körper kann nicht unterscheiden, ob mit der Nahrung natürliche, naturidentische oder künstliche Aromen aufgenommen werden.

Lagerung

- Verschlossen lagern, damit sich die ätherischen Öle nicht verflüchtigen können.
- Die Haltbarkeit wird vom Hersteller mit dem Ablaufdatum angegeben.

12.4 Genuss-Säuren

Genuss- oder Fruchtsäuren dienen in der Konditorei nicht nur als Würzmittel, sondern erfüllen auch einige andere Funktionen.

Arten

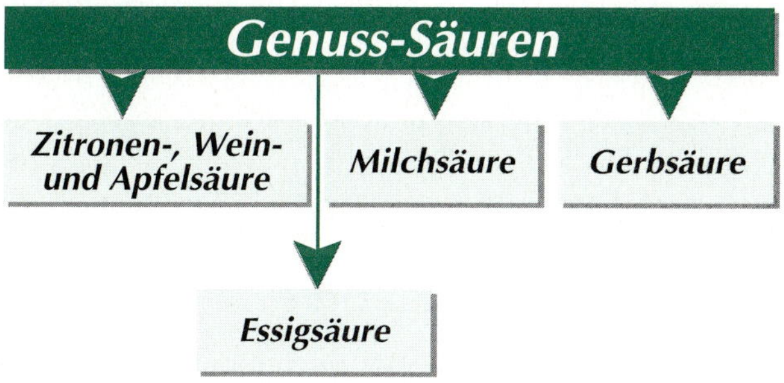

Zitronen-, Wein-, Apfelsäure
Diese Genuss-Säuren sind Bestandteile von Früchten, können aber auch synthetisch hergestellt werden.
Verwendung:
- Als Geschmacksstoff für Fruchtgetränke, Speiseeis, Zuckererzeugnisse, Gelees, Konfitüren, Fruchtcremen.
- Als Zusatz, um bestimmte Reaktionen zu erreichen: Pektingelee (Gelierhilfe), Backpulver (Reaktion mit Natron), Zuckererzeugnisse (verhindern das Auskristallisieren).

Essigsäure
Sie ist in Essig enthalten. Essig wird aus Wein und Obst gewonnen. Bei der biologischen Essiggewinnung wird der Äthylalkohol durch Essigsäurebakterien in Essigsäure umgewandelt.
Verwendung:
- Als Geschmacksstoff für Blätterteige, Salate, in der kalten Küche.
- Als Zusatz, um bestimmte Reaktionen zu erreichen; zB kleberschwächende Wirkung bei Blätterteig, Erhöhung der Quellfähigkeit des Klebers und konservierende Wirkung.

Milchsäure
Sie entsteht bei der Umwandlung von Milchzucker durch Milchsäurebakterien.
Verwendung:
- Milchsäurehaltige Produkte (Jogurt, Sauerrahm) sind Geschmacksgeber für viele Erzeugnisse.
- Milchsäure kann auch Lebkuchenteigen zur rascheren Säuerung beigegeben werden.

Gerbsäure
Sie ist ein Hauptgeschmacksstoff in Tee, Kaffee und Kakao. Sie entsteht bei der Fermentation dieser Rohstoffe und ist verantwortlich für deren bitteren Geschmack. Als eigentliches Würzmittel wird Gerbsäure in der Konditorei nicht verwendet.

12.5 Spirituosen

Als Würzmittel finden in erster Linie hochprozentige Alkohole (Spirituosen) Verwendung, da sie auch in kleinen Mengen sehr geschmacksintensiv sind. Die Spirituosen werden bei den alkoholischen Getränken im Kap. II / 17.2 besprochen.

Zusammenfassung: Würzmittel

Gewürze

Getrocknete Pflanzenteile mit intensiven Geruchs- und Geschmacksstoffen (ätherische Öle, Gerbstoffe und Harze), die meist aus tropischen Ländern stammen.

Arten
- Vanille: Frucht eines Orchideengewächses. Vanille (Bourbon-Vanille) ist sehr teuer und wird oft durch Vanillin ersetzt.
- Zitronenschale: Schale von unbehandelten Zitronen.
- Zimt: aus der Rinde des Zimtloorbeerbaumes. Rindenbruch wird zu Zimtpulver vermahlen.

- Gewürznelke: Blütenknospen des Gewürznelkenbaumes.
- Anis: Frucht eines Doldengewächses, dessen Samenkörner einen süßlich aromatischen Geschmack haben.
- Muskatnuss, Muskatblüte: von den Kernen der pfirsichähnlichen Früchte des Muskatbaumes.
- Piment (Neugewürz): getrocknete Beerenfrüchte mit nelken- bzw. pfefferähnlichem Geschmack.
- Kardamom: Samenkörner aus der Fruchtkapsel eines Ingwergewächses.
- Sternanis: Samenkapsel eines Magnolienbaumes.
- Koriander: Samenkörner der Korianderpflanze.
- Ingwer: aus den Wurzeln der Ingwerstaude.
- Kümmel: sichelförmige Samenkörner eines Doldengewächses.
- Pfeffer: Beerenfrucht des Pfefferstrauches (schwarz, weiß und grün).
- Paprika: rotes Pulver aus den getrockneten Früchten der Paprikapflanze.
- Safran: orangegelbe, getrocknete Blütenfäden des Safrankrokus; teuerstes Gewürz.
- Gewürzmischungen: Mischungen verschiedener Gewürze zur Erzielung einer typischen Geschmacksrichtung.

Speisesalz

Arten

- Steinsalz
- Quellsalz
- Meersalz

Eigenschaften

- Beeinflusst den Kleber
- Gärhemmende Wirkung
- Erhöht die Schlagfähigkeit
- Geschmacksverbesserung

Bei trockener Lagerung unbegrenzt haltbar.

Aromen, Essenzen, Extrakte

Arten

- Natürliche Aromastoffe: aus natürlichen Rohstoffen.
- Naturidentische Aromastoffe: kommen in der Natur vor, werden aber im Labor nachgebaut.
- Künstliche Aromastoffe: kommen in der Natur nicht vor und werden synthetisch hergestellt.

Verschlossen lagern und Ablaufdatum beachten.

Genuss-Säuren

Arten

- Zitronen-, Wein-, Apfelsäure: in Früchten enthalten; als Geschmacksstoffe und als Zusatz, um bestimmte Reaktionen zu erreichen.
- Essigsäure: in Essig enthalten; als Geschmacksstoff und als Zusatz, um bestimmte Reaktionen zu erreichen.
- Milchsäure: entsteht bei der Umwandlung von Milchzucker durch Milchsäurebakterien und hat bei der Lebkuchenherstellung Bedeutung.
- Gerbsäure: Hauptgeschmacksstoff in Tee, Kaffee und Kakao.

Spirituosen

Bereits in kleinen Mengen sehr geschmacksintensiv. Die Spirituosen werden bei den alkoholischen Getränken im Kap. II / 17.2 besprochen.

Fragen und Arbeitsaufgaben

1. Was verstehen Sie unter Würzmittel?
2. Welche Würzmittel kennen Sie?
3. Wie werden Gewürze definiert?
4. Beschreiben Sie die geruchs- und geschmacksgebenden Bestandteile der Gewürze!
5. Was ist bei der Verwendung von Vanille zu beachten?
6. In welcher Form kann Zitrone als Gewürz verwendet werden?
7. Wofür werden Zimtstangen und Gewürznelken verwendet?
8. Nennen Sie einige Gewürze, die Bestandteil von Gewürzmischungen sind!
9. Nennen Sie ein Gewürz, das aus Wurzeln stammt!
10. Wie sollen Gewürze gelagert werden?
11. Beschreiben Sie den Einfluss von Salz auf Konditoreiprodukte!
12. Wie werden Aromen eingeteilt?
13. Was ist bei der Verwendung von Aromen zu beachten?
14. Welche Genuss-Säuren kennen Sie?
15. Beschreiben Sie die Wirkung von Zitronen-, Wein-, Apfelsäure und Essigsäure in Konditoreiprodukten!
16. Welche Bedeutung haben Milch- und Gerbsäure in Konditoreiprodukten?

13 LOCKERUNGS- UND TRIEBMITTEL

Durch den Zusatz dieser Mittel wird die Gebäckkrume gelockert. Das gelockerte Gebäck ist leichter verdaulich, das Volumen wird vergrößert und der Geschmack verbessert.

Lockerungsmittel

Biologisches Lockerungsmittel

Der Stoffwechsel von bestimmten Bakterien wird zur Lockerung genutzt, zB Hefe.

Physikalische Lockerungsmittel

Wasser, Luft, Zucker und Fett dehnen sich in der Ofenhitze aus und treiben das Gebäck in die Höhe.

Chemische Lockerungsmittel

Durch Verwendung von Chemikalien (Backpulver, Ammonium, Pottasche, Natron) entstehen beim Backen Lockerungsgase.

Diese drei Lockerungsmöglichkeiten können auch kombiniert werden:

- Biologisch + chemisch (zB Hefebackpulverteig)
- Biologisch + physikalisch (zB Plunderteig)
- Chemisch + physikalisch (zB schwere Sandmassen)

13.1 BIOLOGISCHES LOCKERUNGSMITTEL

Hefe

Hefe wird als natürliches oder biologisches Lockerungsmittel bezeichnet. Sie ist ein lebender pflanzlicher Organismus, der überall in der Natur vorkommt. Er ist so klein, dass er nur unter dem Mikroskop sichtbar wird. Die Hefezelle, die eine runde bis ovale Form aufweist, besteht aus einer Zellhaut, die die Zellflüssigkeit und den Zellkern umschließt.

Zusammensetzung

Inhaltsstoffe	Prozent
Kohlenhydrate (Zucker)	6 %
Fett	1 %
Eiweiß	17 %
Wasser	ca. 75 %
Salze	1 %

Gewinnung

Die Hefe vermehrt sich durch Zellteilung. Bei der Hefefabrikation werden optimale Bedingungen für die Vermehrung geschaffen.

Hefezellen züchten
Im Labor werden Hefezellen aus bewährten Stämmen gezüchtet, um die Vermehrung von „wilden“ Hefen zu vermeiden. Die Reinzuchthefe wird stufenweise vermehrt, bis sich genug Hefezellen gebildet haben, um die eigentliche Produktion zu beginnen (= Stellhefe).

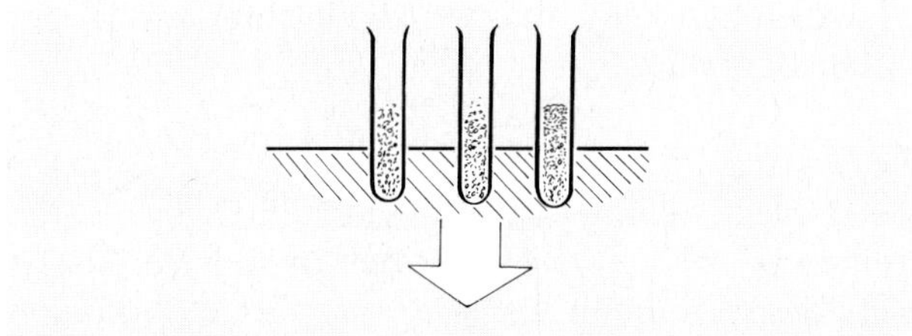

Vermehren
Die Vermehrung der Stellhefe erfolgt in Gärbottichen unter optimalen Bedingungen:

- Nahrung (Zuckerstoffe der gekochten Melasse, Nährsalze)
- Wärme (25 bis 30 °C)
- Belüftung (keimfreie Luft)
- saures Milieu (pH-Wert ca. 4,5 bis 6,8)

Die Vermehrung dauert ca. 16 Stunden. Es bildet sich CO_2, jedoch durch die intensive Belüftung kein Alkohol.

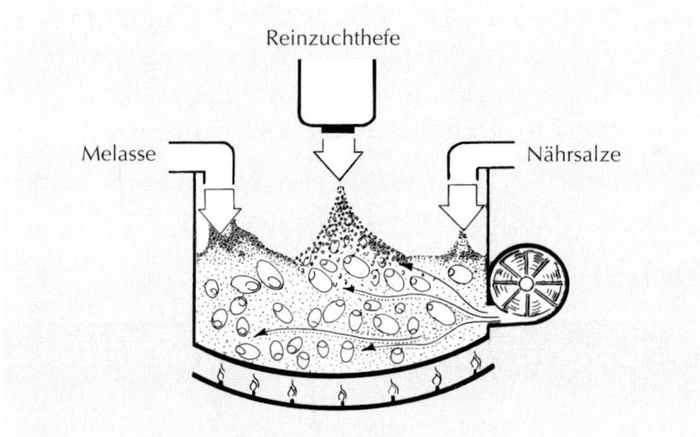

Zentrifugieren (Separieren)
In der Separatorenstation wird der Heferahm durch Zentrifugieren von der erschöpften Nährlösung getrennt.

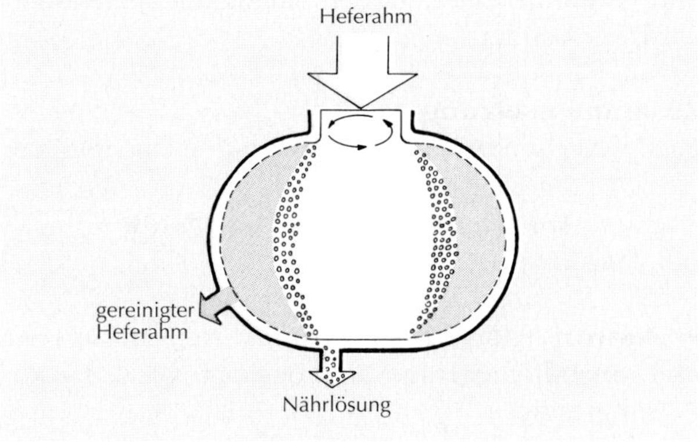

Filtern
Durch einen Vakuumdrehfilter wird dem Heferahm das Wasser entzogen, die verbleibenden Hefezellen bilden eine bröckelige hellbraune Masse.

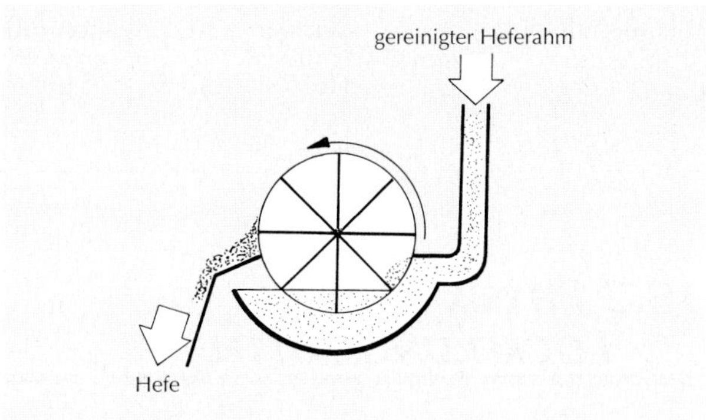

Verpacken
Die Hefe wird gepresst und in gewünschten Mengen abgepackt (meist 500 g bzw. Haushaltspackungen zu 42 g).

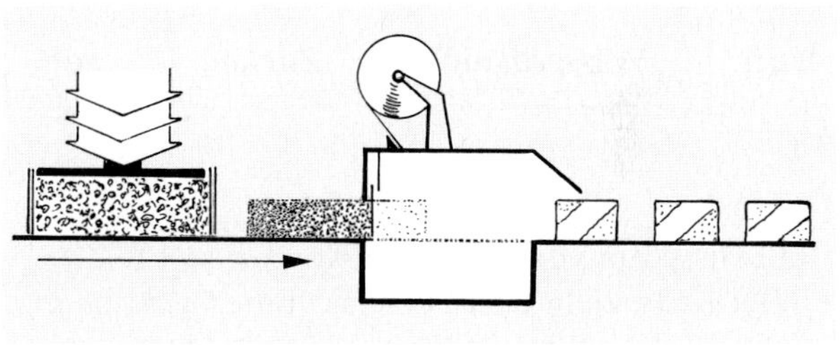

Wirkungsweise

Die Hefezelle enthält verschiedene Enzyme, die die Zuckerstoffe in Einfachzucker aufspalten. Das Gärungsenzym Zymase verwandelt den Traubenzucker und Fruchtzucker in Alkohol und Kohlendioxid (Lockerungsgas). Der Alkohol geht bei der Lockerung verloren (Gärverlust). Kohlendioxid wird von den Eiweißstoffen gehalten und treibt das Gebäck in die Höhe.

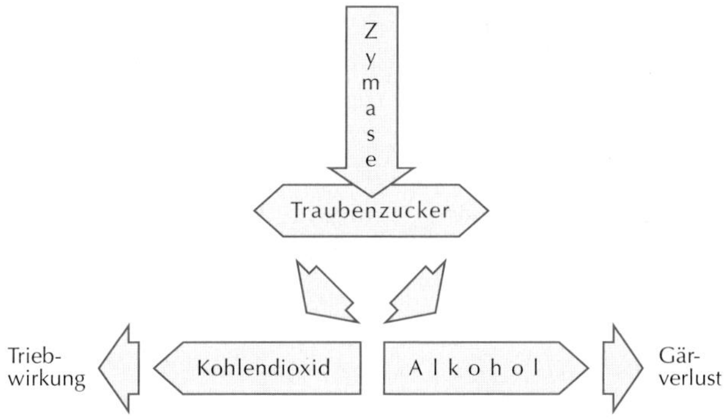

Lagerung

- Trocken, kühl und luftig lagern.
- Verschlossen aufbewahren. Die beste Lagertemperatur liegt zwischen + 4 °C und + 6 °C.
- Hefe bei Temperaturen von - 20 °C tiefgefrieren. Das Auftauen der Hefe soll langsam erfolgen.

Handelsformen

Bezeichnung	Charakteristika	Verwendung
Pfundhefe	Wird in 500-g-Packungen angeboten.	Für gewerbliche Zwecke.
Haushaltshefe	Wird in 42 g pro Hefewürfel angeboten.	Für den Haushalt.
Trockenhefe	Hefe wurde Wasser entzogen.	Zur Vorratshaltung.
Flüssighefe	Kann in Silos eingelagert werden.	Für die Backwarenindustrie.

13.2 Physikalische Lockerungsmittel

Arten

Physikalische Lockerungsmittel

- Luft
- Wasserdampf
- Zucker
- Fett

Luft

Die Luft ist ein veränderbarer Körper.

- Bei Kälte zieht sich Luft zusammen und es gibt einen Volumensverlust.
- Bei Wärme, Hitze dehnt sich Luft aus und das ergibt eine Volumensvergrößerung.

Lockerung erfolgt in zwei Phasen:

- Durch das Einfangen der Luft mittels Schlagens, Rührens oder Einblasens, zB beim Anschlagen von Massen.
- Durch das Ausdehnen der Luft beim Backprozess.

Wasserdampf

Das in bestimmten Teigen und Massen rezepturmäßig vorhandene Wasser dehnt sich unter Hitzeeinwirkung aus und bildet Dampf. Es entsteht Druck, der das Gebäck in die Höhe treibt (zB Blätterteig, Massen).

Bei dampfgelockertem Gebäck wird die Oberfläche beim Backprozess lange feucht gehalten (Schwadengabe), um ein vorzeitiges Verhärten der Gebäckkruste zu verhindern.

Zucker

Zwei Zuckereigenschaften sind für die Beteiligung des Zuckers an Lockerungsvorgängen verantwortlich:

- Löslichkeit: Flüssigkeit und Zucker bilden mehr Flüssigkeit. Die Folge ist, dass Teige, Massen oder Füllungen weicher werden und daher stärker treiben.
- Verschobene Eiweißgerinnungstemperatur: Eiweiß und gelöster Zucker bewirken eine später einsetzende Eiweißgerinnung. Die Folgen sind längere, weich bleibende Massen, die leichter und länger ausdehnbar sind.

Fett

Bei der Herstellung von fettreichen, kurz gemischten Teigen ist das Fett ein fester Bestandteil. Verflüssigt sich das Fett beim Backen, so wird es von den flüssigkeitsbindenden Bestandteilen (Mehl, Puderzucker) aufgenommen. Der Raum, der vom festen Fett eingenommen wurde, wird frei. Eine flache Porung entsteht.

13.3 Chemische Lockerungsmittel

Fett- und zuckerreiche Teige mit geringem Wasseranteil können nur durch chemische Lockerungsmittel gelockert werden. Backpulver, Ammonium und Pottasche sind die am häufigsten verwendeten Triebmittel. Bei Einwirkung von Feuchtigkeit, Wärme und Säure wird Kohlendioxid als Lockerungsgas freigesetzt.

Arten

Chemische Lockerungsmittel

- Backpulver
- Ammonium (Hirschhornsalz)
- Pottasche
- Natron

Backpulver

Es wird zum Lockern von aufgeschlagenen Massen und von Mürbteigen, denen Flüssigkeit beigegeben wird, verwendet.

Zusammensetzung

Backpulver ist eine Mischung aus verschiedenen Stoffen:

2 Teile Natron + 5 Teile Salze oder Säure + 3 Teile Stärke

- **Natron** (doppelkohlensaures Natron) ist der Kohlendioxid-Träger und das eigentliche Lockerungsmittel.

- **Salze/Säuren** (zB Weinstein) bewirken die Kohlendioxid-Entwicklung.
- **Stärke** sorgt als Trennmittel dafür, dass Feuchtigkeit gebunden wird, und verhindert so eine vorzeitig einsetzende chemische Reaktion bei der Lagerung.

Die chemische Reaktion wird durch Feuchtigkeit ausgelöst und durch Wärme verstärkt. Sie soll aber erst beim Backprozess durch die Kohlendioxid-Entwicklung wirksam werden.

Behandlung

Für eine richtige Verarbeitung sind zwei Grundregeln zu berücksichtigen:

- Trockenes Backpulver in der vorgegebenen Menge verarbeiten.
- Das Backpulver mit dem Mehl sieben und vermischen.

Lagerung

- Trocken und verschlossen aufbewahren.
- Es ist bis zu drei Monate lagerfähig, ohne seine Triebwirkung einzubüßen.
- Vor Verwendung von zu lang gelagertem Backpulver ist eine Reaktionsüberprüfung angebracht.

Ammonium (Hirschhornsalz)

Ammonium ist ein weißes Salz mit stechendem Ammoniakgeruch. Es ist ein Gemisch aus drei verschiedenen Ammoniumverbindungen. Nur trockenes Ammonium wird restlos in Gas umgewandelt. Es treibt in die Höhe.

Ammonium wird nur zum Lockern von trocken ausbackenden Flachgebäcken verwendet (für Lebkuchen und einzelne Mürbteige). Denn in zu hohem Gebäck verbleiben Ammoniakrückstände.

Pottasche

Es ist das älteste chemische Triebmittel. Pottasche ist eine laugige Substanz, die nur in Verbindung mit Säure in feuchtwarmer Umgebung Kohlendioxid entwickelt. Das von der Pottasche freigesetzte CO_2 treibt vorrangig in die Breite, weil Pottasche klebererweichend wirkt. Deshalb sollte es nur gemeinsam mit Ammonium angewendet werden.

Es können nur Teige gelockert werden, die eine Eigensäure aufweisen, so zB der Lagerteig (Lebkuchen), oder es werden dem Teig Säuren beigesetzt.

Natron

Natron ist ein weißes, laugenhaft schmeckendes Salz. Es wird anstelle von Pottasche bei Lebkuchenteigen verwendet. Es hat kaum mehr Bedeutung in der Konditorei.

Zusammenfassung: Lockerungs- und Triebmittel

Durch den Zusatz dieser Mittel bezweckt man die Lockerung der Gebäckkrume. Das gelockerte Gebäck wird leichter verdaulich und es entsteht eine Vergrößerung des Volumens und Verbesserung des Geschmacks.

Biologisches Lockerungsmittel

Hefe (Sprosspilz) ist ein pflanzliches Lebewesen. Hefe benötigt zum Leben Nahrung, Wärme und Sauerstoff.

Gewinnung

- Hefezellen züchten
- Vermehren
- Separieren
- Filtern
- Verpacken

Physikalische Lockerungsmittel

- Luft: Lockerung durch Einschlagen der Luft (zB Massen) und durch Ausdehnung beim Backprozess.
- Wasserdampf: Vorhandenes Wasser in Teigen und Massen dehnt sich bei Hitzeeinwirkung aus.
- Zucker: Lockerung durch die Eigenschaften der Löslichkeit und Verschiebung der Eiweißgerinnungstemperatur.
- Fett: Lockerung durch das Flüssigwerden des Fettes beim Backprozess.

Chemische Lockerungsmittel

Sie werden verwendet, wenn die physikalischen Lockerungsmittel nicht ausreichen oder die Lockerung mit Hefe nicht möglich ist.

Arten

- Backpulver: Lockerung durch Feuchtigkeit und Wärme.
- Ammonium (Hirschhornsalz): zum Lockern von Lebkuchen, Mürbteigen.
- Pottasche: lockert in Verbindung mit Säure und feuchtwarmer Umgebung.
- Natron: eventuell für Lebkuchen.

Fragen und Arbeitsaufgaben

1. Wie werden die Lockerungsmittel eingeteilt?
2. Wie erfolgt die Produktion von Backhefe?
3. Welches Enzym wird als Gärenzym bezeichnet?
4. Was versteht der Konditor unter einer alkoholischen Gärung?
5. Nennen Sie drei Möglichkeiten der physikalischen Lockerung!
6. Nennen Sie drei chemische Lockerungsmittel!
7. Warum muss Backpulver trocken gelagert werden?
8. Warum wird zum Lockern von Flachgebäcken Ammonium verwendet?

14 GELIER- UND BINDEMITTEL

Gelier- und Bindemittel sind pflanzliche oder tierische Stoffe, die Flüssigkeiten binden. Diese Gelierfähigkeit beruht auf der hohen Quellfähigkeit der verschiedenen Stoffe. Die Verwendung von Geliermitteln als Zusatzstoffe im Lebensmittelbereich wird durch die Verordnung über andere Zusatzstoffe als Farbstoffe und Süßungsmittel geregelt.

Bezeichnung	**Herkunft**	**Gewinnung**	**Eigenschaften**	**Verwendung / Dosierung je Liter**
Gelatine	Knochen, Sehnen und Gewebe frisch geschlachteter Tiere	• Auskochen	• Quillt im Wasser und löst sich bei maximal 40 °C • Bindet beim Erkalten	Für Gelees, Schlagobers, Oberscremen, schnittfeste Desserts. (5 bis 30 g/l)
Agar-Agar (E 406)	Rotalgen	• Abernten unter Wasser • Auskochen oder extrahieren • Trocknen und eventuell vermahlen	• Quillt im Wasser und löst sich beim Erhitzen • Bindet beim Erkalten (eventuell Säure zusetzen)	Für Geleebonbons, Tortengelees, Füllungen, Cremen, Speiseeis. (1 bis 5 g/l)
Alginate (E 400–405)	Braunalgen	wie Agar-Agar	wie Agar-Agar	wie Agar-Agar
Carrageen (E 407)	spezielle Rotalgen	wie Agar-Agar	wie Agar-Agar	wie Agar-Agar
Guarkernmehl (E 412)	Samen der Guarkernpflanze	• Kerne trocknen und vermahlen	• Quillt im Wasser	Als Speiseeisbinder, Tortengelee. (20 bis 40 g/l)

Bezeichnung	Herkunft	Gewinnung	Eigenschaften	Verwendung / Dosierung je Liter
Gummiarabikum (E 414)	aus afrikanischem Akazienbaum gewonnen	• Baumrinde ritzen • Gummiknollen einsammeln • Trocknen und eventuell vermahlen	• Quillt im Wasser und löst sich bei Erwärmen • Bindet und trocknet bei Erkalten	Zum Abglänzen von Konfekt, Makronen, Lebkuchen. (ca. 150 g/l)
Johannisbrotkernmehl (E 410)	Kerne des Johannisbrotbaumes	• Schoten auslesen • Kerne trocknen und vermahlen	• Quillt im Wasser und löst sich bei Erwärmung • Bindet sofort	Für Tortengelees, als Speiseisbinder. (20 bis 40 g/l)
Pektin (E 440)	Apfeltrester, Schalen von Zitrusfrüchten	• Extraktion	• In Wasser auflösen • Bindet bei Säurezusatz	Für Fruchtsäfte und -mark, Gelees, Konfitüren. (15 bis 50 g/l)
Stärke	Weizen, Mais, Reis, Kartoffeln	• Aufschlämmen	• Bindet bei ca. 65 bis 80 °C und verkleistert	Für Cremen, Puddings, Saucen. (30 bis 150 g/l)
Tragant (E 413)	aus dem Astralagusstrauch gewonnen	wie Gummiarabikum	• Quillt im Wasser (ca. 48 Stunden) • Löst sich durch Aufrühren • Bindet und trocknet sofort	Vermischt mit Puderzucker für Schaustücke, Bonbons und Dekorbögen. (20 bis 40 g/l)

Lagerung

- Trocken und verschlossen lagern.
- Jeweiliges Ablaufdatum beachten, da die Gelierfähigkeit nachlassen kann.

Fragen und Arbeitsaufgaben

1. Nennen Sie fünf Gelier- und Bindemittel und beschreiben Sie deren Herkunft, Gewinnung, Eigenschaften und Verwendung!
2. Versuchen Sie herauszufinden, welche Gelier- und Bindemittel tierischer und welche pflanzlicher Herkunft sind!

15 FARBSTOFFE

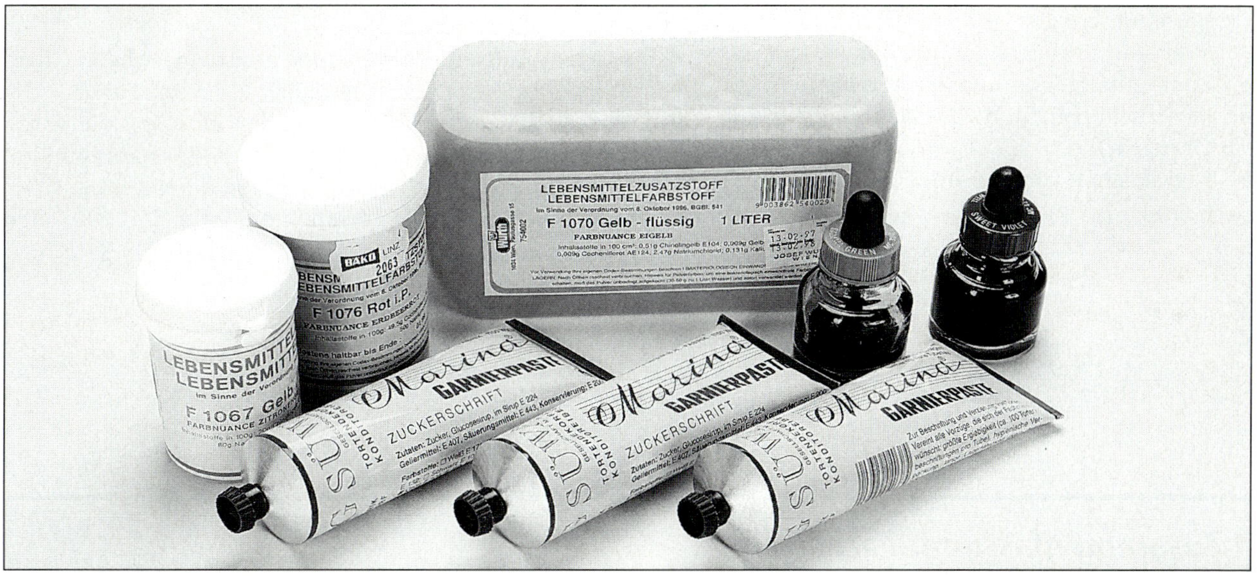

Das Aussehen der Konditoreiware ist ausschlaggebend für den Verkauf. Daher dürfen bestimmte Farben zur Unterstützung des appetitlichen Aussehens verwendet werden.

Gesetzliche Bestimmungen

Das Färben von Lebensmitteln ist in der Farbstoffverordnung geregelt. Sie bestimmt,

- welche Arten von Farbstoffen verwendet werden dürfen und
- welche Lebensmittel gefärbt werden dürfen.

Färben von Lebensmitteln

Lebensmittel dürfen nur gefärbt werden, um bestimmte Zwecke zu erreichen.
Das Färben

- muss die Appetitlichkeit und das Aussehen des Lebensmittels verbessern und damit dessen Eignung zum Verbrauch steigern;
- darf nicht eine geringere Qualität des Lebensmittels überdecken;
- darf auch eine unerwünschte Verfärbung, die ein Lebensmittel durch ein notwendiges Herstellungs- oder Bearbeitungsverfahren hat, wettmachen;
- kann dem Zweck dienen, ein als Ersatz für ein anderes Lebensmittel bestimmtes Produkt für diese Verwendung geeigneter zu machen;
- darf keineswegs den Verbraucher täuschen („gute Herstellungspraxis!").

Arten

Färbende Lebensmittel

In der Konditorei kann mit Dotter, Safran, Kakao, Kaffee, Kuvertüre und diversen Früchten gefärbt werden.

Lebensmittelfarbstoffe

Es ist zu beachten, welche Farbstoffe für welche Lebensmittel erlaubt sind.

Flüssige Farben
Die Farben sind gebrauchsfertig oder werden noch gemischt. Sie eignen sich zum Bemalen mit dem Pinsel oder zur Arbeit mit dem Airbrush. Sie werden für Zuckerschaustücke und zum Schminken von Marzipan verwendet.

Pulverisierte Farben
Sie werden in kochendem Wasser oder in Alkohol gelöst. Beim Auflösen kann es zu Farbschwankungen kommen.

Farben in Pastenform
Sie werden auf Pektinbasis hergestellt und sind ebenfalls in verschiedenen Farbtönen erhältlich.

Filzstifte
Sehr praktisch sind Filzstifte, die mit einer feinen oder breiten Spitze angeboten werden. Sie sind sofort gebrauchsfertig. Diese Farbstoffe sind für Lebensmittel zulässig.

Verwendung

- Für Speiseeis mit bestimmten mengenmäßigen Einschränkungen,
- Marzipan und Persipan in Fantasieformen,
- Zuckerüberzügen und Zuckerglasuren,
- Dickzuckerfrüchten (Ausnahme: Zitronat und Orangeat),
- Windbäckerei, Patiencen, Tortengelees und Gelatinen.

Beachtenswertes

- Generell sollen nur dann Farbstoffe verwendet werden, wenn die Eigenfarbe des Lebensmittels nicht ausreicht.
- Dem Konditor steht eine große Anzahl von natürlich färbenden Materialien zur Verfügung.
- Bei Verwendung von Farbstoffen soll die Farbe mit dem Geschmack des Produktes harmonieren.
- Ein Zuviel an Farbstoffen lässt die Ware künstlich und unnatürlich erscheinen und hält die Kunden vom Kauf ab.

Zusammenfassung: Farbstoffe

Das Färben von Lebensmitteln ist in der Farbstoffverordnung geregelt. Lebensmittel dürfen nur gefärbt werden, um bestimmte Zwecke zu erreichen.

Arten

- Färbende Lebensmittel: zB Dotter, Safran, Kakao, Kaffee, Kuvertüre, Früchte.
- Lebensmittelfarbstoffe: zB flüssige und pulverisierte Farben, Farben in Pastenform, Filzstifte.

Fragen und Arbeitsaufgaben

1. In welchem Gesetz ist die Verwendung von Farbstoffen geregelt?
2. Wann dürfen Lebensmittel gefärbt werden?
3. In welchen Formen werden Lebensmittelfarbstoffe angeboten?
4. Wann verwendet der Konditor Farben und was sollte er dabei beachten?

16 ALKOHOLFREIE GETRÄNKE

Der Mensch misst der Gesundheit heute mehr Bedeutung zu. Das zeigt sich auch bei der Wahl der Getränke.
Als „alkoholfrei" werden alle Getränke bezeichnet, die weniger als 0,5 Vol.-% Alkoholgehalt aufweisen.

Alkoholfreie Getränke

- Wasser
- Frucht- und Gemüsegetränke
- Erfrischungsgetränke
- Milch- und Milchmischgetränke
- Alkaloidhaltige Getränke

16.1 WASSER

Der Mensch sollte ca. 1,5 bis 2,5 Liter Wasser pro Tag trinken. Er deckt diesen Bedarf durch Wasser, wasserhaltige Nahrung und wasserhaltige Getränke. Für den menschlichen Genuss geeignet sind Trink-, Soda-, Mineral- und Heilwasser.

Arten

Wasser

- Trinkwasser
- Sodawasser
- Mineralwasser
- Heilwasser

Trinkwasser

Darunter versteht man Quell- und Grundwasser. Im Umgang mit Lebensmitteln darf kein anderes Wasser als Trinkwasser verwendet werden. Die Eignung des Wassers als Trinkwasser wird von den Gesundheitsbehörden überprüft.

Das Trinkwasser soll angenehm und erfrischend schmecken, geruchlos, farblos und klar sein und gelöste Mineralstoffe enthalten. Es darf keine Krankheitskeime, Ekel erregende Stoffe oder giftige Bestandteile enthalten.

Sodawasser

Es ist ein mit Kohlendioxid (4 g pro Liter) versetztes Trinkwasser. Es kommt in Siphonflaschen luftdicht abgefüllt in den Handel und wird zum Mischen mit anderen Getränken verwendet.

Mineralwasser

- **Natürliches Mineralwasser** ist Quell- oder Grundwasser, das mindestens 1 g und höchstens 6,5 g gelöste Mineralstoffe pro Liter enthält.
- **Sprudel** tritt mit natürlichem Kohlensäuregehalt hervor. Säuerlinge enthalten mindestens 1 g Kohlensäure pro Liter.
- **Stille Wasser** sind geschmacksneutral und nur mit einem geringen Teil Kohlensäure versetzt.

Heilwasser

Unter dieser Bezeichnung wird in Apotheken und Drogerien Mineral- oder Thermalwasser mit nachgewiesener Heilwirkung angeboten.

Einkauf und Lagerung

- Kühl und dunkel lagern. Die ideale Trinktemperatur liegt bei 8 °C.
- Da Mineralwasser immer mehr das Trinkwasser ersetzt, ist ein entsprechender Vorrat anzulegen.

16.2 Frucht- und Gemüsegetränke

Eine gesunde Ernährung ist ohne Früchte und Gemüse undenkbar. Dies gilt auch für Getränke, die aus ihnen hergestellt werden. In frisch zubereiteten Getränken sind Vitamine und Mineralstoffe am höchsten.

Arten

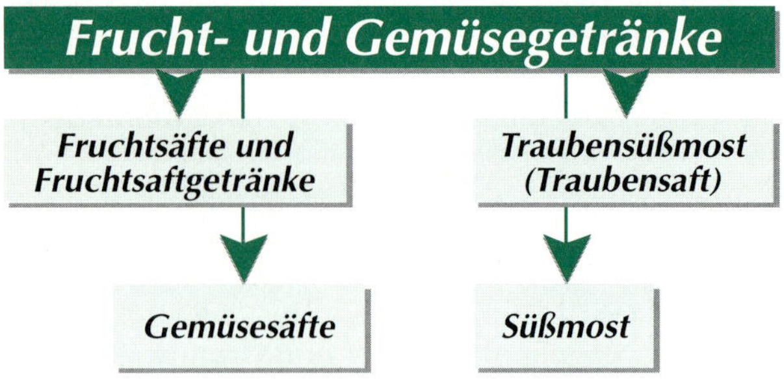

Fruchtsäfte und Fruchtsaftgetränke

Fruchtsäfte sind Natursäfte, die aus frischem Kern-, Stein- oder Beerenobst, aus Süd- oder Wildfrüchten oder aus Trauben hergestellt werden.
Alle im Handel befindlichen Fruchtsäfte und Fruchtsaftgetränke sind konserviert. Die Konservierung erfolgt durch Pasteurisieren, Eindicken, Zusatz von chemischen Konservierungsmitteln oder durch Wärmeentzug (Tiefkühlung). Sie ist Teil der Herstellung.
Man unterscheidet:

- Reinen Fruchtsaft aus 100 % Früchten
- Fruchtsaftkonzentrat
- Fruchtsaftgetränk aus 60 % Früchten
- Trinkfertig gemachten Fruchtsaft mit Wasser- oder Zuckerzusatz
- Fruchtnektar mit 40 % Früchten (auch Fruchtfleisch)
- Fruchtsirup (mit Wasser- oder Mineralwasserzusatz trinkfertig gemacht)

Gemüsesäfte

Sie sind wie Fruchtsäfte aus frischen Produkten herzustellen. Gemüsesäfte sind ein unverzichtbarer Beitrag zur Baby-, Kranken- und Schonkost sowie zur vegetarischen Ernährungsform.

Frisch zubereitete Säfte sind den Gemüsesaftkonserven vorzuziehen. Es werden Karotten-, Tomaten-, Sauerkraut-, Weißkraut-, Sellerie- und Roter-Rüben-Saft angeboten.

Süßmost

Das sind unfermentierte, unvergorene Fruchtsäfte aus Beeren- und Mischobst (Äpfel, Birnen) mit natürlichem Zuckergehalt. Um ihre Haltbarkeit zu verlängern, werden sie pasteurisiert.

Traubensüßmost (Traubensaft)

Er wird wie Süßmost hergestellt. Bei der Verarbeitung ist darauf zu achten, dass keine Gärung erfolgt. Traubensaft darf nicht mit chemischen Konservierungsmitteln, Farbe und Aromastoffen versetzt werden. Künstliches Süßen ist ebenfalls verboten.

16.3 Erfrischungsgetränke

Erfrischungsgetränke werden aus Wasser, geruchs- und geschmacksgebenden, süßenden Stoffen, mit oder ohne Kohlensäure hergestellt. Sie können auch Molke (maximal 50 %) und Malzextrakte enthalten.

Arten

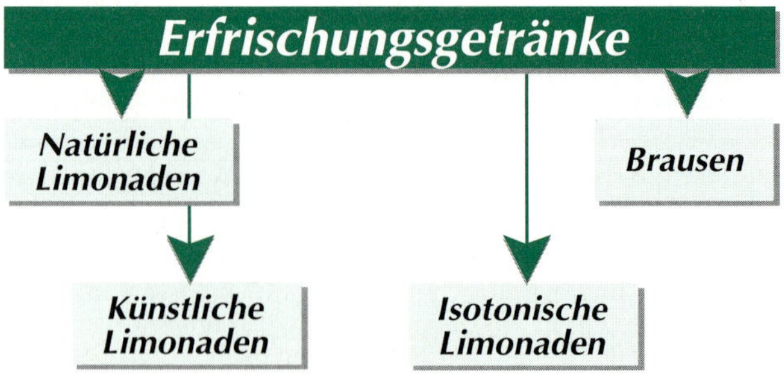

Natürliche Limonaden

Sie sind die ursprüngliche Form der Erfrischungsgetränke. Zitrusfrüchte werden frisch gepresst, mit Wasser (heiß oder kalt) und Zucker vermischt.

Künstliche Limonaden

Im Handel sind erhältlich:

- Fruchtsaftlimonaden mit/ohne Kohlensäure (mindestens 10 Gewichtsprozente Fruchtsaftanteil)
- Limonaden mit oder ohne Kohlensäure (Chinin- und Koffeinzusatz ist erlaubt)
- Fruchtlimonaden
- Kräuterlimonaden (mit Kräuterauszügen)
- Colalimonaden
- Bitterlimonaden (mit Chinin)
- Ingwerlimonaden
- Malz- und Hopfenlimonaden (zB alkoholfreies Bier)
- Kunstlimonaden (Light-Limonaden)

Isotonische Getränke

Diese Diätgetränke enthalten Mineralsalze (Elektrolyte), Vitamine und schnell verwertbare Energiestoffe. Sie werden daher bei oder nach großer körperlicher Anstrengung konsumiert.

Brausen

Diese pulverförmigen Mischungen bestehen aus Natron, Wein- und Zitronensäure, Aroma- und Farbstoffen sowie aus Zucker. Im Wasser löst sich das Pulver unter starker Kohlensäurentwicklung auf.

Einkauf und Lagerung

- Die Vielfalt der angebotenen Produkte verlangt das Sichfestlegen des Konditors auf einige wenige gängige Sorten.
- Die Lagertemperatur soll mit der Serviertemperatur (6 bis 8 °C) identisch sein.

16.4 Milch und Milchmischgetränke

Milch

Ähnlich wie Wasser wird Milch pur getrunken. Viel öfter sind aber Milchsorten Bestandteil oder Zutat von Getränken.
In der Konditorei werden heißer oder kalter Kakao, heiße Schokolade mit Schlagobershaube, Milch oder Obers als Zutat zu Tee und Kaffee oder Milch gemixt mit Früchten oder Speiseeis, angeboten (siehe Kap. II / 4 Milch und Milchprodukte).

Milchmischgetränke

- Kalte Milchmischgetränke werden aus Trink- und Sauermilchsorten durch Zusatz von Fruchtsirupen, Frischfrüchten und Speiseeis hergestellt.
- Warme Milchmischgetränke werden durch Vermischen der geschmacks-, geruchs- und farbgebenden Zusätze mit heißer Milch hergestellt.

Milch- und Milchmischgetränke sind frisch anzubieten und aus möglichst frischen Milchprodukten herzustellen. H-Milch-Produkten fehlt der natürliche Geschmack.

Rezepte finden Sie im Kap. IV / 15 Speiseeis und 19 Getränke.

16.5 Alkaloidhaltige Getränke

Dazu gehören Kakao, Kaffee und Tee. Diese Genussmittel werden im Kap. II / 9, 10 und 11 behandelt. Rezepte dazu finden Sie im Kap. IV / 19 Getränke.

Zusammenfassung: Alkoholfreie Getränke

Wasser

Arten
- Trinkwasser: Quell- und Grundwasser
- Sodawasser: mit Kohlendioxid versetztes Trinkwasser
- Mineralwasser: natürliches Mineralwasser, Sprudel, stille Wasser
- Heilwasser: Mineral- oder Thermalwasser mit Heilwirkung

Frucht- und Gemüsegetränke

Arten
- Fruchtsäfte und Fruchtsaftgetränke: Sie werden aus frischem Kern-, Stein- oder Beerenobst, aus Süd- oder Wildfrüchten oder aus Trauben hergestellt. Sie sind konserviert.
- Gemüsesäfte: werden wie Fruchtsäfte aus Frischprodukten (zB Karotten, Tomaten, Sellerie, roten Rüben usw.) hergestellt.
- Süßmoste: sind unfermentierte, unvergorene Fruchtsäfte aus Beeren- und Mischobst (zB Äpfel, Birnen).

Erfrischungsgetränke

Sie werden aus Wasser, geschmacksgebenden Zusätzen, mit oder ohne Kohlensäure hergestellt.

Arten
- Natürliche Limonaden: frisch gepresste Zitrusfrüchte mit Wasser und Zucker vermischen.
- Künstliche Limonaden: Fruchtsaftlimonaden mit oder ohne Kohlensäure, Kräuter-, Cola-, Bitter-, Malz- und Hopfenlimomaden usw.
- Isotonische Getränke: Diätgetränke, die Elektrolyte, Vitamine und Energiestoffe enthalten.
- Brausen: Pulver in Wasser auflösen.

Milch und Milchmischgetränke

Sie werden in der Konditorei heiß oder kalt angeboten. Milchsorten sind oft Zutat oder Bestandteil von Getränken (siehe Kap. II / 4 Milch und Milchprodukte).

Alkaloidhaltige Getränke

Dazu gehören Kakao, Kaffee und Tee (siehe Kap. II / 9, 10, 11 und IV / 19). Sie sind Genussmittel.

Fragen und Arbeitsaufgaben

1. Zählen Sie alkoholfreie Getränke auf!
2. Welche Anforderungen muss Trinkwasser erfüllen?
3. Wie können Fruchtsäfte haltbar gemacht werden?
4. Warum sind frische Frucht- und Gemüsesäfte ernährungsmäßig wertvoll?
5. Aus welchen Früchten oder Gemüsesorten werden Frucht- bzw. Gemüsesäfte hergestellt?
6. Welche Erfrischungsgetränke kennen Sie?
7. Warum sind Frischmilchprodukte den H-Milch-Produkten bei der Milchgetränkeherstellung vorzuziehen?
8. Welche alkoholfreien Getränke zählen zu den alkaloidhaltigen Getränken?

17 ALKOHOLISCHE GETRÄNKE

Alkoholische Getränke werden einerseits zum Aromatisieren von einigen Konditoreierzeugnissen verwendet und andererseits in Konditoreien ausgeschenkt.
Daher werden in diesem Kapitel die alkoholischen Getränke aufgezeigt.

Alkoholische Getränke

- **Wein**
- **Spirituosen**
- **Bier**

17.1 WEIN

Wie unsere gesamte Kultur, so kamen auch die Weinrebe und der Wein aus dem Osten (Kleinasien) zu uns. Heute wird Weinbau und Weinerzeugung überall auf der Erde in den gemäßigten Zonen betrieben.

Wein

Stillweine	**Schaumweine**	**Obstweine**	**Versetzte Weine**
Rotwein Weißwein Roséwein	Champagner Sekt Asti spumante	Obstwein Obstschaumwein Obstdessertwein	Grundwein mit verschiedenen Zusätzen, zB Most, Wein, Rosinen, Zucker, Kräuterauszügen und Alkohol Perlwein

Stillweine

Erzeugung

Wein wird durch das Vergären des Saftes von frischen Trauben hergestellt.

Weinbau

Das Klima, der Boden und die Lage des Weingartens entscheiden über das Gedeihen und die Qualität der Weinreben. Die Weintraube ist die Frucht der Weinrebe (auch Weinstock, Rebstock oder Traubenstock). Sie besteht aus dem Kamm (Stiel) und den Weinbeeren.

Teile der Weinbeere
- Schale (Balg): ist gerbstoff- und farbhaltig.
- Fruchtfleisch: enthält Wasser, Trauben- und Fruchtzucker, Wein- oder Apfelsäure, Mineralstoffe, Eiweiß, Geruchs- und Geschmacksstoffe.
- Kerne: sind fett- und gerbstoffhaltig.

Weinlese

Der Zeitpunkt der Weinlese richtet sich nach dem Reifegrad der Trauben (Verholzen der Traubenstiele, Zuckergehalt). Die zuständigen Landesregierungen bestimmen jährlich die Termine der Vor-, Haupt- und Spätlese. Vorher darf nicht geerntet werden.

- **Rebeln und maischen:** Maschinell werden die Beeren von den Stielen getrennt (rebeln) und durch Walzen zerquetscht (maischen).
- **Schwefeln:** Es dient der Haltbarkeit des Weines.
- **Pressen:** Die Maische wird gepresst. Der Saft, Most genannt, wird von den festen Bestandteilen (Trester) getrennt. Enthält der Most zu wenig Zucker, darf „aufgezuckert" werden (gesetzlich geregelt). Bei zu hohem Säuregehalt wird der Most mit reinem kohlensauren Kalk „entsäuert".
- **Vergären:** Durch Hefepilze wird Zucker in Alkohol und CO_2 umgewandelt. Bei einer Konzentration von 13 bis 14 Vol.-% sterben die Hefen ab. Übriger Zucker bleibt als „Restsüße" im Wein. Der entstandene „Jungwein" ist trüb und schmeckt nach Hefe.
- **Abstechen:** Die Trübstoffe werden mittels Filters oder Separatoren entfernt.
- **Schönen und stabilisieren:** Die letzten Trübstoffe werden entfernt (Haltbarkeit, Vermeidung von nachteiliger Geruchs- und Geschmacksentwicklung).
- **Verschneiden:** Durch Vermischen von Weinen kann eine bestimmte, möglichst gleich bleibende Geschmacksrichtung erzielt werden.
- **Abfüllen:** Der gereifte Wein wird in Flaschen gefüllt und sorgfältig verschlossen. Wertvollere Weine werden gelagert (Charakterentwicklung).

Eigenschaften

- Der Wein als Flüssigkeit beeinflusst die Konsistenz.
- Säurehaltig: Wein verstärkt den Fruchtgeschmack, behindert die Bakterientätigkeit und verändert den Geschmack.
- Alkoholhaltig: Die Haltbarkeit verbessert. Er wirkt gefrierverzögernd und geschmacksgebend.
- Färbend: gilt nur für Rotweine. Weißwein verfärbt die Produkte nicht.

Qualitätsstufen

In Österreich werden vier Qualitätsstufen und Untergruppen unterschieden:
- Tafelwein
- Landwein
- Qualitätswein: Er unterliegt einer staatlichen Prüfung. Eine Untergruppe sind die Kabinettweine. Die Rebsorten von Qualitätsweinen sind Grüner Veltliner, Welschriesling, Müller-Thurgau, Weißer Burgunder, Riesling, Neuburger, Traminer, Zweigelt blau, Blaufränkisch, Blauer Burgunder usw.
- Prädikatswein: Dazu zählen Spätlese, Auslese, Eiswein, Strohwein, Beerenauslese, Ausbruch und Trockenbeerenauslese.
  Die Rebsorten sind dieselben wie beim Qualitätswein.

Schaumweine

Schaumweine sind alle kohlensäurehaltigen Weiß-, Rosé- und Rotweine. Laut österreichischem Weingesetz ist die Bezeichnung „Schaumwein" bzw. „Sekt" auf dem Flaschenetikett anzubringen.

Champagner

Nur moussierende Weißweine aus der Champagne (geschütztes Gebiet in Frankreich) dürfen diese Bezeichnung tragen. Sie müssen nach der Champagnermethode hergestellt werden.

Gewinnung

- **Cuvéebereitung:** Ausgesuchte Weine (Chardonnay, Pinot noir, Pinot meunier) werden verschnitten, geschönt, filtriert und gelagert.
- **Zweite Gärung:** Dem Cuvée wird Zucker und Reinzuchthefe zugesetzt. Bevor diese zweite Gärung beginnt, wird der Wein in Flaschen abgefüllt und verkorkt. In etwa vier Monaten wird der Zucker in CO_2 und Alkohol umgewandelt.
- **Rütteln:** Am Ende der Lagerzeit kommen die Flaschen auf ein Rüttelpult, wo sie einige Wochen täglich gerüttelt (= gedreht und etwas steiler gestellt) werden. Dabei setzen sich die Trübstoffe (abgestorbene Hefen) am Flaschenhals ab.
- **Degorgieren:** Der Flaschenhals wird in eine Gefrierlösung getaucht. Beim Öffnen der Flasche kann der gefrorene Satz aus Trübstoffen leicht entfernt werden.
- **Dosieren:** Der entfernte Satz wird durch die „Dosage", eine Mischung aus alten Weinen und Rohrzucker, aufgefüllt. Die Dosage entscheidet

über den Geschmack eines Champagners.
- **Verkorken:** Die Flaschen werden mit einem Naturkorken und einem Drahtkorb (Agraffe) verschlossen.

Sekt

Diese Bezeichnung gilt für alle Schaumweine aus Österreich und der Schweiz sowie für Qualitätsschaumweine aus Deutschland.

Gewinnung

Die Gewinnung kann auf verschiedene Arten erfolgen.
- **Tankgärverfahren:** Die zweite Gärung erfolgt in großen Tanks mit anschließender Abfüllung in Sektflaschen.
- **Transvasierverfahren:** Die Reifung nach der zweiten Gärung erfolgt nicht in der Flasche, sondern in Sammelbehältern.
- **Flaschengärverfahren:** Gleiches Verfahren wie bei der Champagnerherstellung. Aus markenrechtlichen Gründen darf es jedoch nicht als solches bezeichnet werden.

Asti spumante

Naturschaumwein aus der Muskatellertraube; Alkoholgehalt 8 bis 9 Vol.-% und natürlicher Kohlensäuregehalt.

Obstweine

Sie werden aus dem Saft oder der Maische von frischem Kern-, Stein- oder Beerenobst (ausgenommen Weintrauben) hergestellt:
- **Kernobst:** Apfel- und/oder Birnenwein (Most)
- **Steinobst:** Marillenwein
- **Beerenobst:** Ribisel-, Erdbeer-, Himbeerwein

Außerdem gibt es auch Obstschaumweine, wie Marillen-, Ribisel-, Erdbeer-, Pfirsich- und Birnenschaumwein, und Obstdessertweine.

Versetzte Weine

Dies sind Weine, deren Beschaffenheit auf besondere Behandlungsweisen oder auf Zusätze bei der Erzeugung zurückzuführen ist.

Das Ausgangsprodukt für die versetzten Weine (Süd-, Süß-, Dessertweine) ist der Grundwein.
Es entstehen durch Zusetzen von:
- **Alkohol und Most:** Sherry, Portwein, Madeira, Samos usw.
- **Alkohol, Wein, Most und Mostkonzentraten:** Marsala, Malaga
- **Rosinen und Most:** Tokajer
- **Alkohol, Zucker und Kräuterauszügen:** aromatisierte Weine wie Wermut (Martini, Cinzano, Ramazotti)

Perlwein

Dem Grundwein wird in stark gekühltem Zustand Kohlensäure zugeführt (eingeblasen).

Einkauf von Wein

- Für die Weinverarbeitung in Konditoreiprodukten trockene, weiße Tafelweine und halbsüße, nicht zu teure Schaumweine (zB für Sorbets) verwenden.
- Für den Weinausschank eignen sich Qualitätsweine. Milde, vollmundige Weißweine harmonieren gut mit Süßspeisen.
- Ein kleines Weinlager ist für Café und Konditorei ausreichend.

Lagerung von Wein

- Weine immer kühl und dunkel lagern (Keller).
- Wein reagiert, auch in der verschlossenen Flasche, auf Umweltbedingungen.
- Weine mit Korkenverschluss immer waagrecht liegend lagern (der Korken muss feucht bleiben).
- Qualitätsweine (vor allem Rotweine): sind bei richtiger Lagerung mehrere Jahre haltbar. Tafelweine sollten rascher aufgebraucht werden.
- Nach dem Öffnen der Flasche muss Wein rasch verbraucht werden.
- Schaumweinlagerung: Grundsätzlich liegend; keine längere Lagerung notwendig (beim Kauf trinkreif). Schaumweine sind nach dem Öffnen der Flasche nicht mehr lagerfähig, da die Kohlensäure entweicht.

17.2 Spirituosen

Herkunft

Der Begriff „Spirituosen" umfasst alle alkoholreichen Getränke, die aus zuckerhaltigen, vergorenen Flüssigkeiten durch Brennen gewonnen werden. Als Ausgangsprodukte werden verschiedene Obstsorten, Getreide, Kartoffeln, aber auch Wein und Weintrester verwendet.

Ausgangsprodukt	Erzeugnis
Wein	Cognac, Weinbrände
Traubenrückstände	Tresterbrand, Grappa
Getreide	Whisky, Gin, Genever, Wodka
Äpfel	Calvados
Birnen	Birnenbrand (zB Williams Birne)
Marillen	Barack

Ausgangsprodukt	Erzeugnis
Kirschen	Kirschwasser
Vogelbeere	Vogelbeerbrände
Zwetschken (Pflaumen)	Slibowitz
Mischobst	Obstler
Zuckerrohr	Rum
Agave	Tequila
Reis	Arrak, Sake
Wurzeln und Kräuter	Kräuterliköre, Bitterliköre

Erzeugung

Maischen

Die Rohstoffe werden gereinigt, zerkleinert und eingemaischt. Dabei werden die Rohstoffe aufgeschlossen (zB Stärke).

Gären

Die Zuckerstoffe in der Maische werden durch Hefe zu Alkohol und CO_2 abgebaut.

Destillieren

Durch das Destillationsverfahren werden die flüchtigen Stoffe (Alkohol, Geruchs- und Geschmacksstoffe) von den festen Bestandteilen getrennt. Der Wassergehalt wird verringert. Wasser verdampft bei 100 °C, Alkohol schon bei 78,3 °C. Deshalb verbleibt das Wasser bei einer Temperatur von ca. 60 °C in der Brennblase. Die Alkoholdämpfe werden aufgefangen und abgekühlt, wobei sie kondensieren und wieder flüssig werden.

Meist findet eine erste Destillation (= Rauhbrand, 30 Vol.-%) und eine zweite Destillation (= Feinbrand, 60–70 Vol.-%) statt. Bei der zweiten Destillation werden die Destillationsergebnisse getrennt. Der Vorlauf (minderwertiger Alkohol) und der Nachlauf (Fuselöle) werden ausgeschieden. Der Mittellauf erbringt den geschmacklich feinen, hochwertigen Äthylalkohol.

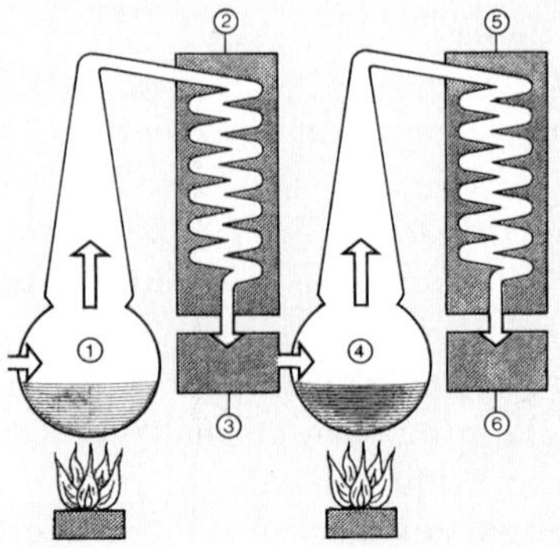

1 Würzblase
2 Kondensator
3 Rauhbrandbehälter
4 Alkoholblase
5 Kondensator
6 Sammelbehälter

Lagern und reifen

Die Lagerung erfolgt meist in Holzfässern. Die Schärfe des Alkohols mildert sich und das charakteristische Aroma entsteht.

Verschneiden

Es dient der Geschmacksharmonisierung, vor allem bei edlen Weinbränden.

Abfüllen

Die Brände werden erst kurz vor dem Versand in Flaschen abgefüllt, da sie in der Flasche nicht mehr reifen.

Arten

Das österreichische Lebensmittelbuch gibt für die einzelnen Spirituosenarten folgende Qualitätsstandards und Qualitätsbezeichnungen vor.

Bezeichnung	Mindest-alkoholgehalt (Vol.-%)	Charakteristika	Erzeugnisse
Edelbrände			
Weinbrand Branntwein (trinkfertig)	36,0 37,5	Aus Brennwein durch Destillation hergestellt (Weindestillat).	Österreichischer Qualitätsweinbrand Cognac
Tresterbrand	37,5	Aus vergorenen und destillierten Traubentrestern.	Trester, Grappa
Obstbrand (Qualitätsobstbrand 38,0 %)	37,5	Aus Kern- und Steinobst (Most). Durch alkoholische Gärung und Destillation gewonnen.	Zwetschken-, Kirschen-, Marillen-, Apfelbrand, Obstler

Bezeichnung	Mindest-alkoholgehalt (Vol.-%)	Charakteristika	Erzeugnisse
Beerenbrand (Qualitätsbeerenbrand, 38,0 %	37,5	Durch Einmaischen/Vergären und Destillation aus Früchten gewonnen.	Himbeeren-, Vogelbeerenbrand
Spirituosen aus Obst			
Obstschnaps	35,0	Edelbranntwein mit Früchten und Alkohol landwirtschaftlichen Ursprungs (mindestens 33 % des Alkohols aus Destillat).	Zwetschken-, Marillen-, Kirschenschnaps
Obstspirituose	25,0	Durch Einmaischen von mindestens 5 kg Früchten in 20 l Alkohol landwirtschaftlichen Ursprungs/Destillat.	Kirschenspirituose
Spirituosen, nach besonderen traditionellen Verfahren hergestellt			
Geiste	35,0	Aus zuckerarmen Fruchtmaischen durch Destillation mit/ohne Alkohol gewonnen.	Himbeer-, Vogelbeergeist
Rum, „Light-Rum"	37,5	Branntwein aus Zuckerrohrmelasse.	Echter Rum aus Übersee
Kornbrand Korn	37,5 32,0	Getreidebrand (Weizen, Gerste, Hafer, Roggen, Buchweizen).	Korn
Wacholder	37,5	Alkohol/Getreidebrand mit Wacholderdestillat.	Wacholder, Gin
Enzian	37,5	Spirituose aus Enziandestillat.	–
Whisky (Whiskey)	37,5	Getreidebrand aus gemälztem und ungemälztem Getreide (bei Bourbon 51 % Mais).	Scotch, Irish, American, Canadian
Wodka	37,5	Spirituose aus reinem Alkohol.	–
Inländerrum, „Teeinländerrum"	38,0	Hergestellt **ausschließlich in Österreich** aus Rum (Basis Zuckerrohrmelasse) und Inländerrumessenz.	–
Schankinländerrum	22,5	Siehe Inländerrum. Zur Weiterverarbeitung und zum unmittelbaren Genuss in Schankbetrieben.	–
Spirituosen			
Allgemein („Konsumbranntwein")	15,0	Auf Trinkstärke verdünnter Alkohol landwirtschaftlichen Ursprungs.	Bitter, Bitterbranntwein
Liköre			
Allgemein	15,0	Mit mindestens 100 g Zucker bzw. Honig pro Liter gesüßte Spirituose mit Zusätzen.	Kirschen-, Orangenlikör
Eierlikör	15,0	Enthält mindestens 150 g Zucker bzw. Honig und 140 g Dotter pro Liter.	–
Likör mit Eizusatz (Eiercocktail)	15,0	Enthält mindestens 150 g Zucker bzw. Honig und 70 g Dotter pro Liter.	–

Eigenschaften

- Geschmacksgeber: Der Alkoholgehalt und die individuelle Geruchs- und Geschmacksnote machen Spirituosen zu wertvollen Zutaten in der Konditorei.
- Fettlöser: Cremen sind weniger üppig – Fettgebäcke.
- Konservierend: Hochprozentige Spirituosen sind einerseits Konservierungsmittel (zB Alkoholfrüchte) und andererseits Konservierungshilfen (zB bei Cremen, Füllungen).
- Triebfördernd: zB beim Vortrieb bei Hefeteigen.
- Gefrierverzögernd: zB bei Eis, getränkten Früchten und Gebäcken.

Lagerung

- Flaschen immer gut verschließen, da Alkohol und Aromastoffe sich leicht verflüchtigen.
- Spirituosen sind wegen ihres Alkohol- und eventuellen Zuckergehaltes sehr lange lagerfähig.

17.3 Bier

Bier ist ein alkoholisches und kohlensäurehaltiges Getränk. Sein herbwürziger Geschmack und der niedrige Alkoholgehalt machen es zum beliebtesten und meistgetrunkenen alkoholischen Getränk in Mittel- und Nordeuropa.

Zusammensetzung

Bier wird aus gemälztem und ungemälztem Getreide (meist Gerste), Wasser, Hopfen und Hefe gebraut.

- **Getreide:** meist zweizeilige Sommergerste, andere Getreidearten sind zB Weizen und Roggen.
- **Wasser:** Die Qualität ist mit entscheidend für den Biergeschmack.
- **Hopfen:** Hanfgewächs, das sich an den Hopfenstangen bis zu acht Meter emporrankt. Die weiblichen Dolden enthalten den Bitterstoff Lupulin (Geschmack und Schaumstabilität). Hopfenöle geben dem Bier das Aroma. Die Gerbstoffe verlängern die Haltbarkeit.
- **Hefe:** Reinzuchthefen bewirken die alkoholische Gärung.

Erzeugung

Mälzen

Die geputzte und sortierte Gerste wird in Wasser eingeweicht. Anschließend keimt die Gerste im Keimkasten zu Grünmalz. Sie wird dann heißluftgetrocknet (gedarrt). Es entsteht Darrmalz. Nach Entfernen der Wurzelkeime ist das Malz braufertig.

Maischen und läutern

Hauptaufgabe dabei ist die Fixierung des Würzegehalts. Das Malz wird in den Schrotmühlen zerkleinert und im Maischgefäß mit Wasser versetzt. Dann wird das Ganze in die Maischpfanne umgepumpt. Nach dem Erhitzen auf ca. 70 °C wird die Umwandlung der Stärke in den vergärbaren Zucker fortgesetzt. Die aus diesem Vorgang entstandene Würze wird gefiltert, es entsteht die Stammwürze.

Brauen

Hier erfolgt die Geschmacksgebung des Bieres. Die Stammwürze wird mit Hopfen gekocht. Nach etwa zweistündigem Kochen werden die Hopfendolden abgeseiht, zur Abkühlung durch Kühlapparate gepumpt (+ 6 °C) und in den Gärkeller geleitet.

Gären

Der vergärbare Zucker wird durch die Hefe in Alkohol und Kohlensäure umgewandelt. Die Gärung kann untergärig (bei + 5 °C, ca. acht bis zehn Tage) oder obergärig (bei + 13 °C, drei bis sechs Tage) erfolgen. Untergärige Biere sind länger haltbar.
Es entsteht das Jungbier.

Lagern

Das Bier soll reifen und geschmacklich abrunden. Bei dieser stillen Nachgärung (bei etwa 0 °C, bis ca. 16 Wochen) klärt sich das Bier und die Kohlensäure wird reduziert und gebunden.

Abfüllen

Erfolgt nach der Filtrierung in Flaschen, Fässern, Containern oder Dosen.

Arten

Die Bierarten werden nach folgenden Unterscheidungen eingeteilt:

Getreideart

- Gerstenbier: Österreichische Biere sind meist aus Gerstenmalz.
- Weizenbier: mindestens zu 50 % des Getreides aus Weizenmalz gebraut.

Farbe

- Helles Bier.
- Dunkles Bier: Zusatz von Farbmalz.

Gärart

- Untergäriges Bier: ist meist Gerstenbier.
- Obergäriges Bier: ist meist Weizenbier.

Extrakt-/Alkoholgehalt (Stammwürzegehalt)

1 Grad Stammwürze = 1 Gramm Extrakt in 100 Gramm unvergorener Würze. Der Extraktgehalt entscheidet letztendlich über den Alkoholgehalt des

Bieres (ca. 1/3 des Extraktgehaltes). Nach dem Alkoholgehalt unterscheidet man:

- Leichtbier: maximal 3,7 Vol.-%
- Schankbier: ca. 4,5 Vol.-%
- Lagerbier (Märzen) und dunkles Bier: ca. 5 Vol.-%
- Pils: 4 bis 5 Vol.-%
- Spezialbier: über 5 Vol.-%
- Bockbier: über 6,25 Vol.-%
- Weizenbier: 4,5 bis 5,5 Vol.-%

Abfüllart

- Flaschenbier: Inhalt 0,33 und 0,5 Liter
- Fassbier: Aluminiumfässer von 15 bis 50 Litern
- Dosenbier: Inhalt 0,33, 0,5, 3,8 und 5 Liter

Einkauf und Lagerung

- Bier hat, wenn es aus der Brauerei kommt, seinen optimalen Qualitätszustand.
- Kühl und dunkel lagern.
- Nicht länger als drei Monate aufbewahren. Dosenbiere und Bockbiere halten ca. neun Monate.

Zusammenfassung: Alkoholische Getränke

Wein

Weinbau wird überall auf der Erde in den gemäßigten Klimazonen betrieben. Beim Weinbau spielen das Klima, der Boden und die Lage des Weingartens eine entscheidende Rolle. Die Frucht der Weinrebe ist die Weintraube.

Stillweine – Erzeugung

- Lesen
- Rebeln und maischen
- Schwefeln
- Pressen (Keltern)
- Vergären
- Abstechen
- Schönen und stabilisieren
- Verschneiden
- Abfüllen

Eigenschaften

- Beeinflusst die Konsistenz
- Geschmacksgeber
- Wirkt gefrierverzögernd und färbend (Rotwein)

Schaumweine

Sie sind kohlensäurehaltige Weiß-, Rosé- und Rotweine.

Arten

- Champagner: Weißweine aus der Champagne, die nach der Champagnermethode hergestellt werden.
- Sekt: Schaumweine aus Österreich und der Schweiz, Qualitätsschaumweine aus Deutschland.
- Asti spumante: Naturschaumwein aus der Muskatellertraube.

Obstweine

Sie entstehen durch Vergärung des Saftes von frischem Kern-, Stein- oder Beerenobst.

Versetzte Weine

Sie entstehen durch besondere Behandlungsweisen oder durch Zusätze (Most, Wein, Rosinen usw.) bei der Erzeugung.

Wein soll kühl und dunkel (Keller) gelagert werden.

Spirituosen

Sie werden aus zuckerhaltigen, vergorenen Flüssigkeiten durch Brennen gewonnen. Ausgangsprodukte sind Wein, Traubenrückstände, verschiedene Getreide- und Obstarten, Zuckerrohr, Beerenfrüchte, Wurzeln und Kräuter.

Erzeugung
- Maischen
- Gären
- Destillieren
- Lagern und reifen
- Verschneiden
- Abfüllen

Arten
- Edelbrände
- Spirituosen aus Obst
- Spirituosen, nach besonderen traditionellen Verfahren hergestellt
- Spirituosen
- Liköre

Eigenschaften
- Geschmacksgeber und Fettlöser
- Konservierende, triebfördernde und gefrierverzögernde Wirkung

Spirituosen sind verschlossen zu lagern.

Bier

Es ist ein alkoholisches, kohlensäurehaltiges Getränk. Bier wird aus gemälztem und ungemälztem Getreide, Wasser, Hopfen und Hefe gebraut.

Erzeugung
- Mälzen
- Lagern
- Gären
- Brauen
- Maischen und läutern
- Abfüllen

Getreideart, Farbe, Gärart, Extrakt- und Alkoholgehalt sowie Abfüllart sind die wesentlichen Unterscheidungsmerkmale der verschiedenen **Bierarten**.

Bier soll dunkel und kühl gelagert werden. Es ist begrenzt haltbar.

Fragen und Arbeitsaufgaben

1. Nennen Sie verschiedene Weinerzeugnisse!
2. Welche Inhaltsstoffe hat die Weinbeere?
3. Beschreiben Sie die einzelnen Herstellungsschritte bei der Weinerzeugung!
4. Welche Bedeutung haben die Eigenschaften der Weine in der Konditorei?
5. Nennen Sie vier Prädikatsweine unterschiedlicher Qualitätsstufen!
6. Wie wird Champagner hergestellt?
7. Welche Methoden zur Sektherstellung kennen Sie?
8. Woraus werden Obstweine hergestellt?
9. Wie sollen die verschiedenen Weine gelagert werden?
10. Welche Ausgangsprodukte für Spirituosen kennen Sie?
11. Beschreiben Sie das Gewinnungsverfahren von Spirituosen!
12. Was versteht man laut österreichischem Lebensmittelbuch unter echten Edelbranntweinen?
13. Nennen Sie einige Beispiele für Edelbrände!
14. Woraus wird Weinbrand hergestellt?
15. Erklären Sie den Unterschied zwischen „echtem" Rum und Inländerrum!
16. Welche Bedeutung haben Spirituosen in der Konditorei?
17. Nennen Sie die Bestandteile des Bieres und erläutern Sie diese!
18. Beschreiben Sie die einzelnen Herstellungsschritte des Bieres!
19. Erklären Sie den Zusammenhang zwischen Extrakt- und Alkoholgehalt!
20. Nennen Sie Unterscheidungskriterien für die verschiedenen Bierarten!
21. Was ist beim Einkauf bzw. bei der Lagerung des Bieres zu beachten?

18 LEBENSMITTELHYGIENE, VERDERB UND VERGIFTUNGEN VON LEBENSMITTELN

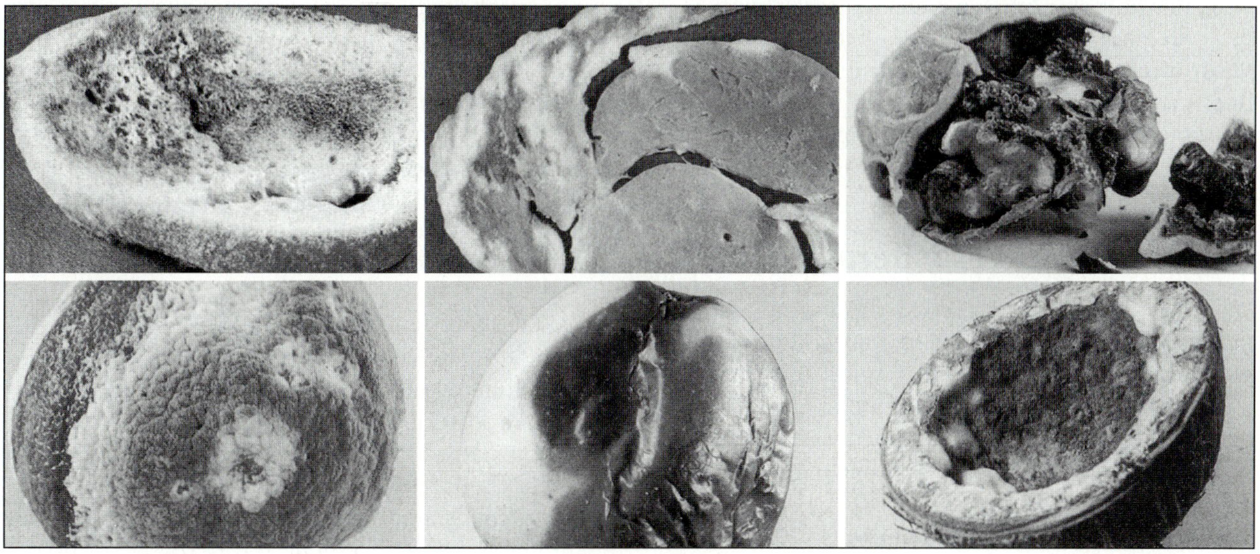

In diesem Kapitel werden die Folgen mangelnder Lebensmittelhygiene aufgezeigt, die vom Verderb bis zu Vergiftungen von Lebensmitteln reichen können.

18.1 LEBENSMITTELHYGIENE

Unter Lebensmittelhygiene versteht man die Gesamtheit der Maßnahmen, die die gesundheitliche Unbedenklichkeit und den einwandfreien Zustand von Lebensmitteln garantieren.

Die rechtliche Grundlage der Lebensmittelhygiene in Österreich ist das **Lebensmittelgesetz** von 1975:

- § 20: Lebensmittel dürfen hygienisch nicht nachteilig beeinflusst werden.
- § 21: Das Bundesministerium für Umwelt, Jugend und Familie erlässt die näheren Vorschriften über die hygienische Beschaffenheit von Lebensmitteln, über die Bekleidung von Personen, die mit Herstellung und Vertrieb von Lebensmitteln zu tun haben, über die Beschaffenheit von Betriebsmitteln sowie die Art von deren Reinigung.

Die gesetzlichen Bestimmungen im Verkehr mit Lebensmitteln müssen unbedingt eingehalten werden. Verstöße können empfindliche Strafen zur Folge haben.
Die Einhaltung der gesetzlichen Bestimmungen wird durch das Arbeitsinspektorat und die Organe der Umweltschutzbehörde (Magistrat, Marktamt usw.) regelmäßig kontrolliert.

Aufgabe der Lebensmittelhygiene

- Lebensmittel vor dem Verderb durch Kleinlebewesen und durch äußere Einflüsse schützen und dadurch
- Lebensmittelinfektionen oder Lebensmittelvergiftungen vermeiden.
- Hygiene ist bei der Herstellung und Zubereitung, bei der Lagerung, bei Verkauf und Transport der Lebensmittel notwendig (siehe Hygienemerkblätter im Anhang).

18.2 LEBENSMITTELVERDERB

Die Lebensmittel, die in der Konditorei verwendet werden, müssen möglichst frisch und vor allem gesundheitlich unbedenklich sein. Viele Lebensmittel sind aber aufgrund ihrer Zusammensetzung empfindlich, da sie raschen Veränderungen unterliegen.

Verdorbene Lebensmittel kann man meistens am Geruch, Geschmack, an der Beschaffenheit oder Farbe erkennen. Sie müssen ordnungsgemäß entsorgt werden.

Lebensmittelverderb durch

Physikalische Veränderungen	Biochemische Veränderungen	Mikrobielle Veränderungen

Physikalische Veränderungen

- **Geringe Luftfeuchtigkeit** bewirkt das Austrocknen der Lebensmittel, zB Brot oder Backwaren.

- **Zu hohe Luftfeuchtigkeit** lässt Lebensmittel weich oder klumpig werden (Kekse, Salz, Zucker oder Mehl).
- **Kälte und Frost** zerstören die Zellwände bei Lebensmitteln (Obst, Gemüse).

Maßnahmen zur Verhinderung von physikalischen Veränderungen

- Lebensmittel bei der Luftfeuchtigkeit lagern, die ihrem Wassergehalt entspricht.

Biochemische Veränderungen

Die Veränderungen werden durch Enzyme, die sich in den Lebensmitteln befinden, hervorgerufen:

- **Ranzigwerden** von Butter und Ölen: Lipasen bewirken die Spaltung der Fette in Glycerin und Fettsäuren. Ranzige Fette haben einen scharfen, kratzigen Geruch und Geschmack.
- **Fäulnis** von Eiern, Fleisch und Fisch.
- **Zerstörung der Vitamine** in Obst und Gemüse.

Maßnahmen zur Verhinderung von biochemischen Veränderungen

- Hitze (Blanchieren, Sterilisieren): Dabei werden nahrungsmitteleigene Enzyme zerstört (ab 70 °C).
- Kälte (Tiefgefrieren): Mit zunehmender Kälte wird die Enzymaktivität gehemmt.
- Wasserentzug (Trocknen), Zuckern und Salzen: bewirken, dass die Enzyme unwirksam werden.
- Säuren: Im sauren Milieu haben Enzyme keine Wirkung.

Mikrobielle Veränderungen

Diese Veränderungen werden durch Mikroorganismen (Kleinlebewesen) verursacht. Sie sind einzeln nur mit dem Mikroskop erkennbar. Mikroorganismen befinden sich überall: im Boden, in der Luft, im Wasser, auf Lebensmitteln, in Mensch und Tier.

Ihre Vermehrung erfolgt unter günstigen Bedingungen sehr rasch und kann zum Verderben der Lebensmittel führen. Die kleinen Zellen teilen sich innerhalb einer halben Stunde, dabei entstehen zwei Zellen. Diese teilen sich weiter in der nächsten halben Stunde, es entstehen 4 Zellen, dann 8 usw. Aus diesem Grund entstehen in kürzester Zeit, zB nach 6 Stunden 4 000, nach 10 Stunden 1 048 576 Keime. Man unterscheidet:

- Schimmelpilze
- Hefen
- Bakterien

Verderb durch Schimmelpilze

Schimmel wird durch Sporen übertragen. Sie werden auf Lebensmitteln leicht durch Hände, Arbeitskleidung oder Werkzeug verbreitet. Besonders gefährdet sind alle Arten von Nüssen, Backwaren, Obst, Konfitüren, Gelees, Fleisch und Wurstwaren.

Die Sporen wachsen in kurzer Zeit zu einem Fadengeflecht (Myzel) heran. Dieses reicht weit in das Lebensmittel hinein. Aus ihm wachsen dann die Sporenträger mit einer ungeheuren Vielzahl an Sporen. Je nach Schimmelart sind sie gelb, grünlich oder schwarz.

Unter den Schimmelpilzen gibt es nützliche und schädliche Arten. Penicillium camemberti beispielsweise wird bei der Erzeugung von Edelschimmelkäse benötigt. Schädliche Schimmelpilze bewirken den Lebensmittelverderb und vergiften mit Toxinen (zB das krebsfördernde Aflatoxin) Lebensmittel.

Verschimmelte Speisen haben einen muffigen, stickigen, modrigen Geruch. Auch Käse mit wild wachsendem Schimmel und sonstige verschimmelte Lebensmittel sind für den Verzehr ungeeignet. Sie müssen verbrannt oder in den Restmüll geworfen werden.

- Köpfchenschimmel (Mucor) befindet sich auf reifen, faulenden Früchten und feuchtem Brot.
- Gießkannenschimmel (Aspergillus) wächst auf Brot, Konfitüren, Gelees. In Getreidekörnern und Erdnüssen bildet er ein gefährliches Gift.
- Pinselschimmel (Penicillium) wächst auf stark wasserhaltigen Lebensmitteln. Einige Arten werden zur Herstellung von verschiedenen Käsesorten verwendet, aus einer anderen Art wird Penicillin gewonnen.

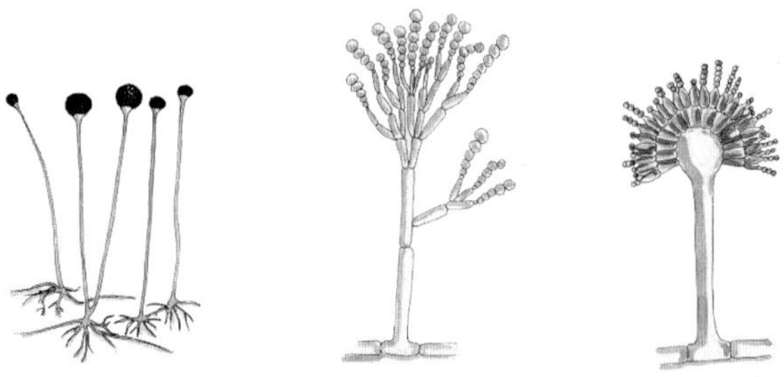

Köpfchen-schimmel | Gießkannen-schimmel | Pinsel-schimmel

Maßnahmen zur Verhinderung der Schimmelpilze

- trockene Lagerung,
- luftdichte Verpackungen und
- Sterilisieren.

Verderb durch unerwünschte Hefepilze (Gärung)

Unerwünschte Gärung wird durch Hefepilze verursacht. Die Sporen der Hefepilze kommen überall vor und werden leicht auf Lebensmittel übertragen.

Sie siedeln sich vor allem an der Oberfläche von süßen Lebensmitteln (Kompotte, Fruchtsäfte, Konfitüren) an und verbrauchen Sauerstoff und Zucker. Sie wachsen sehr schnell, wobei an der Muttherzelle Tochterzellen heranwachsen, die selbst wieder Tochterzellen bilden. Sind an der Oberfläche sehr viele Hefen entstanden, so sinken sie ab und beginnen zu gären. Sie zerlegen Zucker in Alkohol und Kohlendioxid. Gärige Lebensmittel riechen leicht nach Alkohol (kratzig und stechend).

Unerwünschte Hefen sind vor allem **Kahmhefen.** Sie wachsen an der Oberfläche von flüssigen Lebensmitteln und bilden nach ein bis drei Tagen eine zusammenhängende, sehr dünne Schicht (Kahmhaut). Sie kann auf der Flüssigkeit von sauren Gurken, Mixedpickles und Sauerkraut beobachtet werden. Die Hefen verändern Geschmack und Aroma der Lebensmittel.

Maßnahmen zur Verhinderung der Hefepilze
- Pasteurisieren von Fruchtsäften, Fruchtsaftgetränken usw. Die Hefen sterben bei Temperaturen von über 60 °C ab.

Verderb durch Bakterien
Bakterien vermehren sich durch Spaltung. Jede neu gebildete Zelle ist lebens- und vermehrungsfähig. Das Wachstum ist abhängig vom Nährboden, von der Temperatur, von der Feuchtigkeit, vom Licht und vom Vorhandensein oder Fehlen schädlich wirkender Stoffe.

Kugelform
- **Mikrokokken** sind einzelne runde Bakterien.

- **Streptokokken** sind abgeflachte Kugeln, die kurze oder lange Ketten bilden. Einige Arten verursachen das Sauerwerden der Milch, indem sie den Milchzucker zu Milchsäure abbauen.

- **Staphylokokken** sind traubenartig aneinander gelagert. Sie bringen Wunden zum Eitern und können bei Unachtsamkeit von den Wunden auf Lebensmittel gelangen und Giftstoffe erzeugen.

Stäbchenform
- **Bazillen** sind in der Lage, sich zu Dauerformen auszubilden, um Tage, Wochen oder Jahre (bei Nahrungsmangel und Trockenheit) zu überstehen. Diese Dauerformen werden als Sporen bezeichnet. Sie kommen als gerade, kurze oder lange Stäbchen vor. Bazillen sind Bodenbewohner.

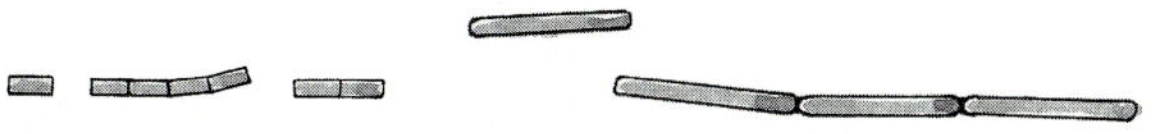

Kurzstäbchen Langstäbchen

In bestimmten Entwicklungsstadien verfügen viele **Bakterien** über eine oder mehrere zarte Plasmageißeln, die schnelle Bewegungen ermöglichen.

Beispiele
- **Fäulnisbakterien** befallen eiweißhaltige, wasserreiche, leicht saure Lebensmittel, zB Obst, Eier, Fleisch, Wurst und Fisch. Auch bei niedrigen Temperaturen (10 °C) können sie sich noch langsam vermehren. Übertragen werden sie auf Lebensmittel durch die Luft oder durch Hände (Schmierinfektion).
  Die Fäulnisbakterien verbreiten sich auf der Oberfläche der Lebensmittel und produzieren eine Schleim- oder Schmierschicht. Die faulenden Lebensmittel riechen muffig-stickig und fäulnisartig.

- **Milchsäurebakterien** finden in der Milch die idealen Wachstumsbedingungen. Sie bauen den Milchzucker der Milch zu Milchsäure ab. Die Milchsäurebakterien vermehren sich am schnellsten, wenn Milch bei Zimmertemperatur gelagert wird – die Milch wird sauer.
  Die Säuerung der Milch kann durch ausreichende Kühlung verzögert werden. Die meisten Milchsäurebakterien sind hitzeempfindlich und können durch das Pasteurisieren der Milch abgetötet werden.

- **Essigsäurebakterien** werden zur Herstellung von Weinessig eingesetzt, sie vergären den Alkohol des Weines zu Weinessig.

- **Darmbakterien** bauen in Menschen und Tieren die unverdaulichen Rückstände der Nahrungsmittel ab (zB Kolibakterien).

Viele Krankheiten werden durch Bakterien übertragen, zB Cholera, Hals- und Mandelentzündungen, Scharlach usw.

Allgemeine Maßnahmen zur Verhinderung des Verderbs

- Verderbensanfällige Rohstoffe in kleinen Mengen und nicht auf Vorrat einkaufen.
- Trocken, kühl (2 bis 8 °C) oder tiefgekühlt (- 18 °C) lagern.
- Kühlkette nicht unterbrechen.
- Ablaufdatum kontrollieren.
- Pasteurisierte Produkte verwenden.

18.3 Lebensmittelvergiftungen

Salmonellose

Die häufigste Lebensmittelvergiftung ist die Salmonellose. Die Erreger sind Bakterien, nämlich Salmonellen. Es gibt ca. 2 000 Arten von Salmonellen.

Gelangen Salmonellen auf rohe Lebensmittel, dann vermehren sie sich bei günstigen Bedingungen sehr rasch, wenn

- Speisen während oder nach der Herstellung warm gehalten werden
- oder nur langsam abkühlen
- oder wenn sie kalt verzehrt werden.

Beim Tiefkühlen sterben Salmonellen erst nach Monaten ab, deswegen bewirken infizierte aufgetaute Lebensmittel erneut die Verbreitung von Salmonellose. Erst bei Temperaturen von 70 °C werden Salmonellen nach 10 Minuten abgetötet.

Infizierte Lebensmittel sind nicht an Veränderungen zu erkennen. Das Gift der Salmonellen entsteht erst im Verdauungstrakt des Menschen. Besonders gefährdete Lebensmittel sind Geflügel, Eier (Enteneier, Eitrockenpulver), Fleisch, Wurstwaren, Wurst- und Fleischsalate, Majonäsen. Auch Speisen, die aus gefährdeten Lebensmitteln hergestellt werden, sind riskant. Dazu zählen Süßspeisen, Puddings, Speiseeis, Tiramisu.

Salmonellen können sich im menschlichen Darm befinden und werden laufend ausgeschieden, ohne dass eine Salmonellose vorliegt. Man spricht von Dauerausscheidern. Solche Menschen dürfen nicht mehr in Lebensmittelberufen arbeiten. Deswegen werden in Lebensmittelbetrieben Personen amtsärztlich untersucht.

Mit Salmonellen infizierte, nicht ausreichend erhitzte Lebensmittel führen meistens 12 bis 36 Stunden nach dem Genuss zu grippeähnlichen Krankheitserscheinungen wie Kopfschmerzen, Bauchschmerzen, Erbrechen, Durchfall, Gliederschmerzen und Fieber. Besonders gefährdet sind Kinder, alte und geschwächte Menschen. Die Krankheit dauert von ein oder zwei Tagen bis zu einer Woche.

Maßnahmen zur Verhinderung der Salmonellose

- Persönliche Hygiene.
- Geräte nach der Verwendung von gefährdeten Lebensmitteln gründlich reinigen.
- Tiefgekühlte gefährdete Produkte gut durchgaren.
- Eier hart kochen.
- Speisen nicht über längere Zeit warm halten.
- Verderbliche Speisen im Kühlschrank unter 10 °C lagern.
- Pasteurisierte Eier verwenden.

Eitererreger (Staphylokokken)

Staphylokokkenvergiftungen werden meist durch Menschen übertragen. Die Erreger befinden sich vereinzelt auf der Haut des Menschen und massenhaft in eiternden Wunden, aber auch auf der Nasen- und Rachenschleimhaut und im Speichel. Staphylokokken vermehren sich am besten bei 18 bis 37 °C. Erst bei Temperaturen unter 6 °C und über 46 °C stellen sie ihr Wachstum ein.

Hauptursachen für Lebensmittelinfektionen sind

- nicht genügend verbundene eitrige Wunden,
- Niesen und Schnupfen,
- unsaubere Verarbeitung von Lebensmitteln,
- Lagerung der Speisen bei Zimmertemperatur und
- Warmhalten von Speisen.

Die infizierten Lebensmittel sind nicht am Äußeren erkennbar. Eiweiß- und kohlenhydrathaltige, nicht zu saure Lebensmittel sind besonders gefährdet, zB Gemüse-, Geflügel-, Kartoffel- und Fleischsalate, gekochter Schinken, Milch, Speiseeis, Tortenfüllungen, Puddings, Majonäsen.

Die Staphylokokken erzeugen ein Gift, das beim Verzehr von infizierten Speisen Krankheitserscheinungen hervorruft. Nach zwei bis sechs Stunden treten Übelkeit mit Erbrechen, Bauchschmerzen, Magenkrämpfe, Durchfall und Schüttelfrost bis zum Kreislaufkollaps auf. Die Krankheitsdauer beträgt etwa ein bis zwei Tage.

Maßnahmen zur Verhinderung der Infektion durch Eitererreger

- Wunden ausreichend verbinden.
- Lebensmittel kühl lagern und nicht warm halten.
- Kostproben nur mit sauberen Löffeln entnehmen.

Botulismus

Das ist eine seltene, aber äußerst gefährliche Lebensmittelvergiftung. Das Bakterium Clostridium botulinum wächst, ohne Sauerstoff zu benötigen. Der Erreger bildet widerstandsfähige Sporen, die über die Luft auf Lebensmittel übertragen werden.

Konservierte, luftdicht verpackte Lebensmittel in Dosen oder Gläsern sind gefährdet. Dazu zählen Gemüse-, Fleisch- und Fischkonserven oder in Folie verpackte Fleisch- und Fischwaren.
Der Verderb ist oft am Geruch und an der Gasbildung erkennbar. Aufgeblähte Dosen (Bombagen) und offene Einmachgläser sind gefährlich.

Das Gift zählt zu den stärksten Nervengiften. 12 bis 36 Stunden nach dem Genuss eines vergifteten Lebensmittels treten Benommenheit, Sinnestäuschungen, Schluckbeschwerden und Lähmungen auf. Die Krankheitsanzeichen dauern bis zu sechs Tage. Bei zirka 5 % der Fälle endet die Vergiftung durch Atemlähmung tödlich.

18.4 Fremdstoffe in Rohstoffen und Lebensmitteln

- Rohstoffe wie Mehl, Sultaminen, Nüsse können mit **Staub, Steinchen, Glassplittern, Metallteilchen** verunreinigt sein.
- Rückstände in Lebensmitteln aus der landwirtschaftlichen Produktion, wie **Düngemittel** und **Pflanzenschutzmittel**, belasten die Rohstoffe.
- Ebenso Rückstände aus der Industrie: **Schwermetalle** (Blei, Cadmium, Quecksilber).
- Verschiedene **Schädlinge** befallen die Rohstoffe:

Schädling	**Vorkommen**	**Erkennen**
Mäuse, Ratten	Bei Rohstoffen und im Lager.	Angefressene Vorräte, Kotballen, Schlupflöcher.
Küchenschaben	An warmen, feuchten Orten.	Verunreinigte Nahrungsmittel.
Silberfischchen	An feuchten Orten, bei süßen Nahrungsmitteln.	Vorrats- und Verpackungsschädlinge, verunreinigen Lebensmittel
Ameisen	Besonders bei süßen Nahrungsmitteln.	Ameisenstraßen an Fenstern, Türen, Ritzen und Rillen.
Dörrobstmotten	Bei Dörrobst, Kernen, Getreide.	Fresslöcher in Dörrobst und Kernen, herausgefressene Keimlinge, Gespinste.
Mehlmotten	In Mahl- und Schälprodukten.	Gespinstklumpen im Mehl usw.
Mehlmilben	In feucht gelagertem Mehl, Getreide und Bröseln.	Süßlicher Milbengeruch.

Maßnahmen, um Fremdstoffe zu erkennen

- Genaue Kontrolle der Rohstoffe (Anschauen und Riechen) bei der Anlieferung und Verarbeitung.
- Produkte müssen den gesetzlichen Vorschriften, auch bei der landwirtschaftlichen Produktion, entsprechen. Eventuell Produktzertifikate anfordern.
- Einwandfreie Verpackung der Rohstoffe ist Voraussetzung für die einwandfreie Qualität des Produktes.
- Das Mindesthaltbarkeitsdatum sollte geprüft werden.
- Optimale Lagerbedingungen der Rohstoffe sind zu gewährleisten. Eventuell größere Mengen von empfindlichen Produkten (Nüsse, Ölsaaten, Rosinen) im Kühlschrank lagern.
- Beim Einkauf für den Betrieb geeignete Packungsgrößen wählen; keine offenen Gebinde einlagern, angebrochene Säcke und Kartons wieder gut verschließen.
- Hygieneplan für Schädlingsvorbeuge- und -bekämpfungsmaßnahmen einhalten.

Zusammenfassung: Hygiene, Verderb und Vergiftung von Lebensmitteln

Lebensmittelhygiene

Sie beschäftigt sich mit der Gesamtheit der Maßnahmen, die die gesundheitliche Unbedenklichkeit und den einwandfreien Zustand von Lebensmitteln gewährleisten.
Hygiene ist notwendig bei der Herstellung und Zubereitung, bei der Lagerung, bei Verkauf und Transport von Lebensmitteln.

Lebensmittelverderb

Verdorbene Lebensmittel sind meist am Geruch und Geschmack, an der Beschaffenheit und Farbe erkennbar.

- **Physikalische Veränderungen** durch Austrocknen, zu hohe Luftfeuchtigkeit und Schäden durch Kälte.
- **Biochemische Veränderungen** durch nahrungsmitteleigene Enzyme.
  Sie bewirken Fäulnis (bei Eiern, Fleisch, Fisch), Ranzigwerden (von Fetten) und Zerstörung der Vitamine (bei Obst, Gemüse).
- **Mikrobielle Veränderungen** durch:
  Kleinlebewesen, die nur unter dem Mikroskop sichtbar sind und sich rasch bei günstigen Bedingungen vermehren.
  Beispiele:
  - Schimmelpilze, die zum Teil gefährliche Gifte erzeugen.
  - Gärung von unerwünschten Hefepilzen.
  - Bakterien wie Fäulniserreger und Milchsäurebakterien.

Lebensmittelvergiftungen

- Salmonellose, verursacht durch Salmonellen.
- Eitererreger (Staphylokokken) erzeugen Vergiftungen.
- Botulismus, verursacht durch Clostridium botulinum (Nervengift).

Fremdstoffe in Rohstoffen und Lebensmitteln

- Staub, Steinchen, Glassplitter, Metallteilchen in zB Sultaminen, Nüssen.
- Düngemittel, Pflanzenschutzmittel, Schwermetalle belasten die Rohstoffe.
- Schädlinge, zB Mehlmotten, Küchenschaben, Mehlmilben befallen Rohstoffe.

Fragen und Arbeitsaufgaben

1. Was versteht man unter dem Begriff „Lebensmittelhygiene"?
2. Welche Aufgaben erfüllt die Lebensmittelhygiene?
3. Wie erkennen Sie verdorbene Lebensmittel?
4. Welche Lebensmittelveränderungen gibt es?
5. Weshalb sind verdorbene Lebensmittel für den Genuss gefährlich?
6. Warum sind verschimmelte Lebensmittel gefährlich?
7. Welche Lebensmittel werden ranzig?
8. Wodurch gären Fruchtsäfte, Konfitüren und Kompotte?
9. Welche Maßnahmen können den Lebensmittelverderb verhindern?
10. Wie kann die Verbreitung von Salmonellose verhindert werden?
11. Wie werden Staphylokokken (Eitererreger) auf Lebensmittel übertragen?
12. Welche Fremdstoffe können sich in Rohstoffen befinden?

19 HALTBARMACHEN VON LEBENSMITTELN

Schon immer waren die Menschen bestrebt, den Verderb von Lebensmitteln hinauszuzögern und so eine Vorratshaltung möglich zu machen. Beim Haltbarmachen werden die Verderbnisfaktoren beseitigt oder der Prozess des Verderbens wird erheblich verlangsamt.

Haltbarmachen durch

- **Zusatz von Stoffen**
  - Natürliche Konservierungsmittel
  - Chemische Konservierungsmittel
- **Besondere Behandlung**
  - Physikalische Konservierungsmethoden

Diese Verfahren können auch in Kombination angewendet werden.

19.1 Natürliche Konservierungsmittel

Diese Konservierungsmittel zählen zu den Lebensmitteln. Ihre Verwendung muss auf der Verpackung nicht als Konservierungsmittel deklariert werden.

- **Salz:** zum Pökeln
- **Zucker:** für Dickzuckerfrüchte, Honig
- **Alkohol:** für Früchte in Alkohol, Rumtopf
- **Organische Säuren:** für Speiseeis, Fruchtmark

19.2 Chemische Konservierungsmittel

Unter chemischen Konservierungsmitteln versteht man chemische Verbindungen, die die Entwicklung von Mikroorganismen hemmen oder diese im Idealfall abtöten. Sie werden in sehr geringen Mengen eingesetzt (unter 0,5 %). Chemische Konservierungsmittel zählen zu den Zusatzstoffen (keine Lebensmittel) und müssen deklariert werden.

Die Verwendung von chemischen Konservierungsmitteln ist in Österreich durch die Verordnung über Farbstoffe und Süßungsmittel (entspricht der EG-Richtlinie 95/2/EG) geregelt.
Demnach ist zB die chemische Konservierung von Produkten wie kandiertes Obst, Trockenfrüchte sowie feine Backwaren mit einer Wasseraktivität von über 0,65 zulässig.

19.3 Physikalische Konservierungsmethoden

Bei diesen Methoden werden den Lebensmitteln keine Stoffe zugesetzt. Es finden keinerlei chemische, sondern allenfalls physikalische Veränderungen statt. Es bestehen keine besonderen gesetzlichen Bestimmungen außer Hygienerichtlinien und eventuell Deklarationsvorschriften (zB Kennzeichnung von Tiefkühlprodukten, Ablaufdaten usw.).

Frischhalteverfahren

Schutz vor Austrocknen

- **Lagerung bei hoher Luftfeuchtigkeit:** Tagesgebäcke (zB Krapfen) bleiben in klimatisierten Vitrinen länger frisch. Auch bestimmte Rohstoffe (zB Eier) sollten bei hoher Luftfeuchtigkeit gelagert werden.

- **Luftgeschützte Verpackung:** Waren, die im Ganzen verkauft werden (Marmorkuchen, Brioche), und Dauerbackwaren (Lebkuchen) sollten mit luftundurchlässiger Folie umhüllt werden. Folie schützt auch Rohstoffe, zB Marzipan, Fette usw.

- **Kühle Lagerung (Keller):** Für manche Waren eignet sich die Lagerung im Kühlschrank nicht (zB verschiedene Obstsorten). Deshalb ist hier eine Lagerung bei ca. 15 °C vorzuziehen, um das Austrocknen zu verzögern.

Schutz vor Oberflächenveränderung

- **Luftdichte Verpackung:** Vor allem Fremdgerüche werden durch luftdichte Verpackung fern gehalten. Bei Fleischwaren verhindert sie das Grauwerden der Schnittstellen.

Verfahren zum Schutz vor Verderb

Trocknen (fast völliger Wasserentzug)

- **Trocknen an der Luft oder im Wärmeschrank:** Dieses Verfahren eignet sich vor allem für Trockenobst (Dörrzwetschken, Kletzen) und Gewürze.

- **Trocknen in Warmtrockenanlagen:** wird für verschiedene pulverisierte Lebensmittel (Milchpulver) angewendet.

- **Gefriertrocknen:** Besonders schonendes Trocknungsverfahren, bei dem den Lebensmitteln im Vakuum die Flüssigkeit entzogen wird (zB Kaffeepulver).

Eindicken (Reduktion des Wassergehaltes)

- **Kondensieren:** Dabei wird Lebensmitteln nur ein Teil ihres Wassers entzogen. Es entstehen pastenförmige Extrakte (Kondensmilch, diverse Aromapasten).

Hitzebehandlung

- **Sterilisieren:** Kochen bei 100 °C oder sehr kurzes Ultrahocherhitzen auf bis zu 150 °C tötet alle Keime in Lebensmitteln ab. Nach dem Erhitzen werden die Produkte sehr rasch wieder abgekühlt und luftdicht verschlossen. Sterilisierte Produkte sind sehr lange haltbar (H-Milch, Konserven). Sie gelten als bakteriologisch einwandfrei.

- **Pasteurisieren:** Dabei werden die Lebensmittel möglichst kurz auf 72 bis 85 °C erhitzt und rasch wieder auf + 2 °C abgekühlt. Ein Großteil der Keime wird dadurch abgetötet. Das rasche Abkühlen verhindert eine neuerliche Keimvermehrung im gefährlichen Bereich zwischen 20 °C und 40 °C.
Pasteurisierte Produkte gelten nicht als keimfrei. Für manche Produkte (zB Milchprodukte, Speiseeisgrundmasse) ist jedoch die Pasteurisierung der Sterilisierung vorzuziehen, da sie weniger geschmackliche Veränderungen hervorruft. Sie hat große Bedeutung in der Konditorei.

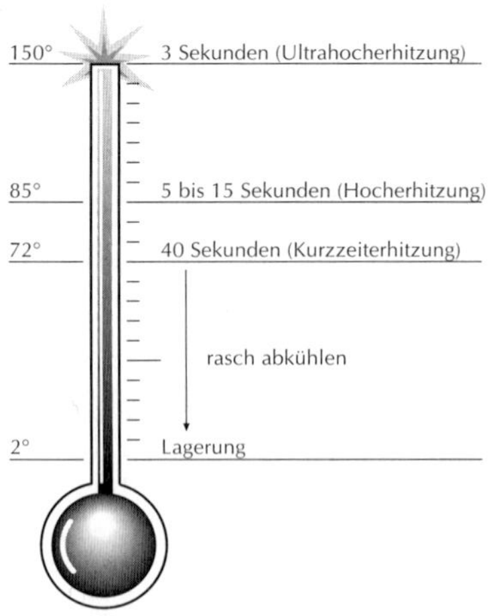

Kältebehandlung

- **Lagerung im Kühlschrank:** Sie ist für eher kürzere Aufbewahrung mancher Rohstoffe und Fertigwaren geeignet. Es muss auf die Eigenheiten der einzelnen Produkte geachtet werden (Geruchsempfindlichkeit, Druckempfindlichkeit usw.).
  Für die Lagerung im Kühlschrank oder Kühlraum ist die Hygiene oberstes Gebot.

- **Tiefgefrieren:** Für die längere Aufbewahrung mancher Produkte ist das Tiefgefrieren eine ideale Methode. Tiefkühlen wirkt äußerst schonend auf den Vitamingehalt von Lebensmitteln.˙ Es muss auf die Tiefkühleignung der einzelnen Produkte und Rohstoffe geachtet werden.
  Vor der Tiefkühllagerung Waren immer schockfrosten (möglichst rasches Einfrieren bei sehr tiefen Temperaturen von - 35 bis - 45 °C). Vitaminverluste und Konsistenzveränderungen werden durch das Schockfrosten weitest gehend vermieden.

Tiefgekühlte Waren müssen luftgeschützt verpackt sein, da sonst an der Oberfläche Gefrierbrand (Austrocknung) entsteht.
Temperatur für Tiefkühllagerung: mindestens - 18 °C.
Tiefkühlkette nicht unterbrechen!

Beim **Schockfrosten** von Lebensmitteln bilden sich in den Zellen kleinste Eiskristalle. Die Zellwände bleiben unbeschädigt.

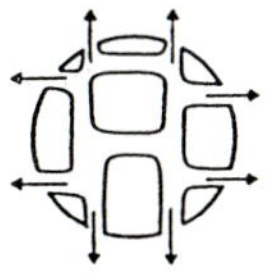

Beim **Auftauen** kommt es dadurch zu geringen Saftaustritten bzw. Geschmacksverlusten.

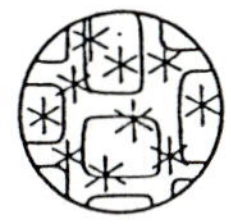

Achtung: Durch langsames Einfrieren bilden sich große, spitze Eiskristalle, die die Zellwände verletzten. Beim Auftauen fließt viel Gewebsflüssigkeit aus.

Zusammenfassung: Haltbarmachen von Lebensmitteln

Natürliche Konservierungsmittel

- Salz
- Zucker
- Alkohol
- Organische Säuren

Chemische Konservierungsmittel

Das sind chemische Verbindungen, die die Entwicklung von Mikroorganismen hemmen und diese abtöten. In der Verordnung über andere Zusatzstoffe als Farbstoffe und Süßungsmittel sind die Art und Menge der zugelassenen Konservierungsmittel geregelt.

Physikalische Konservierungsmethoden

Frischhalteverfahren bieten
- Schutz vor Austrocknen: bei hoher Luftfeuchtigkeit lagern, luftgeschützt verpacken oder kühl lagern;
- Schutz vor Oberflächenveränderung: luftdicht verpacken.

Verfahren zum Schutz vor Verderb
- Trocknen (fast völliger Wasserentzug): an der Luft oder im Wärmeschrank, in Warmtrockenanlagen, Gefriertrocknen.
- Eindicken (Reduktion des Wassergehaltes): Kondensieren.
- Hitzebehandlung: Sterilisieren, Pasteurisieren.
- Kältebehandlung: im Kühlschrank lagern, Tiefgefrieren.

Fragen und Arbeitsaufgaben

1. Welche Möglichkeiten des Haltbarmachens von Lebensmitteln kennen Sie?
2. Welche natürlichen Konservierungsmittel kennen Sie und worin liegt ihre Besonderheit?
3. Wie wird in Österreich die Verwendung von chemischen Konservierungsmitteln geregelt?
4. Was versteht man unter physikalischen Konservierungsmethoden?
5. Wie können Lebensmittel vor dem Austrocknen geschützt werden?
6. Nennen Sie einige Methoden zum Haltbarmachen durch Wasserentzug!
7. Wodurch unterscheiden sich Sterilisieren und Pasteurisieren?
8. Was ist bei der Lagerung von Waren im Kühlschrank zu beachten?
9. Welche Punkte sollten bei der Tiefkühllagerung immer beachtet werden?

20 BESTIMMUNGEN DER ÖSTERREICHISCHEN LEBENSMITTELGESETZGEBUNG

Der Schwerpunkt des österreichischen Lebensmittelrechts liegt im Schutz des Konsumenten. Mit dem In-Kraft-Treten des EWR 1994 sind die Bestimmungen des EU-Lebensmittelrechts auch für Österreich wirksam geworden. Alle Richtlinien und Verordnungen des EU-Rechts werden daher laufend in nationales österreichisches Recht umgesetzt (Die Umsetzung ist aber noch nicht vollständig abgeschlossen!). In diesem Lehrbuch zitierte Bestimmungen stellen daher immer den Stand zum Zeitpunkt der Herausgabe dar und können sich kurzfristig wieder ändern.

Österreichische Lebensmittelgesetzgebung

Lebensmittelgesetz (LMG) 1975

Rahmengesetz mit grundsätzlichen Bestimmungen.

Durchführungsverordnungen zum LMG 1975

Bestimmungen des LMG 1975 werden ausführlich beschrieben (Lebensmittelkennzeichnungsverordnung usw.).

Österreichisches Lebensmittelbuch (Codex Alimentarius Austriacus)

Systematische Ordnung der Lebensmittel nach Kapiteln mit Untergliederungen und Rezepturregeln.

20.1 LEBENSMITTELGESETZ (LMG) 1975

Mit 1. Juli 1975 trat das Bundesgesetz über das Inverkehrbringen von Lebensmitteln, Verzehrprodukten, Zusatzstoffen, kosmetischen Mitteln und Gebrauchsgegenständen in Kraft. Es enthält allgemeine Bestimmungen. Einzelheiten werden in Verordnungen und Erlässen festgelegt.

Ziele des LMG
- Gesundheitsschutz
- Verbraucherschutz
- Lebensmittelkontrolle

Regelungen des LMG
- Kontrolle der Lebensmittelqualität
- Hygiene im Lebensmittelverkehr
- Kennzeichnung von Lebensmitteln
- Beschaffenheit des verwendeten Geschirrs
- Überprüfung der Betriebe
- Aufgaben der Codexkommission
- Aufgaben der staatlichen Lebensmitteluntersuchung

Zwei Prinzipien des LMG
- Missbrauchsprinzip: Alles ist erlaubt, was nicht verboten ist (zB Warengruppe Lebensmittel).
- Verbotsprinzip: Alles ist so lange verboten, bis es erlaubt wird. Dieses Prinzip gilt besonders für die

Zusatzstoffe, die vor ihrer ministeriellen Genehmigung nicht in den Verkehr gebracht werden dürfen.

Das LMG sieht Gerichtsstrafen und Verwaltungsstrafen vor.

Waren, die dem Lebensmittelgesetz unterliegen

Lebensmittel
Alle Stoffe, die vom Menschen überwiegend zu Ernährungs- und Genusszwecken gegessen, gekaut oder getrunken werden (zB Brot, Schokolade usw.). Ausnahme: diätetische Lebensmittel.

Verzehrprodukte
Sie werden von Menschen gegessen, gekaut oder getrunken, dienen aber nicht überwiegend Ernährungs- oder Genusszwecken (zB Schlankheitsmittel).

Zusatzstoffe
Stoffe, die anderen Lebensmitteln hinzugefügt werden, ohne selbst Lebensmittel oder Verzehrprodukt zu sein (Konservierungsmittel, Farbstoffe, Emulgatoren usw.). Sie unterliegen generell der Zulassungspflicht durch den Bundesminister.

Kosmetische Mittel
Stoffe, die zur Reinigung, Pflege, Vermittlung bestimmter Geruchseindrücke usw. für den Menschen bestimmt sind.

Gebrauchsgegenstände
Dazu gehören Geschirre, Verpackungen, Geräte, Farben, Lacke, Spielwaren, Kerzen usw.

Stoffe, die nicht in Verkehr gebracht werden dürfen

- Gesundheitsschädliche Stoffe
- Verdorbene und unreife Stoffe
- Nachgemachte, verfälschte oder wertgeminderte Stoffe, ohne dass dieser Umstand deutlich und allgemein verständlich kenntlich gemacht ist
- Falsch bezeichnete Stoffe
- Stoffe, die den Verordnungen nach dem LMG widersprechen

20.2 DURCHFÜHRUNGSVERORDNUNGEN ZUM LMG 1975

Lebensmittelkennzeichnungsverordnung (LMKV) 1993 (BGBl. 72/1993)

Die LMKV 1993, die im Zuge der Angleichung an das europäische Recht eingeführt wurde, regelt die genaue Kennzeichnung der Zutaten eines verpackten Lebensmittels. Die Lebensmittelinhaltsstoffe und die technologisch wirksamen Zusatzstoffe müssen aufgelistet sein. Die Reihenfolge der Zutaten entspricht ihrem Gewichtsanteil in abfallender Reihe.

Die Kennzeichnung hat leicht verständlich, in deutlich sicht- und lesbarer Schrift zu erfolgen und soll folgende Angaben enthalten:

- Handelsübliche Sachbezeichnung
- Namen und Anschrift der erzeugenden oder vertreibenden Unternehmung
- Erzeugungsland bei ausländischen Erzeugnissen aus Nicht-EWR-Staaten
- Mengenangabe: Nettofüllgewicht/-volumen, Stückzahl
- Zeitpunkt der Verpackung (Charge)
- Mindesthaltbarkeits-/Verbrauchsdatum
- Lagerbedingungen
- Zutaten in fallender Reihenfolge, eventuell mit Klassennamen
- QUID-Bestimmung: mengenmäßige Angabe des wertbestimmenden Rohstoffs
- Zusatzstoffe, die im verpackten Endprodukt eine technologische Wirkung ausüben (Deklaration mit spezifischem Namen bzw. Klassennamen und spezifischem Namen oder E-Nummer)

Auf der Verpackung ist meist auch der **Europäische Artikelnummern-Code (EAN-Code)** angegeben.

Weitere wichtige Verordnungen für den Konditor

- Verordnung über Kakao- und Schokoladeerzeugnisse (BGBl. 689/1994)
- Farbstoffverordnung (BGBl. 541/1996)
- Verordnung über andere Zusatzstoffe als Farbstoffe und Süßungsmittel (derzeit noch im Entwurf; entspricht der EG-Richtlinie 95/2/EG)
- Lebensmittelhygieneverordnung (BGBl. II 31/1998)
- Aromenverordnung (BGBl. II 42/1998)
- Nährwertkennzeichnungsverordnung (BGBl. 896/1995)
- Süßungsmittelverordnung (BGBl. 547/1996)
- Hühnereiverordnung (BGBl. 656/1995) und Eiprodukteverordnung (BGBl. 527/1996)
- Konfitürenverordnung (BGBl. 897/1995)
- Honigverordnung (BGBl. 941/1994)
- Zuckerverordnung (BGBl. 551/1994)
- Speiseeisverordnung (BGBl. 6/1973)
- Verordnung über Kondensmilch- und Milchpulverarten (BGBl. II 129/1997)
- Kaffee-Extrakte-Verordnung (BGBl. 530/1995)

20.3 ÖSTERREICHISCHES LEBENSMITTELBUCH (CODEX ALIMENTARIUS AUSTRIACUS)

Das Lebensmittelbuch soll das LMG vollziehbar machen. Es wird von der im Lebensmittelgesetz verankerten Codexkommission erstellt und vom Bundesministerium für Gesundheit herausgegeben. Die Codexkommission ist eine sozialpartnerschaftliche Einrichtung. Bei der Codexkommission ist auch der Hygieneausschuss eingerichtet.

Das Lebensmittelbuch dient der Verlautbarung von
- Sachbezeichnungen,
- Begriffsbestimmungen,
- Untersuchungsmethoden,
- Richtlinien für das Inverkehrbringen von Waren,
- Rezepturen (zB B 34 Konditorwaren).

Das Lebensmittelbuch gilt als „objektiviertes Sachverständigengutachten“ und ist **keine Rechtsvorschrift!**

In der Tabelle sind wichtige Codexrichtlinien für Konditoren dargestellt.

Bezeichnung	Codex	Regelungsinhalt	Hinweise
Aromen	A 9	Aromen und ihre Ausgangsstoffe	In der Aromenverordnung geregelt.
Trinkwasser	B 1	Trinkwasserqualität	Speiseeisverordnung, jährliche Untersuchungspflicht bei eigener Wasserversorgungsanlage.
Speiseeis (Gefrorenes)	B 2	Qualitätsvorschriften für verschiedene Speiseeistypen	Hygienevorschriften für Speiseeiserzeuger werden in der Speiseeisverordnung geregelt.
Honig	B 3	Qualitätsanforderungen an Honig	Seit 1994 großteils in der Honigverordnung geregelt.
Obst	B 4	Qualitätsrichtlinien für Obst, Mohn, Südfrüchte usw.	Siehe auch Qualitätsklassengesetz und Qualitätsklassenverordnung.
Konfitüre und andere Obsterzeugnisse	B 5	Qualitätsnormen für Obstpulpe und Obstmark, Konfitüre, Obstmus, Dunstobst usw.	Seit 1995 gibt es eine Konfitürenverordnung, die einen Großteil (Abs. 1–21) des B 5 ersetzt.
Sirupe	B 6	Beschaffenheit von Obstrohsäften und Sirupen	–
Fruchtsäfte, alkoholfreie natürliche Fruchtsäfte und Fruchtnektare	B 7	Anforderungen an Fruchtsäfte und verwandte Erzeugnisse	–
Backhefe und Backpulver	B 9	Qualitätsnormen für Back-, Trockenhefe, Backpulver usw.	–
Quellmehle, Malzmehle	B 10	Richtlinien für Quellmehle, Malzmehle usw.	–
Kaffee, Kaffeemittel	B 12	Rohkaffee, Röstkaffee, Kaffeeextrakte und Kaffeeessenzen	Seit 1995 gilt auch die Kaffeeextrakteverordnung.
Kakao- und Kakaoerzeugnisse, Lebensmittel mit Kakaoerzeugnissen oder Schokoladen	B 15	Genaue Qualitätsnormen für Kakaomasse, -butter, -presskuchen, -pulver, Schokoladen, Kuvertüren, Trüffelmassen, Nougat, Mousse	Seit 1995 gibt es eine Verordnung über Kakao- und Schokoladeerzeugnisse, die einen Großteil des B 15 ersetzt. Nur einige Teile bleiben im Codex geregelt.
Zuckerwaren	B 16	Angabe der Zusammensetzung verschiedener Zuckerwaren	Regelung ua., von Marzipan, Persipan.
Backerzeugnisse	B 18	Beschreibung von verschiedenen Fein- und Konditoreibackwaren, Dauerbackwaren, Windbäckerei und Füllungen	–
Mahl- und Schälprodukte	B 20	Qualitätsanforderungen an verschiedene Mehle	–
Speisesalz	B 21	–	–

Bezeichnung	Codex	Regelungsinhalt	Hinweise
Zucker und Zuckerarten	B 22	Richtlinien für einzelne Zuckerarten, Glukosesirup, Invertzuckercreme („Kunsthonig")	Seit 1994 regelt die Zuckerverordnung einen Großteil des B 22.
Spirituosen	B 23	Richtlinien für diverse Spirituosen	Bereits angepasst an EU-Regelungen.
Gewürze	B 28	Richtlinien für Gewürze	–
Speisefette mit Teilkapitel Fritierfette	B 30	Beschreibung und Regelung des Verkehrs von Speisefetten, -ölen, Streichfetten, Fritierfetten usw.	–
Tee und teeähnliche Erzeugnisse	B 31	Qualitätsanforderungen an Tee	–
Konditorwaren (traditionelle Produkte)	B 34	Sachermasse, Sachertorte usw.; Dobos-, Esterhazy-, Malakoff-, Topfenoberstorte, Schwarzwälder Kirschtorte usw.; Pariser Creme, Topfen- und Nussfülle	Gilt nur für Produkte mit Hinweis auf besondere österreichische Codexqualität.

Zusammenfassung: Bestimmungen der österreichischen Lebensmittelgesetzgebung

Lebensmittelgesetz (LMG) 1975

Es regelt das Inverkehrbringen von Lebensmitteln, Verzehrprodukten, Zusatzstoffen, kosmetischen Mitteln und Gebrauchsgegenständen. Ziele des LMG:

- Gesundheitsschutz
- Lebensmittelkontrolle
- Verbraucherschutz

Durchführungsverordnungen zum LMG 1975

Lebensmittelkennzeichnungsverordnung (LMKV) 1993
Sie regelt die genaue Kennzeichnung der Zutaten eines verpackten Lebensmittels. Die Lebensmittelinhaltsstoffe und die Zusatzstoffe müssen aufgelistet sein. Die Reihenfolge der Zutaten entspricht ihrem Gewichtsanteil in abfallender Reihe.

Österreichisches Lebensmittelbuch (Codex Alimentarius Austriacus)

Das Lebensmittelbuch soll das LMG vollziehbar machen. Es wird von der im Lebensmittelgesetz verankerten Codexkommission erstellt und vom Bundesministerium für Gesundheit herausgegeben.

Das Lebensmittelbuch dient der Verlautbarung von

- Sachbezeichnungen
- Untersuchungsmethoden
- Begriffsbestimmungen
- Richtlinien für das Inverkehrbringen von Waren sowie Rezepturen (zB B 34 Konditorwaren).

Fragen und Arbeitsaufgaben

1. Welche Ziele hat das LMG?
2. Nennen Sie drei Beispiele für Waren, die laut LMG nicht in Verkehr gebracht werden dürfen!
3. Erklären Sie die Lebensmittelkennzeichnungsverordnung!
4. Welche Aufgaben hat der Lebensmittelcodex zu erfüllen?

III GERÄTE- UND MASCHINENKUNDE

1 BETRIEBSHYGIENE, UNFALLVERHÜTUNG, BRANDSCHUTZ UND ERSTE HILFE

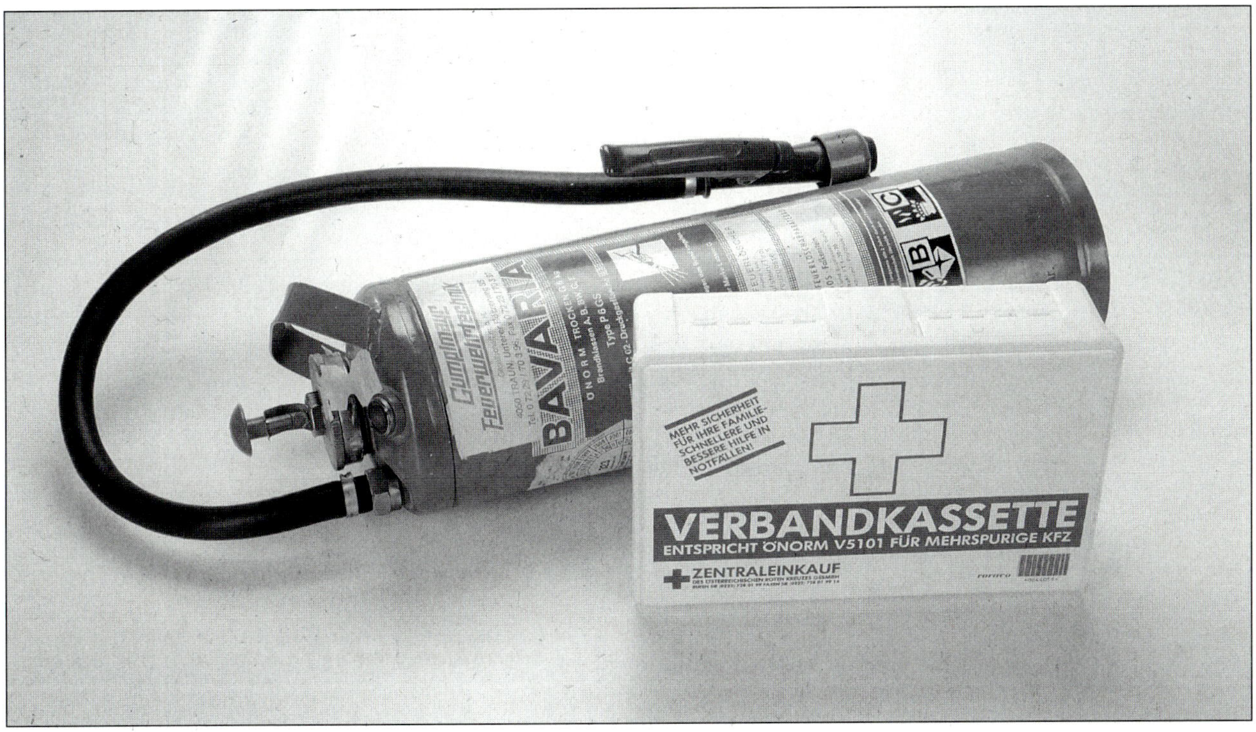

In diesem Kapitel werden Maßnahmen aufgezeigt, um Erkrankungen und Unfälle zu verhindern sowie erste Hilfe zu leisten.

1.1 Betriebshygiene

Hygiene ist das Um und Auf in einem Lebensmittel verarbeitenden Betrieb. Hier bedeutet Hygiene: Saubere Lebensmittel in Händen von sauberen Menschen, die mit sauberen Gerätschaften in sauberen Räumen arbeiten.

Hygiene bei der Reinigung

Reines Trinkwasser und geruchlose Desinfektionsmittel müssen zur regelmäßigen Reinigung von

- Backstube und Nebenräumen,
- Maschinen und Geräten sowie
- Werkzeugen

verwendet werden.

Bereits bei der Ausstattung der Räume ist auf leichte Pflege durch Verfliesen, rutschfeste Böden mit Wasserablauf, gute Belüftung und Tageslicht zu achten.

Abfallbewirtschaftung und Umweltschutz

Bei der heutigen Betriebshygiene ist großes Augenmerk auf den Umweltschutz und die Abfallbewirtschaftung zu legen. Schon beim Einkauf muss auf entsprechende Müllvermeidung geachtet werden.

Der gewerbliche Betrieb hat sich an die Abfallbörse der zuständigen Wirtschaftskammer bzw. in der jeweiligen Gemeinde an den Abfallbewirtschaftungsbeauftragten zu wenden und für die Entsorgung zu bezahlen. Es existieren genaue Vorschriften für die Müllentsorgung (bei Nichteinhaltung Geldstrafen!).

Gesetzliche Grundlagen: Abfallwirtschaftsgesetz (BGBl. Nr. 325/1990, idF BGBl. 434/1996), Festsetzungsverordnung (BGBl. II 227/1997), Verpackungsverordnung (BGBl. Nr. 648/1996), Landesverordnungen (zB in Oberösterreich: OÖ. Abfalltrennungsverordnung, LGBl. für OÖ Nr. 93/1993)

Mülltrennung und -entsorgung	
Biotonne	Küchen- und Gartenabfälle, Teesackerln, Lebensmittelreste, Kaffeefilter mit Sud usw.
Leichtstoffmüll (gelbe Tonne, gelber Sack)	Verpackungen aus Kunststoff, Holz, Verbundstoffen und textilen Faserstoffen wie Jogurtbecher, Folien, PET-Leichtflaschen, Kosmetik- und Getränkeflaschen aus Keramik, Kaffeeverpackungen, beschichtetes Einwickelpapier, Zigarettenschachteln, Milch- und Getränkekartons.
Restmüll	Babywindeln, Staubsaugerinhalte, Glühbirnen, Kristallglas, Spiegelglas, Katzenstreu, kaputte Haushaltsgegenstände und Spielzeug, Leder, Asche, Knochen, Hygieneartikel.
Altpapier	Papier, Kartonagen, Pappe, Wellpappe, Zeitungen, Kataloge, Zeitschriften, Prospekte, Bücher, Schulhefte. Keine Verbundmaterialien (zB Tetrapack).
Weiß- und Buntglas	Glasflaschen, Gurken- und Einsiedegläser, leere Medikamentenfläschchen usw. Kein Flachglas, Spiegelglas, Kristallglas, Drahtglas.
Metalle	Metalldosen, Kronenkorken, Aluverschlüsse, Metalldeckel, Alufolien, Blechgeschirr, Aludeckel von Jogurtbechern usw.
Gefährlicher Abfall (Problemstoff)	Altöle, Farben, Chemiereiniger usw.

Achten Sie bei der Mülltrennung besonders auf
- Geruchsbelästigungen,
- Brandgefahr und
- Verätzungen.

Daher:
- Abfälle in gut verschließbaren Behältern in einem eigenen Raum verwahren.
- Leicht abbaubare und umweltschonende Reiniger, Spül- und Waschmittel verwenden.

1.2 Unfallverhütung

Die meisten Arbeitsunfälle in der Konditorei ereignen sich durch
- Bequemlichkeit,
- Gedankenlosigkeit,
- Unkenntnis der Gefahr und
- schlechte Planung der Arbeitsabläufe.

Gefahrenquellen für Unfälle	Prozent
Böden, Arbeitswege	20 %
falsches Heben und Tragen von Lasten	18 %
falsches Bedienen von Werkzeugen, Messern und Geschirr	14 %
Stufen, Stiegen, Leitern	14 %
unsachgemäßes Bedienen von Geräten und Maschinen (Rührwerk, Schnellkneter, Melangeur)	12 %
Scherben, Konservendosen, Strom, Verbrennungen (Fritteuse, Ofen, heißes Wasser), Verätzungen (chemische Reiniger)	8 %
andere Mitarbeiter, Alkoholisierung	4 %
Sonstiges	10 %

Unfälle können vermieden werden durch
- geistige und körperliche Fitness (niemals übermüdet, unter Alkohol-, Drogen- oder Medikamenteneinfluss arbeiten),
- überlegtes und konzentriertes Arbeiten und
- Verwendung von geeigneter Berufskleidung.

Angemessene Sorgfalt in der Backstube
- Langärmelige Arbeitskleidung verhindert Verbrennungen durch spritzendes Koch- und Gargut und schützt vor Verbrühungen.
- Eine entsprechende Kopfbedeckung schützt vor Verletzungen, die durch langes Haar entstehen können (Melangeur).
- Geschlossenes Schuhwerk schützt vor herabfallenden Gegenständen.
- Immer den Arbeitsplatz ordentlich und sauber halten!

- Rutschfeste, ebene Fußböden verhindern Stolpern oder Ausgleiten.
- Pfannenstiele nie über eine Tischkante hinausstehen lassen!
- Auf Durchgangswegen nie Behälter und Geräte abstellen!
- Durch Nässe oder Fett verunreinigte Böden sofort reinigen und trocken wischen!
- Elektroinstallationen und Reparaturen nur vom Fachmann durchführen lassen!
- Vor der ersten Inbetriebnahme eines neuen Gerätes oder einer neuen Maschine die Bedienungsanleitung genau lesen und beachten!
- Schürzen immer hinten binden oder Bänder in die Schürze hineinstecken, damit sie nicht in eine Maschine gelangen können!
- Keine Schutzvorrichtungen von Maschinen und Geräten entfernen! Sie dienen der Unfallverhütung. Das Entfernen befreit die Unfallversicherung von ihren Leistungen bzw. zieht unter Umständen strafrechtliche Folgen nach sich.
- Bei Reinigungs- und Servicearbeiten immer den Netzstecker ziehen!
- Messer, scharfe Maschinenteile usw. nie in die Abwasch legen!
- Bei Gasgeruch sofort lüften, keine elektrischen Schalter betätigen!
- **Nie in laufende Maschinen greifen!**

1.3 BRANDSCHUTZ

Brandschutzbestimmungen findet man in den einschlägigen Bau- und Feuerpolizeiverordnungen der Länder. Maßnahmen für das Verhalten im Brandfall sind aushangpflichtig.

Brandursachen in Backstuben

- Feuerungsanlagen
- Überhitztes Siedefett
- Fettablagerungen in Abzugsrohren, Kaminen, Dunst- und Entlüftungsabzügen
- Elektrische Anlagen
- Maschinen und Geräte
- Schadhafte Leitungen

Löschmittel

Die Art der Brandbekämpfung richtet sich nach der Entzündungstemperatur des brennbaren Stoffes.

- **Wasser:** Nur Holz-, Papier-, Textil- und Kohlebrände dürfen mit Wasser gelöscht werden.
- **Handfeuerlöscher:** Nach ÖNORM F 1050 der Brandklassen A, B, C sind sie für alle Brände als Ersthilfe in Backstuben geeignet, vor allem für solche, die durch überhitztes Fett und an elektrischen Anlagen entstehen.
  Feuerlöschgeräte müssen gut sichtbar angebracht, auffallend gekennzeichnet und jederzeit leicht erreichbar sein. Alle Mitarbeiter müssen mit der Handhabung von Handfeuerlöschern vertraut sein.
- **Fahrbare Feuerlöscher** werden in Großbetrieben eingesetzt.
- **Löschdecken** sind zum Ersticken kleinerer Brände an Personen und Geräten geeignet.

Brandschutzbeauftragter

Größere Betriebe haben einen ausgebildeten Brandschutzbeauftragten mit folgenden Aufgaben:

- Ausarbeitung einer Brandschutzordnung und eines Brandschutzplanes für den Betrieb.
- Kontrolle der Brandsicherheit.
- Veranlassung von Brandschutzübungen.

Grundsatz

- **Alarmieren:** wen, wie, wann
- **Retten:** Menschen, Tiere
- **Löschen:** Schaden minimieren

Notrufe

- Feuerwehr: ____________________
- Polizei: ____________________
- Rettung: ____________________

Rettungswege und Alarmzeichen

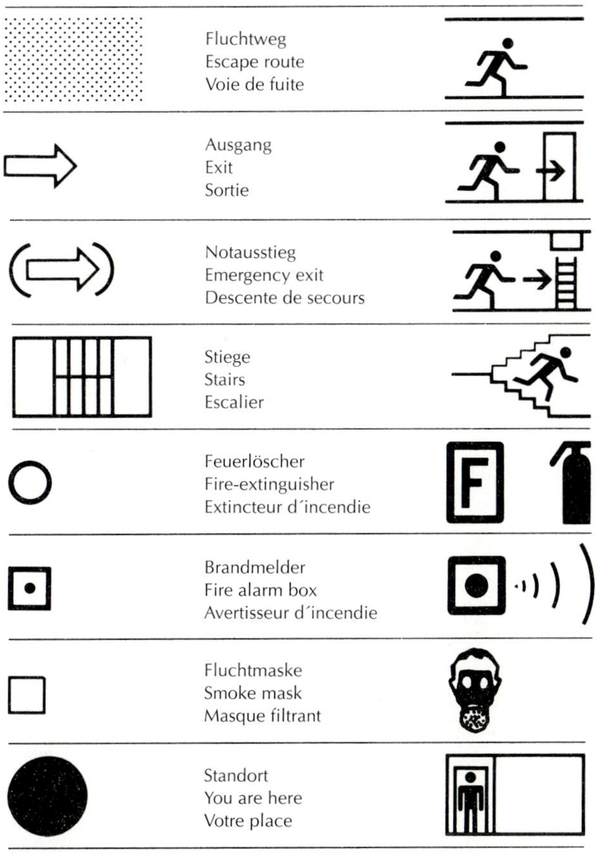

1.4 ERSTE HILFE

Allgemeine Vorschriften

- In jedem Betrieb muss bei Verletzungen oder plötzlicher Erkrankung erste Hilfe geleistet werden.

- In Betrieben mit bis zu vier Arbeitnehmern soll - ab fünf Arbeitnehmern muss - eine Person in erster Hilfe ausgebildet sein.
- Die wichtigsten Behelfe für die Wundversorgung, Blutstillung und Ruhestellung müssen im Betrieb in jederzeit gebrauchsfertigem und hygienisch einwandfreiem Zustand in einem leicht erreichbaren, staubdicht schließenden und sichtbar gekennzeichneten Erste-Hilfe-Kasten vorrätig gehalten werden (Kontrolle durch das Arbeitsinspektorat).

Erste-Hilfe-Maßnahmen bei Unfällen

Mechanische Wunden

Das sind solche, die durch mechanische Einwirkungen verursacht werden, zB Schnitt-, Riss-, Quetsch-, Platz-, Schürf- und Stichwunden.

Erste Hilfe

- Keimfreier Verband.
- Bei starker Blutung: Druckverband.
- Später: Aufbringen von Puder, Salbe usw.
- Große, stark verschmutzte und tief gehende Wunden müssen innerhalb von sechs Stunden vom Arzt versorgt werden (Infektionsgefahr, Wundnaht).

Verboten

- Berühren der Wunde.
- Entfernen von Fremdkörpern aus der Wunde.
- Auswaschen.

Schlagaderblutung

Mit Druckverband die Stelle der Verletzung versorgen.

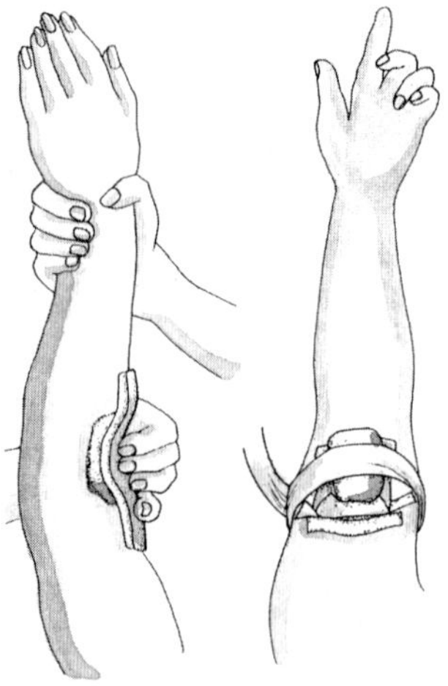

Schockbekämpfung

Anzeichen eines Schocks sind: kalte Haut, Schweiß auf der Stirn, Blässe, Bewusstsein vorhanden, aber getrübt.

Erste Hilfe

- Blutstillung und Pulskontrolle.
- Schocklagerung (Flachlagerung, Anheben und Hochlagern der Beine) bewirkt eine bessere Durchblutung des Gehirns.
- Atemkontrolle, Öffnen beengender Kleidung und Zufuhr von Frischluft.
- Schutz vor Unterkühlung durch Zudecken des Verletzten zur Erhaltung der Körperwärme.
- Beruhigung des Verletzten.
- Sofortige Verständigung von Rettung und Arzt.

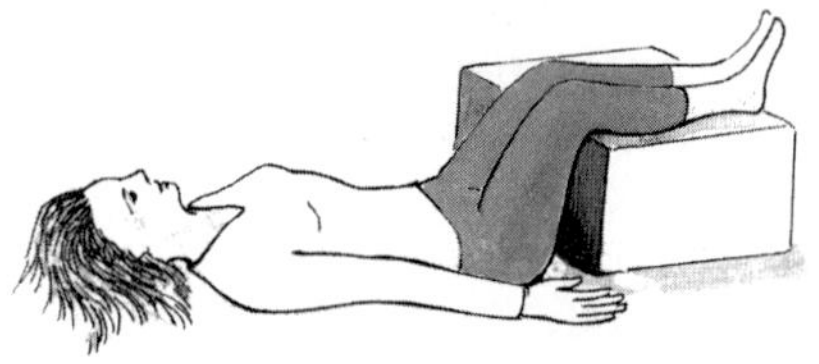

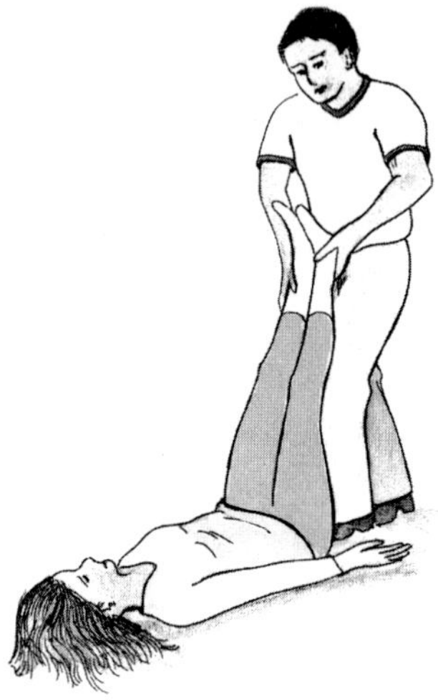

Knochenbrüche

Erste Hilfe

- Verletzten liegend lagern.
- Notschienen dürfen nur von geschulten Personen angelegt werden.
- Rettung verständigen.

Verbrennungen

Erste Hilfe

- Verbrannte Körperteile zur Schockbekämpfung und Schmerzlinderung unter reines, fließendes Wasser halten. Nicht klebenden Verband (Metallineverband) anlegen. Keine Salben oder Hausmittel verwenden.
- Fangen Kleider Feuer, sofort am Boden wälzen und mit Löschdecken Feuer löschen (Löschdecken sollten in Backstuben griffbereit aufbewahrt werden).
- Anklebende, mit heißen Flüssigkeiten getränkte Kleidung nicht herunterreißen, sondern mit Wasser begießen und eventuell vorsichtig entfernen.

Unfälle durch elektrischen Strom

Erste Hilfe

- Stromkreis sofort unterbrechen (Stecker ziehen, Sicherung herausnehmen).
- Verunglückten nicht mit den bloßen Händen

berühren, sondern mit Plastiksackerln, trockenen Handschuhen, Tüchern usw.).
- Durch den Stromdurchfluss kommt es zur Beeinflussung der Herztätigkeit und Atmung. Daher Arzt und Rettung sofort verständigen!

Zusammenfassung: Betriebshygiene, Unfallverhütung, Brandschutz und erste Hilfe

Betriebshygiene

Hygiene bedeutet Sauberkeit. Daher versteht man unter Betriebshygiene:
- Richtige und regelmäßige Reinigung aller Räume, Geräte usw.
- Abfallbewirtschaftung
- Umweltschutz

Es gelten die Grundsätze der Müllvermeidung und Mülltrennung.

Unfallverhütung

Die meisten Arbeitsunfälle in der Konditorei ereignen sich durch:
- Bequemlichkeit
- Gedankenlosigkeit
- Unkenntnis der Gefahr
- Schlechte Planung der Arbeitsabläufe

Unfälle können vermieden werden durch:
- Geistige und körperliche Fitness (niemals übermüdet, unter Alkohol-, Drogen- oder Medikamenteneinfluss arbeiten)
- Überlegtes und konzentriertes Arbeiten
- Verwendung von geeigneter Berufskleidung

Brandschutz

Brandursachen ergeben sich in der Backstube durch:
- Feuerungsanlagen
- Überhitztes Siedefett
- Fettablagerungen in Abzugsrohren, Kaminen, Dunst- und Entlüftungsabzügen
- Elektrische Anlagen, Maschinen und Geräte
- Schadhafte Leitungen

Die Art der Brandbekämpfung richtet sich nach der Entzündungstemperatur des brennbaren Stoffes.
- **Wasser:** Nur Holz-, Papier-, Textil- und Kohlebrände dürfen mit Wasser gelöscht werden.
- **Handfeuerlöscher:** Sie sind für alle Brände als Ersthilfe in Backstuben geeignet, vor allem für solche, die durch überhitztes Fett und an elektrischen Anlagen entstehen.
- **Fahrbare Feuerlöscher** werden in Großbetrieben eingesetzt.
- **Löschdecken** sind zum Ersticken kleinerer Brände an Personen und Geräten geeignet.

Erste Hilfe

In jedem Betrieb muss bei Verletzungen oder plötzlicher Erkrankung erste Hilfe geleistet werden.

Beachten Sie die Erste-Hilfe-Maßnahmen in diesem Kapitel bei/zur:
- Mechanischen Wunden
- Schlagaderblutung
- Schockbekämpfung
- Knochenbrüchen
- Verbrennungen
- Unfällen durch elektrischen Strom

Fragen und Arbeitsaufgaben

1. Welche Abfälle fallen in Backstuben an und wie müssen sie entsorgt werden?
2. Geben Sie fünf Beispiele für Unfallquellen!
3. Wie können Sie Unfälle vermeiden?
4. Beschreiben Sie Ihre korrekte Arbeitskleidung, um die Unfallgefahr bei der Arbeit zu reduzieren!
5. Mit welchen Mitteln löschen Sie Papier- und Fettbrände?
6. Wie versorgen Sie eine Schnittwunde?
7. Wie verhalten Sie sich, wenn sich zB ein anderer Lehrling Verbrennungen zuzieht?
8. Wie reagieren Sie bei einem Stromunfall?

2 KONDITOREIAUSSTATTUNG

Damit sich der Konditor in seiner Backstube auch wie in einer Stube wohl fühlt, ist es notwendig, diese nach ergonomischen Grundsätzen einzurichten. Dazu gehören die der Körpergröße angepassten Arbeitstische genauso wie ein durchdachtes System des Arbeitsablaufes, dh. eine exakte Planung der Backstube.
Welche Geräte und Maschinen der Konditor für die tägliche Arbeit braucht, ist ebenfalls Gegenstand dieses Kapitels.

2.1 ERGONOMISCHE GRUNDLAGEN

Ergonomie ist die Lehre von der Anpassung der Arbeitsbedingungen an den Menschen. Dazu ist es notwendig, sich bei der Errichtung von Arbeitsräumen, Arbeitsplätzen, Arbeitssystemen, bei der Herstellung von Maschinen, Geräten und Einrichtungsgegenständen an den Durchschnittswerten der anthropometrischen[1] Maße zu orientieren.

Es gilt mit wenigen Arbeitswegen, kurzen Bewegungsabläufen und schonendstem Körpereinsatz die größtmögliche Effizienz zu erreichen. Dazu benötigt man Kenntnisse über bestimmte Bewegungsabläufe:

Arbeitshaltung

Die Arbeitshaltung steht in direktem Zusammenhang mit dem Energieverbrauch und der Ermüdung.

- Eine aufrechte Körperhaltung entlastet die Wirbelsäule und beugt Bandscheibenschäden vor.
- Ein Wechsel in der Körperhaltung fördert die Durchblutung.

Falsches Stehen

Richtiges Stehen

[1] Anthropometrie ist die Lehre von den Maßen des Menschen.

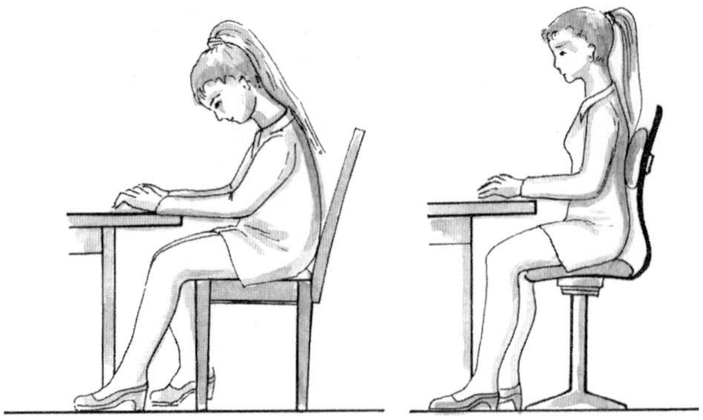

Falsches Sitzen | Richtiges Sitzen

Heben und Tragen

Beim **Heben** und **Absetzen** von Lasten ist zu beachten:

- Die Last soll nicht zu schwer sein.
- Nicht mit gebeugtem Rücken und durchgestreckten Beinen die Last heben, sondern Knie- und Hüftgelenke beugen und mit geradem Rücken anheben.
- Die Last zum Körper hin heben.

Falsches Heben | Richtiges Heben

Die Wirbelsäule soll beim **Tragen** von Lasten ebenfalls gerade bleiben.

- Schwere Lasten abwechselnd auf den Schultern tragen.
- Gegenstände, die vor dem Körper getragen werden, sollen dicht an den Körper gehalten und ohne Hohlkreuz getragen werden.
- Schwerere Lasten auf zwei Lasten aufteilen und sie mit beiden Armen tragen.

Falsches Tragen | Richtiges Tragen

Greifraum

Der Greifraum ist jener Bereich, in dem der Mensch ohne große Anstrengung arbeiten kann.

- **Innerer Greifraum** ist der Aktionsradius der Unterarme bei angewinkelten Oberarmen - für Feinarbeiten.
- **Äußerer Greifraum** (physiologisch maximal) ist der Aktionsradius der ausgestreckten Arme (Hände in Greifhaltung). Leicht zu greifende oder weniger häufig benötigte Gegenstände werden an der äußeren Linie des Greifraumes angeordnet. Das Arbeitsfeld bleibt dadurch frei für Arbeiten, die großflächig ausgeführt werden.

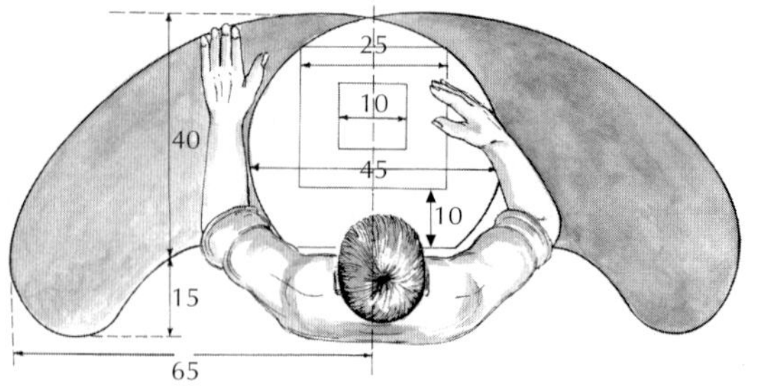

Greifraum in Höhe der Tischebene

Die benötigten Gegenstände müssen griffbereit angeordnet sein, dh., dass alle verzögernden Faktoren, wie Suchen, Prüfen, Auswählen, Zielen, auszuschalten sind.

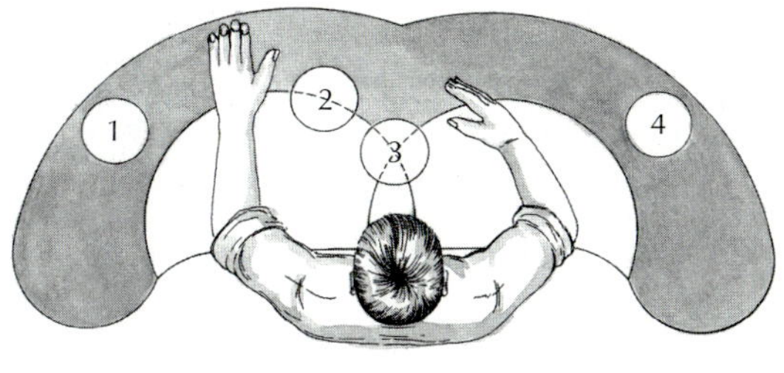

Arbeitsplatz beim Eiertrennen

1 Eier
2 Geschirr für Eiklar
3 Geschirr für Dotter
4 Behälter für Eierschalen

Arbeitsfluss

Bei der Anordnung der Arbeitsplätze muss der Arbeitsfluss immer beachtet werden. Der Arbeitsfluss ist für Rechtshänder von rechts nach links, für Linkshänder von links nach rechts. Dadurch wird vermieden, dass man sich beim Arbeiten über die Hand greift.

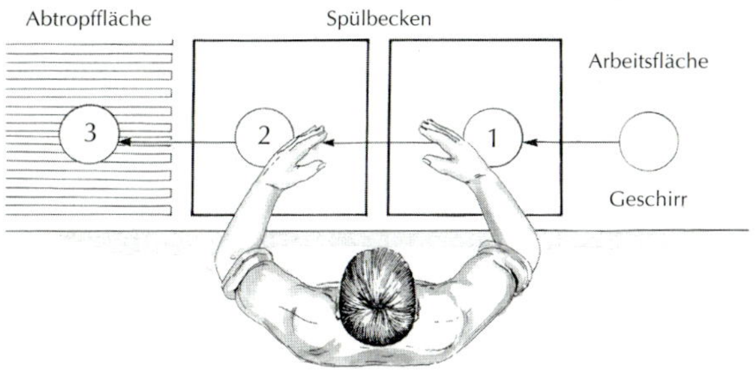

Für Rechtshänder

2.2 Backstube

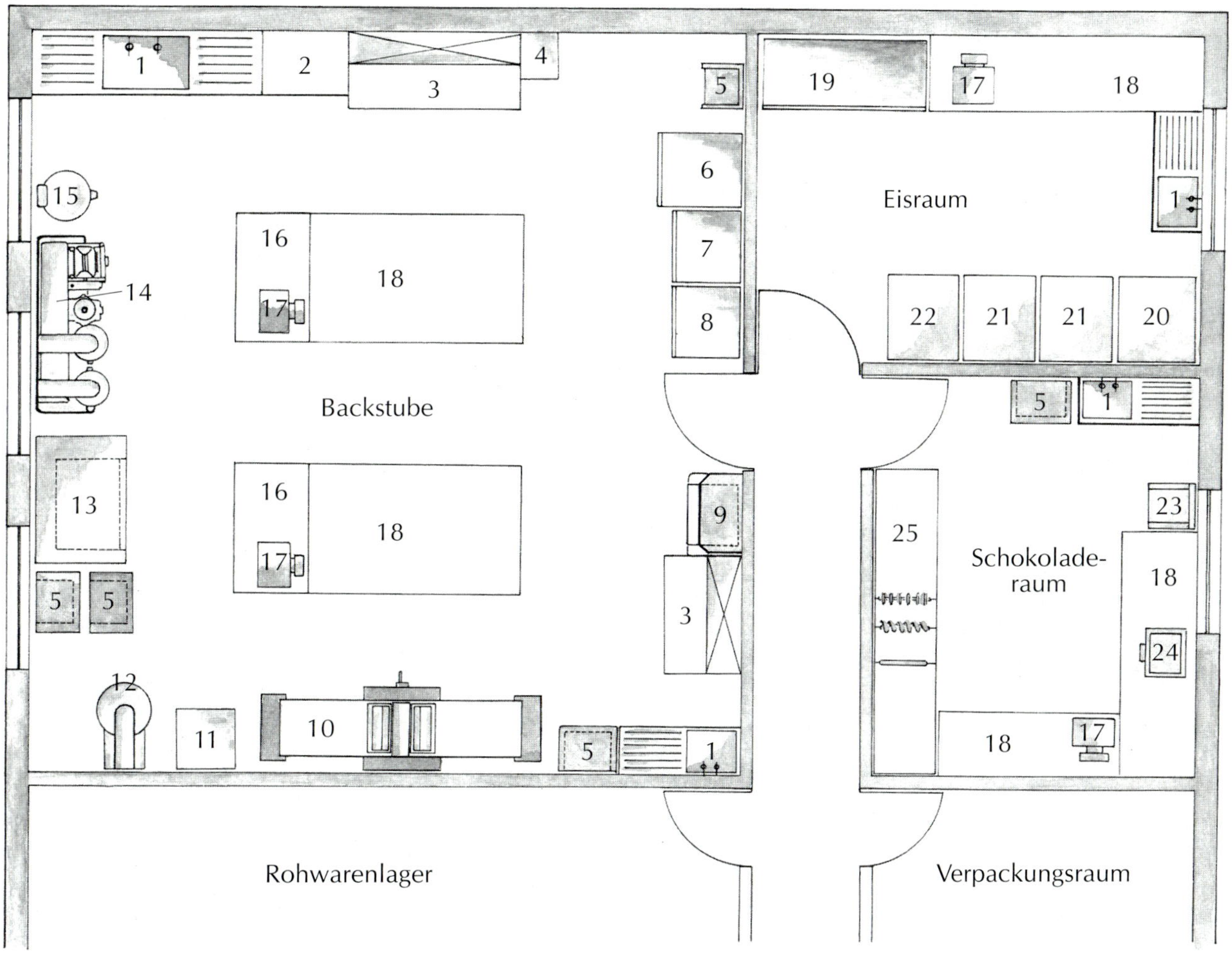

1 Abwasch
2 Geschirrspüler
3 Arbeitstisch mit Wandschrank
4 Oberschlagmaschine
5 Blechwagen
6 Schockfroster
7 Kühlschrank
8 Klimaschrank
9 Fettbackgerät mit Dunstabzug
10 Teigausrollmaschine
11 Teigteil- und -schleifmaschine
12 Spiralkneter
13 Backofen
14 4er-Kombination bestehend aus: Planetenrührwerk, Schlagmaschine, Melangeur, Reibmaschine
15 Cutter
16 Zutatentisch
17 Waage
18 Arbeitstisch
19 Tiefkühler
20 Pasteurisator
21 Reifewanne
22 Eisfreezer
23 Temperiermaschine
24 Trempierapparat
25 Schokoladenüberzugmaschine

Gastronorm (GN)

Die Gastronorm regelt die Größe aller Einsätze, Bleche und Schalen, die in maßgerechte Backöfen, Kühlschränke, Schubladen, Bains-marie (Warmhaltevorrichtungen) und Eisvitrinen passen.

Die Backstube lässt sich im Baukastensystem gestalten. Die einzelnen Geräte verschiedener Fabrikate lassen sich zu Arbeitseinheiten zusammenstellen. Ein weiterer Vorteil der Gastronorm ist, dass Gläser, Tassen, Schalen, Bestecke in entsprechende GN-Geschirrkörbe geschlichtet und zum Waschen, Transportieren und Lagern (bis zur Wiederverwendung) darin gelassen werden können.

Das Grundmaß 1/1 beträgt 530 x 325 mm, davon abgeleitet 530 x 650 mm.

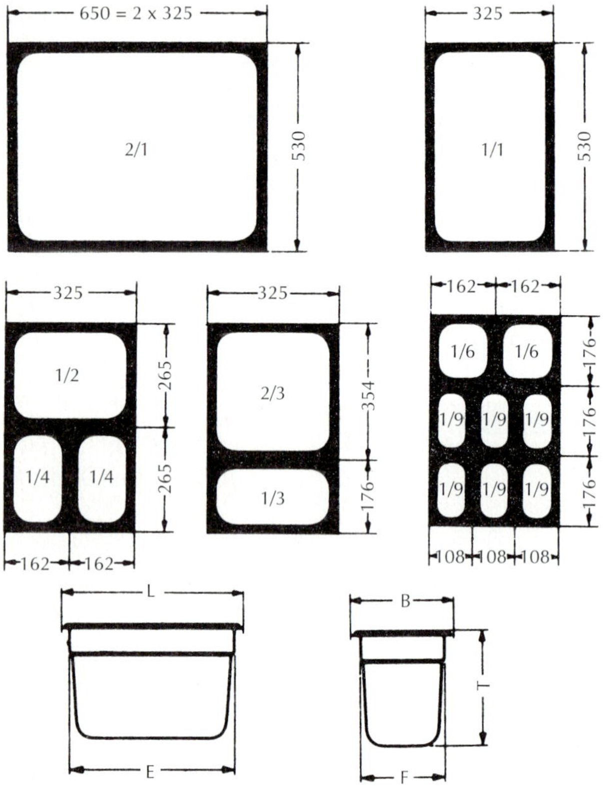

- GN-Bleche sind in den Größen 2/1, 1/1, 1/2 erhältlich.
- GN-Schalen sind in den Größen 2/1 bis 1/9 und mit 40, 65, 100, 150 und 200 mm Tiefe erhältlich.
- Gastronorm-Behälter sind Allzweckbehälter zum Bereithalten von kalten und warmen Speisen, zum Aufräumen und Aufbewahren von Speisen.

2.3 Werkzeuge

Um immer einwandfreies Werkzeug zur Verfügung zu haben, ist es notwendig, es auch zu pflegen.

- Bei Messern sind ein guter Schliff, saubere und abrutschsichere Handgriffe sowie ein entsprechender Aufbewahrungsort wichtig.
- Schneidewerkzeuge nie in die Abwasch legen, sondern sofort reinigen (Unfallverhütung!).
- Ausstecher nach der Reinigung gut abtrocknen. Sie sind meist aus Weißblech gefertigt und rosten leicht.

Tortenmesser
Zum Schneiden von Torten, Böden, Desserts, Schnitten.

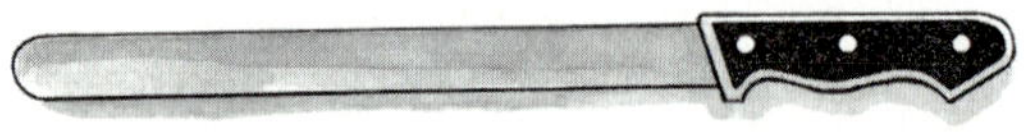

Sägemesser
Zum Schneiden von Kuchen, Hefe- und Blätterteiggebäcken.

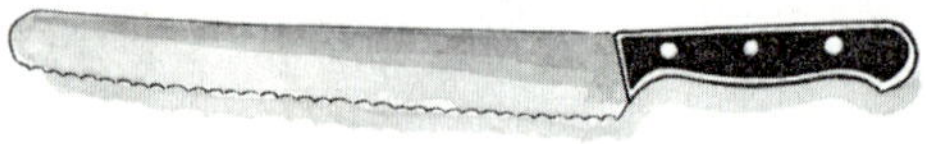

Tranchier- oder Hackmesser
Zum Hacken von Schokoladen, Früchten, Kernen und zum Schneiden von karamellisierten Flächen.

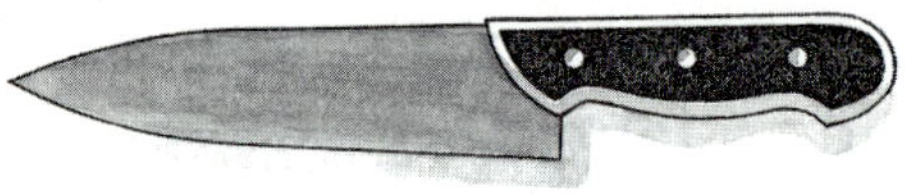

Spitzmesser
Zum Ausschneiden aus hohen Kuchenformen.

Rüstmesser
Zum Ausschneiden aus Tortenringen.

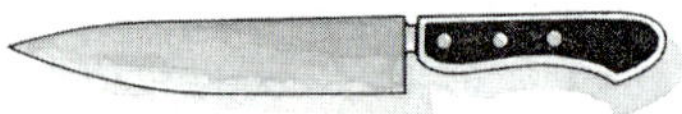

Palette
Zum Einstreichen, Glasieren, Anheben und Wenden von Torten, Desserts, Kuchen.

Winkelpalette
Zum Aufstreichen bzw. Füllen von Rouladen.

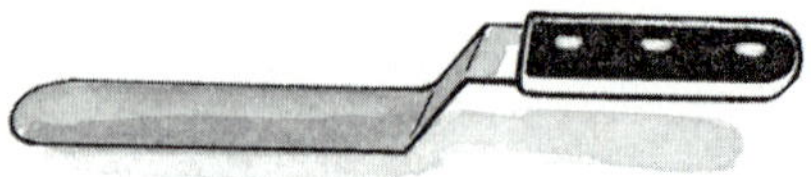

Sparschäler
Zum Schälen von Äpfeln, Birnen usw.

Kerngehäuseausstecher
Zum Ausstechen von Kerngehäusen (speziell bei Äpfeln).

Apfelteiler
Zum Teilen von Äpfeln in Spalten.

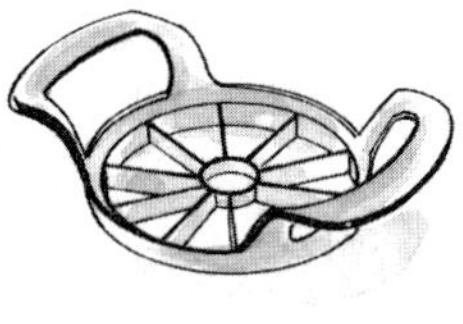

Reibeisen
Zum Feinreiben von Schokoladen, Äpfeln, Käse.

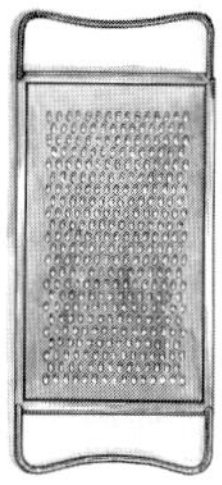

Schere
Zum Schneiden von Papier, zum Zu- und Abschneiden von Spritztüten, zum Modellieren.

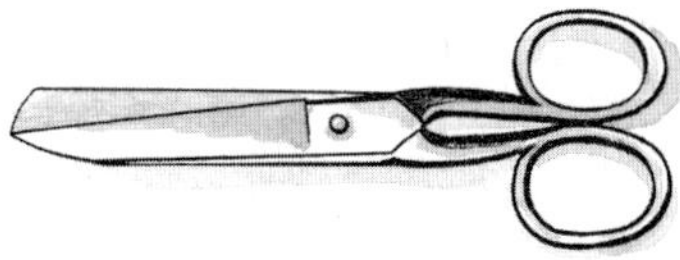

Stahlspachtel
Zum Abtablieren von Kuvertüre, zur Blechreinigung.

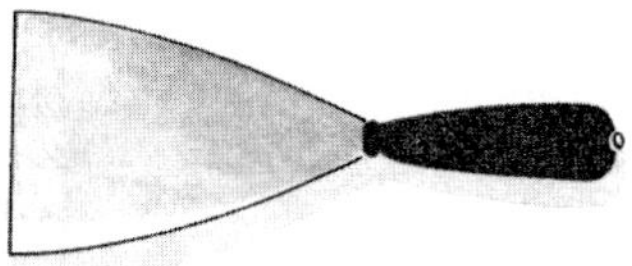

Stielschaber
Zum Ausputzen von Kesseln, Schüsseln und Pfannen.

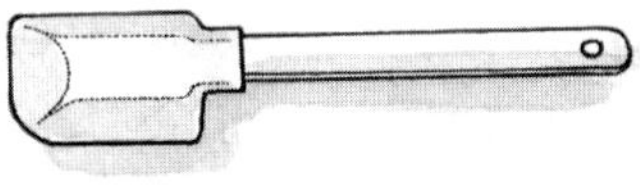

Teigkarte
Zum Zusammenschaben von Massen, Teigen, Fondants, Schokoladen usw.

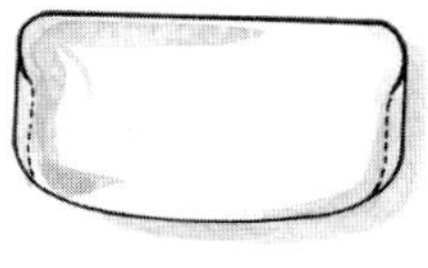

Florentinerkamm
Zum Strukturieren von Kuvertüren, Cremen.

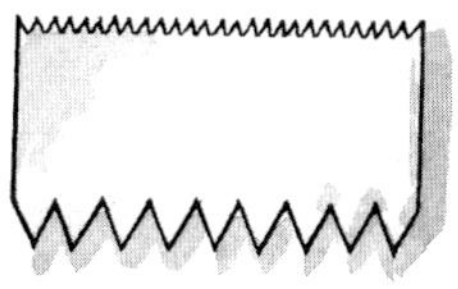

Parisienneausstecher
Zum Aushöhlen von Mohrenköpfen.

Torteneinteiler
Zum Einteilen von Torten in Stücke; aus Kunststoff oder Metall.

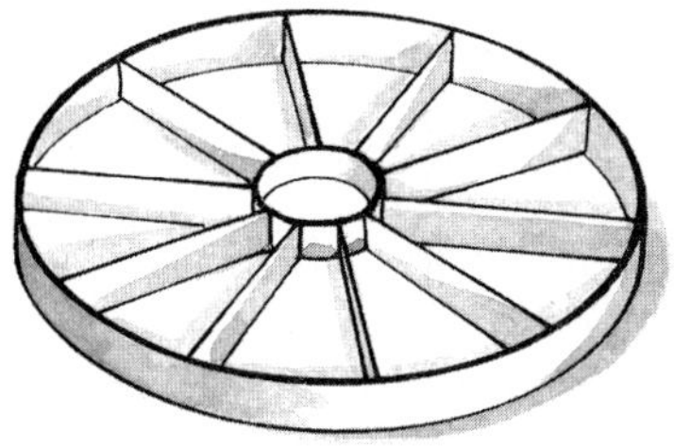

Tortensäge
Zum Durchschneiden von Tortenböden, Kapseln.

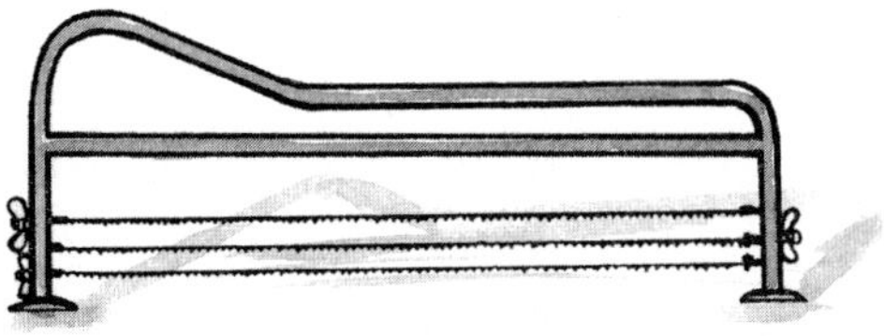

Tortenschaufel
Zum Anheben von geschnittenen Tortenstücken.

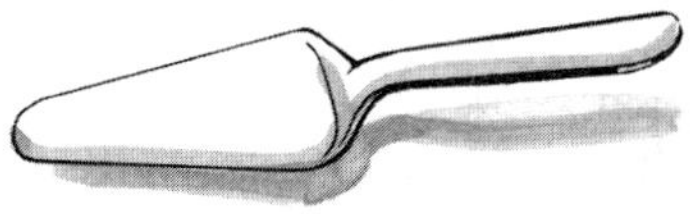

Kuchenzange
Zum Anheben von süßem Gebäck und Kuchenstücken.

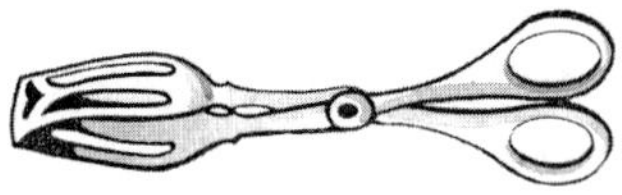

Abstreifbehälter
Behälter, der mit heißem Wasser gefüllt wird, um darin Tortenmesser und Paletten warm zu halten und beim Herausnehmen abzustreifen. Dadurch wird das Aufschneiden von Torten und Desserts wesentlich erleichtert.

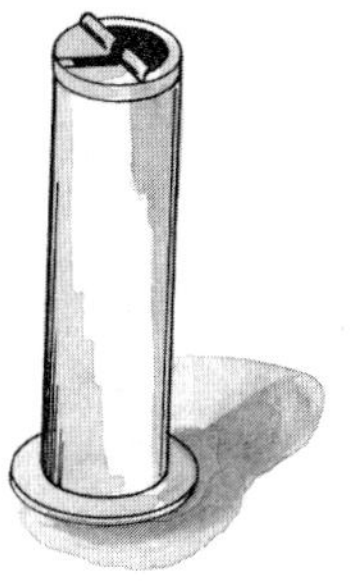

Eisportionierer
Zum Ausgeben von Speiseeis. Je nach Größe (zB Dreißigstel, Vierzigstel) bekommt man aus einem Liter Eis 30 bis 40 Portionen. Gibt es auch mit Zählwerk, eventuell elektrisch betrieben (mit Akku).

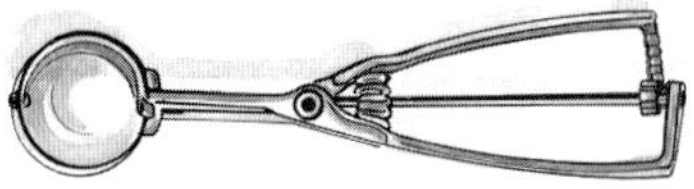

Mehlschaufel (Zuckerschaufel)
Zum Schaufeln von Mehl, Zucker usw.

Melierspatel (Kochlöffel)
Zum Unterziehen von Mehl, geriebenen Nüssen, aufgelöster Butter unter Massen.

Rührspatel
Zum Umrühren von Fondant, Kuvertüre, Konfitüre.

Vorlänger (Rollholz ohne Griff)
Zum Ausrollen von Beugeln und Marzipan.

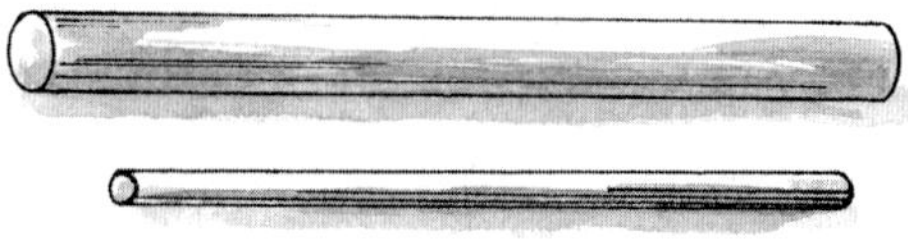

Rollholz mit Kugellager
Zum Ausrollen und Tourieren von Teigen; aus Holz, Kunststoff oder Marmor.

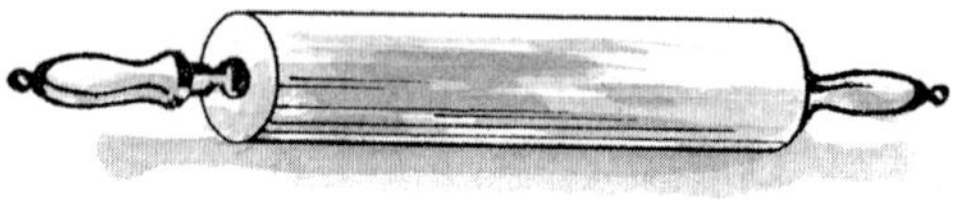

Pinsel
Zum Streichen von Eierstreiche, Schokolade, Fondant, Fett.

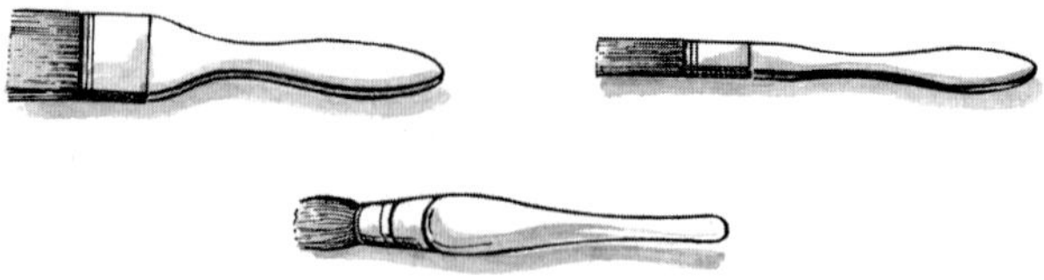

Tafelbesen (Mehlwischer)
Zum Abkehren von Plunder- und Blätterteig beim Tourieren.

Schöpfer (Schöpflöffel)
Zum Gießen von Kuvertüre.

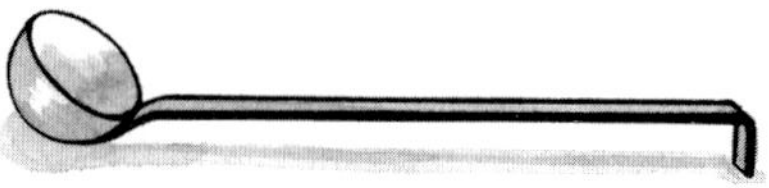

Schaumlöffel (Lochschöpfer)
Zum Herausheben aus Flüssigkeiten.

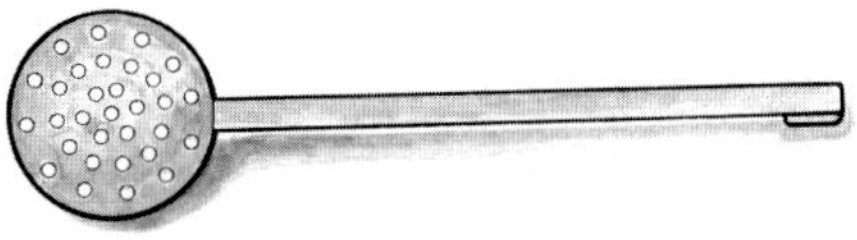

Gitterschöpfer
Zum Herausheben aus Flüssigkeiten.

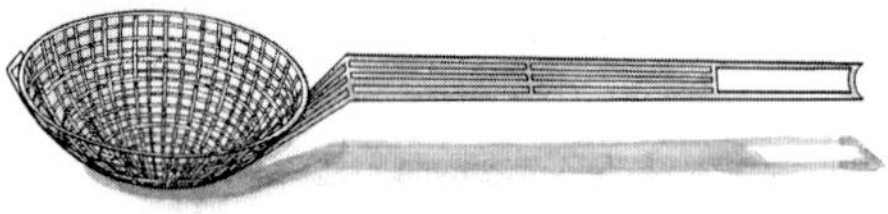

Schneebesen
Zum Rühren von Cremen und Saucen.

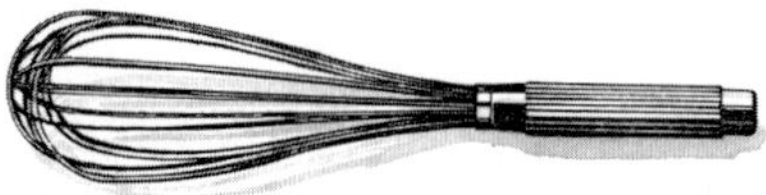

Teigrad
Zum Schneiden von Teig und Marzipan; glatt oder gezackt.

Teigschneider
Ausziehbar, fünf- bis siebenteilig, glatt und gezackt.

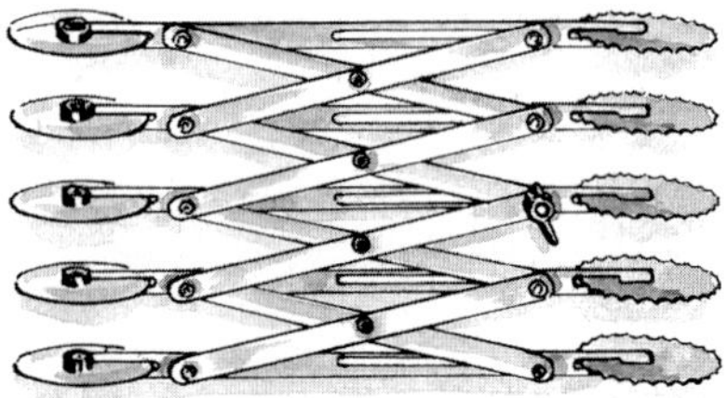

Passiersieb
Zum Abseihen von Früchten und Saucen (säurefest).

Spitzsieb
Zum Abseihen von Flüssigkeiten.

Abtropfsieb
Zum Abtropfen bzw. Abseihen von Früchten.

Mehlsieb
Zum Absieben von Mehl, Puderzucker, Nüssen; in verschiedenen Maschengrößen.

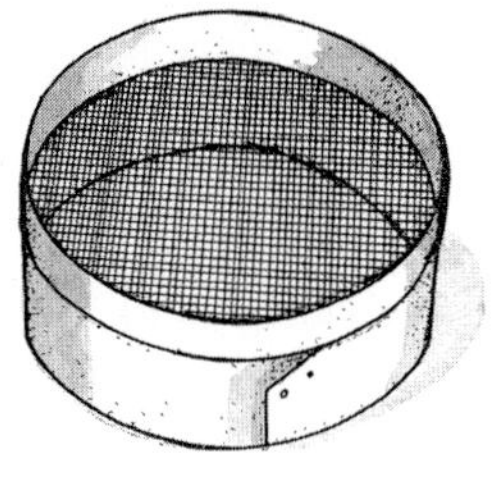

Zuckertrommel
Zum Feinsieben von Puderzucker.

Knoblauchpresse
Zur Herstellung von Haaren für Marzipanfiguren.

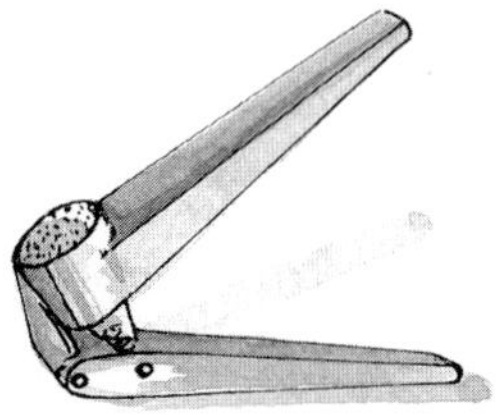

Modellierstäbeset
Zum Formen von Marzipan und Modelliermassen; aus Kunststoff oder Metall.

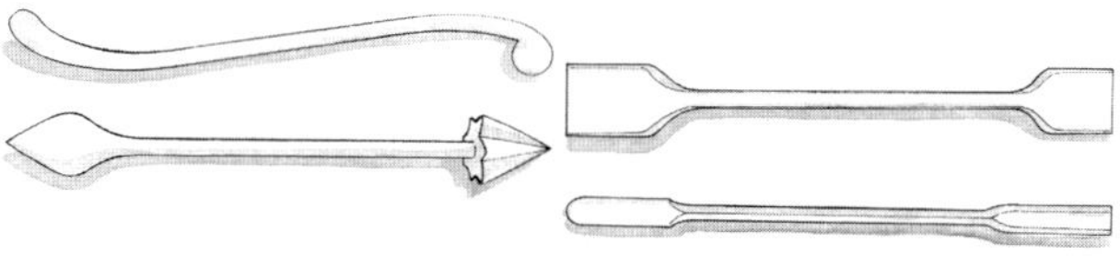

Blattstempel
Zum Strukturieren von Blättern aus Marzipan oder gekochtem Zucker; aus Kunststoff oder Metall.

Zuckerstempel
Zur Herstellung von Blumen aus gekochtem Zucker oder aus Kuvertüre.

Zuckerthermometer
Zum Temperaturmessen beim Kochen von Zucker.

Zuckerwaage mit Behälter
Zum Messen der Dichte von Zuckerlösungen.

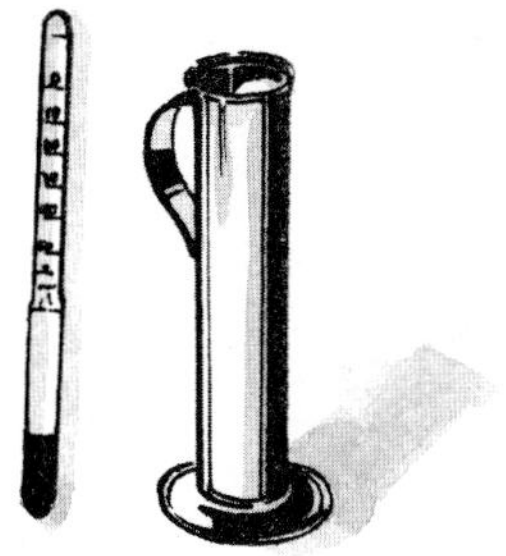

Refraktometer
Handrefraktometer mit Dreifachskala für Prozent Saccharose (Brix), Öchsle und Klosterneuburger Mostgrade. Der Zuckergehalt von Säften, Früchten und Zuckerlösungen kann damit präzise gemessen werden.

Digitalthermometer
Zum Temperaturmessen beim Temperieren von Kuvertüre usw.

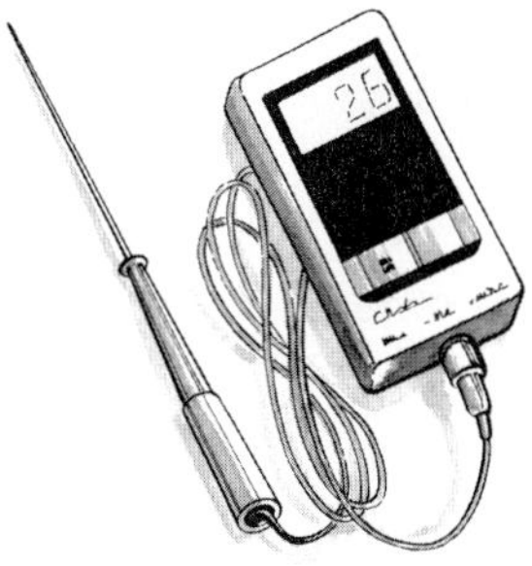

Bunsenbrenner (Gas- oder Spiritusbrenner)
Mit rußfreier Flamme, zum Zusammensetzen von Karamellteilen, Blumen und Zuckerkunstarbeiten.

Teig-, Karamell- oder Fondantstäbe (Distanzschiene)
Distanzhalter zum gleichmäßig hohen Ausrollen von Marzipan, Teig, Nougat.

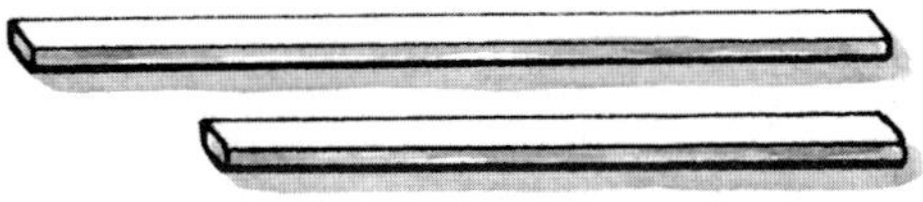

Tunkgabeln (Trempiergabeln)
Zum Tunken, Überziehen und Absetzen von Pralinen.

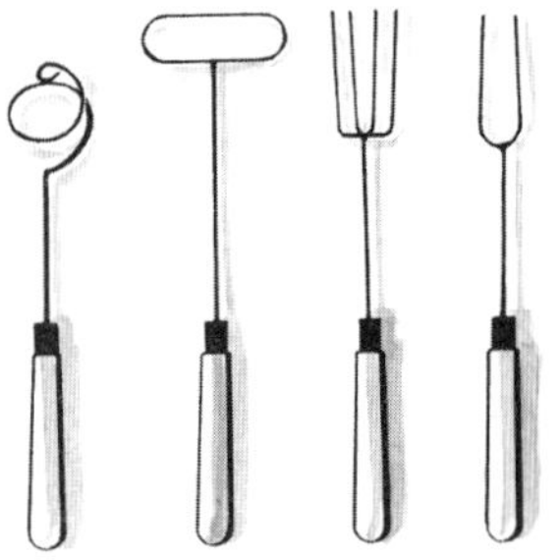

Marzipankneifer
Zum Strukturieren von Marzipan und Teigen.

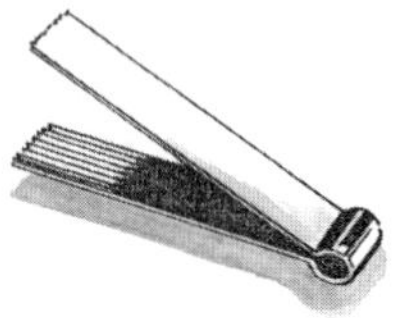

Carrier-, Rill- und Korbgeflechtwalze
Zum Strukturieren von Marzipan und Teigen.

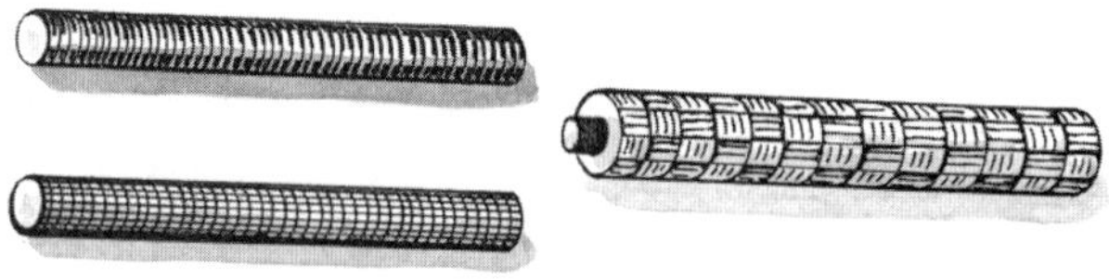

Dressiersack
Zum Dressieren; Einwegdressiersack aus Polyäthylen; aus Baumwolle, kochfest und imprägniert.

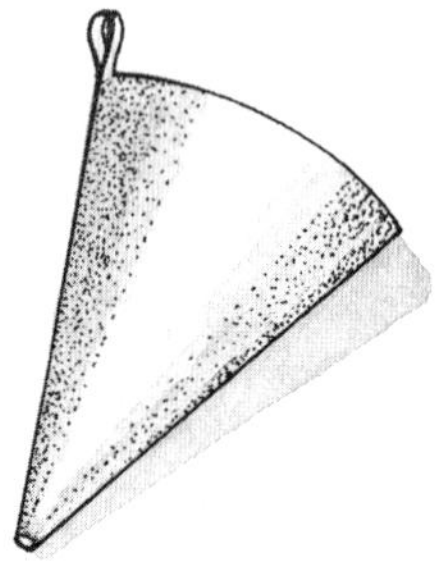

Stern- und Lochtülle
Zum Dressieren von Cremen, Massen, Füllungen; glatt oder gezackt.

Ausstecher
Zum Ausstechen von runden, spitzovalen oder ovalen Formen, Herz-, Sternformen usw.; glatt oder gerillt.

Bonbonausstecher (Konfektausstecher)
Zur Herstellung von Bonbons (konische Form).

Dekorausstecher
Zum Ausstechen von Zahlen, Buchstaben, geometrischen Formen und Figuren aus Marzipan usw.

Lebkuchenausstecher
In verschiedenen Formen und Größen.

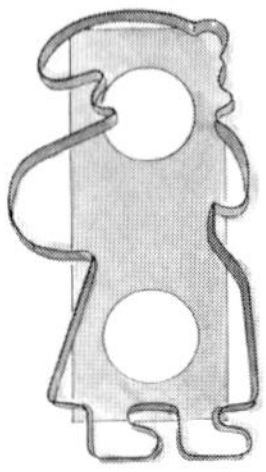

Glasiergitter mit Auffangblech
Zum Glasieren von Torten, Kuchen, Desserts, Petits Fours usw.; mit Füßchen, rund oder rechteckig.

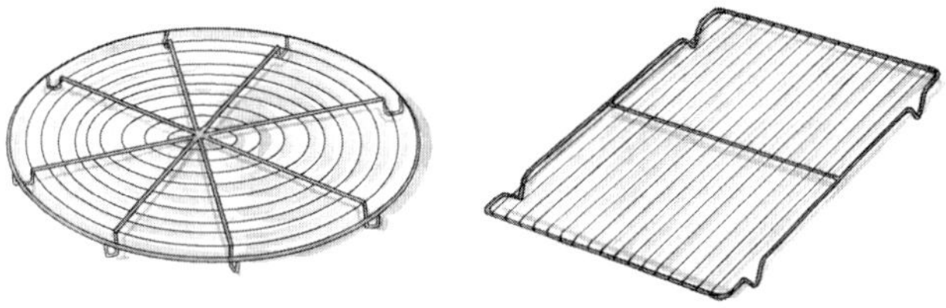

Heißluftpistole
Zum Abflämmen von Marzipan, Schaummassen usw.

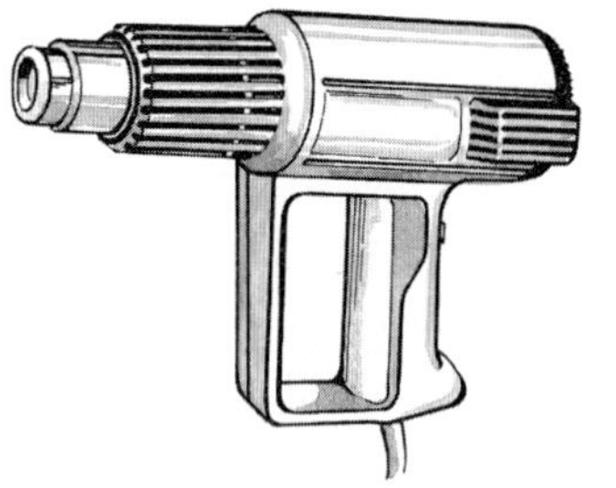

Pinsel
Zum Schminken von Marzipan.

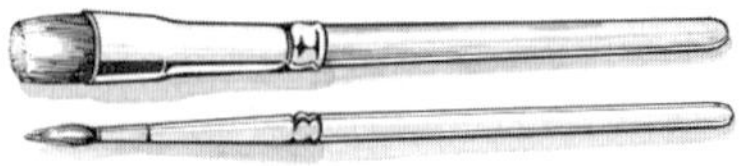

Silpatmatte
Für Zuckerarbeiten und Dekormassen.

Gummischablone
Zum Aufstreichen von verschiedenen Massen, um bestimmte Gebäckformen zu erhalten.

Dekorabstreichkamm
Zum Auftragen von Dekormassen; in verschiedenen Breiten und Mustern.

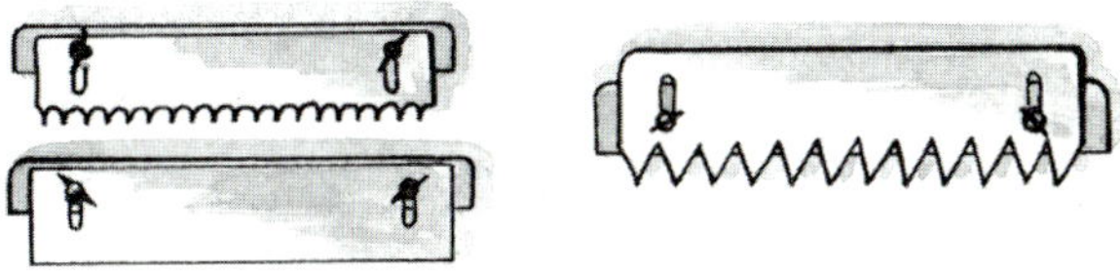

Bonbonschneidewalze
Zum Einteilen und Schneiden von Bonbons und Krokant.

Ziment (Hohlmaß)
Zum genauen Abmessen von Flüssigkeiten; in verschiedenen Größen (von 1/16 bis 2 l).

2.4 Pfannen, Kessel, Formen

Pfannen und Kessel sind vorwiegend aus Chrom-Nickel-Stahl (CNS), daher säurefest und lebensmittelgerecht.
Formen sind meistens aus Weißblech oder Aluminium gearbeitet und müssen daher besonders gepflegt werden. Ein schonender Umgang ist deshalb erforderlich, weil sie leicht zu verbiegen sind.

Fondantpfanne
Zum Auflösen von Fondant, Kochen von Aprikotur, Gelee usw.; aus Aluminium für Gasherde oder aus Chrom-Nickel-Stahl für Gas- und Elektroherde.

Kupferkasserolle
Zum Zuckerkochen für Glasuren, Karamell und zum Zuckerschmelzen für Krokant.

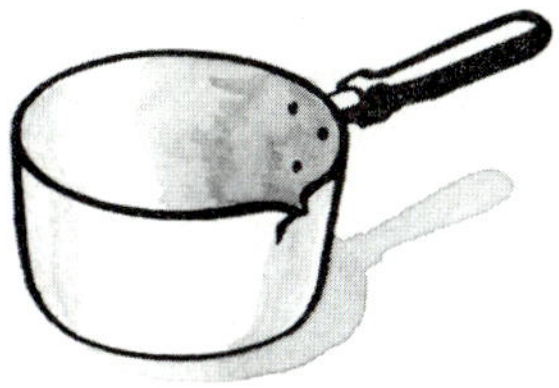

Teigschüssel
Zum Aufbewahren von Cremen, Teigen, Früchten usw.; mit glattem oder bordiertem Rand.

Rührschüssel
Zum Herstellen von Oberscreme, Speiseeisgrundmasse usw.; mit Fuß.

Schneekessel
Zum Aufschlagen von Cremen, Massen, Schlagobers, zum Kochen von Früchten usw.; aus Chrom-Nickel-Stahl.

Maschinenkessel
Zum maschinellen Aufschlagen von größeren Mengen.

Schiffchen, Tortelette
Zum Auslegen mit Mürbteig oder Hefeteig (Brioche); in verschiedenen Formen – hoch oder niedrig, glatt oder gerippt.

Petits-Fours-Förmchen
Sie werden mit Mürbteig ausgelegt und dieser wird blind gebacken; glatt und gerippt.

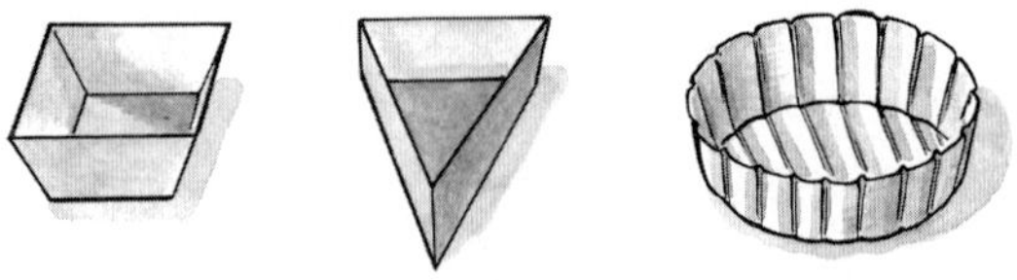

Backperlen
Zum Blindbacken von Mürbteigen in Formen, für Früchtedesserts und Petits Fours mit Früchten.

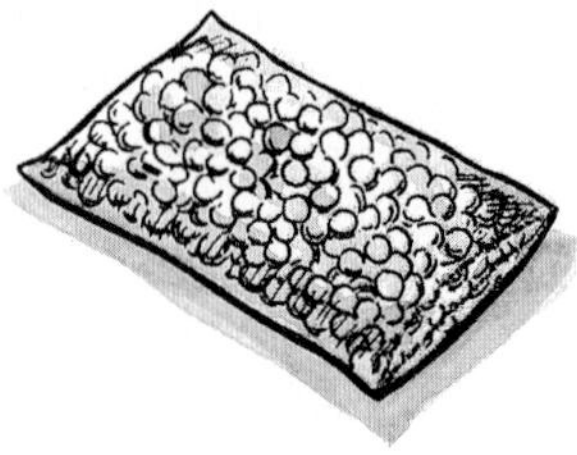

Dariolform
Für Stürzcremen, Mohr im Hemd, Puddings usw.

Cocottenform und Dessertring
Für Aufläufe, Soufflees, Jogurttörtchen; rund oder oval; Dessertringe aus Kunststoff auf Cocottenformen aufsetzen.

Auflaufform (Plat russe)
Für Süßspeisen wie Salzburger Nockerln, Aufläufe, Topfenpalatschinken usw.; ovale Form.

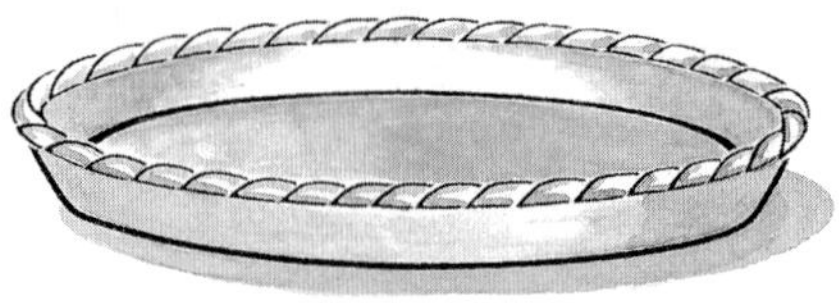

Savarinform
Zum Backen von Savarins aus gerührtem Hefeteig.

Schaumrollenform, Schillerlockenform
Zum Umwickeln mit Blätterteig für Schaumrollen usw.; spitz, leicht konisch oder gerade.

Gugelhupfform
Zum Backen von gerührten Teigen und schweren Massen. In verschiedensten Varianten.

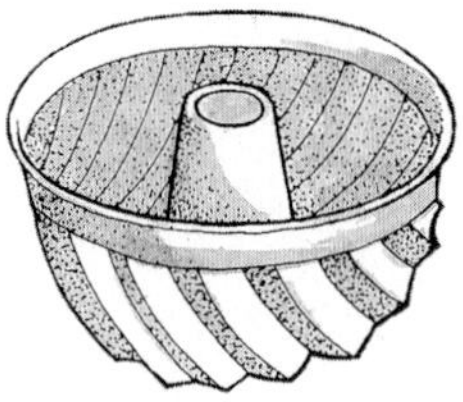

Kranzform
Zum Backen von gerührten Teigen und schweren Massen. Glatt oder gerippt.

Rehrückenform
Zum Backen von Sandmassen. Konisch oder rund.

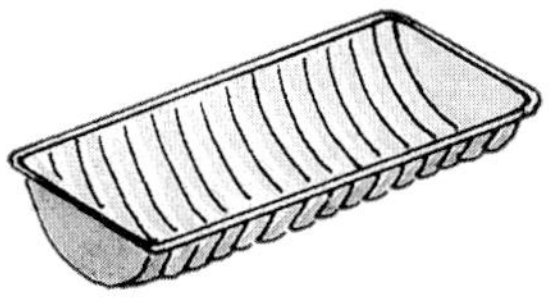

Biskuitform
Mit unterschiedlichsten Motiven (Fisch, Lamm, Igel, Herz, Blume).

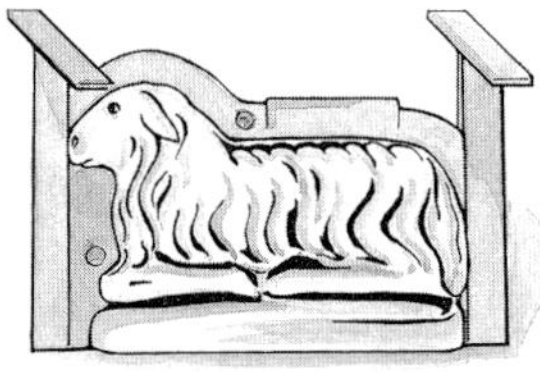

Obsttortenform
Für Kuchen, Quiches, Pies, Flans; rund, glatt oder gerippt, hoch oder niedrig.

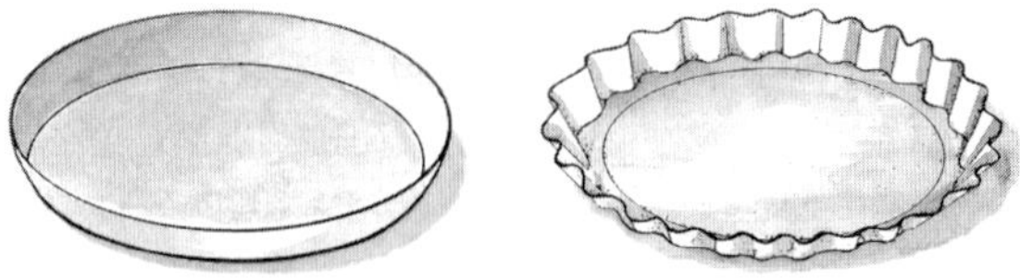

Springform
Zum seitlichen Öffnen, mit verschiedenen Einsätzen.

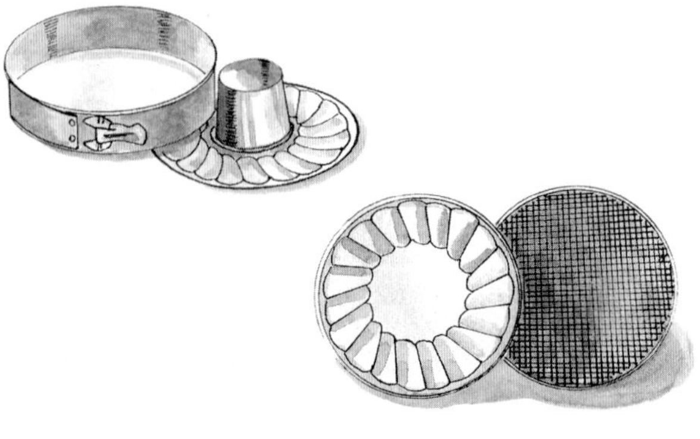

Tortenring
In unterschiedlichen Größen und Höhen, verstellbar zum Backen; in Kunststoff zum Einsetzen von Oberstorten.

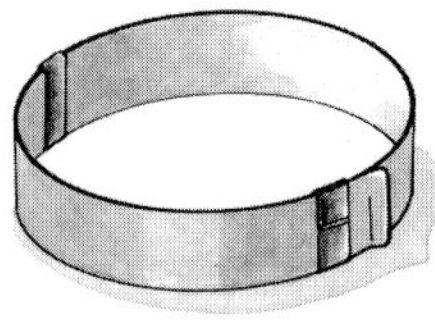

Tortenform
Mit unterschiedlichen Motiven (Herz, Stern, Glocke usw.), verstellbar.

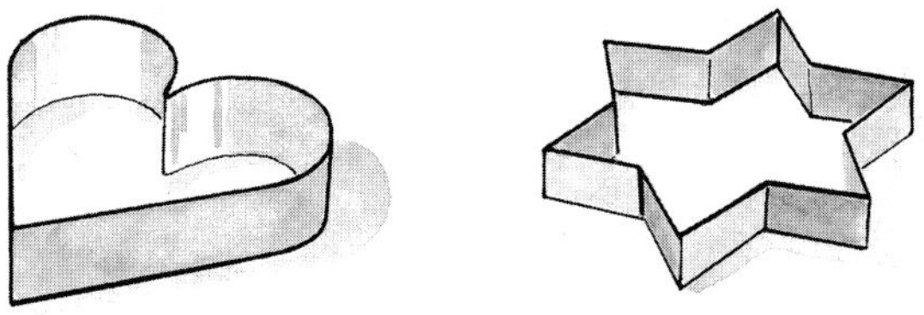

Kapselrahmen
Ausziehbar.

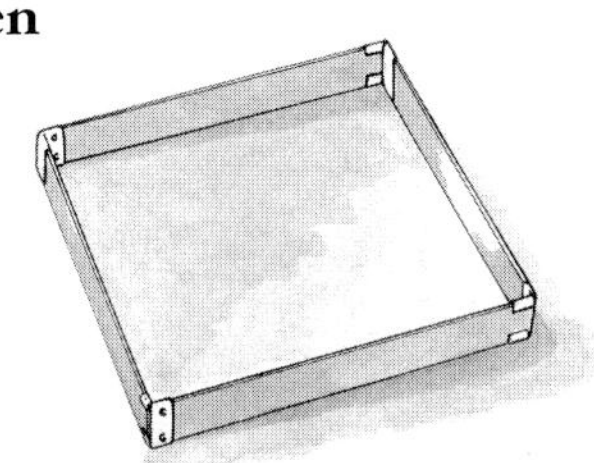

Kastenform
Konisch und halbrund, in verschiedenen Größen, auch ausziehbar.

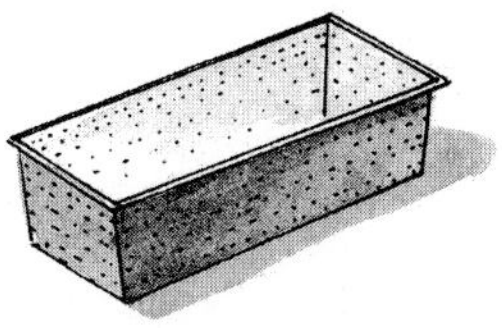

Schokoladegießform
Zum Gießen von Bonbons, Osterhasen, Ostereiern, sonstigen Saisonartikeln usw.; aus Kunststoff.

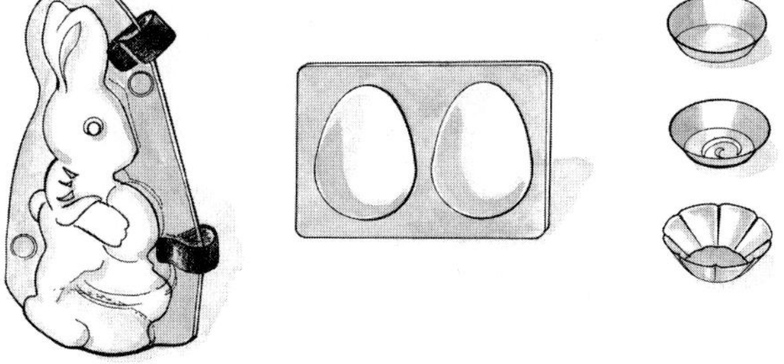

Marzipanform
Zur schnellen, serienmäßigen Herstellung von Marzipanfiguren; aus Kunststoff oder Metall.

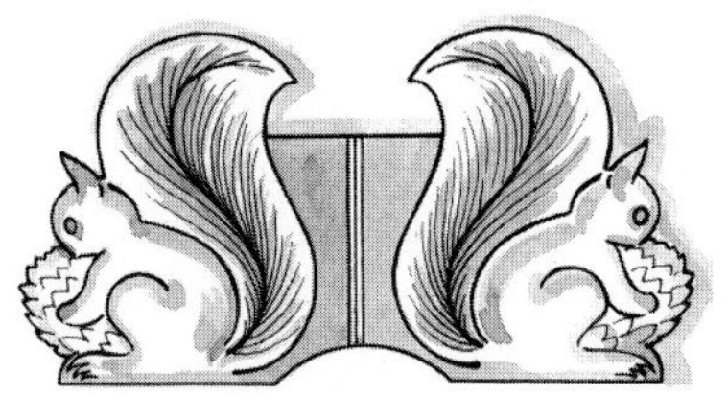

Dessertwanne
In verschiedenen Formen und Größen.

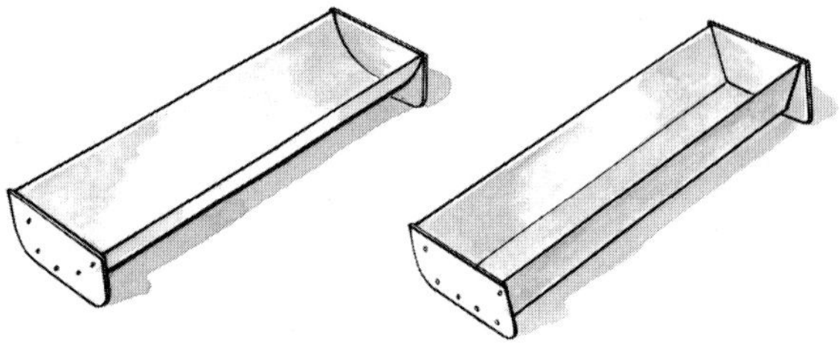

Eisbombenform
Für Eisbomben, Ulmer Kuchen.

Mandelbogenform
Zum Formen von Mandelbögen.

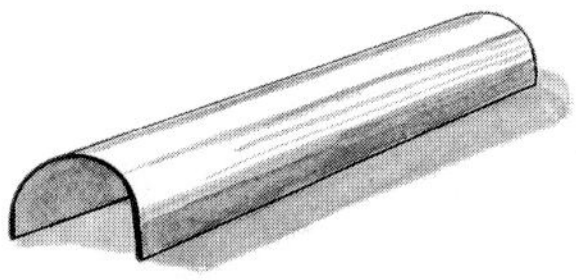

Cornetholz (Stanitzelholz)
Zum Aufdrehen von gebackener Hippen- und Waffelmasse.

Baiserholz
Zum Backen von Baiser.

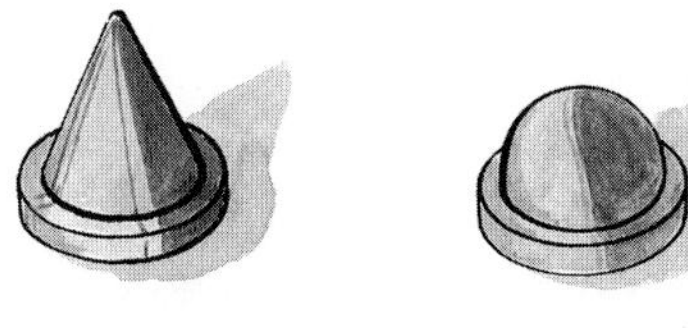

Verschiedene Formenbleche
Zum Backen von Indianern, Biskotten, Patiencebäckereien, Florentinern usw.

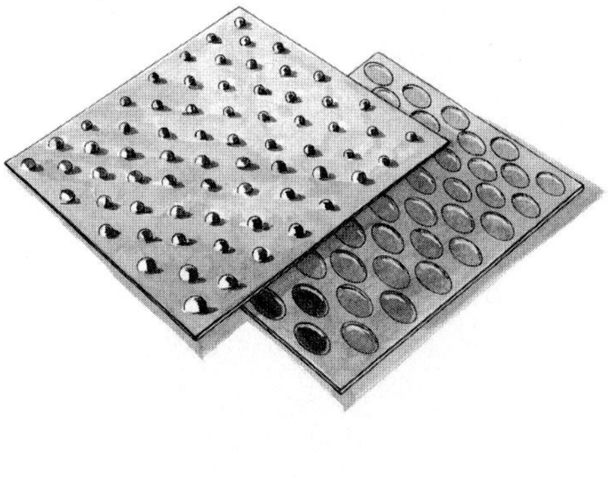

Kombiblech
Zum Einsetzen von verschiedenen Desserts und Petits Fours; in verschiedenen Formen und Größen.

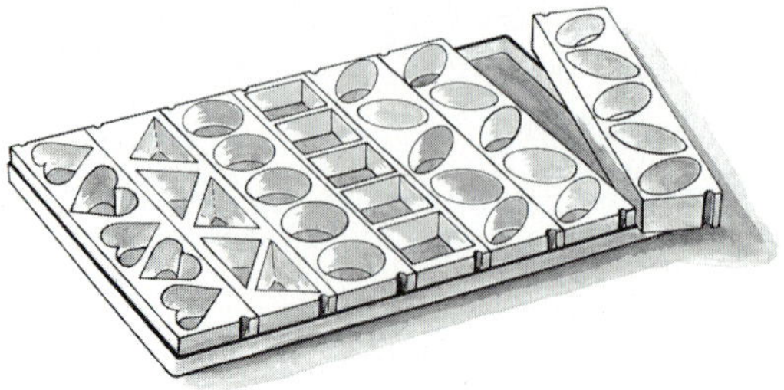

2.5 Geräte und Maschinen

Da Geräte und Maschinen besonders teure Investitionsgüter sind, ist auf sorgfältige Pflege zu achten, die die Lebensdauer erhöht und die Reparaturanfälligkeit verringert. Reparaturen sollten nur von einem Fachmann durchgeführt werden.

Planeten-Rühr-, -Schlag- und -Knetmaschine

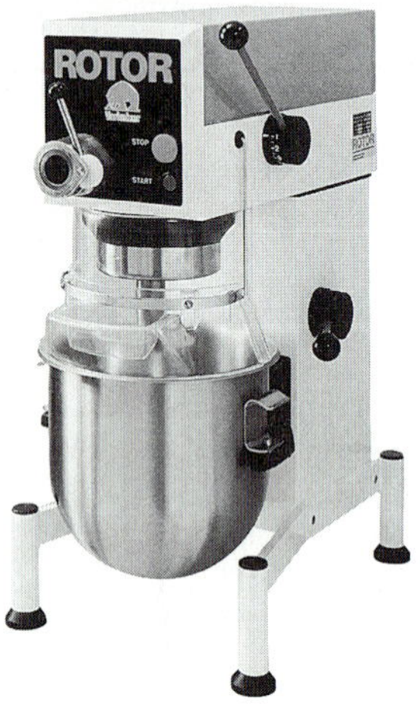

Diese Maschine arbeitet mit einem so genannten Planetenrührsystem, dh. das jeweils eingespannte Rührwerkzeug dreht sich nach rechts um die eigene Achse, während sich die Antriebsachse in die Gegenrichtung bewegt. Damit ist eine optimale Nutzleistung in kürzester Zeit gegeben.

Dieser Maschinentyp ist mit einem Variospeed-Getriebe ausgestattet und arbeitet mit stufenloser Geschwindigkeit. Die Wartung beschränkt sich auf zweimaliges Schmieren pro Jahr.

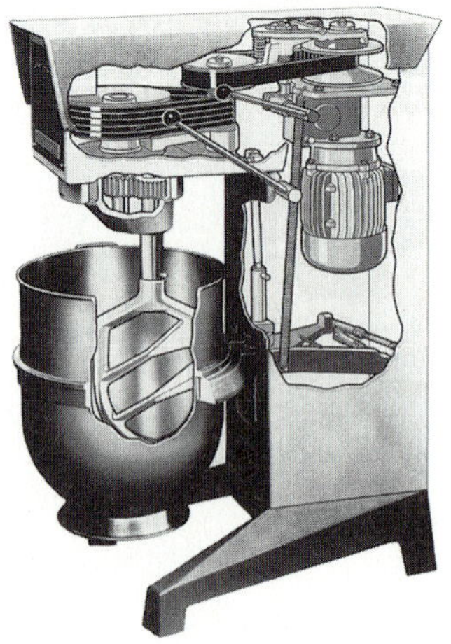

Sie ist die ideale Universalmaschine, denn sie eignet sich zum:

- Kneten von leichten und schweren Teigen
- Rühren von schweren Massen, Cremen und weichen Teigen
- Schlagen von Eiklar, Schlagobers, Eiermassen
- Mischen und Verarbeiten verschiedenster Zutaten

Knethaken

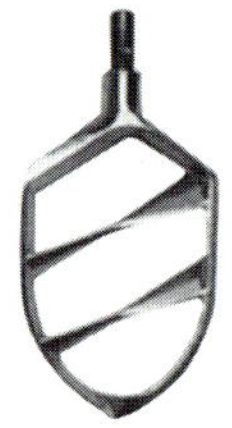

Rührer

Schlagbesen

Mit Zusatzgeräten kann man außerdem:

- Nüsse, Brösel, Biskuit- und Kuchenreste, Schokoladen, Käse reiben
- Mandeln, Dörrbirnen, Feigen, Zwiebeln schneiden
- Früchte für Kletzenbrot zerkleinern
- Cremen, Konfitüren, Fruchtfleisch passieren

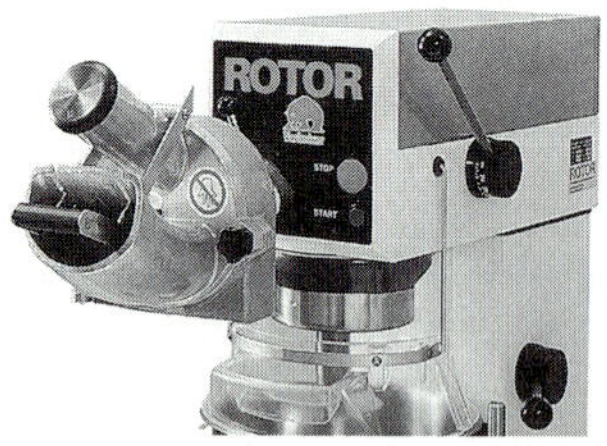

Gemüseschneidemaschine

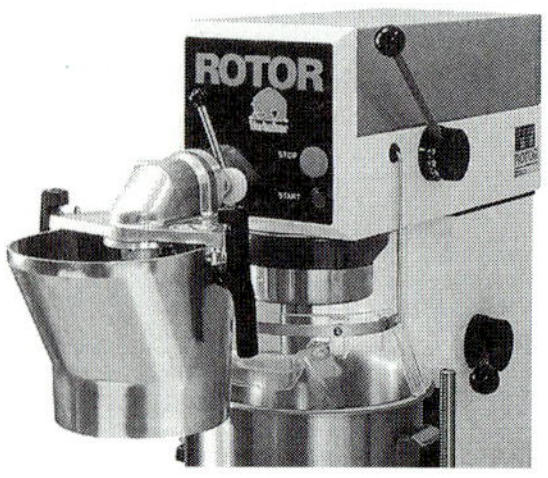

Passiermaschine

Fleischwolf

Unfallschutz: Zur Vermeidung von Arbeitsunfällen ist zusätzlich ein Schutzglas angebracht, das beim Anheben sofort den Notstoppschalter auslöst.

Spiralkneter
Er dient zur Herstellung von Teigen. Durch den sich drehenden Maschinenkessel und die Knetspirale wird der Teig besonders intensiv und schonend bearbeitet. Über die zwei Schaltuhren ist es möglich, die Misch- und Knetzeit genau einzustellen.

Unfallschutz: Beim Anheben des Schutzgitters schaltet der Kneter automatisch durch den Notstopp aus.

Teigteil- und -schleifmaschine
Sie wird zum rationellen Teigteilen und -rundschleifen (zB von Krapfen) verwendet. Der abgewogene und rund gewirkte Teig wird auf einer Pressplatte flach gedrückt und in die Maschine eingespannt. Auf Knopfdruck (mit beiden Händen, um Verletzungen auszuschließen) senkt sich der Oberteil und presst hydraulisch den Teig breit. Dann wird der Teig in 30 gleichmäßige Teigstücke geteilt. Anschließend beginnt der Unterteil mit der Pressplatte zu rotieren und die Teigstücke werden zu runden Kugeln geformt.

Teigausrollmaschine
Sie erleichtert das gleichmäßig dicke Ausrollen von Teigen, Modelliermassen, Marzipan usw. Der Teig wird über die beiden Transportbänder durch die Walzen hin- und hergeführt. Diese übereinander liegenden Stahlwalzen (mit Abstreifer ausgestattet) können beliebig verstellt werden. Dadurch ist ein kontinuierliches Dünnerwalzen des Teiges möglich.

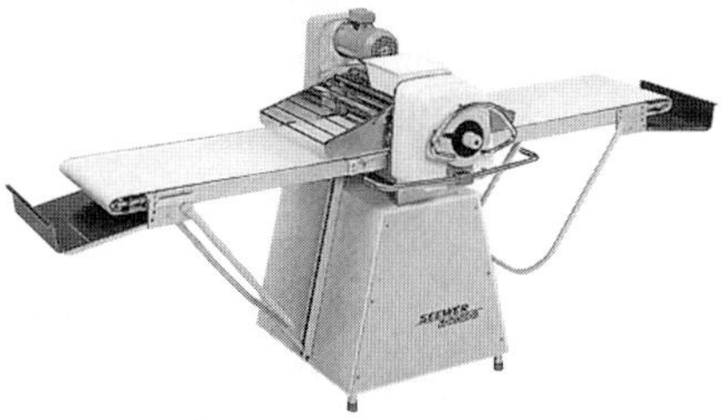

Unfallschutz: Die Maschine schaltet sich nur mit heruntergeklappten Schutzgittern ein und ist wartungsfrei.

Fettbackgerät[1]
Dieses Gerät dient zum Schwimmend-Herausbacken von Teigen in heißem Siedefett (zB Krapfen, Strauben, Spritzkrapfen usw.). Um ein Überhitzen des Siedefettes (maximal 170 °C) zu vermeiden, ist das Gerät mit einem Thermostat ausgestattet. Das verbrauchte Fett kann über einen Ablasshahn entleert werden. Bei Standmodellen ist im unteren Bereich ein Gärschrank angebracht, der es ermöglicht, die Krapfen in einem Kipptrögel (= Kippvorrichtung) aufgehen zu lassen. Diese Kippvorrichtung erleichtert auch das Einlegen in heißes Fett.

Unfallschutz: Vorsicht beim händischen Einlegen des Backgutes – **Verbrennungsgefahr!** Kein Wasser in das heiße Fett gießen – **Explosionsgefahr!**

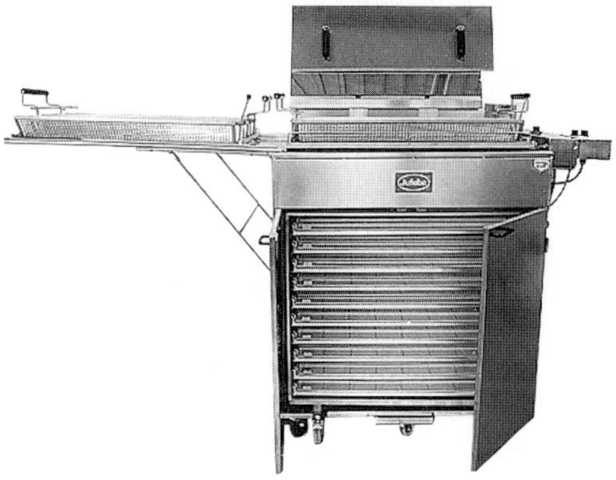

Fettfiltergerät
Damit können Rückstände von Teig, Mehl usw. entfernt werden. Das mühsame und gefährliche Ablassen, Durchseihen und Wiedereinfüllen von heißem Fett entfällt dabei. Über ein Rohr werden die Reste angesaugt, filtriert und wird das Fett wieder in die Fritteuse zurückgepumpt. Dadurch

- hält das Fett länger,
- wird der Verbrauch geringer und
- die Qualität von Fett und Gebäck bedeutend besser.

Altfett und abgesaugte Reste über die zuständigen Sammelstellen der Wiederverwertung (Entsorgung) zuführen.

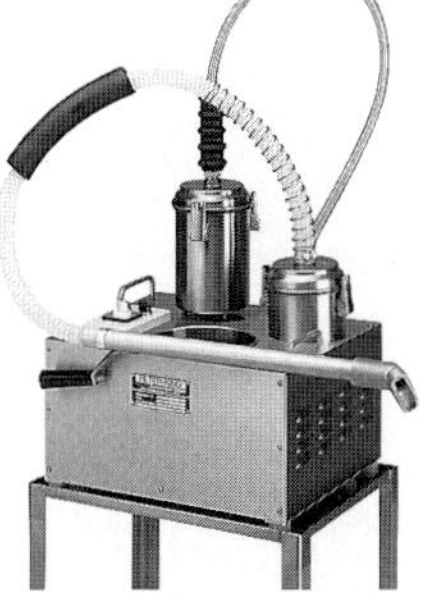

[1] Hinweise auf die Beschaffenheit von Fettbackgeräten sind im österreichischen Lebensmittelbuch Kap. B 30 Abschnitt 1.6.5 (Fritierfette) zu finden.

Baumkuchenbackapparat

Auf eine rotierende Walze wird die Baumkuchenmasse aus einer darunter liegenden Massenwanne dünn aufgetragen. Dann wird die Walze in den Backkasten eingeklappt. Im hinteren Teil befinden sich die Gas- oder Elektroheizkörper, mit denen die Masse hellbraun gebacken wird. Dann wird die Walze wieder ausgeschwenkt und der Vorgang wiederholt sich so lange, bis die Masse aufgebraucht ist. Dadurch entstehen, einem Baumstamm ähnlich, Jahresringe.

Waffeleisen

Mit ihm lassen sich frische Eistüten, Waffelherzen usw. herstellen. Ein über den Heizplatten angebrachter Dispenser mit Portionierer erleichtert das Aufbringen der Masse. Nach dem Backen wird mit einem Cornetholz die Eistüte geformt.

Melangeur (Walzenreibmaschine)

Diese Maschine eignet sich besonders zum Walzen (Feinreiben) von Schokoladen, Kernen, Füllungen, zur Herstellung von Marzipan, Nougats, Pralinenmassen usw. Der Reibeffekt entsteht, indem die Rohstoffe durch zwei gegeneinander laufende Granitwalzen gequetscht werden. Die Walzen können mit einer Kurbel so eng gestellt werden, dass das Reibgut millimeterdünn in die darunter liegende Auffangwanne fällt. Zwei Messer schaben die an den Walzen haftenden Rohstoffe ab, sodass diese ebenfalls in die Auffangwanne fallen.

Unfallschutz: Um Unfällen vorzubeugen, darf das auf dem Trichter liegende Schutzgitter nie bei laufenden Walzen entfernt werden. Die im Trichter befindliche Masse kann mit einem langstieligen Kochlöffel den Walzen zugeführt werden.

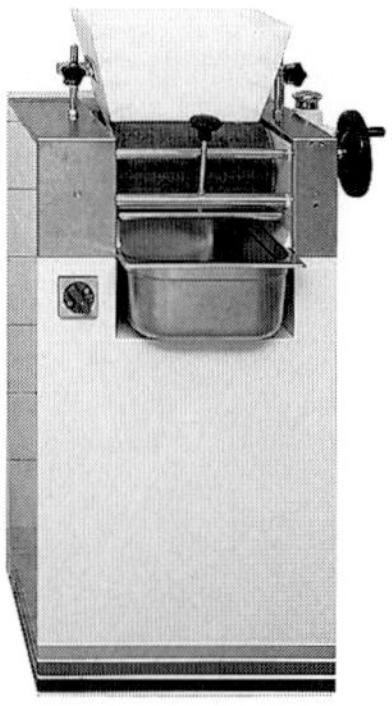

Universal-Reib- und -Schneidemaschine

Mit ihr werden Kerne, Biskuit- und Brotreste, Schokoladen, Käse usw. gerieben, geraspelt, in Streifen oder Scheiben geschnitten. Dazu stehen verschiedene Reib- und Schneidescheiben zur Verfügung. Mit dem Deckel wird über Hebeldruck das Mahlgut gegen die Scheibe gepresst. Das zerkleinerte Produkt fällt wie beim Melangeur in eine Auffangwanne.

Unfallschutz: Einfüllen von Reibgut nur bei Stillstand der Maschine, sonst werden Nüsse usw. herausgeschleudert. Vor dem Einschalten den Deckel schließen.

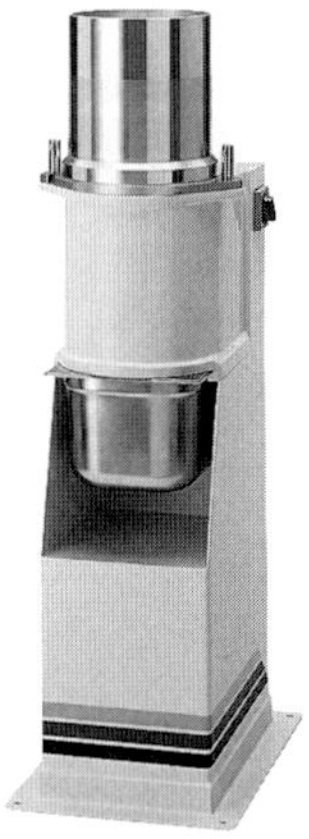

Gieß- und Tunkmaschine

Mit ihr ist ein rationelles Gießen von Pralinen- und Hohlformen (Hasen, Eiern usw.) möglich.
In der Temperierwanne wird über Nacht die Kuvertüre geschmolzen und dann mit fein gehackter Kuvertüre oder Schokolinsen die richtige Verarbeitungstemperatur eingestellt. Eine sich im Uhrzeigersinn drehende Scheibe transportiert die flüssige Kuvertüre in den Auffang, sie fließt dann über das Füllrohr wieder in die Wärmewanne zurück.

Die Formen werden in den Fließstrahl gehalten, die Luftblasen auf dem Rüttelpult entfernt und anschließend werden die Formen auf das Ablaufgitter gestellt. Diese Maschine kann zu einer Überzugsmaschine und weiter zu einem Schokoladeautomaten ausgebaut werden.

Passiermaschine

Mit ihr können Früchte – insbesondere Beeren –, aber auch gekochte Äpfel usw. von Schalen, Kernen usw. getrennt und passiert werden. Das zu passierende Gut gelangt über den Einfülltrichter in die Maschine. Im Inneren wird dieses mit einem Drehflügel durch eine Siebtrommel gepresst. Dabei wird die Haut vom Fruchtmark getrennt und in verschiedenen Behältern aufgefangen.

Mixer

Mit dem Mixer lassen sich Früchte pürieren, Saucen mischen, Eisgrundmassen homogenisieren usw. Die stufenlose Geschwindigkeitsregulierung ermöglicht ein dem Produkt angepasstes Mixen. Der Boden des Mixbehälters lässt sich zum Reinigen abnehmen. Das Mixermesser ist fettgelagert und darf deshalb nie in der Spülmaschine, sondern immer nur unter Fließwasser gereinigt werden. Heißes Wasser mit fettlöslichem Spülmittel, wie es in der Spülmaschine verwendet wird, würde das Lager auflösen und undicht machen.

Stabmixer

Er wird eingesetzt, um größere Mengen in einem Topf oder Kessel zu mixen. Da dieser Mixer nach dem Ausschalten nachläuft, darf er erst nach völligem Stillstand aus dem Gefäß genommen werden.

Temperiermaschine

Mit diesem Gerät kann man Kuvertüre automatisch schmelzen, abkühlen und temperieren. In dem Doppelmantelkessel befindet sich ein herausnehmbares Rührwerk, das das Mischen der aufgelösten Kuvertüre durchführt. Das Schmelzen erfolgt über Warmwasserzirkulation im Doppelmantel. Danach wird das Wasser und damit die Kuvertüre abgekühlt und dann automatisch auf die gewünschte Temperatur (28 – 33 °C) gebracht.

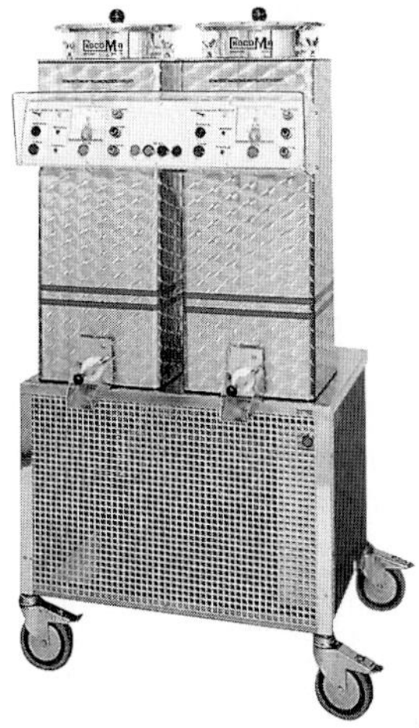

Trempierapparat

In diesem Gerät ist das Schmelzen und Warmhalten auf der gewünschten Temperatur ebenfalls möglich. Allerdings muss das Durchrühren und Abtablieren der Kuvertüre händisch erfolgen. Es gibt zwei Modelltypen: Während beim einen Apparat die Kuvertüre in einem Wasserbad erwärmt wird, ist es beim anderen Typ eine Wärmeschlange, die die Umgebungsluft erwärmt.

Bonbonschneideapparat

Die ausgerollte Bonbonsmasse (Marzipan, Nougat, Gianduja usw.) wird auf das Gerät gelegt und mit den gespannten Drähten (wie beim Eierschneider) durchgeschnitten.

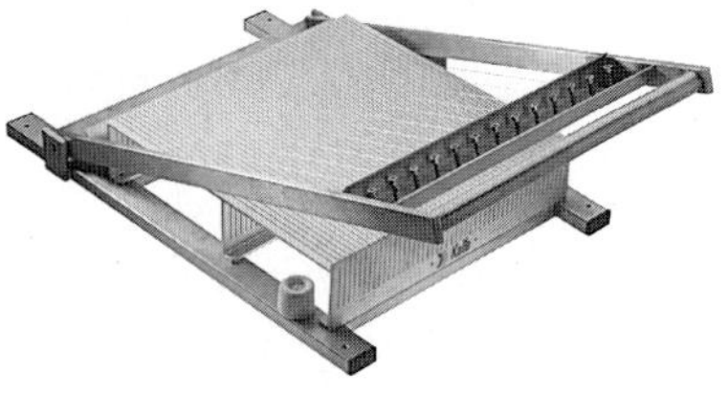

Schokoladenspäne-Hobelmaschine

Kuvertüre lässt sich mit diesem Gerät zu Spänen für Dekorzwecke hobeln.

Die Schokolade wird zwischen die Führungsbacken geklemmt und mit dem Hebel auf das Messer gedrückt. Unten werden mit austauschbaren Hobelmessern die Späne abgehoben.

Gewürzwaage

Es gibt sie in mechanischer und elektronischer Ausführung. Sie arbeitet im Grammbereich und ist zum Wiegen von Gewürzen, Backpulver und sonstigen Kleinstmengen geeignet.

Gebäckfüller

Mit ihm werden vorwiegend Krapfen nach dem Backen mit Konfitüre gefüllt. Sie wird in den Behälter gegeben, und über zwei Kolben mit einem Rückschlagventil nach oben gepumpt. Es können aber auch andere Füllungen damit verarbeitet werden.

Dieses Gerät ist händisch zu bedienen. Für größere Betriebe ist eine elektrisch betriebene Füllmaschine vorteilhafter.

Pasteurisator

Darin können Eisgrundmassen, Schlagcremen, Milch usw. keimarm gemacht werden.

Nach Einfüllen der Flüssigkeit wird diese automatisch unter dauerndem Rühren auf die eingestellte Temperatur erhitzt. Wenn diese (maximal 85 °C, fünf Sekunden lang) erreicht ist, schaltet das Gerät um und es erfolgt eine rasche Abkühlung auf + 4 °C.

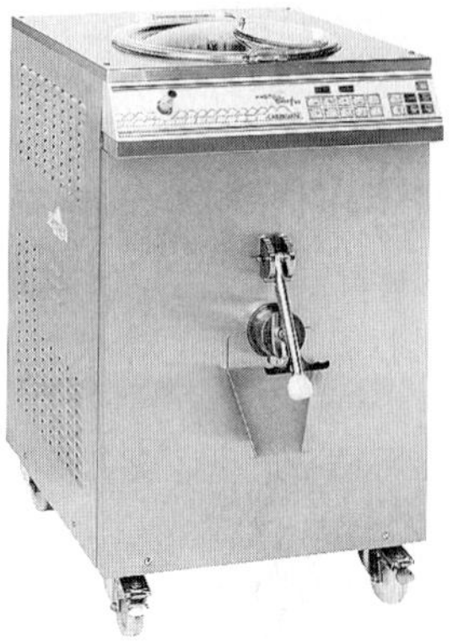

Obersautomat, Sahnewhipper

Er dient zum automatischen Aufschlagen von Schlagobers. Es kann portionsweise (für Eisbecher usw.) und im Dauerbetrieb entnommen werden. Das im Gerät gekühlte Obers wird über ein Steigrohr angesaugt und dann durch ein Schwellrohr geführt. Dabei muss das noch flüssige Obers zahlreiche Hindernisse (Metallplättchen) umfließen. Dadurch wird Luft darunter gebracht, das Volumen nimmt zu, bis zuletzt bei der Austrittsdüse das geschlagene Obers austritt.

Wichtig ist, dass das Gerät täglich sauber gereinigt wird (Milchsäurebakterien).

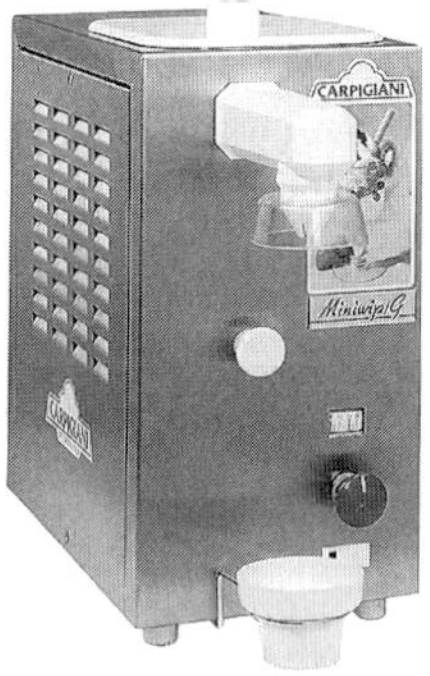

Oberssschlagmaschine

Für die Herstellung von größeren Mengen an geschlagenem Schlagobers ist diese Maschine wirtschaftlicher als der Obersautomat. In den Behälter wird flüssiges Obers gefüllt. Der Kesselboden ist mit ganz feinen Öffnungen versehen. Ein Austreten des Obers ist nicht möglich, da es zu dickflüssig ist. Durch den Boden wird nun Luft in das Obers eingeleitet und ein Drehflügel im Behälter verteilt die aufsteigende Luft gleichmäßig im Obers, bis dieses eine schnittfeste Konsistenz aufweist. Da das Gerät über eine Kühlung verfügt, bleibt das geschlagene Obers lange fest.

Auch bei diesem Gerät ist die sorgfältige tägliche Reinigung äußerst wichtig.

Speiseeismaschine
Drei Geräte stehen hier zur Auswahl: der Freezer, die Spachtelmaschine und der Softeisautomat. Sie werden mit Wasser- oder Luftkühlung angeboten.

Der **Freezer** arbeitet mit einem starren Zylinder. Dieser ist je nach Modell horizontal oder vertikal eingebaut. Durch den Einfüllstutzen wird die Eisgrundmasse eingegossen, welche am Zylinder anfriert. Der Abstreifer, der sich zentral um die eigene Achse dreht, schabt den angefrorenen Eismix wieder ab und mischt ihn mit der noch flüssigen Eismasse. Wenn das Eis fertig gefroren ist, kann es durch eine Öffnung in die Aufbewahrungsschale abgelassen werden. Die Reinigung erfolgt durch einen eingebauten Wasserzulauf.

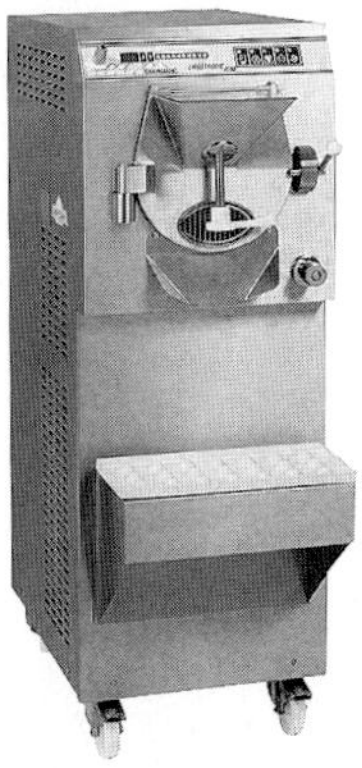

Bei der **Spachtelmaschine** dreht sich sowohl der Abstreifer als auch der Zylinder. Bei diesem Gerät muss jedoch das Speiseeis mit einem langen Spatel händisch entnommen werden. Daher entspricht diese Maschine nicht mehr dem europäischen Sicherheitsstandard und darf nicht mehr verkauft werden. In Betrieb befindliche Modelle sollten durch Freezer ersetzt werden.

Der **Softeisautomat** eignet sich besonders für Tüteneis im Straßenverkauf. Die oben liegende Wanne ist gekühlt und beeinhaltet die Eisgrundmasse, die meist eine Eispulverzubereitung ist. Werden frische Früchte verwendet, müssen diese gut zerkleinert werden, sonst gelangen sie nicht in den Gefrierzylinder. Dieser ist horizontal eingebaut und gefriert das Eis laufend frisch in der benötigten Menge.

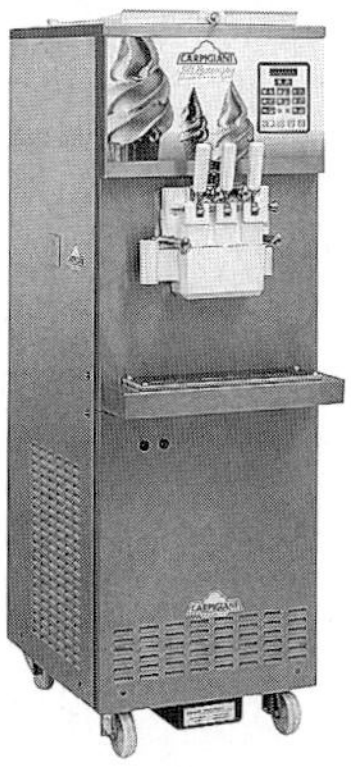

Airbrush mit Kompressor
In der modernen Konditorei findet dieses Gerät immer mehr Verwendung. Mit einem Luftpinsel (Minisprühpistole) wird Farbe mit Luftdruck (aus dem Kompressor) auf Marzipan, Torten, Modelliermassen usw. gesprüht. Durch Drücken des Ventilhebels kann die Luftzufuhr geregelt werden. Die Farbmenge wird bestimmt, indem der Ventilhebel gleichzeitig mit dem Finger zurückgezogen wird (Doppelfunktion des Ventilhebels).

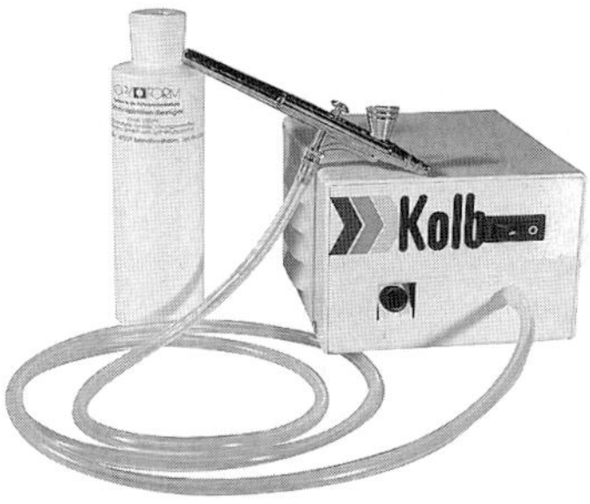

Zitrusfruchtpresse
Sie eignet sich zum Entsaften von Orangen, Zitronen und Grapefruits. Die halbierte Frucht wird auf den Presskegel gesetzt und mit dem Deckel angedrückt. Dadurch schaltet das Gerät ein und der Presskegel dreht sich um die eigene Achse. Der Fruchtsaft fließt über den Auslaufstutzen in das Glas. Sowohl der Presskegel als auch das Kernsieb können zur Reinigung entnommen werden.

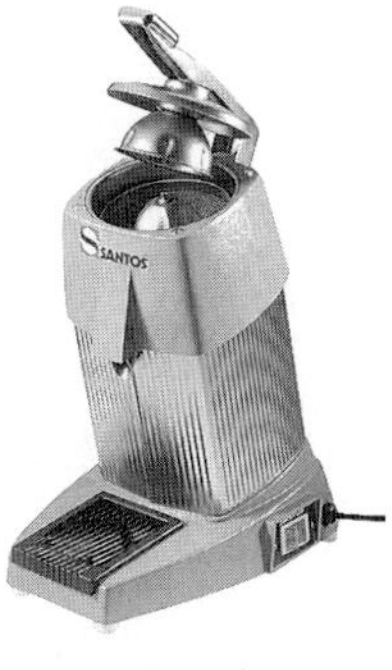

Saftzentrifuge
In diesem Gerät werden mit einer schnell rotierenden Reißscheibe die Fruchtzellen aufgeritzt. Durch ein Schleudersieb wird der Saft vom Trester getrennt und dieser separat ausgeworfen. Diese Säfte müssen immer frisch zentrifugiert werden, da sich sonst der Saft von den Fruchtteilen absetzt, oxidiert (er wird braun) und Vitaminverlust eintritt.
Beim Pressen von Karottensaft zwischendurch eine Zitrone durchlassen – sie reinigt das Sieb vom Carotin. Zu Reinigungszwecken können der Deckel, der Schleuderkorb mit dem Sieb und die Saftschale abgenommen werden.

Reinigung: Das Sieb mit der Reißscheibe immer über Nacht in Wasser mit Spülmittelzusatz legen. Tags darauf gut mit klarem Wasser reinigen.

Getreidemühle
Immer häufiger werden von den Kunden Vollkornprodukte gekauft. Für diese Produkte ist es notwendig, Getreide frisch zu mahlen. Über den Einfülltrichter werden die Körner zwischen die Mahlsteine (aus Granit oder Kunststein) geleitet. Die Feinheit der Ausmahlung wird durch das Einstellen der Mahlsteine geregelt.

Aufschnittmaschine
Mit ihr werden Wurst, Schinken, Käse usw. für die kalte Küche geschnitten. Die Maschine ist ausgestattet mit einem Laufschlitten und einem Restehalter (zum Schutz vor Handverletzungen).

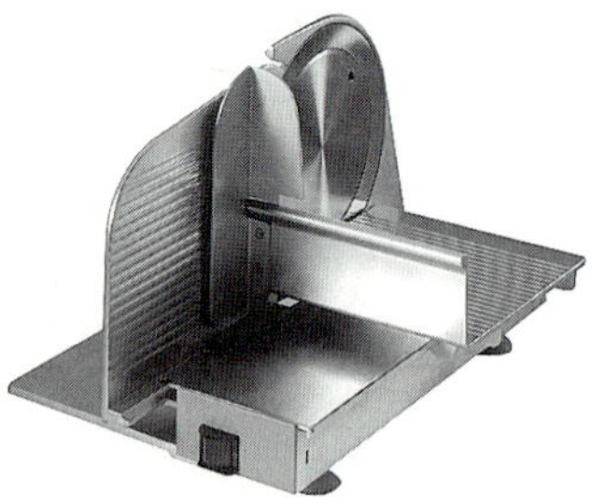

Rechaud (Kocher)
Er wird zum Erhitzen und Kochen verwendet und kann direkt auf den Arbeitstisch gestellt werden. Der Vorteil eines Gasrechauds liegt in der sofort verfügbaren Wärme. Da beim Abschalten keine Energie durch Restwärme vergeudet wird, ist das Gerät sehr sparsam. Dass auf einen Gasrechaud auch Kessel mit runden Böden gestellt werden können, ist ein weiterer Vorteil gegenüber einem Elektrorechaud.

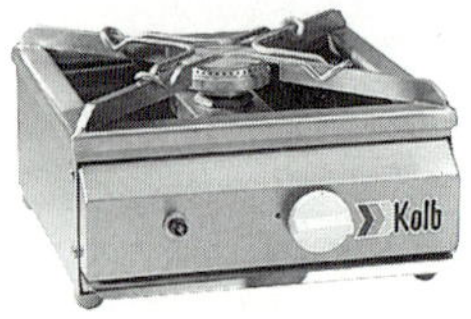

2.6 KÜHLGERÄTE UND KÜHLANLAGEN

Das Frischhalten von Konditoreiwaren, Halbfabrikaten und Rohstoffen ist nur mit Kühlgeräten möglich. Dabei ist besonders darauf zu achten, was in welchem Gerät gelagert wird. So ist es notwendig, Waren zu separieren, die starke Eigengerüche verbreiten (Käse, Zwiebel usw.). Auch ist zu berücksichtigen, dass es im Kühlschrank verschiedene Temperaturzonen gibt.

Wichtig: Kühlgeräte nicht zu lange offen lassen, sonst entsteht Kälteverlust und der Verdampfer vereist zu schnell. Die Folge davon ist eine verminderte Kühlleistung bei erhöhtem Energieaufwand.

Kälteerzeugung
Die meisten Kühl- und Gefrieranlagen arbeiten mit Kompressionskältemaschinen, bei denen das Kältemittel in einem geschlossenen Röhrensystem zirkuliert. Das gasförmige Kältemittel wird vom Kompressor angesaugt und unter hohem Druck komprimiert. Dann wird es in den Verflüssiger (= schlangenförmige Röhren, daher große Oberfläche) weitergeleitet. Bei luftgekühlten Geräten wird mit einem Ventilator kühle Luft dagegengeblasen, während bei den wassergekühlten die Röhren durch Wasser laufen. Dadurch kühlt und verflüssigt sich das Kühlmittel und fließt weiter. Erst jetzt tritt es in den zu kühlenden Raum ein. Das Kühlmittel wird nun durch ein Expansionsventil in den Verdampfer (Platten oder Lamellen) gesprüht, wird gasförmig und entzieht der Luft die Raumwärme. Vom Kompressor wird das Kältemittel wieder angesaugt und verflüssigt, womit der Kreislauf geschlossen ist.

Klimaschrank
Mit einer relativen Luftfeuchtigkeit von ca. 95 % ist er das ideale Gerät zur Aufbewahrung von Schlagobers, Torten, Desserts usw. Aber auch zur Gärverzögerung von Teiglingen (= ungebackene Teigstücke) ist der Klimaschrank das richtige Gerät.

Kühlschrank
Er eignet sich besonders wegen seiner niedrigen Luftfeuchtigkeit für
- Rohstoffe wie Marzipan usw.,
- Waren, die mit Fondant oder Schokolade glasiert sind, und
- gefrorene Teigstücke, die für den Tagesbedarf gelagert werden müssen.

Schockfroster
Werden Teiglinge oder ofenfrische Backwaren tiefgekühlt, ist es unbedingt notwendig, dass sie beim Gefrieren in kürzester Zeit die Kerntemperatur erreichen. Der Schockfroster arbeitet darum mit - 45 °C und bis zu 95 % Luftfeuchtigkeit. Nur dadurch wird erreicht, dass die sich im Gebäck bildenden Eiskristalle ganz fein sind. Dies wiederum verhindert ein frühzeitiges Austrocknen der Ware und damit das Absplittern der Kruste sowie Gewichts- und Aromaverluste.

Tiefkühler
Wegen der geringen Luftfeuchtigkeit sollten darin nur Rohwaren, Früchte und Speiseeis gelagert werden. Tortenböden oder anderes Gebäck würde zu schnell austrocknen.

Speiseeiskonservator
Das ist eine spezielle Tiefkühltruhe für die Präsentation und den Verkauf von Speiseeis. Er arbeitet mit niedrigen Temperaturen (ca. - 8 bis - 18 °C). Bei der Bestückung mit Speiseeisbehältern ist darauf zu achten, dass die natürliche Kaltluftzirkulation nicht unterbrochen wird. Es muss also möglich sein, dass die vorne einfallende Warmluft über den Verdampfer strömt, dort abkühlt, unter den Behältern nach hinten geleitet wird und beim Aufsteigen wieder die oberen Behälter kühlt.

2.7 Backöfen

Da der Ofen das Herzstück jeder Backstube ist, kommt ihm eine ganz besondere Bedeutung zu. Mit ihm ist es möglich, aus rohen und somit ungenießbaren Teigen und Massen herrlich mundende Gebäcke herzustellen. Dabei ist auf die Wirtschaftlichkeit und die Umweltbelastung durch den entsprechenden Energieeinsatz zu achten.

Unfallschutz: Beim Öffnen der Ofentüre kann Dampf austreten – **Verbrennungsgefahr!**

Anfallende Kosten für Energie

Anfallende Kosten	**Strom** (nach Verbrauch zu bezahlen)	**Flüssiggas** (vor Verbrauch zu bezahlen)	**Stadt- bzw. Erdgas** (nach Verbrauch zu bezahlen)	**Öl** (vor Verbrauch zu bezahlen)
Netzanschluss	X		X	
Lager/Tank		X		X
Wartungskosten (Kamin, Brenner)		X	X	X
Kosten der Vorratshaltung		X		X

Die neuen Ofenmodelle sind alle mit elektronischen Steuerungen ausgestattet, wodurch ein gezielter Energieeinsatz möglich wird. Die Wirtschaftlichkeit wird dadurch enorm erhöht.

Elektro-Modul-Backofen
Er ist der ideale Konditoreiofen, denn:
- Er kann bei Bedarf jederzeit um eine Etage erweitert werden.
- Auch ist es möglich, zwischen verschieden hohen Backrohren zu wählen.
- Jedes Backrohr kann einzeln geschaltet werden (variable Unter- und Oberhitze).
- Für den Konditor ist außerdem der unten angebrachte Gärschrank eine große Hilfe.
- Der Ofen ist meist mit Lenkrollen ausgestattet, was ihm größte Flexibilität verleiht.

Das Heizsystem ist oben offen und arbeitet mit Infrarotstrahlern. Es ist mit Wärmeverteilerblechen ausgelegt, während die unteren Heizschlangen mit einer Stahlplatte abgedeckt sind.

Etagenbackofen

Vorteile dieses Ofentyps:

- Geringer Platzbedarf durch kompakte Bauweise.
- Hohe Wirtschaftlichkeit durch die zentrale Behebung und dadurch, dass er mit jeder Energieart beheizt werden kann.
- Äußerst geringer Wartungsaufwand.

Stikkenofen (befahrbarer Umluftofen)

Für Betriebe, die größere Mengen eines Produktes backen, ist der mit einem Blechwagen beschickbare Ofen interessant. Dabei wird die angeheizte Luft durch Seitenschlitze über das Backgut geführt, was ein gleichmäßiges Backen der Ware gewährleistet. Auch der geringe Platzbedarf ist sicher ein Vorteil dieser Ofenart.

Schaubackofen

Immer öfter werden so genannte Schaubacköfen im Ladenbereich aufgestellt. Sie eignen sich besonders zum Backen von Teiglingen aus Blätter- und Plunderteig.

Das großformatige Glas in der Ofentüre gewährt den Kunden Einblick in das Innere auf die frisch zubereiteten Gebäcke. Der Duft regt zusätzlich die Kauflust an. Da diese Geräte über modernste Steuerungen (Computersteuerungen) verfügen, ist es auch dem Verkaufspersonal möglich, damit zu backen. Verschiedene Modelle sind mit einer Auftauvorrichtung ausgestattet.

Mikrowellenherd

Die von einem Magnetron ausgesandten Mikrowellen erzeugen Schwingungen und erwärmen die in den Speisen enthaltenen Wassermoleküle durch Reibung. Der Mikrowellenherd arbeitet sekundenschnell. Die Garzeit ist abhängig von der Größe und vom Wassergehalt der Speisen. Diese dürfen nur in Glas, Porzellan oder mikrowellengerechtem Kunststoffgeschirr erwärmt werden (daher nie Metallgefäße oder Besteck in den Mikrowellenherd geben!). Herstellerhinweise bezüglich Auftau- und Garzeiten beachten!

Zusammenfassung: Konditoreiausstattung

Ergonomie

Ergonomie ist die Lehre von der Anpassung der Arbeitsbedingungen an den Menschen. Es gilt mit wenigen Arbeitswegen, kurzen Bewegungsabläufen und schonendstem Körpereinsatz die größtmögliche Effizienz zu erreichen.

Sie finden in diesem Kapitel Beispiele für Bewegungsabläufe, wie

- Arbeitshaltung,
- Heben und Tragen,
- Greifraum und
- Arbeitsfluss.

Backstube und Ausstattung

Um in der Backstube arbeiten zu können, benötigt man

- Werkzeuge,
- Pfannen, Kessel, Formen,
- Geräte und Maschinen,
- Kühlgeräte und -anlagen sowie
- Backöfen.

Sie müssen gepflegt und gewartet werden. Bei Geräten und Maschinen ist besonders der Unfallschutz zu beachten.

Fragen und Arbeitsaufgaben

1. Was bedeutet Ergonomie?
2. Wie heben und tragen Sie Lasten richtig?
3. Beschreiben Sie einen ergonomischen Arbeitsplatz, wenn Sie Eier trennen!
4. Was müssen Sie beim Fettbackgerät beachten (Unfallschutz)?
5. Wie funktioniert ein Melangeur?
6. Wozu dient eine Temperiermaschine und wie funktioniert sie?
7. Welche Speiseeismaschinen mit welchen Funktionen kennen Sie?
8. Welche Kühlgeräte und -anlagen kennen Sie?
9. Beschreiben Sie einen Elektro-Modul-Backofen!

IV SPEZIELLE FACHKUNDE

1 BERUFSCHARAKTERISTIKA

In diesem Kapitel erfahren Sie Näheres über die geschichtliche Entwicklung des Konditorhandwerks, das moderne Berufsbild des Konditors und die wichtigsten Punkte der persönlichen Hygiene.

1.1 Geschichte des Zuckerbäcker- und Konditorhandwerks

Mit dem Wort **„condire"** bezeichneten die alten Römer das „Einlegen und Einmachen" von Früchten in süße Lösungen und das „Würzen und Leckerzubereiten". Über dieses Wort lässt sich die Verbindung zum deutschen Wort „Konditor" herstellen.

Im Orient war **Zucker** schon früher bekannt als in Europa. Er galt wegen seiner Seltenheit als kostbares Medikament bzw. Gewürz. Durch die Kreuzfahrer kam Zucker auch nach Europa, wo bislang Honig als einziger Süßstoff bekannt war. Über die Häfen Genua und Venedig gelangte der Zucker schließlich im 12. Jahrhundert in deutschsprachige Gebiete.

In den Hafenstädten wurde der aus Übersee angelieferte Rohrzucker in kleinen Zuckerraffinerien zu Zuckerhüten verarbeitet. Diese Arbeit verrichtete der „Zuckermacher" bzw. „Zuckerpacher". Diese „Zuckerpacher" wurden zu den „Zuckerbäckern", die die Zuckerhüte als Ausgangsmaterial für ihre Kunst verwendeten.

Zucker konnte in alle möglichen Formen gebracht werden, die nicht vergleichbar waren mit anderen essbaren Materialien. Außerdem mussten die Gebilde nicht gebacken werden. Das Bindemittel Tragant machte den harten Zucker schließlich modellierbar. Zucker war in der Gotik, im Barock und in der Renaissance enorm teuer. Deshalb war der Adel die Kundschaft der Zuckerbäcker.

1225 entwickelte eine Ärzteschule in Salerno süße Dragees als Arzneien nach arabischem Muster. Von diesem Erzeugnis leitet sich das Wort **„Konfekt"** her. Bis ins 15. Jahrhundert durfte Konfekt nur von Apothekern verkauft werden. Weitere „Konkurrenten" der Zuckerbäcker waren die Lebküchner (Honigkuchenerzeuger), die Wachszieher und die Bäcker.

Der Handel brachte Anfang des 18. Jahrhunderts **Schokolade** nach Österreich. Dieses Material ergänzte die Zuckergegenstände. Auch **Marzipan** wurde nun für kunstvolle Dekorationen verwendet.

1744 wurde die Zuckerbäckerinnung durch ein Privileg von Kaiserin Maria Theresia zugelassen.

Im 19. Jahrhundert wurde der Adel durch das Bürgertum als Kundschaft abgelöst. Der Zucker wurde vom Luxus- zum Konsumartikel. Denn das teure Zuckerrohr konnte durch gezüchtete Zuckerrüben mit höherem Zuckergehalt ersetzt werden.

Die **Torte** als Konditoreiprodukt (zB Sacher-, Dobostorte usw.) und das **Kaffeehaus** als Begegnungsstätte lebten in diesem Jahrhundert auf. Das Betätigungsfeld der Zuckerbäcker wurde die Herstellung von Backwaren aller Art, die Marzipan-, Nougat-, Schokoladen-, Eis-, Zuckerl- und Pralinenherstellung.
1890 wurde schließlich festgelegt, dass Zuckerbäcker durch den Erwerb einer Konzession berechtigt waren, geistige Getränke, Tee, Kaffee und Schokolade auszuschenken und pikante Spezialitäten abzugeben.

In der ersten Hälfte des 20. Jahrhunderts erlitt das Zuckerbäckergewerbe durch die beiden Weltkriege große Rückschläge (Rohstoffmangel, verringerte Kaufkraft usw.). Ende der Siebzigerjahre des 20. Jahrhunderts wurde das Gewerbe in Konditorengewerbe umbenannt.

Heute vereinnahmt die Industrie immer mehr Produktionsbereiche der klassischen Konditorei. Moderne Fertigungsmethoden erlauben die Produktion von Halbfertigprodukten und Fertigwaren. Dieser Entwicklung muss der Konditor mit einem neuen Berufsverständnis begegnen.
Das Angebot soll daher „ernährungsbewusst" gestaltet werden. Die Produkte sollen jouleärmer, leicht, individuell im Geschmack und im Aussehen sein. Sie müssen mit ernährungsphysiologisch wertvollen und einwandfreien Grundstoffen hergestellt werden.

1.2 Berufsausbildung

Als Konditorlehrling sollten Sie bestimmte **Eigenschaften** für den Beruf mitbringen:
- Geschicklichkeit und Fingerfertigkeit
- Guter Geruchs- und Geschmackssinn
- Gefühl für Formen und Farben
- Zeichnerisches Talent
- Räumliche Vorstellungskraft
- Kreativität
- Selbstständigkeit
- Organisationstalent

Berufsbild[1]

Die Betriebe und die Berufsschulen teilen sich die Berufsausbildung **(duales Ausbildungssystem)**. Dieses System stellt eine Verbindung von Praxis und theoretischer Fachausbildung dar.

Die Ausbildung hat unter Bedachtnahme aller geltenden Gesetze und Vorschriften zu erfolgen. Das Berufsausbildungsgesetz laut BGBl. Nr. 277/1980 gibt in seinen Ausbildungsvorschriften das Berufsbild vor. In diesem ist genau geregelt, was dem Konditorlehrling vom Lehrberechtigten oder Ausbildner in welchem Jahr vermittelt wird. Die Lehrzeit dauert drei Jahre und schließt mit der Lehrabschlussprüfung ab.

Position	1. Lehrjahr	2. Lehrjahr	3. Lehrjahr
01	Handhaben und Instandhalten der zu verwendenden Werkzeuge, Maschinen, Geräte und Arbeitsbehelfe		
02	Grundkenntnisse über die Funktion der im Betrieb verwendeten Maschinen, Geräte und Werkzeuge	–	–
03	Kenntnis der Roh- und Hilfsstoffe sowie Halbfabrikate, ihrer Eigenschaften, Lagerung und Verwendungsmöglichkeiten		
04	Behandeln und Dosieren der Roh- und Hilfsstoffe sowie Halbfabrikate	Prüfen, Behandeln und Dosieren der Roh- und Hilfsstoffe und Halbfabrikate	
05	Kochen, Rühren, Ausrollen, Garen, Passieren, Auswiegen, Abklaren, Sieben,	Backen, Kochen, Rühren, Schlagen, Ausrollen, Garen, Einmelieren, Schneiden,	Backen, Sieden, Einmelieren, Schneiden, Stürzen, Dressieren, Streichen, Trocknen,

[1] Entnommen aus: Lehrberuf Konditor/in (Zuckerbäcker/in) Rechtsgrundlagen mit Erläuterungen für die Ausbildung von Lehrlingen, Hrsg.: Institut für Bildungsforschung der Wirtschaft, Rainergasse 38, 1050 Wien, Ausgabe Mai 1994, Seite 1

Position	1. Lehrjahr	2. Lehrjahr	3. Lehrjahr
	Trocknen, Belegen, Füllen, Ausstechen, Mischen	Stürzen, Dressieren, Aufschlagen, Streichen, Trocknen, Glasieren, Überziehen, Belegen, Füllen, Spritzen, Formen, Einschlagen, Mischen	Temperieren, Glasieren, Überziehen, Dekorieren, Spritzen, Formen, Einschlagen
06	–	Herstellen von leichten, schweren und Spezialmassen	
07	Herstellen von Teigen	Herstellen von Teigen	–
08	Herstellen von Spritzglasuren, Vanillecremen und Füllungen	Herstellen von Füllcremen, Tunken und Überziehen mit Fondants	Herstellen von sonstigen Glasuren und Cremen
09	Behandeln und Verarbeiten von Zucker		Grundkenntnisse im Verarbeiten von süßenden Zutaten
10	–	Verarbeiten von Kakao und Kakaoprodukten	Verarbeiten von Kakao und Kakaoprodukten, Tunken mit Kuvertüre
11	–	Verarbeiten von Obst	
12	Einhalten der im Betrieb erforderlichen Hygiene	–	–
13	Grundkenntnisse von Grundrezepten	Kenntnis von Grundrezepten	–
14	–	–	Kenntnis der Speiseeiserzeugung
15	–	–	Kenntnis der Bonbon- und Zuckerwarenerzeugung
16	–	–	Grundkenntnisse der Patisserie
17	Grundkenntnisse über Lockerungs- und Triebmittel	–	–
18	–	Grundkenntnisse der einschlägigen Konservierungs-, Kühl- bis einschließlich Tiefkühlmethoden	Kenntnis der einschlägigen Konservierungs-, Kühl- bis einschließlich Tiefkühlmethoden
19	Grundkenntnisse des Lagerns der Fertigware	Kenntnis des Lagerns der Fertigware	Grundkenntnisse des Verpackens der Fertigware
20	Kenntnis der einschlägigen Hygienevorschriften	–	–
21	Grundkenntnisse der einschlägigen Berufsvorschriften und des Bäckereiarbeitergesetzes		Grundkenntnisse des Lebensmittelgesetzes, des Codex Alimentarius Austriacus
22	Kenntnis der einschlägigen Sicherheitsvorschriften sowie der sonstigen in Betracht kommenden Vorschriften zum Schutze des Lebens und der Gesundheit		
23	Grundkenntnisse der sich aus dem Lehrvertrag ergebenden Verpflichtungen (§§ 9 und 10 Berufsausbildungsgesetz)		
24	Grundkenntnisse der aushangpflichtigen arbeitsrechtlichen Vorschriften		

Verhältniszahlen[2]

Folgende Verhältniszahlen zwischen Ausbildnern und Lehrlingen wurden im Berufsausbildungsgesetz (§ 8 Abs. 3 Lit. a) festgelegt:

Fachlich einschlägig ausgebildete Personen	Lehrlinge
1	2
2	3
3 bis 4	4
5 bis 7	5
8 bis 10	6
11 bis 13	7
14 bis 16	8
17 bis 19	9
auf je 3 weitere Personen	1 weiterer Lehrling

1.3 Persönliche Hygiene

Bei der Berufsausübung ist neben der Betriebs- (siehe Kap. III / 1.1) und der Lebensmittelhygiene (siehe Kap. II / 18.1) die persönliche Hygiene zu beachten. Es gelten die Vorschriften des Lebensmittelgesetzes (siehe Hygienemerkblätter im Anhang).

Sauberkeit

Wichtig sind folgende Punkte:

- Tägliche Reinigung des Körpers durch Vollbad oder Dusche.
- Kurzer Haarschnitt und/oder entsprechende Kopfbedeckung.
- Kurz geschnittener, gepflegter Bart.
- Ablegen von Hand- und Armschmuck bei der Arbeit.
- Saubere, gepflegte Hände und Fingernägel.
- Ablegen von Schürze und Kopfbedeckung vor der WC-Benutzung.
- Reinigen der Hände und Unterarme vor Arbeitsbeginn, nach jeder Pause und nach der WC-Benutzung (Einweghandtücher verwenden!).
- Rauchverbot während der Arbeit in der Backstube bzw. Konditorei.

Berufsbekleidung

- Die Arbeitskleidung ist für männliche und weibliche Mitarbeiter gleich.
- Sie muss hell und sauber sein. Sie soll aus kochfestem Material (Baumwolle) bestehen und darf nicht brennbar sein.

Hygiene bei Krankheiten

- Alle Krankheiten und Verletzungen sofort melden!
- Nicht mit starken Verkühlungen, ansteckenden Krankheiten und eiternden Wunden arbeiten.
- Besonders auf Durchfall achten (Salmonellengefahr).

Weiters sind **gesetzliche Vorschriften** zu beachten:

- Personen, die mit der Herstellung oder Verteilung von Speisen beschäftigt sind, haben sich jedes Jahr nach dem Bazillenausscheidergesetz untersuchen zu lassen.
- Jährliche Stuhlproben und alle zwei Jahre Röntgenaufnahmen der Lunge sind vorgeschrieben.

Berufskrankheiten

Sie können durch berufsspezifische Einflüsse hervorgerufen werden:

Verursacher	Auswirkungen
Einatmen von mehl- und zuckerstaubbelasteter Luft.	Mehlasthma, Allergie der Atemorgane, Staublunge.
Mehl, Reinigungsmittel, Textilien usw.	Allergien, Ausschläge, Juckreiz usw.
Kalte Böden und schlechtes, ungeeignetes Schuhwerk.	Durchblutungsstörungen, Krampfadern, Senk-, Spreiz-, Plattfüße.
Falsche Arbeitstechniken, falsche Tischhöhen (Ergonomie!).	Haltungsschäden, Bandscheibenschäden, Abnützungserscheinungen.

[2] Entnommen aus: Das neue österreichische Konditorenjahrbuch 1997, Hrsg.: Verlag Heinz Alphonsus, Hollandstraße 7/22, 1025 Wien, Seite 102

Zusammenfassung: Berufscharakteristika

Geschichte des Zuckerbäcker- und Konditorhandwerks

Sie beginnt mit dem „Zuckermacher“ bzw. „Zuckerpacher“. Zuerst wurde nur Zucker als Rohstoff verarbeitet, später auch Schokolade und Marzipan. Im 19. Jahrhundert wurde dann das Kaffeehaus zum Betätigungsfeld des Zuckerbäckers.
Heute ist die Industrie mit ihren Fertigungsmethoden zur größten Konkurrenz des Konditors geworden.

Berufsausbildung

Das Berufsausbildungsgesetz laut BGBl. Nr. 277/1980 gibt in seinen Ausbildungsvorschriften das Berufsbild vor. In diesem ist genau geregelt, was dem Konditorlehrling in welchem Jahr vermittelt wird.

Persönliche Hygiene

Sie umfasst Sauberkeit in allen persönlichen Bereichen. Besonders im Krankheitsfall muss verstärkt auf Hygiene geachtet werden.

Fragen und Arbeitsaufgaben

1. Geben Sie einen Überblick über die Geschichte des Konditorhandwerks!
2. Welche Eigenschaften sollen Sie für den Beruf mitbringen?
3. Welche Punkte müssen Sie hinsichtlich Sauberkeit beachten?
4. Beschreiben Sie die korrekte Berufskleidung!
5. Wie müssen Sie sich bei Krankheiten verhalten?

2 ÄSTHETIK DER KONDITOREIPRODUKTE

„Ästhetik" ist ein Wort aus dem Griechischen und bedeutete ursprünglich die „Lehre von den Empfindungen". Seit dem 18. Jahrhundert ist sie besser bekannt als die „Lehre vom Schönen in Kunst, Handwerk und Natur".
Als ästhetisch wird alles, was schön, geschmackvoll und ansprechend ist, empfunden.

In der Konditorei hilft eine ansprechend gestaltete Ausfertigung der Erzeugnisse (Optik), um positive Eindrücke zu vermitteln. Entscheidend sind jedoch die Eindrücke (Empfindungen), die die Waren aus geschmacklicher und hygienischer Sicht hinterlassen.

Die ästhetischen Eindrücke, die Konditoreiprodukte vermitteln sollen, hängen von folgenden **Faktoren** ab:

- Farbe
- Form
- Konsistenz und Beschaffenheit
- Geruch und Geschmack

Einfluss der Farbe

Das Farbempfinden ist bei jedem Menschen unterschiedlich. Allerdings sollen Konditoreiwaren einen Eindruck von Frische, Appetitlichkeit und natürlichem Aussehen vermitteln.

Generell gilt, dass zarte, natürlich wirkende Farben für das ästhetische Empfinden positiv sind. Sie wirken elegant, edel, geschmackvoll, fein und angenehm.

Auf die Wünsche der Gäste und Kunden der Konditorei ist natürlich besonders zu achten.

Aussehen der Ware	Eindrücke, Empfindungen
Backfarbe	• Ist die Farbe **gebäcktypisch**, regt sie positiv an. Sie wird als schön empfunden, wirkt einladend und weckt den Appetit. • Ist sie **gebäckuntypisch** (zu blass, zu dunkel), weckt sie Bedenken und stößt ab.
Krumenfarbe	Ist die Farbe **gebäcktypisch**, so weckt sie positive Empfindungen, die auch qualitätsmäßige Einschätzungen einschließen (zB gelbe Krume = viele Eier).

Aussehen der Ware	Eindrücke, Empfindungen
Konditoreierzeugnisse, die gefärbt werden dürfen (Cremen, Speiseeis, Glasuren usw.)	Es entstehen Vorbehalte, wenn die gefärbte Ware **unnatürlich** wirkt. Daher dunkle, kräftige Farben nur oberflächlich anwenden (zB bei Marzipan)! Wirkt sie **natürlich**, so lösen Dekoreffekte bestimmte Erwartungen aus. Geschmackserwartungen: • Hellbraun = Nuss, Kaffee • Dunkelbraun = Schokolade • Rosa = Punsch Qualitätserwartungen: • Rotes Erdbeereis = viele Erdbeeren • Obsttorte = frische Früchte

Einfluss der Form

Durch Traditionen (zB Formen von Produkten für bestimmte Feste) und Bezeichnungen (Teestangerl, Nusskipferl) sind die Formen der Produkte oft schon vorgegeben.
Wird von diesen Vorgaben abgewichen oder werden die Formen den Erwartungen nicht gerecht, so könnte sich das auf die Kunden auswirken. Abweichungen werden am ehesten akzeptiert, wenn Größe, Aussehen, Farbe oder Geschmack ausgleichend wirken. Anders ist diese Situation, wenn neue Ideen und Kreativität beliebt sind, zB beim:

- Modellieren
- Dekor
- Umsetzen individueller Kundenwünsche
- Zeichnen und Herstellen von Aufsätzen und Werbestücken

Konditoren sollten

- bestehende Möglichkeiten des Formgebens nutzen,
- unterschiedliche Formen für eine abwechslungsreiche Präsentation nutzen (Teegebäck, Petits Fours usw.),
- unter dem Wirtschaftlichkeitsaspekt neue Ausdrucksformen suchen,
- auf traditionelle Formen achten.

Einfluss der Konsistenz und Beschaffenheit

Jedes Erzeugnis hat seine arttypische **Konsistenz**. Diese Konsistenz wird vom einwandfreien Rohstoff, der Rezeptur, der Verarbeitung bis hin zu Lagerung und Service beeinflusst.
Abweichungen von der idealen Festigkeit (Konsistenzmängel) gelten als Qualitätsminderung, wie zB zu weiche(s) oder zu feste(s) Massen, Teige, Cremen, Speiseeis usw.

Wichtig bei Konditoreiprodukten ist auch die richtige **Beschaffenheit**, dh. den Erwartungen muss entsprochen werden. Der Gast der Konditorei findet zB folgende Beschaffenheitsmängel vor:

- Das als „frisch" angebotene Gebäck (Nussbeugel) ist hart und trocken.
- Das als „mürb" angebotene Gebäck ist zäh.
- Der Fondantüberzug ist so hart, dass er beim Portionieren und Beißen splittert.
- Die als „Tagesgebäck" angebotene Kardinalschnitte ist innen noch gefroren.

Einfluss von Geruch und Geschmack

Man erwartet von den Produkten einwandfreien, arttypischen Geschmack und Geruch. Die Erwartungshaltungen der Kunden sollen zufrieden gestellt werden.

Die Wahrnehmung dieser Faktoren erfolgt über den Geruchs- und den Geschmackssinn. Sie sind bei der qualitätsmäßigen Beurteilung der Konditoreierzeugnisse maßgebend beteiligt.

- **Geruchssinn:** Fähigkeit, Gerüche verschiedenster Art wahrzunehmen, zu- und einzuordnen.
- **Geschmackssinn:** Fähigkeit, über die Geschmacksorgane süß, sauer, salzig und bitter zu registrieren.

Für den Konditor sind daher die folgenden Punkte wichtig. Er muss:

- Erzeugnisse anbieten, die auf weitgehende Zustimmung stoßen bzw. begeistern.
- Beste Rohstoffe möglichst frisch verarbeiten und die Produkte möglichst frisch verkaufen.
- Verarbeitungsweisen und Rohstoffe anwenden, die geruchs- und geschmacksveredelnd wirken.
- Gekonnt würzen.
- Geruchs- und geschmacksdienlich ausfertigen, konservieren und verpacken.
- Über Kundengespräche Rückmeldungen erhalten und diese umsetzen.

Zusammenfassung: Ästhetik der Konditoreiprodukte

Als **ästhetisch** wird alles, was schön, geschmackvoll und ansprechend ist, empfunden.
Die Konditoreierzeugnisse sollen einen Eindruck von Frische, Appetitlichkeit und natürlichem Aussehen vermitteln. Daher sollen folgende **Faktoren** harmonieren und den Kundenerwartungen und -wünschen entsprechen:

- Farbe
- Form
- Konsistenz und Beschaffenheit
- Geruch und Geschmack

Fragen und Arbeitsaufgaben

1. Was bedeutet Ästhetik in Bezug auf Konditoreierzeugnisse?
2. Welche Faktoren beeinflussen die Erzeugnisse? Erläutern Sie die Faktoren!

3 MASSE UND GEWICHTE

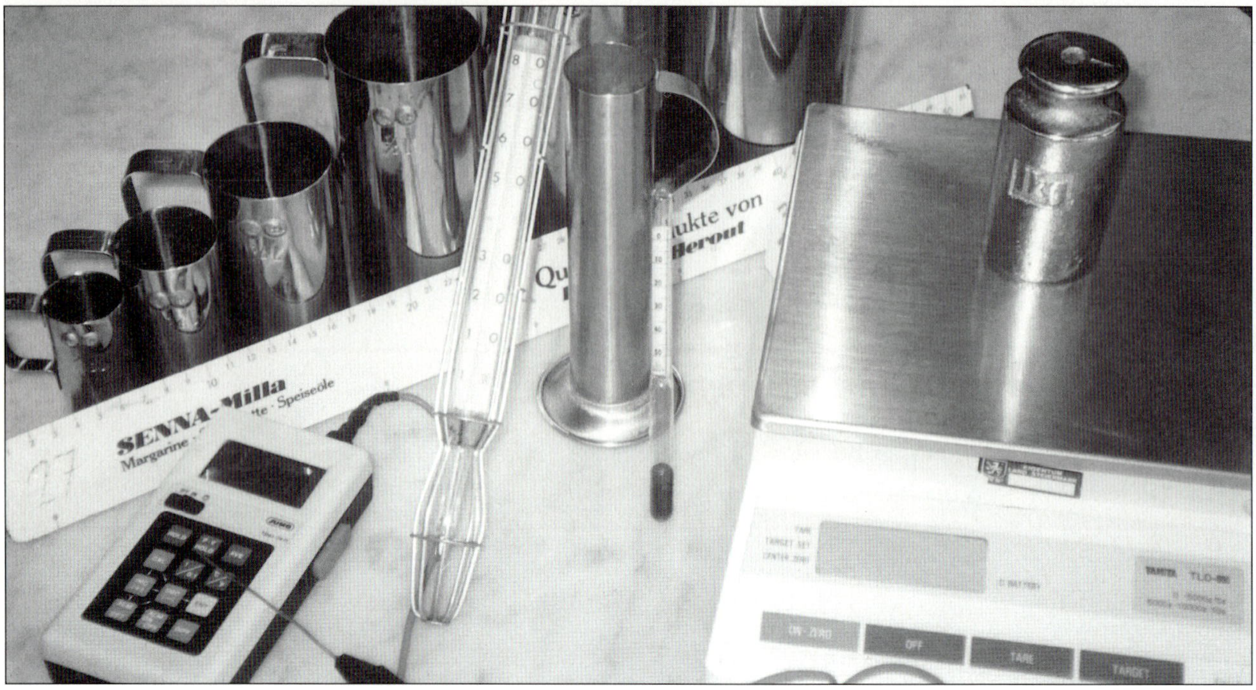

Um qualitativ gleich bleibende Produkte herstellen, zu können, sind die Kenntnisse der Maße und Gewichte für den Konditor von größter Wichtigkeit.
Grundsätzlich ist das Wiegen der Zutaten genauer als das Messen.

Für gewerbliche Rezeptvorlagen ist es von Vorteil, eine einheitliche Maßeinheit festzulegen. Am besten werden alle Rezepte mit der Maßeinheit angegeben, die die Waagen des Betriebes aufweisen. Damit werden Wiegefehler vermieden.

Im vorliegenden Buch wird die Gewichtseinheit Gramm (g) verwendet.

3.1 Im Buch verwendete Abkürzungen

°Bé = Grad Baumé
°C = Grad Celsius
°R = Grad Reaumur
TE = Teigeinlage
EG = Einfüllgewicht
BE = Broteinheit
h = Höhe
Ø = Durchmesser
Bl. = Blatt
Min. = Minuten
EL = Esslöffel = 15 g
TL = Teelöffel = 4 g
St. = Stück
Pkg. = Packung
GN = Gastronorm
F. i. T. = Fett in der Trockenmasse
Vol.-% = Volumenprozent
kJ = Kilojoule
kcal = Kilokalorie

3.2 Gebräuchliche Mass- und Gewichtseinheiten

g = Gramm
dag = Dekagramm
kg = Kilogramm
ml = Milliliter
cl = Zentiliter
dl = Deziliter
l = Liter
mm = Millimeter
cm = Zentimeter
dm = Dezimeter
m = Meter

3.3 Umrechnung verschiedener Masseinheiten

Gewichtsmaße

1000 g = 100 dag = 1,00 kg
100 g = 10 dag = 0,10 kg
10 g = 1 dag = 0,01 kg

Längenmaße

1 m = 10 dm = 100 cm = 1000 mm
1 dm = 10 cm = 100 mm
1 cm = 10 mm

Eimaße

In der Konditorei werden unterschiedliche Eimaße angewendet:

- **Zählen** ist, aufgrund unterschiedlicher Eigröße, ungenau.
- **Messen** ist besser.
- **Wiegen** ist am genauesten.

Betriebsübliche Eigewichte in Gramm
1 Ei = 50 g
1 Eiklar = 30 g
1 Dotter = 20 g

Betriebsübliche Eimaße in Liter
1 Liter Eier = 24 Stück
1 Liter Eiklar = 40 Stück
1 Liter Dotter = 60 Stück

Codexmäßige Eigewichte in Gramm
1 Ei = 45 g
1 Eiklar = 29 g
1 Dotter = 16 g

Litermaße

Wasser bei + 4 °C:
1 l = 10 dl = 100 cl = 1000 ml = 1,00 kg
1 dl = 10 cl = 100 ml = 0,10 kg
1 cl = 10 ml = 0,01 kg

1 l = 2/2 = 4/4 = 8/8 = 16/16

Flächenmaße

1 m^2 = 100 dm^2 = 10 000 cm^2
1 dm^2 = 100 cm^2

4 TEIGE

Aufgrund ihrer Zusammensetzung weisen Teige eine feste bzw. zähe Beschaffenheit auf. Ihre Herstellung (Mischen) erfolgt durch Kneten mit der Hand oder mit der Maschine.
Zur Lockerung werden den Teigen Lockerungs- oder Triebmittel zugesetzt, die dann auch den Charakter des Teiges bestimmen.

Teige

- **Hefeteige**
- **Plunderteige**
- **Butter- und Blätterteige**
- **Mürbteige**
- **Lebkuchenteige**
- **Käseteige**

Einteilung der Teige nach der Lockerung

Lockerungsmethode	Lockerungs- und Triebmittel	Teige
Biologische Lockerung	Hefe	Hefeteige Plunderteige
Chemische Lockerung	Ammonium Pottasche Backpulver	Fettreiche Mürbteige Lebkuchenteige
Physikalische Lockerung	Wasserdampf Luft Fett	Plunderteige Butter- und Blätterteige Mürbteige

4.1 Hefeteige

Die Hefeteige können auf verschiedene Arten mit unterschiedlichen Zutaten hergestellt werden. Gelockert jedoch werden sie alle durch Hefe. Dadurch entsteht ihr voluminöser, feinporiger Charakter.

Bezeichnung	**Charakteristika**	**Verwendung**
Leichter Hefeteig	Enthält weniger Fett und weniger Zucker.	Für einfaches Kaffeegebäck, Mohn- und Nuss-Strudel, Putitzen, Streuselkuchen, Marillen- und Zwetschkenflecke, Zwieback und als Grundteig für Plunderteige.
Mittelschwerer oder feiner Hefeteig	Der Fett- und der Eianteil sind höher und können je nach Rezept variieren.	Für Buchteln, Bienenstich, Brioches, Pinzen, Krapfen, und andere Fettgebäcke.
Schwerer Hefeteig	Er ist sehr fettreich und kann auch einen höheren Eianteil enthalten.	Für Wiener Gugelhupf, Savarins, Babas aux rhum, Christstollen und Beugel.

Einfluss der Rohstoffe

Mehl
Es werden vor allem glatte Weizenmehle der Type 480 oder 700 verwendet. Diese Mehle haben eine hohe Elastizität sowie eine gute Formbarkeit (Kleber). Weiters binden sie viel Wasser.

Milch
Durch die Zusammensetzung der Milch werden die Teigeigenschaften verbessert. Die Temperatur der Teige kann durch das Anwärmen der Milch reguliert werden.

Hefe
Sie soll frisch und triebstark sein, damit sie den Teig ausreichend lockert. Dabei wandelt sie einen Teil des Zuckers in Gas (CO_2) und Alkohol um. Die Idealtemperatur für die Entwicklung von Hefe liegt bei 30 °C.

Zucker
Er wirkt nicht nur geschmacksverbessernd, sondern bewirkt auch eine bessere Bräunung und dient der Hefe als Nahrung.

Butter
Sie bewirkt eine Qualitätsverbesserung. Kleinere Mengen an Fett beeinflussen die Klebereigenschaften positiv. Größere Fettzugaben hingegen setzen die Oberflächenspannung herab. Diese Teige haben dann ein geringeres Gashaltevermögen.

Margarine
Es wird meist Backmargarine verwendet. Sie dient der Mürbung und der Frischhaltung.

Eier
Die Beigabe von Dottern dient der Verbesserung des Geschmacks, der Mürbung und der Farbe der Gebäcke. Eiklar hingegen macht den Hefeteig strohig und trocken. Daher werden beim Hefeteig Dotter verwendet.

Salz
Es wirkt geschmacksverbessernd und kleberfestigend.

Vanille, Zitrone, Gewürze
Sie dienen zur harmonischen Abrundung des Geschmacks.

Rum (Alkohol)
Er wirkt geschmacksverbessernd. Bei in Fett gebackenen Hefeteigerzeugnissen wird durch das Verdampfen des Alkohols ein zu starkes Aufsaugen des Siedefettes verhindert.

Herführung und Herstellung

Indirekte Herführung (mit Dampfl)
Ein Dampfl kann grundsätzlich bei allen Hefeteigen verwendet werden (mit Ausnahme des Plunder- und Beugelteiges). Das Dampfl unterstützt die Hefe, damit sie rascher die Mindestgärleistung erlangt. Gedampflte Teige werden in kleineren Mengen hergeführt und rascher aufgearbeitet als Teige mit anderen Herführungsmethoden. Das Dampfl soll nie mit Salz und Fett in Berührung kommen, da sie die Gärtätigkeit der Hefe hemmen.

Herstellung des Dampfls

Flüssigkeit
1/3 der Rezeptmenge (38 °C)

Hefe

▼

aufschlämmen.

▼

*Mit **Mehl** in der gleichen Menge wie Flüssigkeit (1:1) mischen bzw. abschlagen.*

▼

DAMPFL

▼

*Mit **Mehl** zustauben und warm reifen lassen.*

Der Flüssigkeit kann etwas Zucker zugesetzt werden, um die Gärleistung zu beschleunigen.

Herstellung des Teiges

reifes Dampfl

restliche Flüssigkeit

übrige Zutaten
Mehl
Zucker
Eier
Salz
Aromen
geschmeidiges Fett

▼

vermischen.

▼

So lange kneten und glatt arbeiten, bis sich der Teig von der Kesselwand oder Arbeitsplatte löst.

▼

TEIG

Direkte Herführung (ohne Dampfl)

Durch die direkte Herführung des Teiges wird die Entwicklung der Hefe verlangsamt. Dadurch ist es möglich, größere Mengen in einem Arbeitsgang zu bewältigen (Rationalisierung).

Herstellung

- In der erwärmten Flüssigkeit (38 °C) die Hefe aufschlämmen und alle übrigen Zutaten beimischen.
- So lange kneten und glatt arbeiten, bis sich der Teig von der Kesselwand oder Arbeitsplatte löst.

Böhmische oder kalte Herführung

Sie wird bei Beugel- und Plunderteigen angewendet.

Herstellung

Die Zutaten werden mit kalter Flüssigkeit vermischt, damit

- die **Beugel** ihren Trieb erst beim Backprozess entfalten,
- sich die Schichten beim **Plunderteig** besser bilden können.

Direkte Herführung (mit Convenience-Produkten)

Bei der Herstellung müssen die Angaben des Herstellers beachtet werden.

Mischen, Kneten, Rühren

Unter **Mischen** versteht man das Vermischen der Zutaten bis zur Knetstufe. Es ist zu beachten, dass jeder Hefeteig beim Mischen durch Zugabe von Mehl oder Flüssigkeit die richtige Festigkeit erhalten muss.

Kneten beeinflusst die Kleberbildung und die Elastizität und bewirkt somit die endgültige Teigbildung.

Der Knetvorgang ist beendet, wenn sich der Teig von der Kesselwand oder Arbeitsplatte löst.
Die Herstellung der Teige kann durch Kneten mit der Hand oder mit der Maschine erfolgen.

- Fettarme Hefeteige werden stärker geknetet, um das Gashaltevermögen des Klebers zu stärken.
- Fettreiche Hefeteige dürfen nicht so intensiv geknetet werden, um den Kleber nicht zu stark zu beeinflussen.

Gerührte Hefeteige werden nicht geknetet, sondern der Abtrieb wird mit dem Dampfl, dem restlichen Mehl und der restlichen Schüttflüssigkeit glatt verrührt.

Teigruhe

Sie ist notwendig, damit

- der Teig nachquellen kann,
- sich der Kleber entspannen kann,
- sich genügend Lockerungsgase bilden können und
- die Hefe seine volle Triebkraft erlangt.

Durch die Hefetätigkeit ist mit einem Gärverlust von 1 bis 2 % des Teiggewichtes zu rechnen.

Aufarbeitung

Sie erfolgt nach der Teigruhe bis zur Stückgare.

- **Zusammenstoßen:** Dadurch wird den Hefezellen frische Nahrung zugeführt. Die Poren werden verkleinert.
- **Teigteilung:** Entsprechend den Produkten den Teig auswiegen, teilen und schleifen.
- **Formgebung:** Sie erfolgt durch Ausrollen, Schneiden, Rundschleifen sowie Füllen, Einschlagen oder Einrollen.
- **Bestreichen mit Ei:** Damit wird eine Hautbildung verhindert. Die Erzeugnisse bräunen und glänzen besser.
- **Stückgare** (Endgare): Sie erfolgt vor dem Backen im Gärschrank und bewirkt, dass die Hefe die volle Gärleistung erreicht und die zur Lockerung notwendige Gasmenge bildet. Dadurch erhalten die Teigstücke zwei Drittel ihres endgültigen Volumens. Das Feststellen des Gärstandes bzw. Widerstandes erfolgt durch Abtasten der Oberfläche mit den Fingerspitzen.

Starker Widerstand – Druckstelle verschwindet	**Geringer Widerstand –** Druckstelle sichtbar
Teigstücke sind noch nicht reif.	Teigstücke sind überreif.
Gare fortsetzen.	Teigstücke sofort heiß backen.

Der richtige Gärstand (Gärtoleranz) ist erreicht, wenn zu Beginn des Backprozesses noch ein Nachtrieb (Ofentrieb) möglich ist.

Backen

Beim Wegsetzen von Gebäcken auf das Backblech Abstand halten,

- um ein Zusammenbacken zu vermeiden,
- um eine Seitenkruste zu erreichen.

Je nach Art der Backwaren werden sie vor dem Backen bestrichen, bestreut, gestupft oder geschnitten.

Auf die richtige Ofentemperatur, den Schwaden und die Backdauer ist zu achten.

- Der Ofentrieb kann sich dadurch entwickeln.
- Der Schwaden verhindert eine zu rasche Verfestigung der Gebäcksoberfläche.
- Temperatur und Backdauer dem Gebäck entsprechend anpassen, um ein Austrocknen zu vermeiden.

Grundsätzlich rechnet man mit einem Backverlust von 9 bis 14 % des Teiggewichts je nach Größe und Art des Gebäcks.

Ausfertigung (Dekor)

Sie erfolgt auf verschiedene Arten, zB aprikotieren, glasieren, belegen, schneiden.

Rezepte

Leichter Hefeteig

500 g	Milch
60 g	Hefe
1000 g	Mehl
100 g	Zucker
60 g	Dotter (3)
10 g	Salz
	Vanille, Zitrone
100 g	Butter

Die leichten Hefeteige enthalten 10–12 % Zucker und 10–12 % Fett auf 1 kg Mehl.

Die **Herstellung** dieses Teiges erfolgt direkt (ohne Dampfl) oder indirekt (mit Dampfl).

Golatschen

36 Stück
Ofentemperatur: 200 °C, Backzeit: ca. 15 Minuten

Aufarbeitung

- Teig ca. 5 mm dünn und 60 x 60 cm groß ausrollen. Vor dem Schneiden entspannen lassen.
- Quadrate (10 x 10 cm) schneiden. In der Mitte der Quadrate Topfenfülle (siehe Kap. IV / 7.5) aufdressieren.
- Ecken mit Ei bestreichen und in der Mitte übereinander legen. Um ein Öffnen der Spitzen während

des Backens zu vermeiden, in der Mitte ein kleines Teigstück aufsetzen. Geformte Teiglinge auf ein mit Backtrennpapier belegtes Blech wegsetzen.
- Auf Gare geben. Wenn die Gare keine Schwadeneinrichtung hat, dann die Teiglinge vorher mit Wasser oder Ei bestreichen.

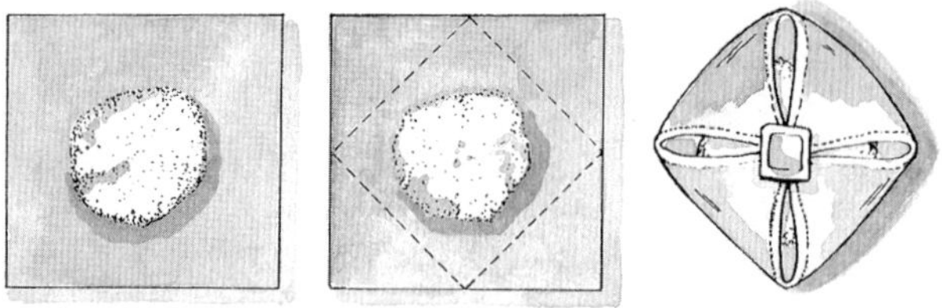

Nusskipferln

36 Stück
Ofentemperatur: 200 °C, Backzeit: ca. 15 Minuten

Aufarbeitung
- Teig ca. 5 mm dünn ausrollen. Vor dem Schneiden entspannen lassen.
- Dreiecke (12 x 17 cm) schneiden. Entlang des kürzeren Randes Nussfülle (siehe Kap. IV / 7.2) aufdressieren.
- Die seitlichen Teigenden über die Füllung schlagen und zur Spitze hin straff einrollen. Geformte Teiglinge auf ein mit Backtrennpapier belegtes Blech wegsetzen.

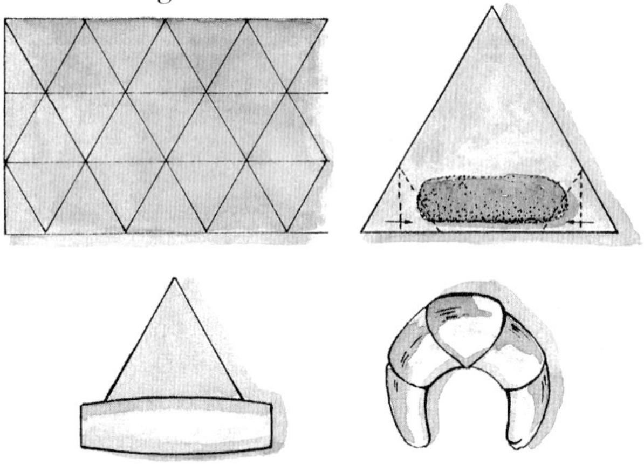

Ausfertigung
- Mit Puderzucker anzuckern oder
- aprikotieren und mit Fondant dünn glasieren.

Varianten ergeben sich
- durch andere Füllungen, wie zB Franchipan, Mohn, Schokolade, und
- die Möglichkeit, den gerollten Teigling nicht gebogen, sondern gerade (Stangerlform) wegzusetzen.

Schnecken

36 Stück
Ofentemperatur: 200 °C, Backzeit: ca. 15 Minuten

Aufarbeitung
- Teig ca. 5 mm dünn und 72 x 40 cm groß ausrollen. Für Nuss-Streufüllung (siehe Kap. IV / 7.2) Teig mit flüssiger Butter bestreichen.
- Nussfülle aufstreuen, leicht andrücken und einrollen. Oder gekochte Nussfülle (siehe Kap. IV / 7.2) auf die gesamte Teigoberfläche aufstreichen und einrollen.
- Teigrolle in 2 cm breite Stücke schneiden. Auf ein mit Backtrennpapier belegtes Blech wegsetzen und das Ende der Teigrolle unter den Teigling ziehen.

Ausfertigung
- Mit Puderzucker anzuckern oder
- aprikotieren und mit Fondant dünn glasieren oder
- mit Gelee abglänzen.

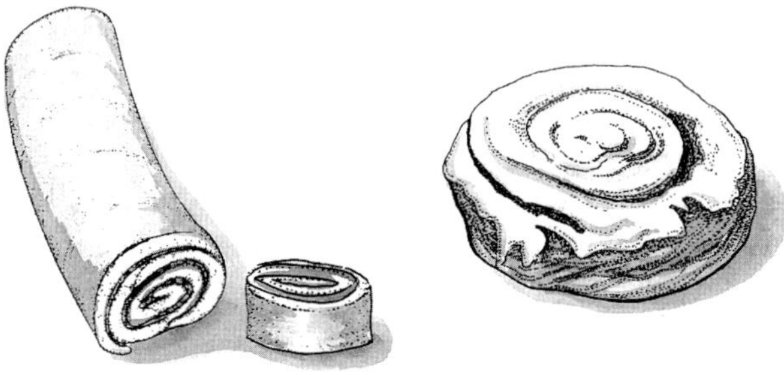

Mohn- oder Nuss-Strudel

9 Stück à 200 g TE
Ofentemperatur: 190 °C, Backzeit: 20 bis 30 Minuten

Aufarbeitung
- Teigstücke rund formen und zugedeckt rasten lassen.
- Viereckig 4 mm dünn ausrollen und mit je 200 g gekochter Nuss- oder Mohnfülle (siehe Kap. IV / 7.2 und 7.3) gleichmäßig bestreichen.
- Einrollen und auf ein mit Backtrennpapier belegtes Blech (Schluss nach unten) wegsetzen.
- Nach der Gare mit Ei bestreichen, gut stupfen und bei offenem Zug backen.

Putitzen

8 Wannenformen à 25 x 10 x 7,5 cm, TE à 230 g
Ofentemperatur: 180 °C, Backzeit: ca. 45 Minuten

Aufarbeitung
- Bis zum Einrollen wie Mohn- oder Nuss-Strudel behandeln.
- Putitzen in gleicher Rollenstärke beiderseits von außen nach innen bis zur Mitte einrollen. In

befettete Wannenformen einlegen (Schluss nach oben).
- Nach dem Backen stürzen und umdrehen.

Marillen- und Zwetschkenfleck

54 Stück, Blechgröße 65 x 53 cm
Ofentemperatur: 200 °C, Backzeit: ca. 20 Minuten

Aufarbeitung
- Teig in der Größe des Backbleches ca. 5 mm dünn ausrollen und auf ein mit Backtrennpapier belegtes Blech wegsetzen.
- Teig mit flüssigem Fett bestreichen, reichlich stupfen und mit Nuss-Streufüllung (siehe Kap. IV / 7.2) bestreuen.
- Mit entkernten, eingeschnittenen Marillen- oder Zwetschkenhälften belegen und mit Streuseln (siehe Kap. IV / 7.1) bestreuen.
- Auf Halbgare (27 bis 30 °C) geben. Ohne Schwaden bei offenem Zug backen.

Ausfertigung
- Noch heiß mit einer Zimt-Puderzucker-Mischung bestreuen oder gelieren.

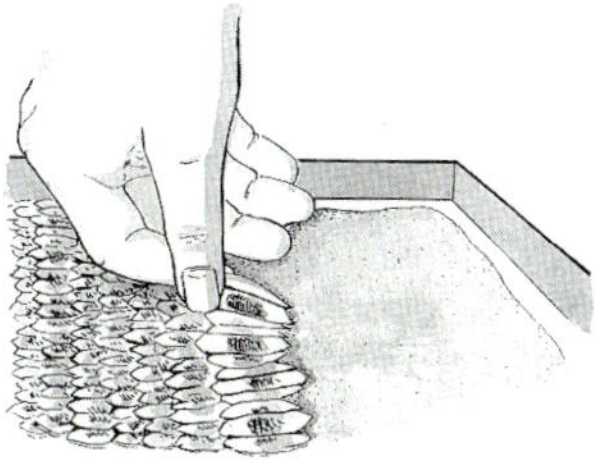

Zwieback

6 Wecken à 50 cm, TE à 300 g oder 12 Wannenformen à 25 x 10 x 7,5 cm, TE à 150 g
Ofentemperatur: Wecken 200 °C, Formen 180 °C
Backzeit: Wecken 20 Minuten, Formen 30 Minuten

Aufarbeitung
- Teigstücke zu Wecken formen. Wegsetzen oder in Formen geben.
- Bei 25 °C ca. 20 Minuten auf Gare stellen. Die knappe Gare bewirkt eine feine Porung und verhindert nach dem Bähen ein zu starkes Splittern der Krume.
- Vor dem Backen mit Ei bestreichen und stupfen.
- Nach dem Backen und weiteren 24 Stunden Wecken in dünne Scheiben schneiden. Eventuell in Vanillezucker wälzen.
- Auf Gitter legen und bei 150 °C beiderseits goldbraun rösten (bähen).

Mittelschwere oder feine Hefeteige

Sie enthalten 15 bis 20 % Zucker und 15 bis 20 % Fett auf 1 kg Mehl.

Die **Herstellung** der folgenden Rezepte erfolgt in der Regel indirekt (mit Dampfl).

Buchteln

50 Stück à 40 g TE
Ofentemperatur: 180 °C, Backzeit: ca. 30 Minuten

400 g	Milch
100 g	Hefe
1000 g	Mehl
150 g	Zucker
100 g	Eier (2)
40 g	Dotter (2)
15 g	Salz
20 g	Rum
	Zitrone
170 g	Butter oder Margarine

Herstellung
- Teig intensiv schlagen, sodass er weich und glatt ist.

Aufarbeitung
- Teig teilen und schleifen oder ausrollen und ausstechen. Mit Powidl- oder Marillenkonfitüre, Topfen- oder Mohnfülle (siehe Kap. IV / 7.5 oder 7.3) füllen.
- Teigstücke in flüssiges Fett tauchen und mit dem Schluss nach unten eng aneinander in Wannenformen setzen.
- Auf Gare stellen und mit Schwaden backen.

Ausfertigung
- Nach dem Backen stürzen, umdrehen und eventuell anzuckern.

Anmerkung
- Kleine Buchteln (Ø ca. 3 cm) werden als Dukatenbuchteln bezeichnet und mit warmer Vanillesauce serviert.

Bienenstich

1 Kapsel 35 x 35 cm
Ofentemperatur: 200 °C, Backzeit: ca. 30 Minuten

200 g	Milch
30 g	Hefe
500 g	Mehl
60 g	Zucker
100 g	Eier (2)
7 g	Salz
	Zitrone
100 g	Butter

Guss:	
80 g	Butter
80 g	Zucker
30 g	Honig
50 g	Milch
150 g	weiße Mandeln (gehobelt)
Vanillecreme:	
1000 g	Milch
100 g	Zucker
1	Vanilleschote
120 g	Cremepulver
60 g	Dotter (3)
Schnee:	
120 g	Eiklar (4)
200 g	Zucker

Aufarbeitung
- Teig auf Kapselgröße ausrollen.
- Butter, Zucker, Honig und Milch zum Faden kochen und am Schluss die Mandeln unterheben. Guss noch heiß auf den ausgerollten Teig streichen.
- 15 Minuten bei 30 °C auf Gare stellen.

Ausfertigung
- Nach dem Backen auskühlen lassen und den Teig in der Mitte horizontal durchschneiden.
- Für die Creme drei Viertel der Milchmenge mit Zucker und Vanilleschote aufkochen. Restliche Milch mit Cremepulver und Dotter glattrühren, einrühren und abziehen. Schnee aus Eiklar und Zucker unterziehen und auf die untere Teighälfte auftragen.
- Die bereits in 5 x 7 cm große Stücke geschnittene obere Teighälfte auflegen, kühlen und ganz durchschneiden.

Brioches

50 Stück à 40 g TE
Ofentemperatur: 190 bis 200 °C
Backzeit: 15 bis 20 Minuten

ca. 400 g	Milch
60 g	Hefe
1000 g	Mehl
150 g	Zucker
50 g	Eier (1)
120 g	Dotter (6)
15 g	Salz
15 g	Rum
	Vanille, Zitrone
180 g	Butter
Streiche:	
100 g	Eier (2)
80 g	Dotter (4)

Aufarbeitung
- Nach dem Mischen und Kneten 20 Minuten Teigruhe. Zusammenstoßen, teilen und rundschleifen. Nochmals 10 Minuten rasten lassen.
- Zu kleinem Stückgebäck oder größeren Striezeln aufarbeiten und auf mit Backtrennpapier belegte Bleche wegsetzen.
- Auf Gare geben. Nach 3/4-Gare mit Ei bestreichen und eventuell mit Hagelzucker bestreuen. Bei offenem Zug ohne Schwaden backen.

Laut Codexbestimmungen enthalten sie mindestens 4 Dotter auf 1 kg Mehl.

Stückgebäck

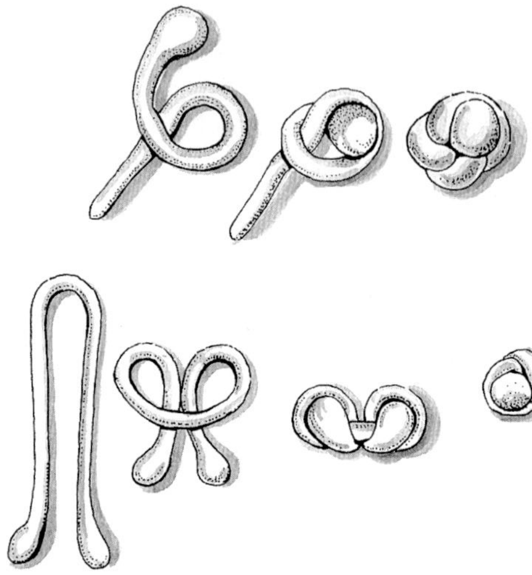

Striezel

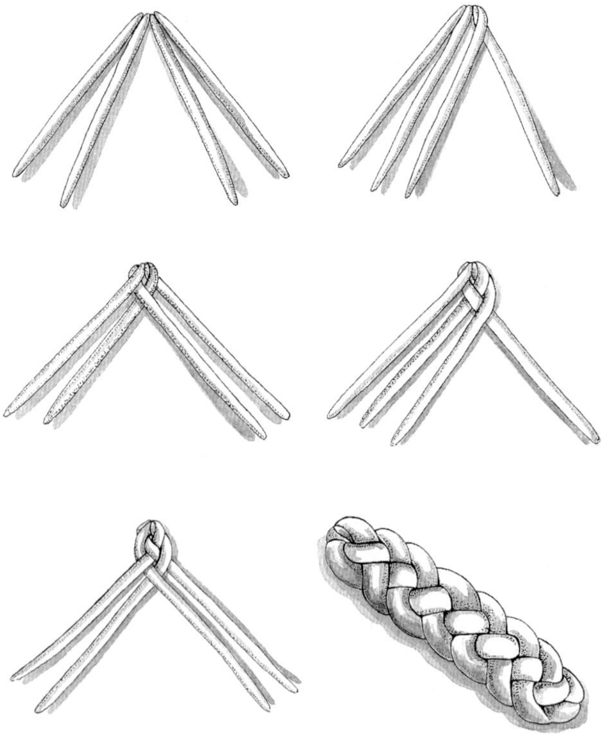

Pinzen

6 Stück à 300 g TE
Ofentemperatur: 190 °C, Backzeit: 20 bis 30 Minuten

Ansetzen:	
150 g	Wermut
5 g	Anis
Teig:	
210 g	Milch
120 g	Hefe
1000 g	Mehl
160 g	Zucker
160 g	Dotter (8)
10 g	Salz
	Vanille, Zitrone
220 g	Butter
Streiche:	
40 g	Dotter (2)
50 g	Ei (1)

Aufarbeitung

- Anis in Wermut über Nacht ansetzen. Anis abseihen und den Wermut bei der Teigbereitung zusetzen.
- Teigruhe von 15 Minuten nach dem Mischen und Kneten. Zusammenstoßen und wieder 15 Minuten Teigruhe.
- Auswiegen, rundwirken und auf mit Backtrennpapier belegte Backbleche wegsetzen. Mit Streiche bestreichen und bei 20 bis 25 °C garen und trocknen lassen.
- Ein zweites Mal streichen und weiter trocknen lassen. Nach 3/4-Gare mit einer befeuchteten oder in Öl getauchten Schere bis zur halben Tiefe dreimal symmetrisch einschneiden.
- Ohne Schwaden backen, nach halber Backzeit bei offenem Zug fertig backen. Beim Backen sollen die Schnitte auseinander klaffen.

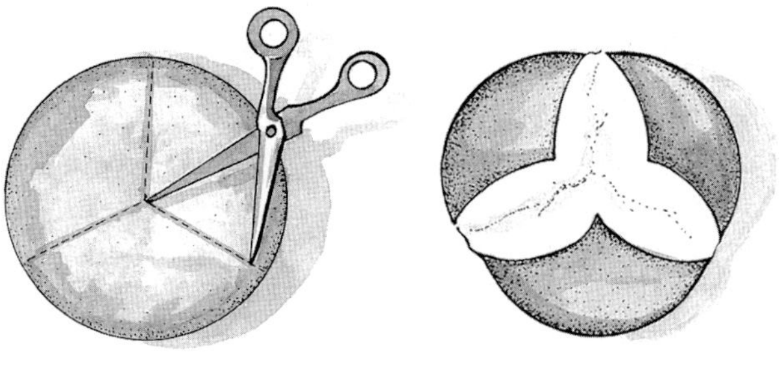

Faschingskrapfen

Laut Codexbestimmungen werden sie aus feinem Hefeteig hergestellt, der mindestens 6 Dotter auf 1 kg Mehl enthält.
Die Füllung besteht aus mindestens 15 % Marilleneinfruchtkonfitüre. Bei der Verwendung von anderen Füllungen sind diese dementsprechend zu bezeichnen. Butterkrapfen müssen in Butterschmalz gebacken werden.

Qualitätsmerkmale

- **Geschmack:** nicht fettintensiv, aromatisch, kein kratzender Nachgeschmack.
- **Krume:** feinporig, gut aufgelockert, saftig und kurz im Biss.
- **Kruste:** gleichmäßige Bräune, ungebräunte, stabile und helle Randzone.
- **Form:** gleichmäßig vergrößerte, glatte Oberfläche.

Krapfen können auch mit Vollkornmehl hergestellt werden. Gefüllt werden sie nicht nur mit Marillenkonfitüre, sondern auch mit Vanillecreme, Erdbeerkonfitüre oder Powidl.

Zusammengesetzte Krapfen (klassische Art)

44 Stück à Ø 6 cm
Siedefett-Temperatur: 160 bis 170 °C

400 g	Milch
70 g	Hefe
1000 g	Mehl
200 g	Dotter (10)
100 g	Zucker
10 g	Salz
	Vanille, Zitrone
100 g	Butter
20 g	Rum
Füllen und Bestreuen:	
440 g	Marillenkonfitüre
	Puderzucker

Herstellung

- Dampfl herstellen.
- Dotter, Zucker, Salz, Vanille und Zitrone warm aufschlagen.
- Restliche warme Milch, weiche Butter, Rum, reifes Dampfl und restliches vorgewärmtes Mehl zu einem seidigen, weichen Teig abschlagen.
- Zugedeckt 15 Minuten gehen lassen. Ein- bis zweimal zusammenstoßen und aufarbeiten.

Aufarbeitung

- Teig ca. 1 cm dick ausrollen. Mit einem Ausstecher (Ø 6–7 cm) auf einer Hälfte des ausgerollten Teiges Ringe markieren. In die Mitte dieser Ringe die Konfitüre setzen.
- Mit dem nächstgrößeren Ausstecher aus der zweiten Teighälfte runde Teile ausstechen. Diese über die markierten Ringe legen und am Rand entlang mit zwei Fingern festdrücken.
- Mit dem kleineren Ausstecher ausstechen. Krapfen auf ein mit Mehl bestaubtes Tuch wegsetzen. Mit einem zweiten Tuch abdecken und in den Gärschrank geben. Die Krapfen sollen sich um ein Drittel bis maximal um die Hälfte vergrößern.

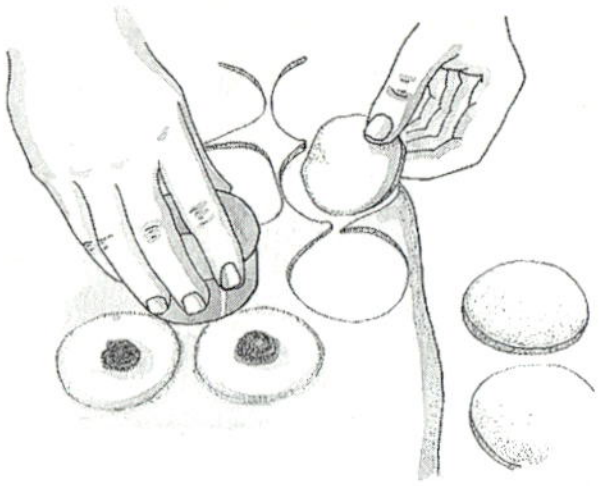

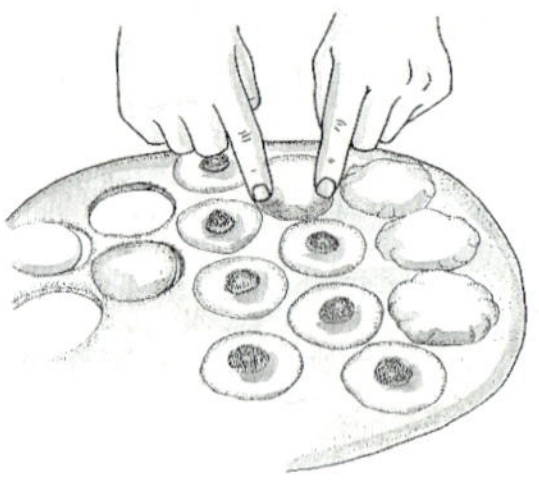

Backen

- Teiglinge mit 3/4-Gare backen.
- Mit der Oberfläche nach unten in das heiße Siedefett einlegen.
- Bis zum Wenden ca. 3 Minuten zugedeckt backen, um eine zu rasche Hautbildung zu vermeiden.
- Nach dem Wenden offen fertig backen (ca. 2 Minuten).
- Nach ausreichender Bräunung können die Krapfen nochmals zurückgedreht und für kurze Zeit untergetaucht werden (Stabilisierung der hellen Randzone).
- Nach dem Backen gut abtropfen lassen.

Anmerkung

- Bei dieser Methode kann nur in kleineren Teigmengen gearbeitet werden (maximale Mehlmenge 2 kg).

Ausgestochene Krapfen

- Rezept, Herstellung und Backen wie zusammengesetzte Krapfen.
- Bei der Aufarbeitung wird der Teig doppelt so dick ausgerollt, ausgestochen (Ø 6 cm) und erst nach dem Backen gefüllt.

Geschliffene Krapfen

50 Stück à 40 g TE
Siedefett-Temperatur: 160 bis 170 °C

250 g	Milch
70 g	Germ
1000 g	Mehl
150 g	Eier (3)
140 g	Dotter (7)
120 g	Zucker
20 g	Salz
	Zitrone
10 g	Rum
240 g	Butter
Füllen und Bestreuen:	
500 g	Marillenkonfitüre
	Puderzucker

Herstellung

- Dampfl herstellen.
- Eier, Dotter, Zucker, Salz, Zitrone und Rum in der restlichen Milch auf ca. 30 °C erwärmen. Mit dem restlichen Mehl und dem reifen Dampfl locker mischen. Die weiche Butter beigeben und zu einem geschmeidigen Teig verarbeiten.
- Zugedeckt 15 Minuten gehen lassen, zusammenstoßen und aufarbeiten.

Aufarbeitung

Diese Aufarbeitungsmethode erfordert einen etwas festeren Teig. Durch das maschinelle Teilen und Schleifen des Teiges wird es möglich, größere Teigmengen in einem Arbeitsgang zu verarbeiten. Man kann die Teigstücke auch mit der Hand zu Kugeln schleifen.

- Krapfen auf ein mit Mehl bestaubtes Tuch wegsetzen, flachdrücken und mit einem zweiten Tuch abdecken. In den Gärschrank geben.
- Backen wie zusammengesetzte Krapfen.
- Krapfen nach dem Backen füllen.

Bayrische KüchERLn

Das sind Krapfen, denen vor dem Backen ein Loch eingedrückt wird. Nach dem Backen das Loch mit Konfitüre füllen.

Bojars

Das sind oval geformte Krapfen, die mit Powidl gefüllt und mit Fondant (siehe Kap. IV / 8.1 Glasuren) glasiert werden.

Schwere Hefeteige

Sie enthalten 7,5 bis 15 % Zucker und 30 bis 50 % Fett auf 1 kg Mehl.

Zum Unterschied von anderen Hefeteigen ist der Anteil des Fettes besonders hoch. Durch seine weiche Konsistenz wird der Teig meist in Formen gebacken.

Die **Herstellung** des Teiges erfolgt direkt (ohne Dampfl) oder indirekt (mit Dampfl).

Der schwere Hefeteig wird **gerührt** oder **geknetet**.

Herstellung des gerührten Teiges

Dampfl	Abtrieb aus
	Butter Zucker Salz Aromen Eiern Dotter Rum

▼

***Restmehl** und **Restflüssigkeit** zugeben und zu einem glatten Teig verrühren.*

▼

eventuelle Zutaten wie Sultaninen uA vorsichtig untermischen.

▼

DICKFLÜSSIGER TEIG

Wiener Gugelhupf

3 Formen à Ø 20 cm
Ofentemperatur: 170 bis 180 °C
Backzeit: 45 bis 50 Minuten

90 g	Hefe
450 g	Butter
300 g	Zucker
15 g	Salz
	Vanille, Zitrone
150 g	Eier (3)
240 g	Dotter (12)
10 g	Rum
900 g	Mehl
400 g	Milch
150 g	Sultaninen (gewaschen)
Dekor:	
	weiße Mandeln (halbiert)

Die **Herstellung** erfolgt indirekt (mit Dampfl). Der Teig wird **gerührt**.

Aufarbeitung

- Rillen der befetteten, bestaubten Form mit Mandeln auslegen und Teig einfüllen.
- Langsame, etwas feuchte Stückgare (70 % Luftfeuchtigkeit) bei 27 bis 32 °C bis zur Halbgare. (Bei voller Gare würden die Formen überlaufen.)
- Eine zu starke Gare bewirkt eine große Porenbildung, die das Austrocknen des Gebäcks begünstigt.

Savarins, Babas aux rhum

62 Ringformen à Ø 8 cm oder 100 Törtchenformen à Ø 6 cm
Ofentemperatur: 200 °C, Backzeit: ca. 15 Minuten

80 g	Hefe
300 g	Butter
200 g	Zucker
10 g	Salz
	Vanille, Zitrone
120 g	Dotter (6)
1000 g	Mehl
750 g	Milch
Tränke:	
500 g	Orangensaft
250 g	Wasser
200 g	Zucker
	Rum, Zitronensaft

Die **Herstellung** erfolgt indirekt (mit Dampfl). Der Teig wird **gerührt**.

Aufarbeitung

- Teig in befettete, bestaubte Formen bis zur Hälfte einfüllen.
- Langsame, feuchte Stückgare bei 27 bis 32 °C bis zur Halbgare. Bei voller Gare würden die Formen überlaufen.

Ausfertigung

- Tränke zubereiten (ca. 18 °Bé). Ausgekühlte Savarins oder Babas in der heißen Tränke gut durchtränken.
- **Savarins** auf einem Teller anrichten und mit Fruchtsalat, Vanilleeis und geschlagenem Obers garnieren.
- **Babas** aprikotieren, mit Fondant dünn glasieren und in Dessertkapseln wegsetzen.

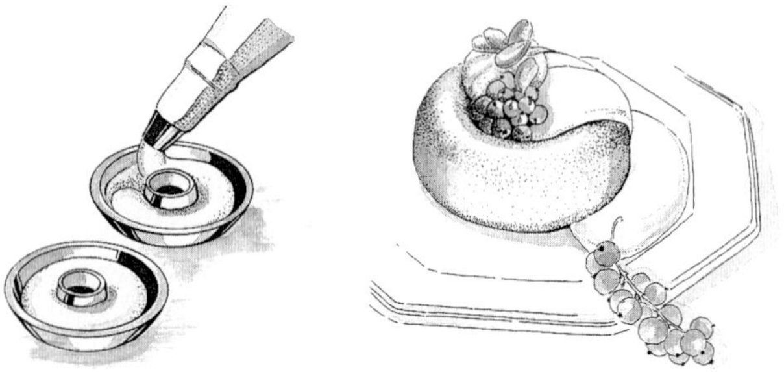

Weihnachtsstollen

6 Stollen à 535 g TE
Ofentemperatur: 200 bis 210 °C
Backzeit: 30 bis 40 Minuten

Früchtemischung:	
200 g	weiße Mandeln (gestiftelt)
300 g	Sultaninen
160 g	Zitronat (würfelig)
160 g	Aranzini (würfelig)
200 g	Rum
Teig:	
250 g	Milch
120 g	Hefe
1000 g	Mehl
120 g	Zucker
120 g	Dotter (6)
20 g	Salz
	Schale einer halben Zitrone (gerieben)
	Stollengewürz
500 g	Butter
Bestreichen und Bestreuen:	
	Butter (flüssig)
	vanillierter Zucker
	Puderzucker

Die **Herstellung** erfolgt indirekt (mit Dampfl) oder direkt (ohne Dampfl). Der Teig wird **geknetet**.

Aufarbeitung

- Früchte über Nacht in Rum beizen.
- Nach einer Teigruhe von 30 Minuten Früchte in den Teig vorsichtig einschlagen.
- Teig auswiegen, Kugeln schleifen und lang formen. 10 Minuten zugedeckt rasten lassen.
- Mit dem Vorlängeholz eindrücken, etwas ausrollen, übereinander schlagen und andrücken. Auf mit Backtrennpapier belegte Bleche wegsetzen.
- Kalte Gare (24 bis 26 °C), ca. 10 bis 15 Minuten bei Verwendung von Butter.

Ausfertigung

- Heißen Stollen mit flüssiger Butter oder Butterschmalz bestreichen oder darin eintauchen. In vanilliertem Zucker wälzen (Zuckerkruste).
- Nach dem Auskühlen nochmals anzuckern.

Anmerkungen

- Stollen gehören zu den traditionellen Backwaren der Advent- und Weihnachtszeit.
- Werden Stollen in Formen hergestellt, ist die Erzeugung rascher und unkomplizierter. Allerdings bilden sie beim Backen eine weichere Kruste und haben daher eine atypische Form und eine kürzere Lagerzeit.

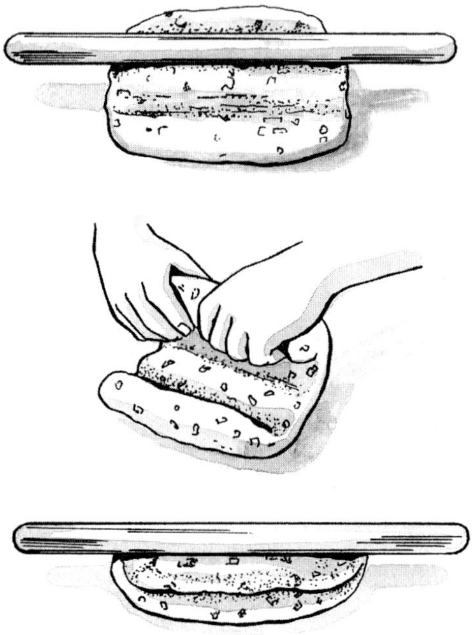

Mohn- oder Nussbeugel

48 Stück à 40 g TE
Ofentemperatur: 200 °C, Backzeit: 20 Minuten

300 g	Milch
60 g	Hefe
1000 g	Mehl
120 g	Zucker
40 g	Dotter (2)
10 g	Salz
	Vanille, Zitrone
400 g	Butter
Streiche:	
40 g	Dotter (2)
50 g	Ei (1)

Die **Herstellung** erfolgt direkt (ohne Dampfl) und kalt. Der Teig wird **geknetet**.

Aufarbeitung

- Festen Teig nach dem Mischen und Kneten in Stücke teilen. Zu Kugeln schleifen und kurz rasten lassen.
- Oval ausrollen und je 50 g Nuss- oder Mohnfülle (siehe Kap. IV / 7.2 oder 7.3) auflegen oder aufdressieren. Den Teig straff darüber ziehen, andrücken und zigarrenförmig rollen.
- In Beugelform auf ein mit Backtrennpapier belegtes Blech mit dem Schluss nach unten wegsetzen. Mit Dotter bestreichen.
- Abtrocknen lassen und mit ganzen Eiern bestreichen. Wieder abtrocknen lassen. Das Trocknen der Streiche bewirkt das Reißen beim Backen, daher ohne Schwaden backen.

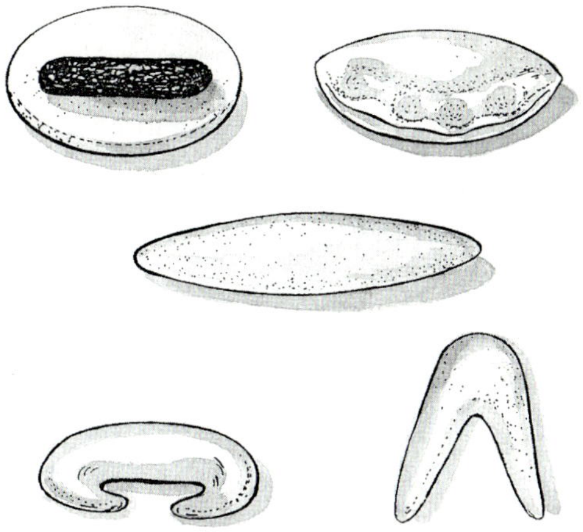

Nussbeugel Mohnbeugel

Gebäckfehlertabelle

Gebäckfehler	**Ursache und Erklärung**
Gebäckstücke sind zu klein.	Zu kalte Zutaten, zu kühle Herführung, zu geringe Rastzeiten oder zu wenig Gare.
Strudel und Putitzen sind eingefallen oder rindhohl.	Zu viel Gare, zu weiche Fülle, zu wenig gestupft oder zu kurze Backzeit.
Briochegebäck ist zu blass.	Zu wenig Dotter in der Streiche oder zu wenig gebacken.
Faschingskrapfen sind zu klein.	Zu wenig Gare, Hautbildung während der Gare oder zu heiß gebacken.
Faschingskrapfen haben eine faltige Oberfläche.	Zu kalt gebacken, zu kurz gebacken oder zu wenig gewendet.
Faschingskrapfen haben keinen schönen Rand und sind zu flach.	Zu viel Gare, zu heiß und zu kurz gebacken.
Wiener Gugelhupf ist zu fest, zu schwer oder zu speckig.	Zu lange gerührt, zu wenig Gare oder zu wenig gebacken.
Weihnachtsstollen hat zu graue Krume.	Die Früchte wurden zu intensiv eingeknetet.
Weihnachtsstollen schmeckt ranzig.	Nicht mit Butterfett, sondern mit Butter bestrichen. Zu lange, zu warm gelagert.
Beugel sind rindhohl oder reißen auf.	Fülle ist zu weich.
Der Schluss der Beugel ist sichtbar.	Sie wurden falsch weggesetzt.
Beugel haben einen sichtbaren weißen Rand.	Nicht exakt gestrichen.
Beugeloberfläche unschön gerissen.	Mit Schwaden gebacken oder nach dem Streichen zu wenig getrocknet.

4.2 Plunderteige

Laut Codexbestimmungen zählt Plundergebäck zu den feinen Hefeteigbackwaren. Dem einfachen Hefeteig (Grundteig) werden mindestens 25 % Butter oder Speisefett pro kg Grundteig eingezogen. Dadurch sind Plundergebäcke zarter und mürber in ihrer Beschaffenheit.

Rezepte

Plunderteig für Plundergebäck

54 Stück à 12 x 12 cm
Ofentemperatur: 190 bis 200 °C
Backzeit: ca. 20 Minuten

Grundteig:	
450 g	Milch
80 g	Hefe
1000 g	Mehl
120 g	Zucker
120 g	Dotter (6)
15 g	Salz
	Vanille, Zitrone
120 g	Butter oder Margarine
Fettziegel:	
800 g	Butter oder Ziehmargarine
80 g	Mehl

Herstellung
- Die Herstellung des Grundteiges erfolgt direkt (ohne Dampfl) und kalt. Der Teig wird geknetet.
- Mittelfeste Konsistenz des Grundteiges und kurze, kühle Teigruhe.
- Fettziegel herstellen. Konsistenz soll gleich wie beim Teig sein.
- Butter soll bei ihrer Verarbeitung eine Temperatur von ca. 18 °C haben.

Fett einschlagen
- Grundteig eckig ausrollen.
- Fettziegel auf eine Hälfte des Teiges legen und den Teig darüber schlagen.
- Rechteckig, ca. 2 cm dick, ausrollen.

Technik des Tourierens siehe Kap. IV / 4.3 Butter- und Blätterteige.
- Anzahl der Touren: eine einfache und eine doppelte Tour. Ab 30 % eingezogenem Fett: eine einfache und zwei doppelte Touren oder mehr.
- Zu weiches Fett wird beim Tourieren aus dem Teig gedrückt.
- Zu festes Fett verteilt sich beim Tourieren ungleichmäßig und drückt sich durch die Teigschichten.

Mohnschleifen

Aufarbeitung
- Plunderteig ca. 3 mm dünn ausrollen und in 10 x 10 cm große Quadrate schneiden.
- Jedes Quadrat mit 15 bis 20 g gekochter Mohnfülle (siehe Kap. IV / 7.3) belegen, einschneiden, übereinander legen und auf mit Backtrennpapier belegte Bleche wegsetzen.

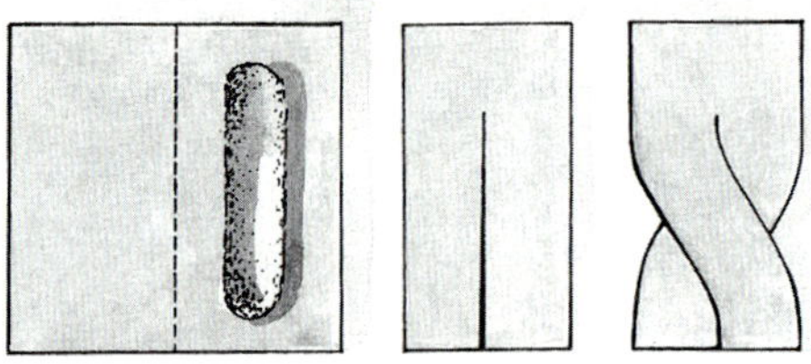

Nusskronen

Aufarbeitung
- Plunderteig ca. 3 mm dünn ausrollen und Quadrate (10 x 10 cm) schneiden.
- Jedes Quadrat mit 15 bis 20 g gekochter Nussfülle (siehe Kap. IV / 7.2) belegen, zusammenlegen und einschneiden.

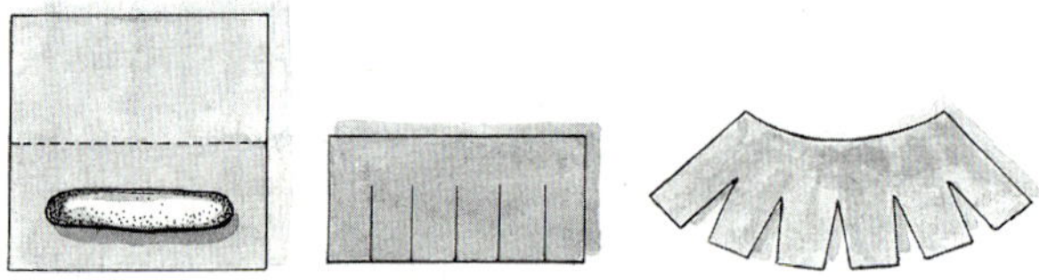

Marillenplunder

Aufarbeitung
- Plunderteig ca. 3 mm dünn ausrollen und Quadrate (10 x 10 cm) schneiden.
- Bei jedem Quadrat Spitzen zusammenlegen, 10 bis 15 g Topfenfülle (siehe Kap. IV / 7.5) und eine halbe Marille darauf geben.

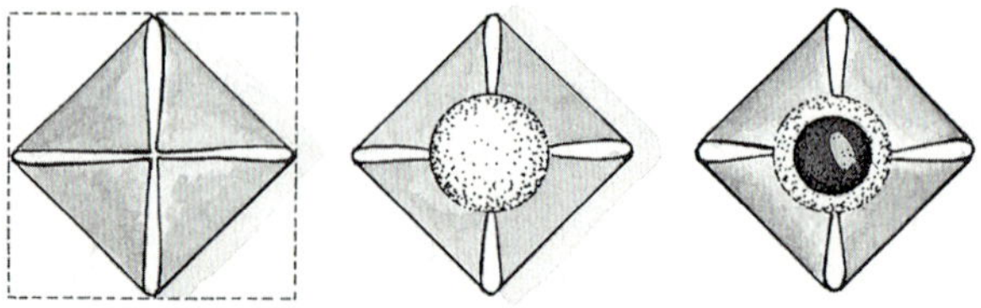

Croissants

Aufarbeitung
- Plunderteig 3 mm dünn ausrollen und in Dreiecke (12 x 20 cm) schneiden.
- An der kurzen Seite in der Mitte ca. 2 cm einschneiden, zu Kipferln formen und auf mit Backtrennpapier belegte Bleche wegsetzen.

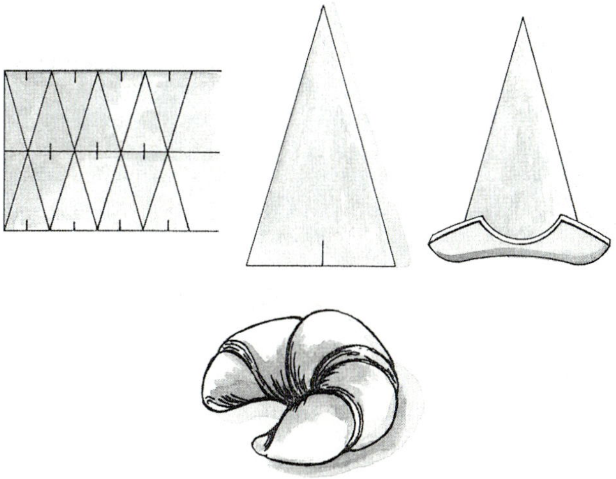

Lockerung der Plunderteiggebäcke
- Biologisch durch Hefe und
- physikalisch durch Wasserdampf, der sich beim Backen zwischen den Fettschichten bildet.

Stückgare
- Kühl, langsam und feucht bei 27 bis 32 °C. Bei höheren Temperaturen schmilzt das Fett und fließt aus.
- Die optimale Stückgare liegt bei geringem Fettgehalt bei 3/4-Gare und bei hohem Fettgehalt bei 1/2-Gare.

Ausfertigung
- Nach dem Backen bezuckern,
- aprikotieren und mit weißem Fondant dünn glasieren oder
- mit frischen Früchten belegen und gelieren.

Anmerkung
- Plundergebäck ist besonders gut zur Gärunterbrechung geeignet.

Gebäckfehlertabelle

Gebäckfehler	Ursache und Erklärung
Plundergebäcke haben zu kleines Volumen bzw. unschöne Blätterung.	Fehler beim Tourieren: zu dünn ausgerollt, zu stark aufgedrückt, Rastzeiten nicht eingehalten.
Plundergebäck ist splitterig und hart.	Zu warme und zu rasche Gare – Fett fließt aus.
Form des Plundergebäcks ist verzogen.	Vor der Aufarbeitung zu wenig Rastzeit oder zu kurze Gare.

4.3 Butter- und Blätterteige

Die Besonderheit dieser Teige liegt darin, dass in den Grundteig Fett eintouriert wird. Durch diese Technik entstehen Fett- und Teigschichten. Diese Schichten und die Hitze beim Backen (Wasserdampf entsteht) bewirken die Lockerung und die besondere Beschaffenheit des Teiges.

Laut Codexbestimmungen enthalten Blätterteige auf 1 kg Mehl mindestens 800 g Fett. Als Butterteig bezeichneter Blätterteig darf kein anderes Fett als Butter (Milchfett) enthalten. Wird Blätterteig als Blätterbutterteig bezeichnet, so besteht der Fettanteil mindestens zu zwei Dritteln aus Milchfett. Chemische Triebmittel dürfen nicht verwendet werden.

Arten	Herstellungstechnik
Deutscher Butter- und Blätterteig	Fettziegel in den Teig einschlagen.
Französischer Butter- und Blätterteig	Grundteig in den Fettziegel einschlagen.
Holländischer oder Blitzblätterteig	Fett in Flocken oder Würfeln in den Teig einarbeiten und tourieren.

Einfluss der Rohstoffe

Mehl
Es sollte von guter Kleberqualität (Type 700 glatt) sein, möglichst viel Flüssigkeit binden und eine hohe Elastizität des Teiges bewirken.

Wasser
Es bindet die Zutaten des Teiges und bildet zusammen mit dem im Mehl enthaltenen Eiweiß den Kleber.

Salz

Geringe Mengen wirken sich positiv auf das Kleberverhalten aus. Es bringt Geschmack und trägt zur Färbung der Backoberfläche bei.

Essig

Diese Säure unterstützt die Klebereiweißstoffe in ihrer Quellfähigkeit. Dadurch wird ein größeres Gebäcksvolumen erreicht.

Rum (Alkohol)

Er wirkt geschmacksverbessernd und fördert die Triebkraft.

Fett

Fett im **Grundteig** beeinflusst die Dehnbarkeit. Der Grundteig wird mürber und leichter zu bearbeiten. Durch das **Eintourieren** werden Schichten gebildet, die die Voraussetzung für die Lockerung sind.

- **Butter** muss kühl verarbeitet werden. Sie hat einen höheren Wassergehalt, wodurch das Eintourieren erschwert wird. Teige mit Butter sind nicht so schön gelockert, haben jedoch einen besseren Geschmack.
- **Ziehmargarine** ist ein Spezialfett zum Eintourieren in Teige und hat einen geringeren Wassergehalt; die Verarbeitung ist leichter, einfacher und bewirkt eine schönere Lockerung.

Herstellung

Deutscher Butter- oder Blätterteig

*In die Mitte des **Mehles** eine Mulde drücken und **Wasser, Salz, Essig oder Rum** daruntermischen. Mit Fett intensiv zu einem glatten Teig kneten.*

▼

Teig zu einer Kugel schleifen, kreuzförmig einschneiden und zugedeckt 20 bis 30 Minuten kühl rasten lassen.

▼

GRUNDTEIG
In Kreuzform ausrollen.

(parallel:)

***Fett** (Butter- oder Ziehmargarine) mit 5 bis 10 % **Mehl** zu einem Ziegel formen.*[1]

▼

FETTZIEGEL
Gleiche Konsistenz wie Grundteig

▼

Fettziegel in die Mitte des Grundteiges legen und mit den Teigenden straff einschlagen.

▼

Tourieren.

▼

***TEIG** kühl lagern.*

Einschlagen des Fettes

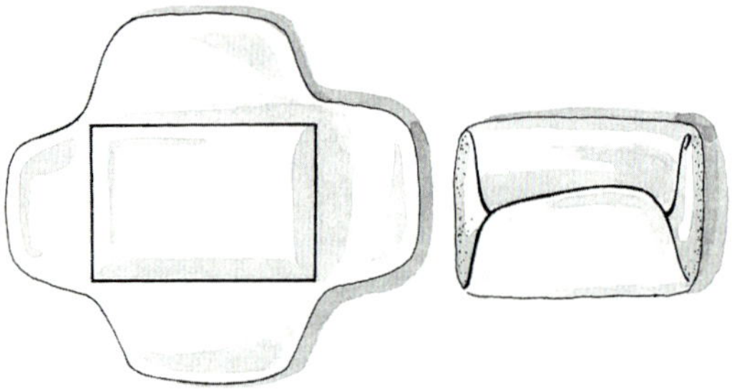

Technik des Tourierens

Einfache Tour

- Teig rechteckig ca. 2 cm dick ausrollen. Staubmehl abkehren.
- Den Teig in drei Lagen übereinander legen.
- Nach jeder einfachen Tour, zugedeckt 10 Minuten kühl rasten lassen.

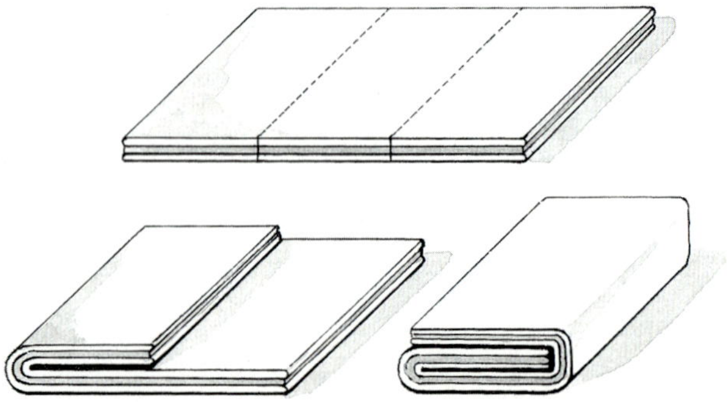

[1] Das eingearbeitete Mehl (Staubmehl) dient zur besseren Verarbeitung.

Doppelte Tour

- Teig ca. 2 cm dick in der Querrichtung zur vorhergegangenen Tour ausrollen. Staubmehl abkehren.
- Teig in vier Lagen gleichmäßig übereinanderlegen.
- Nach jeder doppelten Tour zugedeckt 20 Minuten kühl rasten lassen.

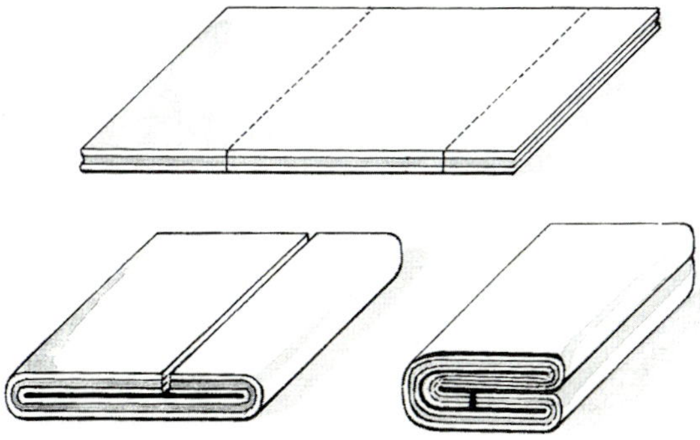

Der Standard sind zwei einfache und zwei doppelte Touren, die in folgender Reihenfolge durchgeführt werden:

- einfache Tour: dreimal einschlagen
- doppelte Tour: viermal einschlagen
- einfache Tour: dreimal einschlagen
- doppelte Tour: viermal einschlagen

Anmerkungen

- Beim Rollen des Teiges nicht zu stark aufdrücken, da sich sonst die Schichten verschieben.

Lockerung

Ab einer Temperatur von 100 °C verdampft das Wasser in den Teigschichten. Dadurch entsteht ein Innendruck, der die Teigschichten hebt. Die frisch gebildete Krume verfestigt sich und erhält die typische Struktur (physikalische Lockerung).

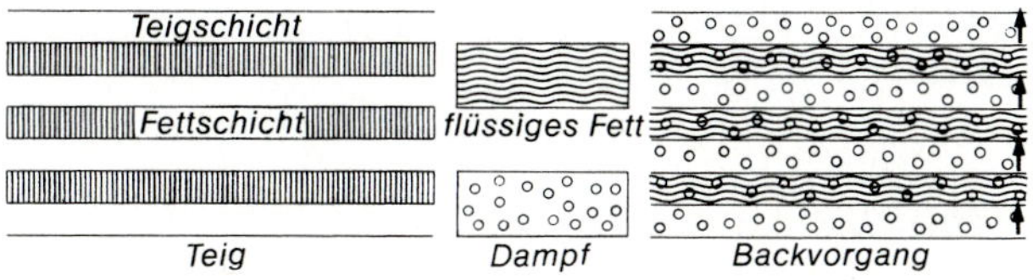

Aufarbeitung und Backen

- Nach der Rastzeit den Teig ca. 2 mm dünn ausrollen und für die verschiedenen Produkte weiterverarbeiten.
- Aufgearbeitete Teiglinge vor dem Backen 20 bis 30 Minuten rasten lassen.
- Wird auf Vorrat gearbeitet, ist ein Frosten der ungebackenen Produkte sehr gut möglich.
- Das Backen soll mit Schwaden erfolgen.

Ausfertigung

- Anzuckern oder
- aprikotieren und mit Fondant glasieren oder
- mit Gelee besprühen oder
- mit Obst belegen.

Französischer Butter- oder Blätterteig

Der Grundteig wird in den Fettziegel eingeschlagen. Das Fett ist außen. Daher muss besonders kühl gearbeitet werden.
Der Vorteil dieser Methode liegt darin, dass die Rastzeiten zwischen den Touren kürzer gehalten werden können. Sonst wird er wie der deutsche Butter- oder Blätterteig hergestellt.

Holländischer oder Blitzblätterteig

Fettflocken oder -würfel werden in den Grundteig eingearbeitet. Er ist daher rationeller in der Herstellung, blättert aber nicht so schön. Es muss sehr kühl gearbeitet werden.

Bei beiden Methoden kann sowohl mit Butter als auch mit Ziehmargarine gearbeitet werden.

Rezepte

Butterteig

Ofentemperatur: 200 bis 220 °C, Backzeit: je nach Erzeugnis 20 bis 30 Minuten

Grundteig:	
1000 g	Mehl
500 g	Wasser
15 g	Salz
10 g	Essig oder Rum
100 g	Butter
Butterziegel:	
800 g	Butter
80 g	Mehl

Kaffeegebäck

Siehe Kap. IV / 4.2 Plunderteig für Plundergebäck.

Cremeschnitten

ca. 60 Stück, 3 Cremeblätter à 750 g

Aufarbeitung

- Cremeblatt: Teig auf Blechgröße 52 x 36 cm ca. 2 mm dünn ausrollen.
- Auf ein mit Backtrennpapier belegtes Blech wegsetzen oder abrollen und gut stupfen. Etwa 20 Minuten rasten lassen. Mit Schwaden backen.

Vanillecremeschnitten

- Auf ein Cremeblatt heiße Vanillecreme (siehe Kap. IV / 6.2 Gekochte Cremen) ca. 2 cm hoch aufbringen. Cremeblatt auflegen.
- Wieder Vanillecreme aufbringen und mit einem dritten Cremeblatt, als Deckblatt mit der Unterseite nach oben, auflegen.
- Nach dem Auskühlen der Creme die Cremeschnitten anzuckern oder dünn aprikotieren und mit

weißem Fondant (siehe Kap. IV / 8.1 Glasuren) dünn glasieren.

Oberscremeschnitten
- Die Oberscreme (siehe Kap. IV / 8.3 Geschlagene Cremen) auf einem Cremeblatt ca. 3 bis 4 cm hoch aufbringen. Ein zweites Cremeblatt (Unterseite nach oben) auflegen.
- Anzuckern oder dünn aprikotieren und mit weißem Fondant (siehe Kap. IV / 8.1 Glasuren) dünn glasieren.
- Weicht der Cremegeschmack von Vanille ab, zB Kaffee-, Erdbeer- oder Schokoladeoberscreme, wird das Fondant dementsprechend abgeschmeckt.

Ausfertigung
- Nach dem Auskühlen oder Absteifen der Creme werden 4 x 7 cm große Schnitten geschnitten.

Schaumrollen
24 Stück

Aufarbeitung
- 750 g Teig ca. 2 mm dünn auf eine Größe von 60 x 30 cm ausrollen.
- In 2,5 cm breite Streifen schneiden und vorsichtig mit Wasser bestreichen.
- Auf Schaumrollenformen wickeln und mit Wasser oder Ei bestreichen.
- 20 bis 30 Minuten rasten lassen. Rollen nicht zu eng wegsetzen, um ein seitliches Durchbacken zu ermöglichen. Mit Schwaden backen.

Ausfertigung
- Nach dem Backen noch heiß von den Formen klopfen.
- Ausgekühlt mit Schaumrollenfüllung (siehe Kap. IV / 5.3 Schaummassen) füllen.

Anmerkung
- Rastzeit vor dem Backen unbedingt einhalten, um ein Schnurren oder Aufplatzen des Teiges zu verhindern.

Variationen
- Diese Rollen können auch mit geschlagenem Obers oder Vanillecreme (siehe Kap. IV / 6.2 Gekochte Cremen) gefüllt werden, kleinere Rollen auch mit Käsecreme.

Strudel
2 Stück

Aufarbeitung
- 750 g Teig 2 mm dünn in einer Größe von 50 x 40 cm ausrollen.
- Zwei 20 cm breite Streifen schneiden.
- Jeweilige Füllung in der Mitte des Teigstreifens aufbringen. Eine Teighälfte über die Füllung schlagen und mit Ei bestreichen. Dann die zweite Teighälfte zum Teil über die erste schlagen. Wieder mit Ei bestreichen.
- Die beiden Enden unter den Strudel legen, die Oberfläche stupfen. Nach entsprechender Rastzeit mit Schwaden backen.

Variationen
- Apfelstrudel mit roher Apfelfülle (siehe Kap. IV / 7.4 Fruchtfüllungen) füllen.
- Topfenstrudel mit Topfenfülle (siehe Kap. IV / 7.5 Topfenfüllung) füllen.
- Topfenstrudel mit Dunstobst: auf die Topfenfüllung Dunstobst aufbringen.

Palmblätter (Schweinsohren)
30 Stück

Aufarbeitung
- 500 g Teig 1,5 mm dünn auf eine Größe von 50 x 45 cm ausrollen. Teigfläche mit 70 g Zucker bestreuen und diesen mit dem Rollholz leicht andrücken.
- Beide Längsseiten gleichzeitig zur Mitte hin ca. 6 cm breit einschlagen.
- In der Mitte beide Rollen flach übereinander legen.
- 1 cm breite Scheiben schneiden. Mit der Schnittfläche auf ein Backblech legen und nach entsprechender Rastzeit ohne Schwaden backen.
- Der Zucker karamellisiert während des Backprozesses und bildet eine knusprige Kruste. Ist die Unterseite genügend braun, werden die Palmblätter mit einer Spachtel umgedreht, damit auch die zweite Seite bräunen kann.

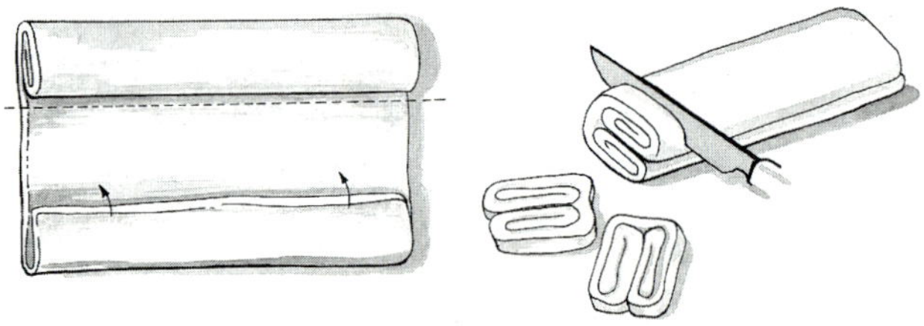

Hohlpasteten (Vol-au-vents oder Bouchées)
8 Stück à Ø 8 cm oder 16 Stück à Ø 6 cm
Ofentemperatur: 210 °C, fallend auf 180 °C
Backzeit: 20 bis 30 Minuten

- 500 g Teig werden ca. 3 mm dünn ausgerollt. Pro Pastete werden zwei Scheiben ausgestochen. Eine davon dient als Boden und wird mit Wasser bestrichen.
- Aus der zweiten Scheibe wird ein Mittelteil (Deckel) ausgestochen. Der so entstandene Ring wird auf die erste Scheibe aufgesetzt.
- Scheibe innerhalb des Ringes stupfen. Auf Backbleche wegsetzen und 30 Minuten rasten lassen. Mit Schwade backen. Mittelteile als Deckel mitbacken.

Anmerkungen
Pasteten müssen gerade backen.

- Als Hilfe dafür gibt es Metallhülsen zum Mitbacken, die ein Umfallen oder Schiefbacken der Pasteten verhindern.
- Eine andere Hilfe ist, ein Blatt Papier auf die Oberfläche der Pasteten aufzulegen und mitzubacken.

Verwendung

- Warme Vorspeisen oder Hauptspeisen werden darin angerichtet.

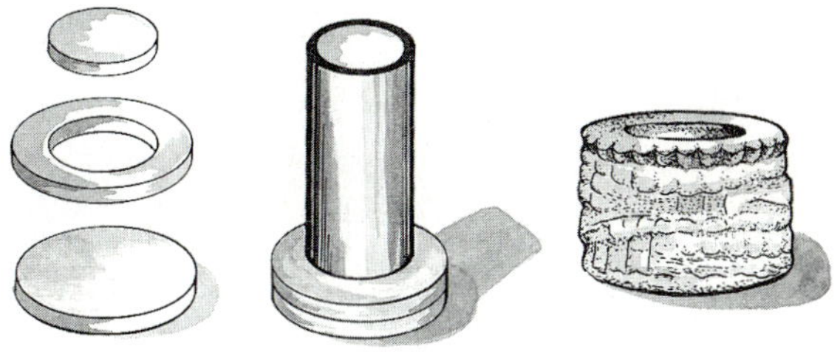

Gebäckfehlertabelle

Gebäckfehler	Ursache und Erklärung
Blätterteig schnurrt beim Backen.	Rastzeit vor dem Backen nicht eingehalten.
Fett läuft beim Backen aus.	Risse im Teig durch zu starkes Aufdrücken beim Tourieren oder zu kühle Backtemperatur.
Blätterteig bäckt unruhig und bildet zu viele Blasen.	Zu wenig gestupft.
Zu trockene und zu harte Oberfläche.	Vor dem Backen nicht gestrichen bzw. zu wenig Schwaden beim Backen.
Blätterteiggebäcke haben zu kleines Volumen und unschöne Blätterung.	Beim Tourieren: Tourenanzahl stimmt nicht, beim Rollen zu stark aufgedrückt. Zu dünn ausgerollt, Rastzeiten nicht eingehalten.

4.4 Mürbteige

Mürbe Teige haben einen hohen Fettanteil. Die Zutaten werden zusammengewirkt, in einigen Fällen auch gerührt. Die Lockerung erfolgt durch das Fett und eventuell auch durch Backpulver.

Laut Codexbestimmungen werden Mürbteigbackwaren aus fettreichen Teigen hergestellt, die auch mit Backpulver gelockert werden können. Zu den Mürbteigbackwaren zählen Kekse, Teegebäck, Vanillekipferln und Linzerteigbackwaren.

Mürbteige

Gewirkte Teige	Gerührte Teige/Massen
1-2-3-Teig Mailänder Teig Vanillekipferlteig Brauner Linzer Teig	Gerührter Linzer Teig Linzer Masse für Torten

Einfluss der Rohstoffe

Mehl

Es sichert die trockene Beschaffenheit der Mürbteiggebäcke. Es kommt zu geringer Kleberbildung.

Fett

Kaltes, festes Fett umschließt die Mehlteilchen in dicken Schichten. Sie geben so dem Teig seine Bindung (Ausrollfähigkeit).

Zucker

Er kann im Teig nur sehr schwer gelöst werden. Es wird daher hauptsächlich Puderzucker verwendet. Nicht gelöster Zucker hat zur Folge, dass die Braunfärbung der Oberfläche durch das Backen unregelmäßig verläuft.

Dotter (Eier)

Sie verleihen dem Mürbteig eine bessere Bindigkeit. Vorsichtig untergearbeitetes Eiklar kann einen brandig gewordenen Teig wieder binden.

Herstellung

Grundsätzlich werden die Zutaten kühl verarbeitet und rasch zusammengeknetet. Zu langes Kneten des

Teiges führt zur Erwärmung des Fettes. Der Teig wird brandig.

Ein Zusatz von Dottern, geriebenen Kernen, Schokolade, Kakaopulver, Gewürzen und Backpulver ist möglich.

Linzer Teigen werden geriebene Kerne beigemischt:
- Weißer Linzer Teig: weiße geriebene Mandeln
- Brauner Linzer Teig (Linzer Torte): geröstete, geriebene Haselnüsse oder braune geriebene Mandeln

Gewirkter Mürbteig – 1-2-3-Teig

Puderzucker, Fett, Salz, Aromen *und* **Gewürze** *glatt arbeiten.*

▼

Eier *zugeben.*

▼

Mehl *und* **Backpulver** *versieben und mit den vorhergehenden Zutaten, geriebenen* **Kernen** *usw. rasch zusammenwirken.*

▼

MÜRBTEIG

Die Bezeichnung 1-2-3 gibt das Verhältnis von Puderzucker, Fett und Mehl zueinander an.

Aufarbeitung

- Erfolgt durch Ausrollen mit anschließendem Ausstechen oder Schneiden oder durch Formen mit der Hand.

Varianten

- Sie können durch Zusatz von geriebenen Kernen oder Kakaopulver erreicht werden. Diese Zusätze müssen allerdings vom Mehlgewicht in gleicher Menge abgezogen werden, um das Verhältnis 1-2-3 aufrechtzuerhalten.
- So können aus einer Grundrezeptur verschiedene Sorten von Teegebäck und Linzerteigbackwaren hergestellt werden.

Gerührter Mürbteig bzw. Linzer Masse

Fett, Puderzucker *und* **Aromen** *schaumig rühren.*

▼

Eier *nach und nach einrühren.*

▼

Gesiebtes **Mehl** *einrühren.*

▼

GERÜHRTER MÜRBTEIG BZW. LINZER MASSE

Aufarbeitung

- Der gerührte Teig bzw. die Masse wird in der gewünschten Form dressiert.

Rezepte

Gewirkte Mürbteige

1-2-3-Teig

Stückanzahl je nach Größe
Ofentemperatur: 190 °C
Backzeit: je nach Größe 10 bis 20 Minuten

300 g	Puderzucker
600 g	Butter oder Margarine
	Vanille
60 g	Dotter (3)
900 g	Mehl

Einfache Kekse, Linzer Augen, Unterböden für Torten und Schnitten

- Auch zum Auslegen von Formen wie Schüsserl und Schifferl wird der Teig 2 bis 3 mm dünn ausgerollt. Große Flächen werden zur Verhinderung der Blasenbildung gestupft.

- Dem Erzeugnis entsprechend wird der ausgerollte Teig ausgestochen, geschnitten oder in Formen gedrückt.

Husarenkrapferln

- Eine Teigwalze in ca. 10 g schwere Stücke teilen. Kugeln formen, mit einem Kochlöffelstiel eine Vertiefung eindrücken.
- Mit Ei bestreichen und in Hagelzucker tauchen. Die Vertiefung mit Marillenkonfitüre füllen.
- Auf mit Backtrennpapier belegte Bleche wegsetzen und backen.

Eingelegtes Teegebäck

- Mürbteig und Kakaomürbteig abwechselnd in verschiedenen Schichten zusammensetzen. Zur besseren Haftung wird der Teig vor dem Zusammensetzen mit Milch oder Wasser bestrichen.
- Die so entstandenen Muster, wie Schachbrett, Spiralen usw., werden in einen dünn ausgerollten Teig, der vorher bestrichen wurde, eingeschlagen.
- Teigstränge gut kühlen, in Scheiben schneiden und zum Backen wegsetzen.

Doubliertes Teegebäck

- Jeweils zwei Teile mit Konfitüre oder anderen Füllungen zusammensetzen.

Mailänder Teig

Stückanzahl je nach Größe
Ofentemperatur: 190 °C, Backzeit: ca. 10 Minuten

250 g	Puderzucker
250 g	Butter oder Margarine
100 g	Eier (2)
20 g	Dotter (1)
	Vanille, Zitrone
450 g	Mehl
150 g	Mandeln (gerieben)

Wiener Waffeln

- Mailänder Teig noch Zimt beigeben.
- Zwei Teigteile in Blechgröße (52 x 36 cm) 3 mm dünn ausrollen. Einen Teil in 5 x 5 cm große Stücke einteilen und mit Spritzglasur ein Gitter aufspritzen. Anschließend backen.
- Nach dem Backen noch heiß mit Marillenkonfitüre zusammensetzen, durchschneiden und mit Puderzucker bestauben.

Verwendung

- Für alle Kekse und Mürbteiggebäcke (siehe auch 1-2-3-Teig).

Vanillekipferln

80 Stück
Ofentemperatur: 190 °C, Backzeit: ca. 10 Minuten

100 g	Puderzucker
250 g	Butter oder Margarine
	Vanille
300 g	Mehl
150 g	braune Mandeln (fein gerieben)

Aufarbeitung

- Teig in Stücke zu 10 g teilen und zu Kipferln formen.
- Auf mit Backtrennpapier belegte Bleche wegsetzen und backen.

Ausfertigung

- Nach dem Backen noch heiß mit vanilliertem Puderzucker anzuckern, damit der Zucker hält.

Brauner Linzer Teig

1 Tortenform Ø 26 cm oder Linzer Schnitten ca. 25 x 25 cm (geschnitten in Stücke zu 3 x 5 cm)
Ofentemperatur: 180 °C, Backzeit: 30 bis 40 Minuten

220 g	Puderzucker
300 g	Butter
	Vanille, Salz
	Zimt, Nelkenpulver
60 g	Dotter (3)
50 g	Ei (1)
350 g	Mehl
300 g	Haselnüsse (geröstet, gerieben) oder
	braune Mandeln (gerieben)
1	Backoblate
150 g	Ribiselkonfitüre
10 g	weiße Mandeln (gehobelt)
Streiche:	
50 g	Ei (1)

Aufarbeitung

- Aus einer Hälfte des Teiges den Boden ausrollen, mit einem Tortenreifen oder Kapselrahmen umstellen. Oblaten auflegen und die Ribiselkonfitüre so aufstreichen, dass am äußeren Rand ca. 2 cm frei bleiben.
- Aus der zweiten Teighälfte Stränge formen, in einem schrägen Gitter auflegen und einen Strang als Rand legen.
- Mit Ei bestreichen und mit weißen gehobelten Mandeln bestreuen.

Ausfertigung

- Nach dem Backen auf die ausgekühlte Torte in der Mitte eine kleine Schablone auflegen und anzuckern, wodurch ein weißer Rand entsteht.

Anmerkung
- Die Linzer Torte kann auch aus einer gerührten Linzer Masse hergestellt werden (siehe Kap. IV / 5.2 Sandmassen).

Gerührte Mürbteige (Linzer Massen)

Linzer Kipferln

40 große Stücke
Ofentemperatur: 190 bis 200 °C
Backzeit: 10 bis 15 Minuten

1000 g	Butter
370 g	Puderzucker
	Vanille, Zitrone
200 g	Eier (4)
1400 g	Mehl
Füllen und Tunken:	
	Marillenkonfitüre
	Kuvertüre

Aufarbeitung
- Vier Backbleche mit Trennpapier auslegen. Mittels Dressiersack und großer Sterntülle gleichmäßige Kipferln dressieren und backen.

Ausfertigung
- Die Kipferln mit Konfitüre doublieren und die Spitzen in Schokolade tunken.

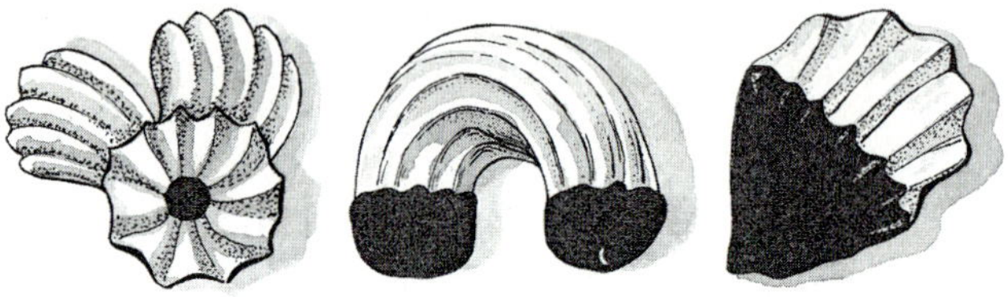

Gebäckfehlertabelle

Gebäckfehler	Ursache und Erklärung
Mürbteig hat keine Bindung (brandig).	Zu weiches Fett, zu lange geknetet.
Mürbteig ist zäh. Gebäck verliert die Form beim Backen.	Zu hoher Flüssigkeitsanteil oder zu lange Lagerung führt zu Kleberbildung.
Mürbteig reißt beim Rollen.	Zu wenig und nicht kühl genug gelagert, zu große Aufarbeitungsmengen.
Mürbteig fließt beim Backen zu breit.	Schaumiges Fett, zu geringe Backtemperatur.
Mürbteig wirft beim Backen Blasen.	Zu viel Staubmehl an der Unterseite bzw. groß ausgerollte Flächen stupfen.
Fertiges Gebäck ist brüchig.	Zu hoher Fettanteil, zu geringer Flüssigkeitsanteil.

4.5 Lebkuchenteige

Gebäcke aus Lebkuchen sind besonders würzig, sehr süß, saftig bis knackig und lange haltbar. Zur Herstellung von Lebkuchenteigen und -massen werden vor allem Mehl, Honig bzw. Zucker und Glukosesirup verwendet.

Codexbestimmung
Wird in der Bezeichnung von Dauerbackwaren auf Honig hingewiesen, muss mindestens die Hälfte der verwendeten süßenden Zutat Honig sein.
Man unterscheidet:
- Lebkuchenteig: wird ausgerollt, dann ausgestochen oder geschnitten.
- Lebkuchenmasse: wird auf Oblaten gestrichen.

Einfluss der Rohstoffe

Weizenmehl
Es dient zur Krumenbildung (Type 700).

Roggenmehl
Es verhindert eine zähe Beschaffenheit der Gebäcke und verleiht ihnen einen kräftigen Geschmack (zB Type 960).

Honig
Er wird wegen des Geschmacks beigegeben. Honig bewirkt eine bessere Bräunung und Frischhaltung der Gebäcke.

Zucker
Er wird als Süßungs- und Bräunungsmittel zugesetzt und ist für die Lagerfähigkeit verantwortlich.

Glukosesirup
Er dient der Frischhaltung.

Fett
Es ist für die Mürbung bestimmend.

Eier
Dotter verbessern Bindigkeit und Geschmack. Eiklar ist für die Lockerung von Lebkuchenmassen verantwortlich.

Gewürze
Sie verleihen den charakteristischen Geschmack, zB Zimt, Muskatnuss, Muskatblüte, Anis, Neugewürz, Kardamom, Ingwer und Vanille.

Herstellung

Herstellung des Teiges

__Honig mit Wasser__ erwärmen. Oder Zucker und Wasser bis 110 °C kochen und abkühlen.

Honig- oder Zuckerwasser mit __Weizen- und Roggenmehl__ mischen.

__GRUNDTEIG__ einige Wochen bis zu einem Jahr kühl lagern.

__GEWÜRZTEIG__ wird erst unmittelbar vor der Fertigstellung des Lebkuchenteiges hergestellt.

__Eier__ und __Gewürze__ glatt rühren. __Restmehl__ beimischen.

Beide Teige mischen.

Die in __Flüssigkeit__ getrennt aufgelösten __Triebmittel__ zusetzen.

LEBKUCHENTEIG

Anmerkungen
- Durch die Lagerung des Grundteiges bilden sich ein teigtypischer Geschmack und Säuren, die die Triebmittel bei ihrer Wirkung unterstützen.
- Lebkuchen kann auch direkt ohne Grundteig oder mit Lebkuchenfertigmehl hergestellt werden.

Lockerung
Die Wirkung chemischer Triebmittel beruht auf der Freisetzung von Lockerungsgasen. Ammonium, Pottasche und Natron werden jeweils getrennt aufgelöst und extra dem Teig beigemischt. Backpulver wird mit dem Mehl versiebt. Ammonium und Pottasche dürfen nicht gemeinsam aufgelöst werden, weil sich sonst die Triebwirkung aufhebt.
Die chemischen Triebmittel haben über die Lockerung hinaus auf Teig und Gebäck folgende Wirkungen:

Ammonium und Natron bewirken, dass
- der Teig in die Höhe getrieben wird,
- die Krume heller erscheint.

Pottasche bewirkt, dass
- der Teig in die Breite getrieben wird,
- das Gebäck feucht bleibt,
- die Krume dunkler erscheint und
- das Gebäck einen etwas laugigen Charakter bekommt.

Zur Kontrolle der Triebwirkung sollte unbedingt vor der Aufarbeitung des Teiges eine **Backprobe** durchgeführt werden. Es werden Gebäckfehler dadurch sichtbar.

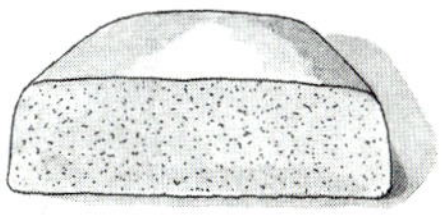
zu wenig Trieb

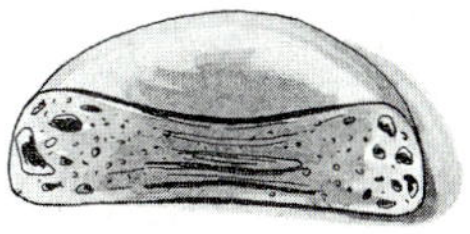
zu viel Trieb

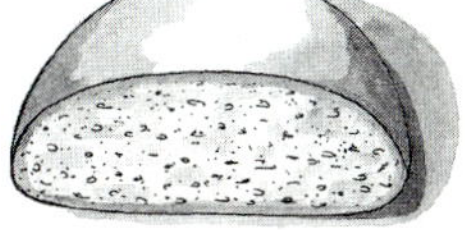
richtiger Trieb

Gebäckfehler	Ursache und Erklärung
Sichtbare Kanten.	Zu fester Teig.
Eingefallen oder Blasenbildung.	Zu weicher Teig.
Dunkle Flecken an der Oberfläche.	Nicht ausreichend aufgelöster Zucker.

Aufarbeitung
- Der Teig wird bis zur gewünschten Stärke ausgerollt, ausgestochen, geschnitten oder in Formen gedrückt.

Backen
Ideal ist ein abgestandener, schwadenfreier Ofen, denn ein
- zu kalter Ofen bewirkt starke Austrocknung und
- ein zu heißer Ofen begünstigt die Entstehung von Blasen an der Gebäckoberfläche.

Lagerung
Sie soll in staubfreien, gut durchlüfteten, kühlen Räumen erfolgen.
- Zu warme und trockene Lagerung begünstigt ein Austrocknen des Lebkuchens.
- Senkrechte Lagerung der Gebäckstücke verhindert eine Verformung.
- Glasur verzögert das Austrocknen.
- Luftdichte Verpackung gewährleistet das Weichbleiben des Lebkuchens.

Rezepte

Einfacher Lebkuchen- oder Honigteig
Stückanzahl je nach Größe
Ofentemperatur: 190 bis 200 °C
Backzeit: 10 bis 20 Minuten

Grundteig:	
1250 g	Bienenhonig
120 g	Wasser
1100 g	Weizenmehl
600 g	Roggenmehl
Gewürzteig:	
450 g	Eier (9)
40 g	Lebkuchenmischgewürz
700 g	Weizenmehl
100 g	Milch
20 g	Ammonium
20 g	Pottasche

Aufarbeitung
- Teig ca. 5 mm dünn ausrollen. Staubmehl abkehren.
- Teig in Blechgröße schneiden oder ausstechen. Auf mit Backtrennpapier belegte Backbleche nicht zu eng wegsetzen.
- Mit Milch oder Wasser bestreichen und backen.

Ausfertigung
- In Blechgröße gebackener Teig in Portionsstücke schneiden und an den Schnittflächen mit Kuvertüre tunken.
- Ausgestochene Busserln in Schokolade tunken oder in Fadenzuckerglasur (siehe Kap. IV / 8.1 Glasuren) dragieren.
- Weinbeißer in Fadenzuckerschaumglasur (siehe Kap. IV / 8.1 Glasuren) dragieren.
- Figurenlebkuchen entsprechend der Saison dekorieren bzw. beeisen (Spritzglasur, siehe Kap. IV / 8.1 Glasuren).

St.-Galler Biberle
Stückanzahl je nach Größe
Ofentemperatur: 190 °C
Backzeit: ca. 10 bis 15 Minuten

600 g	Zucker
1000 g	Bienenhonig
2000 g	Weizenmehl
30 g	Zimt
15 g	Muskat (gerieben)
5 g	Nelkenpulver
5 g	Ingwer (gerieben)
5 g	Koriander (gerieben)
100 g	Rum
20 g	Pottasche
300 g	Wasser
15 g	Ammonium
Füllen:	
2000 g	Marzipanrohmasse
1000 g	Zucker
200 g	Orangeat (fein gehackt)
Glasieren:	
	Dextringlasur

Herstellung
- Zucker in Honig auflösen. Mehl und Gewürze einkneten.
- In Wasser aufgelöste Pottasche und in Rum aufgelöstes Ammonium zusetzen und fertig kneten.

Aufarbeitung
- Teig ca. 2 mm dünn ausrollen und in 6 cm breite Streifen schneiden. Mit Wasser bestreichen.
- Die in Rollen (Ø 3 cm) geformte Füllung auf den Teig auflegen und darin einrollen.
- Die Teigstangen in trapezförmige Stücke schneiden, auf mit Backtrennpapier belegte Bleche wegsetzen und backen.

Ausfertigung
- Noch heiß mit heißer Dextringlasur (siehe Kap. IV / 8.2 Überzugsmassen) abglänzen.
- Nach dem Auskühlen zur besseren Frischhaltung luftdicht verpacken.

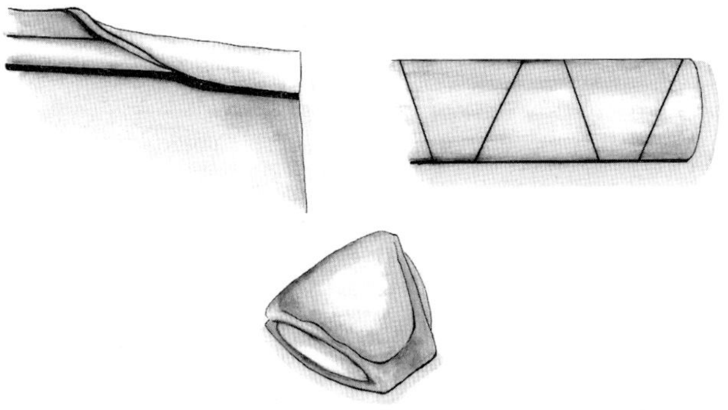

Basler Lebkuchen (Leckerli)

1 Backblech GN 1/1, 2 kg TE
Ofentemperatur: 190 °C, Backzeit: ca. 30 Minuten

500 g	Zucker
1000 g	Bienenhonig
1250 g	Weizenmehl
50 g	Zimt
10 g	Nelkenpulver
5 g	Muskatnuss (gerieben)
500 g	Mandeln (grob gerieben)
200 g	Orangeat (kleinwürfelig)
200 g	Zitronat (kleinwürfelig)
15 g	Pottasche in 100 g Kirschlikör lösen
	Schale einer Zitrone (gerieben)
Glasieren:	
	Fadenzuckerglasur

Herstellung
- Wie St-Galler Biberle. Mandeln, Orangeat und Zitronat vor der Beigabe von Triebmitteln zusetzen.

Aufarbeitung
- Teigmenge entsprechend der Backblechgröße ausrollen.
- Auf das gewachste oder mit Backtrennpapier belegte Blech Teig wegsetzen. Das Staubmehl abkehren und den Teig stupfen.

Ausfertigung
- Nach dem Backen dünn mit Fadenzuckerglasur (siehe Kap. IV / 8.1 Glasuren) bestreichen und in kleine Stücke schneiden.

Elisenlebkuchen

ca. 27 Stück à Ø 9 bis 10 cm
Ofentemperatur: 175 °C, Backzeit: ca. 25 Minuten

500 g	Marzipanrohmasse
500 g	Zucker
90 g	Eiklar
75 g	braune Mandeln (fein gerieben)
33 g	braune Haselnüsse (fein gerieben)
33 g	Orangeat (gehackt)
25 g	Zitronat (gehackt)
20 g	Lebkuchengewürz
	Salz, Vanille, Zitrone
30 g	Rum
80 g	Mehl
Belegen und Glasieren:	
	weiße Mandeln
	kandierte Kirschen
	Fadenzuckerschaumglasur

Herstellung
- Alle Zutaten, ausgenommen das Mehl, klumpenfrei und streichfähig (dressierfähig) vermischen.
- Mehl einarbeiten.
- Auf runde Oblaten dressieren oder kuppelförmig aufstreichen. Dies geschieht am besten auf einer erhöhten Unterlage mit dem gleichen Durchmesser.
- Einen Teil der Elisen dekorativ mit geschälten Mandeln und kandierten Früchten belegen.
- Auf mit Backtrennpapier belegte Bleche wegsetzen und leicht antrocknen lassen.
- Auf Trennpapier backen (175 °C)

Ausfertigung
- Die belegten Elisen ofenheiß mit Fadenzuckerschaumglasur (siehe Kap. IV / 8.1 Glasuren) dünn bestreichen.
- Nicht belegte Elisen nach dem Auskühlen ganz in Kuvertüre tunken.

Anmerkungen
- Nicht länger als unbedingt nötig backen. Damit kann die Saftigkeit bzw. Weichheit gesichert werden.
- Beachten Sie, dass die Elisen nicht lange haltbar sind! Daher empfiehlt es sich, sie gut verschlossen zu lagern.

Gebäckfehlertabelle

Gebäckfehler	Ursache und Erklärung
Lebkuchengebäck ist zu hart und zu trocken.	Zuckeranteil ist zu hoch, zu wenig Trieb, zu viel Weizenmehl, zu niedrige Backtemperatur oder zu lange gebacken.
Blasenbildung an der Gebäckoberfläche.	Der Zucker ist nicht aufgelöst. Backtemperatur ist zu hoch. Bei groß ausgerollten Flächen zu viel Staubmehl an der Unterseite oder nicht gestupft.
Gebäcke sind eingefallen, laufen beim Backen breit.	Zu viel Trieb, zu weicher Teig. Backtemperatur ist zu niedrig, zu viel Roggenmehl.
Flecken an der Gebäckoberfläche.	Triebmittel oder Zucker ist nicht gelöst.

4.6 Käseteige

Käsebäckerei aus Butterteig

Rezept siehe Kap. IV / 4.3 Butter- und Blätterteige. Die Stückanzahl ergibt sich je nach Größe der Gebäcke.

Käseröllchen

Formenlänge 7 cm, konisch Ø 1,5 zu 0,5 cm

Aufarbeitung und Ausfertigung

- Aus Butterteig kleine Schaumrollen herstellen.
- Mit Käsecreme (siehe Kap. IV / 6.1 Gerührte Cremen) füllen.
- Die Enden in geriebenen Käse tauchen.

Käsestangerln

10 cm Länge, ca. 400 g fertiges Gebäck

Käsemischung:

100 g	Parmesan oder Emmentaler (gerieben)
	Paprikapulver
	Salz, Cayennepfeffer

Aufarbeitung

- 500 g Butterteig 2 mm dünn ausrollen und mit Wasser bestreichen.
- Zutaten der Käsemischung miteinander trocken vermischen und Teig damit bestreuen. Mit dem Rollholz leicht andrücken.
- In Streifen zu 10 x 1,5 cm schneiden und spiralenförmig einrollen.
- Auf ein mit Backtrennpapier belegtes Backblech wegsetzen und 30 Minuten rasten lassen.
- Mit Schwaden backen.

Ausgestochenes oder geschnittenes Käsegebäck

Aufarbeitung

- Butterteigreste 2 mm dünn ausrollen und Teigfläche mit Wasser bestreichen.
- Mit Käsemischung (siehe Käsestangerln) bestreuen und mit Rollholz leicht andrücken.
- In gewünschter Form ausstechen oder schneiden. Auf mit Backtrennpapier belegte Backbleche wegsetzen.
- 30 Minuten rasten lassen. Mit Schwaden backen.

Ausfertigung

- Nach dem Backen und Auskühlen je zwei Stück mit Käsecreme (siehe Kap. IV / 6.1 Gerührte Cremen) doublieren.

Variationen

- Bei der Herstellung des Butterteiges kann bereits in den Teig geriebener Parmesan oder können Reibkäse und Cayennepfeffer eingearbeitet werden. Diese Zutaten dürfen 20 % des Teiggesamtgewichtes ausmachen, ohne eine Rezeptveränderung zu bewirken.
- Oder: Vor dem Zusammenlegen der letzten Tour wird die ausgerollte Teigfläche mit Wasser bestrichen und mit geriebenem Parmesan oder Reibkäse (20 % des Teiggesamtgewichtes) bestreut.

Käsebäckerei aus Käsemürbteig

Käsemürbteig unterscheidet sich vom herkömmlichen Mürbteig dadurch, dass er ohne Zucker, aber mit geriebenem Käse und anderen Gewürzen gewirkt wird.

Rezept 1

Stückzahl je nach Größe
Ofentemperatur: 180 °C, Backzeit: ca. 20 Minuten

200 g	Butter
200 g	Parmesan (gerieben)
	Salz, weißer Pfeffer
	Paprikapulver
120 g	Dotter (6)
400 g	Mehl
80 g	Milch
Streiche:	
100 g	Eier (2)
50 g	Milch

Rezept 2

150 g	Butter
200 g	Emmentaler (gerieben)
	Salz, weißer Pfeffer
40 g	Dotter (2)
300 g	Mehl
50 g	Milch
Streiche:	
100 g	Eier (2)
50 g	Milch

Belegen und Bestreuen:

	halbe weiße Mandeln oder Walnusshälften, Kümmel, Sesam, Mohn oder Käse (gerieben)

Herstellung

Zutaten kühl und rasch zusammenwirken.

- Butter, Käse, Gewürze und Dotter glatt arbeiten. Mehl einkneten.
- Milch einarbeiten und kühl rasten lassen.

Aufarbeitung

- Teig 3 mm dünn ausrollen und mit kleinen Keksausstechern ausstechen.
- Mit Ei bestreichen und mit Mandeln oder Walnüssen belegen. Oder mit den vorher genannten Zutaten bestreuen.
- Auf mit Backtrennpapier belegte Bleche wegsetzen und backen.

Ausfertigung

- Kleine Käsegebäcke mit Käsecreme (siehe Kap. IV / 6.1 Gerührte Cremen) doublieren.

Anmerkung

- Kleine Käsegebäcke können auch aus Brandmasse hergestellt werden.

Zusammenfassung: Teige

Hefeteige

Sie werden mit Hefe gelockert, dadurch entsteht ihr Charakter. Die Einteilung der Hefeteige ergibt sich durch die unterschiedliche Beigabe von Zucker, Fett und Eiern:

- Leichter Hefeteig
- Mittelschwerer oder feiner Hefeteig
- Schwerer Hefeteig

Herführung und Herstellung

- Indirekte Herführung (mit Dampfl)
- Direkte Herführung (ohne Dampfl)
- Böhmische oder kalte Herführung
- Direkte Herführung (mit Convenience-Produkten)

- Zuerst werden die Zutaten vermischt und anschließend wird der Teig geknetet oder gerührt.
- Die Teigruhe bewirkt ein Nachquellen des Teiges, eine Kleberentspannung und die Bildung von Lockerungsgasen.
- Die Aufarbeitung beinhaltet das Zusammenstoßen, die Teigteilung, die Formgebung, das Bestreichen und die Stückgare. Je nach Gebäcksart ist die Aufarbeitung unterschiedlich.
- Für das Backen im Rohr werden die Backwaren je nach Art vorher bestrichen, bestreut, gestupft oder geschnitten. Auf die richtige Ofentemperatur (zwischen 180 und 200 °C), Schwaden und Backdauer ist zu achten. Bei Fettgebackenem liegt die Siedefett-Temperatur bei 160 bis 170 °C.
- Die Ausfertigung bzw. das Dekor beeinflusst das Aussehen, schützt vor dem Austrocknen und verbessert den Geschmack.

Plunderteige

Sie zählen zu den feinen Hefeteigbackwaren und werden kalt und direkt hergestellt. Durch das Tourieren wird der Fettziegel in den Grundteig eingearbeitet.

Butter- und Blätterteige

Die Besonderheit dieser Teige liegt darin, dass Fett in den Grundteig eintouriert wird. Die Fett- und Teigschichten und die Hitze beim Backen (Wasserdampf) bewirken die Lockerung. Butter- und Blätterteige bekommen vier **Touren**. Dazwischen müssen Rastzeiten eingehalten werden. Man unterscheidet:

- Deutscher Blätterteig: Fettziegel in den Grundteig einschlagen. Grundteig ist außen.
- Französischer Blätterteig: Grundteig in das Fett einschlagen. Diese Methode hat den Vorteil, dass beim Tourieren die Rastzeiten kürzer sind.
- Holländischer oder Blitzblätterteig: Fett wird in Flocken in den Teig eingearbeitet. Er kann rasch hergestellt werden, doch die Lockerung ist nicht so schön.

Mürbteige

Sie werden durch Fett und eventuell durch Backpulver gelockert. Die Zutaten werden kühl und rasch zusammengeknetet und in einigen Fällen auch gerührt. Ein zu langes Kneten lässt den Teig brandig werden. Wird das Fett hingegen schaumig gerührt, kann der Teig (die Masse) dressiert werden.

- Gewirkte Mürbteige: 1-2-3-Teig, Mailänder Teig, Linzer Teig
- Gerührte Mürbteige bzw. -massen: Teig für Linzer-Kipferln usw.

Lebkuchenteige

Man unterscheidet zwischen Lebkuchenteigen und -massen. Die Herstellung kann mit Grund- und Gewürzteig, ohne Grundteig oder mit Lebkuchenfertigmehl erfolgen.
Gelockert werden Lebkuchen mit Ammonium, Pottasche, Natron und Backpulver (Backprobe).

Käseteige

Käseteige werden aus Butter- und Blätterteig, Mürbteig und Brandmasse hergestellt. Dem Teig wird Käse beigemengt und/oder er wird mit Käsecremen gefüllt.

Fragen und Arbeitsaufgaben

1. Welche Teige kennen Sie?
2. Wie werden Teige gelockert?
3. Erklären Sie den Unterschied zwischen indirekter und direkter Herführung von **Hefeteigen**!
4. Wo liegt die Idealtemperatur für die bestmögliche Entwicklung der Hefe?
5. Wie wird das Dampfl hergestellt?
6. Was versteht man unter böhmischer oder kalter Herführung? Wo und warum wird sie angewendet?
7. Was bedeutet Mischen und Kneten der Teige?
8. Was bewirkt die Teigruhe?
9. Worauf ist beim Backen zu achten?
10. Wie lautet das Grundrezept für den einfachen Hefeteig und welche Erzeugnisse werden daraus hergestellt?
11. Beschreiben Sie die Herstellung von Golatschen!
12. Nennen Sie die durchschnittliche Ofentemperatur und Backzeit für einfaches Kaffeegebäck!
13. Erklären Sie die Herstellung von Bienenstichen?

14. Wie werden Brioches aufgearbeitet und gebacken?
15. Was sind die Charakteristika von Pinzen?
16. Zu welchen Teigen zählt der Krapfenteig? Beschreiben Sie die verschiedenen Herstellungsmöglichkeiten von Krapfen!
17. Nennen Sie ein Beispiel für einen gerührten Hefeteig und erklären Sie die Herstellung!
18. Wie werden Mohn- oder Nussbeugel hergestellt?
19. Nennen Sie ein Erzeugnis aus **Plunderteig** und erklären Sie die Herstellung!
20. Wie werden **Butter- und Blätterteig** gelockert?
21. Wie entstehen die Fett- und Teigschichten beim Blätterteig?
22. Wieviele Touren bekommt ein Blätterteig und wann sind welche Rastzeiten zu beachten?
23. Wie werden die drei Butter- und Blätterteigarten hergestellt?
24. Nennen Sie zwei typische Blätterteiggebäcke und beschreiben Sie ihre Herstellung!
25. Wie werden **Mürbteige** gelockert?
26. Was bedeutet „brandig“?
27. Worauf bezieht sich die Bezeichnung 1-2-3-Teig?
28. Was ist ein Linzer Teig bzw. brauner Linzer Teig?
29. Welchen gewirkten Mürbteig kennen Sie?
30. Was sind Wiener Waffeln?
31. Wie wird eine Linzer Torte hergestellt?
32. Was ist ein dressierter Linzer Teig und wie wird er hergestellt?
33. Wie wird **Lebkuchenteig** hergestellt?
34. Wie lange wird der Grundteig gelagert?
35. Welche Arten der Herstellung gibt es?
36. Wie wird Lebkuchen gelockert?
37. Was ist vor dem Aufarbeiten des Lebkuchenteiges zu beachten?
38. Welche Lebkuchengebäcke kennen Sie?
39. Aus welchen Teigen können **Käsegebäcke** hergestellt werden?
40. Nennen Sie zwei Käsegebäcke und beschreiben Sie die Herstellung!

5 MASSEN

Die Massen unterscheiden sich von den Teigen durch die Zusammensetzung der Rezepte. Die verschiedenen Materialien werden durch Rühren, Schlagen, Kochen oder Abrösten miteinander verbunden. Gelockert werden sie physikalisch durch eingeschlagene Luft. Massen mit hohem Fettanteil werden fallweise, zusätzlich mit Backpulver gelockert.

Massen

Biskuitmassen	Wiener Massen (leichte Sandmassen)	Sandmassen	Spezialmassen
Für Tortenböden, Schnitten, Rouladen, Omeletten, Indianer-, Hülsenmassen, Biskotten, Formen- und Rothschild-Biskotten.	Für Tortenböden, Schnitten, Rouladen, Dobosblätter, Bischofsbrot, Ulmer Kuchen.	Für Gugelhupf, Englischen Kuchen, Sacher Torte, Baumkuchen, Sandkuchen, Rehrücken, Obstkuchen, Linzer Torte.	Schaummassen, Makronenmassen, Hippenmassen, Brand- oder Brühmassen, Röstmassen.

Codexbestimmungen

Biskuit- und Sandmassebackwaren werden aus Eiern, Eidottern oder den entsprechenden Eidauerwaren, Zucker, Zuckerarten, Mahl- und Schälprodukten, Stärke und Würzstoffen hergestellt.
Sandmassebackwaren enthalten außerdem Fett. Die Lockerung erfolgt durch Einschlagen von Luft oder durch Backpulver.

Die besondere Charakteristik verschiedener Biskuit- und Sandmassebackwaren wird durch Beigaben, wie Kakaopulver, Nüsse, Mohn, Schokolade, kandierte Früchte, Sultaninen, erzielt.

Wird in der Bezeichnung eines Produktes auf **Biskuit** hingewiesen, enthält dieses mindestens die gleiche Gewichtsmenge an Eiern oder Eiprodukten wie an Mahl- und Schälprodukten (inklusive Stärke), wobei das Verhältnis zwischen der Stückzahl an Dottern und Eiklar zugunsten der Dotter bis zur alleinigen Verwendung von Dottern verschoben sein kann.
Aufschlagemulgatoren dürfen bei Produkten, die als

Biskuitbackwaren bezeichnet werden, nur dann verwendet werden, wenn der Eianteil mindestens 1/3 des Rezeptgewichts beträgt.

Bei **Sandmassen** und solchen, bei denen in der Bezeichnung des Produktes nicht auf Biskuit hingewiesen wird (zB Kakaoroulade), beträgt das entsprechende Verhältnis mindestens 2 Teile Eier zu 3 Teilen Mahl- und Schälprodukte.

Einfluss der Rohstoffe auf Massen

Eier
Sie wirken volumenbildend.

Eiklar
Das Schaumbildungsvermögen des Eiklars wird durch die Zugabe von Zucker oder etwas Salz unterstützt. Die eingeschlagene Luft ist verantwortlich für die Lockerung der Massen. Eiklar bewirkt trockene Gebäcke.

Dotter
Sie machen die Massen durch den Lecithin- und Fettgehalt saftig.

Zucker
Er erhöht die Viskosität des Eischnees. Zucker ist verantwortlich für Geschmacksgebung und Färbung beim Backprozess.

Mehl
Es bindet die Massen und bewirkt eine grobe Porung. Der Kleber ist verantwortlich für das Gerüst und das Gashaltevermögen.

Stärke
Sie bewirkt eine feinere Porung (sandig).

Fett
Es macht die Massen schwer und saftig. Durch das Schaumigrühren wird Luft gebunden (Lockerung). Durch die Zugabe von flüssigem Fett bei Wiener Massen (leichten Sandmassen) werden diese in ihrer Struktur kompakter.

5.1 Biskuitmassen und Wiener Massen (leichte Sandmassen)

Herstellung

Herstellungsart	Merkmale	Verwendung
Kalt getrennt geschlagen (Eiklar und Dotter trennen, mit Zucker)	Gute Porung, gutes Volumen und standfeste Masse.	Für Tortenböden, Schnitten, Rouladen, als Indianer- oder Hülsenmassen, für Biskotten, Rothschild-Biskotten, Bischofsbrot und Ulmer Kuchen.
Warm geschlagen (ganze Eier mit Zucker)	Lockere Krume, feinere Porung und großes Volumen.	Für Tortenböden, Schnitten, Rouladen und Dobosblätter.
Kalt geschlagen (ganze Eier mit Zucker)	Dichte, saftige Krume, größere Porung und geringes Volumen.	Für Tortenböden, Schnitten, Rouladen, Omeletten und Bischofsbrot.

Kalt getrennt geschlagen

Dotter *und* **Eiklar** *trennen.*

▼

Dotter *mit* **1/3 des Zuckers** *und den* **Aromen** *schaumig schlagen.*

Eiklar *mit* **2/3 des Zuckers** *und dem* **Salz** *zu Schnee schlagen.*

▼

Dottermasse und Schnee miteinander verrühren und **Mehl** *bzw.* **Kerne** *oder* **Kakaopulver** *einmelieren.*

▼

BISKUITMASSE

Warm geschlagen

***Ganze Eier** mit **Zucker, Salz** und **Aromen** im Wasserbad bis maximal 40 °C warmschlagen.*

▼

*In der Maschine bis zur Raumtemperatur kalt schlagen und gesiebtes **Mehl, Kerne** usw. einmelieren.*

▼

BISKUITMASSE

Kalt geschlagen

***Ganze Eier** mit **Zucker, Salz** und **Aromen** aufschlagen und **Mehl, Kerne** usw. einmelieren.*

▼

BISKUITMASSE

Wiener Massen (leichte Sandmassen) werden genauso hergestellt, allerdings wird immer nach dem Mehl zusätzlich flüssiges Fett eingerührt (pro Ei 10 g Fett).

Backen

Biskuit- und Wiener Massen müssen sofort gebacken werden. Beim Backen entsteht durch Hitzeeinwirkung Wasserdampf. Die eingeschlagene Luft dehnt sich durch die Hitzeeinwirkung aus, lockert so das Backgut und bewirkt die Porenbildung. Durch die Eiweißgerinnung und Stärkeverkleisterung bei ca. 60 bis 70 °C verfestigt sich das Gerüst und schließt dadurch die Luftbläschen ein. Durch die Wasserverdampfung entsteht ein Back- bzw. Gewichtsverlust.

- Je leichter die Masse, umso rascher wird sie gebacken.
- Je schwerer die Masse, umso langsamer wird sie gebacken.
- Die **Backzeit** ist abhängig von der Form und Größe der Gebäcke. Massen, die in Formen gebakken werden, erfordern eine längere und kühlere Backzeit als Stückware wie Biskotten, Indianer, Rouladen usw. Sie werden bei einer etwas höheren Temperatur gebacken, um ein zu starkes Austrocknen zu verhindern.
- Leichte Massen werden bei einer Temperatur von ca. 200 °C, Sandmassen bei 180 °C gebacken.
- Drei Viertel der Backzeit bei geschlossenem Zug (ohne eingeleitetem Schwaden), ein Viertel bei offenem Zug.

Rezepte für Biskuitmassen

Biskuit

2 Tortenböden à Ø 22 cm, Höhe 5 cm oder
1 Kapsel 30 x 30 cm und 5 cm h oder
1 Roulade 60 x 50 cm oder
1 Biskuit 60 x 50 cm für Schnitten oder
10 Stück Omeletten à Ø 12 cm

Ofentemperatur: Tortenböden, Kapsel 200 °C; Rouladen, Biskuit für Schnitten, Omeletten, Biskotten 200 bis 220 °C
Backzeit: Tortenböden, Kapsel 30 Minuten; Rouladen, Biskuit für Schnitten, Omeletten, Biskotten ca. 15 Minuten

500 g	Eier (10)
250 g	Zucker
	Salz, Vanille, Zitrone
250 g	Mehl
50 g	Weizenstärke

Die **Herstellung** von Biskuit kann kalt getrennt, warm oder kalt geschlagen erfolgen.

Aufarbeitung

- Fertige Masse in die **Tortenreifen** oder in den **Kapselrahmen** füllen und von der Mitte zum Rand hochstreichen
- bzw. für **Rouladen** oder **Schnitten** auf ein mit Backtrennpapier belegtes Blech streichen.
- **Dobosmasse** streicht man in runden Blättern entsprechend dem Durchmesser der Torte auf ein mit Backtrennpapier belegtes Blech.
- In den ersten zwei Dritteln der Backzeit bei geschlossenem Zug und im letzten Drittel bei offenem Zug backen.
- Nach dem Backen Masse ausdampfen lassen und mit etwas Mehl oder Biskuitbröseln bestauben und auf die Oberfläche drehen.
- Nach ca. 10 Minuten zurückdrehen.

Nuss- oder Mandelbiskuit

500 g	Eier (10)
250 g	Zucker
	Salz
	Vanille, Zitrone
200 g	Mehl

	Zimt
100 g	Kerne (fein gerieben)

Kakaobiskuit

500 g	Eier (10)
250 g	Zucker
	Salz, Vanille
270 g	Mehl
30 g	Kakaopulver
	Rum

Ofentemperatur, Backzeit, **Herstellung** und **Aufarbeitung** siehe Biskuit.

Anmerkung

- Für Nuss-, Mandel- oder Kakaobiskuit wird der Anteil der geriebenen Kerne bzw. des Kakaopulvers vom Mehlgewicht abgezogen.

Indianer- oder Hülsenmasse

ca. 90 Stück Indianerhülsen bzw. Petits Fours
Ofentemperatur: 210 bis 220 °C, fallend bei offenem Zug, Backzeit: 10 bis 15 Minuten

300 g	Eiklar (10)
90 g	Zucker
50 g	Weizenstärke
	Salz
120 g	Dotter (6)
	Vanille
90 g	Mehl

Herstellung

- Eiklar mit Zucker, Weizenstärke und Salz zu Schnee schlagen.
- Dotter mit Vanille und 30 g Mehl glatt rühren. Mit dem Schnee verrühren und das restliche Mehl einmelieren.
- Mit einer Lochtülle (Ø 10 mm) Indianerhülsen auf Papier dressieren.
- Für Petits Fours mit einer Lochtülle (Ø 8 mm) kleine Formen (Rund-, Herz-, Tropfen-, Biskotten-, Kipferlform) dressieren.
- Mit Mehl leicht bestauben und bei offenem Zug backen.

Ausfertigung

- Erkaltet vom Papier lösen, mit spitzem Messer etwas aushöhlen.
- Je zwei zusammensetzen, aprikotieren und mit Schokoladefondant (siehe Kap. IV / 8.1 Glasuren) überziehen. Trocknen lassen.
- Die Hälften trennen und mit geschlagenem Obers füllen.

Anmerkung

- Indianer werden auch auf speziell konstruierte Formenbleche dressiert. Der Vorteil liegt in der gleichmäßigen Größe und das Aushöhlen der Hülsen ist nicht mehr notwendig.

Biskotten

ca. 180 Stück, 9 cm Länge
Ofentemperatur: 200 °C, Backzeit: 15 bis 20 Minuten

200 g	Dotter (10)
100 g	Zucker
	Vanille
360 g	Eiklar (12)
200 g	Zucker
	Salz
325 g	Mehl

Laut Codexbestimmungen enthalten Biskotten bei der Herstellung einen Volleianteil von mindestens 25 % (Dotter können überwiegen), bezogen auf das Rezeptgewicht. Bei hervorhebender Bezeichnung enthalten sie zumindest zwei Drittel des Gewichtes an Mahlprodukten und Stärke.

Die **Herstellung** erfolgt kalt getrennt geschlagen.

Aufarbeitung

- Mit Lochtülle (Ø 10 mm) ca. 9 cm lange Stücke auf Papier dressieren.
- Mit Puderzucker ganz fein bestauben oder mit Zucker (Staubbeutel) bestreuen. Diese feine Zuckerschicht karamellisiert beim Backen, schützt das Gebäck vor übermäßigem Austrocknen und verleiht ihm eine sympathische Rösche.
- Nach der halben Backzeit Zug öffnen.

Formenbiskotten

ca. 180 Stück
Ofentemperatur: 200 °C, Backzeit: 15 bis 20 Minuten

400 g	Eier (8)
350 g	Zucker
	Salz, Vanille
320 g	Mehl

Die **Herstellung** erfolgt warm geschlagen.

Aufarbeitung

- Mit Lochtülle (Ø 10 mm) die Masse in befettete, gestaubte Biskottenformenbleche dressieren.
- Mit Puderzucker ganz fein (Staubbeutel) bestauben.
- Nach der halben Backzeit Zug öffnen.
- Nach dem Backen sofort aus den Formen stürzen.

Anmerkung

- Der Zuckergehalt bei dieser Masse ist etwas höher.

Gebäckfehlertabelle von Biskuitmassen

Gebäckfehler	Ursache und Erklärung
Gebäck ist zu fest und kleinporig.	Zu wenig oder zu lange geschlagen, beim Einmelieren zu lange gerührt.
Gebäck ist eingefallen.	Zu wenig gebacken oder während des Backens zu stark bewegt.
Rouladenbiskuit bricht beim Rollen.	Zu hoher Mehl- und Zuckeranteil, zu kühl und zu lange gebacken.
Indianer- oder Hülsenmassegebäck hat runzelige Oberflächen und ist zusammengefallen.	Zuckeranteil ist zu hoch. Ofentemperatur war zu kühl und Zug war beim Backen nicht offen.
Biskotten laufen beim Backen breit.	Zu wenig oder zu lange geschlagen, beim Einmelieren zu lange gerührt.
Biskotten haben eine rissige Oberfläche.	Oberfläche ungenügend gezuckert, bei geschlossenem Zug gebacken.

Rezepte für Wiener Massen (leichte Sandmassen)

Wiener Massen oder leichte Sandmassen sind Biskuitmassen, in die zusätzlich nach dem Mehl flüssiges Fett eingerührt wird. Dadurch sind sie feinporiger und saftiger als Biskuitmassen und halten sich länger frisch.

Wiener Masse (leichte Sandmasse)

2 Tortenböden à Ø 22 cm und 5 cm h oder
1 Kapsel 30 x 30 cm und 5 cm h oder
1 Roulade 60 x 50 cm oder
1 Biskuit 60 x 50 cm für Schnitten oder
10 Dobosblätter à Ø 22 cm
Ofentemperatur: Tortenböden, Kapsel 200 °C; Rouladen, Biskuit für Schnitten und Dobosblätter 200 bis 220 °C
Backzeit: Tortenböden, Kapsel 30 Minuten; Rouladen, Biskuit für Schnitten und Dobosblätter ca. 15 Minuten

500 g	Eier (10)
300 g	Zucker
	Salz
	Vanille, Zitrone
250 g	Mehl
50 g	Weizenstärke
100 g	Fett (flüssig)

Die **Herstellung** erfolgt kalt getrennt, warm oder kalt geschlagen.

Aufarbeitung

- Siehe Biskuitrezept (Kap. IV / 5.1 Rezepte für Biskuitmassen).
- **Dobosmasse** streicht man in runden Blättern entsprechend dem Durchmesser der Torte oder für Schnitten in rechteckiger Form auf mit Backtrennpapier belegte Bleche.

Wiener Masse mit Nüssen oder Mandeln

500 g	Eier (10)
300 g	Zucker
	Salz
	Vanille, Zitrone
200 g	Mehl
	Zimt
100 g	Kerne (fein gerieben)
100 g	Fett (flüssig)

Wiener Masse mit Kakao

500 g	Eier (10)
300 g	Zucker
	Salz
	Vanille
250 g	Mehl
50 g	Kakaopulver
100 g	Fett (flüssig)
	Rum

Ofentemperatur, Backzeit, **Herstellung** und **Aufarbeitung** siehe Wiener Masse (leichte Sandmasse).

Anmerkung

- Die Zugabe von grob geriebenen Kernen, Schokoladestücken, kandierten Früchten oder Sultaninen hat keinen Einfluss auf das Verhältnis der Rezeptzutaten.

Bischofsbrot

2 Wannen à 25 x 10 x 7,5 cm
Ofentemperatur: 180 °C, Backzeit: 40 bis 45 Minuten

200 g	Dotter (10)
70 g	Zucker
	Vanille, Zitrone
240 g	Eiklar (8)
130 g	Zucker
	Salz
250 g	Mehl
50 g	Sultaninen
50 g	Aranzini (würfelig)
50 g	Haselnüsse (grob gerieben)
50 g	dick gezogener Kürbis,
	kandierte Kirschen
50 g	Schokolade (grob gehackt)
100 g	Butter (flüssig)

Herstellung
- Die Masse wird kalt getrennt geschlagen.
- Sultaninen, Aranzini, Nüsse, Kürbis, Kirschen und Schokolade werden vermischt in die Masse eingearbeitet.

Aufarbeitung
- In befettete, gestaubte Wannen füllen.
- Bei geschlossenem Zug backen.

Ausfertigung
- Nach dem Backen aus der Form stürzen, auskühlen lassen und mit Puderzucker anzuckern.

Ulmer Kuchen

3 Kuppelformen à Ø 18 cm, 450 g EG
Ofentemperatur: 180 °C, Backzeit: 40 bis 45 Minuten

340 g	Dotter (17)
200 g	Zucker
	Vanille, Zitrone
300 g	Eiklar (10)
100 g	Zucker
	Salz
200 g	Mehl
180 g	Weizenstärke
100 g	Sultaninen (gewaschen)
70 g	Butter (flüssig)

Die **Herstellung** erfolgt kalt getrennt geschlagen.

Aufarbeitung
- In befettete, gestaubte Formen füllen.
- Bei geschlossenem Zug backen.

Ausfertigung
- Nach dem Backen aus der Form stürzen.
- Auskühlen lassen, mit Puderzucker anzuckern, eventuell mit Fondant oder Kuvertüre (siehe Kap. IV / 8 Glasuren und Überzugsmassen) glasieren.

Gebäckfehlertabelle von Wiener Massen

Gebäckfehler	Ursache und Erklärung
Gebäck ist zu fest oder hat ein zu geringes Volumen.	Zu wenig oder zu lange geschlagen. Fett beim Einmelieren zu heiß zugesetzt, zu lange gerührt.
Mehlnester sind im Gebäck.	Mehl nicht gesiebt bzw. schlecht einmeliert.
Gebäck ist eingefallen.	Masse ist zu viel aufgeschlagen oder zu wenig meliert.

5.2 Sandmassen

Herstellung

Sandmassen

Einkesselmethode (rühren)	Zweikesselmethode (rühren und schlagen)
Für Gugelhupf, Sandkuchen, Obstkuchen, Linzer Masse.	Für Gugelhupf, Sachermasse, Englischen Kuchen, Baumkuchen, Rehrücken, Mohnkuchen, Obstkuchen.

Einkesselmethode

Butter, Puderzucker, Aromen *und* **Stärke** *schaumig rühren. Eventuell etwas* **Mehl** *einrühren.*

▼

Nach und nach **Eier** *und* **Dotter** *einrühren.*

▼

Restmehl *mit* **Backpulver** *versieben und einmelieren.*

▼

SANDMASSE

Zweikesselmethode

Dotter *und* **Eiklar** *trennen.*

▼ (links)

Butter, Puderzucker, Aromen *schaumig rühren.*

▼

Nach und nach **Dotter** *einrühren.*

▼ (rechts)

Eiklar, Zucker *und* **Salz** *zu Schnee schlagen.*

▼

Schnee mit dem Abtrieb verrühren.

▼

Mehl *mit* **Backpulver** *versiebt einmelieren oder* **Nüsse, Schokolade, Fruchtmischungen** *usw. mit* **Mehl** *vermischt einrühren.*

▼

SANDMASSE

Backen

Sandmassen werden im Vergleich zu Biskuit- und Wiener Massen

- bei geringerer Temperatur,
- langsamer,
- schwadenfrei und
- im letzten Viertel bei offenem Zug gebacken.

Anmerkungen

- Fett wird immer gerührt und nicht geschlagen.
- Die Idealtemperatur des Fettes zum Schaumigrühren liegt bei ca. 20 °C.
- Die Eier sollten die gleiche Temperatur wie das Fett haben.
- Wird Backpulver zur Lockerung verwendet, wird dieses mit dem Mehl versiebt.

Rezepte

Einkesselmethode

Gugelhupf

2 Formen à Ø 20 cm und 10 cm h, 1,25 l Literinhalt, EG à 1000 g
Ofentemperatur: 180 °C, Backzeit: 45 Minuten

500 g	Butter
500 g	Puderzucker
	Vanille, Zitrone
500 g	Eier (10)
500 g	Mehl

Aufarbeitung

- Masse in befettete, gestaubte Formen füllen.
- Backen, nach zwei Dritteln der Backzeit eventuell den Zug öffnen.

Ausfertigung
- Auf ein Gitter stürzen.
- Nach dem Auskühlen anzuckern oder aprikotieren und mit Zitronen-, Fondant- oder Schokoladeglasur (siehe Kap. IV / 8 Glasuren und Überzugsmassen) glasieren.

Sandkuchen

1 Wannenform 25 x 10 x 7,5 cm, 1,25 l Literinhalt, EG à 1050 g
Ofentemperatur: 180 °C, Backzeit: 60 Minuten

250 g	Butter
250 g	Puderzucker
	Vanille, Zitrone
150 g	Weizenstärke
250 g	Eier (5)
60 g	Dotter (3)
150 g	Mehl
4 g	Backpulver
Bestreichen und Glasieren:	
	Marillenkonfitüre
	Fondant

Aufarbeitung
- In befettete, bestaubte Wanne füllen und bei geschlossenem Zug backen.
- Nach kurzer Backzeit, wenn sich eine Haut gebildet hat, diese mit einer Messerspitze der Länge nach einritzen, damit sich die Masse während des Backens noch weiter heben kann (= Ausbund).

Ausfertigung
- Nach dem Backen auf ein Gitter stürzen und sofort zurückdrehen.
- Nach dem Auskühlen aprikotieren und mit Fondant (siehe Kap. IV / 8.1 Glasuren) glasieren.

Anmerkung
- Zur längeren Frischhaltung und besseren Handhabung werden diese Kuchen in speziellen Kartons gebacken.

Linzer Torte

2 Tortenformen à Ø 22 cm, EG à 1100 g
Ofentemperatur: 190 °C, Backzeit: 45 bis 50 Minuten

600 g	Butter
300 g	Puderzucker
	Zitrone
250 g	Eier (5)
700 g	Mehl
400 g	Haselnüsse (geröstet, gerieben)
	Zimt
Bestreichen und Belegen:	
3	Backoblaten
360 g	Ribiselgelee
50 g	Ei (1)
30 g	weiße Mandeln (gehobelt)

Aufarbeitung
- Die Hälfte der Masse in die Tortenreifen streichen oder dressieren.
- Mit Oblaten belegen und das Gelee mit einem Abstand von 2 cm zum Tortenreifen aufstreichen.
- Mit der restlichen Masse ein schräges Gitter aufdressieren (Lochtülle, Ø 10 mm).
- Mit Ei bestreichen und mit Mandeln bestreuen.
- Bei geschlossenem Zug backen.

Ausfertigung
- Mit Puderzucker bestauben.

Zweikesselmethode

Nuss-Schokoladegugelhupf

3 Formen à Ø 20 cm und 10 cm h, 1,25 l Literinhalt, EG à 1000 g
Ofentemperatur: 180 °C, Backzeit: 50 Minuten

600 g	Butter
180 g	Puderzucker
30 g	Rum
	Vanille
300 g	Dotter (15)
450 g	Eiklar (15)
420 g	Zucker
600 g	Mehl
200 g	Nüsse (grob gerieben)
200 g	Schokolade (grob gerieben)
Bestreichen und Glasieren:	
	Marillenkonfitüre
	Schokoladefondant

Aufarbeitung
- Masse in befettete, bestaubte Formen füllen.
- Bei geschlossenem Zug backen.

Ausfertigung
- Nach dem Backen auf ein Gitter stürzen.
- Nach dem Auskühlen aprikotieren und mit Schokoladefondant (siehe Kap. IV / 8.1 Glasuren) glasieren.

Sachertorte

1 Tortenform Ø 22 cm, Höhe 5 cm
Ofentemperatur: 220 bis 180 °C fallend
Backzeit: 40 bis 50 Minuten

150 g	Butter
75 g	Puderzucker
	Vanille
120 g	Dotter (6)
150 g	Kuvertüre
180 g	Eiklar (6)
75 g	Zucker
150 g	Mehl

Herstellung
- Temperierte Butter (20 bis 22 °C), Puderzucker und Vanille schaumig rühren.
- Etwas Mehl einrühren.
- Nach und nach Dotter dazugeben.
- Erwärmte, glatt gerührte Kuvertüre (25 °C) in den Abtrieb einrühren.
- In der Zwischenzeit Eiklar und Zucker zu einem zähen Schnee schlagen.
- Schnee mit dem Abtrieb verrühren und restliches Mehl einmelieren.
- Masse in den Tortenreifen einfüllen. Von der Mitte zum Rand hochstreichen.
- Backen, nach zwei Dritteln der Backzeit den Zug öffnen.

Wird die Bezeichnung „Sacher" verwendet mit dem Hinweis „besondere österreichische Codexqualität" oder anderer ähnlicher hervorhebender Bezeichnung, ist laut Codexbestimmungen
- das verwendete Fett nur Butter,
- liegt der Schokoladeanteil mindestens bei 15 % des Rezeptgewichtes,
- ist ein teilweiser Ersatz von Mehl durch Weizenstärke zulässig.
- Wenn der Masse Nüsse oder Mandeln beigefügt werden, so wird diese als „Nuss-" oder „Mandelsacher" bezeichnet.

Englischer Kuchen

2 Wannenformen à 25 x 10 x 7,5 cm, 1,25 l Literinhalt, EG à 1000 g
Ofentemperatur: bei 200 °C anbacken und bei 180 °C ausbacken
Backzeit: 30 bis 40 Minuten

280 g	Butter
140 g	Puderzucker
	Vanille, Zitrone
30 g	Rum
200 g	Dotter (10)
300 g	Eiklar (10)
140 g	Zucker
420 g	Mehl
Fruchtmischung:	
150 g	Aranzini (würfelig)
100 g	kandierte Kirschen (würfelig)
150 g	Zitronat (würfelig)
100 g	Sultaninen
100 g	weiße Mandeln (gestiftelt oder gehackt)
100 g	Schokolade (gehackt)

Aufarbeitung
- Masse in befettete, gestaubte oder mit Papier ausgelegte Formen füllen.
- Backen bei geschlossenem Zug.
- Auf ein Gitter stürzen und umdrehen.

Baumkuchen

750 g	Butter
500 g	Marzipanrohmasse
250 g	Puderzucker
	Kardamom, Zimt, Vanille
	Schale einer Zitrone (gerieben)
700 g	Dotter (35)
1130 g	Eiklar (41)
500 g	Zucker
350 g	Weizenstärke
	Salz
350 g	Mehl
	etwas Schlagobers (flüssig)
Bestreichen und Glasieren:	
	Marillenkonfitüre
	Fondant

Herstellung
- Butter, Marzipanrohmasse, Puderzucker und Aromen schaumig rühren.
- Nach und nach die Dotter dazugeben.
- Eiklar mit Zucker, Weizenstärke und Salz zu Schnee schlagen.
- Schnee unter den Abtrieb heben und Mehl einmelieren.
- Die Masse soll eine dickflüssige Konsistenz haben. Eventuell mit flüssigem Obers verdünnen.

Backen
Für das Backen des Baumkuchens ist ein eigener Backapparat notwendig.
- Es dreht sich darin eine gerade oder konische Walze (mit Alufolie umwickelt) vor einem Hitzeschild.
- Die Masse ist in einer Wanne. Die drehende Walze taucht in die Wanne ein, um die Masse gleichmäßig aufzunehmen. Ist die Masse zu fest, kann sie mit flüssigem Schlagobers verdünnt werden.
- Die ersten vier Schichten werden fester angebakken, um ein Abrutschen des Kuchens von der Walze zu vermeiden.
- In die nachfolgenden Schichten werden mit einem Baumkuchenkamm Ringe gezogen.

Ausfertigung
- Den noch heißen Baumkuchen aprikotieren, auskühlen lassen und mit Fondant (siehe Kap. IV / 8.1 Glasuren) glasieren.
- In Ringe schneiden und diese von der Walze nehmen. Soll der Baumkuchen im Ganzen von der Walze genommen werden, so wird er auf der konischen Walze gebacken.

Anmerkung
- Ohne Baumkuchenmaschine wird die Masse schichtenweise in Backrahmen oder Tortenreifen eingestrichen und mit Oberhitze gebacken (Schichtenbildung).

Rehrücken

3 Formen à 28 x 10 x 5 cm, 0,9 l Literinhalt, EG à 700 g
Ofentemperatur: 180 °C, Backzeit: ca. 50 Minuten

375 g	Butter
180 g	Puderzucker
	Vanille
300 g	Dotter (15)
150 g	Kuvertüre
450 g	Eiklar (15)
200 g	Zucker
	Salz
300 g	Mandeln (gerieben)
150 g	Mehl
Bestreichen und Glasieren:	
	Marillenkonfitüre
	Schokoladefondant
	weiße Mandeln (gestiftelt)

Herstellung
- Die weiche, glatt gerührte Kuvertüre (20 bis 25 °C) nach den Dottern unter den Abtrieb rühren.
- Die Mandeln mit dem Mehl mischen.

Ausfertigung
- Nach dem Backen bei geschlossenem Zug auf ein Gitter stürzen und auskühlen lassen.
- Aprikotieren und mit Schokoladefondant (siehe Kap. IV / 8.1 Glasuren) glasieren.
- Den glasierten Rehrücken an der Oberseite mit gestiftelten Mandeln spicken.

Mohnkuchen

3 Wannenformen mit EG à 300 g oder
1 Tortenform Ø 22 cm
Ofentemperatur: 170 bis 180 °C
Backzeit: ca. 45 Minuten

140 g	Butter
80 g	Puderzucker
10 g	Rum
	Schale einer Zitrone (gerieben)
100 g	Dotter (5)
150 g	Eiklar (5)
100 g	Zucker
	Salz
180 g	Mohn (fein gemahlen)
100 g	Mandeln (gerieben)
	Zimt
Bestreichen und Glasieren:	
	Marillenkonfitüre
	Zitronenglasur

Herstellung
- Mohn, Mandeln und Zimt mischen und melieren.

Ausfertigung
- Nach dem Backen bei geschlossenem Zug auf ein Gitter stürzen und auskühlen lassen.
- Den Kuchen entweder anzuckern oder aprikotieren und mit Zitronenglasur (siehe Kap. IV / 8.1 Glasuren) glasieren.

Obstkuchen

1 Backblech 65 x 52 cm, Höhe 4 cm
Ofentemperatur: 180 °C, Backzeit: 30 bis 40 Minuten

450 g	Butter
100 g	Puderzucker
	Vanille, Zitrone
420 g	Dotter (21)
630 g	Eiklar (21)
350 g	Zucker
	Salz
500 g	Mehl
10 g	Backpulver
	Oblaten
800 g	Fruchtbelag (zB Kirschen, Marillen oder Zwetschken)

Aufarbeitung
- Masse auf befettetes, bestaubtes Blech streichen.
- Um ein Absinken der Früchte zu vermeiden, wird die Masse mit Oblaten abgedeckt.
- Die entsteinten, der Länge nach eingeschnittenen Früchte auflegen und bei offenem Zug backen.

Gebäckfehlertabelle von Sandmassen

Gebäckfehler	Ursache und Erklärung
Gebäcke springen beim Backen nicht auf, haben keinen Ausbund.	Zu rasch gebacken, zu kurz gebacken, die Oberfläche nicht rechtzeitig eingeschnitten.
Gebäcke sind zusammengefallen und die Krume ist speckig.	Zu hohe Ofentemperatur, zu kurze Backzeit oder während des Backens zu stark bewegt.
Früchte sinken beim Backen zu Boden.	Früchte wurden nicht mit dem Mehl vermischt.
Baumkuchen löst sich beim Backen von der Walze.	Walze nicht genügend angeheizt oder die ersten Schichten zuwenig gebacken.
Teilweise dunkle Ringe im Anschnitt sichtbar.	Zu stark gebackene Schichten.

5.3 Schaummassen

Sie bestehen vorwiegend aus Eiklar und Zucker. Es können Geschmacksstoffe, Farben, Weizenstärke oder Mehl beigemengt werden. Die Schwere der Masse hängt vom Zuckergehalt ab. Dieser kann auf 1 Eiklar 50 bis 110 g betragen. Nachdem 1 Eiklar maximal 50 g Zucker lösen kann, muss der restliche Zuckeranteil entweder durch Kochen gelöst oder als Puderzucker in die Masse eingerührt werden.
Laut Codexbestimmungen wird Windbäckerei aus Albuminschaum (tierischer oder pflanzlicher Herkunft), Zucker und mit Zutaten wie Weizenstärke oder Kakaopulver hergestellt. Windbäckerei wird auch gefärbt. Für getrocknete Schaummassen wird nur Albumin oder pasteurisiertes Eiklar verwendet (Salmonellengefahr).

Art	Charakteristika	Verwendung
Schaummasse – kalt geschlagen	Erzeugnisse sind porös, mürbe, mit rauher Oberfläche und ohne Glanz.	Für Baisers, Windstangerln, Windmassen, Esterházymassen und zum Flämmen.
Schaummasse – warm geschlagen	Erzeugnisse sind fest, mit glatter Oberfläche und glänzend.	Für Eisgebäcke, Dekors, Windbäckereien, Windfiguren, als Beimasse für Cremen und Füllungen, Windringerln, Patiencen und Schokoladewindbiskotten.

Herstellung

Kalt geschlagene Schaummasse

Eiklar *wird mit der* ***halben Zuckermenge*** *(Kristallzucker) und* ***Aromen*** *zu Schnee geschlagen.*

▼

Zweite Zuckerhälfte wird als ***Puderzucker*** *in den Schnee eingerührt.*

▼

SCHAUMMASSE

Warm geschlagene Schaummasse – Methode 1

Eiklar *mit der* ***gesamten Zuckermenge*** *erwärmen, bis sich der Zucker gelöst hat.*

▼

In der Maschine kalt schlagen.

▼

SCHAUMMASSE

Warm geschlagene Schaummasse – Methode 2

***Eiklar** mit **1/3 der Zuckermenge** zu Schnee schlagen.*

▼

***2/3 des Zuckers** zum Kettenflug kochen, langsam in den geschlagenen Schnee einrühren.*

▼

Die Masse langsam weiterrühren, bis ihre Temperatur ca. 20 °C erreicht hat.

▼

SCHAUMMASSE

Sie wird somit genauso hergestellt wie bei Methode 1, allerdings mit geringerem Zuckeranteil. Die Masse ist dadurch nicht backfest.

Backen

- Schaummassen werden eher getrocknet als gebacken. Ausnahmen sind Schaummassen, denen Mehl beigemischt wird.
- Der Ofen oder Trockenschrank soll schwadenfrei sein. Der Zug bleibt offen.
- Wird Windbäckerei auf Papier dressiert, wird dieses mit den aufdressierten Erzeugnissen auf ein heißes Backblech gezogen. Die fertigen Erzeugnisse lösen sich besser vom Papier. Hingegen muss bei Verwendung von Backtrennpapier das Backblech nicht heiß sein.

Rezepte

Kalt geschlagene Schaummassen

Baisers

120 Stück

Ofentemperatur: zuerst 150 °C, bei 50 °C 6 Stunden trocknen

300 g	Eiklar (10)
350 g	Zucker
	Vanille
350 g	Puderzucker

Aufarbeitung

- Masse spiralenförmig auf Baiserhölzer, die vorher in Wasser gelegt wurden, aufdressieren.
- Baisers bei ca. 150 °C so lange anbacken, bis sie bruchfrei vom Holz zu lösen sind.
- Mit der Innenseite nach oben auf ein mit Papier belegtes Backblech legen, fertig trocknen lassen.

Ausfertigung

- Es werden jeweils zwei Baiserschalen unmittelbar vor dem Verkauf mit geschlagenem Obers oder Eis gefüllt und in eine Dessertkapsel abgesetzt.

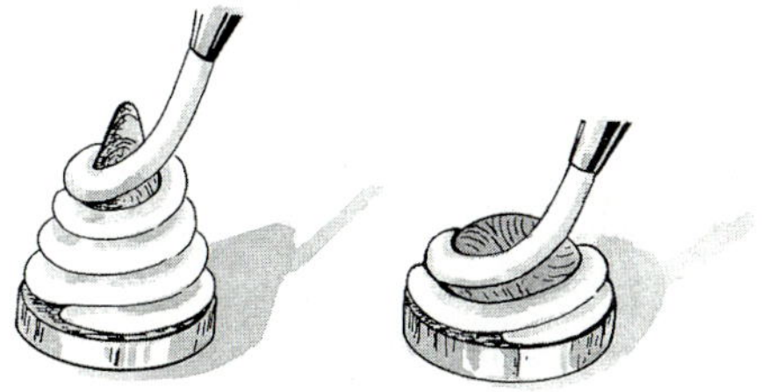

Windstangerln

50 Stück à 10 cm

Zutaten, Ofentemperatur und Backzeit siehe Baisers.

Aufarbeitung
- Baisermasse mit großer Sterntülle (Ø 11 mm) in spiralenförmigen Stangerln auf Papier dressieren.

Ausfertigung
- Nach dem Trocknen die Stangerln zur Hälfte oder nur den Boden mit Kuvertüre tunken.

Windbusserln

Stückanzahl je nach Größe

Zutaten, Ofentemperatur und Backzeit siehe Baisers.

Aufarbeitung
- Baisermasse mit Löskaffee oder gerösteten, gehackten Kernen abschmecken.
- Mit Lochtülle (Ø 11 mm) Busserln auf Papier dressieren und trocknen lassen.

Windmasse zum Abflämmen

Ofentemperatur: 240 °C Oberhitze

250 g	Eiklar (8)
200 g	Zucker
	Vanille
200 g	Puderzucker

Aufarbeitung
- Aufstreichen oder Aufdressieren einer Schaumdecke oder von Schaumdekor auf ein Konditorerzeugnis.

Esterházymasse

10 Blätter à Ø 22 cm für Torten oder
1 Backblech 66 x 45 cm für Schnitten
Ofentemperatur: 200 °C, Backzeit: 10 Minuten

450 g	Eiklar (15)
370 g	Zucker
	Vanille, Zitrone
370 g	Haselnüsse (geröstet und gerieben)
150 g	Mehl
	Zimt

Herstellung
- Eiklar, Zucker und Aromen zu Schnee schlagen.
- Die Haselnuss-Mehl-Zimt-Mischung einrühren.

Aufarbeitung
- Backbleche mit Backtrennpapier belegen, Tortenblätter aufstreichen oder für Schnitten die Masse auf die ganze Fläche aufstreichen.
- Nach der halben Backzeit Zug öffnen.

Anmerkung
- Die französische Bezeichnung für Esterházymasse ist Japonaismasse.

Laut Codexbestimmungen bestehen Esterházymassen mit dem Hinweis auf „besondere österreichische Codexqualität" aus dünnen Blättern spezieller Massen mit einem geschmacklich bestimmenden Anteil ölhaltiger Samen wie Nüsse, Mandeln, Pignolien oder Pistazien.

Warm geschlagene Schaummassen

Windbäckerei

Stückzahl je nach Größe
Ofentemperatur: 10 Minuten bei 100 °C
Trockenzeit: 12 Stunden bei 50 °C

300 g	Eiklar (10)
300 g	Zucker
600 g	Zucker (zum Kettenflug gekocht)
	Farbe und Geschmack nach Bedarf

Herstellung nach Methode 2.

Aufarbeitung
- Figuren für dekorative Zwecke dressieren.
- Bei dreidimensionalen Figuren wird in mehreren Etappen gearbeitet. Je nach Motiv und Färbung wird auf einen formgerecht dressierten Sockel ein Faden zum Aufhängen eingelegt. Trocknen lassen, um dann die folgenden Konturen mit weiteren Trockenphasen aufzudressieren.
- Flach dressierte Figuren werden in einem Arbeitsgang der Form entsprechend dressiert.

Windringerln

Zutaten, Ofentemperatur, Trockenzeit und **Herstellung** wie Windbäckerei.

Aufarbeitung
- Die Masse mit Kaffee-, Himbeer-, Erdbeer-, Zitrone- oder Vanillegeschmack abschmecken.
- Eventuell färben.
- Windringerln werden auch mit buntem Streuselzucker bestreut.

Schaumrollenfüllung

300 g	Eiklar (10)
100 g	Zucker
200 g	Zucker (zum Kettenflug gekocht)

Herstellung nach Methode 2.

Patiencemasse

ca. 500 g fertiges Gebäck
Ofentemperatur: 120 °C, Backzeit: ca. 15 Minuten

120 g	Eiklar (4)
50 g	Zucker
	Vanille
300 g	Zucker (zum Kettenflug gekocht)
10 g	Löskaffee (gelöst)
70 g	Puderzucker
210 g	Mehl
Tunken:	
	Kuvertüre

Herstellung
- Nach Methode 2.
- Zusätzlich noch Löskaffee, Puderzucker und Mehl in die Schaummasse einrühren. So lange rühren, bis die Masse zu glänzen beginnt und leicht verfließt.

Aufarbeitung
- Mit einer Lochtülle (Ø 6 mm) Patienceformen auf gewachste, gestaubte Bleche oder die Masse in Formenbleche dressieren.
- Bei 40 °C im Trockenschrank trocknen lassen, bis sich eine grifffeste Haut gebildet hat.
- Bei offenem Zug backen.

Ausfertigung
- Durch das Trocknen der Oberfläche und die Triebkraft des Zuckers heben sich die Stücke vom Blech ab, wodurch der charakteristische Fuß entsteht.
- Patiencen können halb oder ganz in Kuvertüre getunkt werden.

Laut Codexbestimmungen ist Patience ein knuspriges, zu Buchstaben, Ziffern oder Arabesken geformtes Backerzeugnis. Es wird aus einer schaumigen, dickflüssigen Masse aus Eiklar, Zucker, Zuckercouleur und etwas Weizenmehl, aber ohne Fett hergestellt.

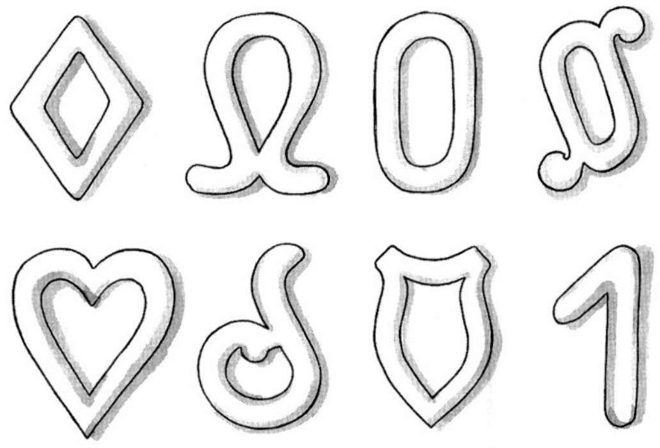

Schokoladewindbiskotten

ca. 500 g fertiges Gebäck
Ofentemperatur: 170 °C, Backzeit: 20 Minuten

180 g	Eiklar (6)
60 g	Zucker
500 g	Zucker (zum Kettenflug gekocht)
30 g	Kakaopulver

Herstellung
- Nach Methode 2.
- Bei ca. 40 bis 50 °C das Kakaopulver in der Maschine einrühren.
- Ausspannen und noch warm mit einer Lochtülle (Ø 6 mm) auf mit Backtrennpapier belegte Bleche kleine Biskotten dressieren.
- Im Trockenschrank trocknen lassen, bis sich eine grifffeste Haut gebildet hat.
- Bei offenem Zug backen. Es soll sich ein deutlich erkennbarer Fuß bilden.

Ausfertigung
- Nach dem Auskühlen halb und schräg tunken.

Mandelbögen

30 Stück à 3 x 10 cm
Ofentemperatur: 170 °C, Backzeit: ca. 30 Minuten

150 g	Eiklar (5)
425 g	Zucker
300 g	weiße Mandeln (gehobelt)
	Zitrone, Zimt
3	Oblaten
Bestreuen:	
50 g	Mandeln (gehobelt)

Herstellung
- Eiklar mit Zucker im Wasserbad bis 60 °C erhitzen und aufschlagen.
- Mandeln, Zitrone und Zimt einrühren.
- Die Masse auf die vorbereiteten Oblatenstreifen ca. 5 mm dünn aufstreichen.
- Etwas übertrocknen lassen und in 3 cm breite Streifen schneiden.
- Über halbrunde Formen legen und backen.

Pastamasse

300 g	Eiklar (10)
160 g	Zucker
	Vanille
400 g	Zucker (zum Kettenflug gekocht)

Herstellung nach Methode 2.

Verwendung
- Als Füll- oder Beimasse für Cremen.

Gebäckfehlertabelle

Gebäckfehler	Ursache und Erklärung
Schaummasse schlägt sich schlecht auf.	Fettes Geschirr und/oder fette Geräte, Zucker zu rasch eingeschlagen.
Schaummasse wird schmierig.	Gekochten Zucker zu früh oder zu rasch eingerührt, zu lange geschlagen.
Windbäckerei ist außen braun und innen weich.	Ofentemperatur zu hoch.
Windbäckerei löst sich schlecht vom Papier.	Backbleche zu wenig erhitzt.
Schaumrollenfüllung fließt aus oder fällt zusammen.	Zu geringer Zuckeranteil, Zucker zu niedrig gekocht, Masse zu wenig geschlagen.
Patience hat graue Oberfläche.	Wurde zu wenig zusammengerührt.
Patience mit zu wenig ausgebildetem Fuß.	Zu kurze Trockenzeit.
Schokoladewindbiskotte hat graue Oberfläche.	Wurde zu früh ausgespannt oder zu wenig zusammengerührt.
Schokoladewindbiskotten fließen beim Dressieren breit.	Beim Einrühren des Kakaopulvers zu lange gerührt.
Schokoladewindbiskotte mit zu wenig ausgebildetem Fuß.	Zu kurze Trockenzeit.

5.4 Makronenmassen

Sie bestehen aus Mandeln bzw. Marzipanrohmasse, Zucker, Eiklar und Aromen. Makronenmassen werden in drei Gruppen eingeteilt und unterscheiden sich durch das Verhältnis von Kernen zu Zucker.

Art	Zusammensetzung	Charakteristika	Verwendung
Makronenkonfekt	1 Teil Mandeln + 1 Teil Zucker	• geringster Zuckeranteil • bleiben lange weich • glatte Oberfläche	Für Teebäckerei, meist auf Mürbteigboden aufdressiert, Eisgebäck.
Makronen	1 Teil Mandeln + 2 Teile Zucker	• häufigste Art • Oberfläche gerissen	Für Teebäckerei (halb getunkt, eventuell doubliert), Eisgebäck und dekorative Aufsätze.
Französische Makronen	1 Teil Mandeln + 3 Teile Zucker	• höchster Zuckeranteil • Oberfläche vor dem Backen einritzen	Für Teebäckerei (halb getunkt, eventuell doubliert).

Generell können Makronenmassen anstatt aus Mandeln auch aus Marzipanrohmasse hergestellt werden, wobei der Zuckergehalt der Marzipanrohmasse berücksichtigt und ergänzt werden muss.

Laut Codexbestimmungen werden Backerzeugnisse aus Makronenmasse aus zerkleinerten Mandeln, anderen ölreichen Samen oder Kokosraspeln sowie Zucker und Eiklar (Eialbumin) hergestellt. Sie enthalten mitunter Mehl und Beigaben wie Honig, Glukosesirup, Malzprodukte, Dotter oder Eidauerwaren und Gewürze sowie Zuckerarten und geringe Mengen Sorbit als Weichhaltemittel. Als Glanzmittel werden Lösungen von Dextrinen oder Gummiarabikum verwendet.

Die Bezeichnung „Makronen“ ist allein Backerzeugnissen aus Makronenmasse vorbehalten, zu deren Herstellung Mandeln verwendet werden. Werden statt oder neben Mandeln andere ölreiche Samen oder Kokosraspeln verwendet, so wird dies in der Bezeichnung zum Ausdruck gebracht (zB „Nussmakronen“, „Kokosbusserln“).

Herstellung

Kalt hergestellte Makronenmassen

*Alle **Zutaten** (zB Mandeln, Puderzucker oder Zucker, Honig) miteinander vermischen.*

▼

Um eine möglichst feine Struktur zu erhalten, werden sie melangiert.

▼

*Mit **Eiklar** die Konsistenz einstellen.*

▼

MAKRONENMASSE

Makronenmassen brauchen eine Rastzeit von mindestens 3 Stunden. Wird Marzipanrohmasse verwendet, dann ist ein Melangieren und Rasten nicht notwendig.

Geröstete Makronenmassen

*Die **Zutaten** mit einem Großteil des **Eiklars** vermischen. Unter ständigem Rühren auf 60 bis 80 °C erhitzen.*

▼

*Danach auskühlen lassen und mit dem restlichen **Eiklar** die Dressierfähigkeit einstellen.*

▼

MAKRONENMASSE

Die Zugabe von geschlagenem Eiklar vergrößert das Volumen und verstärkt den Glanz.

Vorteile gerösteter Makronenmassen

- bessere Bindung
- bessere Lösung des Zuckers
- raschere Hautbildung
- schönerer Glanz

Backen

- Nach der individuellen Trockenphase bei offenem Zug backen.

Rezepte

Kalt hergestellte Makronenmassen

Makronenkonfekt

Ofentemperatur: 170 °C, Backzeit: ca. 20 Minuten

Mit Mandeln:

300 g	Mandeln (fein gerieben)
250 g	Puderzucker
50 g	Honig
150 g	Eiklar (5)
	Vanille, Zitrone

Mit Marzipanrohmasse:

300 g	Marzipanrohmasse
100 g	Puderzucker
150 g	Eiklar (5)
	Vanille, Zitrone
Belegen und Abglänzen:	
	kandierte Früchte (klein geschnitten)
	Läuterzucker oder Gummiarabikum

Aufarbeitung

- Mit Sterntülle (Ø 8 mm) auf vorgebackene Mürbteigunterlagen mit 1,5 cm Durchmesser (siehe 1-2-3-Teig, Kap. IV / 4.4 Mürbteige) in derselben Größe rund aufdressieren.
- Mit kandierten Früchten belegen.
- Ohne Trockenphase backen.

Ausfertigung

- Nach dem Backen abglänzen.

Makronen

Ofentemperatur: 170 °C, Backzeit: ca. 20 Minuten

Mit Mandeln:

300 g	Mandeln (fein gerieben, ausgesiebt)
550 g	Zucker
50 g	Honig

ca. 240 g	Eiklar (8)
	Vanille, Zitrone
Mit Marzipanrohmasse:	
300 g	Marzipanrohmasse
300 g	Puderzucker
50 g	Honig
ca. 100 g	Eiklar (3)
	Vanille, Zitrone
Bestreichen und Glasieren:	
	Konfitüre
	Kuvertüre

Aufarbeitung
- Mit Lochtülle (Ø 6 bis 8 mm) auf mit Backtrennpapier belegte Bleche in Stangerl- oder Kipferlform dressieren.
- Trocknen lassen, bis sich eine deutlich spürbare Haut gebildet hat (Trockenschrank).

Ausfertigung
- Nach dem Backen eventuell mit Konfitüre doublieren und zur Hälfte in Kuvertüre tunken.

Dotter-Mandel-Makronen

Ofentemperatur: 170 °C, Backzeit: 10 Minuten

300 g	Marzipanrohmasse
120 g	Dotter (6)
	Schale einer halben Zitrone (gerieben)
	Vanille

Herstellung und Aufarbeitung
- Zutaten miteinander glatt arbeiten.
- Auf mit Backtrennpapier belegte Bleche dressieren und ohne Trockenphase backen.

Geröstete Makronenmassen

Kokosmakronen

Ofentemperatur: 170 °C, Backzeit: 10 bis 15 Minuten

300 g	Eiklar (10)
750 g	Zucker
400 g	mittelfeine Kokosraspel
50 g	Honig
	Zitrone

Herstellung und Aufarbeitung
- Eiklar und 400 g Zucker zu Schnee schlagen.
- Mit Kokosraspeln, Honig, Restzucker und Aroma mischen. Bis 60 °C abrösten.
- Auskühlen lassen und auf mit Backtrennpapier belegte Bleche kleine Busserln dressieren.
- Ohne Trockenphase backen.

Französische Makronen

Ofentemperatur: 190 bis 200 °C
Backzeit: ca. 30 Minuten

Mit Mandeln:	
300 g	weiße Mandeln (fein gerieben)
900 g	Zucker
ca. 200 g	Eiklar (7)
	Zitrone
Mit Marzipanrohmasse:	
300 g	Marzipanrohmasse
500 g	Puderzucker
150 g	Eiklar (5)
	Zitrone
Zum Glasieren:	
	Kuvertüre

Aufarbeitung
- Auf mit Backtrennpapier belegte Bleche mit Lochtülle (Ø 3 mm) kleine Stangerln dressieren.
- Ca. 3 Stunden trocknen lassen, bis sich eine gute, grifffeste Haut gebildet hat.
- Oberfläche der Länge nach mit einer scharfen Messerspitze einritzen und backen.

Ausfertigung
- Nach dem Backen auskühlen lassen und den Boden bzw. schräg tunken.

Gebäckfehlertabelle

Gebäckfehler	Ursache und Erklärung – Nicht geröstet	Ursache und Erklärung – Geröstet
Gebäcke laufen breit.	Masse zu weich oder zu viel Zucker.	Zu viel Eiklar oder zu wenig geröstet.
Gebäckoberfläche reißt zu stark.	Masse zu weich, Zug geschlossen.	Masse zu weich, Zug geschlossen.
Gebäckoberfläche ist grau, aber nicht gerissen.	Zu feste Masse, zu kalter Ofen.	Zu feste Masse, zu stark geröstet.

5.5 Hippenmassen

Das sind streichfähige Massen, die mithilfe einer Gummimatte oder selbst gefertigten Schablonen auf gewachsten Blechen oder Backtrennpapier bzw. Silikonmatten sehr dünn aufgestrichen werden.

Art	Zusammensetzung	Verwendung
Vollei-Hippenmasse	Aus Eiern, Puderzucker und Mehl.	Für Eisgebäck sowie für dekorative Zwecke.
Marzipan-Hippenmasse	Aus Marzipanrohmasse, Puderzucker, Mehl, Milch oder flüssigem Schlagobers.	Für Rollen, Stanitzel, Blumen oder Blätter.
Eiklar-Hippenmasse	Aus Eiklar, Zucker, Mehl und geriebenen Haselnüssen oder Mandeln.	Für Rollen, Stanitzel, Schmankerln.

Herstellung

Herstellung der Hippenmasse

*Alle **Zutaten** innig miteinander verrühren (nicht schaumig rühren!), gegebenfalls passieren.*

▼

*Eventuell mit **Milch** oder flüssigem **Schlagobers** verdünnen. 2 bis 3 Stunden rasten lassen, damit sich der Zucker besser löst.*

▼

STREICHFÄHIGE MASSE

Aufarbeitung

- Die Masse aufdressieren oder aufstreichen (mit oder ohne Schablone).
- Eventuell Dekor mit Kontrastmasse, zB anders gefärbte Hippenmasse.

Backen

- Mit hoher Ofentemperatur backen.
- Niemals die gesamte Fläche oder alle Stücke auf einmal ausbacken.

Ausfertigung

- Heiß biegen oder formen, zB Blumen- und Blätterformen. Über oder in zB Schüsserln biegen. Rollen oder Stanitzel werden über ein entsprechendes Holz gerollt (Kochlöffelstiel, Stanitzelholz), wobei der Schluss fest zusammengepresst werden muss.
- Unbedingt trocken lagern.

Rezepte

Volleihippenmasse

Ofentemperatur: ca. 200 bis 220 °C
Backzeit: je nach Farbe

100 g	Eier (2)
100 g	Puderzucker
100 g	Mehl

Aufarbeitung

- Eisgebäck oder dekorative Ornamente herstellen.

geformtes Eisgebäck

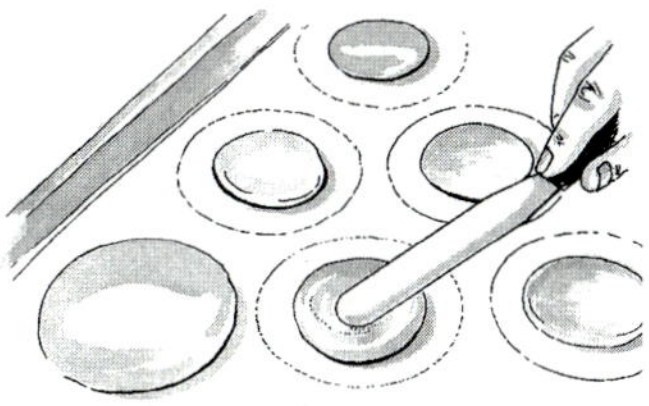

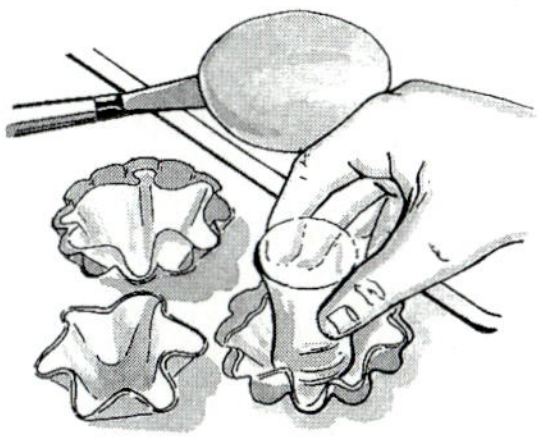

Schablonen für Ornamente

Marzipanhippenmasse

Ofentemperatur: 200 bis 220 °C, Backzeit: je nach Farbe

175 g	Marzipanrohmasse
125 g	Puderzucker
125 g	Eiklar (4)
60 g	Mehl
ca. 100 g	Milch
	Vanille, Zimt

Aufarbeitung und Ausfertigung

Rollen:

- Eine große Fläche aufstreichen und halb anbacken.
- In rechteckige Stücke schneiden und vorsichtig mit einer Spachtel vom Blech heben.
- Nun immer nur einige Stücke fertig backen und sofort rollen.

Stanitzel:

- Masse im entsprechenden Durchmesser aufschablonieren.
- Nach halber Backzeit mit einer Spachtel vom Blech heben.
- Nun immer nur einige Stücke fertig backen und sofort mit dem Stanitzelholz formen.

Blumen- oder Blätterform:

- Dem Muster entsprechende Schablonen zum Auftragen der Masse herstellen.
- Masse in die Schablone einstreichen und eventuell mit einer Kontrastmasse dekorieren.
- Nach halber Backzeit vorsichtig mit einer Spachtel vom Blech heben.
- Nun immer einige Stücke fertig backen und sofort formen.

Rollen

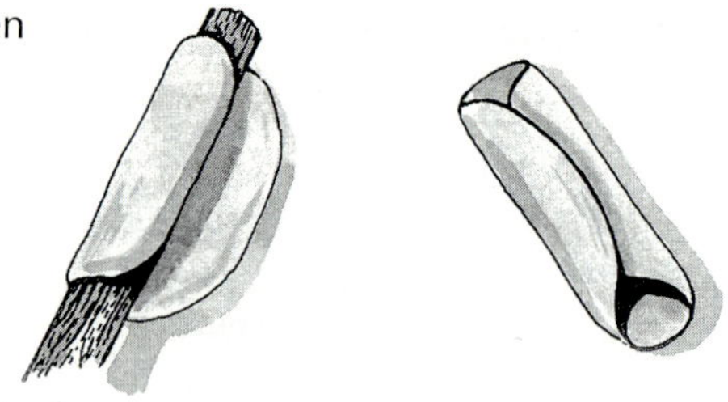

Stanitzel

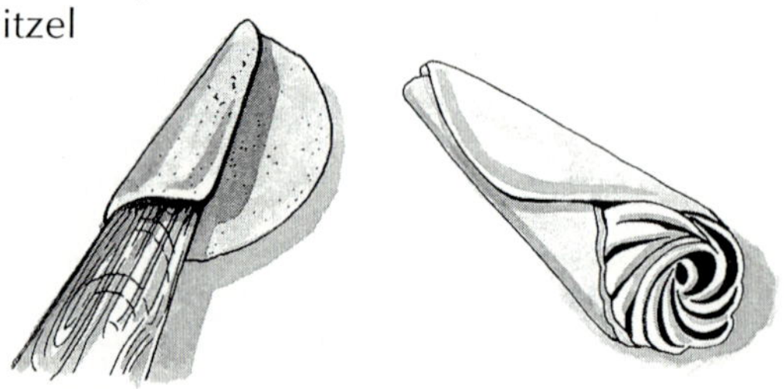

Eiklarhippenmasse

Ofentemperatur: 200 bis 220 °C
Backzeit: je nach Farbe

180 g	Puderzucker
150 g	Eiklar (5)
100 g	Mehl

Aufarbeitung und Ausfertigung

Rollen und Stanitzel:

- Siehe Marzipanhippenmasse.

Schmankerln:

- Masse auf ein gewachstes, gestaubtes Backblech dünn aufstreichen und hellbraun backen.
- Nach dem Backen mit einer Spachtel oder Palette die gebackene Fläche vom Blech lösen, wobei sie in Stücke – „Schmankerl" – splittert. Die knusprigen Splitter werden mit Cremen oder Eis kombiniert oder zum Einstreuen verwendet.

Gebäckfehlertabelle

Gebäckfehler	Ursache und Erklärung
Hippenmasse hat an der Oberfläche Flecken.	Ungleichmäßig aufgestrichen, Zucker war nicht gelöst.
Hippenmasse wirft Blasen.	Zu geringe Abstehzeit der Masse.
Hippengebäck wird zäh.	Zu wenig gebacken, zu feucht gelagert.
Hippengebäck ist brüchig und dunkel.	Zu viel gebacken, Zucker ist verbrannt.

5.6 Brand- oder Brühmassen

Die Herstellung unterscheidet sich von anderer Masse dadurch, dass die Verkleisterung der Stärke und die Gerinnung des Eiweißes im Mehl durch den Brühvorgang schon vor dem Backprozess stattfinden.

Art	Verwendung
Im Rohr gebacken	Für Windbeutel (Cremekrapferln), Eclairs, Cremeringe, Profiteroles und dekorative Figuren. In kleinen Größen als Petits Fours oder Käsefours.
Im Fett gebacken	Für Spritzkrapfen, Beignets.
Im Wasser gekocht	Für Obstknödel und Powidltascherl in der Patisserie (siehe Kap. IV / 17).

Herstellung

Herstellung der Brand- oder Brühmasse

***Wasser** (Milch), **Butter** (Margarine) und **Salz** aufkochen.*

▼

*Gesiebtes **Mehl** (kleberreich) einrühren.*

▼

Abrösten, bis sich die Masse von der Geschirrwand löst.

▼

Kurz überkühlen lassen.

▼

***Eier** nach und in die noch heiße Masse einrühren. Damit kann man die Konsistenz besser kontrollieren.*

▼

DRESSIERFÄHIGE MASSE

Wird Brandmasse in Fett gebacken, dann verwendet man Milch anstatt Wasser.

Lockerung

- Brand- oder Brühmassen werden durch Wasserdampf gelockert.

Aufarbeitung

- Brandmasse kann auch für die Herstellung von dekorativen Ornamenten und figürlichen Gebilden verwendet werden.
- Zu diesem Zweck wird die Brandmasse durch ein Haarsieb passiert und ausschließlich auf Backtrennpapier entsprechend aufgespritzt.

Kennzeichen von Brandmassegebäcken

- leichtes Gewicht
- großes Volumen
- große Porung

Rezepte

Im Rohr gebackene Brand- oder Brühmassen

ca. 25 Windbeutel
Ofentemperatur: 210 bis 220 °C, fallend
Backzeit: 20 bis 25 Minuten

250 g	Wasser
125 g	Butter
	Salz
200 g	Mehl
250 g	Eier (5)

Aufarbeitung

- Die ausgekühlte Masse mit Sterntülle (Ø 12 mm) auf mit Backtrennpapier belegte Backbleche dressieren.
- Mit ausreichendem Schwaden backen. Das Rohr darf bis zur halben Backzeit nicht geöffnet werden. Im letzten Drittel bei offenem Zug fertig backen.
- Richtig gebackenes Gebäck ist sehr voluminös, mit großer Porung.

Ausfertigung
Windbeutel, Eclairs und Cremeringe:
- Aprikotieren und mit Fondant (siehe Kap. IV / 8.1 Glasuren) dünn glasieren.
- In der Mitte durchschneiden und mit Vanille- oder Erdbeeroberscreme (siehe Kap. IV / 6.3 Geschlagene Cremen) füllen. Die Vanillecreme kann auch mit Kaffee oder Schokolade abgeschmeckt werden. Dementsprechend wird auch die Fondantglasur abgeschmeckt.

Profiteroles:
- Das sind kleine, mit Lochtülle dressierte Krapferln.
- Sie werden als Suppeneinlage verwendet oder an ihrer Unterseite angestochen, mit geschlagenem Obers gefüllt und mit Schokoladesauce übergossen.

Petits Fours, Käsefours:
- Das sind klein dressierte Gebäcke in üblichen Formen.
- Petits Fours wie große Brandmassegebäckstücke ausfertigen.
- Käsefours mit verschiedenen Käsecremen (siehe Kap. IV / 6.1 Gerührte Cremen) füllen.

Im Fett gebackene Brand- oder Brühmassen

Spritzkrapfen

30 Stück à Ø 4 cm
Siedefett-Temperatur: 160 bis 170 °C
Backzeit: 5 bis 10 Minuten

Zutaten siehe im Rohr gebackene Brand- oder Brühmassen.

Aufarbeitung
- Masse mit einer Sterntülle (Ø 10 mm) in Ringen auf ein Backtrennpapier dressieren und mit der Teigseite nach unten in das Siedefett einlegen.
- Vor dem Wenden das Papier abziehen. Unter zwei- bis dreimaligem Wenden goldbraun backen.
- Aus dem Fett nehmen und abtropfen.

Ausfertigung
- Anzuckern und noch warm mit Vanillesauce servieren.

Gebäckfehlertabelle

Gebäckfehler	Ursache und Erklärung
Brandmasse mit zu kleinem Volumen.	Zu wenig abgeröstet, zu feste Masse, zu wenig oder zu viel Ofenhitze, zu wenig Schwade.
Brandmassegebäcke sind zu flach.	Zu weiche Masse, zu kühler Ofen oder zu kühles Fett, zu früh den Herd geöffnet.

5.7 Röstmassen

Die Zutaten dieser Massen werden bei der Herstellung geröstet. Sie werden nicht gelockert, denn sie sollen eine brüchige, karamellisierte Beschaffenheit aufweisen.

Herstellung

Herstellung der Röstmasse

Butter, Zucker, Milch *(Schlagobers),* ***Honig*** *(Glukosesirup) bis zum Faden kochen, um die notwendige Zähigkeit der Masse zu erreichen.*

▼

Dieser Grundmasse je nach Rezept ***Kerne*** *und* ***Früchte*** *beimischen.*

▼

MASSE

Aufarbeitung

- Auf Backtrennpapier, in Formen oder auf Mürbteige aufbringen und backen.
- Trocken lagern.

Rezepte

Florentiner

22 Stück à Ø 10 cm
Ofentemperatur: 200 °C, Backzeit: je nach Farbe

60 g	Butter
250 g	Zucker
250 g	Schlagobers (flüssig)
60 g	Honig
240 g	weiße Mandeln (gehobelt)
240 g	Orangeat (fein gehackt)
60 g	rote, kandierte Kirschen (fein gehackt)
Belegen und Tunken:	
22	rote, kandierte Kirschen (halbiert)
	Kuvertüre

Aufarbeitung

- Geröstete Masse entweder auf Backtrennpapier aufbringen und entsprechend dem Durchmesser mit einem Löffelrücken flach drücken oder in Florentinerformblechen aufteilen.
- Backen: Die auf **Backtrennpapier** aufgebrachten Florentiner während des Backprozesses mit einem runden, benetzten Ausstecher auf die vorgesehene Größe zusammenschieben. Mit einer halben, kandierten Kirsche belegen und fertig backen.
- In **Formbleche** gebackene Florentiner unmittelbar nach dem Ausbacken in der Mitte mit einer halben, kandierten Kirsche belegen.

Ausfertigung

- Nach dem Backen auskühlen lassen und tunken.

Verschiedene Tunkmethoden

- Den Boden mit Kuvertüre bestreichen und auf Papier absetzen. Abstocken lassen, nochmals bestreichen und bogenförmig kämmen.
- Kuvertüre dünn aufstreichen. Florentiner in die weiche Kuvertüre legen und nach dem Abstocken ausstechen. Nochmals mit Kuvertüre bestreichen und kämmen.
- Kuvertüre in speziell dafür hergestellte Formen füllen und Florentiner einsetzen. Nach dem Stocken ausklopfen.
- Kuvertüre dünn auf Backtrennpapier aufstreichen und kämmen. Der Größe entsprechend ausstechen, umdrehen und nochmals dünn mit Kuvertüre bestreichen. Florentiner aufsetzen.

Anmerkungen

- Um ein Rotfärben der Masse zu verhindern, Kirschen erst am Ende des Kochvorganges beigeben.
- Rationelle Ausarbeitung ist, die Florentiner Masse in der Größe eines Backbleches auf Backtrennpapier in einem Rahmen zu backen. Nach dem Auskühlen den gesamten Boden mit Kuvertüre bestreichen und in Quadrate (3 x 3 cm) schneiden.
- Florentiner werden auch in kleinen Formen, ca. Ø 5 cm, als Teegebäck hergestellt.

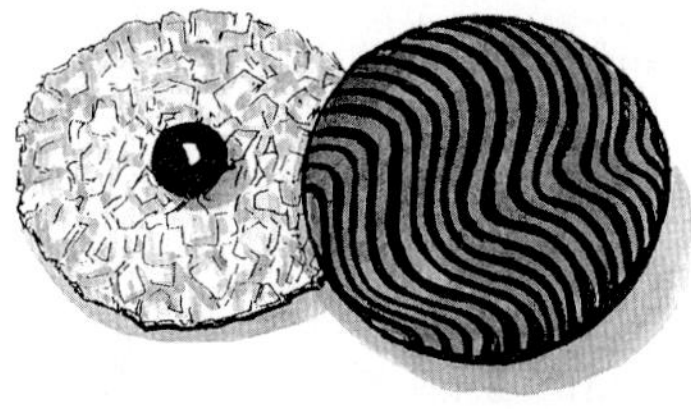

Nussknacker

16 Stück à Ø 10 cm
Ofentemperatur: 200 °C, Backzeit: ca. 15 Minuten

Teig:	
	1-2-3-Teig (Kap. IV / 4.4 Mürbteige)
Röstmasse:	
150 g	Butter
300 g	Zucker
180 g	Schlagobers (flüssig)
150 g	Honig
60 g	Glukosesirup
600 g	Haselnüsse (geschält, geröstet)
Tunken:	
	Kuvertüre

Aufarbeitung

- Aus Mürbteig runde Böden (Ø 10 cm, 4 mm dünn) vorbacken.
- Mit ca. 2 cm hohen, befetteten Ringen umstellen und die Röstmasse aufbringen; Backen.

Ausfertigung

- Nach dem Backen auskühlen lassen.
- Böden in Kuvertüre tunken.

Mandelecken

1 Backblech (60 x 44 cm), 40 Quadrate (8 x 8 cm) = 80 Stück (Dreiecke), Teebäckerei: 80 Quadrate (4 x 4 cm) = 160 Stück (Dreiecke)
Ofentemperatur: 200 °C, Backzeit: je nach Farbe

Teig:	
	1-2-3-Teig
	(siehe Kap. IV / 4.4 Mürbteige)

Röstmasse:	
500 g	Butter
500 g	Zucker
250 g	Milch
200 g	Honig
500 g	weiße Mandeln (gehobelt)
200 g	Orangeat (kleinwürfelig)
Tunken:	
	Kuvertüre

Aufarbeitung

- Mürbteig in Blechgröße ausrollen.
- Mit einem Rahmen umstellen, anbacken und die geröstete Mandelmasse aufbringen.

Ausfertigung

- Am nächsten Tag in Quadrate (8 x 8 cm oder 4 x 4 cm) und in der Diagonale durchschneiden.
- Die Schnittflächen mit Kuvertüre tunken.

Gebäckfehlertabelle

Gebäckfehler	Ursache und Erklärung
Florentiner laufen beim Backen zu stark auseinander.	Masse war zu dünn, zu wenig geröstet.
Florentiner weisen an der Oberfläche keinen Glanz auf.	Masse war zu fest, zu viel geröstet.
Nussknacker sind an der Oberfläche grau.	Masse war zu dünn und ist beim Backen abgelaufen.
Mandelecken sind an der Oberfläche matt und grau.	Masse wurde zu viel geröstet, sie war zu fest.

Zusammenfassung: Massen

Biskuitmassen und Wiener Massen (leichte Sandmassen)

Die Herstellung erfolgt kalt getrennt, warm oder kalt geschlagen. Gebacken werden sie schwadenfrei bei geschlossenem Zug und im letzten Viertel bei offenem Zug.

Biskuitmassen wird kein Fett beigegeben. Wiener Massen (leichte Sandmassen) sind Biskuitmassen in die zusätzlich nach dem Mehl flüssiges Fett eingerührt wird. Durch die Fettzugabe sind sie feinporiger und saftiger als Biskuitmassen und halten sich länger frisch.

Sandmassen

Sie können nach zwei Methoden hergestellt werden:

- Einkesselmethode: Ganze Eier werden in den Abtrieb gerührt.
- Zweikesselmethode: Dotter werden in den Abtrieb gerührt. Das Eiklar wird zu Schnee geschlagen.

Gebacken werden sie bei geringeren Temperaturen, langsamer als Biskuitmassen, schwadenfrei und im letzten Viertel bei offenem Zug.
Typische Produkte aus Sandmassen sind Sachertorte, Linzer Torte, verschiedene Kuchen (Sand-, Baumkuchen usw.).

Schaummassen

Sie bestehen in der Regel aus Eiklar und Zucker. Es können auch Mehl, Weizenstärke, Geschmacksstoffe und Farben zugesetzt werden.
Laut Codexbestimmungen wird Windbäckerei aus Albuminschaum hergestellt.

Herstellung

- Erzeugnisse aus kalt geschlagener Masse sind porös, mürbe, mit rauher Oberfläche und ohne Glanz, zB Baisers, Windstangerln, Windbusserln, Esterházymassen und Windmassen zum Abflämmen.
- Erzeugnisse aus warm geschlagener Masse sind fest, mit glatter Oberfläche und glänzen. Typische Produkte sind Windbäckereien, Windringerln, Patiencen und Schokoladewindbiskotten.

Schaummassen werden mit Ausnahme von Esterházymassen, Patiencemassen, Schokoladewindbiskotten und Mandelbögen nicht gebacken, sondern getrocknet.

Makronenmassen

Sie bestehen aus Mandeln bzw. Marzipanrohmasse, Zucker, Eiklar und Aromen. Makronenkonfekte, Makronen und französische Makronen unterscheiden sich durch das Verhältnis von Mandeln zu Zucker.

Sie können kalt hergestellt oder geröstet werden. Nach der individuellen Trockenphase werden die Gebäcke bei offenem Zug gebacken.

Hippenmassen

Man unterscheidet Vollei-, Marzipan- und Eiklar-Hippenmassen. Es werden Eisgebäcke, Rollen, Stanitzel, Blumen, Blätter, Schmankerln usw. hergestellt.

Hippenmassen nur glatt und nicht schaumig rühren. Mit hoher Ofentemperatur backen und die Erzeugnisse noch heiß formen.

Brand- oder Brühmassen

Die Verkleisterung der Stärke und die Gerinnung des Eiweißes im Mehl finden durch den Brühvorgang schon vor dem Backprozess statt.

Brand- oder Brühmassen können im Rohr oder Fett gebacken oder im Wasser gekocht werden. Die Gebäcke sind leicht, großporig und weisen ein großes Volumen auf. Sie werden durch Wasserdampf beim Backen gelockert.

Röstmassen

Die Zutaten dieser Massen werden geröstet, zB Florentiner, Nussknacker, Mandelecken.

Fragen und Arbeitsaufgaben

1. Welche Massen kennen Sie?
2. Wie werden **Biskuitmassen** und **Wiener Massen** hergestellt? Gibt es Unterschiede?
3. Wie werden Biskuitmassen gebacken und was geschieht genau dabei?
4. Womit werden Biskuitmassen und Wiener Massen unter Berücksichtigung der Grundrezeptur geschmacklich verändert?
5. Wie wird die Indianer- oder Hülsenmasse hergestellt?
6. Wie werden Biskotten bzw. Formenbiskotten hergestellt?
7. Nennen Sie zwei typische Gebäcke mit Wiener Masse!
8. Welche Methoden der Herstellung von **Sandmassen** kennen Sie?
9. Wodurch unterscheiden sie sich von Biskuit- und Wiener Masse?
10. Wie werden Sandmassen gebacken?
11. Welche Codexbestimmungen kennen Sie für die Sachertorte?
12. Nennen Sie einige typische Erzeugnisse aus Sandmassen!
13. Woraus bestehen **Schaummassen**?
14. Welche Codexbestimmungen gibt es für Windbäckerei?
15. Wie werden Schaummassen hergestellt?
16. Welche Eigenschaften haben kalt geschlagene oder warm geschlagene Schaummassenerzeugnisse?
17. Nennen Sie je zwei typische Erzeugnisse aus kalt und warm geschlagenen Massen und beschreiben Sie ihre Herstellung!
18. Welche Produkte aus Schaummassen werden gebacken?
19. Wie werden Baisers hergestellt?
20. Wie entsteht ein Fuß bei Windbäckerei?
21. Welche Codexbestimmungen gelten bei der Esterházymasse?
22. Woraus bestehen **Makronenmassen**?
23. Erklären Sie die Begriffe „Makronenkonfekte", „Makronen" und „französische Makronen"!
24. Wie lautet die Codexbestimmung für Makronen?
25. In welchen Formen werden Makronen dressiert?
26. Was ist bei Makronen vor dem Backen zu beachten?
27. Welche Arten von **Hippenmassen** gibt es?
28. Wie werden Hippenmassen hergestellt und worauf ist zu achten?
29. Welche Erzeugnisse werden aus Hippenmassen hergestellt?
30. Wie werden **Brandmassen** hergestellt?
31. Können Brandmassen gebacken oder gekocht werden?
32. Welche Erzeugnisse aus Brandmassen kennen Sie und wie werden sie hergestellt?
33. Wie werden Brandmassengebäcke gelockert?
34. Wie werden **Röstmassen** eingeteilt?
35. Welche Methoden des Tunkens der Florentiner kennen Sie?
36. Wie werden Mandelecken hergestellt?

6 CREMEN

Sie liefern den Geschmack, und bilden den Charakter einzelner Produkte. Cremen sind Füllungen und zugleich Dekor. Ihre Beschaffenheit sollte locker, luftig oder schaumig sein.

Cremen

Gerührte Cremen	Gekochte Cremen	Geschlagene Cremen
Deutsche Buttercreme Französische Buttercreme Italienische Buttercreme Käsecreme	Vanillecreme, Pariser Creme, Trüffelcreme, Abgezogene Cremen (zB Wein- und Bayerische Creme siehe Kap. IV / 17 Patisserie)	Oberscreme Schlagcreme

6.1 Gerührte Cremen

Sie werden zum Füllen von Torten, Schnitten, Rouladen, Desserts und anderen Biskuitwaren verwendet. Je nach Verwendung werden sie abgeschmeckt. Das Litergewicht der gerührten Cremen gibt Hinweise auf deren Leichtigkeit.

Wird bei Deutscher, Französischer oder Italienischer Buttercreme anstelle von Butter Margarine verwendet, darf diese Creme nicht als Buttercreme bezeichnet werden.

Deutsche Buttercreme

Litergewicht 360 bis 450 g

Vanillecreme:	
500 g	Milch
100 g	Zucker
1	Vanilleschote
40 g	Cremepulver
60 g	Dotter (3)
Buttercreme:	
1000 g	Butter
250 g	Puderzucker
	Salz

Herstellung
- Herstellung Vanillecreme siehe Kap. IV / 6.2 Gekochte Cremen.
- Für die Buttercreme Butter mit Zucker und Salz schaumig rühren.
- Passierte Vanillecreme einrühren und nach Bedarf abschmecken.

Französische Buttercreme
Litergewicht 420 bis 500 g

Volleimasse:	
600 g	pasteurisiertes Vollei
400 g	Zucker
	Vanille
Buttercreme:	
1000 g	Butter
100 g	Puderzucker
	Salz

Herstellung
- Volleimasse kalt schlagen.
- Für die Buttercreme Butter mit Zucker und Salz schaumig rühren.
- Kalt geschlagene Volleimasse einrühren und nach Bedarf abschmecken.

Anmerkung
- Wenn rohe Eier in Cremen gerührt werden, sind diese immer pasteurisiert.

Italienische Buttercreme
Litergewicht 320 bis 360 g

Eischnee:	
30 g	Albumin (Trockeneiklar, pulverisiert)
300 g	Wasser
500 g	Zucker
Buttercreme:	
1000 g	Butter
100 g	Puderzucker
	Salz

Herstellung
- Schnee: aufgelöstes Albumin mit 100 g Zucker zu Schnee schlagen.
- Währenddessen 400 g Zucker mit Wasser bis 116 °C kochen.
- In den Schnee den gekochten Zucker einrühren und langsam kalt rühren.
- Für die Buttercreme Butter mit Zucker und Salz schaumig rühren und den Schnee einrühren.
- Nach Bedarf abschmecken.

Anmerkung
- Der höhere Zuckeranteil verleiht der Creme eine bessere Standfestigkeit und eine längere Haltbarkeit.

Käsecremen bzw. -aufstriche

Grundcreme:	
200 g	Butter
100 g	Gervais
2	Dotter (gekocht und passiert)
	Salz, Cayennepfeffer

Herstellung
- Alle Zutaten schaumig rühren und mit Gewürzen abschmecken.

Variationen
- Anstatt Gervais können Mascarpone oder passierter Gorgonzola, Roquefort verwendet werden.
- Die Cremen können mit verschiedensten Kräutern abgeschmeckt werden.

6.2 Gekochte Cremen

Vanillecreme

1000 g	Milch
200 g	Zucker
1	Vanilleschote
80–100 g	Cremepulver oder Maisstärke
80 g	Dotter (4)

Herstellung
- Den Großteil der Milch mit dem Zucker und mit der der Länge nach durchgeschnittenen Vanilleschote zum Kochen bringen.
- Cremepulver oder Maisstärke mit den Dottern und der Restmilch anrühren, in die kochende Milch einrühren und unter ständigem Rühren durchkochen lassen.

Verwendung
- Als Füllcreme für Torten, Schnitten und Desserts.

Vanillecreme für Cremeschnitten
Cremeblätter à 45 x 33 cm für 48 Stück

Vanillecreme:	
1500 g	Milch
100 g	Zucker
1	Vanilleschote
160 g	Cremepulver
160 g	Dotter (8)
Schnee:	
15 g	Albumin (Trockeneiklar pulverisiert)
360 g	Zucker

Herstellung
- Siehe Vanillecreme.
- Geschlagenen Schnee zügig unter die gekochte Vanillecreme heben und sofort weiterverarbeiten.

Pariser Creme

1000 g	Schlagobers (flüssig)
1000 g	Kuvertüre (fein gehackt oder gerieben)

Herstellung
- Schlagobers bis mindestens 85 °C erhitzen und die Kuvertüre darin auflösen.
- Glatt rühren. Eventuell homogenisieren (1 Liter ca. 1 Minute).
- Ausgekühlte Creme kann mit Löskaffee, verschiedenen Destillaten oder Nougat abgeschmeckt werden.

Verwendung
- Als Füllcreme für alle Waren, in deren Bezeichnung das Wort „Pariser“ vorkommt.

Laut Codexbestimmungen wird ein Verhältnis von mindestens 800 g bis maximal 1500 g Schokolade auf 1000 g Schlagobers vorgeschrieben.

Trüffel- oder Canachecreme

1000 g	Schlagobers (flüssig)
1500 g	Kuvertüre

Herstellung wie Pariser Creme.

Verwendung
- Als Füllcreme für alle Waren, in deren Bezeichnung das Wort „Trüffel“ vorkommt.

6.3 Geschlagene Cremen

Sie werden zum Füllen von Torten, Charlotten, Schnitten, Rouladen, Desserts und als Cremespeisen in Gläsern, kombiniert mit Früchten und Saucen, verwendet.

Die Vorbereitung der Gelatine sollte bei der Herstellung einer Oberscreme immer der erste Arbeitsgang sein.

Verarbeitung von Gelatine

6 Blatt Gelatine bzw. 10 g Gelatinepulver genügen, um 1000 g einer Oberscreme abzusteifen.
- **Gelatineblätter** in kaltem Wasser so lange aufquellen lassen, bis sie weich sind. Aus dem Wasser nehmen, ausdrücken und über einem warmen Wasserbad schmelzen.
- **Gelatinepulver** in der vier- bis fünffachen Menge des Eigengewichtes in kaltem Wasser aufquellen lassen. Zum Weiterverarbeiten über einem Wasserbad auflösen.
- **Instantgelatinepulver** kann direkt mit den Zutaten verrührt werden.

Vanilleoberscreme

50 g	Gelatinepulver
250 g	kaltes Wasser
300 g	pasteurisiertes Vollei
120 g	Zucker
	Vanille
1250 g	Schlagobers (geschlagen)

Herstellung
- Gelatine lösen.
- Pasteurisiertes Vollei mit Zucker heiß und kalt schlagen.
- Flüssige Gelatine unterrühren und Aroma beigeben.
- Geschlagenes Obers unterziehen.

Schokoladeoberscreme

300 g	Kuvertüre oder Milchkuvertüre
1000 g	Schlagobers
20 g	Rum oder Weinbrand (60 Vol.-%)

Herstellung
- Kuvertüre erwärmen (ca. 30 °C) und überkühlen lassen.
- Geschlagenes Obers (ca. 200 g) mit der Kuvertüre vorsichtig verrühren.
- Restliche 800 g mit Rum oder Weinbrand unterheben.

Oder:
- Flüssiges Obers auf mindestens 85 °C erhitzen und die Kuvertüre darin auflösen.
- Rasch abkühlen und 12 Stunden kühl reifen lassen.
- Zur Weiterverarbeitung mit Rum oder Weinbrand aufschlagen.

Erdbeeroberscreme

30 g	Gelatinepulver
150 g	kaltes Wasser
400 g	Erdbeermark (passiert)
300 g	Zucker
30 g	Zitronensaft
1000 g	Schlagobers (geschlagen)

Herstellung
- Gelatine lösen.
- Erdbeermark, Zucker und Zitronensaft verrühren.
- Flüssige Gelatine unterrühren und geschlagenes Obers unterziehen.

Anmerkungen
- Für Oberscremen soll reifes Frischobst verwendet werden (aber nicht überreifes!).
- Es eignet sich auch sehr gut Tiefkühlobst, da es die richtige Reife hat, sortiert und gut gewaschen ist.

Topfenoberscreme

20 g	Gelatinepulver
100 g	kaltes Wasser
500 g	Topfen (20 % F. i. T.)
200 g	Puderzucker
125 g	Sauerrahm
40 g	Zitronensaft
	Schale einer halben Zitrone (gerieben)
	Salz
500 g	Schlagobers (geschlagen)

Herstellung
- Gelatine auflösen.
- Topfen passieren und mit Zucker, Sauerrahm, Zitronensaft, Zitronenschale und Salz glattrühren.
- Gelatine unterrühren und geschlagenes Obers unterheben.

Schlagcreme

1000 g	Milch
400 g	Crememargarine
200 g	Kokosfett
20 g	Dotter (1)

Herstellung
- Milch und Fett auf maximal 85 °C erhitzen, Dotter beigeben und anschließend pro Liter eine Minute homogenisieren.
- Nach dem Homogenisieren raschest abkühlen und ca. 12 Stunden kühl reifen (+ 4 °C) lassen.

Anmerkungen
- Schlagcreme wird als Ersatz für Schlagobers vor allem dann verwendet, wenn es aus ernährungstechnischen Gründen notwendig ist, das Milchfett zu reduzieren.
- Aus gesetzlichen Gründen wird Schlagcreme nicht als Oberscreme bezeichnet. Doch Schlagcreme kann wie Oberscreme abgeschmeckt werden.

Zusammenfassung: Cremen

Gerührte Cremen

Sie werden zum Füllen von Torten, Schnitten, Desserts usw. verwendet, zB Deutsche, Französische und Italienische Buttercreme.

Gekochte Cremen

Sie dienen zum Füllen von Torten, Schnitten und Desserts, zB Vanille-, Pariser und Trüffelcreme.

Geschlagene Cremen

Sie werden zum Füllen von Torten, Charlotten, Rouladen, Desserts und als Cremespeisen in Gläsern verwendet. Es wird meist Gelatine beigegeben.
Geschlagene Cremen sind alle Oberscremen und Schlagcreme.

Fragen und Arbeitsaufgaben

1. Welche Cremen kennen Sie?
2. Welchen Hinweis gibt das Litergewicht bei gerührten Cremen?
3. Nennen Sie zwei Buttercremen und beschreiben Sie die Herstellung!
4. Welche Eier werden für Cremen verwendet?
5. Wie werden Canachecremen hergestellt?
6. Wie werden Oberscremen gebunden?

7 FÜLLUNGEN

Sie geben den Erzeugnissen durch ihre Zusammensetzung Geschmack, Charakter und längere Frischhaltung. Die Qualität der Füllungen ist von der Auswahl der Zutaten und deren Frische abhängig.

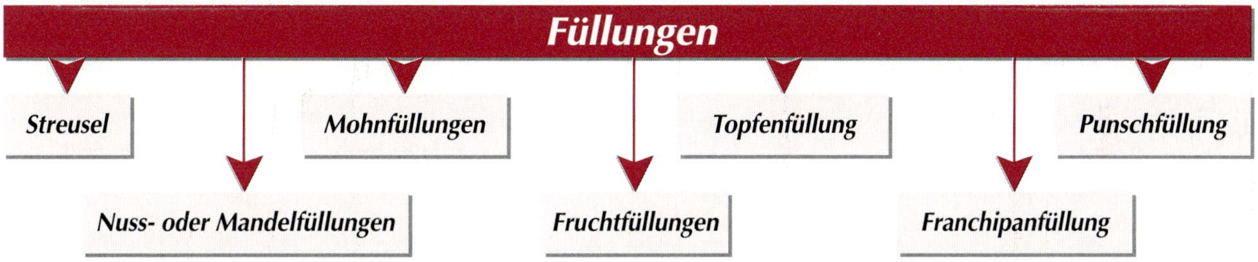

Hefeteig-, Mürbteig- und Blätterteiggebäcke wie Kipferln, Beugel, Strudel, Putitzen, Kaffeegebäck und Teebäckerei werden gefüllt.

Codexbestimmungen

- **Nuss- oder Mandelfüllungen** enthalten mindestens 15 % Nuss- (Haselnuss, Walnuss) oder Mandelkerne, bezogen auf das Rezeptgewicht.
- **Mohnfüllungen** enthalten mindestens 20 % Mohnsamen, bezogen auf das Rezeptgewicht.
- **Fruchtfüllungen** mit hervorhebender Bezeichnung enthalten ohne Mitberechnung der Schüttflüssigkeit mindestens 50 % Fruchtanteil jener Früchte, auf die sich die Bezeichnung bezieht.
- Werden als Füllungen Marmeladen bzw. **Konfitüren** verwendet, so wird in der Bezeichnung der Backerzeugnisse auf diese Produkte hingewiesen.
- **Topfenfüllungen** werden mit Topfen, der 20 % F. i. T. enthält, hergestellt. Bei Verwendung von Topfen geringerer Fettstufe wird der auf 20 % F. i. T. fehlende Milchfettanteil durch andere Milchprodukte ergänzt. Beim Hinweis auf Obers oder Butter ist die Verwendung von anderem Fett als Milchfett nicht zulässig.

7.1 STREUSEL

160 g	Mehl
160 g	grober Kristallzucker
130 g	Butter (gekühlt)

Herstellung

- Zutaten zwischen den Handflächen zu Krümeln verreiben.
- Ca. 30 Minuten kühlen.

Verwendung
- Für Marillen- oder Zwetschkenflecke, Streuselkuchen.

7.2 Nuss- oder Mandelfüllungen

Streufüllung

500 g	Nüsse oder Mandeln (gerieben)
150 g	Zucker
	Schale einer Zitrone (gerieben)
	Zimt

Herstellung
- Zutaten trocken miteinander vermischen.

Verwendung
- Für Strudel, Schnecken usw.

Gekochte Füllung

250 g	Milch
150 g	Zucker
50 g	Honig
150 g	Biskuitbrösel
400 g	Nüsse oder Mandeln (gerieben)
40 g	Rum
	Schale einer halben Zitrone (gerieben)
	Zimt

Herstellung
- Milch mit Zucker aufkochen.
- Übrige Zutaten einrühren und auskühlen lassen.
- Ausgekühlte Fülle abschmecken.

Verwendung
- Für Schnecken, Strudel, Putitzen und Plundergebäcke.

Nussfülle für Beugel

250 g	Milch
200 g	Zucker
100 g	Butter
500 g	Nüsse (gerieben)
200 g	Biskuitbrösel
40 g	Rum
	Schale einer halben Zitrone (gerieben)
	Zimt, Vanille

Herstellung
- Milch mit Zucker aufkochen.
- Übrige Zutaten dazugeben und einrühren.
- Abschmecken.

7.3 Mohnfüllungen

Gekochte Mohnfülle

250 g	Milch
150 g	Zucker
80 g	Butter
400 g	Mohn (gerieben)
100 g	Biskuitbrösel
100 g	Sultaninen (gewaschen)
50 g	Honig
80 g	Powidl
1/2	Zitronenschale (gerieben)
	Zimt

Herstellung
- Milch mit Zucker und Butter aufkochen.
- Mohn, Brösel und Sultaninen einrühren und nochmals kurz aufkochen.
- Restliche Zutaten und Würzstoffe in die überkühlte Masse einrühren.

Verwendung
- Für Strudel, Putitzen und Plundergebäcke.

Mohnfülle für Beugel

250 g	Milch
200 g	Zucker
500 g	Mohn (gerieben)
100 g	Biskuitbrösel
60 g	Honig
50 g	Rum
	Schale einer halben Zitrone (gerieben)
	Zimt

Herstellung
- Milch und Zucker aufkochen.
- Mohn, Brösel und Rum einrühren und abschmecken.

7.4 Fruchtfüllungen

Sie werden aus frischen Früchten, Kompottobst, dickgezogenen und getrockneten Früchten hergestellt. Auch Konfitüren werden als Füllungen verwendet.

Rohe Apfelfülle

1000 g	Äpfel
200 g	Zucker
	Zimt
150 g	Biskuitbrösel
100 g	Sultaninen (gewaschen)
	Schale (gerieben) und -Saft einer Zitrone

60 g	Rum
100 g	Walnüsse (grob gehackt)

Herstellung
- Säuerliche, feste Äpfel schälen, entkernen und blättrig schneiden.
- Mit Zimtzucker, Biskuitbröseln, Sultaninen, Zitronenschale, Rum und Walnüssen vermischen.

Verwendung
- Für gedeckte Apfelschnitten, Apfeltaschen usw.

Gedünstete Apfelfülle

1000 g	säuerliche Äpfel
50 g	Butter
200 g	Zucker
100 g	Sultaninen (gewaschen)
	Schale (gerieben) und -saft einer Zitrone
60 g	Rum
	Zimt

Herstellung
- Äpfel schälen, entkernen und vierteln.
- Mit Butter, Zucker, Sultaninen, Zitronenschale und Zitronensaft kernig weich dünsten.
- Die ausgekühlte Füllung mit Rum und Zimt abschmecken.

Verwendung
- Für gedeckte Apfelschnitten, Apfeltorten, Apple-Pie usw.

Fülle aus getrockneten und dickgezogenen Früchten

50 g	Orangeat (würfelig geschnitten)
50 g	Zitronat (würfelig geschnitten)
250 g	Sultaninen (gewaschen)
100 g	Korinthen (gewaschen)
50 g	Nüsse oder Mandeln (gehackt)
50 g	Rum

Herstellung
- Zutaten mit Rum vermischen.
- Bis zur Verwendung luftdicht verschlossen ziehen lassen.

Verwendung
- Für englischen Kuchen.

7.5 Topfenfüllung

500 g	Topfen (20 % F. i. T.)
200 g	Puderzucker
40 g	Cremepulver
100 g	weiche Butter
80 g	Dotter (4)
10 g	Salz
	Schale (gerieben) und Saft einer Zitrone
40 g	Sultaninen

Herstellung
- Passierten Topfen mit den übrigen Zutaten glatt verrühren.
- In Wasser aufgekochte Sultaninen beigeben.

Verwendung
- Für Kaffeegebäck aus Hefe- und Blätterteig.

7.6 Franchipanfüllung

500 g	Marzipanrohmasse
150 g	weiche Butter
90 g	Mehl
100 g	Eier (2)
100 g	Dotter (5)
	Vanille, Zitrone

Herstellung
- Alle Zutaten miteinander glatt arbeiten (nicht schaumig rühren).

Verwendung
- Als Füllung für Plundergebäck.

7.7 Punschfüllung

1000 g	helles und dunkles Biskuit
150 g	Orangenmarmelade
75 g	Läuterzucker
50 g	Rum (38 Vol.-%)

Herstellung
- Biskuitstücke, Orangenmarmelade, Läuterzucker und Rum werden zu einer lockeren und saftigen Fülle vermengt.

Verwendung
- Für Punschtorten, -schnitten und -krapferln.

Zusammenfassung: Füllungen

Man unterscheidet Streusel, Nuss- oder Mandel-, Mohn-, Frucht-, Topfen-, Franchipan- und Punschfüllungen. Die Codexbestimmungen bei den einzelnen Füllen sind zu beachten.

Fragen und Arbeitsaufgaben

1. Welche Arten von Füllungen werden unterschieden?
2. Welche Nuss- oder Mandelfüllungen kennen Sie und wie werden sie hergestellt?
3. Wie werden Fruchtfüllungen hergestellt?

8 GLASUREN UND ÜBERZUGSMASSEN

Das Überziehen von Gebäckstücken mit einer Glasur oder Überzugsmasse bewirkt eine längere Frischhaltung, eine Geschmacksverbesserung und eine dekorative Veränderung.

Glasuren und Überzugsmassen

Glasuren bestehen zum größten Teil aus Zucker und werden meist vom Konditor selbst hergestellt.

Spritzglasur
Zitronenglasur
Fadenzuckerglasur
Fadenzuckerschaumglasur
Fondant
Schokoladenkonserveglasur – Sacherglasur
Canacheglasur

Überzugsmassen sind Schokoladen, Kuvertüren, Fettglasurmassen, Gelees und Konfitüren.

Kuvertüre
Fettglasurmasse
Dextringlasur
Gelee und Konfitüre

8.1 GLASUREN

Spritzglasur

1100 g	Puderzucker
300 g	Eiklar (10)
	Zitronensäure

Herstellung
- Feinst gesiebten Puderzucker und Eiklar über einem Wasserbad bis ca. 40 °C warm aufschlagen.
- Anschließend in der Maschine kalt schlagen. Vor Ende des Schlagens etwas Zitronensäure beigeben.

Verwendung
- Für alle Spritzdekorarbeiten.
- Zum Einstreichen von Tortenkörpern, die hell glasiert oder mit Marzipan eingedeckt werden.
- Als Beigabe zur Fadenzuckerschaumglasur.
- Beeisen von Lebkuchen (eventuell Gelatinezusatz).

Zitronenglasur

Herstellung
- Puderzucker und Zitronensaft je nach Bedarf dickflüssig anrühren. Wie Fondant erwärmen.
- Mit einem flachen Pinsel auftragen oder mit einer Palette aufstreichen.

Verwendung
- Für Mohntorte usw.

Fadenzuckerglasur

1000 g	Zucker
330 g	Wasser

Herstellung
- Zucker und Wasser bis 87 °R oder 109 °C (starker Faden) kochen.
- Noch heiß an der Geschirrwand tablieren, bis die Glasur leicht milchig-weiß zu werden beginnt.

Ausfertigung
- Die noch heiße Glasur mit einem Flachpinsel dünn auf die heißen Gebäckstücke auftragen oder
- die Stücke darin tunken.
- Auf Gittern weggesetzt trocknen lassen.

Verwendung
- Für Lebkuchen und Dickzuckerobst.

Fadenzuckerschaumglasur

1000 g	Zucker
330 g	Wasser
200 g	Spritzglasur

Herstellung
- Wie Fadenzuckerglasur. Nur beim Tablieren wird Spritzglasur beigemischt.

Verwendung
- Für Lebkuchenbusserln und Weinbeißer.

Fondant

1000 g	Zucker
330 g	Wasser
100–150 g	Glukosesirup

Herstellung
- Zucker, Wasser und Sirup bei 92–94 °R oder 114–117 °C kochen.
- Gekochte Zuckermasse auf eine mit Wasser benetzte Marmorplatte gießen.
- Oberfläche der Zuckermasse, um eine Hautbildung zu vermeiden, mit kaltem Wasser benetzen und bis ca. 50 °C auskühlen lassen.
- Zuckermasse tablieren, bis sie milchig-weiß und starr wird.
- Kneten, bis das Fondant weich und glänzend geworden ist.
- Gut verschlossen und kühl aufbewahren.

Anmerkungen
- Zur Weiterverarbeitung wird Fondant bis ca. 36 °C angewärmt. Mit Wasser oder Läuterzucker zur gewünschten Konsistenz verdünnen. Verschiedene Geschmacksvariationen erreicht man durch Zugabe von Kakaopulver, Löskaffee, Zitronensaft, erwärmter Schokolade, Spirituosen.
- Wird Fondant als Glasur verwendet, muss der zu glasierende Körper vorher aprikotiert werden.
- Fondant soll nach dem Glasieren rasch abtrocknen, grifffest sein und einen schönen Glanz haben.

Verwendung
- Für Torten, Schnitten, große und kleine Desserts, verschiedene Kuchen, Gugelhupfe, Cremeschnitten und Hefegebäcke.
- Fondant wird auch in der Bonbonerzeugung zur Herstellung von Bonbonkörpern (siehe Kap. IV / 16 Bonbons – Pralinen) verwendet.

Schokoladenkonserveglasur – Sacherglasur

1000 g	Zucker
330 g	Wasser
750 g	Schokolade (zerkleinert)

Herstellung
- Zucker und Wasser aufkochen.
- Schokolade einrühren, bis sie sich vollständig gelöst hat. Weiterkochen bis 109 °C (starker Faden).
- Sofort bis zur richtigen Konsistenz tablieren (50–60 °C).

Anmerkung
- Vor dem Glasieren Torte aprikotieren.
- Laut Codexbestimmungen hat die Sachertortenglasur ein Verhältnis von Zucker zu Schokolade von 4 : 3. Zur Erzielung eines besseren Glanzes und besserer Schneidefähigkeit der Glasur kann eine geringfügige Menge an Speiseöl zugesetzt werden.

Verwendung
- Für Sachertorten, -schnitten und -desserts.

Canacheglasur

Glasur 1

310 g	Milch
210 g	Schlagobers (flüssig)
310 g	Wasser
160 g	Glukosesirup
120 g	Zucker
930 g	Kuvertüre (zerkleinert)

Glasur 2

100 g	Läuterzucker (ca. 30 °Bé)
25 g	Glukosesirup
125 g	Schlagobers (flüssig)
250 g	Kuvertüre

Herstellung Glasur 1
- Milch, Obers, Wasser, Sirup und Zucker aufkochen. Kuvertüre darin auflösen.
- Eventuell kurz homogenisieren.

Herstellung Glasur 2
- Läuterzucker, Sirup und Obers aufkochen. Die gelöste Kuvertüre einrühren.

Anmerkungen
- Canacheglasur kann auf Vorrat hergestellt werden. Kühl lagern und bei Bedarf so weit erwärmen, bis sie dickflüssig (maximal 30–40 °C) ist.
- Vor dem Schneiden nochmals gut kühlen.

Verwendung
- Als Oberflächenglasur für Torten und Schnitten.

8.2 ÜBERZUGSMASSEN

Kuvertüre (Tunkmassen)

Sie werden vom Handel in drei verschiedenen Arten angeboten:
- Dunkle Kuvertüre
- Milchkuvertüre
- Weiße Kuvertüre

Anmerkungen
- Kuvertüre können als Glasur nur temperiert verwendet werden.
- Sie haben nach dem Erstarren einen seidigen Glanz und sind grifffest.
- Sie dürfen nur mit Kakaobutter verdünnt werden.

Verwendung
- Sie eignen sich als Überzugsmassen für Teegebäck, Sachertorten, -schnitten und -desserts, Konfekt und Dauerbackwaren.

Fettglasurmassen

Sie werden vom Handel in verschiedenen Farben angeboten. Fettglasurmassen dürfen aufgrund ihrer Zusammensetzung nicht als Schokolade bezeichnet werden.

Anmerkungen
- Sie brauchen nicht temperiert zu werden, sondern werden nur geschmolzen.
- Sie dürfen mit Öl und in der warmen Jahreszeit mit Kokosfett verdünnt werden.
- Sie bleiben nach dem Erstarren schnittfähig.

Dextringlasur

Herstellung
- Kartoffelstärke bei 220 °C hellbraun rösten.
- Mit heißem Wasser anrühren.

Ausfertigung
- Heiße Glasur mit einem Pinsel auf das noch heiße Gebäck auftragen. Durch die Leim bildenden Dextrine entsteht eine glatte, glänzende Schicht.

Verwendung
- Für Lebkuchen, Honigkuchen.

Gelees und Konfitüren

Herstellung von Gelees und Konfitüren siehe Kap. IV / 14 Obstverarbeitung.

Agar-Agar

50 g	Agar-Agar
1500 g	kaltes Wasser
2000 g	Zucker
1000 g	Glukosesirup
3000 g	Wasser

Herstellung
- Agar-Agar (siehe Kap. II / 14 Gelier- und Bindemittel) pulverisiert oder in Fadenform 24 Stunden in kaltem Wasser einweichen.
- Mit Zucker und Sirup bis 105 °C kochen.
- Abschäumen und durch ein Haarsieb gießen.

Ausfertigung
- Vor der Weiterverwendung Agar-Agar mit Zitronensaft abschmecken und eventuell färben.
- Kurz vor dem Erstarren etappenweise aufgießen oder mit einem Flachpinsel auftragen bzw. besprühen.

Verwendung
- Für alle Erzeugnisse, die mit frischem Obst belegt sind.

Pektingelee („Kaltgelee“)

Es kommt flüssig in den Handel und wird durch Zusatz von Zitronensäure zum Erstarren gebracht.

Verwendung wie Agar-Agar.

Geleepulver

Das sind vorgefertigte Mischungen, die laut Angaben des Herstellers mit Wasser und Zucker aufgekocht werden. Ein Zusatz von Säure, anderen Geschmacksstoffen und Farbe nach dem Kochen ist möglich.

Verwendung wie Agar-Agar.

Konfitüren

Sie können als dünne Oberflächenglasuren verwendet werden, wenn sie mit etwas Zuckerzusatz aufgekocht und anschließend mit einigen Tropfen Säure versetzt werden. Auch hier werden von der Industrie gebrauchsfertige Produkte angeboten, die zu ihrer Verwendung meist erhitzt werden müssen.

Zusammenfassung: Glasuren und Überzugsmassen

Sie halten die Gebäckstücke länger frisch, bewirken eine Geschmacksverbesserung und sind dekorativ.

Glasuren

- Spritzglasur
- Zitronenglasur
- Fadenzuckerglasur
- Fadenzuckerschaumglasur
- Fondant
- Sacherglasur
- Canacheglasur

Überzugsmassen

- Kuvertüre
- Fettglasurmasse
- Dextringlasur
- Gelee und Konfitüre

Fragen und Arbeitsaufgaben

1. Welche Aufgaben haben Glasuren?
2. Was ist beim Kochen von Zuckerglasuren zu beachten?
3. Wie werden die Gebäckstücke auf das Glasieren mit einer Zuckerglasur vorbereitet?
4. Was ist bei der Sacherglasur zu beachten?
5. Was ist bei der Verwendung von Fettglasurmassen zu beachten?
6. Wozu dienen Gelees?
7. Erklären Sie den Unterschied zwischen Agar-Agar und Pektingelee?

9 TEEBÄCKEREI

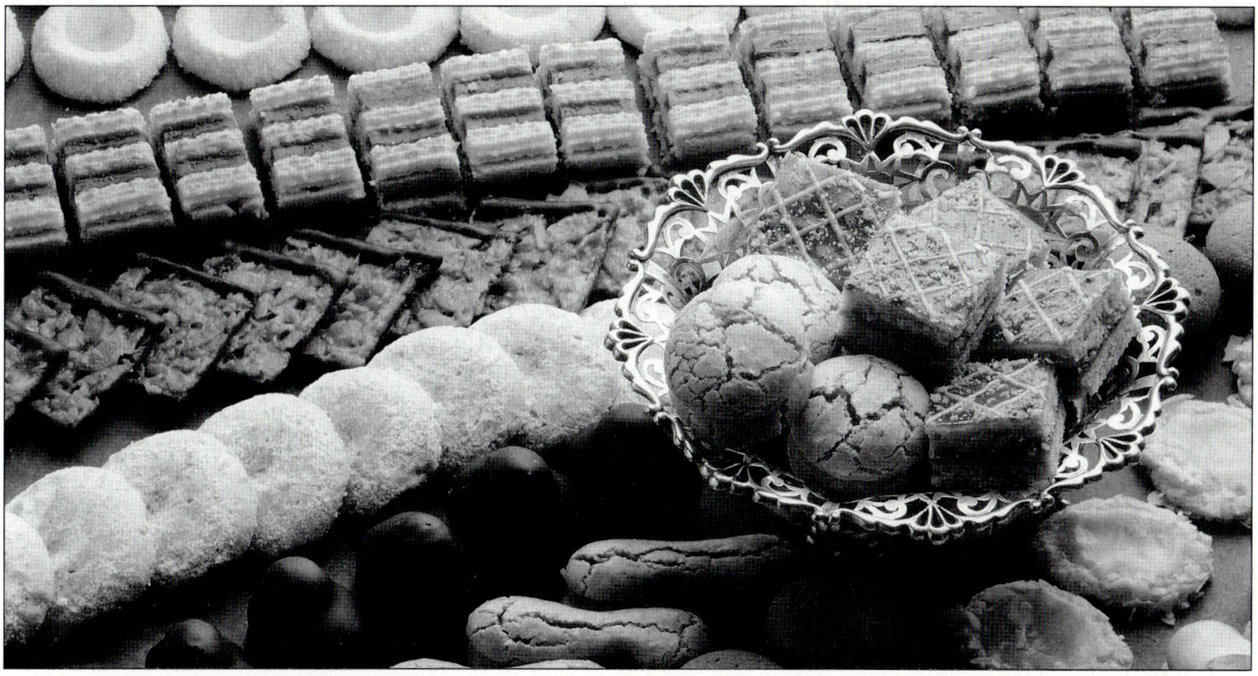

Teebäckereien sind kleine Gebäcke aus Teigen und Massen, die nicht zum sofortigen Verbrauch bestimmt sind. Sie werden daher nicht mit weichen Füllungen oder Cremen gefüllt. In einem gemischten Sortiment werden sie nach Gewicht verkauft. Je kleiner und geschmackvoller die einzelnen Sorten sind, umso mehr gewinnen sie an Qualität.

Laut Codexbestimmungen besteht ungefüllte Teebäckerei aus verschiedenen kleinen Gebäckstücken, welche aus Mürbteig, Biskuit- oder Sandmasse, Makronenmasse oder anderen Teigen oder Massen hergestellt werden. Sie können vor dem Backen belegt, bestreut, gerollt oder in ähnlicher Weise behandelt werden. Die Sachbezeichnung ergibt sich aus dem Namen des einzelnen Gebäcks oder aus geschmackgebenden Zusätzen.

Einzelne **Sorten**, deren Rezepte und Herstellung bereits erklärt wurden:

- Linzer Augen, Husarenkrapferln (siehe Kap. IV / 4.4 Mürbteige)
- Eingelegtes Teegebäck, Vanillekipferln (siehe Kap. IV / 4.4 Mürbteige)
- Dressierte Linzer Bäckerei (siehe Kap. IV / 4.4 Mürbteige)
- Baumkuchenschnitten (siehe Kap. IV / 5.2 Sandmassen)
- Schokoladewindbiskotten (siehe Kap. IV / 5.3 Schaummassen)
- Patiencebäckerei (siehe Kap. IV / 5.3 Schaummassen)
- Makronen (siehe Kap. IV / 5.4 Makronenmassen)
- Dotter-Mandeln-Makronen (siehe Kap. IV / 5.4 Makronenmassen)
- Kokosmakronen (siehe Kap. IV / 5.4 Makronenmassen)
- Kleine Florentiner (siehe Kap. IV/5.7 Röstmassen)
- Mandelecken (siehe Kap. IV / 5.7 Röstmassen)

Rezepte

Vanille- und Anisscheiben

Ofentemperatur: 170 °C, Backzeit: ca. 20 Minuten

250 g	Eier (5)
350 g	Zucker
	Vanille
300 g	Mehl
Bestreuen:	
	Anis

Herstellung

- Eier, Zucker und Aroma im Wasserbad warm schlagen (40 °C). Anschließend in der Maschine kalt schlagen.
- Mehl einmelieren und so lange rühren, bis die Masse weich wird und die Konturen verlaufen.

Aufarbeitung

- Mit einer Lochtülle (Ø 6 mm) kleine Scheiben auf mit Backtrennpapier belegte Bleche dressieren.
- Anisscheiben in der Mitte mit etwas Anis bestreuen.

- Im Trockenschrank bei 60 °C trocknen lassen, bis sich eine feine Haut gebildet hat.
- Langsam bei offenem Zug backen.

Polos, Neros

Ofentemperatur: 170 °C, Backzeit: ca. 20 Minuten

250 g	Butter
140 g	Puderzucker
	Vanille, Salz
100 g	Eier (2)
20 g	Dotter (1)
230 g	Mehl
Für Neros:	
40 g	Kakaopulver
Nougatfülle (Polos):	
120 g	Kuvertüre
550 g	ungezuckerter Haselnussnougat
180 g	ungezuckerte Kondensmilch
40 g	Weichhalter (Invertzucker)
Canachefülle (Neros):	
400 g	Schlagobers (flüssig)
40 g	Weichhalter (Invertzucker)
400 g	Kuvertüre

Herstellung
- Butter, Puderzucker, Vanille und Salz schaumig rühren. Nach und nach die Eier und den Dotter beigeben.
- Mehl (mit Kakaopulver) einmelieren.

Aufarbeitung
- Mit einer Lochtülle (Ø 6 mm) kleine Scheiben auf mit Backtrennpapier belegte Bleche dressieren.
- Bei offenem Zug backen.

Herstellung Nougatfülle
- Kuvertüre auflösen und mit dem Nougat verrühren.
- Kondensmilch und Weichhalter beigeben, bis eine glatte, dressierfähige Masse entsteht.
- Fülle auf die Hälfte der Polos aufdressieren. Zweite Hälfte aufsetzen und abstocken lassen.

Herstellung Canachefülle
- Schlagobers und Weichhalter aufkochen. Zerkleinerte Kuvertüre darin auflösen. Eventuell die Masse mixen.
- Auskühlen, aber nicht stocken lassen.
- Mit einer Sterntülle auf eine Hälfte der Neros Fülle aufdressieren. Zweite Hälfte aufsetzen und abstocken lassen.

Mandel- und Pignolienkipferln

Ofentemperatur: 170 °C, Backzeit: 20 bis 30 Minuten

300 g	Marzipanrohmasse
180 g	Puderzucker
90 g	Eiklar (3)
	Saft einer halben Zitrone
	weiße Mandeln (gehobelt) oder
	Pignolienkerne
Abglänzen:	
	Läuterzucker oder Gummiarabikum

Herstellung
- Marzipanrohmasse, Puderzucker, Eiklar und Zitronensaft glatt und schaumig rühren.

Aufarbeitung
- Auf ein mit Backtrennpapier belegtes Blech mit Lochtülle (Ø 8 mm) kleine Kipferln dressieren.
- Mit Mandeln oder Pignolien bestreuen. Durch kurzes Anheben des Papiers die nicht haftenden Mandeln oder Pignolien abschütteln.
- Bei geschlossenem Zug backen.

Ausfertigung
- Nach dem Backen – noch heiß – abglänzen.

Duchesse

Ofentemperatur: 160 °C, Backzeit: ca. 30 Minuten

180 g	Eiklar (6)
400 g	Zucker
200 g	braune Mandeln (fein gerieben)
30 g	Weizenstärke
50 g	Butter (flüssig)
Doublieren:	
	Mandelnougat

Herstellung
- Eiklar mit Zucker im Wasserbad warm schlagen (40 °C). Anschließend kalt schlagen.
- Gesiebte Weizenstärke mit den Mandeln vermischt einrühren und flüssige Butter einrühren.

Aufarbeitung
- Mit einer Lochtülle (Ø 8 mm) auf ein mit Backtrennpapier belegtes Blech kleine Krapferln dressieren.
- Bei offenem Zug langsam backen.

Ausfertigung
- Mit Mandelnougat doublieren.

Fragen und Arbeitsaufgaben

1. Erklären Sie den Inhalt der Codexbestimmung über Teegebäck!
2. Beschreiben Sie die Herstellung und Aufarbeitung von drei Teegebäcken!

10 KONDITOREIERZEUGNISSE

Diese Erzeugnisse sind charakteristisch für die österreichische Konditorei. Das appetitliche Aussehen und die geschmackliche Harmonie der Konditoreierzeugnisse sind Gründe für den Bekanntheitsgrad der österreichischen Mehlspeisen in der ganzen Welt.

Bei der Herstellung von Mehlspeisen sind folgende Punkte zu beachten:

- **Tränken** dürfen nicht zu süß sein und sind der Torte entsprechend abzuschmecken.
- **Spirituosen** sollen den Eigengeschmack der Torten unterstreichen, aber nicht zu stark in den Vordergrund treten.
- **Füllungen** sollten in ihrer Zusammensetzung eine feine Geschmackskomposition ergeben.
- **Schlagobers** für Oberscremen ist nicht zu stark aufzuschlagen. Durch das Unterheben von Beimassen und Geschmacksträgern wird das Volumen zusammengerührt.
- Zur Bindung von Oberscremen ist nur wenig **Gelatine** zu verwenden. Ein zu hoher Anteil an Gelatine lässt die Creme zu fest werden und beeinträchtigt den Eigengeschmack.
- Wird anstelle von Oberscreme **Schlagcreme** verwendet, so ist bei diesen Erzeugnissen darauf hinzuweisen.
- Einen pikanten Geschmack ergibt eine dünne **Konfitürenschicht** unter der jeweiligen Cremefüllung.
- Beim **Dekor** sollten Arbeitsaufwand und optische Wirkung miteinander im Einklang stehen.

Die folgenden Massen, Füllungen und Glasuren sind in den jeweiligen Kapiteln beschrieben.

10.1 TORTEN

Einteilung

Nach der Form

Runde Torten
Sie werden im Ganzen als Anlasstorten oder für den Verkauf im Geschäft stückweise dekoriert und in Stücke geschnitten angeboten.

Anlasstorten sind Torten, die für besondere Anlässe, wie Geburtstag, Firmung, Weihnachten usw., hergestellt werden.

Fassontorten
Das sind alle nicht runden Torten, die für verschiedene Anlässe verwendet werden.

Kuppeltorten
Sie sind bombiert und bieten eine willkommene Abwechslung im Tortensortiment einer Konditorei.

Etagen- und Aufsatztorten
Sie finden vor allem als Hochzeitstorten Verwendung.

Nach der Füllung

Es gibt ungefüllte Torten und Torten, die mit verschiedensten Füllungen gefüllt werden:
- Konfitüre
- Vanillecreme
- Buttercreme
- Oberscreme
- Schlagcreme

Im Codex geregelte Torten[1]

Dobostorte

- Dünne Biskuitblätter werden mit Schokoladenbuttercreme zusammengesetzt.
- Sie werden mit dem typischen Dobosdeckel aus dünnem Biskuit abgedeckt. Er ist mit hell- bis mittelbraunem Karamellzucker glasiert.
- Diese Bestimmungen gelten für alle Erzeugnisse, in deren Bezeichnung das Wort „Dobos" enthalten ist.

Esterházytorte

- Sie besteht aus dünnen Esterházymasseblättern.
- Die Füllung, mit der die Blätter zusammengesetzt sind, enthält kein anderes Fett als Milchfett.
- Die Glasur weist das typische braunweiße Esterházymuster auf.
- Diese Bestimmungen gelten für alle Erzeugnisse, in deren Bezeichnung das Wort „Esterházy" enthalten ist.

Malakofftorte

- Sie besteht aus Biskuitbiskotten oder Biskuit.
- Die Füllung und Garnierung enthält kein anderes Fett als Milchfett.
- Die Aromatisierung erfolgt üblicherweise durch Teerum oder Rum.

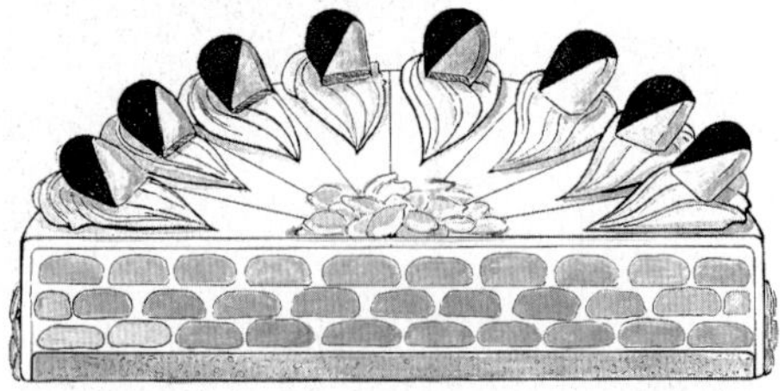

Sachertorte

- Die Sachertorte wird gefüllt oder nicht gefüllt.
- Sie wird aprikotiert und mit Sacherglasur glasiert.
- Sachertortenglasur (tabliert) mit einem Verhältnis von Zucker zu Schokolade von 1 : 0,75. Zur Erzielung eines besseren Glanzes der Glasur kann eine geringfügige Menge an Speiseöl zugesetzt werden.
- Schokoladefondant, bestehend aus 1 kg Fondant und mindestens 300 g Schokolade.
- Der Kuvertüre kann zur Erzielung einer besseren Schnittfähigkeit in erforderlichem Ausmaß Butter (Milchfett) oder Nougat zugesetzt werden.
- Es wird ausschließlich reine Marillenkonfitüre zum Aprikotieren und Füllen verwendet.
- Diese Bestimmungen gelten für alle Erzeugnisse, in deren Bezeichnung das Wort „Sacher" (mit hervorhebender Bezeichnung) enthalten ist.

Schwarzwälder Kirschtorte

- Sie ist schichtweise aufgebaut. Überwiegend aus Schokolade- oder Kakaobiskuit, Schokoladesandmasse oder Sachermasse.
- Cremige Bestandteile sind geschlagenes Obers, Oberscreme, Buttercreme oder Pariser Creme.
- Weichseln oder Kirschen in verschiedener Verarbeitung (nicht kandiert) sowie die Spirituose Kirschwasser werden in geschmacksbestimmendem Ausmaß verwendet. Anstelle von Kirschwasser ist die Verwendung von Kirschwasserkonzentrat, Kirschwasserpaste oder Kirschwasser mit Zucker versetzt zulässig, sofern die oben angeführten Anforderungen eingehalten werden.
- Um ein Absetzen von Flüssigkeit zu vermeiden, kann als unterste Schicht ein dünner Mürbteigboden verwendet werden.

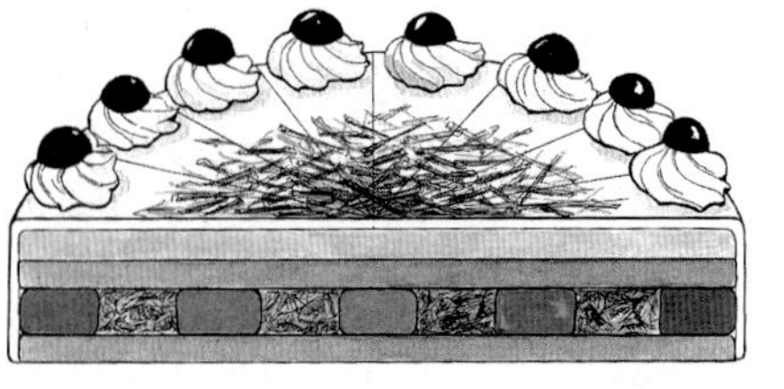

[1] Diese Regelungen gelten bei Verwendung hervorhebender Bezeichnungen wie „besondere (traditionelle) österreichische Codexqualität".

Topfenoberstorte

- Für die Füllcreme wird grundsätzlich Topfen von mindestens 20 % F. i. T. verwendet. Es darf nur Milchfett in der Fülle enthalten sein.

Oberstorten werden folgendermaßen gefüllt:
- Mürbteigboden mit passender Konfitüre bestreichen.
- 1 cm dünnes Biskuitblatt auflegen und mit einem Tortenreifen umstellen.
- Oberscreme 1 cm dick einfüllen und ein weiteres Biskuitblatt auflegen.
- Wieder Oberscreme (1 cm) einfüllen und ein Biskuitblatt auflegen.
- Zur Weiterverarbeitung über Nacht im Kühlschrank absteifen lassen.

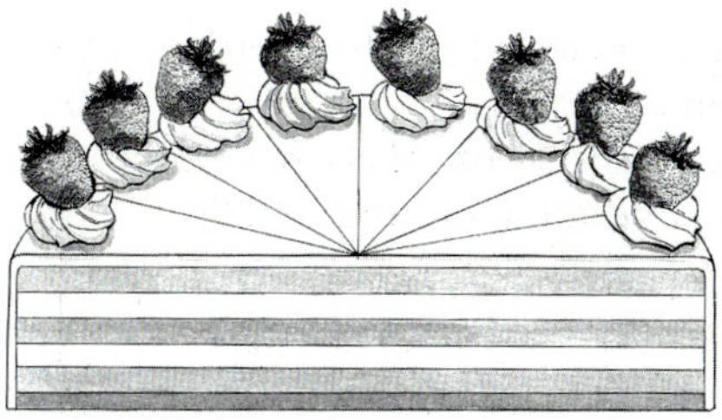

Weitere Torten

Bezeichnung	Masse, Teig	Füllungen	Dekor
Mohntorte	Mohnmasse	1 x Marillenkonfitüre	Puderzucker.
Linzer Torte	Linzer Masse oder Teig	1 x Ribiselgelee	Gehobelte Mandeln, Puderzucker.
Obsttorte	Wiener Masse (leichte Sandmasse)	2 x Vanillecreme	Frisch- oder Kompottobst, Oberfläche geliert.
Nusstorte	Biskuitmasse oder Wiener Masse (leichte Sandmasse) mit Nüssen	2 x Nussbutter- oder Oberscreme	Mit Creme einstreichen, mit geriebenen Nüssen einstreuen. Rosetten dressieren, mit Belegnüssen belegen.
Kaffeetorte	Biskuitmasse oder Wiener Masse (leichte Sandmasse)	2 x Kaffeebutter- oder Kaffeeobers creme	Mit Creme einstreichen, seitlich einstreuen. Rosetten dressieren, mit Mokkabohnen belegen.
Kakaotorte	Biskuitmasse oder Wiener Masse (leichte Sandmasse) mit Kakaopulver	2 x Schokoladenbutter oder Schokoladenoberscreme	Mit Creme einstreichen, seitlich einstreuen. Rosetten dressieren und mit Schokoladenspänen bestreuen.
Erdbeeroberstorte und Oberstorten mit anderem Fruchtgeschmack	Mürbteigboden, 3 Blatt Biskuitmasse oder Wiener Masse (leichte Sandmasse)	Erdbeerkonfitüre, Erdbeeroberscreme oder Konfitüre und Mark aus anderen Früchten	Ganz mit geschlagenem Obers einstreichen. Oberfläche mit passenden Früchten belegen, gelieren.
Punschtorte	2 Blatt Wiener Masse (leichte Sandmasse)	Marillenkonfitüre oder Orangenmarmelade, Punschfüllung	Aprikotieren und mit rosa Fondant glasieren.
Trüffeltorte	3 Blatt Sachermasse	Ribiselgelee, Trüffelcreme	Ganze Torte einstreichen, seitlich einstreuen. Stückdekor mit Trüffelkugeln.

10.2 Schnitten

Schnitten sind rationell herzustellen und daher sehr beliebt.

- Gefüllte Biskuitkapseln werden entsprechend geschnitten oder
- flache, gebackene Massen (Flecke) werden in Streifen geschnitten und gefüllt.

Dabei sind dieselben Punkte wie bei Torten zu beachten.

Im Codex geregelte Schnitten

- Dobosschnitten
- Esterházyschnitten
- Pariser Schnitten (Füllcreme: Pariser Creme)
- Sacherschnitten

Codexbestimmungen siehe Kap. IV / 10.1 Torten.

Weitere Schnitten

Bezeichnung	Masse, Teig	Arbeitsvorgang, Füllungen	Dekor
Obstschnitten	Mürbteigboden, 1 Blatt Wiener oder leichte Sandmasse (1,5 cm dünn)	Marillenkonfitüre.	Mit frischem oder Kompottobst belegen, gelieren.
Pariser Schnitten	6 Streifen Schokoladenbiskuitmasse	Pariser Creme.	Mit Kuvertüre glasieren.
Pyramiden 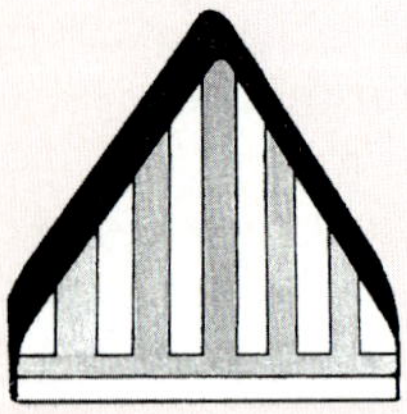	6 Streifen Biskuitmasse	5 Streifen mit Schokoladenbuttercreme füllen und kühlen. 1 Streifen als Boden mit Creme bestreichen. Zusammengesetzte Streifen diagonal durchschneiden, mit Creme bestreichen. Erste Hälfte mit kurzer Fläche auf Bodenblatt kippen, zweite Hälfte drehen und ansetzen.	Mit Creme dünn einstreichen und kühlen. Mit Schokolade oder Fettglasurmasse glasieren.
Schaumschnitten mit Früchten	Mürbteigboden, Biskuit blatt, Windmasse zum Abflämmen	2 x Konfitüre, Früchte, Windmasse.	Aus Windmasse zusätzlich ein Gittermuster aufdressieren und abflämmen.
Punschschnitten	2 Blatt Wiener Masse (leichte Sandmasse)	Marillenkonfitüre und Punschfüllung in einen Rahmen setzen.	Aprikotieren, mit rosa Fondant glasieren oder mit rosa Marzipan abdecken.

Oberscremeschnitten und Cremeschnitten werden im Kap. IV / 4.3 Butter- und Blätterteige erklärt. Linzer Schnitten und Topfenobersschnitten siehe Kap. IV / 10.1 Torten.

10.3 Rouladen

Rouladen sind ebenfalls schnell herzustellen und eine willkommene Bereicherung des Warenangebotes einer Konditorei.

- Die Masse wird wie bei den Schnitten aufgestrichen. Auf rasches und saftiges Backen ist zu achten, um ein Brechen beim Rollen zu verhindern.
- Mit Konfitüre gefüllte Rouladen werden gleich nach dem Backen gefüllt und eingerollt.
- Mit Cremen gefüllte Rouladen werden nach dem Auskühlen mit Butter- oder Oberscremen gefüllt, in Papier straff eingerollt und kühl gestellt.

Bezeichnung	Masse, Teig	Füllungen	Dekor
Biskuitroulade	Biskuitmasse	Marillenkonfitüre	Puderzucker.
Fruchtobersroulade	Wiener Masse (leichte Sandmasse)	Fruchtoberscreme	Puderzucker – Rosette aus Obers aufdressieren und mit passender Frucht belegen.
Nougatroulade	Wiener Masse (leichte Sandmasse)	Nougatbutter- oder Nougatoberscreme	Mit Creme einstreichen und in geriebenen, gerösteten Haselnüssen wälzen.
Kaffeecremeroulade	Wiener Masse (leichte Sandmasse)	Kaffeeoberscreme	Mit Creme dünn einstreichen. Mit Kaffeemarzipan eindecken.
Schokoladenroulade	Wiener Masse (leichte Schokoladensandmasse)	Schokoladenoberscreme	Mit Creme dünn einstreichen. Mit Schokoladenspänen bestreuen.
Topfenobersroulade	Wiener Masse (leichte Sandmasse)	Topfenoberscreme	Puderzucker.

10.4 Desserts

Darunter versteht man kleine Stücke aus Teigen und Massen in Kombination mit Konfitüren, Cremen, Füllungen und Obst. Ihre Form ergibt sich durch Schneiden, Ausstechen oder Dressieren und durch Backen in kleinen Formen (Originalgrößen siehe im Anhang / Kopiervorlagen für Fachzeichnen). Die Ausfertigung entspricht der Geschmackskomposition. Das Dekor gibt Hinweise auf den Charakter und die Bezeichnung. Präsentiert werden sie in Dessertkapseln.

Typische Desserts

Bezeichnung	Masse, Teig	Arbeitsvorgang, Füllungen	Dekor
Krapferln, Ringerln, Stangerln	Brandmasse	Vanillecreme, verschieden abgeschmeckt.	Fondant oder Puderzucker.
Obstschüsserln, Schiffchen, Torteletten	Mürbteig (1-2-3-Teig)	Vanillecreme oder Konfitüre.	Mit verschiedenem Frischobst belegen und gelieren.
Punschkrapfen	Biskuitboden	Punschfülle.	Fondant.
Kleine Rouladen	Biskuitmasse	Herkömmliche Rouladen im Kleinformat (Ø 4 cm).	Natur.
Kleine Schnitten	Biskuit- oder Esterházymasse	Herkömmliche Schnitten im Kleinformat.	Klassisch oder Natur.
Indianer	Indianermasse	Geschlagenes Obers.	Fondant.
Kartoffeln	Indianermasse	Pariser Creme.	Marzipan, Kakaopulver.
Ischler Törtchen	Mandelmürbteig	Konfitüre, Pariser Creme.	Kuvertüre und halbe weiße Mandel.
Baumkuchendesserts	Baumkuchenmasse, in einem Kapselrahmen gebacken	In Würfel geschnitten.	Aprikotieren, Fondant.

Weiters gehören dazu individuell kreierte Desserts, die in jedem Betrieb entstehen.

10.5 Petits Fours

Petits Fours sind noch kleinere Stücke als Desserts (Originalgrößen siehe im Anhang / Kopiervorlagen für Fachzeichnen). Angeboten werden sie meist bei besonderen Anlässen wie Partys, Empfängen und Festtagen. Bei der Herstellung von Petits Fours sind der Kreativität des Einzelnen keine Grenzen gesetzt.

- Sie werden aus verschiedenen Massen dressiert oder geschnitten und mit Cremen und Konfitüren gefüllt.
- Petits Fours können mit Fondant dünn glasiert und mit Spritzornamenten verziert oder mit Frischobst ausgefertigt und geliert werden.

Mignons liegen in der Größe zwischen Petits Fours und Bonbons. Sie gleichen aber in der Zusammensetzung den Petits Fours.

Zusammenfassung: Konditoreierzeugnisse

Torten

Sie werden in verschiedensten Formen und mit unterschiedlichsten Füllungen hergestellt. Im Codex werden Dobos-, Esterházy-, Malakoff-, Sacher-, Schwarzwälder Kirsch- und Topfenoberstorte (mit hervorhebender Bezeichnung) geregelt.

Schnitten

Sie sind rationell herzustellen und daher sehr beliebt. Im Codex werden Dobos-, Esterházy-, Pariser und Sacherschnitten (mit hervorhebender Bezeichnung) geregelt.

Rouladen

Sie sind schnell herzustellen, allerdings muss beachtet werden, dass das Brechen beim Rollen der Rouladen nur verhindert werden kann, wenn man sie rasch bäckt.

Desserts

Darunter versteht man kleine Stücke aus Teigen und Massen in Kombination mit Konfitüren, Cremen, Füllungen und Obst. Ihre Form ergibt sich durch Schneiden, Ausstechen oder Dressieren und durch Backen in kleinen Formen.

Petits Fours

Petits Fours sind noch kleinere Stücke als Desserts. Bei der Herstellung von Petits Fours sind der Kreativität des Einzelnen keine Grenzen gesetzt.

Fragen und Arbeitsaufgaben

1. Welche Formen von Torten kennen Sie?
2. Nennen Sie die Codexbestimmungen, die bei der Sachertorte (mit hervorhebender Bezeichnung) beachtet werden müssen!
3. Beschreiben Sie drei Torten (Masse, Füllungen, Dekor)!
4. Beschreiben Sie zwei Schnitten und zwei Rouladen (Masse, Füllungen, Dekor)!

11 DIÄT- UND VOLLKORNBACKWAREN

Diät- und Vollkornprodukte sind für Kunden, die eine bestimmte Diät einhalten müssen oder auf ihre Ernährung achten, eine willkommene Abwechslung in ihrem Speiseplan.

Die Herstellung von Diät- und Vollkornbackwaren setzt voraus, dass der Konditor über die wichtigsten Richtlinien der Ernährung, über Diäten und über Vollwertkost informiert ist und sie auch berücksichtigt.

Bei der Produktion von **Diabetikerbackwaren** ist genaues Wiegen der Rohstoffe Voraussetzung, damit der Diabetiker die Anzahl der Broteinheiten leicht berechnen kann.

Das Nichtverwenden bestimmter Nahrungsmittel, welche erfahrungsgemäß Störungen im Stoffwechsel verursachen oder sonstige Beschwerden auslösen, bildet die Grundlage der verschiedenen **Diäten** und muss bei der Herstellung der Speisen vermieden werden.

Bei der **Vollwertkost** ist es wichtig, dass der Konditor informiert ist, welche Nahrungsmittel bevorzugt verwendet und welche nicht verwendet werden.

11.1 BACKWAREN FÜR DIABETIKER

Orangenkuchen

1 Wanne 15 x 10 x 5 cm, 10 Stück
Ofentemperatur: 200 °C, Backzeit: 40 bis 45 Minuten

50 g	Backmargarine
100 g	Fruchtzucker
3 g	Zitronensaft
150 g	Eier (3)
8 g	Backpulver
190 g	Mehl
Tränken:	
120 g	Orangensaft

Herstellung

- Margarine mit Fruchtzucker und Zitronensaft schaumig rühren.
- Eier nach und nach langsam dazugeben. (Eventuell mit etwas Mehl die Masse binden.)
- Mit Backpulver versiebtes Mehl einmelieren.

- Masse in die mit Backpapier ausgeschlagene Form einfüllen und in das vorgeheizte Rohr schieben.

Aufarbeitung
- Nach dem Backen Kuchen aus der Form stürzen, Papier abziehen und Kuchen in die Form zurückstürzen.
- Den noch heißen Kuchen mit Orangensaft beträufeln. Der Kuchen soll die ganze Flüssigkeit aufnehmen.

Berechnung
10 Stück à 2 BE
1 Stück:

4,3 g	Eiweiß
5,94 g	Fett
24,16 g	Kohlenhydrate
704,03 kJ	

Mohn- oder Nusszopf

2 Zöpfe
Ofentemperatur: 200 °C, Backzeit: 20 bis 30 Minuten

130 g	Milch
20 g	Hefe
200 g	Mehl
130 g	Vollkornmehl
40 g	Fruchtzucker
50 g	Ei (1)
	Salz
	Zitrone
40 g	Butter
Mohnfülle:	
150 g	Mohn (gemahlen)
100 g	heiße Milch
100 g	Äpfel (klein geschnitten)
	Rum
5 g	Semmelbrösel
Nussfülle:	
200 g	Nüsse (gerieben)
45 g	Fruchtzucker
150 g	Milch
	Rum

Herstellung
- Aus den Zutaten einen direkten Hefeteig ohne Dampfl herstellen (direkte Herführung: siehe Kap. IV / 4.1 Hefeteige).
- Rastzeit ca. 30 Minuten.

Aufarbeitung
- Teig in sechs gleich große Teile teilen. Die Teile aufschleifen und kurz entspannen lassen.
- Wirklinge rechteckig (ca. 15 x 10 cm) ausrollen.
- Füllung gleichmäßig auf die Teigstücke streichen.
- Teigstücke einrollen und auf ca. 15 cm Länge bringen. Aus jeweils 3 Teigsträngen einen Zopf von der Mitte aus flechten.
- Auf ein mit Backtrennpapier belegtes Blech wegsetzen. Ca. 30 Minuten im Gärschrank gehen lassen.
- Mit Ei bestreichen und bei 3/4-Gare backen.

Berechnung
Hefeteig ohne Füllung: 22 Stück à 1 BE
1 Stück:

2,5 g	Eiweiß
2,2 g	Fett
11,9 g	Kohlenhydrate
331 kJ	

Mohnzopf: 24 Stück à 1 BE
1 Stück:

3,7 g	Eiweiß
4,8 g	Fett
12,0 g	Kohlenhydrate
453,2 kJ	

Nusszopf: 28 Stück à 1 BE
1 Stück:

3,0 g	Eiweiß
6,3 g	Fett
12,0 g	Kohlenhydrate
492	kJ

Erdbeer- oder Himbeertorte

1 Torte Ø 24 cm, 14 Stück
Ofentemperatur: 180 °C, Backzeit: ca. 30 Minuten

120 g	Dotter (6)
55 g	Fruchtzucker
	Zitrone, Vanille
180 g	Eiklar (6)
100 g	Fruchtzucker
6 g	Backpulver
60 g	Weizenstärke
100 g	Mehl
Bestreichen und Füllen:	
50 g	Diabetikerkonfitüre
500 g	Erdbeeren oder Himbeeren (gewaschen)

Herstellung
- Dotter, Fruchtzucker, Zitrone und Vanille schaumig rühren.
- Eiklar mit Fruchtzucker zu Schnee schlagen.
- Dotter- und Schneemasse verrühren und das mit Backpulver und Weizenstärke versiebte Mehl einmelieren.
- In den vorbereiteten Tortenreifen einfüllen, glatt streichen und in das vorgeheizte Rohr einschieben.

Ausfertigung
- Nach dem Auskühlen Tortenboden dünn mit Diabetikerkonfitüre bestreichen und mit Erdbeeren belegen.
- Erdbeeren mit heißer Diabetikerkonfitüre gelieren.

Berechnung
14 Stück à 2 BE
1 Stück:

3,34 g	Eiweiß
3,3 g	Fett
24,1 g	Kohlenhydrate
613,2 kJ	

11.2 Backwaren für Zöliakiekranke

Buchweizen-Apfeltorte

1 Torte Ø 24 cm, 16 Stück
Ofentemperatur: 180 °C, Backzeit: ca. 45 Minuten

250 g	weiche Butter
120 g	Zucker
120 g	Dotter (6)
180 g	Eiklar (6)
200 g	weiße Mandeln (gerieben)
250 g	Äpfel (gerieben)
250 g	Buchweizenmehl
10 g	Backpulver
Füllen und Bezuckern:	
250 g	Preiselbeerkonfitüre
	Puderzucker

Herstellung
- Butter mit 40 g Zucker schaumig rühren. Dotter nach und nach beigeben.
- Eiklar mit restlichem Zucker zu Schnee schlagen.
- Butter- und Schaummasse vermischen. Mandeln, Äpfel und das mit Backpulver versiebte Mehl einmelieren.
- In den vorbereiteten Tortenreifen einfüllen, glatt streichen und in das vorgeheizte Rohr einschieben.

Ausfertigung
- Nach dem Backen erkalten lassen. Am besten am darauffolgenden Tag den Tortenboden halbieren und mit Preiselbeerkonfitüre füllen.
- Zusammensetzen und die Oberfläche mithilfe einer Schablone bezuckern.

Hirseflockentorte

1 Torte Ø 24 cm, 16 Stück
Ofentemperatur: 190 °C, Backzeit: ca. 50 Minuten

200 g	Hirseflocken
300 g	Milch
100 g	weiche Butter
70 g	Honig
	Salz, Vanille
40 g	Dotter (2)
60 g	Eiklar (2)
80 g	Zucker
100 g	Haselnüsse (gerieben)
200 g	Buchweizenmehl
	Backpulver

Herstellung
- Hirseflocken in kalter Milch 1 Stunde einweichen.
- Butter, Honig, Salz und Vanille schaumig rühren. Dotter langsam dazugeben.
- Eiklar mit Zucker zu Schnee schlagen.
- Butter- und Schneemasse verrühren. Eingeweichte Hirseflocken, Haselnüsse und das mit Backpulver versiebte Mehl einmelieren.
- In den vorbereiteten Tortenreifen einfüllen und in das vorgeheizte Rohr einschieben.

Ausfertigung
- Nach dem Erkalten den Tortenboden eventuell mit Konfitüre füllen und mit geschlagenem Schlagobers garnieren.

11.3 Vollkornbackwaren

Sonnenblumenschnitten

30 Stück
Ofentemperatur: 180 °C, Backzeit: ca. 20 Minuten

80 g	Honig
200 g	Butter
	Salz
450 g	Weizenvollkornmehl
Belag:	
250 g	Honig
125 g	Butter
	Salz
700 g	Sonnenblumenkerne (geröstet)

Herstellung
- Honig, Butter und Salz schaumig rühren und Weizenvollkornmehl flott unterkneten.
- Teig ca. 30 Minuten kalt stellen.
- Honig, Butter und Salz bis zum Faden aufkochen und geröstete Sonnenblumenkerne darunter mischen.

Aufarbeitung

- Teig ausrollen (30 x 50 cm), auf ein befettetes Blech wegsetzen und vorbacken.
- Belag auf den vorgebackenen Mürbteig aufstreichen und in das vorgeheizte Backrohr einschieben.
- Nach dem Backen in 30 Stück teilen.

Gedeckter Apfelkuchen

1 Torte Ø 24 cm, 14 Stück
Ofentemperatur: 180 °C, Backzeit: ca. 40 Minuten

150 g	Butter
80 g	Honig
100 g	Eier (2)
100 g	Topfen (mager)
	Salz
400 g	Weizenvollkornmehl
3 g	Backpulver
Füllung:	
750 g	Äpfel (grob geraspelt)
100 g	ungeschwefelte Sultaninen
40 g	Mandeln (gehackt)
40 g	Honig
30 g	Zitronensaft
	Zimt

Bestreichen und Bestreuen:

	Milch
60 g	Mandeln (gehackt)

Herstellung

- Alle Zutaten zu einem Mürbteig (siehe Kap. IV / 4.4 Mürbteige) verarbeiten und ca. 30 Minuten kühl stellen.

Aufarbeitung

- Mit 2/3 des Teiges den Tortenboden und ca. 3 cm Rand auslegen.
- Alle Zutaten der Füllung gut vermischen und in den Tortenreifen füllen.
- Den restlichen Teig in Tortenreifengröße ausrollen, die Füllung damit bedecken und leicht andrücken.
- Teig mit einer Gabel stupfen und mit Milch bestreichen. Gehackte Mandeln aufstreuen und in das vorgeheizte Backrohr einschieben.
- Nach dem Backen auskühlen lassen, aus der Form nehmen und portionieren.

Fragen und Arbeitsaufgaben

1. Worauf muss bei den Zutaten für Diabetikerbackwaren geachtet werden?
2. Wie wird die Hirseflockentorte hergestellt?
3. Nennen Sie ein Vollkornrezept und erklären Sie die Herstellung!

12 ZUCKERVERARBEITUNG

Der Zuckerbäcker hat sich schon vor langer Zeit vom Zuckerhuthersteller zum Zuckerverarbeiter weiterentwickelt. Er hat gelernt, die verschiedenen Eigenschaften des Zuckers für seine Zwecke zu nutzen.

12.1 ZUCKERKOCHEN

Zuckerlösungen können deshalb hergestellt werden, weil die Löskraft des Wassers höher ist als die Zusammenhangskraft der Zuckermoleküle.

Geht die Konzentration einer Zuckerlösung über den Sättigungsgrad hinaus, muss sie höher erhitzt werden, um weiteren Zucker lösen zu können. Je länger die Hitzezufuhr andauert, umso heißer und „dichter" (= konzentrierter) wird die Lösung. Von der Konzentration hängt die Verwendbarkeit der Lösung ab.

Richtlinien für richtiges Kochen

	Beachtenswertes	**Begründung**
	Reinen Kristallzucker verwenden.	Nichtzuckerstoffe schränken die Verarbeitbarkeit wesentlich ein.
	Ausreichend großes Kupfer- oder Stahlgeschirr verwenden.	Zucker schäumt bei Kochbeginn stark auf. – Diese Geschirre sind gute Wärmeleiter.

	Beachtenswertes	Begründung
	Auf 1 kg Zucker kommen ca. 400 g Wasser.	Niedrige Ausgangskonzentration schafft gute Lösbarkeit.
	Bis zum Aufkochen ständig rühren.	Bewegung beschleunigt das Lösen. Alle Kristalle müssen zu Kochbeginn gelöst sein.
	Zusammenwaschen. (Ein Zusammenwaschen erübrigt sich durch das Aufsetzen eines Deckels mit Loch.)	Zuckerkristalle vom Rand lösen und Schaumreste vom Rand entfernen.
	Abschäumen.	Die in den Schaumresten gebundenen Nichtzuckerstoffe mit einem feinen Sieb herausholen.
	Kontrolliert kochen.	Temperatur und Dichte entscheiden über die Verwendbarkeit (zum Streichen, Tablieren, Gießen, Ziehen, Formen, Spinnen).

Zuckerkochtabelle

Die **Dichte** wird mit der Zuckerwaage (Aräometer) oder mit dem Refraktometer in Baumé- oder Brixgraden gemessen.

Allerdings lässt sich die Zuckerwaage vom Kettenflug an nicht mehr einsetzen, weil die Zuckerlösung schon zu stark konzentriert ist und die Zuckerwaage nicht mehr einsinkt.

Mit dem Refraktometer kann die Zuckerkonzentration in Prozent abgelesen werden. In der Zuckerindustrie wird dieses Messgerät bevorzugt, da die Bestimmung des Zuckergehaltes genauer ist. In der Konditorei wird das Refraktometer bei der Speiseeisherstellung, zum Messen der Zuckerlösungen und beim Dickziehen von Früchten eingesetzt. Die Dichte ist allerdings ab dem starken Ballen nicht mehr messbar.

Die **Temperatur** von Zuckerlösungen wird mit dem Zuckerthermometer gemessen (Celsius- oder Reaumurgrade).

	Dichte		Temperatur			
Bezeichnung	**Baumé**	**Brix**	**Reaumur**	**Celsius**	**Handproben**	**Verwendung**
Läuterzucker	bis 28°	62 %	–	–	–	Für Kompotte, Füllungen, Eis, Tränken, zum Dickziehen.
Schwacher Faden	32°	68 %	84°	105°	Zuckertropfen zwischen Daumen und Zeigefinger – Fadenbildung	Für Fadenzuckerglasur, Spritzglasur.
Starker Faden	35°	81 %	87°	109°		Zum Kandieren, für Fadenzuckerglasur.
Kleine Perle	37°	82 %	88°	110°	Zuckertropfen in kaltes Wasser – kleine Perle	Für Lebkuchen, Krustenpralinen.
Große Perle	38°	83 %	89°	111°	wie oben – größere Perle	Für Lebkuchen.
Schwacher Flug	39°	85 %	90°	112,5°	Drahtschlinge eintauchen, blasen	Für Fondant.
Starker Flug	43°	87 %	bis 94°	117°	wie oben – mehrere Blasen	Für Fondant, Konservezucker.
Kettenflug	–	88 %	95°	119°	wie oben – Blasenkette	Für Schaummassen, Maronipüree, Konfitüre.
Schwacher Ballen	–	92 %	bis 97°	121°	nasse Finger – weiche Kugel formen	Für Konfitüre.
Starker Ballen	–	–	bis 100°	bis 125°	wie oben – festere Kugel formen	Für Rahmkaramellen.
Schwacher Bruch	–	–	bis 110°	bis 137°	Probe erstarrt im kalten Wasser – noch biegsam	Für Nougat Montelimar.
Starker Bruch	–	–	bis 114°	bis 143°	wie oben – Probe bricht	Für Nougat Montelimar, karamellisierte Früchte.
Heller Karamell	–	–	über 114°	über 143°	wie oben – Probe bricht sofort	Für Klarzuckergießarbeiten, Seiden-, Spinn- und Felsenzucker.

Erzeugnisse aus gekochtem Zucker

Läuterzucker

1000 g	Wasser
1820 g	Zucker

Herstellung
- Diese Menge ergibt eine Dichte von 28 °Bé. Die Lösung ist haltbar.

Läuterzucker ist eine aufgekochte, reine, also geläuterte Zuckerlösung. Zuckermenge und Wassermenge bestimmen die Dichte des Läuterzuckers und entscheiden damit über seinen Verwendungszweck.

Fadenzucker, Kandierzucker

Herstellung
- Wasser und Zucker werden bis ca. 107 °C (etwa 33 °Bé) gekocht, durch Tablieren am Rand des Kochgeschirrs abgekühlt und zum Auskristallisieren angeregt.

Diese Lösung, mit einem Pinsel dünn aufgetragen, erscheint nach dem Auskristallisieren als dünner, weißer Zuckerglasurüberzug (siehe Kap. IV / 8.1 Glasuren).

Kandieren
Der Zweck des Kandierens liegt darin, dass Oberflächen von Erzeugnissen verfestigt und verschönert werden. Sie glänzen dann aufgrund der Lichtbrechung.

Aufarbeitung
- Die Fondantkörper auf das Gitter setzen (Abstand halten) und in den Kandierkasten stellen.
- Die gekochte, abgekühlte, lauwarme Zuckerlösung (mindestens 33 °Bé, sirupfrei) vorsichtig eingießen. Die Lösung muss die Körper um ca. einen halben Zentimeter überdecken.
- Auf die Lösung Pergaminpapier legen und über Nacht stehen lassen (Kristallisationsphase!).
- Das Papier abheben und die Lösung ablaufen lassen.
- Die Körper zum Abtrocknen in den Trockenschrank schieben.

Fondant

Herstellung und **Verwendung** siehe Kap. IV / 8.1 Glasuren.

Konservezucker

Herstellung
- Zuckerlösung wird im warmen Zustand durch Tablieren zum Absterben angeregt. (Sie wird im gewerblichen Bereich kaum noch hergestellt.)
- Je nach Verwendungszweck wird die Lösung als Flug- oder Ballenzucker gekocht und mit Zusätzen versehen (Säure, Glukosesirup, Fondant, Aromen).

Verwendung
- Für gegossene Hohlzuckerwaren (Hasen, Vasen usw.).
- Für kleine Gusswaren (Pfefferminzpastillen, Kücken, Hennen, Eihälften usw.).

Heller Karamell

Herstellung
- Hell bleibende Zuckerlösungen werden bis zum starken Bruch oder höher gekocht.
- Nach dem Abkühlen zeigen sie eine glasartige Beschaffenheit.

Verwendung
- Die Zusammensetzung und der Kochgrad entscheiden über die Verwendbarkeit des hellen Karamells.

Karamellisierte Früchte

Herstellung
- Weinbeeren, Apfelspalten, Walnusshälften usw. werden auf Zahnstochern aufgespießt und in den klaren oder gefärbten Karamell getaucht.

Verwendung
- Als Dekor von Eisspeisen usw.

Karamell für Gießarbeiten

1000 g	Zucker
400 g	Wasser
100 g	Glukosesirup

Herstellung
- Zucker in Wasser lösen und mit Glukosesirup auf mindestens 143 °C (114 °R) kochen.
- Wird dieser Karamell eingefärbt oder undurchsichtig gemacht (mit zB flüssigen Lebensmittelfarben), geschieht dies ca. 10 °C vor dem Erreichen der Höchsttemperatur.

Aufarbeitung
- Formgebende Umrandung auf einer Silpattmatte vorbereiten (zB Bandeisen, Metallstäbe).
- Alle mit der Zuckerlösung in Berührung kommenden Teile einölen.
- Die sorgfältig gekochte, abgeschreckte Zuckerlösung eingießen.
- Die umgebenden Teile nach dem Aushärten ablösen.
- Garnieren (zB belegen, abdecken, beschriften, aufspritzen).
- Die Teile mit Bruch- oder geschmolzenem Zucker zusammensetzen.

Karamell für Seidenzucker

1000 g	Zucker
400 g	Wasser
200 g	Glukosesirup
24 Tropfen	Weinsäure

Herstellung
- Zucker in Wasser lösen und über Nacht läutern.
- Dann mit Glukosesirup auf 147,5 °C (118 °R) kochen und abschrecken.
- Mit Weinsäure versetzen (1 : 1), schwenken und auf Backtrennpapier oder Silpattmatte ausgießen.

Aufarbeitung
- Die Zuckermasse von außen nach innen spachteln.
- Die überkühlte, jetzt plastische Zuckermasse etwas ziehen und flach drücken.
- Vor dem Aushärten in Stücke teilen und mit Trockenhaltemitteln (Blaugel) luftdicht zwischenlagern.
- Die benötigte Menge anwärmen (Ofen, Wärmelampe, Mikrowelle).
- Ziehen und formen.

Verwendung
- Zum Modellieren von Blumen, Blättern, Maschenteilen und zum Blasen von verschiedenförmigen Hohlkörpern.

Karamell für Spinnzucker

1000 g	Zucker
400 g	Wasser
70–80 g	Glukosesirup

Herstellung
- Zucker mit Wasser und Glukosesirup (eventuell mit Farbe) bis zum starken Bruch kochen.

Aufarbeitung
- Geölte Metallstäbe im Abstand von ca. 30 cm auflegen und fixieren. Sie sollen ebenso 30 cm weit über den Tischrand hinausragen.
- Die Umgebung mit Trennpapier abdecken.
- Die Drahtrute kurz in die heiße Zuckerlösung eintauchen und durch heftiges Schleudern über den Stäben die Zuckertropfen zu Zuckerfäden spinnen.
- Die Fäden abheben, zusammenlegen und formen (zB schneiden, ausstechen oder modellieren).

Karamell für Felsenzucker

Herstellung
- Bis zum Bruch gekochter Zucker mit Spritzglasur (siehe Kap. IV / 8.1 Glasuren) zum Aufschäumen bringen.
- Nach dem Aushärten in Stücke brechen. Sie zeigen ein groß-poröses Aussehen. So sind diese Stücke für Gesteinsnachbildungen verwendbar.

Dieses ausschließlich für Dekorzwecke verwendete Zuckererzeugnis wird heute kaum noch hergestellt.

12.2 Zuckerschmelzen

Kristall- oder Puderzucker wird mit Glukosesirup langsam geschmolzen, bis der Zucker eine hellbraune Farbe angenommen hat. Bei ausreichender Erhitzung schmelzen die Zuckerkristalle und gehen in einen flüssigen Zustand über. Durch diese Umwandlung verändert der Zucker seinen Geschmack und seine Farbe.

Erzeugnisse aus geschmolzenem Zucker

Brauner Karamell

1000 g	Zucker
40 g	Glukosesirup

Herstellung
- Sirup erhitzen. Zucker in kleinen Mengen beigeben, so lange, bis die gewünschte Farbe (Hellbraun) erreicht ist.

Verwendung
- Zum Karamellisieren (Überziehen, Überspritzen) von dünnen Biskuitblättern (zB Dobostorten und -schnitten).
- Zum Karamellisieren von Kernen (weiße Mandeln, geschälte Haselnüsse, halbe Walnüsse), die zum Belegen verschiedener Konditoreierzeugnisse und Brandteiggebäcke dienen.
- Zum Zusammensetzen von Hartkrokant und gegossenen Karamellteilen.
- Zur Nougat- und Krokantherstellung.

Anmerkung
- Dunkelbraun geschmolzener Zucker neigt zum Nachbrennen und schmeckt bitter. Er ist daher für die Normalverwendung zu dunkel und nur mehr mit Wasserzusatz zur Zuckercouleurherstellung geeignet.

Krokant

Die Hauptbestandteile des Krokants (Grillage) sind geschmolzener Zucker und Kerne. Werden noch andere Rohstoffe zugesetzt, entscheiden diese – gemeinsam mit der gewählten Herstellungsweise – über Art, Eigenschaft und Verwendung des Krokants.

Hartkrokant

40 g	Glukosesirup
600 g	Puderzucker
250 g	weiße Mandeln (gehobelt, ausgesiebt)

Herstellung
- Glukosesirup erhitzen.
- Gesiebten Puderzucker nach und nach beigeben, sodass die Masse immer breiig ist. Mit dem Kessel so lange auf dem Feuer bleiben, bis auch der zuletzt beigegebene Zucker geschmolzen ist.
- Mandeln anwärmen und kurz unterrühren.
- Den heißen Hartkrokant zwischen Silpattmatten ausrollen.

Aufarbeitung
- Sie erfolgt mit geölten Werkzeugen und Geräten.
- Abkühlende Krokantblätter werden hart.
- Durch Wiedererwärmen im Ofen bleibt Krokant weiterverarbeitungsfähig.
- Sind Hartkrokantblätter ausreichend dünn ausgerollt, wird der Krokant geschnitten und geformt.

Verwendung
- Für Dekorarbeiten (Aufsätze, Eier, Hasen, Herzen, Maschen, Blumen usw.).
- Geriebener Hartkrokant mit einem hohen Kerngutanteil wird zum Einstreuen, Panieren, Abschmecken usw. verwendet.

Blätterkrokant

Diese brüchige und schichtartige Art des Krokants wird für Bonbons verwendet (siehe Kap. IV / 16.4 Rezepte – Krokantbonbons).

Weichkrokant

Hartkrokant wird mit flüssigem Obers und Butter weich gemacht. Er wird für Bonbons (siehe Kap. IV / 16.4 Rezepte – Krokantbonbons) und Stückgebäck verwendet.

12.3 Zuckerbinden

Bei dieser Art der Zuckerverarbeitung geht man davon aus, dass die kristalline Beschaffenheit und das Aussehen der verwendeten Zuckersorten erhalten bleiben. Durch geeignete Zusätze werden die trockenen Kristalle gebunden und so zu formbaren, ausrollbaren, dressier- und spritzbaren Zuckermassen umfunktioniert.

Erzeugnisse

Gelatinezucker

5 g	Gelatine
50 g	Wasser
30 g	Glukosesirup
3 g	Zitronensäure
ca. 500 g	Puderzucker

Herstellung
- Gelatine im Wasser lösen, Sirup und Säure beigeben.
- Puderzucker einarbeiten, ausrollen, ausschneiden oder formen.

Verwendung
- Für Aufsätze und Bauteile im Dekorbereich.

Eiklarzucker

Herstellung
- Kristallzucker wird mit Eiklar gebunden.
- Die angefeuchtete Masse wird in Formen eingedrückt, gestürzt und nach dem Aushärten der Oberfläche ausgehöhlt.

Verwendung
- Zum Dekorieren von Torten.
- Zum Fertigen von Hasen, Eiern, Glocken, usw.

Spritzglasur

Je nach Zusammensetzung für Garnier- und Schreibarbeiten, Dekorteile und Aufsätze für Torten usw. Zutaten und **Herstellung** siehe Kap. IV / 8.1 Glasuren.

Zusammenfassung: Zuckerverarbeitung

Zuckerkochen

Für das Zuckerkochen sind die Lösbarkeit und die Kristallisationsfähigkeit des Zuckers bzw. der Zuckerlösung ausschlaggebend. Die Verwendbarkeit gekochter Zuckerlösungen hängt von ihrer Konzentration (Dichte), ihrer Temperatur und ihren Zusätzen ab.

- Die **Dichte** von Zuckerlösungen wird mit der Zuckerwaage (Aräometer) oder mit dem Refraktometer gemessen (Baumé- oder Brixgrade).
- Die **Temperatur** von Zuckerlösungen wird mittels Zuckerthermometer gemessen (Celsius- oder Reaumurgrade).

Erzeugnisse
- Läuterzucker
- Faden-, Kandierzucker
- Fondant
- Konservezucker
- Heller Karamell: Er kann zum Karamellisieren von Früchten, für Gießarbeiten, für Seiden-, Spinn- und Felsenzucker verwendet werden.

Zuckerschmelzen

Der Zucker verliert nicht durch Lösen und Kochen, sondern durch Schmelzen seine kristalline Beschaffenheit. Durch die Hitze wird er braun.

Erzeugnisse
- Überhitzter **brauner Karamell** brennt nach und ist für die normale Verwendung zu dunkel.
- **Krokant** ist eine Mischung aus braunem Karamell und Kernen. Weitere Zusätze entscheiden über: Krokantart, Herstellungs- und Verarbeitungsweise, Beschaffenheit und Verwendung. Man unterscheidet Hart-, Blätter- und Weichkrokant.

Zuckerbinden

Zusätze ermöglichen die Bindung der losen Zuckerkristalle. Gebundene Zuckermassen härten ebenfalls aus und werden wie heller und brauner Karamell bevorzugt für Dekorarbeiten verwendet.

Erzeugnisse
- Gelatinezucker
- Eiklarzucker
- Spritzglasur

Fragen und Arbeitsaufgaben

1. Welche Vorteile werden durch das Zusammenwaschen, das Abschäumen, das genaue Messen der Zuckerlösungen erreicht?
2. Mit welchen Geräten werden Dichte und Temperatur von Zuckerlösungen gemessen?
3. Mit wie hohen Temperaturen werden die einzelnen Zuckerlösungen gekocht?
4. Für welche Zwecke werden die unterschiedlichen Zuckerlösungen verwendet?
5. Wie wird heller Karamell für Spinn- und Seidenzucker hergestellt und verarbeitet?
6. Wie wirkt sich der Glukosesirupzusatz bei der Hartkrokantherstellung aus?
7. Suchen Sie Begründungen für folgende Aussagen:
   - Ein hoher Kernanteil erschwert die Verarbeitung des Krokants.
   - Ein niedriger Kernanteil macht geriebenen Krokant zum Einstreuen und Panieren ungeeignet.
8. Beschreiben Sie das Aussehen eines fachlich einwandfrei hergestellten Hartkrokants für Dekorzwecke!
9. Welche Zusätze wirken beim Weichkrokant weichmachend?
10. Zeigen Sie die Vorteile des Zuckerbindens, verglichen mit dem Kochen und Schmelzen, auf!
11. Welchen Einfluss hat die verwendete Zuckersorte auf das Aussehen, die Verwendbarkeit und die Verarbeitung der gebundenen Zuckermasse?

13 SCHOKOLADEVERARBEITUNG

Schokoladen und Kuvertüren sind Mischungen. Sie bestehen aus Kakaomasse und Kakaobutter, Zucker und anderen erlaubten Zusätzen. Die Zusammensetzung entscheidet über Qualität, Preis, Farbe, Geschmack, Konsistenz und Verwendungszweck der jeweiligen Schokolade.

13.1 TEMPERIEREN

Durch den hohen Anteil an Kakaobutter ist Kuvertüre ein sehr wärmeempfindlicher Rohstoff. Die Kakaobutter setzt sich bei unsachgemäßer Verarbeitung an der Oberfläche ab und bildet den so genannten Fettreif. Um dies zu vermeiden, muss Kuvertüre temperiert (auf die richtige Verarbeitungstemperatur gebracht) werden.

- Ein Vorkristallisieren der Kakaobutter in der Kuvertüre bewirkt, dass die Fettkristalle beim Erstarren in der Masse gleichmäßig verteilt bleiben und eine matt glänzende Oberfläche entsteht.
- Nicht temperierte Kuvertüre erstarrt erst nach längerer Zeit und bildet eine graue Oberfläche.
- Eine streifige Oberfläche kann sich bilden, wenn nach dem Temperiervorgang abgekühlte und warme Masse nur ungenügend verrührt werden. Ein Teil der Kuvertüre verbleibt in untemperiertem Zustand und bildet nach dem Erstarren graue Streifen.
- Sollte die Kuvertüre beim Temperiervorgang zu sehr abkühlen, kann sie durch vorsichtiges Erwärmen auf die richtige Temperatur gebracht werden. (Achtung: Der Behälter kann nachwärmen, die Masse wieder zu warm werden, ein nochmaliges Temperieren wäre erforderlich!)

Schmelzen der Kuvertüre

Die Kuvertüre wird auf etwa 45 °C erwärmt. Dabei schmelzen alle Kakaobutterkristalle vollständig, die Masse wird dickflüssig. Bei zu starker Erwärmung (über 50 °C) bilden sich vor allem bei Milchkuvertüre durch Gerinnung des Milcheiweißes kleine Klümpchen und die Kuvertüre wird unbrauchbar.

Kuvertüre sollte nie auf offenem Feuer oder Kochplatte erwärmt werden, da sie leicht anbrennt. Zum Schmelzen kann sie in einem geeigneten Behälter im Wärmeschrank, im Wasserbad oder auf niedriger Leistung im Mikrowellenherd erwärmt werden.

Temperiermethoden

Tabliermethode

- Kuvertüre wird zuerst erwärmt (45 °C).
- Etwa ein Drittel der Masse wird auf eine Marmorplatte geleert, wo sie mit einer Spachtel (Palette) so lange bewegt wird, bis sie teilweise erstarrt.
- Dann wird die halb feste Kuvertüre zur noch warmen Restmenge in den Behälter zurückgegeben und kräftig durchgerührt.

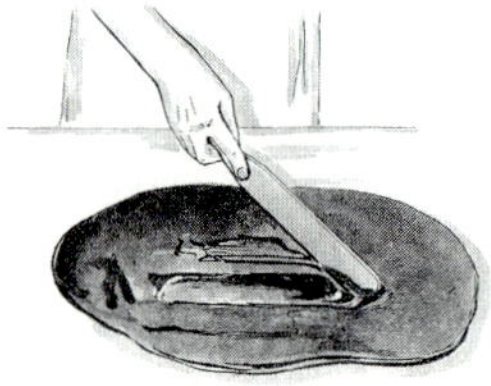

Impfmethode

- Erwärmter Kuvertüre (45 °C) werden Kuvertürespäne aus vortemperierter Kuvertüre zugesetzt und kräftig verrührt, bis sie durch die Wärme geschmolzen sind. Dabei sinkt die Temperatur der gesamten Masse.
- Durch dieses Verfahren kann Kuvertüre sehr genau auf die gewünschte Verarbeitungstemperatur gebracht werden.

Temperieren im Wasserbad

- Kuvertüre wird geschmolzen auf 40–45 °C.
- Dann wird die Kuvertüre im kalten Wasserbad bis zum Erstarrungspunkt ca. 26 °C kalt gerührt und anschließend sofort im heißen Wasserbad wieder auf max. 32 °C erwärmt (Milchkuvertüre: max. 30 °C).
- Nach einer Probe mit der Teigkarte kann mit dem Verarbeiten begonnen werden.
- Bei dieser Methode ist sehr darauf zu achten, dass kein Wasser in die Masse gelangt, da die Kuvertüre dadurch eingedickt werden würde und somit zum Tunken unbrauchbar wäre.

Temperieren im Mikrowellenherd

- Kuvertüre wird im festen Zustand in ein mikrowellengeeignetes Geschirr gegeben. Dann wird die Masse bei niedriger Leistung so lange erwärmt, bis sich ein Teil verflüssigt hat. Ein Teil sollte immer noch in halb festem Zustand sein.
- Ist der richtige Erwärmungsgrad erreicht, wird die Kuvertüre gut verrührt.
- Das Temperieren in der Mikrowelle ist sehr rationell, erfordert jedoch Erfahrung.

Temperieren im Gerät

- Die Kuvertüre wird direkt auf 30 bis maximal 33 °C erwärmt (Thermostat).
- Ein Temperieren durch Abkühlen eines Teils der Kuvertüre ist nicht erforderlich, jedoch ist eine Erstarrungsprobe empfehlenswert, da der Thermostat ungenau sein könnte.

Richtlinien für die Verarbeitung

- Nur sorgfältig temperierte Kuvertüre verwenden.
- Vor der Verarbeitung der Kuvertüre eine Probe machen.
- Nach dem Wiedererwärmen immer gut durchrühren.
- Dickflüssige Kuvertüre nicht stark rühren (Verlust der Fließfähigkeit, Einrühren von Luft).
- Keine warmen Geräte (Messer, Tunkgabeln, Formen, Kämme usw.) verwenden.
- Feuchtigkeit und Flüssigkeiten von der Kuvertüre fern halten.
- Waren aus Kuvertüre oder mit Kuvertüreüberzügen keinen abrupten Temperaturschwankungen aussetzen.
- Getunkte Erzeugnisse mäßig kühl lagern.
- Wenn der Lebensmittelcodex die Verwendung von Kuvertüre vorgibt, dürfen dieser keine kakaofremden Pflanzenfette zugesetzt werden.

13.2 Tunken, Glasieren

Ein fachmännischer, sauberer Überzug ist von mehreren Punkten abhängig:

- **Exakt temperierte Kuvertüre:** Für das Überziehen mit Kuvertüre muss diese sehr sorgfältig temperiert werden.
- **Temperatur der zu überziehenden Körper:** Der schönste Glanz eines Kuvertüreüberzugs lässt sich bei leicht temperierten Körpern erreichen. Die Temperatur sollte jedoch 27 °C nicht überschreiten, weil die Kuvertüre nicht rasch genug erstarren kann (Fettreif).
- **Temperatur des Raumes:** Sie sollte zwischen 18 und 22 °C liegen. Der Temperaturunterschied zwischen Raum und Kuvertüre sollte nicht mehr als 10 °C betragen. Neben Wärmequellen wie zB Backöfen darf nicht getunkt bzw. glasiert werden.

Technik

- Fußbildung vermeiden
- Dünner Überzug
- Glatte Oberfläche

13.3 Giessen von Hohlformen

Zum Herstellen von Schokoladehohlkörpern werden Gießformen benötigt. Unabhängig vom Material, aus dem sie hergestellt sind (Plastik, Metall), müssen sie völlig sauber und blank sein. Dies wird durch Polieren mit Watte erreicht.

Arbeitsablauf

- Formenhälften zusammenklammern.
- Temperierte Kuvertüre eingießen.
- Mit einem Holzstab klopfen, damit Luftblasen entweichen können.
- Kurze Zeit stehen lassen, damit sich an den Formenwänden eine Kuvertüreschicht bildet.
  Die nötige Wandstärke kann auch durch zweimaliges Gießen und Auslaufenlassen erreicht

werden. Dabei wieder klopfen. In diesem Fall ist keine Abstehzeit erforderlich.
- Formen wenden und die überflüssige Kuvertüre auslaufen lassen.
- Im Kühlschrank abstocken lassen und dann die Klammern entfernen.
- Figur aus der Form nehmen und auf einen aufgestrichenen Kuvertürefleck stellen, um einen Boden zu bilden.
- Nach dem Abstocken die überstehenden Ränder mit einem Messer ablösen.

13.4 Spritzschokolade

Sie eignet sich sehr gut für Fadengarnierungen und zum Spritzen von Ornamenten. Dazu verwendet man eine Spritztüte aus Butterpapier.
Zur Herstellung dieser Garniermasse wird Kuvertüre mit Flüssigkeit (Kondensmilch, Läuterzucker, Rum) zu spritzfähiger Konsistenz verdickt. Durch kräftiges Verrühren wird ein dehnbarer, reißfester Faden erreicht.

Herstellung
- Ein wenig Flüssigkeit in erweichte Schokolade einrühren. Dadurch verdickt sich die Masse. Größere Mengen mit einem Handmixer herstellen. Die Masse muss während des Rührens warm gehalten werden, da sie sonst schaumig und heller wird.
- Weiterrühren, bis die Masse grilliert. Die Emulsion der Schokolademasse geht vorübergehend verloren, sie wird grieslich.
- Weitere Flüssigkeit zugeben und rühren, bis eine bindige Masse entsteht. Die Konsistenz kann durch die Flüssigkeitsmenge reguliert werden. Am Ende nur mehr händisch rühren, um Luftblasen zu vermeiden, durch die der Faden reißen würde.

Spritzschokolade kann auch aufbewahrt werden. Durch Erwärmen im Wasserbad wird sie wieder spritzfähig.

13.5 Spritztechnik

Herstellen einer Spritztüte

Spritztüten benötigt man zum Garnieren mit Spritzglasur, Spritzschokolade, Fettglasurmasse, Konfitüre, Kuvertüre usw.

Man verwendet Butterpapier. Dieses Papier wird nicht durch die Spritzglasur aufgeweicht. Auch zu starres oder dünnes Papier eignet sich nicht.

Ein Din-A4-Blatt wird entzweigeschnitten. Dabei sollte die Schnittfläche kantig und nicht ausgefranst sein. Sie bildet die Spitze und die Öffnung.

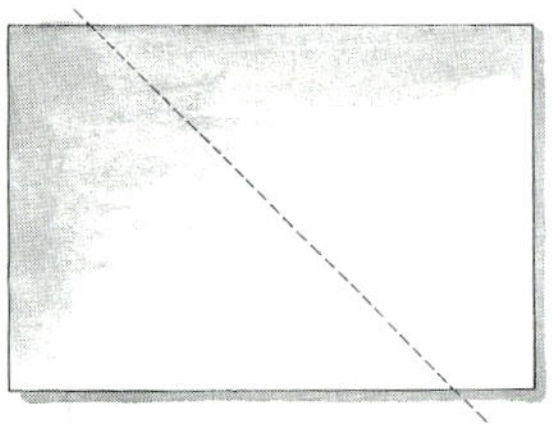

Herstellung
- Papier an der Schnittfläche (c) oberhalb der Mitte mit der linken Hand festhalten. Der Abschnitt sollte oben sein.

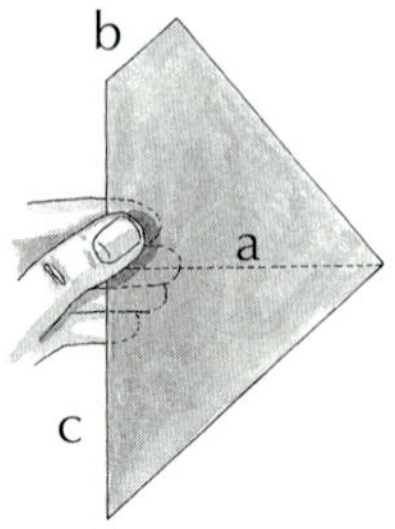

- Mit dem Daumen hinter die Schnittfläche (a) greifen, anfassen und gegen den Körper nach rechts abdrehen, damit die Spitze entsteht.

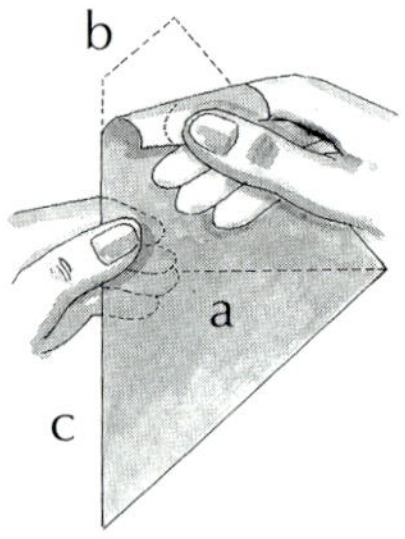

- Mit der linken Hand die Spitze fixieren, mit dem Daumen in die Öffnung fassen und die Tüte nach unten drehen. Die Spitze soll dabei oberhalb der Mitte bleiben.

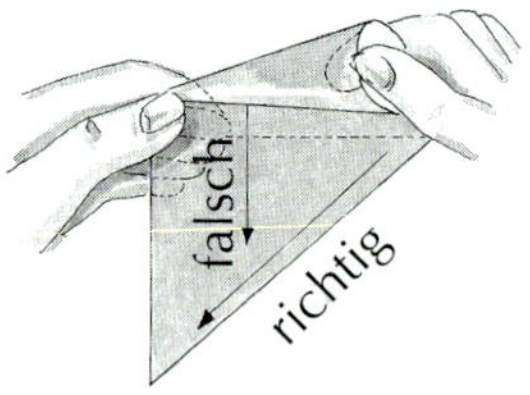

- Das Ende beim Aufdrehen (c) sollte genau gegenüber der Ecke (a) sein und der Falz (b) sollte senkrecht zur Spitze verlaufen.

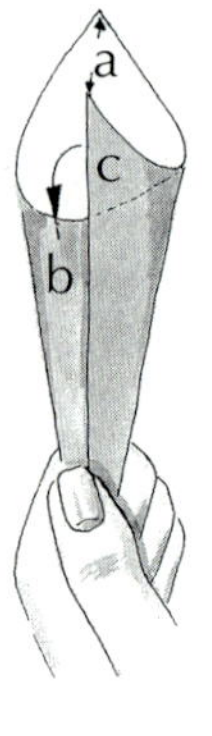

- Durch die Fingerbewegung (siehe Grafik) kann die Spitze geöffnet oder geschlossen werden (a = öffnen, b = schließen). Tüte zur gewünschten Dicke öffnen, damit man die Spitze nicht mit der Schere abschneiden muss.

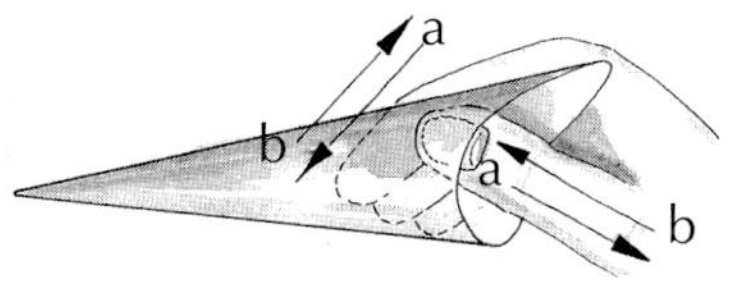

- Garniermasse mit einem Dressiersack oder Teelöffel einfüllen. Auf sauberes Einfüllen achten, Ränder frei von Masse halten und nicht überfüllen.

Schließen der Spritztüte

- Teil (a) nach unten klappen.

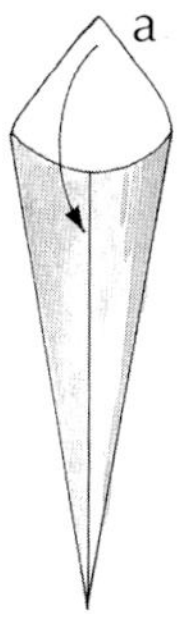

- Die Ecken nach hinten klappen.

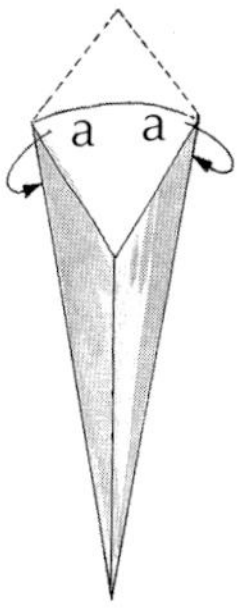

- Obere Ecken der Tüte (a) nach hinten klappen.

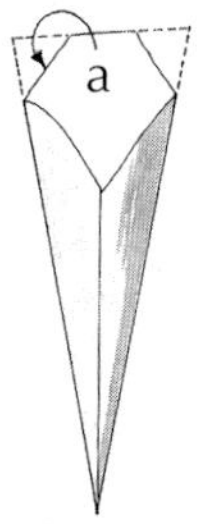

- Nach hinten schließen, damit der Falz straff angezogen ist, denn er könnte die Öffnung stören und der Garnierfaden würde sich drehen.

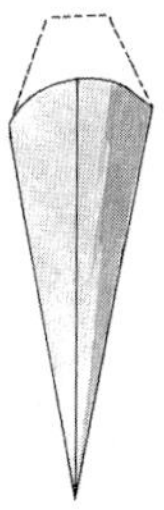

Haltung der Hände

- Der Zeigefinger ist beim Garnieren stets richtungweisend und der Daumen bestimmt die Druckstärke.

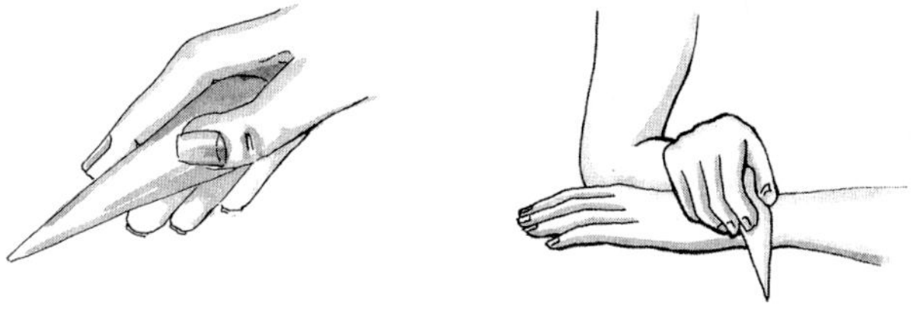

Anfang und Ende beim Garnieren

- Die Tüte muss tief gehalten werden und Kontakt zur garnierenden Fläche haben. Wird die Tüte am Anfang hoch gehalten, dreht sich der Faden oder es entsteht ein Tupfen.

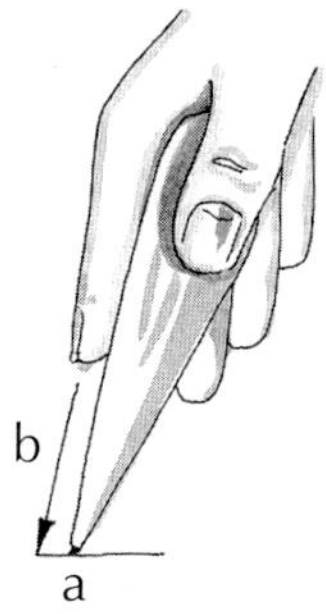

- Die Tüte wird je nach Figur oder Linie nun hoch gehalten. Dadurch kann der Faden gezogen werden und er wird feiner.

- Bevor der Faden abgesetzt wird, muss beachtet werden, dass er mit der restlichen Strecke übereinstimmt, um ihn exakt hinzulegen.

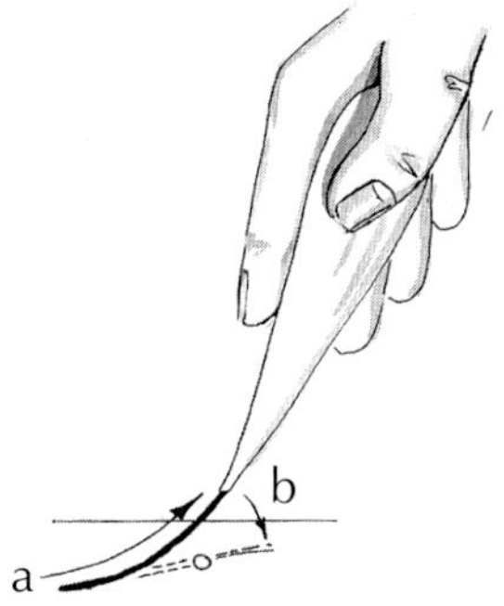

Zusammenfassung: Schokoladeverarbeitung

Kuvertüren sind Mischungen aus Kakaomasse, Kakaobutter, Zucker und anderen erlaubten Zusätzen. Die Zusammensetzung der verschiedenen Kuvertüren ist unterschiedlich (je nach Qualität, Preis, Farbe, Geschmack, Konsistenz und Verwendungszweck).

Temperieren

Alle Kuvertüren müssen temperiert werden. Temperiermethoden:

- Tabliermethode
- Impfmethode
- Temperieren im Wasserbad
- Temperieren im Mikrowellenherd
- Temperieren im Gerät

Tunken, Glasieren

Um einen sauberen Überzug zu erhalten, sind eine exakt temperierte Kuvertüre, die Temperatur des zu überziehenden Körpers und die Temperatur des Raumes zu beachten.

Gießen von Hohlformen

Gießformen werden zum Herstellen von Schokoladehohlkörpern benötigt. Sie müssen völlig sauber sein und der Arbeitsablauf muss genau eingehalten werden.

Spritzschokolade

Sie eignet sich sehr gut für Fadengarnierungen und zum Spritzen von Ornamenten. Dazu verwendet man eine Spritztüte aus Butterpapier.
Zur Herstellung dieser Garniermasse wird Kuvertüre mit Flüssigkeit (Kondensmilch, Läuterzucker, Rum) zu spritzfähiger Konsistenz verdickt. Durch kräftiges Verrühren wird ein dehnbarer, reißfester Faden erreicht.

Spritztechnik

Sie müssen die Herstellung einer Spritztüte beherrschen, die zum Garnieren mit Spritzglasur, Spritzschokolade, Fettglasurmasse, Konfitüre, Kuvertüre usw. benötigt wird.

Fragen und Arbeitsaufgaben

1. Warum müssen Kuvertüren temperiert werden?
2. Erläutern Sie das richtige Schmelzen der Kuvertüre!
3. Welche Temperiermethoden kennen Sie?
4. Was muss beim Tunken und Glasieren von Konditoreierzeugnissen beachtet werden?
5. Erklären Sie den Arbeitsablauf beim Gießen von Hohlformen!
6. Wie wird eine Spritztüte hergestellt?

14 OBSTVERARBEITUNG

Früchte werden in großer Vielfalt angeboten. Sie sind frisch, konserviert und als Obsterzeugnisse bestens geeignet, Konditoreiprodukte geschmacklich zu verbessern und zu verschönern.

14.1 Frischobstverarbeitung

Die frischen Früchte werden vorbereitet (gereinigt, geschält, entkernt, geschnitten usw.) und zum Belegen von Torten, Schnitten und Fruchtdesserts verwendet. Sie sind auch Bestandteil von Eiserzeugnissen und Frischfruchtgetränken.

14.2 Obstkonservierung

Mehrere Gründe sind für die Konservierung von Früchten ausschlaggebend:

- **Beschaffenheit:** Der hohe Wassergehalt macht viele Früchte anfällig für rasches Verderben.
- **Verfügbarkeit:** Nicht alle Früchte sind jederzeit und preislich günstig erhältlich.
- **Mengenmäßiger Anfall:** Es ist nicht möglich, die ganze Ernte frisch zu verbrauchen.

Konservierungsart	**Wirkung der Konservierung**	**Bezeichnung**
Kühlen	Wärmeentzug: Verderben wird verzögert.	–
Tiefkühlen (Schockgefrieren)	Wärmeentzug: längere Haltbarkeit, Erhaltung der Farbe und des Geschmacks.	Gefrierobst
Trocknen	Wasserentzug: Dadurch steigt der Zuckeranteil – der Fruchtgeschmack wird intensiver. Trocken lagern.	Trockenfrüchte (zB Äpfel, Marillen, Zwetschken, Datteln, Weintrauben, Feigen)
Einlegen in Alkohol	Mikroorganismen werden nicht wirksam: Richtige Alkoholkonzentration und Lagerung (verschlossen) macht rohe Früchte praktisch unbegrenzt haltbar.	Alkoholfrüchte (zB für Eisspeisen, Pralinen)

Konservierungsart	Wirkung der Konservierung	Bezeichnung
Pasteurisieren	Abtöten und Abhalten von Mikroorganismen: Natürliche Geschmacks- und Aromastoffe bleiben erhalten.	Kompott
Kochen und Zuckerzusatz	Abtöten und Abhalten von Mikroorganismen: Auch bei nicht luftdichter Lagerung haltbar.	–
Einlegen in Dickzucker	Mikroorganismen werden nicht wirksam: Hohe Zuckerkonzentration schützt.	Dickzuckerfrüchte

Konfitüre

Es können die verschiedensten Früchte (Erdbeeren, Pfirsiche, Rhabarber, Himbeeren, Zwetschken, Ribiseln usw.) zu Konfitüre verarbeitet werden.

Marillenkonfitüre

1000 g	Marillen (gewaschen)
600–900 g	Zucker
	Pektin
	Zitronensäure

Herstellung
- Vollreife Marillen entsteinen und zerkleinern.
- Zucker beigeben und ca. 10 Stunden ziehen lassen.
- Ca. 15 Minuten unter ständigem Rühren kochen.
- Von der Herdplatte nehmen, Geliermittel (Pektin) zusetzen und noch 5 Minuten weiterkochen lassen.
- Gelierprobe (siehe Ribiselgelee) machen und Zitronensäure zusetzen (Konsistenz nach Verwendungszweck).
- Pürieren oder passieren.
- Abfüllen, auskühlen lassen und verschlossen lagern.

Anmerkungen
- Die Kochzeit kann durch die Verwendung von Gelierzucker auf ca. 4 Minuten verringert werden.
- Bei Verwendung von Gelierhilfen sind die Herstellerangaben zu beachten.

Verwendung
- Für Füllungen (vor oder nach dem Backen).
- Zum Aprikotieren.

Gelee

Gelees werden aus pektinreichen Früchten (Äpfeln, Ribiseln, Quitten) hergestellt. Die Pektine bewirken die Gelierfähigkeit.

Ribiselgelee

1000 g	Ribisel (gewaschen)
800 g	Zucker
250 g	Wasser

- Ribiseln entsaften.
- Ribiselsaft mit Zucker bis zur Gelierprobe (= einige Tropfen Einkochgut auf einen Teller geben; erstarrt es schnell und ohne Wasserrand, ist das Gelee fertig) kochen.
- Abfüllen, auskühlen lassen und verschlossen lagern.

Anmerkung
- Gelee kann nach längerer Lagerung wieder gebrauchsfertig gemacht werden, indem die benötigte Menge erwärmt und etwas Säure und eventuell Farbe zugesetzt werden.

Verwendung
- Zum Gelieren von Fruchttorten, -schnitten, -desserts usw.

Kompott

Man kann Marillen, Zwetschken, Pfirsiche, Kirschen, Weichseln (mit oder ohne Kern), Ringlotten, Ananas, Rhabarber usw. in Zuckerlösungen einlegen und durch Luftabschluss haltbar machen.

Birnenkompott

1000 g	Birnen (gewaschen)
500 g	Wasser
140 g	Zucker
	Saft einer Zitrone

Herstellung
- Reife Birnen schälen, vierteln und Kerngehäuse entfernen. In zitronensäurehaltiges Wasser legen, um das Braunwerden zu verhindern.
- Wasser, Zucker und Zitronensaft aufkochen. Birnen einlegen und bei kleiner Flamme nicht zu weich dünsten.

- In Gläser füllen. Einen trockenen Gummiring auf den sauberen Rand des Glases legen. Branntwein in den Deckel geben, anzünden und sofort aufstülpen. Das entstehende Teilvakuum sorgt für luftdichten Verschluss.

Oder:

- Geschälte, geviertelte und vom Kerngehäuse befreite Birnen in Gläser platzsparend einlegen und mit Läuterzucker (ca. 14 °Bé) überdecken.
- Glas mit Gummiring, Deckel und Klammer verschließen. Im Ofen (im Wasserbad) oder im Einweckkessel erhitzen (weich kochen, sterilisieren). Erhitzungsdauer richtet sich nach Fruchtsorte, -größe und Reifezustand. Das entstehende Teilvakuum sorgt für luftdichten Verschluss.
- Nach dem Abkühlen Klammern entfernen und Deckelhaftung kontrollieren.

Anmerkung

- Kompotte können auch „à la minute" hergestellt werden.

Verwendung

- Als Fruchttortenbelag.
- Als Dessert.
- Zur Eisherstellung.

Dickzuckerfrüchte

Früchte werden durch stufenweise Behandlung mit Zuckerlösungen steigender Konzentration haltbar gemacht. Nur durch diesen Eindickungsvorgang erreicht man, dass der Zucker-Wasser-Austausch zwischen den Fruchtzellen (= osmotischer Vorgang) und der Zuckerlösung kontinuierlich erfolgt.

Eingedickte Orangenschalen

Herstellung

- Ungespritzte Orangen schälen.
- Blanchieren, um die Fruchtzellen zuckeraufnahmefähiger zu machen (Nagelprobe).
- Innenbelag der Schalen auskratzen und zum Entbittern in leicht gesalzenes Wasser legen.
- Auswässern und eindicken, dh immer konzentriertere Zuckerlösungen kochen, wobei ab dem 2. Tag die Lösung des Vortages aufgezuckert wird.
  1. Tag: Zuckerlösung 16 °Bé
  2. Tag: Zuckerlösung 20 °Bé
  3. Tag: Zuckerlösung 24 °Bé
  4. Tag: Zuckerlösung 28 °Bé und ca. 20 % Glukosesirup zusetzen
  5. Tag: Zuckerlösung 32 °Bé
  6. Tag: Zuckerlösung 35 °Bé, Schalen in die heiße Lösung geben und kurz aufkochen lassen

Anmerkungen

- Geschälte Früchte zu Saft, Sirup oder Konfitüre verarbeiten.
- Dickzuckerfrüchte verpackt lagern.
- Der Handel bietet Belegfrüchte in guter Qualität an, zB rote, grüne und gelbe Belegkirschen, Zitronat, Angelika, schwarze Nüsse, Ananas, Ingwer, glasierte Maroni usw.

Verwendung

- Zum Belegen von Torten, Schnitten, Desserts und Petits Fours.
- Zum Mitbacken bei Bischofsbrot und verschiedenen Kuchenmassen.
- Als Zutat für verschiedene Füllungen.
- Als Rohkost (trockengezogene, getunkte Dickzuckerfrüchte).

Fruchtsäfte

Sie werden durch Auspressen von Früchten mit oder ohne nachfolgender Filtration hergestellt. Fruchtsäfte können durch Pasteurisieren, Konservierungsmittel oder Entkeimungsfilter haltbar gemacht werden.

Fruchtsirup

Sirupe sind dickflüssig und werden durch Erhitzen des jeweiligen Fruchtsaftes (zB Himbeeren, Ribiseln, Orangen usw.) mit Zucker und Glukosesirup hergestellt.

Verwendung

- Zur Eisherstellung.
- Zum Abschmecken von Cremen, Fruchtsaucen usw.

Zusammenfassung: Obstverarbeitung

Früchte werden in der Konditorei frisch, in konservierter Form oder als Obsterzeugnis verwendet.
Das Verderben der Früchte wird durch Mikroorganismen und Enzyme bewirkt. Durch Kühlen, Tiefkühlen, Trocknen, Einlegen in Alkohol, Pasteurisieren, Kochen und Einlegen in Dickzucker kann das Verderben der Früchte verhindert werden.

Bei der Herstellung von **Obsterzeugnissen** wird neben der Haltbarkeit auch eine vielseitige Verwendbarkeit angestrebt.

- Konfitüre: Die vorbereiteten Früchte mit Zucker kochen. Bei Bedarf Geliermittel und Säure zusetzen.
- Gelee: Gelees werden aus pektinreichen Früchten hergestellt. Die Pektine bewirken die Gelierfähigkeit.
- Kompott: Der Erhitzungsprozess tötet die Verderbniserreger ab. Kompotte werden luftdicht verschlossen.
- Dickzuckerfrüchte: Durch das Blanchieren der Früchte wird die Voraussetzung für die Zuckeranreicherung beim Eindicken geschaffen. Der Eindickungsvorgang erstreckt sich über mehrere Tage.
- Fruchtsäfte
- Fruchtsirup

Fragen und Arbeitsaufgaben

1. Worauf beruht die konservierende Wirkung beim Kühlen, Tiefkühlen, Trocknen, Einlegen in Alkohol, Pasteurisieren, Kochen, Einlegen in Dickzucker?
2. Wie sind die Früchte für folgende Obsterzeugnisse vorzubereiten: Marillenkonfitüre, Ribiselgelee, Birnenkompott, eingedickte Orangenschalen?
3. Wo finden die verschiedenen Obsterzeugnisse Verwendung?
4. Wie heißen die Stoffe, die Gelierkraft besitzen?
5. Wieviel Zucker wird Gelees oder Konfitüren zugesetzt?
6. Welche Früchte finden als Belegfrüchte Verwendung?
7. Wie verläuft der Eindickungsvorgang?

15 SPEISEEIS

Es gibt kaum industriell gefertigtes Speiseeis, das mit frischem, vom Konditor erzeugten Speiseeis vergleichbar ist. Dieses Kapitel vermittelt daher die Fachkenntnisse über Hygienebestimmungen sowie über Herstellung und Verarbeitung von Speiseeis.
Da Eis in Bezug auf Krankheitserreger ein besonders sensibles Produkt ist, muss bei seiner Erzeugung sehr sorgfältig gearbeitet werden.

§ 1 der Speiseeisverordnung definiert folgende Begriffe:

Speiseeis (Gefrorenes)
ist eine Lebensmittelzubereitung, die durch Gefrieren in einen festen oder halb festen Zustand gebracht wird und die dazu bestimmt ist, im gefrorenen Zustand verzehrt zu werden.

Speiseeisgrundmasse
ist ein geschmacklich weitgehend neutrales Produkt, aus dem durch jeweils verschiedene geschmacksbildende Zusätze der Speiseeisansatz hergestellt wird.

Speiseeisansatz (Eismix)
ist eine flüssige Masse, aus welcher durch Gefrieren Speiseeis hergestellt wird = Speiseeisgrundmasse mit geschmacksgebenden Zutaten.

Speiseeishalberzeugnisse
sind Produkte, die im Handel angeboten werden, zB Eispulver, Eispasten, Fruchtzubereitungen. Man muss noch Flüssigkeiten oder andere Zutaten hinzufügen.

15.1 HYGIENE

Bei der Herstellung von Speiseeis ist die Ablagerung von Produktionsresten (Schlagobers, Zucker, fertiges Speiseeis) unvermeidlich. Diese Reste sind ein idealer Nährboden für Bakterien. Daher gelten für die Speiseeisherstellung die strengen gesetzlichen Bestimmungen der Speiseeisverordnung.

Zutaten, die nicht bakteriologisch einwandfrei sind, müssen einer Hitzebehandlung (Pasteurisation) unterzogen werden, damit eine mögliche Erkrankung durch den Verzehr von Speiseeis ausgeschlossen wird.

Die folgende Tabelle gibt eine Übersicht über mögliche Keime. Bei Übersteigen der Höchstwerte an erlaubten Keimen, im Speiseeis wird die Gesundheit gefährdet bzw. muss bei einer Lebensmittelkontrolle mit einer Anzeige gerechnet werden. Deshalb ist bei der Erzeugung von Speiseeis besondere Vorsicht geboten.

Name	Vorkommen	Krankheitssymptome	Anzahl von erlaubten Keimen im Speiseeis Gemäß § 9 Abs. 1 Speiseeisverordnung
Staphylokokken (zB Staphylococcus aureus), Enterotoxikose	Nasen- und Rachenraum, Haut und Verdauungstrakt.	Übelkeit, Erbrechen, Leibschmerzen, Durchfall, aber kein Fieber.	In je 1 g Speiseeis weder koagulasepositive Staphylokokken noch andere pathogene Keime.
Pathogene Keime	Krankheitserregende Keime, die überall in der Natur vorkommen.	Typhus, Ruhr.	
Enterokokken	Dickdarm von Mensch und Tier.	Leibschmerzen.	In 1 g Speiseeis nicht mehr als 1000 Enterokokken.
Salmonellen	Darm, Gewebe erkrankter Tiere, Futtermittel, Wasser, Rohfleisch und Eier.	Übelkeit, Erbrechen, Kopfschmerzen, Durchfall, Leibschmerzen, Entkräftigung und Fieber.	In je 50 g Speiseeis keine Salmonellen.
Coliforme Keime	Darmflora, Eiter- und Entzündungserreger außerhalb des Darmes.	Entzündungen aller Art.	In 1 g Speiseeis nicht mehr als 100 coliforme Keime.
Escherichia coli	Dickdarm von Mensch und Tier, Trinkwasser, Milch, Kartoffelsalat und Fleisch.	Leibschmerzen, Durchfall, Erbrechen und Fieber.	In 1 g Speiseeis nicht mehr als 1 Escherichia coli.
Vermehrungsfähige Keime (zB Hefen, Milchsäurebakterien)	Überall in der Luft, auf jedem Gegenstand.	Keine, wenn sie im normalen Maß vorkommen.	In 1 g Speiseeis nicht mehr als 250 000 vermehrungsfähige Keime.

Um bakterielle Verunreinigungen zu verhindern, müssen alle Geräte täglich gereinigt und desinfiziert werden. Weiters gehören dazu die persönliche Hygiene und die spezielle Ausstattung des Eisraumes.

Persönliche Hygiene

- Untersuchung nach dem Bazillenausscheidergesetz.
- Saubere Arbeitskleidung und Kopfbedeckung.
- Rauchverbot im Eisraum.
- Keine Verletzungen (zB Schnittwunden), Erkrankungen usw.

Ausstattung der Räume

- Speiseeis wird in einem eigenen Raum hergestellt.
- Die Wände müssen mindestens bis zu einer Höhe von 2 Metern verfliest oder mit einem abwaschbarem Anstrich versehen sein.
- Die Arbeitsflächen müssen fugenlos und leicht zu reinigen sein.
- Eigenes Geschirr und Geräte für die Speiseeisherstellung (kein Holz) ist zu verwenden.
- Für Abfälle sind gut verschließbare Abfallbehälter aufzustellen.
- Handwaschbecken mit geruchsneutraler Seife sowie Desinfektionsspender für die Hände müssen vorhanden sein.
- Eigenes Waschbecken für Geschirr und Maschinenteile.
- Eishersteller benötigen einen eigenen Waschraum und eigene Toiletten. Diese dürfen nicht von Gästen, sondern nur von Personen, die nach dem Bazillenausscheidergesetz untersucht wurden, benützt werden.
- Desinfektionsmittel für Geräte und Maschinen müssen vorhanden sein.

Reinigung der Geräte und Maschinen

- Lebensmittelreste mit warmem Wasser abspülen. Dann mit einer möglichst heißen Reinigungslösung sauber waschen und mit heißem Wasser nachspülen.
- Zuletzt mit einer Desinfektionslösung abwaschen und nach einer 30-minütigen Einwirkzeit mit kaltem Wasser nachspülen und trocknen lassen.
- Niemals mit einem Geschirrtuch abtrocknen (Infektionsgefahr!). Wenn unbedingt notwendig, Papierhandtücher verwenden, die anschließend weggeworfen werden. Vor Gebrauch muss in jedem Falle nachgespült werden.

15.2 Grundbestandteile des Speiseeises

Speiseeis besteht hauptsächlich aus:
- Wasser (62 bis 68 %),
- festen Stoffen (32 bis 38 %) und
- Luft.

Wasser

Um qualitativ hochwertiges Speiseeis herzustellen, muss das Verhältnis Wasser zu festen Stoffen (Zucker, Fett, Eiweiß usw.) genau abgestimmt sein. Wenn die Mengenverhältnisse nicht stimmen, wirkt sich das so aus:
- **Zu viel Wasser:** Es bilden sich zu große Kristalle (freies Wasser), die im fertigen Eis kristallisieren.
- **Zu wenig Wasser:** Es bilden sich kleine Kristalle. Man findet die festen Stoffe „pur" wieder, weil sie sich nicht auflösen.

Feste Stoffe

Zucker

Er verhindert bei richtiger Dosierung das Gefrieren von Wasser und das Eis bleibt geschmeidig.
Die optimale Zugabemenge soll sich zwischen 14 und 24 % bewegen, wobei auch andere Zuckerarten (Dextrose, Glukosesirup, Invertzucker) einzurechnen sind. Diese anderen Zuckerarten haben die Eigenschaft, das Eis feinporiger, geschmeidiger und nicht so süß schmecken zu lassen.

Fett

Es kann 3 bis 14 % des Speiseeises ausmachen. Durch eine optimale Fettbeigabe erhält man einen guten Auftrieb, einen feinen Geschmack und eine schöne Struktur.
- **Zu geringe Fettbeigabe** ergibt wenig Auftrieb.
- **Zu hoher Fettanteil** reduziert das Volumen.

Schlagobers ist das geeignete Fettprodukt. Es nimmt die Luft am besten auf und es entsteht eine sahnige, cremige Konsistenz.

Eisbindemittel

Bindemittel werden als Emulgatoren und Stabilisatoren eingesetzt. Im Milchspeiseeis gibt es zwei Stoffe, die einander abstoßen: Wasser und Fett. Obwohl moderne Homogenisierungsgeräte Wasser und Fett gut verteilen, benötigt man Bindemittel, um eine homogene Speiseeismasse zu erhalten. Bindemittel nehmen Wasser auf und bilden eine dickflüssige, geschmeidige Masse.

Die Menge des reinen Bindemittels, das bei der Eisherstellung verwendet werden kann, wird im Allgemeinen in der Zusatzstoffverordnung geregelt. Die durchschnittliche Eisbindemittelzugabe wird vom Hersteller mit zwischen 3 und 5 g pro kg Eismix vorgeschlagen.

Eisbindemittel können sein:
- Gelatine
- Pektin
- Guarkernmehl
- Carrobenmehl
- Agar-Agar
- Johannisbrotkernmehl usw.

Im Allgemeinen wird eine Mischung von zwei oder mehreren dieser Stoffe verwendet.

Eisbindemittel müssen zuerst mit dem Zucker trocken vermischt werden, sonst erfolgt Klumpenbildung. Sie brauchen einige Zeit zur vollständigen Lösung bzw. Quellung (Reife) vor dem Gefrierprozess.

Geschmacksbeigaben

Der Geschmack einer Sorte muss einwandfrei erkennbar sein. Die Beigabemenge richtet sich nach der geschmacklichen Intensität der Rohstoffe.

Bei Verwendung von Halbfabrikaten (zB Fruchtpaste) zur Geschmacksgebung sind die Richtwerte laut Hersteller einzuhalten.

Farbstoffe

Viele Eissorten erhalten ihre Farbe durch die Farbe der Rohstoffe. Bei einigen Eissorten ist das Färben mit Lebensmittelfarben jedoch üblich, zB bei Erdbeeren.

Das Färben von Speiseeis ist in der Farbstoffverordnung geregelt.

Luft

Die Luftmenge im Speiseeis hängt von zwei Faktoren ab:
- Von der Fähigkeit der Maschine, Luft in die Mischung einzurühren.
- Von der Fähigkeit der Mischung, Luft aufzunehmen.

Die durchschnittliche Luftaufnahme (Auftrieb) liegt bei 30–40 %.

15.3 Herführungsarten

Arten

- Kalte Herführung
- Heiße Herführung
- Gemischte Herführung

Kalte Herführung

Sie eignet sich besonders für das Fruchteis. Der Säuregehalt im Obst und die Zitronensäure verhindern das Bakterienwachstum und machen eine Erhitzung überflüssig.

Erlaubte Zutaten (bakteriologisch einwandfrei)

- Trinkwasser von öffentlichen Versorgungsanlagen, Trinkwasser aus privaten Brunnen muss jährlich vom Hygieneinstitut überprüft werden
- Zucker
- Milchpulver
- Speisetopfen aus pasteurisierter Milch
- Sauberes Frisch- und Tiefkühlobst
- Vollkonserven, Speiseeismixe
- Alkoholhaltige Getränke
- Eisbindemittel
- Zitronen- oder Weinsteinsäure
- Lebensmittelfarben

Grundsätze

- Ansatz rasch frieren.
- Eis keinesfalls bei Zimmertemperatur aufbewahren. Die Lagerung ist auch im Kühlschrank nicht zulässig (Keimbildung).

Heiße Herführung

Der Grundeismix muss einer entsprechenden Hitzebehandlung **(Pasteurisieren)** unterzogen werden, um eine weitgehende Keimabtötung zu gewährleisten. Daher wird sie bei bakteriologisch nicht einwandfreien Zutaten angewendet. Beispiele:

- Frischmilch, Milchprodukte und Butter (auch wenn sie molkereimäßig behandelt worden sind)
- Ei- und Eiprodukte
- sogenannter „Landtopfen“

Als **bakteriologisch einwandfrei** gelten Produkte, die eine bestimmte Keimanzahl (festgelegt in der Speiseeisverordnung – siehe weiter vorne) nicht übersteigen.

Bestimmte Geschmacksbeigaben können auch während oder nach dem Gefriervorgang beigegeben werden, zB Fruchtstücke, Rosinen, Schokolade usw.

Temperaturen beim Pasteurisiervorgang

Die Keimabtötung erfolgt in Verbindung von Zeit und Temperatur:

Zeit	Temperatur
10 Minuten	70 °C
1 Minute	77 °C
22 Sekunden	80 °C
4 Sekunden	85 °C

Nach dem Pasteurisierungsvorgang soll die Speiseeisgrundmasse möglichst rasch auf + 4 °C abgekühlt werden. Die Speiseeisgrundmasse darf höchstens 72 Stunden bei dieser Temperatur bis zum Gefriervorgang gelagert werden.

Gemischte Herführung

Sie wird dann angewendet, wenn ein Teil der Zutaten bakteriologisch nicht einwandfrei ist. Nur diese Zutaten werden einer Hitzebehandlung unterzogen. Der andere Teil kann ohne Hitzebehandlung beigegeben werden.

Der Speiseeisansatz ist genauso weiterzubehandeln wie bei der kalten Herführung.

15.4 Rezepte

Milcheis

Milchgrundmasse

Heiße Herführung, ca. 2 Liter Eis

1000 g	Milch
250 g	Zucker
5 g	Eisbindemittel
	(oder Herstellerhinweis beachten)
20 g	Magermilchpulver
80 g	Schlagobers (flüssig)

Herstellung

- Zucker, Eisbindemittel und Magermilchpulver trocken vermischen und der Milch im Pasteur zusetzen.
- Bei ca. 70 °C Obers beigeben und den Pasteurisierungsvorgang vollenden.
- Milchgrundmasse homogenisieren und rasch abkühlen.
- Geschmackszugaben je nach Sorte zusetzen und bei Bedarf nochmals homogenisieren.
- Abkühlen und frieren.

Verwendung

- Für Geschmacksrichtungen wie Vanille, Nougat, Kaffee, Schokolade, Karamell, Banane, Stracciatella.
- Sie kann mit Fruchteisarten vermischt werden.

Vanilleeis

(mit mindestens 10 % Milchfett)
Gemischte Herführung, ca. 2 Liter Eis

450 g	Milch
140 g	Butter
2	Vanilleschoten
250 g	Zucker
8 g	Eisbindemittel
	(oder Herstellerhinweis beachten)
100 g	Vollmilchpulver
450 g	Wasser

Herstellung

- Milch, Butter und Vanilleschoten pasteurisieren. Vanilleschoten danach wieder entfernen.
- Zucker, Eisbindemittel und Vollmilchpulver trocken vermischen.
- Alle Zutaten mit Wasser homogenisieren.
- Abkühlen und frieren.

Schokoladeneis

Gemischte Herführung, ca. 2 Liter Eis

300 g	Zucker
125 g	Vollmilchpulver
1 g	Eisbindemittel
	(oder Herstellerhinweis beachten)
100 g	Schlagobers (flüssig)
60 g	Dotter (3)
160 g	Kuvertüre
1000 g	Wasser

Herstellung

- Zucker, Vollmilchpulver und Eisbindemittel trocken vermischen.
- Schlagobers und Dotter pasteurisieren.
- Kuvertüre schmelzen. Die pasteurisierte Masse dazugeben und mit den restlichen Zutaten mischen und homogenisieren.
- Abkühlen und frieren.

Kaffee-Eis

Kalte Herführung, ca. 2 Liter Eis

200 g	Zucker
125 g	Vollmilchpulver
5 g	Eisbindemittel
	(oder Herstellerhinweis beachten)
200 g	starker Kaffee (Espresso)
900 g	Wasser

Herstellung

- Zucker, Vollmilchpulver und Eisbindemittel trocken vermischen.
- Einen kleinen Braunen mit doppelter Kaffeemenge in der Espressomaschine zubereiten. Mit Wasser mischen und homogenisieren.
- Abkühlen und frieren.

Bestimmungen des Speiseeiscodex für Milcheissorten

Bezeichnung	Bestimmung laut Speiseeiscodex
Vollmilcheis	Mindestens 2,1 % Milchfett (entspricht 60 % Vollmilchanteil mit 3,6 % Fett).
Magermilcheis	Mindestens 60 % Magermilchanteil.
(Milch-)Eiscreme oder (Milch-)Cremeeis	Mindestens 10 % Milchfettanteil.
Oberseiscreme (Oberscremeeis)	Mindestens 15 % Milchfettanteil.
Topfeneis	Mindestens 20 % Topfenanteil mit 20 % F. i. T. und mindestens 40 % Vollmilchanteil.
Sauermilcheis, Sauerrahmeis, Jogurt- und Kefireis	60 % fermentierte Milchprodukte.

Fruchteis

Mit Fruchtfleisch, Fruchtsaft, Zucker, Stabilisierungsmittel und Flüssigkeit (Wasser, Vollmilchpulver) werden Fruchteissorten hergestellt. Zur Geschmacksverstärkung und -abrundung können Fruchtpasten (natürliche Aromen) beigegeben werden.

Um gutes Fruchteis herzustellen, soll man immer eine Zuckerwaage benützen, denn die Endmischung soll 18 °Bé (Refraktometer 32 °Brix) betragen.

Fruchteisgrundmasse

Kalte Herführung, ca. 2 Liter Eis

430–450 g	Zucker
7 g	Eisbindemittel
	(oder Herstellerhinweis beachten)
1000 g	Wasser
400 g	Früchte
30–50 g	Fruchtpaste
4–6 g	Emulgator
	Zitronensäure

Herstellung

- Zucker und Eisbindemittel trocken vermischen und mit Wasser mixen.
- Früchte, Fruchtpaste und Emulgator dazugeben, homogenisieren und mit Zitronensäure abschmecken.
- Reifen lassen und gefrieren.

Zitroneneis

(ohne Geschmacksverstärker, Emulgatoren)
Kalte Herführung, ca. 2 Liter Eis
Dichte: mindestens 21 °Bé

350 g	Zucker
5 g	Eisbindemittel
	(oder Herstellerhinweis beachten)
1000 g	Wasser
200 g	Zitronensaft
	Zitronensäure

Herstellung

- Zucker und Eisbindemittel trocken mischen und mit Wasser mixen.
- Zitronensaft dazugeben, homogenisieren und mit Zitronensäure abschmecken.
- Reifen lassen und gefrieren.

Milchfruchteis

Kalte Herführung, ca. 3 Liter Eis

600 g	Zucker
80 g	Vollmilchpulver
8 g	Eisbindemittel
	(oder Herstellerhinweis beachten)
1500 g	Wasser
500 g	frische oder gefrorene Erdbeeren

Herstellung

- Zucker mit Vollmilchpulver und Eisbindemittel trocken mischen und mit Wasser mixen.
- Erdbeeren beigeben und homogenisieren.
- Reifen lassen und gefrieren.

Anmerkung

- Anstatt der Erdbeeren können auch andere Früchte verwendet werden.

Bestimmungen des Speiseeiscodex für Fruchteissorten

Bezeichnung	Bestimmung laut Speiseeiscodex
Fruchteis	Mindestens 20 % Fruchtsaft- oder Fruchtmarkanteil.
Oberseiscreme oder Cremeeis mit Früchten	Verringerter Milchfettgehalt von 12 % bzw. 8 %.
Milcheis mit Früchten	Verringerter Vollmilchanteil von 50 % bzw. verringerter Anteil fermentierter Milchprodukte von 50 %.
Pistazieneis	40 g auf 1 Liter Speiseeisgrundmasse (3/4 können andere Kerne oder auch Marzipan sein).
Verschiedene Fruchteissorten	Maracuja, schwarze Ribisel, Pfefferminz, Zimt und Zitrusfrüchte sollen deutlich im Eis erkennbar sein. Aromaverstärkung mit natürlichen oder naturidenten Aromen ist erlaubt.

Speiseeis für Diabetiker

Diabetiker brauchen nicht auf diese Köstlichkeiten zu verzichten. Diabetikereis unterscheidet sich in der Herstellung nur durch den Austausch von Zucker durch Fruchtzucker. Wichtig ist nur die genaue Deklaration für Diabetiker.

Schokoladeneis für Diabetiker

Gemischte Herführung, ca. 2 Liter Eis

300 g	Fruchtzucker
1 g	Eisbindemittel
	(oder Herstellerhinweis beachten)
1000 g	Milch
60 g	Dotter (3)
100 g	Schlagobers (30 % Fett, flüssig)
160 g	Kuvertüre mit Fruchtzucker

Herstellung

- Fruchtzucker und Eisbindemittel trocken mischen.
- Milch und Dotter auf 70 °C erhitzen.
- Obers beigeben und den Pasteurisierungsvorgang vollenden.
- Kuvertüre beigeben, zwei Minuten homogenisieren und frieren.

Deklaration

100 g enthält aufgrund der Berechnung im Kap. IV / 21.17 Nährwert- und Diabetikerberechnungen:

28,26 g	Kohlenhydrate = 2,35 BE
3,88 g	Eiweiß
6,18 g	Fett
25,11 g	Fruchtzucker
775,15 kJ	

15.5 Gefrieren, Lagern und Portionieren

Grundsätzlich werden bei der handwerklichen Speiseeiserzeugung zum **Gefrieren** der Freezer, die Spachtel- und die Softeismaschine verwendet (siehe Kap. III / 2.5 Geräte und Maschinen).

Die **Lagertemperatur** von Speiseeis im Tiefkühlschrank liegt bei **- 18 °C**. Das Speiseeis am besten mit Alufolie abdecken, damit es nicht „dehydratisiert", dh. das Wasser verdunstet an der Oberfläche, wobei die obere Eisschicht zäh wird.

Beim **Portionieren** muss die Temperatur in der Eisvitrine auf **- 10 °C** eingestellt werden. Es ist darauf zu achten, dass die Temperatur niemals unter - 5 °C absinkt (Keimvermehrung!).
Vorschriften beim Reinigungswasser:
- Ständig langsam laufender Frischwasserzulauf oder
- mindestens stündlicher Wassertausch und Zugabe von 1,5 % Zitronensäure.

15.6 Speiseeismängel

Viele Mängel des Speiseeises entstehen durch die mangelnde Qualität der verwendeten Zutaten. Sie sind auch darauf zurückzuführen, dass das Eis nicht richtig ausgewogen ist oder zu wenig reifen kann. In manchen Fällen arbeitet die Speiseeismaschine nicht richtig.

Fehlertabelle

Speiseeismangel	Ursache	Abhilfe
Eis ist zu weich.	• Zu wenig gefroren • Gefriertemperatur stimmt nicht • Zu viel Zucker • Zu viel Alkohol • Zu wenig Trockensubstanz	• Maschineneinstellung korrigieren • Rezept ändern
Eis ist zu hart.	• Zu viel Wasser bzw. zu wenig Zucker • Zu wenig Trockensubstanz	• Rezept ändern • Maschineneinstellung korrigieren
Eis kristallisiert aus (griesig).	• Rezeptfehler • Temperaturschwankungen in der Vitrine • Zu viel oder zu wenig Trockenbestandteile	• Emulgieren • Rezept ändern
Eis ist zäh.	• Zu viel Zucker • Zu viel Bindemittel	• Rezept ändern
Eis setzt sich ab.	• Zucker war nicht gelöst • Zu wenig gereift	• Gewissenhaftes Arbeiten
Eis hat wenig Auftrieb.	• Zu viel Zucker • Zu viel Fett	• Rezept ändern
Eis wird schaumig.	• Zu viel Zucker • Gefriertemperatur zu niedrig • Gefrierzeit zu lange	• Rezept ändern • Maschineneinstellung korrigieren
Eis fühlt sich sehr kalt an.	• Zu viel Wasser • Länger reifen lassen • Zu viel Zucker • Zucker verlangt sehr niedrige Temperatur • Zu starker Auftrieb durch Emulgatoren	• Rezept ändern
Eisstücke im Eis.	• Eisportionierer wurde nicht abgeklopft • Abtaufehler bei der Vitrine	• Gewissenhaftes Arbeiten

15.7 Eisdekor und Saucen

Dekor

Damit Eisspezialitäten die Gäste der Konditorei ansprechen, werden sie beim Anrichten mit **Dekor** ergänzt, zB mit

- geschlagenem Schlagobers,
- Kompottfrüchten, Fruchtsalat,
- Biskuit, Makronen,
- Hippen, Waffeln oder
- Schokoladenornamenten, Windmassendekor und
- Fertiggarnituren.

Bestreut werden sie mit

- geriebenen Nüssen, gehobelten Mandeln,
- Schokoladespänen oder -streusel, -rollen.

Nappiert werden sie mit

- Fruchtsaucen, Cremesaucen,
- heißer Schokoladensauce.

Parfümiert mit Likör und Schnäpsen, zB

- Grand Marnier, Curaçao,
- Kirschwasser, Rum, Arrak usw.

Portioniert werden sie in

- gut vorgekühlten Gläsern, Silberbechern,
- Schalen oder Tellern.

Saucen

Fruchtsauce

500 g	Fruchtmark
250 g	Zucker
	Zitronensaft, Spirituose

Herstellung

- Fruchtmark mit Zucker glatt rühren.
- Mit Zitronensaft und passendem Alkohol abschmecken.

Orangensauce

400 g	Zucker
120 g	Orangensaft
60 g	Zitronensaft
40 g	Grand Marnier oder Cointreau

Herstellung

- Zucker hell schmelzen und mit Orangen- und Zitronensaft löschen.
- Nach dem Abkühlen mit Grand Marnier oder Cointreau abschmecken.

Jogurtsauce

500 g	Jogurt
50 g	Honig
	Orangen-, Zitronensaft

Herstellung

- Jogurt mit Honig verrühren.
- Mit Orangen- und Zitronensaft abschmecken.

Karamellsauce

340 g	Zucker
130 g	Wasser
340 g	Kaffeeobers
240 g	Milch
30 g	Cremepulver

Herstellung

- Zucker schmelzen und mit Wasser löschen.
- Mit Kaffeeobers, Milch und Cremepulver aufkochen.

Schokoladensauce

200 g	Schlagobers (flüssig)
200 g	Milch
500 g	Kuvertüre (fein schneiden)
	Rum, Weinbrand
	Ingwerpulver oder fein gemahlener
	Krokant

Herstellung

- Obers mit Milch aufkochen.
- Kuvertüre darin schmelzen und mit Spirituosen und Gewürzen abschmecken.

Eistüten und -schalen

Für den Straßenverkauf werden meist industriell gefertigte Eistüten verwendet. Einige Konditoreien locken die Kunden mit selbst hergestellten Waffeln und Schalen an.

Rezept

Je nach Größe 50 bis 60 Stück
Ofentemperatur: 200 °C, Backzeit: 1 bis 2 Minuten

25 g	Butter
200 g	Mehl
100 g	Zucker
100 g	Eier (2)
200 g	Wasser
	Vanillezucker, Rum, Zimt

Herstellung

- Butter schmelzen und mit den anderen Zutaten in der Anschlagmaschine glatt rühren.

- Die Masse auf die vorgeheizten Waffelplatten auftragen. Mit der oberen Platte die Masse leicht flach drücken und goldgelb backen.
- Die gebackene Masse sofort mit einem Eistütendreher formen.
- Nach dem Auskühlen können die Eistüten noch mit Kuvertüre am unteren Ende und am oberen Rand getunkt werden.

15.8 Eisspeisen

Eisbecher

Diese Köstlichkeiten lassen sich aus allen Eissorten, kombiniert mit Früchten und anderen Zutaten, leicht herstellen und sind sofort servierbereit.

Coupe Melba

Pfirsich auf Vanilleeis

Herstellung

- Kompottpfirsich auf Vanilleeis anrichten.
- Mit Himbeersauce nappieren und mit geschlagenem Obers garnieren.

Birne Helene

Birne auf Vanilleeis

Herstellung

- Halbe Kompottbirne auf Vanilleeis legen.
- Mit Schokoladensauce nappieren und außen mit geschlagenem Obers verzieren.

Coupe Jacques

Fruchtsalat auf Zitronen- und Erdbeereis

Herstellung

- Zitronen- und Erdbeereis in Coupeschale geben und mit Fruchtsalat (abgeschmeckt mit Likör) auffüllen.
- Mit geschlagenem Obers und einer Kirsche garnieren.

Coupe Danmark

Vanille-Schokoladen-Eisbecher

Herstellung

- Vanilleeis mit geschlagenem Obers garnieren.
- Mit heißer Schokoladensauce nappieren.

Bananensplit

Herstellung

- Vanilleeis und in der Länge halbierte Banane in länglicher Schale anrichten.
- Mit geschlagenem Obers, gehobelten Mandeln und Hohlhippen garnieren.

Eisspaghetti

Herstellung

- Vanilleeis mit einer Spaghettipresse auf einen Teller drücken.
- Mit geschlagenem Obers und Erdbeer- oder Himbeermark verzieren.

Parfaits (Halbgefrorenes)

Sie werden aus Eiern, Dottern, Eiklar, Zucker, Geschmackszutaten und pasteurisiertem Obers zubereitet. Eisparfaits können für Eisbomben, -ziegel oder -torten verwendet werden.

Parfaitgrundmasse

1 Liter

150 g	Eier (3)
150 g	Zucker
500 g	Schlagobers (geschlagen)

Herstellung

- Eier und Zucker heiß (85 °C) und kalt schlagen.
- Geschlagenes Obers vorsichtig unterziehen.
- Nach Belieben abschmecken (mit Vanille, Schokolade, Kaffee, Bananen- oder sonstigem Fruchtmark, Nougat, Wein oder Spirituosen).
- In Formen füllen und tiefgefrieren.

Ausfertigung

- Mit geschlagenem Obers und Dekormaterial garnieren.

Erdbeerparfait mit gekochtem Zucker

ca. 3 bis 4 Liter

150 g	Eiklar (5)
310 g	Zucker
100 g	Wasser
600 g	Erdbeeren (gewaschen)
120 g	Zucker
	Zitrone
	Lebensmittelfarbe
1000 g	Schlagobers (geschlagen)
	Biskuitboden
	Tränken und Dekorieren:
	Weinbrand
	Schlagobers (geschlagen)

Herstellung
- Eiklar mit Zucker zu Schnee schlagen.
- 250 g Zucker mit Wasser zum Kettenflug (119 °C) kochen. In den Schnee einlaufen lassen und kalt schlagen.
- Früchte passieren, mit Zucker, Zitrone und Lebensmittelfarbe verrühren und unter die Schneemasse ziehen.
- Obers aufschlagen und in die Masse unterheben.
- Die Masse auf einen mit Weinbrand getränkten Biskuitboden (siehe Kap. IV / 5.1 Biskuitmassen und Wiener Massen) setzen, in den Tiefkühler stellen.

Ausfertigung
- In Portionen teilen, mit geschlagenem Obers und Dekormaterial garnieren.

Eisspezialitäten

Eisbomben, -torten

Sie werden vorwiegend nach dem Inhalt benannt. Die gekühlten Eisbombenformen werden meist mit drei verschiedenen Eissorten chemisiert. Nach jeder Sorte wird das Speiseeis im Tiefkühler angefroren.

Herstellung
- Zum Füllen nimmt man Parfaiteis, gemischt mit Biskuitwürfeln und kandierten Früchten, getränkt mit Likör.
- Als Abschluss (Boden) kommt ein mit Likör getränkter Biskuitboden (siehe Kap. IV / 5.1 Biskuitmassen und Wiener Massen). Die Formen werden mit einem Deckel verschlossen in den Tiefkühler gestellt.

Ausfertigung
- Die Eisbomben aus der Form stürzen. Man kann sie kurz in heißes Wasser stellen, damit das Eis am Rand antaut.
- Als Verzierung verwendet man geschlagenes Obers und diverses Dekormaterial.

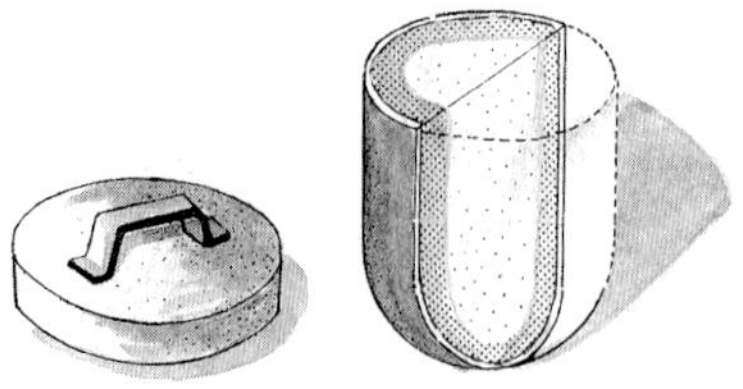

Anmerkung
- Eistorten werden ähnlich wie Eisbomben, jedoch in Tortenform hergestellt.

Cassatas

Sie werden ähnlich wie Eisbomben zubereitet, allerdings füllt man sie in längliche, halbrunde Formen. Italienische Cassatas bestehen meist aus vier Schichten:

- Vanilleeis
- Erdbeer- oder Himbeereis
- Haselnusseis
- Kern aus Parfait mit kandierten Früchten, Mandeln, Schokoladenstückchen, Likör usw.

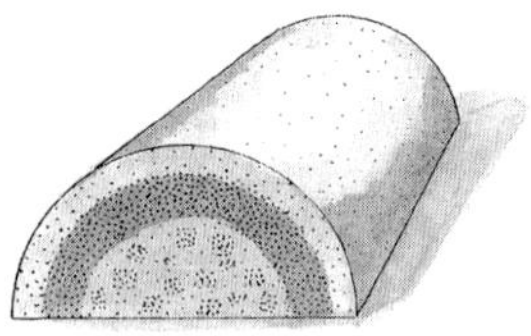

Eisbiskuit

Herstellung
- Boden einer Eisziegelform mit likörgetränktem Biskuitblatt (siehe Kap. IV / 5.1 Biskuitmassen und Wiener Massen) auslegen.
- Zwei bis drei Lagen von verschiedenen Parfaitmassen nacheinander einstreichen und mit Biskuitblatt abdecken.
- Anschließend einfrieren und garnieren.

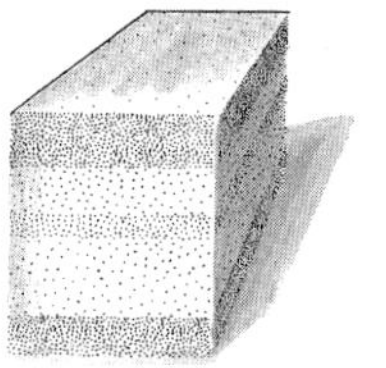

Eisrouladen

Herstellung
- Biskuitblatt (siehe Kap. IV / 5.1 Biskuitmassen und Wiener Massen) auf Papier legen, mit Likör leicht tränken und mit beliebiger Eis- oder Parfaitmasse bestreichen.
- Mit dem Papier einrollen und gefrieren.

Ausfertigung
- Portionieren und mit geschlagenem Obers und Fruchtsauce garnieren.

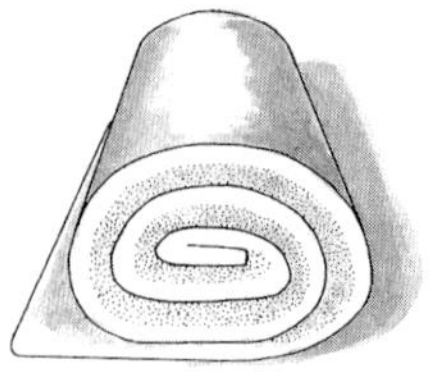

Eisaufläufe

Herstellung
- Rund um die Cocottenform einen Butterpapierstreifen mit Eiklar ankleben oder einen Kunststoffring verwenden. Er soll die Form um 4 cm überragen.
- Cocottenform mit Biskuitboden (siehe Kap. IV / 5.1 Biskuitmassen und Wiener Massen), Eis oder Parfait, Früchten und lagenweise Biskuitwürfeln bis zum oberen Rand füllen.
- Tiefgefrieren.

Ausfertigung
- Papierstreifen abziehen, mit Kakaopulver und Puderzucker bestreuen und in der Form servieren.

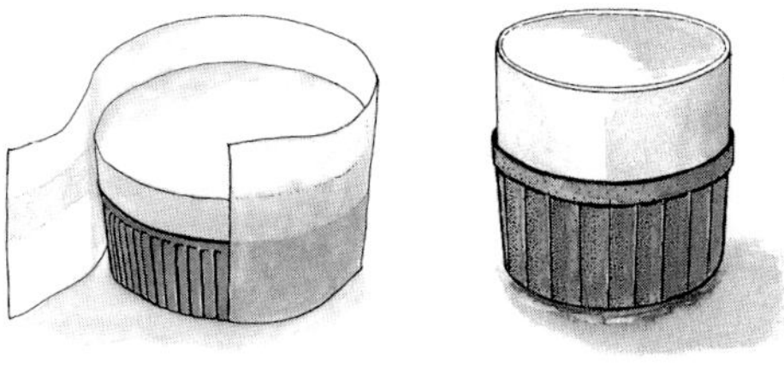

Eisbaiser

Herstellung
- Je zwei Baiserschalen (siehe Kap. IV / 5.3 Schaummassen) mit Eis füllen und zusammensetzen.
- Mit geschlagenem Obers garnieren.

Marilleneisknödel

Herstellung
- Ungezuckertes Marillenmark zu Halbkugeln formen und tiefkühlen.
- Mit einem größeren Eisportionierer Vanilleeis zu einer Halbkugel formen und die kleinere Marillenmarkhalbkugel eindrücken. Auf Backtrennpapier absetzen und tiefkühlen.
- Jeweils zwei Halbkugeln zusammensetzen und in geriebenen, gerösteten Haselnüssen wälzen.
- Beim Servieren mit Puderzucker anzuckern.

Eiscrêpes, Eispalatschinken

Zutaten und **Herstellung** siehe Palatschinken Kap. IV / 17.2 Warme Desserts.

Ausfertigung
- Palatschinken mit beliebigem Eis füllen und dreieckig zusammenlegen oder einrollen.
- Mit Schokoladesauce und Erdbeersauce nappieren.

Oder:
- Früchte mit Fruchtsauce binden, zB Amarenakirschen, Weichseln, Fruchtsalat, Orangenspalten. Palatschinken damit füllen.
- Daneben zwei Kugeln Eis anrichten und garnieren.

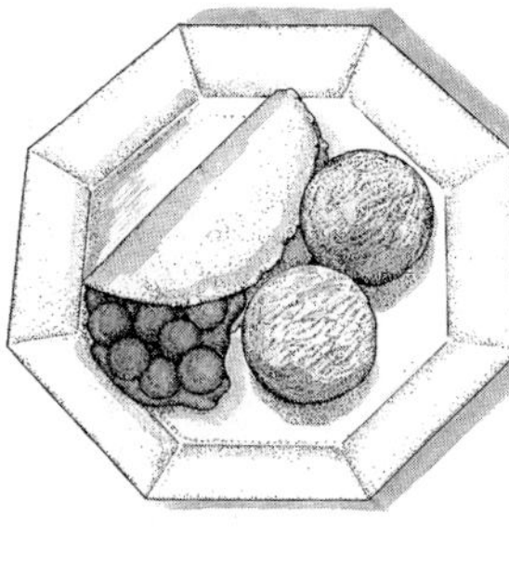

Granités

Himbeergranité

10 Portionen

300 g	Himbeermark (passiert)
200 g	Puderzucker
400 g	Rotwein
	Saft einer Zitrone
Garnieren:	
	Himbeergeist
	Himbeeren

Herstellung
- Zutaten verrühren, bis sich der Zucker gelöst hat.
- In ein flaches Gefäß geben und im Tiefkühlschrank frieren lassen.
- In der Zwischenzeit Gläser mit Zuckerrand versehen: mit einer Zitrone den oberen Gläserrand benetzen und sofort in Feinkristallzucker drehen. Der Zucker kann für verschiedene Granités unterschiedlich gefärbt werden.

Ausfertigung
- Eis abschaben und in Gläsern anrichten.
- Himbeergeist darüber gießen und mit Himbeeren garnieren.

Sorbets

Sorbets werden mit hohem Frucht-, aber wenig Zuckeranteil hergestellt. Ursprünglich wurden sie innerhalb umfangreicher Menüfolgen als Zwischengang, serviert. Heute werden sie auch als Dessert gereicht.
Sorbets werden wie bei den folgenden Rezepten zubereitet oder man kann sie rationeller aus einer Zuckerlösung (22 °Bé) mit Wein, Fruchtsaft oder Likör herstellen.

Sekt-/Champagner-Sorbet

10 Portionen

600 g	Sekt oder Champagner
60 g	Puderzucker
	Saft einer Zitrone
	Minzeblätter

Herstellung
- Sämtliche Zutaten verrühren und gefrieren.
- In Gläser füllen, mit etwas Sekt oder Champagner auffüllen und mit Minzeblatt garnieren.

Himbeersorbet

10 Portionen

500 g	Himbeeren
125 g	Wasser

	Saft einer Zitrone
80 g	Zucker
	Himbeergeist

Herstellung

- Beeren waschen, entstielen und mit Wasser, Zitronensaft und Zucker mixen. Himbeeren nicht zu lange mixen. Durch ein feines Sieb passieren, damit die Kerne zurückbleiben.
- Eventuell mit Himbeergeist abschmecken und gefrieren.
- In Gläser füllen, eventuell mit Wein, Sekt oder Fruchtsaft aufgießen.

Spooms

Spooms sind gefrorene Sorbets, denen gezuckerter Eischnee (aus pasteurisiertem Eiklar) beigemengt wird. Für 700 g Sorbetmasse nimmt man Schnee aus 120 g Eiklar und 200 g Zucker.

Erdbeerspoom

10 Portionen

120 g	Zucker
220 g	Jogurt
450 g	Erdbeermark
60 g	pasteurisiertes Eiklar
120 g	Zucker
	Erdbeersauce

Herstellung

- Zucker mit Jogurt und Erdbeermark verrühren und in der Sorbetière gefrieren.
- Eiklar und Zucker zu Schnee schlagen und kurz vor dem Anrichten unter die Masse ziehen. Dabei sollte man den Kessel auf gesalzene Eiswürfel stellen.
- Mit Erdbeersauce übergossen servieren.

15.9 Eisgetränke

Wiener Eiskaffee

Herstellung

- Vanilleeis in hohen Gläsern anrichten und mit kaltem, leicht gesüßtem, schwarzem Kaffee (1/4 der Eismenge) auffüllen.
- Geschlagenes Obers aufdressieren und mit Löskaffee bestreuen.

Variation

- Eiskaffee wird in einigen Regionen auch gerührt angeboten.

Eiscreme-Soda

Herstellung

- Die vom Gast gewünschte Fruchteissorte in einem Glas anrichten und mit Sodawasser auffüllen.

Milchshakes

Erdbeermilchshake

1/4 Liter

1/8 l	Milch
2 Kugeln	Erdbeereis
20 ml	Erdbeersirup
	Zitronensaft

Herstellung

- Zuerst die kalte Milch in den Mixbecher geben. Dann Eis, Sirup, Obst usw. dazugeben.
- 30 Sekunden mixen.

Schokoladenmilchshake

1/4 Liter

1/8 l	Milch
2 Kugeln	Schokoladeneis
20 ml	Schokoladensirup oder
	Schokoladenpulver

Herstellung wie Erdbeermilchshake.

Eis-Frappés bestehen aus Milch, Speiseeis, Früchten, Fruchtsäften oder -sirupen, Zucker und eventuell Eiern. Verfeinert können sie mit Obers werden. Das Eis soll immer dieselbe Geschmacksrichtung wie die Früchte haben.

Zusammenfassung: Speiseeis

Hygiene

Bei der Herstellung von Speiseeis gelten die strengen gesetzlichen Bestimmungen der Speiseeisverordnung. Unterschiedliche Keimarten können sich im Speiseeis sehr gut vermehren und Krankheiten verursachen. Als besonders gefährlich sind Salmonellen einzustufen.

Grundbestandteile des Speiseeises

Um ein cremiges Speiseeis herzustellen, sind optimale Mengenverhältnisse der **Zutaten** zu beachten. Es besteht grundsätzlich aus:

- Wasser
- festen Stoffen (Zucker, Fett, Bindemittel, Geschmacksbeigaben, Farbstoffe)
- Luft

Herführungsarten

Speiseeis kann **kalt, heiß** oder **gemischt** hergestellt werden. Die notwendigen Temperaturen beim Pasteurisieren und die maximale Stehzeit des Speiseeisansatzes beschränken das Bakterienwachstum.

Man unterscheidet **Milch- und Fruchteis**. Bei der Herstellung von **Diabetikereis** ist eine genaue Berechnung der Broteinheiten (BE) erforderlich.

- Das **Gefrieren** des Speiseeisansatzes erfolgt im Chargenfreezer, in der Spachtelmaschine und in der Softeismaschine.
- Für das **Lagern** und **Portionieren** sind die Tiefkühltemperaturen genau einzuhalten.

Dekor, Eistüten und Saucen für Eisspeisen und -getränke können vom Konditor selbst hergestellt werden.

Eisspeisen

- Eisbecher, Eistorten
- Eisbiskuits, Eisrouladen, Eisaufläufe
- Eisknödel, Eispalatschinken und Eiscrêpes
- Parfaits
- Sorbets, Granités, Spooms

Eisgetränke

- Eiskaffee
- Milchshakes

Fragen und Arbeitsaufgaben

1. Beschreiben Sie die Begriffe „Speiseeis (Gefrorenes)", „Speiseeisgrundmasse", „Speiseeisansatz (Eismix)" und „Speiseeis-Halberzeugnis" laut Speiseeisverordnung!
2. Welche Keime können bei der Speiseeisherstellung gefährlich sein?
3. Welche persönlichen Hygienevorschriften sind notwendig bei der Speiseeiszubereitung?
4. Wie müssen die Räume ausgestattet sein, in denen Speiseeis hergestellt wird?
5. Wie muss die Reinigung der Geräte und Maschinen für Speiseeis erfolgen?
6. Aus welchen Hauptbestandteilen besteht Speiseeis?
7. Wie ist das optimale Mengenverhältnis von Wasser zu den festen Stoffen?
8. Welchen Vorteil hat der Austausch von Zucker gegen andere Zuckerarten?
9. Nennen Sie den idealen Prozentwert des Gesamtfettes im Speiseeis!
10. Von welchen Faktoren hängt die Aufnahme von Luft bei der Speiseeiszubereitung ab?
11. Aus welchen Bestandteilen setzen sich Eisbindemittel zusammen?

12. Wie wirken Eisbindemittel im Milchspeiseeis?
13. Nach welchen Kriterien richtet sich die Geschmacksbeigabemenge?
14. Was wissen Sie über das Färben beim Speiseeis?
15. Nennen Sie die drei Herführungsarten bei der Speiseeiserzeugung!
16. Welche Zutaten dürfen bei der „kalten Herführung“ verwendet werden?
17. Welche Zutaten dürfen bei der „kalten Herführung“ nicht verwendet werden?
18. Nennen Sie die Grundsätze bei der „kalten Herführung“!
19. Wann ist es notwendig, die „heiße Herführung“ bei der Speiseeiserzeugung anzuwenden?
20. Was verstehen Sie unter dem Begriff „bakteriologisch einwandfrei“?
21. Nennen Sie die Temperaturen beim Pasteurisierungsvorgang der Speiseeisgrundmasse!
22. Wie erfolgt das Abkühlen nach dem Pasteurisieren?
23. Wie lange und bei welcher Temperatur darf ein „heiß hergeführter“ Speiseeisansatz lagern?
24. Wann wird die „gemischte Herführung“ bei der Speiseeiserzeugung angewandt?
25. Beschreiben Sie die Herstellung von Milcheis!
26. Welche gesetzlichen Bestimmungen gelten für die einzelnen Sorten von Milcheis?
27. Wie hoch muss der Fruchtanteil beim Fruchteis laut Speiseeiscodex sein?
28. Nennen Sie die Deklarationsvorschriften beim Diabetikereis!
29. Bei welcher Temperatur darf Speiseeis im Tiefkühlschrank gelagert werden?
30. Welche Speiseeistemperatur eignet sich am besten zum Portionieren?
31. Welche Vorschriften gelten für das Spülen (Reinigen) der Eisportionierer?
32. Nennen Sie die Hauptursachen der Speiseeismängel!
33. Nennen Sie verschiedene Dekormaterialien für das Speiseeis!
34. Nennen Sie drei Saucen, die zur Eisbeigabe geeignet sind!
35. Welche Eisspezialitäten kennen Sie?
36. Welche Eisbecher kennen Sie und wie werden sie hergestellt?
37. Aus welchen Zutaten besteht Parfaiteis und wie wird es hergestellt?
38. Wie werden Eisbomben hergestellt?

16 BONBONS – PRALINEN

Die deutsche Bezeichnung „Praline" stammt von **Marschall du Plessis-Praslin**, *der im 17. Jahrhundert in Frankreich lebte.*

Lange Zeit waren Bonbons, wie überhaupt alle Süßigkeiten, den Reichen vorbehalten. Auch heute gelten sie noch als besondere Köstlichkeiten.

Bonbons zählen zu den „Halbdauerwaren". Sie sind bei richtiger Lagerung, abhängig von den verwendeten Rohstoffen, über mehrere Wochen haltbar. Deshalb muss bei der Herstellung auf die **Hygiene** besonders Bedacht genommen werden:

- Nur einwandfreie und frische Materialien verwenden.
- Nüsse, Mandeln und Halbfabrikate aus Kernen genau kontrollieren.
- Schimmelgefahr bei Trüffelmassen, daher bei der Herstellung genügend erhitzen (keine Luftblasen).
- Hände, Arbeitsflächen, Werkzeuge und Geräte sauber halten.
- Werkzeuge, Hände, Arbeitsflächen frei von Mehlstaub und Puder halten, um Gären und Platzen zu vermeiden (Ausnahme: Likörbonbons mit Kruste).

16.1 EINTEILUNG UND ARTEN

Einteilung nach der Herstellung	Charakteristika	Bonbonsart
Ausgestochene Bonbons	Aus halb festen Massen. Formen so wählen, dass wenig Abfall entsteht.	• Marzipan-, • Nougat-, • Canache-, • Weichkrokantbonbons
Dressierte Bonbons	Aus halb festen, dressierfähigen Massen herstellen.	• Marzipan-, • Nougat-, • Canachebonbons

Einteilung nach der Herstellung	Charakteristika	Bonbonsart
Schnittbonbons	Halb feste Massen aufstreichen oder ausrollen und schneiden. Rationelle Methode, die für rechteckige und quadratische Formen geeignet ist (kein Abfall).	• Marzipan-, • Nougat-, • Canache-, • Weichkrokantbonbons
Formbonbons (Hohlformen)	Hohlformen aus Schokolade mit Dressiersack oder Gießtrichter füllen und verschließen.	• Likörbonbons ohne Kruste, • Trüffelkugeln, • Gianduja-, • Fondantbonbons
Formbonbons (Puderkästen)	Mit Gipsstempeln Vertiefungen in Puderkästen drücken und Lösung einfüllen. Nach dem Erstarren Bonbonkörper vom Puder befreien.	• Likörbonbons mit Kruste, • Gelee-, • Fondantbonbons

16.2 ROHSTOFFE

Marzipan
Es werden Marzipanrohmasse und französischer Marzipan verwendet.

Nougat
Man verwendet dunklen, hellen und Gianduja-Nougat, außerdem Nougat Montelimar.

Schlagobers
Es wird für Canachecremen (unbedingt aufkochen), Weichkrokant und Weichkaramellen verwendet.

Butter
Sie kann Canachecremen, Nougat- und Weichkrokantbonbons beigegeben werden.

Kuvertüre
Verwendet wird dunkle, weiße und Milchkuvertüre verschiedener Fließfähigkeit.

Kakaobutter
Zum Verdünnen von Kuvertüren und zum Erzielen der Schnittfähigkeit bei verschiedenen Bonbonmassen (zB Nougat).

Kerne
Man verwendet Mandeln, Nüsse, Pistazien usw.

Zucker
Besondere Aufgaben hat Zucker bei der Herstellung von Likörbonbons mit Kruste (Bildung der Kruste durch Auskristallisieren), Fondant- und Krokantbonbons.

Honig
Er dient zur Geschmacksverbesserung und Weichhaltung verschiedener Bonbons.

Glukosesirup
Er verhindert das Auskristallisieren von Zucker und dient zur Weichhaltung von Füllungen.

Agar-Agar, Pektingelee
Agar-Agar wird für gegossene Geleebonbons verwendet. Aus Pektingelee können nur geschnittene Geleebonbons hergestellt werden.

Spirituosen
Sie finden vor allem beim Aromatisieren verschiedener Bonbonmassen Verwendung. Bei Likörbonbons sind sie ein Hauptbestandteil.

Trockenfrüchte und Dickzuckerfrüchte
Sie dienen zur Herstellung von Rohkostmischungen, Nougat Montelimar usw., werden aber auch als Geschmacksgeber für andere Bonbonmassen verwendet (zB Orangenmarzipan).

16.3 ALLGEMEINE VERARBEITUNGSTECHNIKEN

Tunken

Siehe Kap. IV / 13.2 Tunken, Glasieren.

Herstellen und Verschließen von Hohlformen für Bonbons

- Polierte Metall- oder Plastikformen mit Kuvertüre füllen.
- Aufklopfen, damit eingeschlossene Luftbläschen entweichen können.
- Formen wenden, damit überflüssige Kuvertüre abfließen kann (leicht klopfen).
- Formen mit den Öffnungen nach unten auf ein Gitter oder Papier absetzen.

- Wenn die Kuvertüre etwas angezogen hat, Ränder mit einer Spachtel glatt streichen.
- Kuvertüre erstarren lassen.
- Nachdem die gewünschte Bonbonfüllung in die Hohlformen eingefüllt ist und etwas angezogen hat, müssen sie mit einer speziellen Lochplatte, passend zu den Formen, abgedeckt werden. Die Lochplatte wird exakt aufgesetzt, Kuvertüre wird darauf verteilt und mit einer Palette sauber abgezogen.
  Beim Füllen von Trüffelhohlkugeln wird die Lochplatte schon voher aufgesetzt.
- Bevor die Kuvertüre erstarrt, wird die Lochplatte abgenommen.

Arbeiten mit Puderkästen

Diese Technik wird bei Gelee-, Fondant- und Likörbonbons mit Kruste angewendet.

Vorbereiten der Pudermischung
Sie besteht aus 2 Teilen Weizenstärke + 1 Teil Maisstärke. Die Pudermischung sollte im Wärmeschrank gelagert werden. Vor der Verwendung gut durchmischen, denn sie muss sehr trocken sein.

Vorbereiten der Puderkästen
Puder mit Schneebesen lockern und mit einem Holzstab die Oberfläche glatt streichen. Mit Gipsstempeln Vertiefungen eindrücken.

Einfüllen der Bonbonmasse
Das Einfüllen erfolgt mittels Gießtrichters. Nicht überfüllen! Nach dem Einfüllen mit angewärmtem Puder überstauben. Die äußere Hülle der Bonbonkörper bildet sich erst beim Abstehen durch Rückkristallisation des Zuckers bzw. Erstarren des Gelees.

Kandieren

Durch Übergießen mit Zuckerlösung
- Körper in eine Kandierwanne auf ein Gitter schlichten, Gitter darüber legen und mit überkühlter Zuckerlösung übergießen (105 bis 108 °C).
- Etwa 16 Stunden bei ca. 28 °C stehen lassen (Ansetzen von Zuckerkristallen).
- Zuckerlösung ablassen.
- Körper zum Abtrocknen in den Wärmeschrank stellen.

Mit Kristall- oder Puderzucker trocken kandieren
- Diese Technik wird vor allem zum Überziehen von Geleebonbons angewendet.
- Die Bonbonkörper werden in Kristall- oder Puderzucker gewälzt und auf Papier weggesetzt.

16.4 Rezepte

Marzipanbonbons

- Bonbons aus Marzipan können ausgestochen, geschnitten oder dressiert werden, je nach Festigkeit der Masse.
- Meist wird das Marzipan bzw. die Marzipanrohmasse mit anderen Zutaten angewirkt und mit Spirituosen abgeschmeckt.
- Vor dem Tunken müssen Marzipanbonbons etwas abstehen und antrocknen, um ein späteres Platzen des Überzugs zu vermeiden. Sie müssen vollständig überzogen werden (Schutz vor dem Austrocknen).

Orangenmarzipan
Ausgestochen oder geschnitten

200 g	Marzipanrohmasse
20 g	Orangeat (feinst gehackt)
20 g	Puderzucker
	Grand Marnier
Überziehen:	
	Milchkuvertüre

Herstellung
- Alle Zutaten zu ausrollbarer Konsistenz anwirken. Die Festigkeit der Masse kann durch die Alkoholmenge reguliert werden.

- Zwischen Distanzschienen ausrollen.
- Mit einem konischen Ausstecher ausstechen oder mit der Bonbonwalze schneiden. Ausstecher zwischendurch zur Reinigung in hochprozentigen Alkohol tauchen.
- Auf Trennpapier absetzen und etwa 4 Stunden trocknen lassen.
- Mit Milchkuvertüre tunken.
- Mit Gabeldekor versehen. Die Umrisse der Tunkgabel sollen auf dem Bonbon noch schemenhaft erkennbar bleiben. Bei rechteckigen Formen Dreier- oder Vierergabel verwenden, runde Formen mit rundem Gabeldekor verzieren.

Nougatbonbons

- Sie können ausgestochen, geschnitten oder dressiert werden.
- Sehr weiche, kakaobutterarme Nougatmassen müssen in Hohlformen aus Kuvertüre gefüllt werden.
- Nougatbonbons müssen nicht immer vollständig mit Kuvertüre überzogen werden, da der wasserarme, fettreiche Nougat kaum austrocknen kann.

Nougatschichtbonbons

Geschnitten

500 g	dunkle Nougatmasse
50 g	Kakaobutter
500 g	helle Nougatmasse
50 g	Kakaobutter
Abstreichen:	
	dunkle Kuvertüre

Herstellung

- Dunkle Nougatmasse erwärmen und mit zerlassener Kakaobutter vermischen. In zwei gleiche Teile teilen.
- Einen Teil zwischen Distanzschienen etwa 5 mm hoch aufstreichen, Masse erstarren lassen.
- Helle Nougatmasse ebenfalls erwärmen und mit zerlassener Kakaobutter vermischen. In zwei Teile teilen, von denen einer auf die dunkle Nougatmasse aufgestrichen wird (10 mm hohe Distanzschienen).
- Darauf die zweite Hälfte der dunklen und hellen Nougatmasse streichen (15 mm und 20 mm hohe Distanzschienen). Dazwischen Masse immer wieder fest werden lassen.
- Die Oberfläche mit dunkler, etwas verdünnter Kuvertüre abstreichen und wenden.
- Zweite Seite abstreichen und mit dem Messerrücken kurz vor dem Erstarren rippen. Eventuell vor dem Erstarren noch einteilen.
- Mit sauberem Messer schneiden.

Haselnussnougatbonbons

Dressiert

80 g	Haselnusskrokant (feinst gerieben)
500 g	dunkle Nougatmasse
60 g	Kakaobutter (flüssig)
	ovale Plättchen aus Milchkuvertüre
	ganze Haselnüsse (geröstet)
Überziehen:	
	Milchkuvertüre

Herstellung

- Krokant unter die Nougatmasse arbeiten. Mit flüssiger Kakaobutter vermischen, dies macht die Masse später fester.
- Die Masse auf die vorbereiteten Plättchen dressieren und eine Haselnuss eindrücken.
- Mit Milchkuvertüre tunken.
- Mit Kakaobutter verdünnte Milchkuvertüre in eine Spritztüte füllen und die getunkten Körper filieren. Es können ein Gittermuster oder einfache Linien gezogen werden. Wenn der Überzug noch nicht erstarrt ist, verfließen die Linien mit dem Überzug. Ein zusätzlicher Effekt kann erzielt werden, wenn man mit einem spitzen Holzstäbchen die Linien beliebig verzieht.

Nougat Montelimar (weißer Nougat)

- Dieser Nougat unterscheidet sich durch Herstellung und Zusammensetzung völlig von den herkömmlichen Nougatarten.
- Er beinhaltet keine Kakaobestandteile. Seine Hauptrohstoffe sind Eiklar, Zucker, Honig, verschiedene Kerne (Mandeln, Haselnüsse), eventuell Dickzuckerfrüchte.

Montelimarwürfel

Geschnitten

	Oblaten
170 g	Honig
45 g	Eiklar
200 g	Zucker
100 g	Glukosesirup
150 g	ganze weiße Mandeln (leicht geröstet)
40 g	Pistazien (geschält)
40 g	Kirschen (dickgezogen)
Überziehen:	
	dunkle Kuvertüre

Herstellung

- Eine Kapselform (ca. 1 cm hoch) mit Oblaten auslegen.
- Honig und Eiklar erwärmen und zu Schnee schlagen.
- Zucker, Sirup und Wasser auf 137 °C kochen und in den Schnee einrühren.
- Mandeln, Pistazien und ganze oder geschnittene Kirschen anwärmen und beigeben.
- Die Masse über kochendem Wasserbad bis zur Ballenprobe rösten (Masse löst sich ballenartig von der Kesselwand).
- Noch heiß in die vorbereitete Kapselform füllen, mit Oblaten belegen und pressen.
- Nach dem Erkalten in Quadrate (2 x 2 cm) schneiden und in dunkle Kuvertüre tunken.

Canachebonbons

- Canache- oder Trüffelfüllungen werden aus Schlagobers und Kuvertüre hergestellt. Zur Geschmacksverbesserung können Butter, Honig und Spirituosen beigegeben werden.
- Die Festigkeit von Canachecremen ist abhängig vom Verhältnis Schlagobers bzw. Butter zu Kuvertüre.
- Die Herstellungsweise richtet sich nach der Festigkeit der Canache (geschnitten, ausgestochen, dressiert, handgeformt oder in Hohlformen gefüllt).
- Sirup, Aromen oder Spirituosen erst nach dem Unterrühren der Kuvertüre beigeben.
- Canachecreme nicht schaumig rühren (Luft würde das Wachstum von Bakterien fördern!).

Oberscanache

Bezeichnung	Schlagobers : dunkle Kuvertüre	Schlagobers : helle Kuvertüre	Verwendung
Schwere Canache	1 : 2,5	1 : 3	Für geschnittene oder ausgestochene Canachebonbons.
Mittlere Canache	1 : 2	1 : 2,5	Für handgeformte und dressierte Canachebonbons.
Leichte Canache	1 : 1	1 : 1,5 bzw. 1 : 1	Zum Füllen von Hohlformen und Trüffelkugeln.

Herstellung siehe Kap. IV / 6.2 Gekochte Cremen.

Buttercanache

Bezeichnung	Butter : dunkle Kuvertüre	Butter : helle Kuvertüre
Schwere Buttercanache	1 : 3	1 : 3,5
Mittlere Buttercanache	1 : 2,5	1: 2,7
Leichte Buttercanache	1 : 1,5	1 : 2

Herstellung
- Butter nicht aufkochen, sondern geschmeidig rühren.
- Die temperierte Kuvertüre langsam einrühren.
- Eventuell Beigabe von Fondant bzw. Puderzukker und Spirituosen zur Geschmacksverbesserung.

Vanillecanachebonbons
Geschnitten

500 g	Schlagobers (flüssig)
1000 g	dunkle Kuvertüre
400 g	Milchkuvertüre
5 g	Vanilleextrakt
Überziehen:	
	dunkle Kuvertüre

Herstellung
- Canachecreme kochen (siehe Kap. IV / 6.2 Gekochte Cremen), mit Vanilleextrakt abschmecken und bis zur Streichfähigkeit abkühlen lassen.
- Mittels 10 mm hoher Distanzschienen auf Trennpapier aufstreichen und kühl stellen.
- Oberfläche mit dunkler Kuvertüre abstreichen, erstarren lassen und Platte umdrehen.
- Platte in Quadrate (2 x 2 cm) oder Rauten schneiden.
- Würfel mit dunkler Kuvertüre vollständig überziehen, mit weißer Kuvertüre eine Diagonale aufspritzen und beliebigen Dekor auflegen.

Orangentrüffel
Handgeformt

500 g	Schlagobers (flüssig)
60 g	Glukosesirup
1000 g	weiße Kuvertüre
500 g	Milchkuvertüre
60 g	Grand Marnier
Überziehen:	
	Milchkuvertüre

Herstellung
- Canachecreme kochen (siehe Kap. IV / 6.2 Gekochte Cremen), etwas auskühlen lassen und den Grand Marnier untermischen.
- Masse auf maximal 28 °C abkühlen lassen.
- Masse mit einem Einwegdressiersack stangen- oder kugelförmig auf Papier dressieren.
- Nach dem Erstarren händisch zu Kugeln formen und wieder abstehen lassen.
- Körper mit Milchkuvertüre tunken, auf ein Gitter absetzen. Bei Bedarf zwei Mal tunken.
- Nach dem Tunken werden die Kugeln mit einer Gabel auf dem Tunkgitter gerollt. Die Kuvertüre sollte dabei schon etwas angezogen haben. Eventuell können die Kugeln auch mit den Händen gerollt werden (feinere Struktur). Bei sehr warmen Händen könnte jedoch Fettreif entstehen.

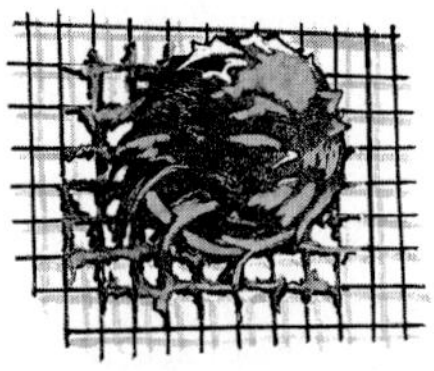

Weinbrandcanachebonbons
Dressiert

500 g	Schlagobers (flüssig)
1000 g	dunkle Kuvertüre
200 g	Weinbrand
	Plättchen aus dunkler Kuvertüre
	(Ø 2,5 cm)
Überziehen:	
	dunkle Kuvertüre oder
	Milchkuvertüre

Herstellung
- Schlagobers und Kuvertüre zu einer Canachecreme verarbeiten (siehe Kap. IV / 6.2 Gekochte Cremen), abkühlen lassen und den Weinbrand unterarbeiten.
- Masse mittels Einwegdressiersacks, und runder Tülle auf die Kuvertüreplättchen dressieren und abstehen lassen.
- Mit dunkler Kuvertüre überziehen und eine Spirale mit verdickter Milchkuvertüre aufspritzen. (Oder mit Milchkuvertüre überziehen und mit dunkler Kuvertüre überspritzen.)

Weiße Trüffel
In Hohlformen gefüllt

500 g	Schlagobers (flüssig)
100 g	Glukosesirup
1000 g	weiße Kuvertüre
25 g	Kirschwasser
	Trüffelhohlkugeln aus weißer
	Kuvertüre
Überziehen:	
	weiße Kuvertüre

Herstellung

- Canachecreme kochen, etwas auskühlen lassen und Kirschwasser untermischen.
- Masse auf 28 °C abkühlen lassen, denn bei hoher Temperatur schmelzen die Hohlkugeln beim Einfüllen.
- Lochplatte auflegen und die Creme mit einem Einwegdressiersack so in die vorbereiteten Hohlkugeln füllen, dass keine Luftblasen entstehen (Bakterientätigkeit!). Die Masse bis knapp unter den Rand einfüllen.
- Nach einer kurzen Abstehzeit Hohlkugeln mit weißer Kuvertüre verschließen, Lochplatte abnehmen und vor dem Erstarren ein Blatt Trennpapier auflegen. Dies gibt den Kugeln nach dem Tunken eine glattere Oberfläche.
- Körper mit weißer Kuvertüre glatt überziehen, auf Trennpapier absetzen und mit dunkler Kuvertüre fein überspritzen.

Likörbonbons

- Die Füllung besteht aus Spirituosen und Zucker.
- Bei der Lagerung ist zu beachten, dass der Alkohol sich ab 28 °C auszudehnen beginnt und dabei die Hülle sprengen kann. Die Bonbons trocknen aus.
- **Likörbonbons mit Kruste** können nur mittels Puderkästen hergestellt werden.
- **Likörbonbons ohne Kruste** sind händisch sehr schwer herzustellen (Ausnahme: Likörweichseln mit Stiel).
- Sie müssen in vorbereitete Hohlformen (Halbschalen) aus Schokolade gefüllt werden.
- Auch Füllungen ohne Zucker sind geeignet, da dieser nicht auskristallisieren muss, um eine Wand zu bilden.

Himbeergeistbonbons

Mit Kruste

500 g	Zucker
200 g	Wasser
180 g	Himbeergeist
Überziehen:	
	dunkle Kuvertüre

Herstellung

- Puderkästen vor Arbeitsbeginn vorbereiten (Quadrate 2 x 2 x 1 cm eindrücken).
- Wasser und Zucker zum Flug kochen (118 °C).
- Himbeergeist beigeben, schwenken und abdekken, damit der Alkohol nicht entweicht. Die Zuckerdichte sollte nach der Alkoholbeigabe heiß gemessen zwischen 33 und 34 °Bé betragen.
- Lösung 5 Minuten stehen lassen und dann mit dem Gießtrichter in die vorbereiteten Puderkästen füllen (siehe Kap. IV / 16.3 Allgemeine Verarbeitungstechniken).
- Krustenbildung: Ein Teil der Flüssigkeit wird durch die Stärke aufgesaugt. Dadurch und durch das Abkühlen der Lösung wird die Konzentration des Zuckers erhöht. Er kristallisiert zum Teil aus und bildet eine feste Wand.
- Die schweren Zuckerkristalle sinken nach unten, deshalb Bonbonskörper nach etwa 4 Stunden wenden (mit einer Tunkgabel oder einem speziell gebogenen Draht).
- Besonders vorsichtig herausnehmen und mit einem weichen Pinsel abpudern (Achtung: sehr zerbrechlich!).
- Mit dunkler Kuvertüre tunken und mit Gabeldekor (Zweiergabel) versehen.

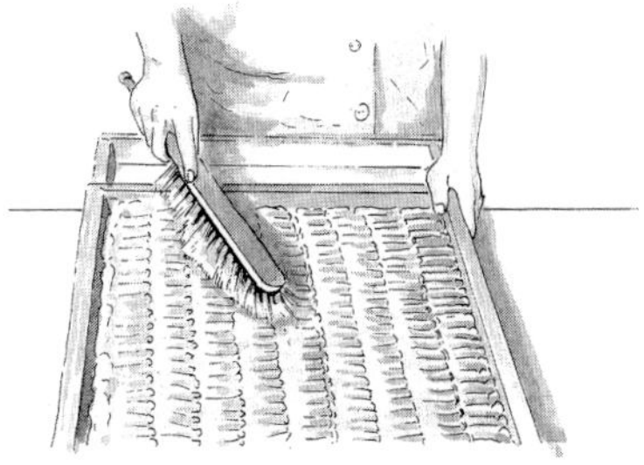

Cognacbonbons

Ohne Kruste

200 g	Cognac
40	Halbschalen aus dunkler Kuvertüre (beliebige Form)
Verschließen:	
	dunkle Kuvertüre
	Kakaobutter

Herstellung

- Herstellen der Hohlformen (siehe Kap. IV / 16.3 Allgemeine Verarbeitungstechniken).
- Die Cognacfüllung wird mit einem Gießtrichter bis knapp unter den Rand eingefüllt.
- Lochplatte auflegen und mit Kakaobutter oder stark verdünnter Kuvertüre verschließen (Spezialschaufel) und anschließend mit dunkler Kuvertüre endgültig abdeckeln. Die Bonbons müssen nicht mehr getunkt werden.

Likörweichseln mit Stiel

Ohne Kruste

30	Weichseln (mit Stiel und Blatt, nicht überreif)
	Cognac oder Weinbrand

Tunken:	
	Fondant
	dunkle Kuvertüre

Herstellung
- Weichseln in Weinbrand oder Cognac einlegen.
- Nach zwei Monaten aus dem Alkohol herausnehmen und abtropfen lassen.
- Weichseln in heißes Fondant tunken und abkühlen lassen.
- In dunkle Kuvertüre tunken und auf Folie oder Trennpapier absetzen.
- Noch einmal tunken, sodass der Stielansatz 1 cm hoch mit Kuvertüre überzogen ist.
- Nach einiger Zeit löst sich das Fondant im Inneren auf und ergibt in Verbindung mit dem Alkohol eine süße, likörähnliche Flüssigkeit.

Geleebonbons

- Agar-Agar-Gelee und Pektingelee (nur für geschnittene Geleebonbons) verwenden.
- Die Beigabe von Glukosesirup zur Weichhaltung ist empfehlenswert.

Erdbeergelee
Geschnitten

10 g	Agar-Agar
500 g	Wasser
500 g	Zucker
100 g	Glukosesirup
30 g	Erdbeerpaste oder andere Geschmacksrichtung
10 g	Zitronensäure
Wälzen:	
	Feinkristallzucker oder dunkle Kuvertüre

Herstellung
- Agar-Agar 24 Stunden in kaltem Wasser einweichen. Zucker und Sirup beigeben und die Lösung aufkochen (106 °C). Dabei abschäumen.
- Erdbeerpaste und Zitronensäure dazugeben und verrühren.
- Eine passende Karreeform mit Dehnfolie auslegen und das Gelee hineinleeren.
- Nach dem Erstarren wenden und aus der Form stürzen.
- Rechtecke schneiden (3 x 1,5 cm). Dabei den Messerrand feucht halten, sonst klebt die Geleemasse und reißt an den Rändern.
- Geschnittene Bonbons in Feinkristallzucker wälzen. Sie können auch getunkt werden.

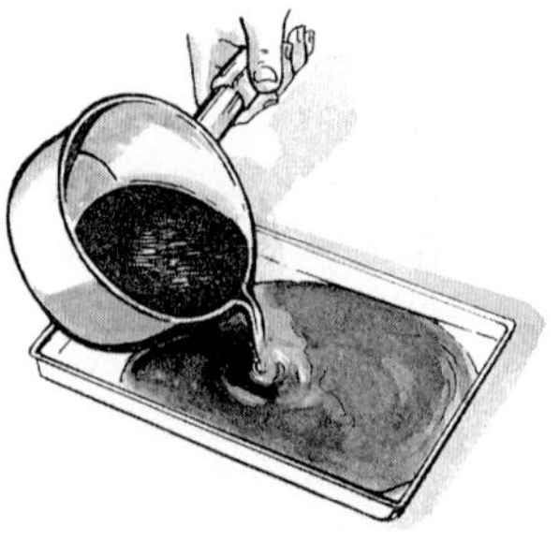

Ananasgelee
Formbonbons

10 g	Agar-Agar
250 g	Wasser
500 g	Zucker
100 g	Glukosesirup
250 g	Ananassaft
10 g	Zitronensäure
Wälzen oder Tunken:	
	Feinkristallzucker oder dunkle Kuvertüre

Herstellung
- Puderkästen vorbereiten (siehe Kap. IV / 16.3 Allgemeine Verarbeitungstechniken) und ovale Formen eindrücken.
- Geleemasse aus Agar-Agar, Wasser, Zucker, Sirup und Ananassaft kochen (siehe Erdbeergelee).
- Zitronensäure dazugeben.
- Die heiße Geleemasse sofort mit Gießtrichter in die Formen eingießen. Der Gießtrichter sollte vorgewärmt sein.
- Nach dem Erstarren mit einer Gabel herausnehmen und mit einem weichen Pinsel abpudern.
- Tunken oder anfeuchten und in Zucker wälzen.

Karamellbonbons

- **Weichkaramellen:** Es wird gekochter oder geschmolzener Zucker verwendet, der je nach Festigkeit mit Schlagobers, Butter oder Honig abgelöscht wird. Diese Massen werden abgekühlt und meist geschnitten oder ausgestochen.
- **Hartkaramellen:** Sie haben in der Konditorei wenig Bedeutung. Sie werden als „Zuckerln" meist industriell hergestellt.

Vanillekaramellen
Weichkaramell

500 g	Schlagobers (flüssig)
450 g	Zucker
50 g	Vanillezucker
30 g	Glukosesirup
Tunken und Belegen:	
	dunkle Kuvertüre
	weiße Mandeln (halbiert, leicht geröstet)

Herstellung
- Alle Zutaten auf 125 °C kochen.
- Auf geöltem Marmor zwischen geölte Distanzschienen gießen (1 cm hoch).
- Nach dem Erkalten mit einem geölten Messer in Quadrate (2 x 2 cm) schneiden.
- In dunkler Kuvertüre tunken, vor dem Erstarren eine halbierte Mandel auflegen.

Krokantbonbons

Grundstoff ist geschmolzener Zucker mit Mandeln oder Nüssen. Je nach Zusatz von anderen Rohstoffen unterscheidet man:
- **Hartkrokant:** Er dient als Unterlageplättchen zum Aufdressieren von weichen Massen. Er kann auch fein gerieben unter andere Rohstoffe (Nougat, Marzipan) als Geschmacksgeber gemischt werden.
- **Weichkrokant:** Zusatz von Butter oder Schlagobers hält den Krokant auch im abgekühlten Zustand weich.
- **Blätterkrokant:** Geriebene Kerne werden mit geschmolzenem Zucker „touriert", ausgerollt und geschnitten.

Honig-Mandel-Krokant
Weichkrokant, ausgestochen

350 g	Schlagobers (flüssig)
100 g	Butter
600 g	Honig
300 g	Mandeln (gemahlen, leicht geröstet)
60 g	Orangeat (fein gehackt)
Überziehen:	
	dunkle Kuvertüre
	weiße Kuvertüre

Herstellung
- Schlagobers, Butter und Honig auf 130 °C aufkochen.
- Masse auf geölte Marmorplatte leeren und etwas abtablieren.
- Mandeln und Orangeat beigeben und vermischen.
- Masse zwischen Distanzschienen 1 cm dick ausrollen.
- Mit einem konischen Ausstecher Halbmonde ausstechen. Erkaltete Masse durch Erwärmen im Wärmeschrank oder Mikrowellenherd (niedrige Leistung) wieder weich machen.
- Mit dunkler Kuvertüre tunken.
- Mit weißer Kuvertüre überspritzen.

Blätterkrokant
Geschnitten

500 g	Mandeln (gehobelt, leicht geröstet)
50 g	Puderzucker
500 g	Zucker
50 g	Glukosesirup
Überziehen:	
	dunkle Kuvertüre

Herstellung
- Mandeln mit Puderzucker vermischen.
- Zucker und Sirup schmelzen. Auf ein geöltes, erwärmtes Blech leeren und dünn ausrollen.
- Die erwärmten Mandeln darauf geben und mit dem Karamell einschlagen (zwei einfache Touren).
- Ausrollen und mit der Bonbonwalze zu Quadraten schneiden (eventuell zwischendurch im Wärmeschrank erwärmen).
- In Milchkuvertüre tunken und mit Gabeldekor versehen.

Fondantbonbons

- Sie werden als Formbonbons in Puderkästen, Gummiformen oder Schokoladehohlformen hergestellt.
- Sie sollten wegen ihres süßen Geschmacks mit dunkler Kuvertüre überzogen werden.
- Wird anstelle von Wasser Schlagobers oder Milch zur Herstellung des Fondants verwendet, so bezeichnet man diese Bonbons als **Cremebonbons**.

Himbeerfondant
Formbonbons

300 g	Fondant
25 g	Himbeergeist
60 g	Himbeermark
Überziehen:	
	dunkle Kuvertüre

Herstellung
- Runde Formen in Puderkästen eindrücken (siehe Kap. IV /16.3 Allgemeine Verarbeitungstechniken).
- Fondant (siehe Kap. IV / 8.1 Glasuren) auf ca. 70 °C erwärmen und mit Himbeergeist und Himbeermark vermischen.
- Masse mittels erwärmtem Gießtrichter in die Puderkästen füllen.
- Bereits nach ein bis zwei Stunden aus den Formen nehmen und abpudern.
- Mit dunkler Kuvertüre überziehen und beliebigen Dekor mit verdickter Milchkuvertüre aufspritzen.

Rohkostbonbons

Vorbehandelte Früchte werden mit Kuvertüre überzogen.
- **Dickzuckerfrüchte:** Nur trockengezogene Früchte können getunkt werden. Sonst bildet der Schokoladenüberzug keine geschlossene Schicht und die Früchte trocknen aus.
- **Dörrfrüchte:** Sorgfältig und vollständig tunken, da sonst die Früchte sehr hart werden.
- **Verschiedene Kerne:** Hasel- oder Walnusskerne, Cashewkerne usw. müssen nicht unbedingt getunkt werden, da sie nicht austrocknen können. Die Kerne können als Auflage auf Schokoladeplättchen oder als Dekor für andere Bonbonarten verwendet werden.

Mandelplättchen

300 g	weiße Mandeln (gestiftelt)
	dunkle, weiße oder Milchkuvertüre

Herstellung
- Mandeln leicht rösten und auskühlen lassen.
- Mit Dressiersack (sehr kleine Lochtülle) Kuvertüretupfen auf Trennpapier dressieren.
- Klopfen, sodass die Tupfen auseinander fließen.
- Auf die noch weichen Kuvertüreplättchen einige Mandelstifte auflegen, erstarren lassen und vom Papier abnehmen.

Anmerkung
- Die Plättchen können auch mit anderen Kernen oder mit einer Mischung verschiedener Kerne belegt werden.

Orangette

500 g	Orangenschalenstreifen (dickgezogen)
	dunkle Kuvertüre

Herstellung
- Die Orangenstreifen werden mit Kuvertüre überzogen und auf Trennpapier abgesetzt.

Anmerkung
- Auch andere dickgezogene Früchte (zB Ananasstücke und Orangenscheiben) können auf diese Weise zu Rohkost verarbeitet werden.

Zusammenfassung: Bonbons – Pralinen

Einteilung und Arten
- Ausgestochene,
- dressierte,
- geschnittene Bonbons und
- Formbonbons in Hohlformen oder Puderkästen.

Rohstoffe

Es werden Marzipan, Nougat, Schlagobers, Butter, Kuvertüre, Kakaobutter, verschiedene Kerne, Zucker, Honig, Sirup, Agar-Agar, Pektingelee, Spirituosen, Trockenfrüchte und Dickzuckerfrüchte verwendet.

Allgemeine Verarbeitungstechniken

- **Hohlformen** (Halbschalen) aus Kuvertüre können in der Konditorei mit geeigneten Formen aus Plastik hergestellt werden. Sie werden für weiche Füllungen verwendet.
- **Puderkästen** werden zur Herstellung von Gelee-, Fondant- und Likörbonbons mit Kruste benötigt. Es werden Weizen- und Maisstärke verwendet.
- Das **Kandieren** kann durch Übergießen mit Zuckerlösung oder trocken durch Wälzen in Kristall- oder Puderzucker erfolgen.

Fragen und Arbeitsaufgaben

1. Aus welchen Massen können dressierte Bonbons hergestellt werden?
2. Welche Formbonbons kennen Sie?
3. Worauf ist beim Tunken von Bonbons zu achten?
4. Beschreiben Sie die Herstellung von Bonbons mit Hohlformen!
5. Beschreiben Sie allgemein die Herstellung von Bonbons mit Puderkästen!
6. Welche Möglichkeiten des Kandierens kennen Sie?
7. Warum müssen Marzipanbonbons vor dem Tunken antrocknen?
8. Was versteht man unter Gabeldekor?
9. Warum müssen Nougatbonbons nicht vollständig getunkt werden?
10. Beschreiben Sie die Herstellung von Nougatschichtbonbons!
11. Wodurch unterscheidet sich Nougat Montelimar von herkömmlichem Nougat?
12. Welche Arten von Canachecremen für Bonbons kennen Sie?
13. Nennen Sie die Verhältniszahlen für die Inhaltsstoffe von Canachecremen!
14. Beschreiben Sie die Herstellung von handgeformten Trüffeln!
15. Beschreiben Sie das Rollen von Trüffeln!
16. Wie werden Trüffeln in Hohlkugeln hergestellt?
17. Was ist bei der Lagerung von Likörbonbons zu beachten?
18. Wie werden Likörbonbons mit bzw. ohne Kruste hergestellt?
19. Was ist beim Schneiden von Geleebonbons zu beachten?
20. Wodurch unterscheiden sich Weich- von Hartkaramellen?
21. Welche Arten von Krokantbonbons kennen Sie?
22. Wie wird Blätterkrokant hergestellt?
23. Was verstehen Sie unter Cremebonbons?
24. Wie werden Fondantformbonbons hergestellt?
25. Wie können Rohkostbonbons hergestellt werden?

17 PATISSERIE

Die Patisserie ist der Bereich in der Küche, in dem warme und kalte Desserts hergestellt werden. Die österreichische Patisserie, auch Mehlspeisenküche genannt, ist weit über die Grenzen Österreichs hinaus bekannt. Um diesem guten Ruf gerecht zu werden, ist es wichtig auf beste Qualität der Zutaten sowie auf eine frische und sorgfältige Zubereitung zu achten.
Es ist für Sie sicher interessant, einmal in einem Restaurant oder erstklassigem Hotel als sogenannter Patissier zu arbeiten. In diesem Kapitel erfahren Sie, wie man die wichtigsten Süßspeisen nationaler und internationaler Herkunft zubereitet.

17.1 Mise en place

Unter diesem Fachbegriff versteht man in der professionellen Küche all jene Vorbereitungsarbeiten, die einen reibungslosen Ablauf der Arbeit garantieren.

Butterbrösel für Strudel

100 g	Butter
60 g	Semmelbrösel

Herstellung
- Butter in einer Pfanne aufschäumen lassen.
- Brösel beigeben und kurz durchrühren.

Geröstete Butterbrösel für Knödel und Tascherln

100 g	Butter
100 g	Semmelbrösel

Herstellung
- Klein geschnittene Butter am Herd aufschäumen lassen.
- Brösel beigeben und unter ständigem Umrühren goldbraun rösten.

Fruchtmark

Herstellung
- Frische oder tiefgekühlte Beeren mixen, passieren und mit Zucker und Zitronensaft abschmecken.

Oder:
- Kompottfrüchte abseihen, mixen, passieren und ebenfalls mit Zucker und Zitronensaft abschmecken.

Vanillesauce

250 g	Milch
12 g	Maisstärke
40 g	Dotter (2)
250 g	Schlagobers (flüssig)
100 g	Zucker
	Vanille, Rum

Herstellung
- Einen kleinen Teil der Milch mit der Stärke verrühren und die Dotter einmengen.
- Restliche Milch, Obers, Zucker und Vanille aufkochen und unter ständigem Rühren die Milch mit Stärke und Dotter in die kochende Flüssigkeit einmengen.
- Kurz aufkochen und mit Rum abschmecken.
- Vor dem Servieren die Konsistenz prüfen und eventuell noch mit etwas geschlagenem Obers verfeinern.

Schokoladensauce

120 g	Wasser
100 g	Zucker
90 g	Kuvertüre (klein geschnitten)
20 g	Jamaikarum

Herstellung
- Wasser und Zucker aufkochen.
- Kuvertüre dem kochenden Wasser beigeben und so lange kochen, bis sie geschmolzen ist.
- Mit Rum abschmecken.

17.2 Warme Desserts

Strudel

Strudel können eingeteilt werden in:
- süße, mit Obst gefüllte und gebackene Strudel,
- süße, mit Topfen-, Rahm- oder anderen Massen gefüllte und gebackene Strudel,
- pikante, mit Gemüse- oder Fleischfüllungen gebackene Strudel und
- gekochte Strudel, die sowohl süß als auch pikant gefüllt sein können.

Strudelteig

1 Strudel 60 cm Länge, ca. 14 bis 16 Stück

320 g	Mehl (Type W 700)
8 g	Salz
24 g	Öl
200 g	handwarmes Wasser
Bestreichen und Stauben:	
	Öl
	Mehl

Herstellung
- Alle Zutaten zu einem glatten, seidigen und eher weichen Teig kneten.
- Teig zu einer Kugel schleifen, flach drücken und mit Öl bestreichen.
- Zugedeckt bei Raumtemperatur rasten lassen.
- Teig auf einem bemehlten Tuch zuerst vorrollen und dann hauchdünn mit den Handrücken ausziehen.
- Je nach Rezept fortfahren.

Apfelstrudel

1 Strudel 60 cm Länge, 14 bis 16 Stück
Ofentemperatur: 220 °C, abfallend 180 °C
Backzeit: 1 Strudel ca. 30 Minuten, volles Blech ca. 45 Minuten

	Strudelteig
Fülle:	
1200 g	Äpfel (geschält, entkernt)
60 g	Zitronensaft
120 g	Zucker
	Zimt
	Zitronenschale (gerieben)
50 g	Sultaninen
60 g	Rum
160 g	Butterbrösel
Bestreichen und Bestreuen:	
60 g	Butter
	Puderzucker

Herstellung
- Äpfel in 3 bis 4 mm dicke Scheiben schneiden. Mit den Geschmackszutaten abschmecken, vermischen und kurz marinieren.
- Gezogenen Teig mit Butter beträufeln und mit Butterbröseln (siehe Kap. IV / 17.1 Mise en place) 3/4 des Teiges bestreuen.
- Auf die eine Hälfte des Teiges die Apfelfülle verteilen. Teigrand abtrennen und mithilfe des Tuches zum Strudel aufrollen, wobei man bei der Fülle zum Einrollen beginnt.
- Auf ein gefettetes Blech setzen, mit Butter bestreichen und im Rohr heiß anbacken. Danach wieder mit Butter bestreichen und bei verringerter Temperatur fertig backen.
- Lauwarm und leicht gezuckert servieren.

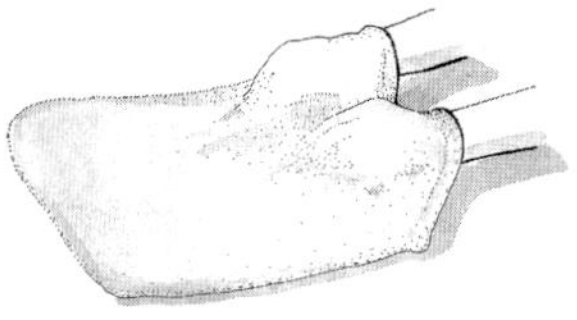

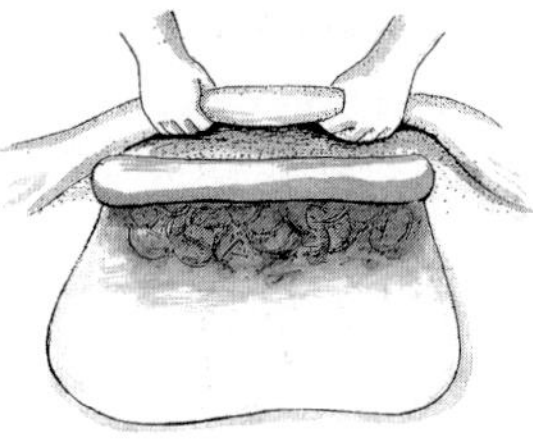

Topfenstrudel

2 Kastenformen à 30 x 10 cm, 12 Stück
Ofentemperatur: 200 °C, abfallend 180 °C
Backzeit: ca. 50 Minuten

	Strudelteig
Fülle:	
150 g	Butter
160 g	Puderzucker
	Vanille, Salz
	Rum, Zitronenschale (gerieben)
900 g	Topfen (20 % F. i. T.)
100 g	Eier (2)
100 g	Dotter (5)
50 g	Mehl
Bestreichen und Ausfertigen:	
	60 g Butter
	Puderzucker
	Vanillesauce oder Fruchtmark

Herstellung
- Butter mit Puderzucker und Geschmackszutaten schaumig rühren.
- Topfen, Eier und Dotter abwechselnd einrühren. Mehl beigeben und kalt stellen.
- Gezogenen Strudelteig mit Butter beträufeln und die Fülle ca. 15 cm breit verstreichen.
- Den dicken Rand des Teiges abtrennen und den Strudel fest, bei der Fülle beginnend, zusammenrollen. Den Strudel halbieren, in befettete Formen geben und backen.
- Den Strudel etwas setzen lassen, schneiden, anzuckern und zB mit Vanillesauce (siehe Kap. IV / 17.1 Mise en place) servieren.

Milchrahmstrudel

2 Kastenformen à 30 x 10 cm, 12 Stück
Ofentemperatur: 180 °C, Backzeit: ca. 40 Minuten

	Strudelteig
Fülle:	
270 g	Weißbrot vom Vortag (entrindet)
120 g	Zucker
125 g	Butter
	Vanille, Salz
125 g	Milch
250 g	Sauerrahm
100 g	Dotter (5)
40 g	Rum
40 g	Sultaninen
150 g	Eiklar (5)
30 g	Zucker
Bestreichen:	
	Butter
Royal:	
250 g	Milch
80 g	Dotter (4)
50 g	Zucker
	Vanille
Ausfertigen:	
500 g	Vanillesauce

Herstellung
- Weißbrot in ca. 1 cm große Würfel schneiden.
- Zucker, Butter, Vanille und Salz in warmer Milch auflösen.
- Sauerrahm, Dotter, Rum, Sultaninen einrühren, über das Weißbrot geben und kurz durchmischen.
- Eiklar und Zucker zu Schnee schlagen und einmelieren. Masse im Kühlschrank quellen lassen.
- Strudelteig ziehen, mit Butter bestreichen und in zwei Teile teilen. Die Teile mit Fülle bestreichen.
- Zwei Strudel formen, in gefettete Formen legen und backen.
- Milch, Dotter, Zucker und Vanille verrühren und nach der halben Backzeit die Strudel damit übergießen.
- Fertig backen und mit Vanillesauce (siehe Kap. IV / 17.1 Mise en place) servieren.

Knödel und Tascherln

Diese sind aus der österreichischen Mehlspeisenküche nicht wegzudenken. Unter bestimmten Voraussetzungen lassen sich die dafür vorgesehenen Teige, wie zB Kartoffelteig oder Brandteig, für die verschiedenen Gerichte untereinander austauschen. Meist sind dafür nur geringfügige Änderungen in der Konsistenz nötig.

Erdbeerknödel aus Brandteig

Ca. 8 Portionen à 3 Stück
Kochzeit: je nach Größe 5 bis 10 Minuten

Teig:	
500 g	Wasser
30 g	Butter
5 g	Salz
330 g	Mehl
100 g	Eier (2)
40 g	Dotter (2)
Fülle:	
24	mittelgroße Erdbeeren (gewaschen)
Ausfertigen:	
200 g	Butterbrösel
	vanillierter Puderzucker
160 g	Erdbeermark

Herstellung

- Wasser mit Butter und Salz aufkochen.
- Mehl beigeben und den Teig am Herd mit einem Kochlöffel so lange bearbeiten, bis er sich vom Geschirr-Rand löst.
- Überkühlen lassen, dann Eier mit Dotter nach und nach einarbeiten.
- Aus dem Teig kleine Kugeln drehen, zwischen den Handflächen flach drücken und eine Erdbeere einarbeiten.
- Auf ein bemehltes Blech setzen und anschließend in gesalzenem Wasser kochen.
- In Butterbröseln (siehe Kap. IV / 17.1 Mise en place) wenden und angezuckert mit Erdbeermark (siehe Kap. IV / 17.1 Mise en place) servieren.

Marillenknödel aus Topfenteig

Ca. 10 Portionen à 2 Stück
Kochzeit: je nach Größe 8 bis 12 Minuten

Teig:	
500 g	trockenen Topfen (passiert)
200 g	Mehl
80 g	weiche Butter
80 g	Dotter (4)
	Salz
Fülle:	
20	mittelgroße Marillen (gewaschen)
20	Würfelzucker
	Zimtpulver
Ausfertigen:	
200 g	Butterbrösel
	vanillierter Puderzucker
200 g	Fruchtmark

Herstellung

- Alle Zutaten kurz zu einem glatten Teig kneten. Zu einer Rolle formen und kühl rasten lassen.
- Einen Probeknödel kochen. Zu fest: noch Butter beigeben, zu weich: etwas Grieß einarbeiten.
- Marillen entkernen und mit einem mit Zimt bestreutem Würfelzucker füllen.
- Früchte in den Teig einarbeiten und im gesalzenen Wasser kochen.
- In gerösteten Butterbröseln (siehe Kap. IV / 17.1 Mise en place) wenden. Gezuckert und mit Fruchtmark (siehe Kap. IV / 17.1 Mise en place) servieren.

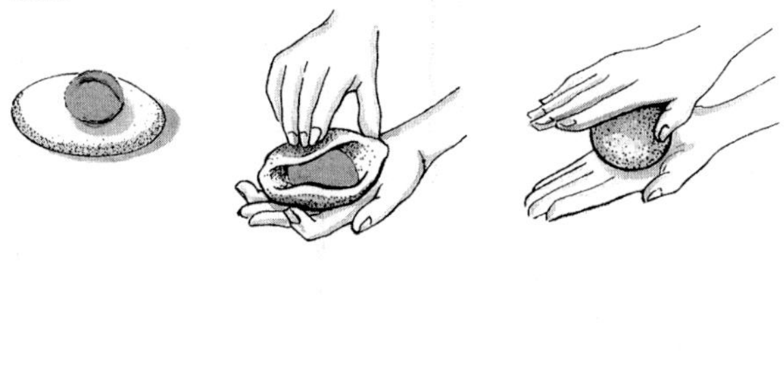

Powidltascherl aus Kartoffelteig

6–8 Portionen à 3 Stück
Kochzeit: ca. 5 Minuten

Teig:	
250 g	Kartoffeln
	(in der Schale gekocht und geschält)
100 g	griffiges Mehl
	Salz
30 g	Weizengrieß
30 g	Butter
20 g	Dotter (1)
Fülle:	
150 g	Powidl
20 g	Rum
	Zimt, Zitronensaft
Ausfertigen:	
200 g	Butterbrösel
	vanillierter Puderzucker
100 g	zerlassene Butter

Herstellung

- Kartoffeln durch eine Presse drücken und mit den anderen Zutaten kurz verkneten.
- Teig gut bemehlt ausrollen. Mit gezacktem Ausstecher Scheiben ausstechen.
- Powidl mit Rum, Zimt und Zitronensaft abschmecken und auf die Scheiben aufdressieren. Teigrand mit Wasser bestreichen, zusammenklappen und festdrücken.
- Tascherln in gesalzenem Wasser ziehen lassen.
- In gerösteten Butterbröseln (siehe Kap. IV / 17.1 Mise en place) wenden. Gezuckert und mit zerlassener Butter anrichten.

Soufflés, Puddinge und Aufläufe

Soufflés

Sie bestehen aus einer besonders leichten, stark aufgehenden Masse, die à la minute im Wasserbad gebacken wird. Soufflés werden dem Gast in der Form serviert. Die Masse sollte schön gleichmäßig über den Rand hinaus aufgegangen sein.

Puddinge

Sie sind sehr schmackhaft und kompakter als Soufflés. Puddinge werden im gestürzten Zustand auf Tellern angerichtet serviert.

Aufläufe

Das sind lockere Massen, die in eigens dafür bestimmten feuerfesten Porzellanformen gebacken und dann erst portioniert werden.

Himbeer-Soufflé

4 Cocotten-Formen à Ø 9 cm und 5,5 cm h
Ofentemperatur: Unterhitze 200 °C, Oberhitze 180 °C; Backzeit: 12 bis 15 Minuten

Für die Form:	
	Butter
	Puderzucker
40 g	Himbeeren
20 g	Himbeergeist
Masse:	
20 g	Butter
20 g	Mehl
180 g	Milch
40 g	Dotter (2)
20 g	Himbeergeist
120 g	Eiklar (4)
50 g	Feinkristallzucker
Bestreuen:	
	Puderzucker

Herstellung

- Formen mit Butter bestreichen und mit Puderzucker ausstreuen. Jeweils drei Himbeeren hineinlegen und mit wenig Himbeergeist parfümieren.
- Butter am Herd aufschäumen lassen. Mehl beigeben und kurz rösten.
- Kalte Milch einrühren und ein bis zwei Minuten kochen. Masse etwas überkühlen lassen, dann Dotter mit Himbeergeist einrühren.
- Eiklar aufschlagen und den Zucker einrieseln lassen.
- Eischnee in die Masse einmelieren und diese bis knapp unter den Formenrand einfüllen.
- In ein Kochgeschirr ca. 1 bis 2 cm hoch Wasser einfüllen und aufkochen. Soufflés mit Abstand hineinstellen und auf der untersten Schiene im Backrohr backen.
- Anschließend auf Spitzenpapier stellen und gezuckert servieren.

Salzburger Nockerln

1 ovale Auflaufform, Größe 28, 2 Portionen
Ofentemperatur: 180 °C, Backzeit: ca. 12 Minuten

Für die Form:	
	Butter
	Mehl
Masse:	
90 g	Eiklar (3)
	Salz
	Vanillezucker
60 g	Zucker
40 g	Dotter (2)
	einige Tropfen Wasser
Bestreuen und Servieren:	
	vanillierter Puderzucker
100 g	Preiselbeerkompott

Herstellung

- Form mit Butter bestreichen und ausstauben.
- Eiklar mit Salz und Vanillezucker aufschlagen und Puderzucker einrieseln lassen.
- Dotter mit einigen Tropfen Wasser verrühren und kurz unter das Eiklar melieren.
- Mittels einer Teigkarte drei Nocken in die Form setzen. Anzuckern und durchbacken (sonst Salmonellengefahr).
- Nochmals anzuckern und auf einer Platte (mit Spitzenpapier) mit Preiselbeerkompott (siehe Kap. IV / 14.2 Obstkonservierung) servieren.

Mohr im Hemd

8 Dariolformen à Ø 6 cm und 6 cm h
Ofentemperatur: Unterhitze 180 °C, Oberhitze 160 °C; Backzeit: ca. 30 Minuten

Für die Form:	
	Butter
	Puderzucker
Masse:	
25 g	Weißbrot vom Vortag (entrindet)
etwas	Milch
60 g	Kuvertüre (zerkleinert)
90 g	Butter
40 g	Puderzucker
	Salz
	Vanille, Rum
60 g	Dotter (3)
90 g	Eiklar (3)
40 g	Zucker
20 g	Biskuitbrösel
60 g	Nüsse (gerieben)
Ausfertigen:	
240 g	Schokoladensauce
160 g	Schlagobers (geschlagen)

Herstellung

- Formen mit Butter bestreichen und mit Zucker ausstreuen.
- Weißbrot mit Milch befeuchten.
- Kuvertüre zergehen lassen.
- Butter, Puderzucker und Geschmackszutaten schaumig rühren.
- Weißbrot ausdrücken, passieren und beigeben.
- Dotter und Kuvertüre einrühren.
- Eiklar und Zucker zu Schnee schlagen.
- Schnee, Brösel und Nüsse in die Masse einmelieren und diese bis ca. 1 cm unter den Formenrand einfüllen.

- In ein Kochgeschirr ca. 2 bis 3 cm hoch Wasser einfüllen und aufkochen.
- Aufläufe mit Abstand hineinstellen und auf der untersten Schiene im Backrohr backen.
- Gestürzt mit Schokoladensauce (siehe Kap. IV / 17.1 Mise en place) nappieren und mit geschlagenem Obers verzieren.

Topfenpudding

7 Dariolformen à Ø 6 cm und 6 cm h
Ofentemperatur: Unterhitze 180 °C, Oberhitze 160 °C; Backzeit: ca. 25 Minuten

Für die Form:	
	Butter
	Puderzucker
Masse:	
250 g	Topfen (passiert)
40 g	Dotter (2)
20 g	Puderzucker
125 g	Sauerrahm
30 g	Weizenstärke
	Salz
	Vanille, Rum
70 g	Milch
90 g	Eiklar (3)
20 g	Zucker
Garnieren:	
	Fruchtmark
	Früchte

Herstellung
- Formen mit Butter bestreichen und mit Zucker ausstreuen.
- Topfen, Dotter, Puderzucker, Sauerrahm, Stärke und Geschmackszutaten verrühren und mit der Milch auf cremige Konsistenz bringen.
- Eiklar aufschlagen, Zucker einrieseln lassen und unter die Topfenmasse heben.
- Masse in vorbereitete Formen bis ca. 1 cm unter den Formenrand füllen.
- In ein Kochgeschirr ca. 2 bis 3 cm hoch Wasser geben und aufkochen.
- Aufläufe mit Abstand hineinstellen und auf der untersten Schiene im Backrohr backen.
- Gestürzt mit Fruchtmark (siehe Kap. IV / 17.1 Mise en place) und Früchten servieren.

Reisauflauf

1 ovale Auflaufform à 28 cm Länge und 4 cm h, ca. 6 Portionen
Ofentemperatur: 180 °C, Backzeit: ca. 40 Minuten

Für die Form:	
	Butter
	Mehl
Masse:	
100 g	Mittelkornreis
400 g	Milch
40 g	Butter
	Salz
	Vanillezucker
60 g	Dotter (3)
40 g	Puderzucker
	Zitronenschale (gerieben)
90 g	Eiklar (3)
50 g	Zucker
Bestreuen:	
	vanillierter Puderzucker
120 g	Fruchtsaft

Herstellung
- Reis in ein Sieb geben und unter fließendem Wasser waschen.
- Milch, Butter, Geschmackszutaten und Reis zugedeckt weich dünsten. Danach auskühlen lassen.
- Dotter, Puderzucker und Geschmackszutaten schaumig rühren. Erkalteten Reis beigeben.
- Eiklar mit Zucker zu Schnee schlagen und einmelieren.
- In eine gefettete und ausgestaubte Form füllen und backen.
- Mit Vanillezucker bestreuen, portionieren und mit Fruchtsaft (siehe Kap. IV / 14.2 Obstkonservierung) servieren.

Palatschinken, Crêpes, Schmarren und Béchamel-Omeletten

Palatschinken
Sie sind österreichische Mehlspeisen, die leicht herzustellen sind und die sich vielfältig verwenden lassen. Der Teig soll dünn und gleichmäßig in die Pfanne gegossen werden.

Crêpes
Sie sind die feine französische Form der Palatschinken. Sie unterscheiden sich durch die feineren Zutaten des Teiges, durch ihre Größe und Stärke sowie durch die meist qualitativ besseren Füllungen.

Schmarren
Sie sind dicker als Palatschinken und werden, damit sie besser durchbacken, mit zwei Gabeln in mundgroße Stücke geteilt. Um Schmarren besonders locker herzustellen, wird bei manchen Rezepturen das Eiklar zu Schnee geschlagen.

Béchamel-Omeletten
Sie sind aufgrund ihrer Herstellung und Lockerheit einem Soufflé sehr ähnlich.

Palatschinken

10 Stück à Ø 18 cm

150 g	Eier (3)
50 g	Öl
150 g	Mehl
250 g	Milch
	Salz
	Vanille, Rum

Herstellung
- Eier, (Öl) und Mehl mit der Milch glatt rühren.
- Geschmackszutaten beigeben.
- Vor dem Backen unbedingt quellen lassen und wenn nötig passieren.
- Zum Backen eine geeignete, heiße Pfanne leicht befetten und den Teig gleichmäßig dünn hineingießen. Einmal wenden.
- Palatschinken werden auf klassische Weise gerollt und gezuckert serviert, manchmal auch mit geschlagenem Obers garniert.

Variationen
- Palatschinken können mit abgeschmeckter Marillenkonfitüre, Schokoladensauce, Nussfüllung, Eis, Topfen und Früchten gefüllt werden.

Topfenpalatschinken

1 ovale Auflaufform 36 cm Länge und 5 cm Höhe
10 Portionen
Ofentemperatur: 180 °C, Backzeit: ca. 30 Minuten

Für die Form:	
	Butter
	Zucker
Fülle:	
75 g	Butter
80 g	Puderzucker
	Vanille, Salz
	Rum, Zitronenschale (gerieben)
450 g	Topfen (20 % F. i. T.)
50 g	Ei (1)
40 g	Dotter (2)
25 g	Mehl
50 g	Sultaninen
10	Palatschinken
Guss:	
250 g	Milch
100 g	Eier (2)
	Vanillezucker
Bestreuen:	
	Puderzucker

Herstellung
- Form befetten und bezuckern.
- Butter mit Puderzucker und Geschmackszutaten schaumig rühren.
- Topfen, Eier und Dotter abwechselnd einrühren.
- Mehl und Sultaninen beigeben und kalt stellen.
- Palatschinken mit der Fülle bestreichen und zusammenrollen.
- Palatschinken halbieren und mit der Schnittseite nach oben dachziegelartig in die Form einlegen.
- Milch, Eier und Vanillezucker verrühren und vor der halben Backzeit die Palatschinken übergießen.
- Gezuckert servieren.

Crêpes

20 Stück à Ø 12 cm

150 g	Eier (3)
60 g	Mehl
150 g	Milch
100 g	Schlagobers (flüssig)
15 g	Zucker
	Vanille
	Salz, Rum
Backen:	
	Butterschmalz

Herstellung
- Eier und Mehl glatt rühren. Mit Milch und Obers glatt rühren.
- Zucker und Geschmackszutaten beigeben.
- Vor dem Backen unbedingt stehen lassen und passieren.
- Zum Backen eine geeignete, heiße Pfanne leicht mit Butterschmalz befetten und den Teig gleichmäßig und sehr dünn hineingießen. Einmal wenden.
- Crêpes werden klassischerweise gefaltet und gezuckert serviert, zart garniert und auf Wunsch vor dem Gast flambiert.

Variationen
- Crêpes können unter anderem mit Cremen (zB Pariser Creme, siehe Kap. IV / 6.2 Gekochte Cremen) und marinierten Früchten (zB Orangenfilets) gefüllt werden.

Kaiserschmarren

3 bis 4 Portionen

Masse:	
130 g	Mehl
250 g	Milch
80 g	Dotter (4)
	Vanille, Rum
150 g	Eiklar (5)
	Salz
50 g	Zucker
Backen:	
	Butterschmalz
Karamellisieren:	
	Butter und Zucker
Bestreuen und Ausfertigen:	
	vanillierter Puderzucker
	Zwetschkenkompott

Herstellung

- Mehl mit Milch glatt rühren.
- Dotter, Vanille, Rum beigeben und kurz rasten lassen.
- Eiklar und Salz aufschlagen. Zucker einrieseln lassen und unter die Masse einmelieren.
- In eine heiße Pfanne Butterschmalz geben und den Teig nur 1 cm hoch einfüllen (wenn nötig auf zweimal backen). Hitze zurückdrehen.
- Wenn der Schmarren Farbe bekommen hat, umdrehen. Gut durchbacken, mit der Gabel zerteilen und eventuell mit etwas Butter und Kristallzucker leicht karamellisieren.
- Gut gezuckert mit Zwetschkenkompott (siehe Kap. IV / 14.2 Obstkonservierung) servieren.

Béchamel-Omeletten

4 bis 5 Portionen

Masse:	
75 g	Butter
75 g	Mehl
400 g	Milch
	Vanille
100 g	Dotter (5)
120 g	Eiklar (4)
	Salz
30 g	Zucker
Backen:	
	Butterschmalz
Füllen und Bestreuen:	
	Konfitüre
	Puderzucker

Herstellung

- Butter aufschäumen lassen. Mehl beigeben, gut verrühren und mit kalter Milch aufgießen.
- Vanille beigeben und kochen lassen, bis eine gute Bindung eintritt.
- Vom Feuer nehmen, überkühlen lassen und Dotter einrühren.
- Eiklar und Salz aufschlagen. Zucker einrieseln lassen und in die Masse einmelieren.
- Eine Teflonpfanne erhitzen, Butterschmalz beigeben und Masse auf 4- bis 5-mal zu Omeletten backen.
- Mit heißer Konfitüre füllen, zusammenklappen und gezuckert servieren.

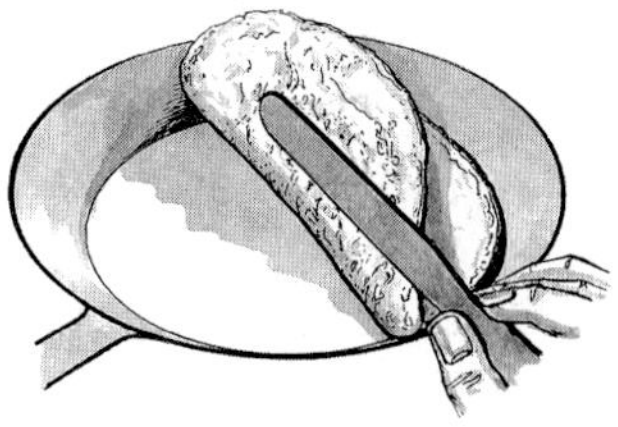

Im Fett oder im Rohr Gebackenes

Im Fett gebackene Teige:

- **Weinteig** verwendet man für Früchte wie Äpfel, Marillen, Dörrpflaumen usw.
- **Milchteig** verwendet man, wenn das Gericht für Kinder bestimmt ist oder man durch den in der Milch vorhandenen Milchzucker eine besonders schöne Farbe erlangen will.
- **Bierteig** findet für Pikantes Verwendung, zB gebackenes Gemüse. Deshalb verzichtet man in der Rezeptur auf 50 % des Zuckers.

Früchte in Backteig

Ca. 5 Portionen

Fett-Temperatur: 160 bis 180 °C

Teig:	
220 g	griffiges Mehl
250 g	Milch oder Wein
60 g	Dotter (3)
30 g	Rum
150 g	Eiklar (5)
	Salz
50 g	Zucker
Früchte:	
	Dörrpflaumen, Äpfel, Marillen,
	frische Feigen, Ananas usw.
Bestreuen:	
	Puderzucker

Herstellung

- Mehl mit Milch (Wein) glatt rühren. Dotter und Rum beigeben und rasten lassen.
- Eiklar mit Salz aufschlagen, den Zucker einrieseln lassen und einmelieren.
- Die jeweiligen Früchte in Mehl wenden, durch den Teig ziehen und im heißen Fett schwimmend backen.
- Zum Abtropfen auf ein Gitter legen und gezuckert servieren.

Apfelspalten

Herstellung
- Äpfel schälen, in fingerdicke Scheiben schneiden, entkernen und mit einer halbierten Zitrone einreiben. Nicht ins Wasser legen!
- Durch den Backteig ziehen und backen.
- Abtropfen lassen und mit Zimtzucker bestreuen.

Schlosserbuben

Herstellung
- Dörrpflaumen einige Stunden vorher einweichen und anstatt des Kernes mit einer Mandel oder mit Marzipan füllen.
- Durch den Backteig ziehen und backen.
- Abtropfen lassen und mit geriebener Kuvertüre und Zucker bestreuen.

Dukatenbuchteln

1 Backform 325 x 354 mm (2/3 GN)
ca. 15 Portionen
Ofentemperatur: 200 °C, Backzeit: 15 Minuten

Für die Form:	
	Butter
	Mehl
Teig:	
250 g	Milch
50 g	Zucker
25 g	Hefe
500 g	Mehl
7 g	Salz
	Zitrone
50 g	Ei (1)
50 g	weiche Butter
Tunken und Bestreichen:	
	Butter
Bestreuen und Ausfertigen:	
	Puderzucker
900 g	Vanillesauce

Herstellung
- Pfanne befetten und bemehlen.
- Ein Dampfl bereiten und aufgehen lassen (siehe Kap. IV / 4.1 Hefeteige).
- Restliches Mehl, Salz, Zitrone, restliche Milch, Zucker, Ei und Butter beigeben.
- Zu einem Teig kneten, rasten lassen und fingerdick ausrollen. Mit rundem Ausstecher (Ø 2,5 cm) Buchteln ausstechen.
- Die Dukatenbuchteln zur Hälfte in zerlassene Butter tauchen und in die Backform schlichten.
- Mit Butter bestreichen, auf das Doppelte aufgehen lassen und backen.
- Gezuckert auf Vanillesauce (siehe Kap. IV / 17.1 Mise en place) anrichten.

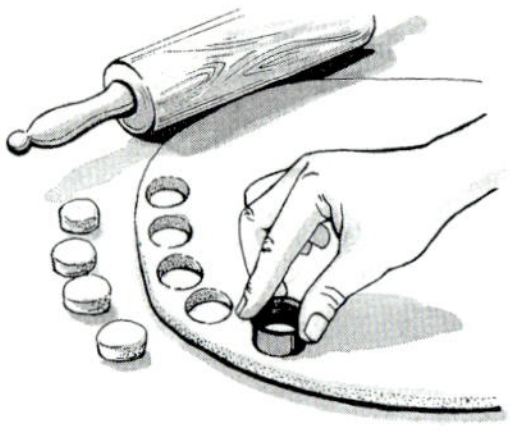

17.3 Kalte Desserts

Dessertcremen

Man unterscheidet:
- **Cremen zum Stürzen** mit einem relativ hohen Anteil an Gelatine.
- **Cremen im Glas** mit geringem oder keinem Anteil an Gelatine.
- **Mousses** bestehen aus einem hohen, pürierten oder aufgelösten, verfeinerten Grundbestandteil, der ihnen ihren Namen gibt.

Bayrische Creme

16 Dariolformen à Ø 6 cm und 6 cm h

500 g	Milch
1	Vanilleschote
100 g	Dotter (5)
100 g	Zucker
6 Bl.	Gelatine
500 g	Schlagobers (geschlagen)
Garnieren:	
	Früchte
	Schlagobers (geschlagen)

Herstellung
- Milch mit Vanille aufkochen.
- Dotter, Zucker verrühren und heiße Milch unter ständigem Umrühren beigeben.
- Erneut unter Umrühren auf 80 °C erhitzen.
- Passieren und eingeweichte Gelatine beigeben.
- Masse im Wasserbad kalt rühren. Kurz vor dem Stocken das geschlagene Obers einmengen.
- Creme in Formen oder Gläser füllen, „glatt klopfen" und kaltstellen.
- Nach dem Stocken aus der Form stürzen und anrichten. Mit Früchten und Schlagobers garnieren.

Anmerkungen
- Wird die Creme im Glas serviert, genügen 4 Blatt Gelatine.
- Die Creme lässt sich verschieden abschmecken, einfärben und verarbeiten.

Creme Karamell

6 Cocotten-Formen à Ø 8 cm
Ofentemperatur: Unterhitze 180 °C, Oberhitze 160 °C;
Backzeit: ca. 35 Minuten

100 g	Karamell
Royal:	
400 g	Milch
100 g	Schlagobers (flüssig)
	Vanillezucker
150 g	Eier (3)
40 g	Dotter (2)
90 g	Zucker
Garnieren:	
120 g	Schlagobers (geschlagen)
	Früchte

Herstellung
- Zucker karamellisieren und diesen ca. 3 mm hoch in die Cocotten füllen.
- Eine geeignete Wanne mit Papier auslegen und Cocotten mit Abstand hineinstellen.
- Milch mit Obers und Vanillezucker aufkochen.
- Eier, Dotter und Zucker in einem Kessel verrühren. Kochende Milch unter ständigem Umrühren beigeben.
- Masse passieren und so heiß wie möglich in die vorbereiteten Formen geben.
- Wanne sofort mit kochendem Wasser bis 2 cm unter den Rand der Cocotten auffüllen und im Rohr bei ca. 85 °C Wassertemperatur pochieren.
- Nach dem Erkalten mittels Messers die Creme von der Form lösen und stürzen.
- Mit Früchten und geschlagenem Obers garnieren.

Jogurtterrine
1 halbrunde Dachrinnenform 38 x 7,5 x 7 cm
15 Stück

9 Bl.	Gelatine
	Saft von zwei Zitronen
20 g	Rum
60 g	pasteurisiertes Eiklar
40 g	Zucker
300 g	Schlagobers (geschlagen)
560 g	Jogurt
75 g	Puderzucker
Garnieren:	
300 g	Himbeermark
	Himbeeren
	Minzeblätter

Herstellung
- Form mit Plastikfolie locker auslegen.
- Gelatine in kaltem Wasser einweichen, ausdrücken und mit Zitronensaft und Rum auflösen.
- Eiklar mit Zucker aufschlagen und mit geschlagenem Obers vermengen.
- Jogurt mit dem Puderzucker in die aufgelöste Gelatine rühren. Ständig umrühren und kurz vor dem Stocken die Obersmischung einmelieren.
- In die vorbereitete Form füllen, glatt streichen und kalt stellen.
- Stürzen, die Folie abziehen und in Portionen schneiden. Auf Teller anrichten und mit Himbeermark (siehe Kap. IV / 17.1 Mise en place) und Himbeeren garnieren.

Weincreme
8 Dessertgläser

110 g	Weißwein
80 g	Zucker
60 g	Dotter (3)
50 g	Ei (1)
	Zitronensaft
200 g	Schlagobers (geschlagen)
Garnieren:	
12	Weintrauben
120 g	Schlagobers (geschlagen)
8	Biskotten

Herstellung
- Wein, Zucker, Dotter und Eier über Dampf aufschlagen, bis sich am Kesselrand größere Blasen bilden.
- Dann kalt rühren, mit Zitronensaft abschmecken.
- Mit geschlagenem Obers verfeinern und in Gläsern anrichten.
- Garnieren.

Mousses und Fruchtsalate

Schokoladen-Mousses
Je 8 Dessertgläser

Bitterschokoladen-Mousse	
200 g	Kuvertüre
100 g	pasteurisierte Eier
40 g	Dotter (2)
60 g	Zucker
500 g	Schlagobers (geschlagen)
20 g	Weinbrand
Milchschokoladen-Mousse	
250 g	Milchkuvertüre
100 g	pasteurisierte Eier
40 g	Dotter (2)
50 g	Zucker
500 g	Schlagobers (geschlagen)
Weiße-Schokoladen-Mousse	
300 g	weiße Kuvertüre
100 g	pasteurisierte Eier
40 g	Dotter (2)
40 g	Zucker
500 g	Schlagobers (geschlagen)
Garnieren:	
	Schokoladenspäne
160 g	Schlagobers (geschlagen)

Herstellung

- Kuvertüre klein schneiden und auflösen.
- Eier, Dotter und Zucker über Dampf bis knapp vor dem Stocken aufschlagen. Überkühlen lassen und mittels Gummispachtel die aufgelöste Schokolade einrühren.
- 1/3 des aufgeschlagenen Obers zügig unter die Masse heben, dann den Alkohol und zuletzt das restliche geschlagene Obers unterziehen.
- In Gläser füllen, stocken lassen und mit geschlagenem Obers und Schokoladenspänen garnieren.

Fruchtsalat

	Orangensaft
	Äpfel, Birnen
	Ananas, Orangen
	Weintrauben, Honigmelonen usw.
Garnieren und Parfümieren:	
	Beeren
	frische Minze
	Kirschwasser

Herstellung

- Frischen Orangensaft in ein Gefäß geben.
- Äpfel schälen, oben und unten abkappen, vierteln, Kerngehäuse herausschneiden und Viertel halbieren. In 5 mm dicke Stücke schneiden und zum Orangensaft geben.
- Birnen ebenso vorbereiten.
- Von der Ananas Ober- und Unterteil abschneiden, die Ananas aufstellen, Schale wegschneiden, bis keine braunen Poren mehr zu sehen sind, und vierteln. Dann den Strunk herausschneiden und in gleich große Stücke schneiden wie die Äpfel.
- Orangen abkappen, Schale herunterschneiden und Orangenfilets mit dem Messer herauslösen.
- Weintrauben waschen, halbieren und entkernen.
- Honigmelone abkappen, halbieren und mit einem Suppenlöffel entkernen. Hälften in Spalten schneiden, Schale wegschneiden und in passende Stücke teilen.
- Früchte mit Orangensaft bedecken, durchmischen und ziehen lassen.
- Zum Anrichten Fruchtsalat in Gläser füllen, mit Beeren und Minze garnieren und mit Kirschwasser parfümieren.

Zusammenfassung: Patisserie

Die Patisserie ist der Bereich in der Küche, in dem warme und kalte Desserts hergestellt werden. Es ist notwendig, Vorbereitungsarbeiten, die eine reibungslose Zubereitung der Desserts ermöglichen, durchzuführen (= **Mise en place**).

Warme Desserts

- Strudel
- Knödel und Tascherln
- Soufflés, Puddinge und Aufläufe
- Palatschinken, Crêpes, Schmarren und Béchamel-Omeletten
- Im Fett oder im Rohr Gebackenes

Kalte Desserts

- Dessertcremen
- Mousses und Fruchtsalate

Fragen und Arbeitsaufgaben

1. Wie wird Fruchtmark hergestellt?
2. Nennen Sie bekannte warme Desserts!
3. Welche Teige für süße Knödel kennen Sie und wie werden sie hergestellt?
4. Wie werden Salzburger Nockerln hergestellt?
5. Wo liegt der Unterschied zwischen Palatschinken und Crêpes?
6. Wie bereiten Sie Schlosserbuben zu?
7. Erklären Sie die Herstellung von zwei Cremen!

18 KLEINE KÜCHE

Warme und kalte pikante Gerichte werden auch in der Konditorei gerne von den Kunden verlangt. Bei dem jeweiligen Angebot ist unbedingt darauf zu achten, dass nicht gegen die bestehende Gewerbeordnung verstoßen wird.

18.1 KLEINE KALTE SPEISEN

Cocktails und Salate

Majonäse

40 g	Dotter (2)
1 TL	englischer Senf
	Salz, weißer Pfeffer
250 g	Pflanzenöl
10–20 g	Zitronensaft oder Essig, je nach pH-Wert
	Worcestershiresauce, Tabasco

Herstellung

- Dotter, Senf, Salz und Pfeffer vermischen und unter ständigem Rühren tropfenweise zimmertemperiertes Öl langsam einlaufen lassen (Achtung: Gerinnungsgefahr!). Immer wenn die Majonäse bindet, kann mehr Öl hinzugefügt werden.
- Majonäse mit Essig oder Zitronensaft vollenden und pikant abschmecken. Mit einem Teststreifen den pH-Wert überprüfen. Wenn dieser über 4,5 liegt, noch Essig beigeben.
- Gerinnt die Majonäse, so kann die geronnene Majonäse neuerlich in einen Dotter eingerührt werden.

Anmerkungen

- Majonäse kann mit Essigwasser, Sauerrahm, Jogurt und Schlagobers gestreckt werden. Gestreckte Majonäse muss auf der Speisekarte bezeichnet werden.
- Aufgrund der Salmonellengefahr ist es für die gewerbliche Nutzung empfehlenswert, auf industriell erzeugte Majonäse zurückzugreifen.

Shrimpscocktail

4 Cocktailgläser

Cocktailsauce:

200 g	Majonäse
2 EL	Ketschup
	Kren
3 cl	Weinbrand
	Salz, weißer Pfeffer
300 g	Shrimps

Garnieren:

4	Salatblätter
4	Zitronenspalten
	Dillsträußchen

Herstellung

- Für die Sauce alle Zutaten verrühren und würzen. Eventuell 1 EL geschlagenes Obers unterziehen.

- Die Hälfte der Shrimps mit der Cocktailsauce verrühren.
- Salatblätter in Cocktailschalen legen. Cocktail darauf geben und die restlichen Shrimps darüber verteilen.
- Mit Zitronenspalten und Dillsträußchen garnieren.

Anmerkungen
- Zum Garnieren eignen sich auch Eischeiben, Radieschen, Spargel, Oliven, Kaviar, Petersilie usw.
- Mit Weißbrot servieren.

Verwendung
- Für Hummer-, Thunfisch-, Lachs- und Krebscocktail und zur Bindung diverser Salate.

Griechischer Salat
10 Portionen

500 g	Tomaten (vierteln)
200 g	Gurken (in Scheiben)
100 g	Paprika (in Streifen)
100 g	Eissalat (in Streifen)
150 g	schwarze Oliven
150 g	Zwiebeln (in Ringen)
	Essig-Olivenöl-Marinade
Belegen und Bestreuen:	
250 g	Schafkäse (würfelig geschnitten)
1 EL	Salatkräuter

Herstellung
- Alle Zutaten mit Marinade vermischen.
- Mit Schafkäse belegen und Kräuter darüber streuen.

Anmerkung
- Mit Weißbrot servieren.

Rindfleischsalat mit Kernöl
10 Portionen

500 g	mageres Rindfleisch
	(gekocht, in feinen Streifen)
100 g	grüner Paprika (in feinen Streifen)
100 g	Zwiebeln (in feinen Streifen)
200 g	Essiggurken (in feinen Streifen)
100 g	Tomaten (in Spalten)
Marinade:	
30 cl	Essig
	Salz, Pfeffer
1 TL	Senf
Anrichten und Garnieren:	
10	Salatblätter
10 cl	Kernöl
	Eischeiben
	Schnittlauch

Herstellung
- Alle Zutaten vorbereiten.
- Marinade zubereiten, mit allen Zutaten mischen und abschmecken. Ziehen lassen.
- Rindfleischsalat auf Salatblättern anrichten, mit etwas Kernöl verfeinern und garnieren.

Waldorfsalat
10 Portionen

300 g	Majonäse
200 g	Sauerrahm
	Saft von eineinhalb Zitronen
	Zucker, Salz
	Worcestershiresauce
450 g	Sellerieknollen
	(geschält, in feinen Streifen)
300 g	säuerliche Äpfel
	(geschält, in feinen Streifen)
50 g	Walnusskerne (gehackt)
Garnieren:	
50 g	Walnusskerne (halbiert)

Herstellung
- Majonäse mit Sauerrahm verrühren, würzen.
- Sellerie und Äpfel mit Sauce verrühren.
- Walnüsse beigegen und durchziehen lassen.
- In Salatschüsseln anrichten und mit Walnusskernen garnieren.

Anmerkung
- Um die Verfärbung des Selleries und der Äpfel zu verhindern, müssen sie in kleinen Teilmengen geschnitten und sofort in die Majonäsesauce eingerührt werden.

Gemüsemajonäse, französischer Salat
10 Portionen

200 g	Karotten (gekocht, würfelig)
200 g	Sellerieknollen
	(gekocht, würfelig)
50 g	Erbsen (gekocht)
300 g	Kartoffeln
	(gekocht, würfelig)
100 g	Essiggurken (würfelig)
100 g	Äpfel (geschält, würfelig)
	Salz, Pfeffer
	Senf, Worcestershiresauce
	Essig
300 g	gestreckte Majonäse

Herstellung
- Gemüse mischen, würzen und ziehen lassen.
- Zuletzt mit Majonäse binden.
- Anrichten und beliebig dekorieren.

Verwendung
- Als Unterlage für verschiedene kalte Fleisch-, Fisch- und Eiergerichte.
- Als Grundlage zur Herstellung einfacher kalter Vorspeisen (Beilage und Fülle).

Klassiker

Gefüllte Eier
10 Portionen

10	Eier (hart gekocht)
150 g	Butter
	Senf, Worcestershiresauce
	Sardellenpaste
	Salz
Garnieren:	
	Kapern, Oliven, Radieschen, Lachs,
	Kaviar, Dille oder Petersiliengrün usw.

Herstellung
- Geschälte Eier der Länge nach beiderseits abflachen (damit sie gerade liegen), halbieren.
- Dotter herausnehmen, passieren.
- Butter flaumig rühren, würzen und mit passierten Dottern verrühren.
- Dottermasse mit Dressiersack (Sterntülle) in die Eihälften dressieren und garnieren.

Anmerkung
- Butter kann durch 400 g Topfen ersetzt werden.

Schinkenrolle
10 Portionen

10 Bl.	Schinken
600 g	Gemüsemajonäse
Anrichten:	
	verschiedene Blattsalate
	Essig-Öl-Marinade
	Eier (hart gekocht)

Herstellung
- Schinkenscheiben auflegen. Mit Gemüsemajonäse füllen und einrollen.
- Auf verschieden marinierten Blattsalaten anrichten und mit Eischeiben garnieren.

Gefüllte Tomaten
10 Portionen

10	mittelgroße Tomaten
600 g	Rindfleischsalat
Anrichten:	
	verschiedene Blattsalate
	Essig-Olivenöl-Marinade

Herstellung
- Tomaten abkappen, mit Parisienneausstecher aushöhlen und mit Rindfleischsalat füllen.
- Kappe eventuell wieder aufsetzen und auf marinierten Blattsalaten anrichten.

Anmerkung
- Als Füllungen eignen sich auch Gemüsemajonäse, Waldorfsalat oder Aufstriche.

Aufstriche

Die Mengenangaben der Zutaten reichen für 10 Brotscheiben à 50 g.

Kräutertopfenaufstrich

300 g	Topfen (passiert)
100 g	Butter
	Kräutersalz, Pfeffer
100 g	Zwiebeln (gehackt)
2	Knoblauchzehen (zerdrückt)
2 EL	Kräuter (Petersilie, Kresse usw., gehackt)

Herstellung
- Topfen mit Butter verrühren, würzen und mit Kräutern vollenden.

Gorgonzolaaufstrich

250 g	Butter
250 g	Gorgonzola (passiert)

Herstellung
- Butter flaumig rühren und Gorgonzola dazurühren.

Sardellenaufstrich

4	Eier (hart gekocht, gehackt)
60 g	Sardellen (gehackt)
10 g	Zwiebeln (gehackt)
1 EL	Senf
1 EL	Petersilie (gehackt)
1	Knoblauchzehe
	Salz, Pfeffer
	Worcestershiresauce
4 EL	Majonäse

Herstellung
- Eier, Sardellen und Zwiebeln vorbereiten und würzen.
- Mit Majonäse binden.

Brote

Belegte Brote

- In Scheiben geschnittenes Weiß- oder Schwarzbrot mit wenig schaumig gerührter und abgeschmeckter Butter bestreichen und dekorativ mit Schinken, Wurst, Käse, Fisch und diversen Salaten belegen (Belag/Brot ca. 50 g).
- Mit Eischeiben, Essiggurken, Kräutern, Tomaten und Gemüse garnieren und eventuell dünn mit Aspik gelieren.

Sandwiches

- Sie bestehen meist aus zwei Scheiben Kastenbrot. Scheiben mit schaumig gerührter, abgeschmeckter Butter oder Majonäse bestreichen.
- Eine Scheibe Brot mit verschiedenem Belag (ca. 50 g/Brot: Schinken, geräuchertem Lachs usw.) belegen und anschließend mit der zweiten Brotscheibe zudecken. Das Sandwich entrinden und diagonal halbieren.
- Salatblatt dazwischenlegen, wenn der Belag das Brot aufweicht.

Anmerkung
- In Italien heißen diese Brote **Tramezzini**, wofür ein spezielles, bereits entrindetes Weißbrot im Fachhandel angeboten wird.

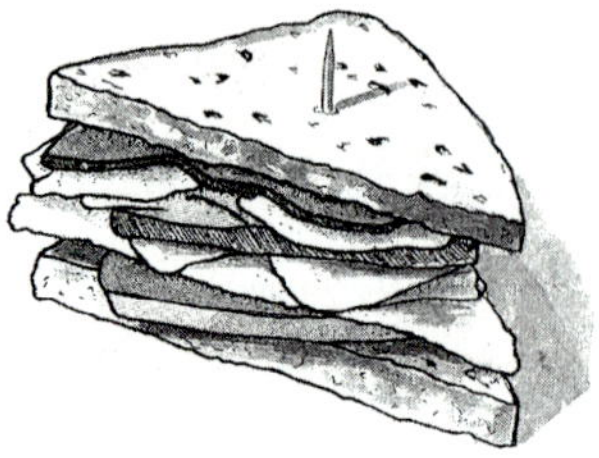

Fingersandwiches

- Zarte Sandwiches entrinden und mit feinem Belag füllen.
- In ca. 2 cm breite Streifen schneiden.

Anmerkung
- In England werden Fingersandwiches zum Nachmittagstee serviert.

Gefüllte Croissants

- Croissants halbieren.
- Unterteil mit Salatblatt, gestreckter Majonäse, Schinken, Eischeiben und Tomaten belegen (Belag/Croissant 50–80 g).
- Oberteil aufsetzen und servieren.

Canapés

- Kastenbrot der Länge nach in 1/2 cm dünne Scheiben schneiden. Mit schaumig gerührter und abgeschmeckter Butter bestreichen und anschließend belegen (Geflügelscheiben, Zunge, Salami, Beef tartare, Lachs, Käse, Kaviar usw.).
- Entrinden und sortenweise verschieden schneiden oder ausstechen.
- Dekorieren (eventuell mit Aspik überziehen) und auf Platten anrichten.

Anmerkung
- Canapés eignen sich besonders für Cocktailpartys, da man sie bequem im Stehen essen kann.

18.2 Kleine warme Speisen

Schinken-Käse-Toast

1 Portion

2	Toastbrotscheiben
	Butter
2 Bl.	Schinken
1 Bl.	Goudakäse

Herstellung
- Eine Scheibe Toast mit Butter bestreichen.
- Mit Schinken- und Käseblatt und wieder mit Schinkenblatt belegen.
- Mit der zweiten Brotscheibe zudecken.
- Im Griller bzw. Toaster goldbraun toasten.

Bauerntoast
1 Portion

1	Schwarzbrotscheibe
	Butter
	Öl zum Braten
1	Ei
1 Bl.	Schinken
2 Bl.	Frühstücksspeck
Garnieren:	
1	Essiggurke

Herstellung
- Schwarzbrotscheibe mit Butter bestreichen und toasten.
- Spiegelei beidseitig braten.
- Schinken und Frühstücksspeck anbraten, abtropfen und auf das Brot legen. Obenauf das Spiegelei geben.
- Mit einer fächerartig geschnittenen Essiggurke servieren.

Schinken-Käse-Baguette mit Tomaten
1 Portion
Ofentemperatur: 220 °C, Backzeit: 12 Minuten

1	französisches Weißbrot
	(20 cm lang, halbiert)
	Butter (Kräuterbutter)
1/2	Tomate (in Scheiben)
3 Bl.	Schinken (in feinen Streifen)
3 Bl.	Goudakäse (in feinen Streifen)
	Oregano

Herstellung
- Halbiertes französisches Weißbrot mit Butter bestreichen und mit Tomatenscheiben belegen.
- Mit Schinken- und Käsestreifen bestreuen und würzen.
- Im heißen Rohr knusprig backen.

Schinkenkipferln
10 Stück
Ofentemperatur: 180 °C, Backzeit: ca. 20 Minuten

Fülle:	
40 g	Zwiebeln (klein geschnitten)
1 TL	Schmalz
150 g	Schinken (faschiert)
2 EL	Sauerrahm
1 EL	Petersilie
20 g	Dotter (1)
	Salz, Pfeffer
200 g	Blätterteig
Bestreichen:	
	Eier
	Kümmel

Herstellung
- Zwiebeln in Schmalz anschwitzen.
- Schinken, Zwiebeln, Rahm, Petersilie und Dotter vermengen und würzen.
- Blätterteig (siehe Kap. IV / 4.3) messerrückendick ausrollen und in Dreiecke schneiden.
- Fülle auf die breite Seite dressieren und Kipferln formen.
- Mit Eistreiche bestreichen, mit Kümmel bestreuen und backen.

Pizza
1–2 Portionen
Ofentemperatur: 220 °C, Backzeit: ca. 15 Minuten

Teig:	
75 g	kaltes Wasser
10 g	Hefe
10 g	Öl
3 g	Salz
3 g	Zucker
130 g	Mehl
Belegen je nach Geschmack:	
	Olivenöl
	Tomatenmark
	Salami, Schinken, Käse, Pilze,
	Thunfisch oder Mozarella
	Oregano

Herstellung
- Aus den Zutaten einen direkt hergeführten Hefeteig herstellen (siehe Kap. IV / 4.1).
- Eine dünne, runde Scheibe ausrollen, auf ein beöltes Blech setzen und mit Olivenöl bepinseln.
- Mit Tomatenmark bestreichen, belegen und mit Oregano würzen.
- Einige Spritzer Olivenöl darüber geben und heiß backen.

Gemüsestrudel

1 Strudel 40 cm Länge, 8 Stück
Ofentemperatur: 180 °C, Backzeit: ca. 30 Minuten

Fülle:	
40 g	Butter
750 g	Fisolen, Karfiol- und Broccolirosen, Wurzelgemüse (in ca. 5 mm dünne und 3 bis 4 cm lange Stifte geschnitten)
250 g	Schlagobers (flüssig)
40 g	Dotter (2)
	Petersilie (gehackt)
	Salz, Pfeffer
Teig:	
	1 Strudelteig 70 x 45 cm
	Butter zum Bestreichen
Sauce:	
500 g	Sauerrahm
	Schnittlauch
	Salz, Pfeffer

Herstellung

- Butter in einer Kasserolle zergehen lassen. Blanchiertes Gemüse beifügen, mit Obers aufgießen und würzen.
- So lange kochen lassen, bis das Obers fast verdampft und das Gemüse weich ist.
- Vom Feuer nehmen und etwas überkühlen lassen.
- Dotter einrühren, würzen und kalt stellen.
- Gezogenen Strudelteig (siehe Kap. IV / 17.2 Warme Desserts) mit zerlassener Butter bestreichen. Fülle in die Mitte geben und einrollen. Auf ein befettetes Blech wegsetzen mit Butter bestreichen und goldbraun backen.
- Sauerrahm mit fein geschnittenem Schnittlauch vermischen und abschmecken. Den Strudel mit der Sauce anrichten und servieren.

Quiche Lorraine

2 gezackte Tortenformen mit losem Boden à Ø 24 cm und 3 cm h, 16 Stück
Ofentemperatur: 180 °C, Backzeit: ca. 40 Minuten

Teig:	
300 g	Blätterteig
Belegen:	
500 g	Zwiebeln (in Streifen)
	Öl
400 g	Frühstücksspeck (in Streifen)
Royal:	
25 g	Butter
30 g	Mehl
360 g	Milch
	Salz, Pfeffer
	Muskatnuss
360 g	Schlagobers (flüssig)
300 g	Eier (6)
Bestreuen:	
50 g	Käse (gerieben)

Herstellung

- Blätterteig (siehe Kap. IV / 4.3) dünn ausrollen, Formen damit auslegen, stupfen und rasten lassen.
- Zwiebeln in etwas Öl anrösten.
- Speck so lange in einer Pfanne erhitzen, bis die Streifen nicht mehr aneinander kleben.
- Für die Royal Butter in einer Kasserolle aufschäumen. Mehl beigeben und mit der Milch aufgießen.
- Abschmecken und zwei bis drei Minuten kochen lassen. Mit dem Stabmixer mixen, Obers und Eier beigeben.
- Abwechselnd Zwiebeln und Speck in die Formen geben und mit Royal übergießen.
- Mit Käse bestreuen und auf der untersten Schiene im Rohr backen.

Zusammenfassung: Kleine Küche

Warme und kalte pikante Gerichte werden auch gerne in Konditoreien bzw. Cafés angeboten.

Kleine kalte Speisen

- Cocktails und Salate,
- Klassiker, wie gefüllte Eier, Schinkenrolle usw.,
- Aufstriche und
- Brote aller Art.

Kleine warme Speisen

- Toasts,
- Pizzen,
- pikante Strudel und Kuchen.

Fragen und Arbeitsaufgaben

1. Wie wird Majonäse zubereitet?
2. Nennen Sie drei Cocktails bzw. Salate und erklären Sie die Herstellung!
3. Welche Aufstriche kennen Sie? Welche Zutaten brauchen Sie dafür?
4. Wie werden Sandwiches hergestellt?
5. Wie werden Schinkenkipferln zubereitet?

19 GETRÄNKE

Der Kaffee ist eines der Aushängeschilder einer guten österreichischen Kaffee-Konditorei. Wer will dieses Getränk, das uns laut Überlieferung die Türken bei ihren Feldzügen hinterlassen haben, missen? Von allen seinen Zubereitungsvariationen, die mittlerweile kreiert wurden, muss man zweifelsohne die wichtigsten kennen.

An zweiter Stelle in der Beliebtheit liegt der Tee, dessen Trinkkultur auch in Österreich immer mehr Bedeutung zukommt und der nicht zuletzt wegen seiner Bekömmlichkeit forciert wird.

Schokolade- und sonstige heiße sowie kalte Getränke runden die Angebotspaletette einer guten Kaffee-Konditorei ab.

19.1 HEISSE GETRÄNKE

Kaffeespezialitäten

Kleiner Schwarzer, Mokka

Kleiner Kaffee aus der Espressomaschine ohne Milch.

Großer Schwarzer, großer Mokka

Großer Kaffee aus der Espressomaschine ohne Milch.

Kleiner Brauner

Kleiner Kaffee aus der Espressomaschine mit Milch oder Kaffeeobers.

Großer Brauner

Großer Kaffee aus der Espressomaschine mit Milch oder Kaffeeobers.

Kaffee kurz

Kaffeemenge eines großen Mokkas und Wassermenge eines kleinen Mokkas.

Verlängerter

Kaffeemenge eines kleinen Mokkas und Wassermenge eines großen Mokkas.

Melange

Kaffee mit 50 % heißer, aufgeschäumter Milch.

Cappuccino

Großer Espresso mit Milchschaum, den man mit Kakaopulver bestreut.

Kaisermelange

Dotter und großer Mokka über Dampf verschlagen (Salmonellengefahr!).

Filterkaffee

Kaffee aus der Filtermaschine, meist in der Kanne serviert.

Einspänner

Kleiner Mokka, mit geschlagenem Schlagobers und Puderzucker garniert, im durchsichtigen Spezialglas serviert.

Kapuziner

Kleiner Mokka mit einigen Tropfen flüssigem Schlagobers (er hat die Farbe der Kapuzinerkutte).

Schale Nuss

Sehr kleiner Mokka mit wenig flüssigem Schlagobers (nussbraune Farbe).

Schale Gold

Kleiner Mokka mit einem Schuss Schlagobers (3/4 Kaffee, 1/4 Obers).

Kaffee Kirsch

Gesüßter großer Brauner mit Kirschwasser.

Pharisäer

Gesüßter großer Mokka mit doppeltem Rum und Schlagobershaube.

Mokka gespritzt

Mokka mit Cognac, Weinbrand oder Rum.

Geeister Kaffee, amerikanischer Eiskaffee

Mit Zuckersirup gesüßter, eiskalter Kaffee, auf Eiswürfeln serviert.

Tee

Schwarztee

Siehe Kap. II / 11 Tee.

Herstellung
- Bei der Teezubereitung werden 1 bis 2 g Schwarztee pro Tasse in die mit heißem Wasser ausgespülte Kanne gegeben und mit kochendem Wasser aufgegossen.

Anmerkungen
- Lässt man den Tee kurz ziehen, wirkt er ähnlich anregend wie Kaffee. Lässt man ihn jedoch länger ziehen, wirkt er beruhigend.
- Tee wird in der Regel mit Milch, Obers oder pur getrunken. Es ist aber auch üblich, den Tee mit Zitrone oder Rum zu trinken.

Früchte- und Kräutertee

Siehe Kap. II / 11 Tee.

Herstellung
- Es werden bis zu 5 g Tee pro Tasse in die Kanne gegeben und mit kochendem Wasser aufgegossen.

Heiße Wintergetränke

Punsch

5 Punschgläser

1/2 l	Wasser
6 g	Darjeeling-Tee
100 g	Kandiszucker
2	Gewürznelken
1	Zimtstange (5 cm lang)
1	Vanilleschote
	Orangenschalen
	Saft von vier unbehandelten Orangen
	Saft von zwei Limetten
1/8 l	Rum
6 cl	Portwein

Herstellung
- Aus Wasser und Teeblättern einen starken Tee herstellen.
- Kandiszucker, Gewürznelken, Zimt, Vanilleschote, etwas Orangenschale beigeben und ziehen lassen.
- Durch ein Sieb seihen, ausgepressten Orangen- und Limettensaft beigeben, nochmals erhitzen und vor dem Servieren Rum und Portwein beigeben.

Glühwein

5 Punschgläser

1 l	trockener Weiß- oder Rotwein
75 g	Kandiszucker
2	Gewürznelken
	Schale einer unbehandelten Zitrone
	(spiralförmig geschnitten)

Herstellung
- Wein stark erhitzen, aber keinesfalls kochen lassen.
- Kandiszucker, Gewürznelken und Zitronenschale im Wein ziehen lassen.
- Abseihen und servieren.

Heiße Zitronenlimonade

1 Portion, Punschglas

4 cl	Zitronensaft
35 g	Zucker oder Honig
1/6 l	Wasser

Herstellung

- Alle Zutaten stark erhitzen und servieren.

Kakao und Schokolade

Kakao

Herstellung

- Für eine Portion 5 g Kakao mit etwas Wasser und Zucker anrühren.
- Mit heißer Milch oder heißem Wasser aufgießen.

Heiße Schokolade

Herstellung

- Schokoladenpulver nach Rezeptur des Herstellers mit heißer Milch aufgießen und mit geschlagenem Schlagobers garnieren.
- Auf Wunsch wird Rum oder Cognac beigegeben.

19.2 Kalte Getränke

Orangen- und Grapefruitsaft

Longdrinkglas

Herstellung

- Früchte waschen, halbieren und in Fruchtpressen so frisch wie möglich auspressen.
- In Gläser füllen und sofort servieren.

Anmerkung

- Bei reinem Fruchtsaft darf weder Wasser noch Zucker beigesetzt werden.

Eistee

5 Longdrinkgläser

50 g	Früchtetee
1 l	Wasser
	Eiswürfel
	Minzeblätter
5	Zitronenscheiben
100 g	Läuterzucker

Herstellung

- Tee mit kaltem Wasser ansetzen und mindestens eine halbe Stunde lang im Kühlschrank ziehen lassen.
- Abseihen und in ein Glas mit Eiswürfeln geben.
- Mit einer Zitronenscheibe und reichlich Minzeblättern garnieren. Läuterzucker beistellen.

Bananenmilchshake

1 Portion, Longdrinkglas

1	reife Banane
1/5 l	Milch
	Honig
Garnieren:	
	Minzeblatt
20 g	Schlagobers (geschlagen)

Herstellung

- Bei Bestellung eine Banane schälen und zwei Scheiben für die Garnitur aufheben. Die restliche Banane im Mixbecher mit kalter Milch und Honig mixen.
- In ein Glas füllen und mit Schlagobers, Minzeblatt und Bananenscheiben garnieren. Mit dickem Strohhalm servieren.

Anmerkung

- Es sind auch andere Früchte (Erdbeeren, Himbeeren usw.) für die Herstellung von Milchmischgetränken geeignet.

Zusammenfassung: Getränke

In Konditoreien und Cafés werden verschiedenste Getränkespezialitäten ausgeschenkt.

Heiße Getränke

- Kaffeespezialitäten und Tees
- Punsch und Glühwein
- Kakao und heiße Schokolade

Kalte Getränke

- Fruchtsäfte und Eistee
- Milchmischgetränke

Fragen und Arbeitsaufgaben

1. Nennen Sie 3 Kaffeespezialitäten und erklären Sie ihre Herstellung!
2. Wie wird Schwarztee zubereitet und serviert?
3. Wie können Sie Punsch zubereiten?
4. Wo liegt der Unterschied zwischen Kakao und heißer Schokolade?
5. Welche Zutaten benötigen Sie für einen Bananenmilchshake?

20 VERKAUF UND PRÄSENTATION

Jeder Betrieb lebt vom Verkauf - auch die Konditorei. Daher ist unbedingt darauf zu achten, dass nicht die gesamte Aufmerksamkeit ausschließlich auf die Herstellung erstklassiger Produkte gerichtet ist, sondern die Qualität sich auch im Verkauf fortsetzt.

Das Erscheinungsbild vieler Konditoreien ist im Laufe der Jahre entstanden und später verändert worden – häufig eher vom Zufall geprägt. Untersuchungen zeigen, dass der Erfolg oder Misserfolg eines Konditoreibetriebes im Allgemeinen von **drei Faktoren** abhängig ist:

- vom äußeren und inneren Erscheinungsbild des Betriebes,
- von der Freundlichkeit und Beratungskompetenz der Verkäufer/innen und
- von der erstklassigen Qualität der Produkte.

20.1 ÄUSSERES UND INNERES ERSCHEINUNGSBILD

Das Erscheinungsbild eines Betriebes ist in erster Linie sein Aussehen. Die Anpassung des Erscheinungsbildes an das moderne Marktgeschehen wird von den Kunden unbedingt gewünscht. Dieses Erscheinungsbild ist zunächst abhängig vom **Betriebstyp**:

Herkömmliche Verkaufsstelle
Laden mit direktem Zugang von der Straße.

Verkaufsstelle mit offener Ladenfront
Ist vor allem in City-Lagen zu finden.

Verkaufsstelle im Shop-in-Shop-System
Kleine, eigenständige Verkaufsstelle in einem Shoppingcenter.

Verkaufsstellen als Filialgeschäfte
Es gibt ein Hauptgeschäft und eine oder mehrere Filialen oder eine Filialkette.

Verkaufsstellen mit Direktverzehr
Hier kann man schnell und unkompliziert ein Getränk und/oder eine kleine Mahlzeit zu sich nehmen.

Direktverzehr im Verkaufsraum
Der Gästebereich ist in den Verkaufsraum integriert.

Direktverzehr im Gastraum
Der Gästebereich befindet sich in extra dafür gestalteten Räumen. Beispiele:

- Konditorei-Café: Prototyp aller Café-Betriebsarten – Sitz-Café mit Bedienung.
- Restaurant-Café: Restaurantbetrieb, der am Nachmittag als Café betrieben wird. Meist nur begrenztes Mehlspeisenangebot. Vor allem in Feriengebieten, Kurorten und an Ausflugszielen.
- Bistro-Café: aus Frankreich. Café mit Bartheke und hohen Hockern. Konditoreiangebot und kleine Snacks.
- Cafeteria: zweckmäßig eingerichtetes Café mit sehr langen Öffnungszeiten und einem begrenzten Angebot an Speisen und Getränken.

- Steh-Café: für den schnellen Konsum, meist mit Selbstbedienung.
- Direktverzehr im Freien: Freiluft-Cafés sind heute in der warmen Jahreszeit aus unserem Straßenbild nicht mehr wegzudenken.
- Straßen-Café: an einem Boulevard, in einer Fußgängerzone, einer Passage oder einer Promenade (auf öffentlichem Boden) gelegen.
- Terrassen-Café: unmittelbar vor der Konditorei gelegener Terrassenbetrieb auf eigenem Grund.
- Garten-Café: inmitten der Natur, zwischen Büschen, Bäumen und Blumen gelegen.
- Hof-Café: in einem Hof gelegen, daher nach außen abgeschirmt, mit ruhiger, entspannter Atmosphäre.

Äußeres Erscheinungsbild

Wichtig für das äußere Erscheinungsbild ist die Außenfront. Sie wirbt um die Kunden

- mit der Gebäudefassade,
- mit den Schaufenstern,
- mit dem Eingangsbereich und
- mit der Firmierung (Name, Logo usw.).

Außenfassade

Sie muss Signalwirkung ausüben (durch Farbe und grafische Gestaltung) und sie muss einen hohen Wiedererkennungswert haben, dh. sie muss zum gesamten Corporate-identity-Konzept[1] passen.

Schaufenster

Es ist für den Konditor das wertvollste Werbemittel, um das Kaufinteresse der Verbraucher zu wecken. Für die werbewirksame Gestaltung von Schaufenstern gibt es keine Patentlösung. Einige Tipps dazu gibt es aber trotzdem im nachfolgenden **Abschnitt „Schaufenstergestaltung“**.

Eingangsbereich

Die Gestaltung muss so großzügig sein, dass ein Betreten der Konditorei ohne Schwellenangst möglich ist. So können potenzielle Käufer ohne den Druck, etwas kaufen zu müssen, eintreten, sich umsehen und gegebenenfalls das Geschäft ohne Kauf wieder verlassen.

Firmierung

Es gilt dasselbe, was bereits für die Außenfassade gesagt wurde: Sie muss einen hohen Wiedererkennungswert haben. Das Logo oder der Namenszug ist das Kernstück der Corporate identity, um das sich alle anderen Gestaltungselemente harmonisch einfügen.

Schaufenstergestaltung

Wer im Wettbewerb um die Gunst der Verbraucher bestehen will, muss alle Möglichkeiten nutzen, seine Waren im „besten Licht“ zu zeigen und durch besondere Angebote oder Verkaufsaktionen die Leistungsfähigkeit seines Geschäftes unter Beweis zu stellen. Es genügt heute nicht mehr, einfach diverse Backwaren ins Fenster zu stellen und dann auf Kunden zu warten.

Schaufenster sollten einige Voraussetzungen erfüllen:

- Das Schaufenster ist Bestandteil des gesamten Geschäftes. Es sollte deshalb mit der Außenfassade und dem Verkaufsraum eine Einheit bilden.
- Moderne Schaufenster geben auch einen Einblick in den Verkaufsraum frei.
- Ein besonders günstiger Eindruck entsteht, wenn das Verkaufspult als eine Fortsetzung des Schaufensters in den Verkaufsraum gebaut ist. Man kann so das breite Gesamtsortiment des Geschäftes zeigen. Gleichzeitig ist das Herausheben von Spezialgebäcken aus dem Schaufenster möglich.
- Für die Gestaltung des Schaufensters setzen sich immer mehr fahrbare Schaukästen durch. Sie haben den Vorteil, dass sie von vorne dekoriert werden können und variabel einsetzbar sind.
- Die Beleuchtung der Schaufenster hat die Aufgabe, das Gebäcksangebot durch das richtige Licht vorteilhaft erscheinen zu lassen. Als Lichtquelle haben so genannte Kaltlichtlampen und Leuchtstoffröhren Bedeutung erlangt. Sie haben eine hohe Lichtstärke bei geringer Wärmeabstrahlung.

Bei der Gestaltung des Schaufensters ist Folgendes zu beachten:

- Die Gehrichtung der Passanten bestimmt den **Standort des Blickfangs** (Eye-catcher) und die schwerpunktmäßige Anordnung der Schaustücke. Sie sollten auf der entgegengesetzten Seite der Gehrichtung angeordnet sein.
- Die **Schaufenster nicht überladen**. Es genügen wenige, aber attraktive Stücke, um den Passanten auf die Leistungsfähigkeit und den Leistungsumfang des Betriebes aufmerksam zu machen.
- **Plakate** mit wenigen Worten als Blickfänge verwenden. Die nimmt der Passant im Vorübergehen leichter auf als lange Texte. Plakate attraktiv (zB mit dem Computer) gestalten.
- Hat das Schaufenster nur **eine Ebene**, können die Gebäcke auf dekorativen Platten mit leichtem Neigungswinkel auf den Schaufensterboden gestellt werden.
- Im Hintergrund können aber auch **Aufbauten** mit verschiedenen Ebenen angebracht werden. Durch Abdecken mit Dekorationsstoff und Einschlagen mit anderen Materialien entsteht ein attraktiver Grundaufbau.

[1] Corporate identity = einheitliches Firmenbild, das durch die einheitliche grafische Gestaltung des gesamten Betriebes zur Entwicklung einer „Firmenpersönlichkeit“ führt.

- Als **Dekoration** eignen sich Werkzeuge aus der Backstube, Bilder, Plakate (Poster) und andere zum Schaufensterthema passende Gegenstände.
- **Preisschilder** und Deklarationen gehören zum entsprechenden Gebäck.
- Auch **Schaufensterattrappen** können eventuell verwendet werden. Sie haben den Vorteil, dass sie länger haltbar sind und in der nächsten Saison wiederverwendet werden können. Zur Herstellung können sämtliche Materialien verwendet werden, die eine lange Haltbarkeit möglich machen (Tortenformen aus Holz, Plastik, Styropor usw.; Form eindecken, glasieren oder besprühen; mit haltbarem Dekormaterial, zB Einspritzglasur, Gelatinezucker, Marzipan, ausfertigen).

Inneres Erscheinungsbild

Beim Betreten einer Verkaufsstelle nehmen die Kunden das Geschäft in seinem Zustand und die darin ablaufenden Aktivitäten zunächst als Ganzes wahr. Die aus diesem Erscheinungsbild resultierende Atmosphäre wirkt sich auf die Stimmung der Käufer und so auf ihr Kaufverhalten aus.

Die **Gestaltung der Einrichtung** hat dieser Erkenntnis Rechnung zu tragen. Die Einrichtung ist außerdem dem Betriebstyp anzupassen und dementsprechend zu gestalten.

Sie muss weiters folgende Kriterien erfüllen:
- Äußeres und inneres Erscheinungsbild der Verkaufsstelle müssen von der Gestaltung her eine Einheit bilden.
- Wände, Decken, Böden, Beleuchtung sind in die Gestaltung mit einzubeziehen.
- Das Bild der Verkaufsstelle muss durch die zur Schau gestellten Waren bestimmt sein.
- Die Präsentationszone muss auch beim Stoßgeschäft einsehbar sein. Die Sicht darf nicht durch Displays, Regale usw. verstellt sein.
- Verkaufsfördernde Maßnahmen müssen bei der Planung der Raumaufteilung im Geschäft berücksichtigt werden. Die Gestaltung der Einrichtung sollte unbedingt von einem professionellen Einrichter durchgeführt werden.

Grundsätzlich ist darauf zu achten, dass das Ambiente eine „Wohlfühl-Atmosphäre“ ausstrahlt, um die Gäste zum Verweilen zu animieren. Dass dabei die Gepflegtheit und **Sauberkeit** der Räumlichkeiten auch eine entscheidende Rolle spielt, versteht sich wohl von selbst.

20.2 Freundlichkeit und Beratungskompetenz der Verkäufer/innen – Qualität der Präsentation

Sich (oder etwas) zu präsentieren heißt, sich (oder etwas) in der Öffentlichkeit zu zeigen bzw. darzustellen.
Betrieblich gesehen gehören zur Präsentation das Erscheinungsbild nach außen, eine sorgfältige und appetitliche Ausstellung der Ware und der Umgang mit den Kunden. Die Verkaufsmitarbeiter tragen also wesentlich zu einer guten Präsentation bei.

Diese ist allerdings nur möglich, wenn die Geschäftsabläufe professionell organisiert sind. Professionalität zeigt sich in der Fähigkeit,
- betriebliche Abläufe zu koordinieren,
- Preis und Leistung in Einklang zu bringen,
- fachliche Kompetenz zu vermitteln,
- Kundenwünsche zufrieden stellend und termingerecht zu erledigen,
- die Angebote aus der Werbung zu erfüllen,
- Reklamationen entgegenzunehmen und zufrieden stellend zu erledigen.

Persönlichkeitsbild der Verkäuferin/des Verkäufers

Welche Eigenschaften und Merkmale sind für Sie als gute/n Verkäufer/in Voraussetzung?
- Gepflegte äußere Erscheinung: Kleidung, Körperpflege und Körperhaltung.
- Verhaltensweise: Freundlichkeit, Ehrlichkeit, Verschwiegenheit, Sorgfalt, Ordnungsliebe, Pünktlichkeit und Fleiß.

Welche Kenntnisse sollen Sie besitzen?
- Warenkenntnisse: Sie können dem Kunden die Ware zeigen und erklären und können ihm so bei der Auswahl behilflich sein.
- Kenntnisse über den Kundenkreis: Sie kennen Ihre Stammkunden sowie deren Vorlieben und Besonderheiten.
- Umgangsformen: Höflichkeit und Sicherheit im Umgang mit den Kunden sind wichtige Voraussetzungen.
- Kommunikationsfähigkeit: Sie können ein sachliches Gespräch (Dialog) über die Ware und ihren Nutzen für den Kunden führen.

Welche Kunden besuchen Ihr Geschäft?
- Stammkunden: Kunden, die immer wieder ins Geschäft kommen.
- Laufkunden: Kunden, die erstmals oder fallweise ins Geschäft kommen.

Ablauf eines Verkaufsgesprächs

- Begrüßung
- Bedarfsermittlung
- Vorlegen der Ware
- Verkaufsargumentation
- Kaufaufforderung
- Kaufabschluss
- Bestärkung des Kunden, dass er gut gewählt hat
- Frage nach weiteren Wünschen
- Verpackung, Inkasso
- Dank und Verabschiedung

Wie treten Sie als Verkäufer/in dem Kunden gegenüber auf?
Der Kunde könnte je nach Veranlagung ein gewisses Maß an Angst oder Scheu dem Geschäft oder Ihnen gegenüber haben. Daher ist es oberstes Gebot, **dem Kunden stets freundlich gegenüberzutreten**.

Welcher Gruß wird verwendet?
- Guten Tag! Grüß Gott!
- Guten Morgen! Guten Abend!

Ist der Kunde bekannt, wird er auch namentlich begrüßt:
- Grüß Gott, Herr Burger!
- Guten Morgen, Frau Müller!

Mit welchen Eröffnungsfragen erfahren Sie den Wunsch des Kunden?
- Was darf es für Sie sein?
- Bitte sehr, Frau Berger?
- Kann ich Ihnen behilflich sein?
- Haben Sie schon gewählt?
- Was darf es denn sein, Frau Mayer?

Wie bestärkt man den Kunden, dass er gut gewählt hat?
Der Kunde ist oft, nachdem er gewählt hat, unsicher, ob er auch das Richtige genommen hat. Um ihn zu bestärken, sollten Sie die Vorzüge des gewählten Produktes hervorheben, zB:
- Die Ratsherrentorte ist nach einem alten Rezept unseres Hauses hergestellt und bei den Kunden sehr beliebt. Sicherlich wird auch Ihre Familie davon begeistert sein.
- Fruchtschnitten sind bei diesem heißen Wetter besonders erfrischend.

Was ist mit Zusatzverkäufen?
Nach getätigtem Hauptverkauf, aber vor Ausstellen des Kassenzettels, fragen Sie den Kunden, ob er noch weitere Wünsche hat:
- Was darf es denn sonst noch sein?
- Darf ich Ihnen sonst noch etwas zeigen?
- Darf ich Ihnen unser neues Produkt kosten lassen?

Behandlung von Reklamationen

Die Behandlung von Reklamationen ist eines der wichtigsten Themen im Verkauf. Grundsätzlich gilt auch hier der Satz, der für den Verkauf schlechthin gilt: Der Kunde ist König!

Reklamationen können berechtigt oder unberechtigt sein. Bedenken Sie aber immer, dass die für den Kunden **positive Erledigung** einer Reklamation Ihnen viel mehr bringen kann, als wenn Sie (auch berechtigterweise) auf Ihrem Standpunkt beharren, nämlich **einen zufriedenen Kunden, der sicherlich wieder kommen wird**!

Wie verhalten Sie sich bei Reklamationen?
- Sie entschuldigen sich beim Kunden und zeigen Verständnis für seine Verärgerung.
- Sie erledigen großzügig die Reklamation.

Wodurch kann man Reklamationen vermeiden?
- Durch sorgfältigeres Arbeiten im gesamten Betrieb und
- genauere Kontrolle der Ware vor dem Verkauf.

20.3 Qualität der Produkte

Für die Produktion sollte gelten:
Gut ist zu wenig.
Sehr gut ist normal.
Ausgezeichnet ist stets anzustreben.

Darüber hinaus muss auf die Erhaltung der Qualität geachtet werden. Dies ist nur durch richtige **Behandlung, Verpackung** und **Lagerung** der Waren zu erreichen.

Um allen Produkten, die in der Konditorei benötigt werden, gerecht zu werden, benötigt man daher folgende Einrichtungen:
- Backwarenlager
- Lager für Handelswaren
- Vitrinen
- Kühlanlagen
- Tiefkühlanlagen

Lagerbedingungen werden beeinflusst durch:
- Temperatur
- Luftfeuchtigkeit
- Licht

Der Konditor kann durch die Erzeugung von kleineren Mengen die Lagerzeiten verkürzen. Durch die raschere Umwälzung des Lagers hat man stets frische Produkte zur Verfügung.

Lagerbedingungen und Haltbarkeit einzelner Erzeugnisse

Waren	Behandlung	Lagerung	Haltbarkeit
Frischwaren			
Oberswaren in Stücken	Einschleifen und auf Tassen präsentieren	Kühlvitrinen mit 80 % Luftfeuchtigkeit	bis zu 2 Tage
Oberswaren im Ganzen	Tortenteller mit Spitzenpapier	Kühlvitrinen mit hoher Luftfeuchtigkeit	bis zu 3 Tage
Kaffeegebäck	Ohne Kühlung	kühl und trocken	bis zu 2 Tage
Erzeugnisse mit Obstbelag	Verkaufsplatten	Kühlvitrinen	bis zu 2 Tage
Kuchen aus leichten Massen	In Folie verpacken	kühl und trocken	bis zu 4 Tage
Kuchen aus schweren Massen	In Folie verpacken	kühl und trocken	bis zu 2 Wochen
Sonstige Waren			
Erzeugnisse mit Cremen	In Folie verpacken	Kühlvitrine	3 Tage
Mürbteiggebäcke, gefüllt	In Folie verpacken	kühl und trocken	1 Woche
Mürbteiggebäcke, ungefüllt	In Folie verpacken	kühl und trocken	2 Wochen
Lebkuchen	Luftdicht verschließen	kühl	4 Wochen und länger
Teegebäck, gefüllt	In Klarsichtfolien verpacken	kühl und trocken	3 Wochen
Teegebäck, ungefüllt	In Klarsichtfolien verpacken usw.	kühl und trocken	bis 3 Monate
Windbäckerei	In Klarsichtfolien verpacken usw.	trocken	3 Monate
Eis, gefroren, abgepackt	Gut verschlossen	- 18 °C	3 Monate
Schokoladewaren			
Schokolade, ungefüllt	Bonbonvitrine mit geringer Luftfeuchtigkeit (verhindert Zuckerreifbildung)	trocken, kühl: 15 bis 18 °C, ohne Bonbons, feste Füllung (zB Temperaturschwankungen und geschützt vor Fremdgeruch	bis zu 1 Jahr
Milchschokolade			4 Monate
Bonbons, feste Füllung (zB Fondant usw.)			4 Monate
Bonbons, flüssige, cremige Füllung			2 bis 4 Monate
Bonbons mit Schlagobers			2 Wochen

Handelswaren werden fast ausschließlich in Fertigpackungen gehandelt. Fertigpackungen müssen mit einem Mindesthaltbarkeitsdatum und deren Lagerbedingungen versehen sein. Während der Lagerung verändern sich die Lebensmittel, verlieren dabei an Qualität und verderben schließlich.

Grundsätzlich muss verpackte Ware gemäß **§ 1 der Lebensmittelkennzeichnungsverordnung** (siehe Kap. II / 20.2 Durchführungsverordnungen zum LMG 1975) gekennzeichnet werden.

Wenn Lebensmittel in Gegenwart des Käufers verpackt werden oder nur zur kurzfristigen Lagerung für die Abgabe an den Käufer abgefüllt werden (Verkaufsvorbereitung), so unterliegen sie nicht der Kennzeichnungspflicht.

Verpackung

Gerade in der Konditorei ist eine zweckmäßige und attraktive Verpackung unumgänglich. Da unterschiedliche Produkte für verschiedenste Zwecke verpackt werden müssen, haben die Verpackungsmaterialien unterschiedliche Beschaffenheit.

Kriterien für die Auswahl von Verpackungsmaterial können sein:

- Eignung für spezielles Verpackungsgut: zB Waren mit verschiedenem Feuchtigkeits- oder Fettgehalt.
- Dauer der Lagerung: zB Papier für kurzfristigen Schutz oder Dosen für langfristige Lagerung.
- Verkaufsfunktion der Verpackung: zB einfache Schutzverpackung oder repräsentative Geschenksverpackung.
- Kosten der Verpackung: einfache oder aufwendige Verpackung – wird sie im Preis untergebracht?
- Umweltverträglichkeit: zB Einweg- oder Mehrwegverpackung, biologische Verträglichkeit.

Für das Verpacken von Backwaren werden eingesetzt:

- Servietten, Kapseln, Trennpapiere, Pappteller.
- Säckchen, Tragtaschen.
- Seidenpapierbögen, Rollenpapier.
- Kartons.
- Kartonagen mit Klarsichtdeckel: vor allem für so attraktive Waren wie Bonbons.
- Alu-Einwegbackformen: zB für ganze Rührkuchen oder auf Blechen gebackene Kuchen. Sie werden mit der Einwegbackform in Folie eingeschweißt.
- Dosen, Gläser, Porzellan: Nicht nur für Handelswaren, sondern auch für selbst hergestellte Back- und Süßwaren können diese Materialien verwendet werden.
- Holzkisten: vor allem für den Versand von Backwaren.

Da es auf dem Gebiet der Verpackung immer wieder neue Produkte gibt, ist es ratsam, sich ständig über Neuerungen zu informieren, da eine attraktive Verpackung einen Wettbewerbsvorteil gegenüber dem Mitbewerber darstellt.

Zusammenfassung: Verkauf und Präsentation

Jeder Handelsbetrieb lebt vom Verkauf – auch die Konditorei. Daher ist unbedingt darauf zu achten, dass nicht die gesamte Aufmerksamkeit ausschließlich auf die Herstellung erstklassiger Produkte gerichtet ist, sondern die Qualität sich auch im Verkauf fortsetzt.

Erfolg und Misserfolg eines Konditoreibetriebes sind grundsätzlich von drei Faktoren abhängig:

Äußeres und inneres Erscheinungsbild

Das Erscheinungsbild ist abhängig vom Betriebstyp:

- Herkömmliche Verkaufsstelle
- Verkaufsstelle im Shop-in-Shop-System
- Verkaufsstellen als Filialgeschäfte
- Verkaufsstellen mit Direktverzehr: im Verkaufsraum oder im Gastraum

Das äußere Erscheinungsbild wirbt um die Kunden mit

- der Außenfassade,
- dem Schaufenster,
- dem Eingangsbereich und
- der Firmierung.

Das innere Erscheinungsbild (Gestaltung der Einrichtung, Sauberkeit usw.) vermittelt dem Kunden eine Atmosphäre, die sich auf sein Kaufverhalten auswirkt.

Freundlichkeit und Beratungskompetenz der Verkäufer/innen

Ein/e gute/r Verkäufer/in sollte folgende Voraussetzungen erfüllen:

- gepflegte äußere Erscheinung
- Freundlichkeit, Ordnungsliebe, Sorgfalt, Pünktlichkeit usw.
- Warenkenntnisse und Kenntnisse über den Kundenkreis

Weiters sollen Sie
- ein Verkaufsgespräch führen können und
- Reklamationen positiv erledigen können (zufriedene Kunden kommen wieder!).

Qualität der Produkte

Die Produkte sollen nicht nur eine ausgezeichnete Qualität aufweisen, sondern es ist auch auf die Erhaltung der Qualität zu achten. Dies ist durch die richtige
- Behandlung,
- Verpackung und
- Lagerung der Waren zu erreichen.

Fragen und Arbeitsaufgaben

1. Von welchen drei Faktoren ist im Allgemeinen der Erfolg oder Misserfolg eines Konditoreibetriebes abhängig?
2. Geben Sie einen Überblick über Betriebstypen von Konditoreien!
3. Was müssen Sie bei der Gestaltung eines Schaufensters beachten?
4. Welche Eigenschaften und Kenntnisse soll ein/e gute/r Verkäufer/in besitzen?
5. Mit welchen Eröffnungsfragen erfahren Sie beim Verkaufsgespräch den Wunsch des Kunden?
6. Wie verhalten Sie sich bei Reklamationen, um den Kunden zufrieden zu stellen?
7. Wie und womit können Sie Backwaren attraktiv verpacken? Geben Sie drei Beispiele!

21 FACHRECHNEN

Haben Sie gute Erfahrungen mit mathematischen Aufgabenstellungen?
Wahrscheinlich gehören Sie auch zur großen Gruppe der Personen, denen schon das Wort Mathematik Unbehagen verursacht.
Vergessen Sie was bisher war! Denn: Fachrechnen ist einfach, logisch, berufsbezogen und erfolgversprechend.

21.1 UMRECHNUNGEN VERSCHIEDENER MASSEINHEITEN

Bevor mit dem eigentlichen Fachrechnen begonnen wird, sollte man sich mit den unterschiedlichen Maßeinheiten nochmals vertraut machen. Man findet sie im Kap. IV / 3 Maße und Gewichte.

Fragen und Arbeitsaufgaben

Gewichtsmaße

1. Wie viel dag und kg sind 1750 g?
2. Wie viel g und kg sind 175 dag?
3. Wie viel g und dag sind 1,75 kg?

Längenmaße

1. Wie viel dm, cm und mm sind 1,25 m?
2. Wie viel cm und mm sind 1,5 dm?
3. Wie viel mm sind 25 cm?
4. Wie viel Stück Roulade können aus einer Länge von 50 cm herausgeschnitten werden, wenn 1 Stück Roulade 2,5 cm haben soll?

Betriebsübliche Eigewichte (g)

(1 Ei = 50 g, 1 Eiklar = 30 g, 1 Dotter = 20 g)

1. 1 kg Eier sind wie viel Stück?
2. 1 kg Eiklar sind wie viel Stück Eiklar?
3. 1 kg Dotter sind wie viel Stück Dotter?
4. Wie viel kostet 1 kg Eier bzw. 1 kg Dotter, wenn 1 Stück Ei bzw. 1 Dotter S 2,20 kostet?

Betriebsübliche Eimaße (Liter)

(1 l Eier = 24 Stück, 1 l Eiklar = 40 Stück, 1 l Dotter = 60 Stück)

1. Wie viel Stück Eier sind 1/8 l?
2. Wie viel Stück Eiklar sind 3/4 l?
3. Wie viel Stück Dotter sind 1/4 l?

Litermaße

1. Wie viel dl, cl, ml und g sind 1,25 l?
2. Wie viel cl, ml und g sind 2 dl?
3. Wie viel ml und g sind 5 cl?
4. Wie viel Achtel sind 1,5 l?
5. Wie viel Viertel sind 3,5 l?
6. Wie viel Achtel sind 3/4 l?
7. Wie viel Sechzehntel sind 1/4 l?

Flächenmaßberechnung bei Teigen

Musterbeispiel – Stückberechnung

Ein Blätterteigfleck misst 108 x 60 cm. Wie viel Stück in der Größe von 12 x 10 cm können herausgeschnitten werden?

108 cm : 12 cm = 9 Teile
60 cm : 10 cm = 6 Teile
6 x 9 = 54 Stück

Aus dem Format 108 x 60 cm können 54 Teigstücke à 12 x 10 cm herausgeschnitten werden.

Fragen und Arbeitsaufgaben

1. Wie groß muss ein Plunderteigfleck ausgerollt werden, wenn daraus 20 Stück in der Größe von 12 x 12 cm herausgeschnitten werden sollen?
2. Ein Blätterteigfleck wird 96 x 54 cm ausgerollt. Wie viel Stück werden im Format von 12 x 9 cm herausgeschnitten?

21.2 Schlussrechnung (Prozentrechnung)

Schlussrechnungen benötigt man in der Konditorei, wenn ein bestimmtes Verhältnis, ein Prozentwert oder Preis ermittelt werden soll. Dafür genügt der einfache Schluss.

Reihenfolge für den Schlussansatz
- In der ersten Zeile werden die zwei bekannten Größen angeführt.
- Der gesuchte Wert wird unter den jeweiligen Wert der oberen Zeile geschrieben (zB kg unter kg, S unter S, % unter %).
- Der gesuchte Wert (x) wird unter die jeweilige Menge, den jeweiligen Preis oder Prozentwert geschrieben.
- Dann erfolgt die Berechnung.

Grundregeln zum Berechnen
1. Man schreibt zuerst den Wert über der Unbekannten x an.
2. Dann multipliziert man mit dem Wert schräg darunter.
3. Mit dem Wert oberhalb dividiert man das Multiplikationsergebnis.

Auf diese Art kann man alle direkten Schlussrechnungen lösen, ohne sich dabei eine Formel merken zu müssen.

Musterbeispiel – Schlussrechnung

Wie viel kosten 450 g Mehl (Type 700), wenn 1 kg S 7,90 kostet?

3 ↑ 1000 g Mehl .... S 7,90 ↑ 1
450 g Mehl ....2........ S x

7,90 x 450 : 1000 = 3,555 ≈ S 3,56

450 g Mehl (Type 700) kosten S 3,56.

Frage und Arbeitsaufgabe

Eine Sachermasse wiegt 3500 g, davon sind 525 g Schokolade.
Wie viel Prozent Schokolade sind in der Masse enthalten?

21.3 Gär-, Back- und Auskühlverlust

(siehe Kap. IV / 4.1 Hefeteige)

Der **Gärverlust** entsteht durch den Abbau der Mehlstärke und des Zuckers durch Enzyme zu Kohlendioxid und Alkohol und beträgt 1 bis 2 %.

Der **Backverlust** entsteht beim Backprozess ab 100 °C durch Wasserverdampfung. Er ist von verschiedenen Faktoren abhängig und beträgt bei Hefeteiggebäcken 8 bis 32 %.

Der **Auskühlverlust** entsteht nach dem Backen beim Abkühlen durch Wasserverdunstung. In der Praxis wird der Auskühlverlust in den Backverlust eingerechnet.

Teiggewicht
- Gärverlust
Nettoteig
- Backverlust
Ausbackgewicht

Durchschnittliche Backverluste		
Gebäckform	**Gebäckgewicht**	**Backverlust**
Briochekleingebäck	50 g	17 bis 20 %
Briochestriezel	500 g	14 bis 16 %
Briochestriezel	1000 g	9 bis 15 %
Kastengebäcke	1000 g	8 bis 10 %
Zwieback	–	25 bis 32 %

Musterbeispiel – Vom Teiggewicht zum Ausbackgewicht

Laut Rezept erhält man 8,50 kg Teig (= Teiggewicht). Der Gärverlust wird mit 1,5 % angenommen und der Backverlust beträgt aufgrund der Erfahrung 17 %.

1. Wie viel betragen der Gärverlust und der Nettoteig (= Teiggewicht - Gärverlust) in g?
2. Wie viel betragen das Ausbackgewicht (= Nettoteig - Backverlust) und der Backverlust in g?

1.

8500 g Teiggewicht .... 100 %

x g Nettoteig .... 98,5 % (= 100 % - 1,5 %)

8500 x 98,5 : 100 = 8372,5 ≈ 8373 g Nettoteig

8500 - 8373 = 127 g Gärverlust

Der Nettoteig beträgt 8,37 kg und der Gärverlust 0,13 kg.

2.

8373 g Nettoteig .... 100 %

x g Ausbackgewicht .... 83 % (= 100 % - 17 %)

8373 x 83 : 100 = 6949,59 ≈ 6950 g Ausbackgewicht

8373 - 6950 = 1423 g Backverlust

Das Ausbackgewicht beträgt 6,95 kg und der Backverlust 1,42 kg.

Frage und Arbeitsaufgabe

Das Teiggewicht beträgt 12,5 kg, der Gärverlust 1,7 %, der Backverlust 18 %.
Berechnen Sie den Nettoteig, den Gärverlust, das Ausbackgewicht und den Backverlust in kg!

Musterbeispiel – Vom Ausbackgewicht zum Teiggewicht

Eine Produktion ergibt 15000 g Gebäck. Der Backverlust wird mit 15 % angenommen und der Gärverlust mit 1,4 %.

1. Wie viel betragen der Nettoteig und der Backverlust in g?
2. Wie viel betragen das Teiggewicht und der Gärverlust in g?

1.

15000 g Gebäck .... 85 % (= 100 % - 15 %)

x g Nettoteig .... 100 %

15000 x 100 : 85 = 17647, 058 ≈ 17647 g Nettoteig

17647 - 15000 = 2647 g Backverlust

Der Nettoteig beträgt 17,65 kg und der Backverlust 2,65 kg.

2.

17647 g Nettoteig .... 98,6 % (= 100 % - 1,4 %)
x g Teiggewicht .... 100 %

17647 x 100 : 98,6 = 17897,565 ≈ 17898 g Teiggewicht

17898 - 17647 = 251 g Gärverlust

Das Teiggewicht beträgt 17,9 kg und der Gärverlust 0,25 kg.

Frage und Arbeitsaufgabe

Man erhält 15 Stück Briochestriezel mit einem Ausbackgewicht von 500 g. Der beim Backprozess entstandene Backverlust betrug 14 % und der auf der Gare entstandene Gärverlust 1,2 %.

Berechnen Sie den Nettoteig, den Backverlust, das Teiggewicht und den Gärverlust in g!

21.4 Grundrezepterstellung bei Hefeteigen

(siehe Kap. IV / 4.1 Hefeteige)

Die Erstellung einer Grundrezeptur bei Hefeteigen erfolgt immer auf der Basis von 1 kg Mehl. Die Zutaten können in folgender Reihenfolge angegeben werden:

- nach verarbeitungstechnischer Reihenfolge oder
- nach mengenmäßig absteigender Reihenfolge.

Beispiel für eine Rezeptkarte

Zusammengesetzte Krapfen (klassische Art)
44 Stück à Ø 6 cm
Siedefett-Temperatur: 160 bis 170 °C

400 g	Milch
70 g	Hefe
1000 g	Mehl
200 g	Dotter (10)
100 g	Zucker
10 g	Salz
10 g	Zitrone
100 g	Butter
20 g	Rum
1910 g	Teiggewicht

Backen:
Fett

Füllen und Bestreuen:
440 g Marillenkonfitüre
Puderzucker

Herstellung

- Dampfl herstellen.
- Dotter, Zucker, Salz und Zitrone warm aufschlagen.
- Restliche warme Milch, weiche Butter, Rum, reifes Dampfl und restliches vorgewärmtes Mehl zu einem seidigen, weichen Teig abschlagen.
- Zugedeckt 15 Minuten gehen lassen. Ein- bis zweimal zusammenstoßen und aufarbeiten.

Aufarbeitung

- Teig ca. 1 cm dick ausrollen. Mit einem Ausstecher (Ø 6–7 cm) auf einer Hälfte des ausgerollten Teiges Ringe markieren. In die Mitte dieser Ringe die Konfitüre setzen.
- Mit dem nächstgrößeren Ausstecher aus der zweiten Teighälfte runde Teile ausstechen. Diese über die markierten Ringe legen und am Rand entlang mit zwei Fingern festdrücken.
- Mit dem kleineren Ausstecher ausstechen. Krapfen auf ein mit Mehl bestaubtes Tuch wegsetzen. Mit einem zweiten Tuch zudecken und in den Gärschrank geben. Die Krapfen sollen um ein Drittel bis maximal um die Hälfte aufgehen.

Zusatzangaben

Teigtemperatur:	27 °C
Mischmaschine:	Bärkneter
Mischzeit:	1 Minute Stufe 3
	4 Minuten Stufe 5
Teigruhe:	15 Minuten nach dem Kneten
	20 Minuten nach dem Auswiegen der Pressen
Teigeinlage:	43,3 g pro Stück
Stückzahl der Krapfen:	1910 /43,3 g = 44 Stück

Rezeptumrechnung mit der Schlüsselzahl

Im Betrieb arbeitet man mit betriebsinternen Rezepturen. Allerdings kann es vorkommen, dass aufgrund einer Bestellung eine bestimmte Menge erzeugt werden soll. Oder man erstellt selbst ein Grundrezept, das man nach einem Backversuch auf ein Betriebsrezept umrechnet.

Unterschied zwischen einem Grundrezept und einem Betriebsrezept bei Teigen:
- Bei einem **Grundrezept** werden die Zutaten immer auf 1 kg Mehl aufgebaut.
- Beim **Betriebsrezept** handelt es sich um die betriebsübliche Menge.

Schlüsselzahl

Sie ist der Faktor, mit dem die einzelnen Zutaten einer Grund- oder Betriebsrezeptur multipliziert werden.

Erwünschtes Teiggewicht : Rezeptgewicht = ***Schlüsselzahl (Faktor)***
Schlüsselzahl x den einzelnen Zutaten = ***neues Betriebsrezept***

Musterbeispiel – Rezeptumrechnung für Krapfenteig

Aufgrund einer Bestellung sollen 170 Stück Krapfen, mit einer **Teigeinlage** von 1,30 kg per 30-teiliger Presse erzeugt werden.

1. Erstellen Sie ein Grundrezept für zusammengesetzte Krapfen in g!
2. Ermitteln Sie das Rezeptgewicht!
3. Berechnen Sie das erwünschte Teiggewicht für 170 Stück Krapfen!
4. Ermitteln Sie die Schlüsselzahl laut Formel!
5. Berechnen Sie das Betriebsrezept für 170 Stück Krapfen in kg!
6. Führen Sie die notwendigen Zusatzangaben und die Herstellung zu diesem Rezept an!

Krapfen (geschliffen)
44 Stück à Ø 6 cm
Siedefett-Temperatur: 160 bis 170 °C

1. Grundrezept	Schlüsselzahl	**5. Betriebsrezept**
400 g Milch	x 3,86	1,54 kg Milch
70 g Hefe	x 3,86	0,27 kg Hefe
1000 g Mehl	x 3,86	3,86 kg Mehl
200 g Dotter	x 3,86	0,77 kg Dotter
100 g Zucker	x 3,86	0,39 kg Zucker
10 g Salz	x 3,86	0,04 kg Salz
10 g Zitrone	x 3,86	0,04 kg Zitrone
100 g Butter	x 3,86	0,39 kg Butter
20 g Rum	x 3,86	0,08 kg Rum
1910 g **2. Teiggewicht**		7,38 kg Teiggewicht

3. Teiggewicht für 170 Stück Krapfen
1300 : 30 = 43,33 g Teiggewicht pro Stück x 170 = 7366,66 g ≈ 7,37 kg

4. Schlüsselzahl
7370 g : 1910 g ≈ 3,86 Schlüsselzahl

6. Zusatzangaben
Teigtemperatur: 27 °C
Teigruhe: 10 Minuten nach dem Kneten
15 Minuten nach dem Auswiegen der Pressen
Teigeinlage: 1300 g pro Presse = 30 Stück

Frage und Arbeitsaufgabe

Erstellen Sie ein Betriebsrezept für 250 Stück Krapfen aufgrund des vorgegebenen Grundrezepts!

21.5 Rezeptanalyse bei Teigen (allgemein)

In der Praxis ist es oft notwendig, von einem gegebenen Betriebsrezept auf ein Grundrezept zu schließen. Man geht dabei von 1000 g Mehl aus und errechnet einen Faktor, durch den man die einzelnen Zutaten dividiert.

Musterbeispiel – Vom Betriebsrezept zum Grundrezept

Berechnen Sie anhand des vorgegebenen Betriebsrezeptes das Grundrezept!

Brioches
50 Stück à 40 g TE
(Grundrezept siehe Kap. IV / 4.1 Hefeteige)

Betriebsrezept	Faktor	**Grundrezept**
1800 g Milch	: 4,50 =	400 g Milch
270 g Hefe	: 4,50 =	60 g Hefe
4500 g Mehl	**: 4,50 =**	**1000 g Mehl**
675 g Zucker	: 4,50 =	150 g Zucker
225 g Eier	: 4,50 =	50 g Ei (1)
540 g Dotter	: 4,50 =	120 g Dotter (6)
67,5 g Salz	: 4,50 =	15 g Salz
67,5 g Rum	: 4,50 =	15 g Rum
45 g Vanille	: 4,50 =	10 g Vanille
45 g Zitrone	: 4,50 =	10 g Zitrone
810 g Butter	: 4,50 =	180 g Butter
9045 g Teiggewicht		2010 g Teiggewicht

1. Faktor berechnen: Mehlmenge des Betriebsrezeptes durch 1000 g Mehl dividieren.
   Faktor: 4500 : 1000 = 4,50
2. Jeweilige Zutat durch den Faktor dividieren, um die Zutatenmenge pro kg Mehl (Grundrezept) zu erhalten.

Fragen und Arbeitsaufgaben

Geschliffene Krapfen
Siedefett-Temperatur: 160 bis 170 °C
(siehe Kap. IV / 4.1 Hefeteige)

Betriebsrezept	Faktor	**Grundrezept**
970 g Milch		
272 g Hefe		
3880 g Mehl		
582 g Eier		
543 g Dotter		
466 g Zucker		
78 g Salz		
39 g Rum		
39 g Zitrone		
931 g Butter		
7800 g Teiggewicht		g Teiggewicht

1. Errechnen Sie aus dem Krapfen-Betriebsrezept das Grundrezept!
2. Führen Sie die notwendigen Zusatzangaben zu dieser Rezeptur an. Das Pressengewicht beträgt 1200 g (30igteilig).
3. Errechnen Sie die Stückzahl der Krapfen vom Betriebsrezept und vom Grundrezept.

21.6 MATERIALKOSTENBERECHNUNG

(siehe Kap. IV / 4.1 Hefeteige)

Die Materialkostenberechnung ist die Grundlage für die Kalkulation.

Musterbeispiel – Materialkostenberechnung von Brioches

Wie hoch sind die Materialkosten gesamt und pro Stück, wenn Sie Brioches herstellen?

Brioches
50 Stück à 40 g TE
(siehe Kap. IV / 4.1 Hefeteige)

Menge	**Artikel**	**Preis/1000 g**	**Preis in €** (gerundet auf 2 Kommastellen)
400 g	Milch	0,58	0,23
60 g	Hefe	3,05	0,18
1000 g	Mehl Type 700	0,38	0,38
150 g	Zucker	0,92	0,14
50 g	Ei (1)	2,40	0,12
120 g	Eigelb(6)	6,00	0,72
15 g	Salz	0,73	0,01
15 g	Rum	4,65	0,07
10 g	Vanille	5,16	0,05
10 g	Zitrone	5,16	0,05
180 g	Butter	4,14	0,75
2010 g	Teiggewicht		
Zum Ausfertigen:			
100 g	Eier (2)	2,40	0,24
80 g	Eigelb (4)	6,00	0,48
Materialkosten **Materialkosten**	**gesamt** **pro Stück**		**3,42 : 50 Stück** **≈ 0,07**

Berechnung der Europreise am Beispiel Milch

1000 g Milch .... € 0,58
400 g Milch x

0,58 x 400 : 1000 ≈ € 0,23

Zu den Materialkosten werden noch die Lohnkosten, die Produktionsgemeinkosten, die Verwaltungsgemeinkosten, der Gewinn und die Mehrwertsteuer hinzugerechnet und somit wird der Verkaufspreis ermittelt.

Die Kalkulation wird im Gegenstand „Rechnungswesen" behandelt.

Fragen und Arbeitsaufgaben

Geschliffene Krapfen
50 Stück à 40 g
(siehe Kap. IV / 4.1 Hefeteige)

Menge	Artikel	Preis/1000 g	Preis in € (gerundet auf 2 Kommastellen)
250 g	Milch	0,58	
70 g	Hefe	3,05	
1000 g	Mehl Type 700	0,38	
150 g	Ei (3)	2,40	
140 g	Eigelb (7)	6,00	
120 g	Zucker	0,92	
20 g	Salz	0,73	
10 g	Zitrone	5,16	
10 g	Rum	4,65	
240 g	Butter	4,14	
2010 g	Teiggewicht		
Zum Ausfertigen:			
500 g	Marillenkonfitüre	1,90	
15 g	Puderzucker	1,19	
Materialkosten **Materialkosten**	**gesamt** **pro Stück**		

Errechnen Sie nach diesen Vorgaben die Materialkosten gesamt und pro Stück!

21.7 PLUNDERTEIGE

(siehe Kap. IV / 4.2 Plunderteige)

Musterbeispiel – Fettanteilsberechnung

Beim Plunderteig müssen laut Codexbestimmungen mindestens 25 % Fett pro kg in den Hefegrundteig eintouriert werden.

Frage: Wie viel Fett muss in 1905 kg Hefegrundteig eintouriert werden, wenn 25 % pro kg Hefegrundteig vorgesehen sind?

1905 g Teig .... 100 %
x g Fett .... 25 %

1905 x 25 : 100 = 476,25 g Fett

In 1905 g Hefegrundteig werden 476 g Fett eintouriert.

Fragen und Arbeitsaufgaben

1. Wie viel Fett müssen in 4,3 kg Hefegrundteig eintouriert werden, wenn 40 % pro kg Hefegrundteig vorgesehen sind?
2. Der Hefegrundteig wiegt 2,6 kg und das eintourierte Fett 1,04 kg. Wie hoch ist der Prozentanteil des eintourierten Fettes?
3. Wie viel Hefegrundteig benötigen Sie für einen Fettziegel (2,6 kg Fett), wenn 25 % Fett pro kg Grundteig verwendet werden?

Musterbeispiel – Berechnung der Fettschichten

- Eine einfache Tour ergibt 3 Fettschichten.
- Eine doppelte Tour ergibt 4 Fettschichten.

Berechnen Sie nun anhand der Touren, die in der Tabelle vorgegeben sind, die Fettschichten.

Richtwerte zwischen Fettanteil und Touren

Fett pro kg Hefegrundteig	Touren	Fettschichten
25 %	2 einfache	3 x 3 = 9
30 %	3 einfache	3 x 3 x 3 = 27
40–50 %	2 einfache + 1 doppelte	3 x 3 x 4 = 36
60–70 %	1 einfache + 2 doppelte	3 x 4 x 4 = 48

Fragen und Arbeitsaufgaben

1. Wie viel Fettschichten entstehen, wenn 2 doppelte Touren gegeben werden?
2. Welche Tour müssen Sie noch geben, wenn ein Plunderteig bereits 9 Fettschichten aufweist, er aber 27 Fettschichten haben soll?

21.8 Butter- und Blätterteige

(siehe Kap. IV / 4.3 Butter- und Blätterteige)

Laut Codex ist ein Verhältnis von Fett zu Mehl von 80 zu 100 vorgeschrieben, wobei das Fett im Grundteig mit berechnet werden darf.

Musterbeispiel – Verhältnisberechnung der Zutaten

In 1625 g Grundteig sind 1000 g Mehl und 100 g Butter enthalten. Zum Tourieren werden 800 g Butter und 80 g Mehl verwendet.
Wie ist das Verhältnis zwischen Fett und Mehl?

	100 g	Butter im Grundteig
+	800 g	Butter zum Tourieren
	900 g	Gesamtfett

	1000 g	Mehl im Grundteig
+	80 g	Mehl zum Tourieren
	1080 g	Gesamtmehl

1080 g Mehl .... 100 %
900 g Fett .... x %

100 x 900 : 1080 = 83,33 % Fett

Das Verhältnis Fett zu Mehl ist 83,33 % Fett zu 100 % Mehl.

Frage und Arbeitsaufgabe

In 4800 g Grundteig sind 3100 g Mehl und 350 g Butter enthalten. Zum Tourieren werden 2400 g Ziehfett verwendet.

Wie ist das Gesamtverhältnis zwischen Fett und Mehl in Prozent?

21.9 Mürbteige

(siehe Kap. IV / 4.4 Mürbteige)

Der klassische Mürbteig (1-2-3-Teig) besteht grundsätzlich aus:

- 1 Teil Zucker + 2 Teile Fett + 3 Teile Mehl = 6 Teile.
- Für 1000 g Mehl werden 4 Dotter zugegeben.

Darüber hinaus gibt es noch weitere Arten von Mürbteigen mit unterschiedlichen Zutatenverhältnissen.

Musterbeispiel – Verhältnisberechnung der Zutaten

Wie viel Zucker, Butter und Mehl benötigen Sie für die Herstellung von 1800 g klassischem Mürbteig?

	300 x 1 =	300 g	Zucker
1800 : 6 = 300 g = 1 Teil	300 x 2 =	600 g	Butter
	300 x 3 =	900 g	Mehl
	Gesamt	1800 g	Mürbteig

Man benötigt 300 g Zucker, 600 g Butter und 900 g Mehl zur Herstellung von 1800 g klassischem Mürbteig.

Fragen und Arbeitsaufgaben

1. Wie viel Zucker, Butter und Mehl benötigen Sie für 6500 g Teig bei einem Zutatenverhältnis von 1 Teil Zucker, 1 Teil Butter und 2 Teilen Mehl?
2. Wie viel Zucker, Butter und Mehl benötigen Sie für 3500 g Spekulatiusteig bei einem Zutatenverhältnis von 3 Teilen Zucker, 1 Teil Butter und 4 Teilen Mehl?
3. Wie verhält sich die Zutatenmenge bei 7400 g Mürbteig, wenn das Zutatenverhältnis 2 Teile Zucker, 3 Teile Butter und 4 Teile Mehl beträgt?

21.10 Massen – vom Grundrezept zum Betriebsrezept

(siehe Kap. IV / 5.1 Biskuitmassen und Wiener Massen (leichte Sandmassen))

Ein Grundrezept bei Massen wird immer auf 1 Ei oder 1 Eiklar aufgebaut. Aus dem Grundrezept wird die Menge für eine bzw. mehrere Torten berechnet.

Musterbeispiel – Berechnung des Betriebsrezepts

Für eine **Biskuitmasse** werden pro Ei (50 g) 25 g Zucker, Salz, Vanille, Zitrone, 15 g Mehl und 5 g Weizenstärke genommen. Für eine Torte (Ø 22 cm, Höhe 5 cm) benötigt man 5 Eier.
Berechnen Sie das Betriebsrezept für 2 Torten!

Biskuitmasse – Grundrezept		**Masse** (1 Torte) **x 5**		**Betriebsrezept** (2 Torten) **x 2**	
50 g	Ei (1)	250 g	Eier (5)	500 g	Eier (10)
25 g	Zucker	125 g	Zucker	250 g	Zucker
	Salz, Vanille, Zitrone		Salz, Vanille, Zitrone		Salz, Vanille, Zitrone
15 g	Mehl	75 g	Mehl	150 g	Mehl
5 g	Weizenstärke	25 g	Weizenstärke	50 g	Weizenstärke

Fragen und Arbeitsaufgaben

Für eine **Wiener Masse** werden pro Ei (50 g) 30 g Zucker, Salz, Vanille, Zitrone, 35 g Mehl, 5 g Weizenstärke und 10 g Fett (flüssig) benötigt. Für eine Torte (Ø 22 cm, Höhe 5 cm) benötigt man 5 Eier.

1. Erstellen Sie ein Betriebsrezept für 6 Stück Torten!
2. Die Biskuitmasse soll kalt und getrennt angeschlagen werden.
3. Erstellen Sie eine Rezeptkarte (Zutaten nach verarbeitungstechnischer Reihenfolge) und beschreiben Sie die Herstellung!

21.11 Rezeptanalyse bei Massen

Eine Rezeptanalyse bei Massen ist die **Rückrechnung von einem Betriebsrezept zu einem Grundrezept**. Damit kann überprüft werden, ob das Zutatenverhältnis (dh. die Zutaten pro Stück Ei) ausgewogen ist. Der Konditor kann aufgrund der Fachkenntnisse feststellen, ob die Zutatenverhältnisse stimmen bzw. ob die codexmäßigen Bestimmungen eingehalten werden (zB Sachermasse).

Bei einer Rezeptanalyse muss zuerst die **Gesamteianzahl** bestimmt werden:

1. Sind bei einer Rezeptur Eiklar und Dotter getrennt angegeben, so müssen diese addiert werden.
2. Dann werden sie durch das durchschnittliche Eigewicht (50 g) dividiert.
3. Schließlich werden alle Zutaten durch die Gesamteianzahl dividiert.

Musterbeispiel – Rezeptanalyse

Analysieren Sie das Betriebsrezept, ob das Zutatenverhältnis stimmt!

Sachermasse
(siehe Kap. IV / 5.2 Sandmassen)

Betriebsrezept		**Gesamteieranzahl**	**Grundrezept**	
150 g	Butter	: 6	25 g	Butter
75 g	Puderzucker	: 6	12,5 g	Puderzucker
	Vanille	: 6		Vanille
120 g	Dotter (6)	: 6	20 g	Dotter (1)
150 g	Kuvertüre	: 6	25 g	Kuvertüre
180 g	Eiklar (6)	: 6	30 g	Eiklar (1)
75 g	Zucker	: 6	12,5 g	Zucker
150 g	Mehl	: 6	25 g	Mehl
900 g	Massegewicht		150 g	Massegewicht

1. Gesamteieranzahl
   120 g Dotter
   180 g Eiklar
   300 g Eier : 50 g = 6 Stück Eier

2. Wie viel % Schokolade[1] sind in diesem Betriebsrezept enthalten?
   Laut **Codex** müssen in der Sachermasse mit hervorhebender Bezeichnung (siehe Kap. IV / 10.1) mindestens 15 % **Schokolade** des Rezeptgewichtes enthalten sein.

   900 g Masse .... 100 %
   150 g Schokolade .... x %
   150 x 100 : 900 = 16,666 % Schokolade ≈ 16,67 %

   Es sind 16,67 % Schokolade enthalten.

Fragen und Arbeitsaufgaben

Nuss-Schokoladegugelhupf
(siehe Kap. IV / 5.2 Sandmassen)

Betriebsrezept	Gesamteieranzahl	Grundrezept
970 g Milch		
600 g Butter		
180 g Puderzucker		
30 g Rum		
Vanille		
300 g Dotter (15)		
450 g Eiklar (15)		
420 g Zucker		
600 g Mehl		
200 g Nüsse (gerieben)		
200 g Schokolade (gerieben)		

Erstellen Sie aus diesem Betriebsrezept ein Grundrezept!

21.12 Massenvolumenberechnung mit Schlüsselzahl

(siehe Kap. IV / 5.1 Biskuitmassen und Wiener Massen [leichte Sandmassen])

Wenn Sie eine bestimmte Masse für einen bestimmten Tortenring (Ø und Höhe) auf einen größeren oder kleineren Tortenring umrechnen wollen, so ist die Massenvolumenberechnung anzuwenden.

r (Radius) = *Ø : 2*
Tortenvolumen in cm³ = $r^2 \times \pi \times h$ ($\pi = 3{,}14$)
Schlüsselzahl = *Volumen der Torte 2 : Volumen der Torte 1*

Die Schlüsselzahl hat einen Wert über 1 (Menge der Zutaten wird größer), wenn der zu berechnende Tortenring größer ist. Hingegen hat die Schlüsselzahl einen Wert unter 1 (= Menge der Zutaten wird kleiner), wenn der zu berechnende Tortenring kleiner ist.

[1] Schokolade = Speiseschokolade, Bitterschokolade, conchierte Kakaomasse oder Kuvertüre.

Musterbeispiel – Volumen einer Masse

Berechnen Sie die Menge der Zutaten einer Biskuitmasse für den Tortenring 1 (Ø 22 cm, Höhe 5 cm) und für einen Tortenring 2 (Ø 24 cm, Höhe 6 cm)!

Biskuitmasse für Tortenring 1 (Ø 22 cm, Höhe 5 cm)	**Schlüsselzahl**	**Biskuitmasse für Tortenring 2** (Ø 24 cm, Höhe 6 cm)
250 g Eier (5)	x 1,43 =	358 g Eier (7)
125 g Zucker	x 1,43 =	179 g Zucker
Salz, Vanille, Zitrone		Salz, Vanille, Zitrone
75 g Mehl	x 1,43 =	107 g Mehl
25 g Weizenstärke	x 1,43 =	36 g Weizenstärke

1. Tortenvolumen 1: Ø 22 cm : 2 = 11 cm
   11^2 x 3,14 x 5 = **1899,7 cm³**
2. Tortenvolumen 2: Ø 24 cm : 2 = 12 cm
   12^2 x 3,14 x 6 = **2712,96 cm³**
3. Schlüsselzahl: 2712,96 : 1899,7 = **1,428** ≈ **1,43**

Fragen und Arbeitsaufgaben

Nuss- oder Mandelbiskuit
Ø 26 cm, Höhe 6 cm

Biskuitmasse für Tortenring 1 (Ø 26 cm, Höhe 6 cm)	**Schlüsselzahl**	**Biskuitmasse für Tortenring 2** (Ø 22 cm, Höhe 5 cm)
500 g Eier		
250 g Zucker		
Salz, Vanille, Zitrone		
200 g Mehl		
Zimt		
100 g Kerne (fein gerieben)		

1. Berechnen Sie das Volumen dieses Tortenringes!
2. Berechnen Sie das Volumen für einen Tortenring mit Ø 22 cm und Höhe 5 cm!
3. Ermitteln Sie die Schlüsselzahl!
4. Erstellen Sie das Rezept für den neuen Tortenring!

21.13 Umrechnung von Tortenportionen

Wenn ein Kunde eine bestimmte Torte, zB für 50 Gäste, wünscht, so können Sie folgendermaßen die notwendige Tortengröße bestimmen:

Musterbeispiel – Tortengrößenberechnung

Der Kunde wünscht sich eine große Schwarzwälder Kirschtorte für 50 Personen. In unserer Konditorei ist die Standardgröße für Torten Ø 24 cm mit 14 Stücken.

1. Fläche unserer Torte:	$12^2 \times 3{,}14 = 452{,}16 \text{ cm}^2$
2. Fläche für 1 Stück Torte:	$452{,}16 : 14 \approx 32{,}30 \text{ cm}^2$
3. Fläche für 50 Stück Torten:	$32{,}30 \times 50 = 1615 \text{ cm}^2$
4. Durchmesser der Torte für 50 Portionen:	$1615 : 3{,}14 = 514{,}33$
	$\sqrt{514{,}33} = 22{,}678 \times 2 \approx \varnothing\ 45{,}36 \text{ cm}$
	$\approx \varnothing\ 45 \text{ cm}$

Die Torte für 50 Portionen hat einen Durchmesser von 45 cm.

Fragen und Arbeitsaufgaben

In einer Konditorei ist die Standardgröße für Torten Ø 22 cm mit 12 Stücken. Ein Kunde wünscht eine große Malakofftorte für 30 Personen.

Wie groß muss der Tortendurchmesser sein?

21.14 Makronen

(siehe Kap. IV / 5.4 Makronenmassen)

Unter Makronen werden laut Codex nur Mandelmakronen verstanden. Werden andere Kerne als Mandeln verwendet, so müssen diese auch dementsprechend bezeichnet werden. Makronen bestehen aus Kernen, Zucker und Eiklar.
Bei der Berechnung des Mengenverhältnisses bleibt der Kernanteil immer konstant und der Zuckeranteil verändert sich. Wichtig: Marzipanrohmasse besteht aus 2/3 Mandeln und 1/3 Zucker.

Musterbeispiel – Mischungsverhältnis von Makronen

1. Wie viel Zucker müssen Sie 3000 g Marzipanrohmasse beigeben, damit das Mengenverhältnis Mandeln zu Zucker bei einer Marzipanmakronenmasse gleich ist (1 : 1)?
2. Wie viel sind 3000 g Marzipanrohmasse noch beizugeben, wenn das Mengenverhältnis Mandeln zu Zucker bei einer Marzipanmakronenmasse 1 : 2 sein soll?

1.

3000 g : 3 =	1000 g = 1 Teil Zucker
1000 g x 2 =	2000 g = 2 Teile Mandeln
	3000 g Marzipanrohmasse
+ 1 Teil Zucker	1000 g Zucker
	4000 g Marzipanmakronenmasse im Verhältnis 1 : 1

Zu 3000 g Marzipanrohmasse müssen noch 1000 g Zucker beigegeben werden, damit eine Marzipanmakronenmasse im Verhältnis 1 : 1 entsteht.

2.
3000 g Marzipanrohmasse besteht aus 2000 g Mandeln und 1000 g Zucker.

  1000 g Zucker
+ 3000 g Zucker
  4000 g Zucker

2000 g Mandeln und 4000 g Zucker sind 6000 g Marzipanmakronenmasse im Verhältnis 1 : 2.

Zu 3000 g Marzipanrohmasse müssen noch 3000 g Zucker beigegeben werden, damit eine Marzipanmakronenmasse im Verhältnis 1 : 2 entsteht.

Fragen und Arbeitsaufgaben

1. Wie viel g Mandeln und Zucker sind in 2 kg Marzipanrohmasse enthalten?
2. Wie viel g Zucker sind 3,4 kg Marzipanrohmasse noch beizugeben, wenn das Mischungsverhältnis Mandeln zu Zucker 1 : 2 sein soll?

21.15 Mischungsrechnungen

a) Durchschnittspreis
b) Mischungsverhältnis

Mischungsrechnungen werden für Preisberechnungen von Teegebäck und Bonbons benötigt, die unterschiedliche Preise haben und in unterschiedlichen Mengen verkauft werden.

Musterbeispiel – **Durchschnittspreis**
Der Durchschnittspreis wird ermittelt, wenn mehrere Sorten und Mengen von Teegebäck oder Bonbons mit unterschiedlichen Preisen erzeugt werden.

Herstellung: Teegebäck

Sorte	Menge in kg	Preis/kg lt. Kalkulation in €
1. Sorte	1,50	8,50
2. Sorte	2,20	9,60
3. Sorte	3,70	13,40

1,50 kg	x	8,50	=	€ 12,75
2,20 kg	x	9,60	=	€ 21,12
3,70 kg	x	13,40	=	€ 49,58
7,40 kg kosten				€ 83,45

Berechnung:
1,00 kg .... € 8,50
1,50 kg x
8,50 x 1,50 : 1 = € 12,75

1,50 kg Teegebäck von der 1. Sorte kostet € 12,75.

7,40 kg Teegebäck 83,45
1,00 kg Teegebäck x
83,45 x 1 : 7,40 = 11,277

1 kg Teegebäck kostet € 11,28.

Fragen und Arbeitsaufgaben

Sie haben fünf verschiedene Teegebäcksorten erzeugt. Errechnen Sie aufgrund der erzeugten Mengen und der kalkulierten Preise den Durchschnittspreis!

Sorte	Menge in kg	Preis/kg lt. Kalkulation in €
1. Sorte	2,80	9,75
2. Sorte	1,75	6,20
3. Sorte	4,20	11,90
4. Sorte	2,70	17,50
5. Sorte	3,40	26,90

Musterbeispiel – Mischungsverhältnis

Das Mischungsverhältnis wird ermittelt, wenn ein bestimmter Preis von mehreren Sorten Teegebäck oder Bonbons ermittelt werden soll.
Der **Mischpreis** muss immer zwischen den Preisen der teureren und der billigeren Sorte liegen.

Aus zwei Bonbonsorten zu € 9,81 und zu € 13,59 pro kg soll eine Bonbonmischung zu einem Mischpreis von € 10,90 pro kg hergestellt werden.

1. Wie soll das Teileverhältnis zwischen den beiden Sorten sein?
2. Ein Kunde möchte 1 kg von dieser Mischung. Wie viel kg sind von den jeweiligen Sorten zu wiegen? (Ermitteln Sie zuerst die Gesamtteile und die Schlüsselzahl.)

1. Mischungsverhältnis mittels Kreuzrechnung

Sorte 1 kostet € 9,81 ↘		↗ 2,69 Teile	10,90 – 9,81 = 1,09 Teile von der 2. Sorte zu € 13,59
Mischpreis	€ 10,90		13,59 – 10,90 = 2,69 Teile von der 1. Sorte zu € 9,81
Sorte 2 kostet €13,59 ↗		↘ 1,09 Teile	
		3,78 Gesamtteile	

Von der billigeren Sorte zum Mischpreis entsteht somit eine Differenz von € 1,09 = Teile, dh 1,09 Teile der teureren Sorte müssen genommen werden. Von der teureren Sorte zum Mischpreis entsteht eine Differenz von € 2,69, dh 2,69 Teile von der billigeren Sorte.

2. Schlüsselzahl

1,00 kg : 3,78 Gesamtteile = 0,2645503 = 1 Teil bzw. Schlüsselzahl

2,69 Teile x 0,2645503 = 0,71 kg von der 1. Sorte zu € 9,81
1,09 Teile x 0,2645503 = 0,29 kg von der 2. Sorte zu € 13,59

3. Probe

0,71 x € 9,81 =	€ 6,96
0,29 x € 13,59 =	€ 13,94
Mischpreis	€ 10,90

Fragen und Arbeitsaufgaben

Sie wollen eine Bonbonmischung mit einem Kilopreis von € 17,80 herstellen. Eine Sorte hat einen Kilopreis von € 12,72 und die zweite Sorte hat einen Kilopreis von € 24,71.

1. Wie soll das Mischungsverhältnis sein?
2. Es werden 2 kg Bonbons benötigt. Wie viel kg werden jeweils von den beiden Sorten benötigt?
3. Kontrollieren Sie mittels Probe die Richtigkeit.

21.16 Kuvertüre („Tunkmasse")

(siehe Kap. II / 9.4 Kuvertüren)

Spezialkuvertüren werden mit den Inhaltstoffen gekennzeichnet. Dies ist wichtig, da man zu verschiedenen Verarbeitungszwecken unterschiedliche Kuvertüren mit unterschiedlichen Kakaobutteranteilen benötigt.

Musterbeispiel : Durchschnittlicher Kakaobuttergehalt

Sie haben 10 kg dieser Kuvertüre. Es sollen 5 % Kakaobutter dazugegeben werden.

a) Wie viel Kakaobutter ist in 10 kg Kuvertüre enthalten?
b) Wie viel Kakaobutter müssen Sie dazugeben?
c) Wie viel Kakaobutter ist insgesamt enthalten?
d) Wie hoch ist der durchschnittliche Kakaobutteranteil?

Berechnung:

a) 10 kg Kuvertüre .... 100 %
x kg Kakaobutter .... 41 %
10 x 41 : 100 = 4,10 kg Kakaobutter

10 kg Kuvertüre enthalten 4,10 kg Kakaobutter.

b) 10 kg Kuvertüre .... 100 %
x kg Kakaobutter .... 5 %
10 x 5 : 100 = 0,50 kg Kakaobutter

Es müssen 0,50 kg Kakaobutter dazugegeben werden.

c) 4,10 kg Kakaobutter
\+ 0,50 kg Kakaobutter
= 4,50 kg Kakaobutter

Insgesamt sind es 4,50 kg Kakaobutter.

d) 10,50 kg Kuvertüre .... 100 %
4,50 kg Kakaobutter .... x %
4,50 x 100 : 10,50 = 42,86 % Kakaobutter

10,50 kg Kuvertüre enthalten 42,86 % Kakaobutter.

Fragen und Arbeitsaufgaben

Sie haben 14,30 kg Kuvertüre mit der Deklaration 60/40/35. Es sollen 8 % Kakaobutter dazugegeben werden.

a) Wie viel Kakaobutter ist in 10 kg Kuvertüre enthalten?

b) Wie viel Kakaobutter müssen Sie dazugeben?

c) Wie viel Kakaobutter ist insgesamt enthalten?

d) Wie hoch ist der durchschnittliche Kakaobutteranteil?

Musterbeispiel – Mischen unterschiedlicher Kuvertüren

Sie wollen Milchkuvertüre mit 38 % Kakaobutteranteil und dunkle Kuvertüre (70/30/42) mischen.

1. Wie soll das Mischungsverhältnis sein, wenn die Mischung 40 % Kakaobutter enthalten soll?
2. Sie benötigen 7,50 kg Kuvertüre dieser Mischung. Wie viel kg brauchen Sie von der Milchkuvertüre und von der dunklen Kuvertüre?

1.

38 % ↘ ↗ 2 Teile Milchkuvertüre (38 % Kakaobutter)

40 %

42 % ↗ ↘ 2 Teile dunkle Kuvertüre (42 % Kakaobutter)

4 Teile

Das Mischungsverhältnis ist 2 Teile Milchkuvertüre und 2 Teile dunkle Kuvertüre (1 : 1).

2.

7,50 kg Kuvertüre : 2 = 3,75 kg

Man benötigt 3,75 kg Milchkuvertüre und 3,75 kg dunkle Kuvertüre.

Fragen und Arbeitsaufgaben

Sie möchten Milchkuvertüre mit 39 % Kakaobutteranteil mit dunkler Kuvertüre (70/30/45) mischen.

1. Wie soll das Mischungsverhältnis sein, wenn die Mischung 43 % Kakaobutter enthalten soll?
2. Sie benötigen 9,50 kg Kuvertüre dieser Mischung. Wie viel kg brauchen Sie von der Milchkuvertüre und von der dunklen Kuvertüre?

21.17 Nährwert- und Diabetikerberechnungen

Diabetikerprodukte sind laut Lebensmittelgesetz anmelde- und deklarationspflichtig. Für die Berechnung der Inhaltstoffe benötigt man eine Nährwerttabelle (siehe Beiheft zum Buch), damit Sie die Mengen der Kohlenhydrate (Broteinheiten), Eiweißstoffe, Fette und den Joulegehalt pro 100 g bzw. pro Portion Lebensmittel berechnen können.

Die Inhaltstoffe sind in der **Nährwerttabelle** (je 100 g verzehrbarer Anteil) angegeben. Zum Beispiel Schlagobers: 36 g in 100 g Schlagobers.

Musterbeispiel – Nährwert- und Energieberechnung eines Kuchens

Orangenkuchen

10 Stück, Backverlust: 12 %

(siehe Kap. IV / 11.1 Backwaren für Diabetiker)

Zutaten in g		Eiweiß in g/100 g	Eiweiß in g	Fett in g/100 g	Fett in g	Kohlenhydrate in g/100 g	Kohlenhydrate in g
Backmargarine	50	0,20	0,10	80,00	40,00	0,40	0,20
Fruchtzucker	100	–	–	–	–	99,80	99,80
Zitrone, frisch	3	0,70	0,02	0,60	0,02	8,08	0,24
Eier	150	12,90	19,35	11,20	16,80	0,70	1,05
Backpulver	8	0,52	0,04	0,001	–	37,80	3,02
Weizenmehl	190	11,79	22,40	1,30	2,47	66,74	126,80
Rezeptgewicht	**501**	Eiweiß	41,91	Fett	59,29	Kohlenhydrate	231,11
- Backverlust	60,12						
Ausbackgewicht	**440,88**						
Tränke:							
Orange, Fruchtsaft	120	0,925	1,11	0,165	0,19	8,794	10,55
Gesamtgewicht	**560,88**	**Eiweiß**	**43,02**	**Fett**	**59,48**	**Kohlenhydrate**	**241,66**

Alle Werte sind auf zwei Kommastellen gerundet.

Anmerkung
Für laufende Diabetikerberechnungen können die Spalten für Eiweiß, Fett und Kohlenhydrate in g/100 g weggelassen werden, da diese Werte direkt der Nährwerttabelle entnommen werden können.

Broteinheiten
1 BE = 12 g Kohlenhydrate
Kohlenhydrate gesamt: 241,66 : 12 ≈ 20 BE

Energieberechnung des gesamten Kuchens

1 g Eiweiß	17 kJ	x	43,02 g	731,34 kJ
1 g Fett	37 kJ	x	59,48 g	2200,76 kJ
1 g Kohlenhydrate	17 kJ	x	241,66 g	4108,22 kJ
				7040,32 kJ

1 kcal = 4,186 kJ ≈ 4,2 kJ
7040,32 : 4,2 = 1676,26 kcal

Deklaration – Energie- und Nährwert je 100 g

Energie	1255,23 kJ (298,9 kcal)
Eiweiß	7,67 g
Fett	10,60 g
Kohlenhydrate	43,09 g : 12 = 3,59 BE
davon Fruchtzucker	17,79 g

Energie

560,88 g	Orangenkuchen	7040,32 kJ
100 g	Orangenkuchen	x kJ

7040,32 x 100 : 560,88 = 1255,227 kJ : 4,2 ≈ 298,9 kcal

Eiweiß

560,88 g	Orangenkuchen	43,02 g Eiweiß
100 g	Orangenkuchen	x g Eiweiß

43,02 x 100 : 560,88 ≈ 7,67 g Eiweiß

Fett

560,88 g	Orangenkuchen	59,48 g Fett
100 g	Orangenkuchen	x g Fett

59,48 x 100 : 560,88 ≈ 10,6 g Fett

Kohlenhydrate

560,88 g	Orangenkuchen	241,66 g Kohlenhydrate
100 g	Orangenkuchen	x g Kohlenhydrate

241,66 x 100 : 560,88 ≈ 43,09 g Kohlenhydrate

Fruchtzucker

560,88 g	Orangenkuchen	99,80 g Fruchtzucker
100 g	Orangenkuchen	x g Fruchtzucker

99,80 x 100 : 560,88 ≈ 17,79 g Fruchtzucker

Broteinheiten (BE) je 100 g

1 BE = 12 g Kohlenhydrate
43,09 g Kohlenhydrate : 12 = 3,59 BE

Pro Stück

Der Orangenkuchen enthält 20 BE, daraus werden 10 Stücke à 2 BE geschnitten.

Gewicht	560,88 g : 10 = 56 g
Eiweiß	43,02 g : 10 = 4,3 g
Fett	59,48 g : 10 = 5,94
Kohlenhydrate	241,66 g : 10 = 24,16 g : 12 g = 2 BE
davon Fruchtzucker	99,80 g : 10 = 9,98 g

Musterbeispiel – Nährwert- und Energieberechnung von Diabetikereis

Schokoladeneis für Diabetiker
38 Portionen
(siehe Kap. IV / 15.4 Speiseeis – Rezepte)

Zutaten in g		Eiweiß in g/100 g	Eiweiß in g	Fett in g/100 g	Fett in g	Kohlenhydrate in g/100 g	Kohlenhydrate in g
Fruchtzucker	300	–	–	–	–	99,80	299,40
Eisbindemittel	1	–	–	–	–	–	–
Milch	1000	3,30	33,00	3,50	35,00	4,76	47,60
Dotter	60	16,10	9,66	31,90	19,14	0,30	0,18
Schlagobers 30 % Fett	100	2,50	2,50	30,00	30,00	3,20	3,20
Kuvertüre mit Fruchtzucker	160	11,06	17,70	10,05	16,08	67,35	107,76
Rezeptgewicht	**1621**	**Eiweiß**	**62,86**	**Fett**	**100,22**	**Kohlenhydrate**	**458,14**

Energieberechnung des gesamten Schokoladeneises für Diabetiker

1 g Eiweiß	17 kJ	x	62,86 g	1068,62 kJ
1 g Fett	37 kJ	x	100,22 g	3708,14 kJ
1 g Kohlenhydrate	17 kJ	x	458,14 g	7788,38 kJ
				12565,14 kJ

Deklaration – Energie- und Nährwert je 100 g

Energie	775,15 (184,10 kcal)
Eiweiß	3,88 g
Fett	6,18 g
Kohlenhydrate	28,26 g = 2,35 Broteinheiten (BE)
davon Fruchtzucker	18,47 g

Fragen und Arbeitsaufgaben

Entnehmen Sie aus der Nährwerttabelle (siehe Beiheft zum Buch) die Inhaltstoffe, berechnen Sie aufgrund vorgegebener Musterbeispiele die Mengen und führen Sie die notwendige Deklaration bei Diabetikerprodukten an!

Sonnenblumenschnitten
30 Stück, Backverlust: 15 %

Zutaten in g		**Eiweiß in g/100 g**	**Eiweiß in g**	**Fett in g/100 g**	**Fett in g**	**Kohlenhydrate in g/100 g**	**Kohlenhydrate in g**
Honig	80						
Butter	200						
Salz	10						
Weizenvollkornmehl	450						
Honig	250						
Butter	125						
Sonnenblumenkerne	700						
Rezeptgewicht		**Eiweiß**		**Fett**		**Kohlenhydrate**	
- Backverlust							
Ausbackgewicht							

Energieberechnung des gesamten Kuchens

1 g Eiweiß	17 kJ	x		
1 g Fett	37 kJ	x		
1 g Kohlenhydrate	17 kJ	x		
				kJ

Deklaration – Energie- und Nährwert je 100 g

Energie	kJ (kcal)
Eiweiß	g
Fett	g
Kohlenhydrate	g = Broteinheit (BE)

21.18 Temperaturumrechnung bei der Zuckerverarbeitung

(siehe Kap. IV / 12.1 Zuckerkochen)

Das Thermometer ist ein wichtiges Hilfsmittel bei der Herstellung von Zuckerlösungen, Speiseeis, Cremen usw. Da bei Thermometern die Maßeinheit °R noch vorkommt, ist eine Umrechnung in °C oft unumgänglich.

Unterschied zwischen °R und °C

Die Ausdehnung der Alkoholsäule (früher Quecksilbersäule) ist bei °R und °C gleich lang. Nur die Skaleneinteilung ist unterschiedlich.

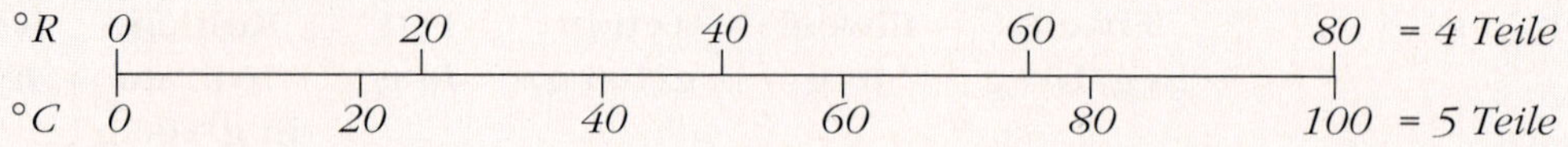

Auf der Temperaturskala eines Zuckerthermometers hat die Anzeige in °R vier Teile und die Anzeige in °C fünf Teile.

Musterbeispiel – Umrechnung von °R und °C

Will man kaum mehr gebräuchliche Reaumurgrade auf Celsiusgrade umrechnen, so dividiert man die Reaumurgrade durch vier und multipliziert sie mit fünf. Von °C auf °R ist es umgekehrt.

1. Wie viel °C sind 80 °R? — 80 : 4 = 20 x 5 = 100 °C
2. Wie viel °R sind 100 °C? — 100 : 5 = 20 x 4 = 80 °R

Musterbeispiel – Temperatur mithilfe der Schlüsselzahl umrechnen

Die Schlüsselzahl wird einfach mit der jeweiligen Temperatur multipliziert.

***Schlüsselzahl von °C auf °R** = 0,8*
***Schlüsselzahl von °R auf °C** = 1,25*

1. Wie viel °C sind 80 °R? — 80 x 1,25 = 100 °C
2. Wie viel °R sind 100 °C? — 100 x 0,8 = 80 °R

Fragen und Arbeitsaufgaben

Berechnen Sie sämtliche Zuckergrade der Zuckerkochtabelle (siehe Kap. IV / 12.1 Zuckerkochen) von °C auf °R und umgekehrt!

21.19 Speiseeisberechnungen

(siehe Kap. IV / 15 Speiseeis)

Grundlagen zur Berechnung der Inhaltstoffe des Speiseeises

Zutaten	Wasser	Zucker	Fett	feste Rückstände	Trockenbestandteile
Milch	88	4,8	3,6	8,4	12
Schlagobers	58	3,4	36	6	42
Butter	15	–	85	–	85
Vollmilchpulver	2,25	38	26	71,75	97,75
Magermilchpulver	3	51	0,7	96,3	97
Buttermilchpulver	3	48	5	92	97
Kondensmilch	30	42	8	62	70
Dotter	50	–	33	17	50
Zucker	–	100	–	–	100
Dextrose	4	96	–	–	96
Glukose	20	80	–	–	80
Fruchtmark	80	–	–	12	20
Kakaopulver	5	–	23	72	95
Stabilisatoren	–	–	–	100	100
Kuvertüre	–	35	40	42	82

Musterbeispiel – Idealwerte beim Speiseeis

Um gutes Speiseeis herzustellen, sind bestimmte Idealwerte zu beachten:

- Gesamtwasser: 62 bis 68 %
- Gesamtzucker: 14 bis 24 %
- Gesamtfett: 3 bis 14 %
- Trockenbestandteile: 32 bis 38 %

Milchgrundmasse
(siehe Kap. IV / 15.4 Speiseeis – Rezepte)

Die Inhaltsstoffe in % sind der obigen Tabelle (Grundlagen zur Berechnung des Speiseeises) zu entnehmen!

Zutaten in g	Wasser	Zucker	Fett	Trockenbestandteile
1000 g Milch	880,00	**48,00**	36,00	120,00
250 g Zucker	–	**250,00**	–	250,00
5 g Eisbindemittel	–	–	–	5,00
20 g Magermilchpulver	0,60	**10,20**	0,14	19,40
80 g Schlagobers (flüssig)	46,40	**2,72**	28,80	33,60
1355 g Milchgrundmasse	**927,00**	**310,92**	**64,94**	**428,00**

Zucker in der Milch (4,8 % Milchzucker)
1000 x 4,8 % = 48 g Zucker

Zucker besteht zu 100 % aus Zucker (= 250 g).

Zucker im Magermilchpulver (51 % Milchzucker)
20 x 51 % = 10,2 g Zucker

Zucker im Schlagobers (3,4 %)
80 x 3,4 % = 2,72 g Zucker

Gesamtzucker in der Milchgrundmasse

48,00 g	Zucker in der Milch
250,00 g	Zucker
10,20 g	Zucker im Magermilchpulver
2,72 g	Zucker im Schlagobers
310,92 g	Gesamtzucker in der Milchgrundmasse

Gesamtzucker in %
1355 g Milchgrundmasse .... 100 %
310,92 g Gesamtzucker.................... x %

310,92 x 100 : 1355 ≈ 22,95 % Zucker

In 1355 g Milchgrundmasse sind 22,95 % Zucker enthalten.

Gesamtwasser
927,00 x 100 : 1355 ≈ 68,41 % Wasser

Gesamtfett
64,94 x 100 : 1355 ≈ 4,79 % Fett

Trockenbestandteile
428,00 x 100 : 1355 ≈ 31,59 % Trockenbestandteile

Fragen und Arbeitsaufgaben

1. Vanilleeis
(siehe Kap. IV / 15.4 Speiseeis – Rezepte)

Die Inhaltsstoffe in % sind der obigen Tabelle (Grundlagen zur Berechnung des Speiseeises) zu entnehmen!

Zutaten in g	Wasser	Zucker	Fett	Trockenbestandteile
450 g Milch				
140 g Butter				
2 g Vanilleschoten				
250 g Zucker				
8 g Eisbindemittel				
100 g Vollmilchpulver				
450 g Wasser				
1400 g Vanilleeis				

Berechnen Sie anhand der Zutaten des Vanilleeises die Idealwerte des Gesamtwassers, Gesamtzuckers, Gesamtfettes und die Trockenbestandteile!

2. Schokoladeneis
(siehe Kap. IV / 15.4 Speiseeis – Rezepte)

Die Inhaltsstoffe in % sind der obigen Tabelle (Grundlagen zur Berechnung des Speiseeises) zu entnehmen!

Zutaten in g	Wasser	Zucker	Fett	Trockenbestandteile
300 g Zucker				
125 g Vollmilchpulver				
1 g Eisbindemittel				
100 g Schlagobers				
60 g Dotter (3)				
160 g Kuvertüre				
1000 g Wasser				
1746 g Schokoladeneis				

Berechnen Sie anhand der Zutaten des Schokoladeneises die Idealwerte des Gesamtwassers, Gesamtzuckers, Gesamtfettes und die Trockenbestandteile!

21.20 Portionsberechnung beim Speiseeis

Beim Frieren des Speiseeisansatzes wird Luft eingearbeitet. Die Volumenzunahme wird als Auftrieb bezeichnet. Im Durchschnitt beträgt der Auftrieb bei konditoreimäßigen Speiseeismaschinen zwischen 30 und 40 %. Mit halbkugelförmigen Speiseeisportionierern wird das Speiseeis portioniert. Sie sind nummeriert. Nummer 30 zB bedeutet, dass aus 1 Liter Speiseeis 30 Kugeln portioniert werden können.

Musterbeispiel – Auftrieb- und Portionsberechnung

Es werden 2,50 Liter Schokoladeneisgrundmasse gefroren. Der Auftrieb beträgt bei dieser Sorte 35 %.
1. Wie groß ist das Gesamtvolumen des Schokoladeneises?
2. Wie viel Halbkugeln Schokoladeneis können mit einem 30er-Portionierer portioniert werden?

1.
2500 ml Schokoladeneisgrundmasse .... 100 %
x ml Auftrieb .... 35 %

2500 x 35 : 100 = 875 ml Volumenzunahme

2500 + 875 = 3375 = 3,38 l

Das Schokoladeneisvolumen beträgt 3,38 Liter.

2.
1,00 l .... 30 Kugeln
3,38 l .... x Kugeln

30 x 3,38 : 1,00 = 101 Halbkugeln

Aus 3,38 Liter Schokoladeneis können 101 Halbkugeln portioniert werden.

Fragen und Arbeitsaufgaben

Es werden 4,50 Liter Erdbeereisgrundmasse gefroren. Der Auftrieb beträgt 30 %.
1. Wie viel beträgt das Gesamtvolumen des Erdbeereises?
2. Wie viel Halbkugeln Erdbeereis können mit einem 40er-Portionierer portioniert werden?

V FACHZEICHNEN

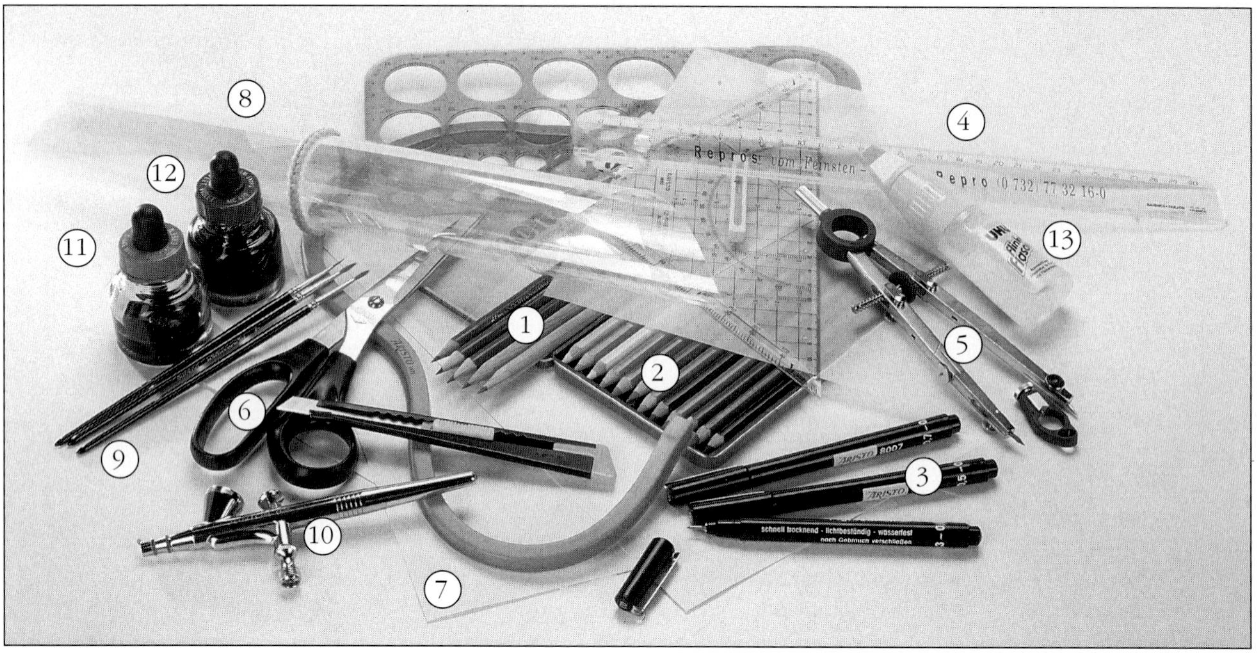

Zum Fachzeichnen benötigt man folgende **Zeichengeräte und -materialien:**

1 Bleistifte mit harten und weichen Minen
2 Farbstifte
3 Tuschstifte: in verschiedenen Stärken
4 Lineale: gerade, dreieckige, Kurvenlineale, eventuell Standardgraf
5 Zirkel mit Möglichkeit zur Befestigung anderer Stifte
6 Schneidegeräte: Schere, Stanleymesser
7 Zeichenpapier in verschiedenen Stärken und Formaten
8 Kunststoff-Folie für wieder verwendbare Schablonen
9 Pinsel in verschiedenen Stärken
10 Airbrush (Luftpinsel)
11 Pipetten
12 Farbstoffe
13 Alleskleber (zB Uhu)

Fachzeichnen ist nichts anderes als das kreative Gestalten von Produkten, um die Kunden zum Kauf der Konditoreierzeugnisse anzuregen. In diesem Kapitel werden daher die Grundlagen des gestalterischen Zeichnens vermittelt. Die hier gezeigten Ideen werden zuerst skizziert und können anschließend in die Praxis umgesetzt werden. Am Ende des Kapitels finden Sie Kopiervorlagen, die zum Üben anregen sollen.
„Zeichnen heißt Planen" ist die Devise, nach der Sie an dieses Kapitel herangehen sollten.

1 RANDVERZIERUNGEN

Sie gehören zu den Arbeiten, die an einer Torte vorgenommen werden, um sie schön zu gestalten. Mit der Randverzierung kann eine Torte für das Auge optisch vergrößert, aber auch verkleinert werden. Das Dekorieren bedarf Übung, Fleißes und Ausdauer.

Es ist empfehlenswert, mit einfachen Bleistiftübungen zu beginnen. Beachten Sie dabei, dass diese Übungen in der Praxis mit der Spritztüte (siehe Kap. IV / 13.5 Spritztechnik) ausgeführt werden.

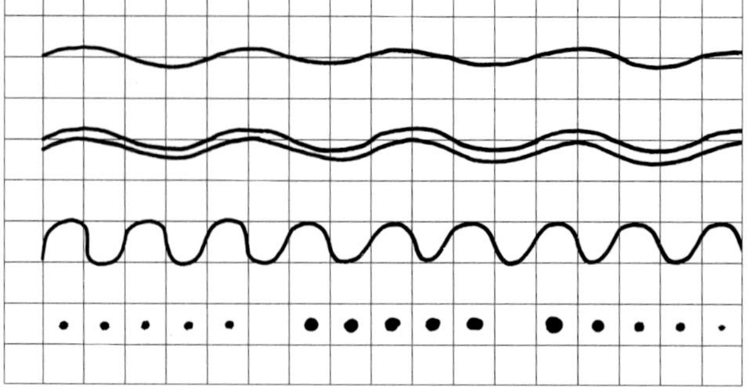

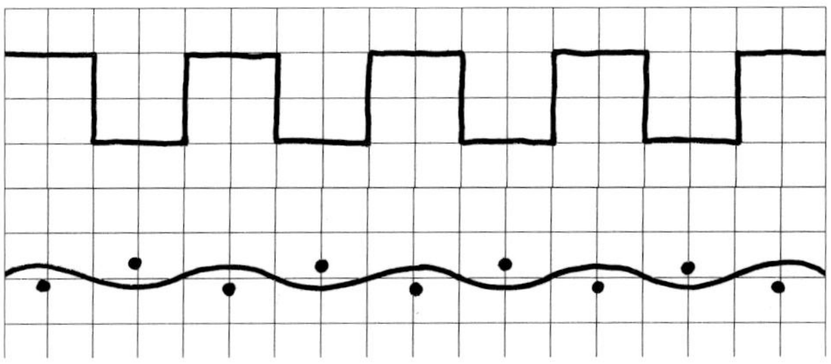

Wenn die Hand ganz ruhig ist, kann mit schwierigeren, geschwungenen Linien begonnen werden. Um gleichmäßige Rundungen zu erzielen, kann man bei den Anfangsübungen nach jedem Bogen absetzen. Das Ausführen der Übungen ohne Raster bringt die notwendige Praxis für das Arbeiten mit der Spritztüte.

Sind die bisherigen Übungen erfolgreich gelungen, so kann man mit dem Tuschstift fortsetzen. Der Schwerpunkt soll auf dem Durchziehen der Randverzierungen liegen.

Bei Randverzierungen können auch sehr schwierige Motive verwendet werden (zB Blumen- und moderne Motive). Die folgenden Motive sind nachzuzeichnen und farblich auszugestalten.

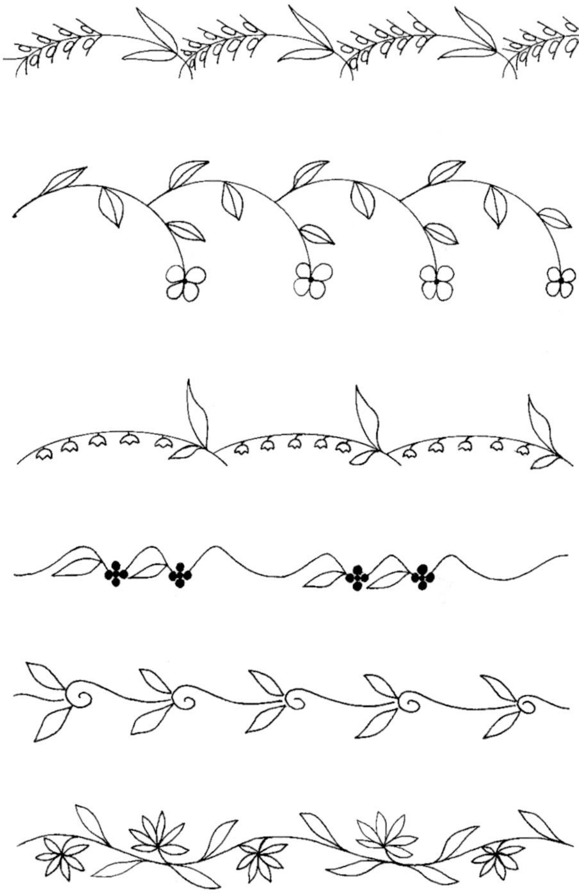

Das Zeichnen von Randverzierungen im Kreis macht die größten Schwierigkeiten. Hier kann man nur mit viel Übung zum Ziel kommen.

2 SCHRIFTEN UND ZAHLEN

Zierschriften geben der Torte eine persönliche Note. Sie werden in der Praxis mit der Spritztüte gestaltet.

Beachtenswertes bei der Beschriftung von Torten

- Schriften sind so auszuwählen, dass sie in der Praxis ausführbar sind.
- Die Schrift muss gut lesbar sein.
- Die Schrift muss harmonisch zum entsprechenden Dekor passen.
- Schriftstile dürfen nicht vermischt werden.
- Zwischen den Buchstaben müssen gleichmäßige Abstände sein.
- Die Buchstabenbreite muss gleich sein.
- Der Neigungswinkel und die Buchstabengröße müssen einheitlich sein.
- Die Mittellinien der Buchstaben müssen auf gleicher Höhe sein.

2.1 Blockschrift

ABCDEFGHIJKLMN
OPQRSTUVWXYZ
1234567890

ABCDEFGHIJKLMN
OPQRSTUVWXYZ
1234567890

2.2 Kursivschrift

ABCDEFGHIJKLMN
OPQRSTUVWXYZ
1234567890
abcdefghijklmnopqrstuvwxyz

2.3 Frakturschrift

ABCDEFGHIJKLMN
OPQRSTUVWXYZ
1234567890
abcdefghijklmnopqrstuvwxyz

2.4 Ornamentschrift

ABCDEFGHIJKLMN
OPQRSTUVWXYZ
1234567890
abcdefghijklmn
opqrstuvwxyz

2.5 Softwareschrift

Im Zeitalter der EDV sind diverse Computerprogramme wahre Fundgruben für Schriften. Es kann je nach Dekorstil jede gewünschte Schriftart und -größe ausgewählt werden.
Die angeführten Buchstaben und Zahlen sind eine kleine Auswahl aus diesen Programmen.

Linoscript

ABCDEFGHIJKLMN
OPQRSTUVWXYZ
1234567890
abcdefghijklmnopqrstuvwxyz

Bauhaus

ABCDEFGHIJKLMN
OPQRSTUVWXYZ
1234567890
abcdefghijklmnopqrstuvwxyz

ITC Benguiat

ABCDEFGHIJKLMN
OPQRSTUVWXYZ
1234567890
abcdefghijklmnopqrstuvwxyz

Park Avenue

ABCDEFGHIJKLMN
OPQRSTUVWXYZ
1234567890
abcdefghijklmnopqrstuvwxyz

2.6 Schrift aus Marzipan

Diese Schrift eignet sich besonders zum Modellieren aus Marzipan.

ABCDEFGHIJKLMN
OPQRSTUVWXYZ
1234567890

2.7 Schriften in der Rundung

In der Praxis müssen Schriften oft auch in eine Rundung geschrieben und mit einer Spritztüte ausgeführt werden. Wie bei den Randverzierungen sind auch Schriften in Rundungen besonders intensiv zu üben.

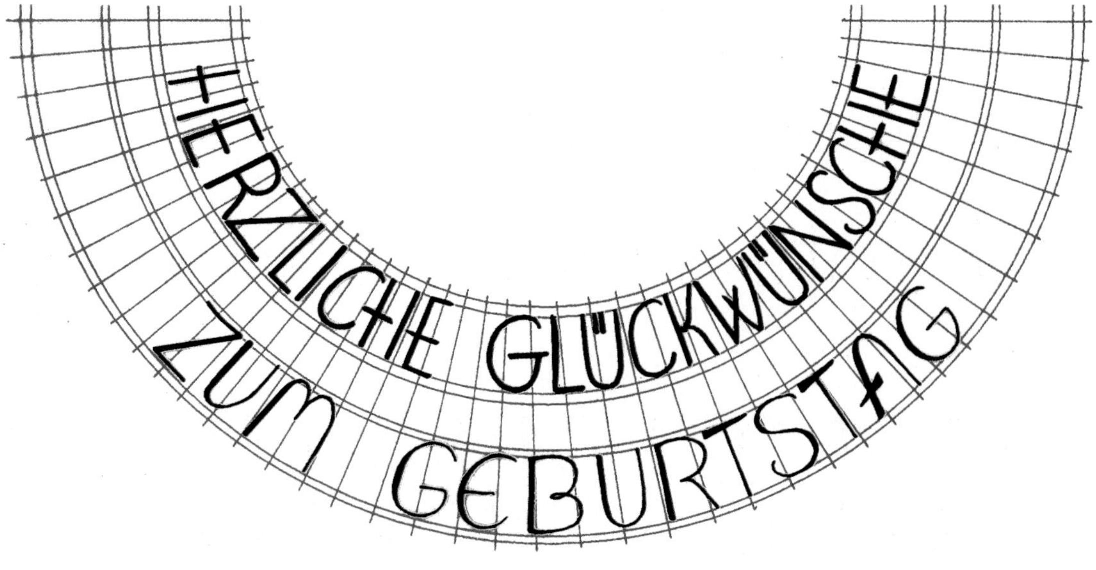

2.8 Randverzierungen und Schriften

Dekorschrift und Randgarnierung müssen stilmäßig harmonieren, dh. moderne Schrift mit moderner Randverzierung (zB Torte zum 20. Geburtstag) und klassische Schrift mit klassischer Randverzierung (zB Torte zum 60. Geburtstag).

3 ORNAMENTE

Das sind Verzierungen, die Torten, Desserts, Petits Fours, Mignons, Bonbons usw. an der Ober- und Seitenfläche ausschmücken. Mit der Spritztüte werden sie direkt auf die jeweilige Gebäckart aufgespritzt oder auf eine Folie gespritzt, nach dem Festwerden von der Folie abgezogen und auf das Gebäck gesetzt. Verwendet werden dazu Spritzschokoladen, Kuvertüren, Eiklarspritzglasuren, Spritzgelees oder Brandmassen.
Nachfolgende Beispiele sollen das Umsetzen eigener Ideen erleichtern. **Kopiervorlagen** zum Üben sind im Anhang zu finden.

3.1 ORNAMENTE FÜR TORTEN

Sie können Mittelpunkt-, Rand- oder Seitenverzierung sein.

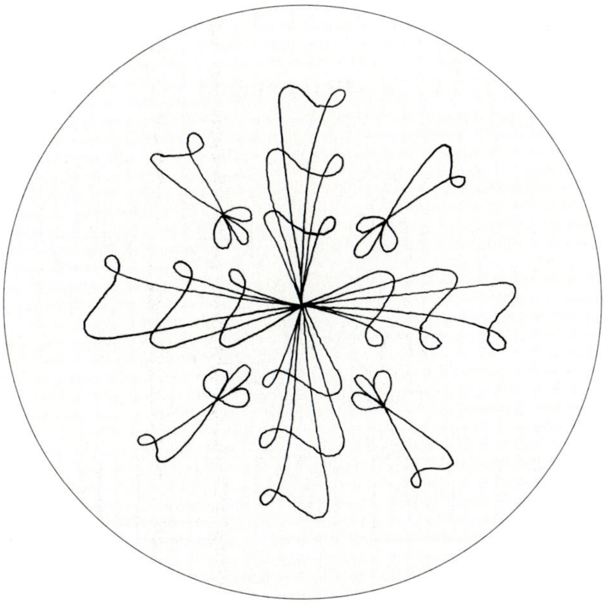

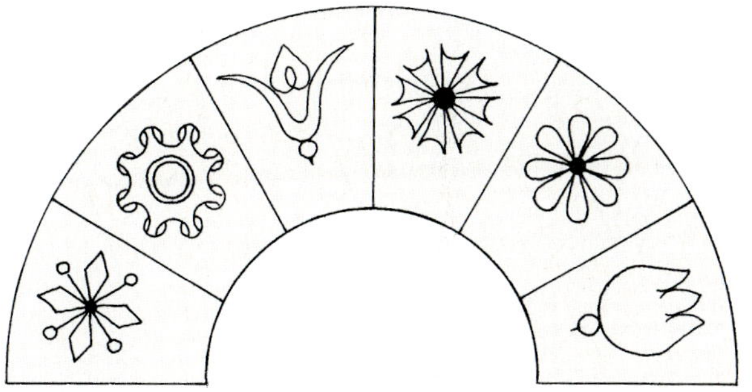

3.2 Ornamente für Desserts und Petits Fours

Desserts und Petits Fours werden in der Konditorei in den verschiedensten Formen angeboten. Sie können quadratisch, rechteckig, rund, dreieckig usw. sein. In der Praxis ist eine einfache, aber exakte Linienführung empfehlenswert. Weiters sind die Größenverhältnisse bei Desserts und Petits Fours zu beachten.

Im Anhang sind **Kopiervorlagen** mit Desserts und Petits Fours in Originalgrößen zu finden.

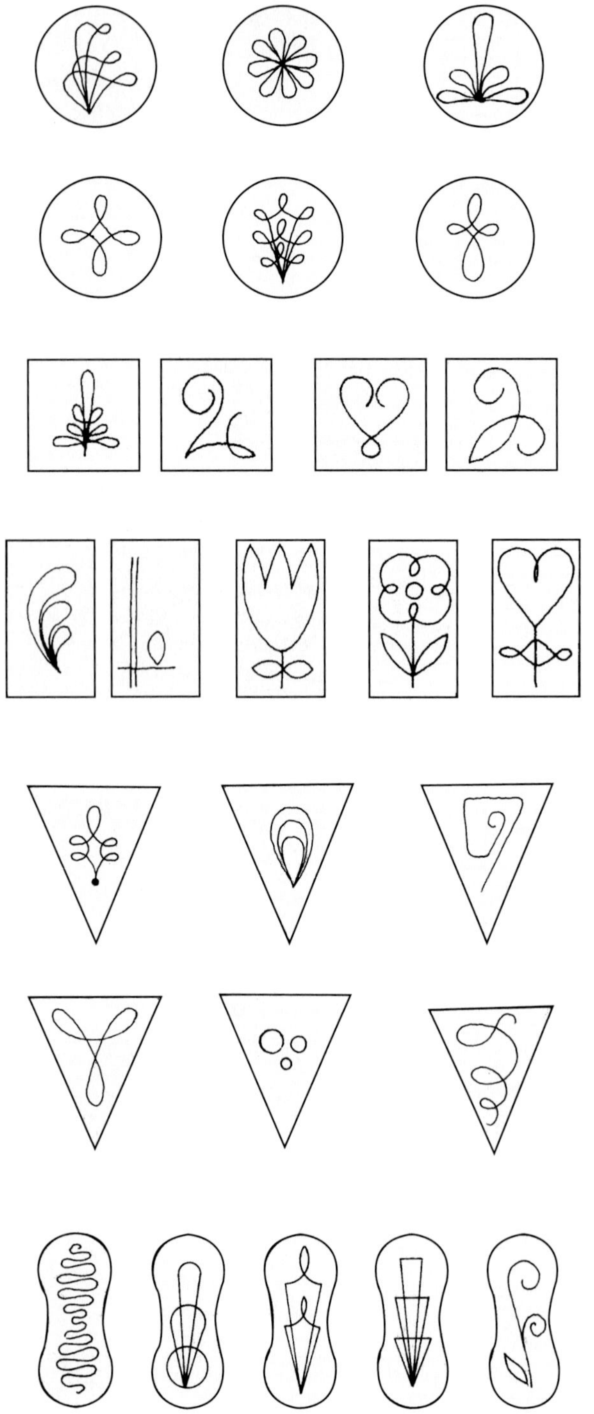

3.3 Ornamente für Mignons und Bonbons

Die sehr kleinen Oberflächen lassen nur einfache Verzierungen zu. Bei Bonbons ist nur Kuvertüre als Spritzglasur erlaubt. Es können jedoch auch Kerne, Dickzuckerfrüchte usw. als Dekoration verwendet werden.

Im Anhang sind **Kopiervorlagen** mit Mignons in Originalgrößen zu finden.

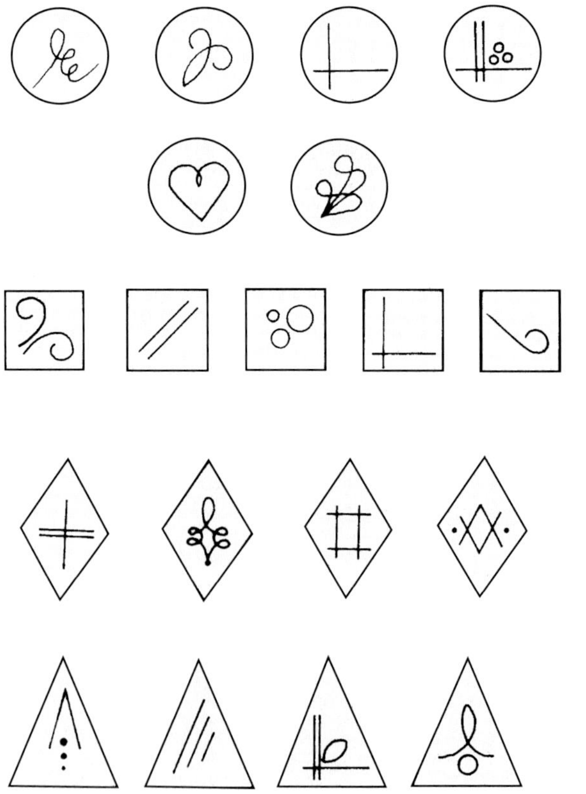

4 MOTIVE UND STILISIERUNGEN

Zu bestimmten Anlässen wünschen sich die Kunden verschiedenste Motive als Dekor. Vorlagen für Motive findet man überall, zB auf Glückwunschkarten, auf Geschenkpapier, in Zeitschriften, in Softwareprogrammen usw.

Ziel der Stilisierung ist es, mit wenigen Linien größtmögliche Wirkung und Aussagekraft zu erzielen.

Umsetzbar sind die Motive mit verschiedenen Techniken wie

- Einlasstechnik (mit Spritzglasur, Gelee, Schokolade),
- Siebdruckverfahren,
- Abziehverfahren (mit Schokolade) und
- Airbrushtechnik.

Einlasstechnik

Siebdruckverfahren

Abziehverfahren

Airbrushtechnik

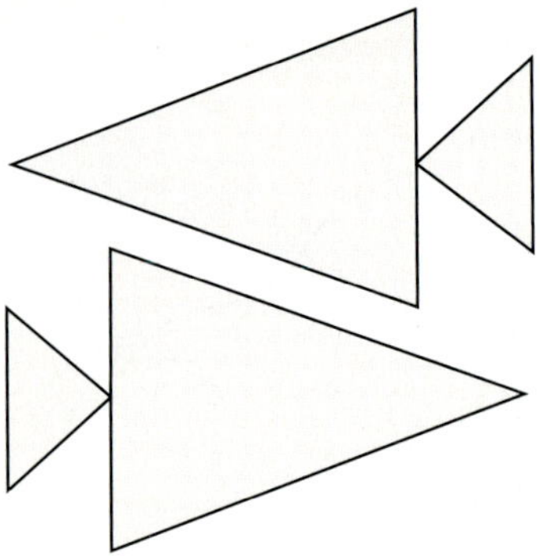

Fragen und Arbeitsaufgaben

1. Entwerfen Sie laut obigen Beispielen Motive für Neujahr, Ostern und einen Geburtstag nach Ihren eigenen Ideen!
2. Arbeiten Sie diese Motive im Praktikum aus!

5 FARBENLEHRE

Farben werden durch Lichtquellen, wie Sonne, elektrische Beleuchtung, Kerze usw., reflektiert und vom Auge erfasst. Zu beachten ist, dass die verschiedenen Lichtquellen Farben unterschiedlich intensiv erscheinen lassen.

Die gesamte Farbpalette geht von drei Primärfarben aus, nämlich Rot, Gelb und Blau.

Mischt man zwei Primärfarben, dann entstehen die folgenden Sekundärfarben:

- Grün = Gelb und Blau
- Violett = Rot und Blau
- Orange = Rot und Gelb

Mischt man zwei Primärfarben im Verhältnis 2 : 1, so entstehen noch weitere Farben (= Mischfarben).

Fragen und Arbeitsaufgaben

1. Zeichnen Sie drei Kreise (Ø 3 cm) und schattieren Sie sie mit Farbstiften in den drei Primärfarben!
2. Nennen Sie drei Sekundärfarben und jene Farben aus denen sie sich zusammensetzen!

   Anschließend malen Sie mit Farbstoffen (Lebensmittelfarben) und einem Pinsel die untenstehenden Kreise mit den Primärfarben aus. Mischen Sie nun die jeweils richtige Sekundärfarbe und malen sie die danebenstehenden Kreise aus!

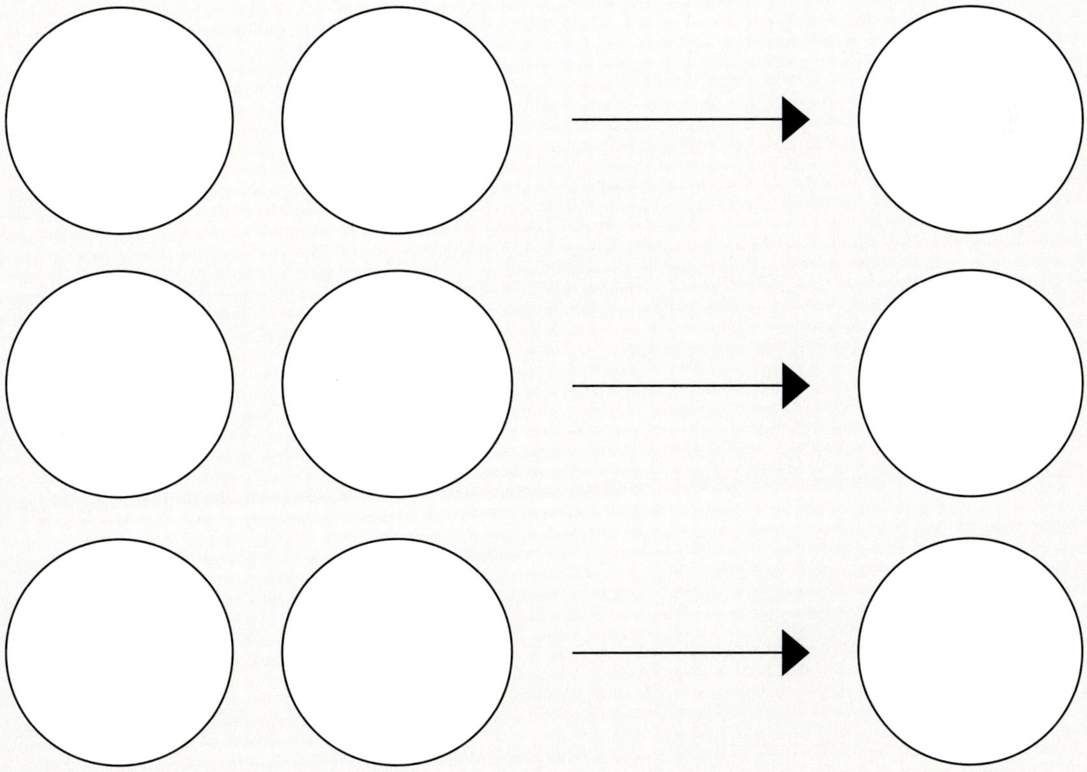

5.1 Farbgestaltung

Die Farbe ist am besten geeignet, die Seele des Kunden anzusprechen. Denn alle Menschen reagieren auf bestimmte Farben gleich. Dieses interessante Phänomen wurde in umfangreichen Tests beobachtet.

Unabhängig davon, ob dem Betreffenden die Farbe gefällt oder nicht, und unabhängig vom Alter, Geschlecht und Kulturkreis wurden für die Grundfarben folgende Reaktionen festgestellt:

- **Rot** wirkt anregend, stimulierend, aktiv, energisch, warm. Mit dieser Farbe werden Begriffe, wie Unternehmungsfreude, Sport, Angriffslust, Aktivität, Kraft, Antrieb, Liebe, verbunden.
- **Gelb** ist leicht, heiter, frei, weit, fröhlich. Bei Gelb denkt man unwillkürlich an Sonne und Licht.
- **Blau** wirkt entspannend, beruhigend. Es wird mit Sehnsucht, Ruhe, Harmonie, Frieden und Vertiefung in Beziehung gesetzt.
- Mit **Grün** verbindet man Eigenschaften wie stabil, fest, eng, schwer. Grün ist die Farbe der Natur und des Wachstums.

In unserem Kulturkreis wird Türkis als kälteste Farbe empfunden, ebenfalls kalt sind Blau und Grün. Die wärmste Farbe ist Rot, gefolgt von Orange und Gelb. Die Farbe Weiß wirkt optisch vergrößernd und steht für Reinheit, Licht und Neutralität. Schwarz hingegen bedeutet Tod, Trauer und wirkt verkleinernd.

Diese Aspekte sollten bei der Gestaltung und Dekorierung von Konditoreiprodukten berücksichtigt werden.

5.2 Farbe in der Konditorei

Konditoreierzeugnisse müssen farblich harmonieren, damit der Kunde zum Kauf angeregt wird. Es stehen neben den natürlich färbenden Bestandteilen von Lebensmitteln, die in der Farbstoffverordnung geregelten Lebensmittelfarben zur Verfügung (siehe Kap. II / 15 Farbstoffe). Man kann sie mit dem Airbrush oberflächlich aufbringen (zB auf Marzipan) oder durchfärben (zB in Glasuren).

Wichtig ist außerdem die Einteilung in warme und kalte Farben. Bei Konditoreierzeugnissen sollte man mit kalten Farben eher vorsichtig sein und warme Farben bevorzugen.

6 TORTENENTWÜRFE UND DEKOR

Die Torte zu einem besonderen Anlass ist ein persönliches Geschenk. Der Kreativität sind dabei keine Grenzen gesetzt. Wichtig ist eine kundenbezogene Dekorwahl. Alter, Vorlieben, Hobbys und Beruf des Beschenkten spielen dabei eine Rolle. Die in der Praxis vorgegebenen Roh- und Hilfsstoffe sind zu nutzen. Nicht genussfähiges Material darf auf keinen Fall mit verwendet werden.

6.1 FORMEN, PROPORTIONEN

Heute werden nicht nur runde, sondern verschiedenste Formentorten (Herz-, Buch-, ovale, quadratische und geteilte Formen) angeboten. Die Art der Form hängt vom Dekorwunsch des Kunden ab. Besonders zu beachten sind Proportionen, Oberfläche, Höhe und aufgesetzte Dekorteile. Mit geringem Aufwand größtmögliche Wirkung zu erreichen, ist das Ziel.

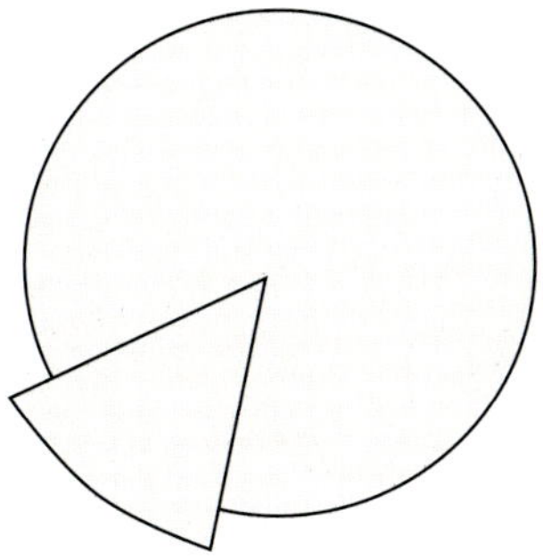

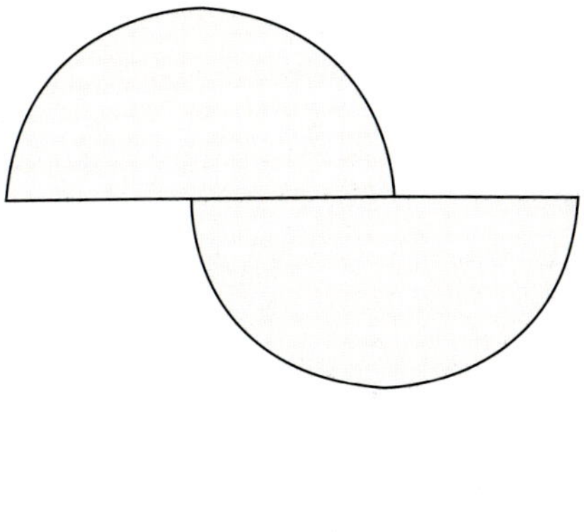

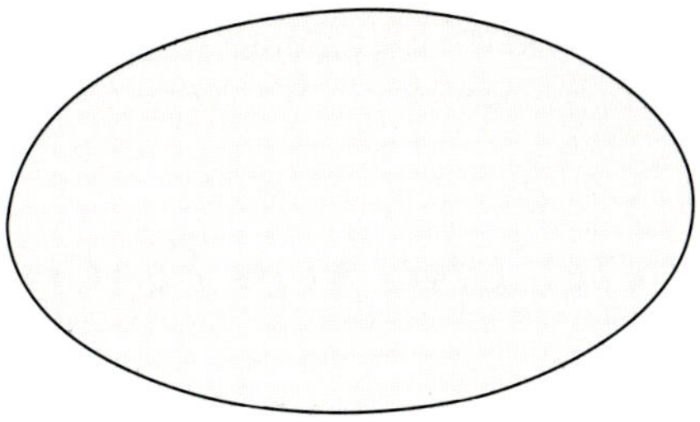

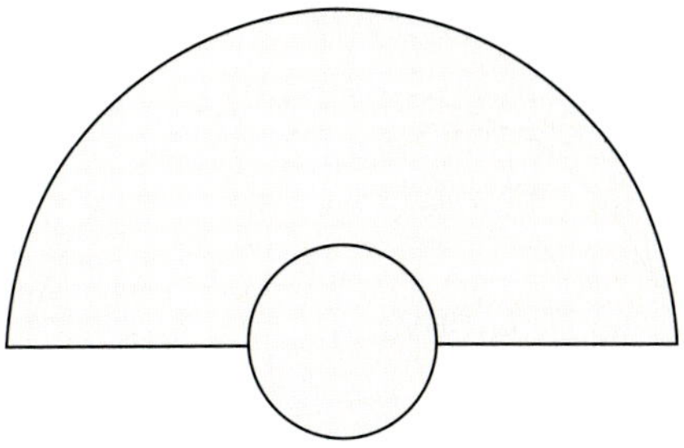

Telegrammform

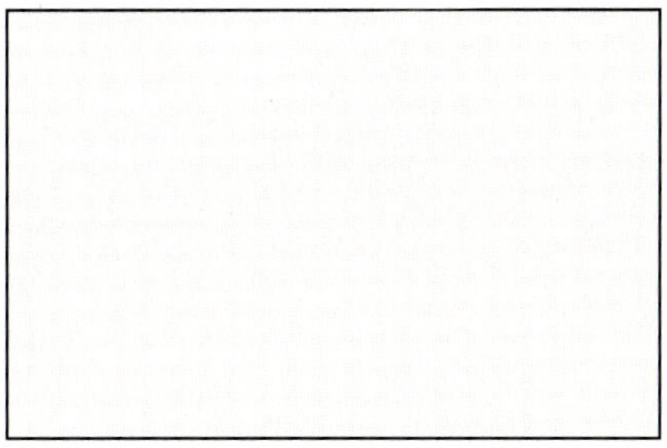

Buchform

Frage und Arbeitsaufgabe

Entwerfen Sie drei Formentorten nach Ihren eigenen Ideen!

6.2 Einteilung von Flächen

Als Grundsatz bei der Oberflächengestaltung gilt, dass genügend Freiräume gelassen werden. Dadurch erscheint die Torte größer und harmonischer. „Überladene" Torten hingegen wirken klein und sind kalkulatorisch gesehen zu teuer, da sehr viel Zeit für die Dekoration aufgebracht werden muss.

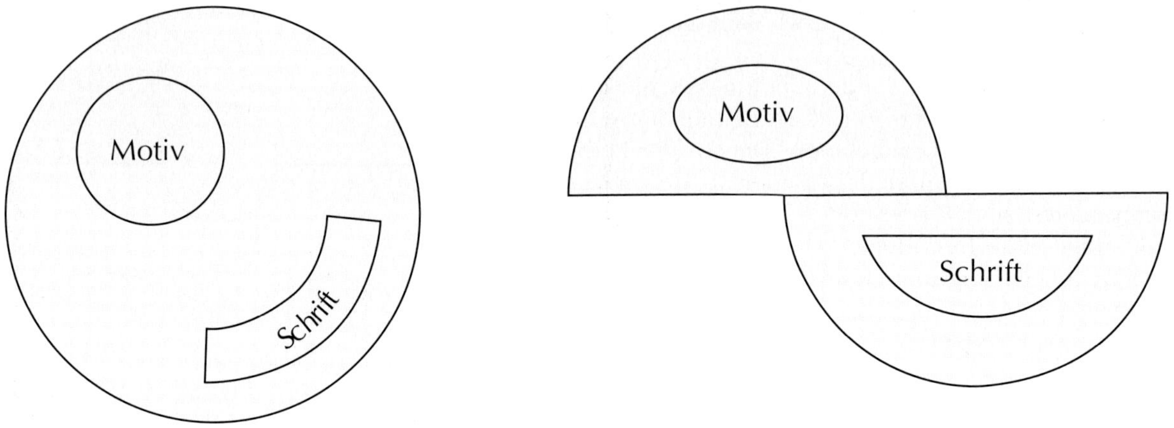

Frage und Arbeitsaufgabe

Erarbeiten Sie anhand der Beispiele zwei weitere Oberflächengestaltungen nach Ihren Vorstellungen!

6.3 Mustertortenentwürfe im Jahresablauf

Torte zum Jahreswechsel

Als Symbole sind Jahreszahlen, Glücksschweine, Glücksklee, Sektflaschen, Glückspilze, Würfel, Rauchfangkehrer, Hufeisen, Wecker usw. geeignet. Die Beschriftung kann mit einer persönlichen Widmung erfolgen.

Fragen und Arbeitsaufgaben

1. Entwerfen Sie eine Neujahrstorte, indem Sie die oben beschriebenen Symbole verwenden!
2. Gestalten Sie diese mit Farbstiften aus!

Torte für den Valentinstag

Was von Floristen schon viele Jahre gewinnbringend genutzt wird, versuchen auch die Konditoren im Jahresgeschäft einzuplanen, nämlich den Valentinstag. Als Symbole eignen sich Herzen, Blumenmotive, Rosen sowie Kalenderdatum und Vornamen.

Fragen und Arbeitsaufgaben

1. Erarbeiten Sie anhand der Mustertorte eine Torte nach eigenen Ideen!
2. Versuchen Sie die Farben mit dem Airbrush und mithilfe von Schablonen aufzutragen!

Torte für die Faschingsparty

Für Kinderfaschingspartys, Faschingsbälle, Gschnasfeste usw. werden Torten mit Masken, Konfetti, Luftballons und Girlanden als Symbole gestaltet. Im Fasching kommen Torten durch ihre Farbenvielfalt richtig zur Geltung.

Fragen und Arbeitsaufgaben

1. Skizzieren und gestalten Sie für die Kinderfaschingsparty eine Formentorte!
2. Planen Sie deren Umsetzung mit der Einlasstechnik!

Torte zum Osterfest

Für Patenkinder und bei der Osterkaffeejause sollte eine Ostertorte nicht fehlen. Hasen, Enten, Kücken, Ostereier und Blumen gelten als Symbole.

Fragen und Arbeitsaufgaben

1. Überlegen Sie sich eine passende Randverzierung für diese Mustertorte!
2. Entwerfen und skizzieren Sie eine Ostertorte! Planen Sie deren Umsetzung mit ausgestochenem Marzipandekor und tragen Sie die Farben mit Farbstiften schattiert auf!

Torte zum Muttertag

An kaum einem anderen Tag im Konditoreijahresablauf werden so viele Torten von Kunden bestellt und verschenkt wie zum Muttertag. Herzen, Rosen und andere Blumen gelten als Symbole. Zielführend ist ein Dekor, das rationell und auf Vorrat hergestellt werden kann.

Fragen und Arbeitsaufgaben

Gestalten Sie ein Muttertagsherz nach Ihren Ideen und beachten Sie die gegebenen Ratschläge!

Torte zum Geburtstag

Zu diesem Anlass können dem Kunden viele Wünsche erfüllt werden. Hobby-, Berufs- und verschiedenste Blumenmotive sind als Dekoration geeignet.

Fragen und Arbeitsaufgaben

1. Entwerfen und planen Sie mit den Schülern im Rollenspiel eine Kindergeburtstagstorte (1. Schüler: Konditor, 2. Schüler: Kunde)!
2. Setzen Sie diese Zeichnung im Praktikum um!

Torte zur Taufe

Die Angehörigen eines neuen Erdenbürgers feiern den Start ins Leben bei der Tauffeier oft mit einer Torte. Storch, Wiege, Baby, Schnuller, Sternzeichen und Geburtsdatum gelten als Symbole. Setzen Sie vor allem zarte Farben (Rosa, Hellblau) ein!

Fragen und Arbeitsaufgaben

1. Planen Sie eine Torte zur Taufe für 40 Personen!
2. Erstellen Sie eine Arbeitsskizze in Originalgröße und färben Sie mit dem Airbrush!

Torte zum Weihnachtsfest

Die scheinbar stillste Zeit im Jahr ist in der Konditorei eine der hektischsten Zeiten. Vielfach werden heute von Konditoreien Weihnachtstorten für den Festtagstisch hergestellt. Als Symbole gelten Weihnachtszweige, Weihnachtsbaum, Kerzen, Kugeln, Sterne, Glocken und Krippe. Dekor auf Vorrat erspart wertvolle Zeit.

Fragen und Arbeitsaufgaben

1. Erstellen Sie eine Schablone für eine Weihnachtstorte!
2. Planen Sie eine dazupassende Beschriftung und Randgarnierung!
3. Setzen Sie die Planung mit der Airbrushtechnik um!

7 SCHAUSTÜCKE

Schau- oder Werbestücke sind Spiegelbilder der kreativen Konditorei.

Durch innovative Gestaltungsmethoden sind sie ein guter Werbeträger. Ob bei nationalen oder internationalen Ausstellungen, bei Kunden oder im Schaufenster: diese Kunstwerke werden bestaunt.

Von der Skizze zum fertigen Schaustück

Bestellung (Auswahl des Motivs)

Folgende Fragen sind zu klären:

- Wird das Schaustück auf eine Formentorte aufgesetzt?
- Für wie viele Personen wird das Schaustück angefertigt?
- Wie ist die Masse zusammengesetzt? Welche Füllung und welcher Dekor sind vorgesehen?
- Wie wird das Schaustück transportiert und an Ort und Stelle arrangiert?

Herstellung einer Skizze

Wenn notwendig, soll bereits bei der Skizzierung die Planung des Transports mit einbezogen werden (zB Skizze eines Clowns – siehe nächste Seite).

Vergrößerung auf Originalgröße

Diese kann mithilfe eines Kopierers, Rasters oder mit einem Strahlensatz erfolgen.

Herstellung von Schablonen

Bei Schaustücken, aber auch bei Fertigung in Serie, ist das Herstellen von Schablonen notwendig.

Sie sind wertvolle Arbeitsbehelfe beim Ausschneiden diverser Teile oder beim Oberflächenfärben. Schablonen können aus Papier, Kunststoff, Plastik, Gummi, Folie, Blechband oder Pappkarton gefertigt werden.

Entworfene Skizzen werden auf das jeweilige Material abgepaust bzw. kopiert und anschließend auf einer geeigneten Unterlage mit dem Stanleymesser ausgeschnitten.
Sorgfältig aufbewahrt, sind sie immer wieder einsetzbar.

Auflistung der zu verwendenden Roh- und Hilfsstoffe

Hilfsstoffe, wie zB Aromastoffe und Bindemittel, sollten nur in begrenzter Menge verwendet werden.

Farbauswahl

Soweit möglich werden vorwiegend färbende Lebensmittel (siehe Kap. II / 15 Farbstoffe) verwendet. Die Farbharmonie soll allerdings gegeben sein.

Erstellen eines Arbeitsplanes

Dies beginnt beim Anschlagen und endet beim Ausfertigen. Es soll Punkt für Punkt die gesamte Herstellung des Schaustückes durchdacht und geplant sein.

Transport und Arrangieren

Das Zusammensetzen erfolgt manchmal erst am Lieferort (zB bei mehrstöckigen Hochzeitstorten).

Skizze

Zusammenfassung: Fachzeichnen

Eine **Grundausstattung** besteht aus

- Blei-, Farb-, Tuschstiften,
- Zirkel,
- verschiedenen Papierarten,
- Kunststoff-Folie,
- Pipetten,
- Linealen,
- Schneidgeräten,
- Pinseln,
- Airbrush,
- Alleskleber.

Randverzierungen

Sie geben der Torte einen Abschluss und vergrößern sie. Dazu verwendet man Schokolade- und Eiklarspritzglasuren.

Schriften und Zahlen

Sie sind Überbringer von Grußbotschaften. Schriften sollen gut leserlich sein und mit dem Dekormotiv harmonieren. Man verwendet Spritzglasuren und Modelliermarzipan.

Ornamente

Sie gestalten Ober- und Seitenflächen von Torten, Desserts, Petits Fours usw. Man verwendet verschiedene Spritzglasuren, Kuvertüre und Brandmasse. Ornamente werden direkt auf die jeweilige Gebäckart aufgespritzt oder auf eine Folie gespritzt und dann auf das Gebäck gesetzt.

Motive und Stilisierungen

Zum Entwerfen und Ausarbeiten von Motiven eignen sich Vorlagen wie Glückwunschkarten, Softwareprogramme, Zeitschriften usw.
Stilisierungen drücken mit Linien auf einfachste Weise verschiedene Dekormotive aus.

Farbenlehre

Farben beleben und verschönern Konditoreierzeugnisse. Unter Berücksichtigung der Farbstoffverordnung stehen neben färbenden Bestandteilen von Lebensmitteln auch Lebensmittelfarben zur Verfügung.

Aus den drei Primärfarben lassen sich weitere Farben herstellen. Das Oberflächenfärben soll dem Durchfärben aus ernährungsphysiologischen Gründen vorgezogen werden.
Färben Sie appetitanregend! Warmen Farben ist gegenüber kalten Farben der Vorzug zu geben.

Tortenentwürfe und Dekor

Torten in verschiedenen Ausführungen sind beliebte Geschenke bei Feiern und zu Festtagen. Die Torten müssen genau geplant werden. Von ovalen bis zu geteilten Torten werden fast alle Kundenwünsche erfüllt. Aufgesetztes Dekor und Tortenoberfläche bzw. -höhe sollen harmonieren.

Grundgedanke bei der Oberflächenenteilung ist das Belassen von Freiräumen, um die Torten nicht zu überladen.

Schaustücke

Sie sind Werbeträger der kreativen Konditorei. Verschiedene Ausstellungen sowie Sonderbestellungen sind Herausforderungen für den Konditor.

Für das rationelle Fertigen des Dekors werden Schablonen benötigt. Von Papier- bis zu Plastikschablonen können sie alle selbst hergestellt werden.

Fragen und Arbeitsaufgaben

1. Was müssen Sie beachten, wenn Sie Torten beschriften?
2. Sollen Randverzierung und Schrift harmonieren?
3. Wo können Sie Vorlagen für Dekormotive finden?
4. Mit welchen Techniken können Sie Motive umsetzen?
5. Nennen Sie drei Anlässe zu denen Torten hergestellt werden! Erläutern Sie Ihre Dekorationsideen für diese Torten!
6. Wie gehen Sie vor, wenn Sie ein Schaustück entwerfen wollen? Erklären Sie die einzelnen Schritte bis es fertig ist!

VI MODELLIEREN

Beim Formen von Figuren, Blumen, Tieren usw. mit verschiedenen Modelliermassen und Techniken können Sie Ihre ganze Fantasie einsetzen, um keinen Kundenwunsch offen zu lassen.

Weiters sollen in diesem Kapitel Ihre Kreativität und Ihr Farbgefühl geweckt werden. Denn nur Ihr Interesse und Engagement führen schließlich zum Erfolg.

1 MODELLIERMASSEN

Die Beschaffenheit der verschiedenen Modelliermassen entscheidet über die richtige Verwendung.

Modelliermassen

- **Marzipan**
- **Modelliermarzipan**
- **Persipan**
- **Schokolademodelliermassen**
- **Zuckermodelliermassen**

1.1 MARZIPAN

Marzipanrohmasse wird mit maximal einem Teil Zucker angewirkt (siehe Kap. II / 7.2 Marzipan). Man erreicht einwandfreies Modelliermarzipan durch die Beigabe von Puderzucker. Sirupzusatz ist erlaubt. Modelliermarzipan kann man auch abschmecken, allerdings muss dies deklariert werden.

Auf Sauberkeit der Hände, Rohstoffe, Geräte und Werkzeuge ist zu achten. Denn Mehlstaub und Schmutzteile sind der ideale Nährboden für Gärungserreger, die das Modelliermarzipan unbrauchbar machen.

Das Austrocknen des Marzipans wird durch luftdichtes Verpacken (zB in Kunststoffbehältern) verhindert.

1.2 Modelliermarzipan

Im Handel ist Modelliermarzipan (siehe Kap. II / 7.4 Modelliermarzipan) ungefärbt und gefärbt erhältlich. Bei der Verwendung von Modelliermarzipan entfällt das Anwirken. Die Festigkeit kann durch Beigabe von Puderzucker verändert werden. Modelliermarzipan wird wie Marzipan aufbewahrt.

1.3 Persipan

Persipan (siehe Kap. II / 7.5 Persipanrohmasse und Persipan) ist Marzipanersatz und ebenfalls als Modelliermasse geeignet. Unterschiede liegen in der Zusammensetzung bzw. im Geschmack. Persipan muss als solches deklariert werden.

Höchstbeigabe zur Rohmasse sind 1,5 Teile Puderzucker. Persipan wird wie Marzipanrohmasse angewirkt und gelagert.

1.4 Schokolademodelliermassen

Sie sind zum Modellieren von Figuren und für Dekors geeignet. Die verschiedenen Farben der Schokolade sollten dabei genutzt werden. Die Temperatur entscheidet über die Festigkeit der Schokolademodelliermasse.

Dunkle Modellierschokolade

500 g	Kuvertüre
150 g	Glukosesirup
100 g	Läuterzucker (30 °Bé)

Herstellung
- Kuvertüre schmelzen. Sirup und Läuterzucker beigeben und verrühren.
- Auf dem Marmortisch erkalten lassen und nach dem Abstocken modellierfähig kneten (Melangieren oder mit Mikrowelle erwärmen).

Weiße oder färbige Modellierschokolade

500 g	weiße Kuvertüre
150 g	Glukosesirup
50 g	Kakaobutter
100 g	Läuterzucker

Herstellung siehe dunkle Modellierschokolade.

1.5 Zuckermodelliermassen

Halbfabrikate oder selbst erzeugte Zuckermodelliermassen sind ebenfalls für bestimmte Dekors einsetzbar. Sie sind halb fest bis hart und daher nur bedingt essbar. Bei der Ausfertigung und beim Eindecken von Erzeugnissen werden sie gerne verwendet.

Zuckermodelliermasse

200 g	Puderzucker
28 g	Maisstärke
10 g	Gummiarabikum
10 g	Glukosesirup
30 g	kaltes Wasser
10 g	weißes Hartfett

Herstellung
- Puderzucker, Maisstärke und Gummiarabikum zusammensieben. Glukosesirup, kaltes Wasser und Fett dazugeben und mit der Knetmaschine glatt arbeiten.
- Die Masse ist fertig, wenn sie nicht mehr am Kessel klebt.
- Die Masse zu einer Kugel formen, in eine Frischhaltefolie einschlagen und luftdicht verpacken. 24 Stunden ruhen lassen.
- Die Masse zur weiteren Verarbeitung mit Hartfett gut durchkneten und immer nur kleine Portionen verwenden, da sie sehr ausgiebig ist.

2 GRUNDFORMEN UND MODELLIERTECHNIKEN

Erste Schritte bei der Aneignung verschiedener Modelliertechniken sind die Herstellung von Grundformen (zB Kugeln, Tropfen usw.).

Sie sind das „Einmaleins" des Modellierens. Aus den Grundformen lassen sich Figuren, Blumen, Tiere usw. formen und zusammensetzen.

2.1 HANDMODELLIEREN

Zuerst wird die Modelliermasse eingeteilt,
- indem man einen Strang formt und ihn mit einem Lineal einteilt bzw. einschneidet oder
- durch Wiegen oder
- mit Distanzschienen, mit deren Hilfe man die Modelliermasse ausrollt und anschließend Formen aussticht.

Die Grundformen werden dann durch unterschiedliche Haltungen der Hände modelliert.

Frage und Arbeitsaufgabe

Wiegen Sie 40 g Modelliermarzipan ab und modellieren Sie nachstehende Grundformen (Originalgrößen)! Achten Sie auf glatte, nahtlose Formen!

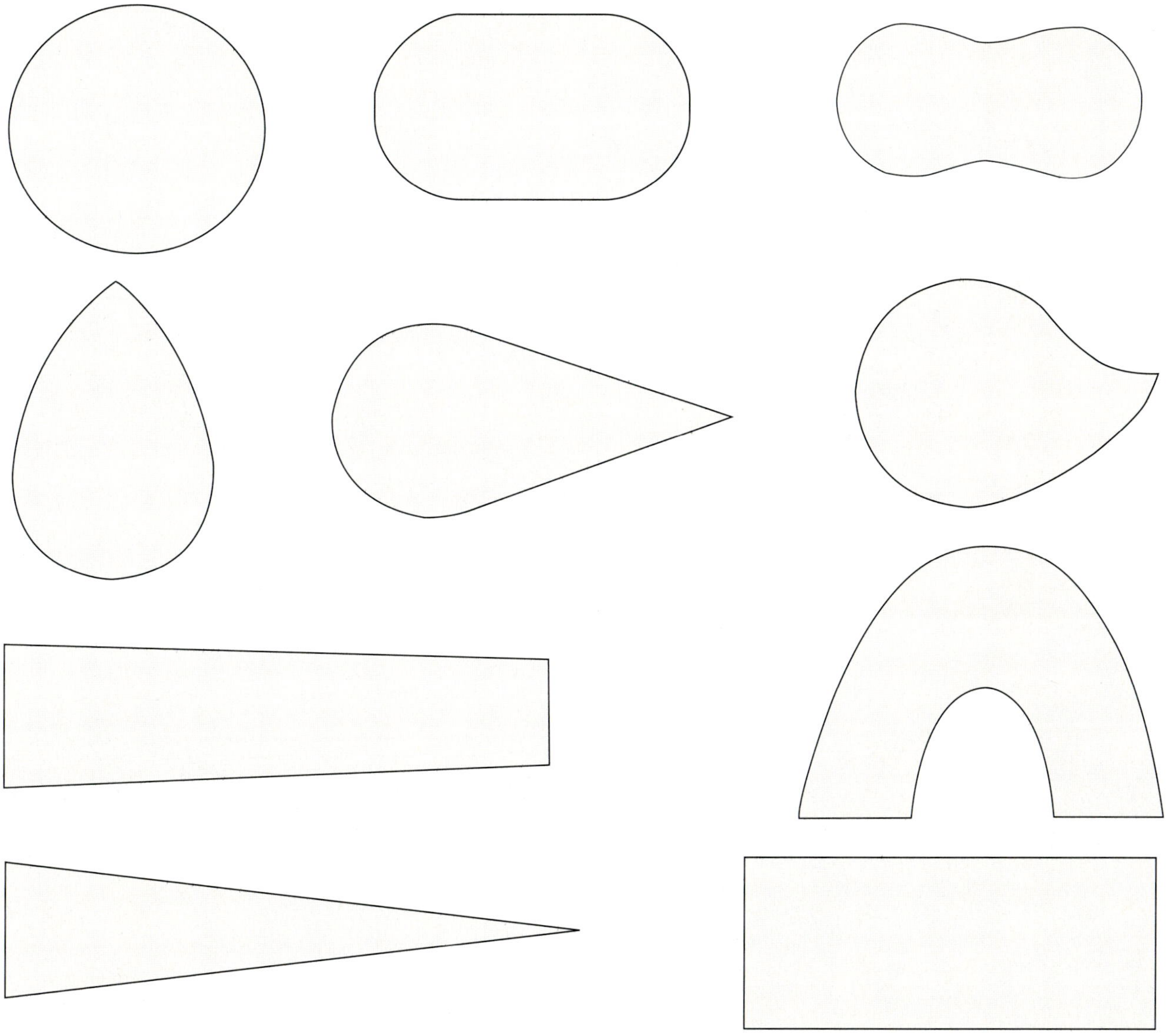

2.2 AUSSTECHERMODELLIEREN

Diese Methode ist empfehlenswert, weil sie einfacher, rationeller und gleichmäßiger als das Handmodellieren ist. Die Proportionen bzw. Gewichte ergeben sich durch die Ausrollstärke (Distanzschienen). Dabei muss auf glatte Oberflächen und saubere Ausstecher geachtet werden, damit sich keine Risse bilden. Die Teile können weiter gestaltet werden, zB durch Riffeln.

Fragen und Arbeitsaufgaben

1. Rollen Sie das Modelliermarzipan 1 cm dick aus!
2. Stechen bzw. schneiden Sie die nachstehend abgebildeten Formen (Originalgrößen) mit und ohne Plastikfolie aus! Die Plastikfolie bewirkt, dass die ausgestochenen Formen an den Seitenflächen abgerundet werden.

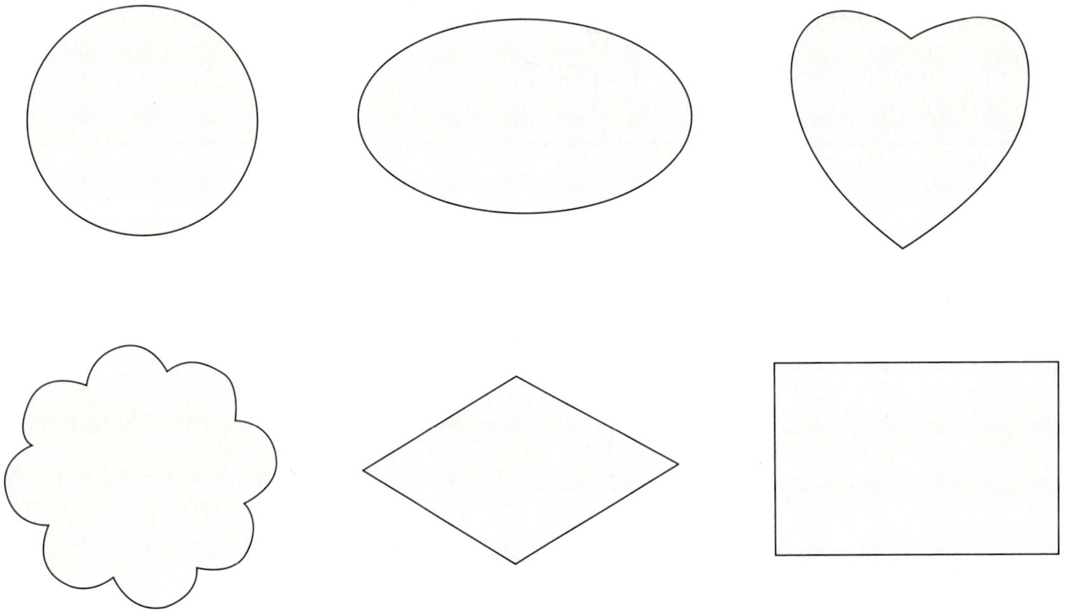

3 TIERE UND FIGUREN

Die Kunst des Modellierens liegt darin, den Tieren und Figuren ihre charakteristischen Eigenschaften zu geben, an denen sie sofort erkannt werden. Die Größenrelationen ergeben sich aus der Tier- und Figurenart.

Tiere

Bei Kindern sind Tiere, wie zB Igel, Löwe, Affe, Katze, Hund und Elefant, sehr beliebt.

Der **Kopf** des Tieres soll ausdrucksstark modelliert sein. Abgesehen von der Größe und Form des Kopfes ist vor allem das tiefe Eindrücken der Augen zu beachten, denn das ergibt Schattierungen. Zu weit auseinander gezogene Augen wirken leblos.

Das Aufsetzen von **Ohren und Nase** erfolgt mit Alkohol oder Läuterzucker. Frisches Eiklar soll wegen der Salmonellengefahr nicht verwendet werden.

Körper, Pfoten und Füße werden nur angedeutet. Das Zusammensetzen erfolgt mit weißer Glasurmasse. Das Absetzen der Tiere im Kuvertüresockel gibt den nötigen Stand und die gewünschte Festigkeit.

Das **Oberflächenfärben** mit dem Airbrush wird dem Durchfärben vorgezogen. Bei Verwendung von Lebensmittelfarben ist die Lebensmittelfarbstoffverordnung zu beachten.

Die **Augen** werden mit weißer Glasurmasse oder Eiklarspritzglasur und Spritzschokolade ausgefertigt. Das Übersprühen mit temperierter Kakaobutter oder Marzipanlack sorgt für den Glanz und verhindert das Austrocknen.

Tiere in Originalgrößen

Figuren

Der Arbeitsverlauf bei Figuren ist der gleiche wie bei Tieren. Besonderes Augenmerk gilt der Größenrelation. Egal, ob die Figuren Kinder oder Erwachsene darstellen, es soll die **Relation zwei Drittel Körper und ein Drittel Kopf** gegeben sein.

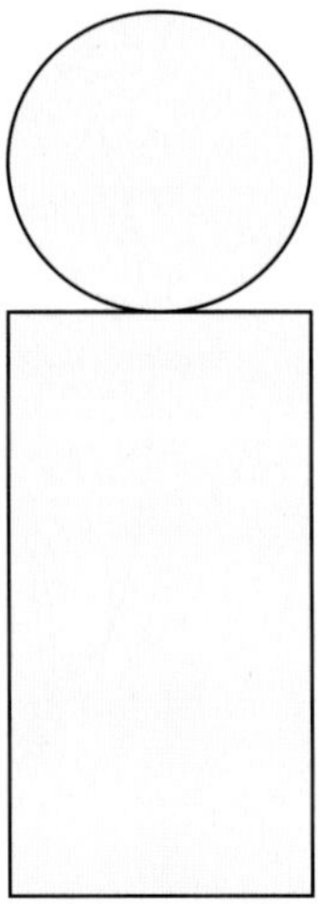

Gesichtsausdruck und **Augen** geben der Figur das nötige Leben. Durch das Verschieben der Augen und Ohren nach unten kann die Figur jünger gemacht werden, zB Babys, Kleinkinder. Durch das Verschieben der Augen und Ohren nach oben können Erwachsene dargestellt werden.

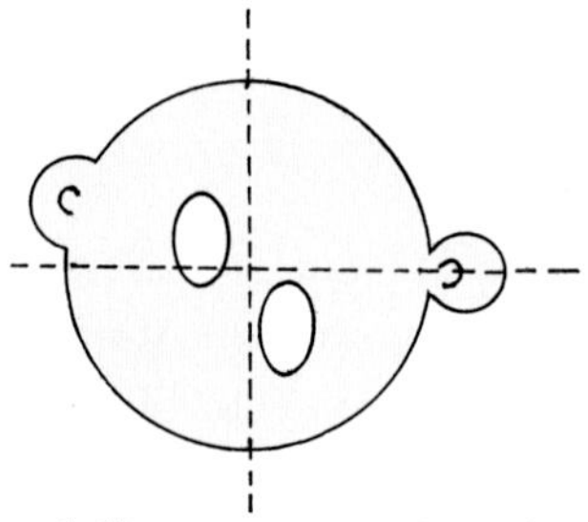

Die **Haare** modelliert man aus Marzipan, das durch eine Knoblauchpresse gedrückt wird. Oder man verwendet Schokolademodelliermasse bzw. -spritzglasur.

Die **Kleider** der Figuren können aus dünn ausgerolltem Marzipan oder Zuckermodelliermassen gefertigt werden. Auch das Andeuten von Kleiderteilen, wie Hose, Schürze usw., ist möglich. Kleidungsstücke kommen durch Oberflächenfärbung mit der Airbrushtechnik besonders zur Geltung.

Auf einem Kuvertüresockel wird die Figur abgesetzt.

Die **Hände und Füße** werden auf die fertige Figur aufgearbeitet, um Bewegungsformen auszudrücken.

Beim Ausfertigen der Augen und beim Übersprühen mit Kakaobutter ist wie bei den Tieren vorzugehen.

Figur in Originalgröße

4 BLUMEN

Als Blumenarrangements werden Rosen, Nelken und verschiedenste Fantasieblumen gefertigt. Blumendekor kann man auf Vorrat herstellen.

Rosen

Die Blätter formt man mit Löffel, Teigkarte oder Rosenblätterpresse. Die Anzahl und das Zusammensetzen der Blätter sind individuell verschieden. Das Färben mit der Airbrushtechnik ist wirkungsvoller als das Durchfärben.

Nelken

Sie werden ebenso mit der Rosenblätterpresse, der Teigkarte oder dem Löffel gefertigt. Gefärbt werden sie mit dem Airbrush.

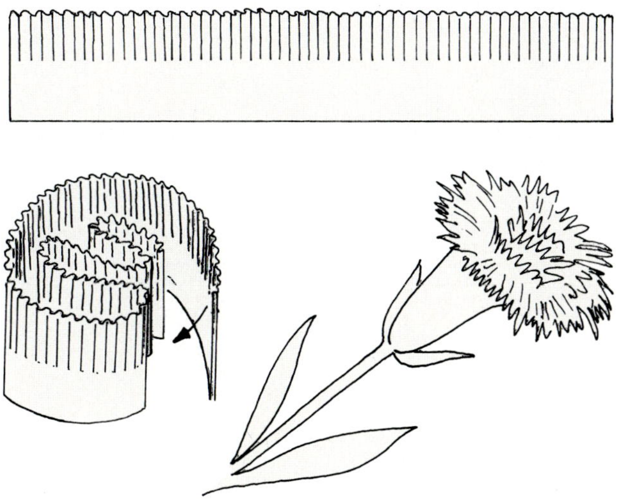

Fantasieblumen

Egal, ob die Blumen geschnitten, hand- oder ausstechermodelliert werden, der Fantasie sind keine Grenzen gesetzt. Sie können rasch hergestellt werden und lassen sich vielfältig verwenden. Das Oberflächenfärben und das Abflämmen sind besonders wirkungsvoll.

Alpenblumen

Bei Feiern (zB Jubiläen) werden manchmal Edelweiß, Enzian und Almrausch gewünscht. Sie sind in der Fertigung aufwendiger und beim Färben ist Fingerspitzengefühl notwendig.

5 PRÄSENTE

Zu beliebten Geschenken, originell verpackt, zählen Marzipanpräsente aus der Konditorei. Sie werden zu Neujahr oder anderen Anlässen hergestellt. Für den Konditor sind sie eine kreative Herausforderung. Rationelles Hand- oder Ausstechermodellieren in Serie senkt die Fertigungskosten. Nachfolgende Beispiele sollen das Verwirklichen eigener Ideen erleichtern. Diese sollten vorher skizziert werden. Es können auch Fotos aus der Fachliteratur von handmodellierten Figuren als Vorlage dienen.

Handmodellierte Präsente in Originalgrößen

Ausstechermodellierte Präsente in Originalgrößen

Zusammenfassung: Modellieren

Modelliermassen

Es stehen Marzipan, Modelliermarzipan, Persipan, Schokolade- und Zuckermodelliermassen zur Verfügung. Die Auswahl trifft man nach der zu modellierenden Figur. Beim Arbeiten auf Sauberkeit achten!

Grundformen und Modelliertechniken

Aus Grundformen, wie Kugeln, Tropfen usw., lassen sich verschiedenste Figuren, Präsente und Blumen herstellen.

Die Modelliertechnik **(Hand- oder Ausstechermodellieren)** hängt von den zu erzeugenden Artikeln und deren Stückzahl ab.

Tiere und Figuren

Tiere und Figuren sollen anhand ihres Aussehens sofort erkannt werden. Vor allem Kopf und Augen sollen den charakteristischen Ausdruck vermitteln und somit Leben in die Figur bringen. Der Fantasie sind keine Grenzen gesetzt.

Blumen

Von Rosen bis zu Fantasieblumen werden Arrangements als Tortendekorationen gewünscht. Blumen sollten auf Vorrat hergestellt werden, um zB eilige Bestellungen von Kunden zufriedenstellend zu erledigen.

Präsente

Nicht wegzudenken sind Marzipanpräsente als persönliche Geschenke zu verschiedensten Anlässen. Hier kann man seine Kreativität unter Beweis stellen.

Fragen und Arbeitsaufgaben

1. Welche Modelliermassen kennen Sie?
2. Erklären Sie den Unterschied zwischen Handmodellieren und Ausstechermodellieren!
3. Worauf müssen Sie beim Modellieren von Tieren achten (bei Kopf, Ohren und Nase, Augen)?
4. Wie soll die Größenrelation des Körpers zum Kopf bei Figuren sein?
5. Wie werden die Haare von Figuren modelliert?

FACHAUSDRÜCKE UND -BEGRIFFE

ABBACKEN: Konditoreierzeugnisse backen.

ABFLÄMMEN: Vorgang, bei dem ein Schaummassengitter, Königsberger Marzipan, Schweizer Makronen usw. im heißen Ofen bei Oberhitze oder mit der Heißluftpistole schnell und flüchtig Farbe bekommen.

ABGLÄNZEN: Lebkuchen, Königsberger Marzipan, Makronen und ähnliches Gebäck mit Gummiarabikum, Läuterzucker oder Dextrin dünn bestreichen.

ABLÖSCHEN: In braun geschmolzenen Zucker, Schlagobers oder Milch gießen.

ABNETZEN: Vorgang, bei dem das Papier auf dem Gebäck ausgebacken und mit Schwamm oder Pinsel angefeuchtet wird, um die Ware besser abnehmen zu können.

ABPUDERN: Mit einem Pinsel den Stärkepuder vom Likör- oder Fondantpralinenkörper entfernen.

ABRÖSTEN: Makronen-, Brühmassen oder Brandteig im Kessel auf offenem Feuer bearbeiten.

ABSCHÄUMEN: Den Schaum, der sich beim Kochen von Zucker oder anderen Lösungen bildet, mit einem Lochschöpfer abnehmen.

ABSCHMECKEN: Cremen, Speiseeis, Fondant, Schlagobers usw. mit Geschmacksträgern verfeinern.

ABSTERBEN:
- Wenn eine Zuckerlösung oder Karamell beim Bearbeiten griesig und langsam fest wird.
- Wenn glasierte Gebäcke trockene Stellen bekommen.

ABTABLIEREN: Siehe Tablieren.

ABTROCKNEN: Glasierte Gebäcke, kandierte Früchte usw. bei mäßiger Wärme im Ofen oder im Gärschrank trocknen.

ABZIEHEN:
- Mandeln in kochendem Wasser überbrühen und schälen.
- Eine Creme- oder Speiseeismischung aus Milch, Zucker, Dotter und/oder Stärkemehl unter ständigem Rühren so lange erhitzen, bis sie eine dickliche Konsistenz aufweist.

ALABASTERGIPS: Spezieller Gips (in der Drogerie erhältlich), der mit Leimwasser angerührt wird. Aus ihm können besonders haltbare Formen selbst hergestellt werden.

ANALYSE:
- Ermittlung der Bestandteile von Flüssigkeiten, Gemengen.
- Rezeptüberprüfung auf Codexgenauigkeit.

ANGELIKA: Zarte Stengel eines Doldengewächses (Engelwurz), als Belegmaterial in Dickzucker gezogen.

ANSATZ: siehe Dampfl.

ANSCHLAGEN: Rühren verschiedener Zutaten zur Herstellung von Massen.

ANWIRKEN: Einzelne Rohstoffe zu einem Teig (Marzipan) zusammenarbeiten.

APRIKOTIEREN: Ein Gebäck mit heißer Marillenkonfitüre bepinseln, damit die Glasur nicht Absterben kann.

ARRANGIEREN:
- Gestaltung von Tortendekor.
- Formschönes Anrichten von Platten mit Desserts, Pralinen usw.

ASPIK: Gewürzte Gelatine für Sandwiches oder als Plattenspiegel für die kalte Küche.

ÄTHERISCHES ÖL: Leicht flüchtiges Öl, das aus Pflanzen, Früchten oder Blüten gewonnen wird.

ATTRAPPE: Naturgetreue Nachbildung einer Ware zur Schaufensterdekoration (Eiscoupe, Eisbombe, Hochzeitstorte usw.).

AUFSATZ: Gebilde aus Schokolade, Krokant, Karamell oder Makronenmasse. Es dient meist als Schaustück für das Schaufenster.

AUFSTREICHEN: Rouladenmasse auf Papier oder Hippenmasse mit Schablonen auf einem Blech glatt streichen.

AUSBUND: In Formen gebackene Kuchen werden nach dem Anbacken (oder französische Makronen vor dem Backen) mit einem scharfen Messer der Länge nach eingeschnitten. Dadurch klafft die Kruste auseinander und die nachbackende Masse erzeugt so den typischen Ausbund.

AUSLEGEN: Formen mit Mürb-, Blätter- oder Hefeteig auskleiden (zum Füllen mit Masse oder Blindbacken).

AUSROLLEN: Marzipan oder Teige mit einem Rollholz oder mittels Ausrollmaschine ausdehnen.

AUSTREIBEN: Marzipan, das nicht sauber oder mit Mehl verarbeitet wurde, beginnt nach dem Antrocknen zu platzen.

BAISER: Gebäck aus Schaummasse, das auf halben, feuchten Holzkugeln gebacken wird.

BALLEN: Handprobe beim Zuckerkochen (121 bis 125 °C).

BAUMÉ: Erfinder der Zuckerwaage, mit der die Dichte einer Zuckerlösung gemessen werden kann.

BERLINER:
- Mit Fondant glasierte Faschingskrapfen.
- Internationaler Ausdruck für Faschingskrapfen.

BLANCHIEREN: Kurzes Überbrühen von Früchten auf kleinem Feuer. Dadurch Aufschließen der Fruchtzellen (zB Früchte zum Dickziehen).

BLINDBACKEN: Eine Form mit Mürbteig usw. auslegen. Backperlen oder getrocknete Hülsenfrüchte einlegen, um ein Aufblasen des Teiges zu vermeiden.

BONBONNIERE: Eine Zusammenstellung verschiedener Konfektsorten in dekorativer Verpackung.

BONBONS: Österreichische Bezeichnung für Pralinen.

BRANDIG: Wenn Butter und andere Zutaten zu wenig kalt sind oder zu lange bearbeitet werden, dann verliert der Mürbteig seine Bindigkeit.

BRUCH: Zuckerkochprobe (ab 137 °C).

CANAPÉS: Kleine, mundgerechte Happen.

CASSIS: Französische Bezeichnung für Schwarze Johannisbeere (Cassislikör).

CHARLOTTE: Süßspeise, meist in Dariolform gefertigt, aus feinen Cremen, Früchten oder Fruchtmus und mit Löffelbiskuits umrandet.

CHAUDEAU: Weinschaum, hergestellt aus Weißwein, Zucker, Eiern und Zitronensaft.

CHEMISIEREN:
- Ausstreichen einer Eisform mit ein- oder mehrfarbigem Speiseeis.
- Auskleiden, Ausstreichen einer Form mit Aspik.

CONFISERIE: Französische Bezeichnung für Konditorei.

CONVENIENCE-PRODUKTE: Von der Lebensmittelindustrie angebotene Halbfabrikate, wie zB Biskuitmix, Eispulver, Fertigcremen, Pralinenmasse usw. Sie bieten den Vorteil der Zeitersparnis und Rezeptgenauigkeit.

CORNETS: Aus Hippenmasse hergestellte Spitztüten.

COULEUR: Bis zur Braunfärbung eingekochter Zucker, der mit Wasser abgeschreckt und wieder aufgekocht wird.

COUPES: In Gläsern oder Bechern angerichtete Eisspeisen.

CRÊPES: Kleine, besonders feine und dünne Omeletten.

CROQUE EN BOUCHE: Kleine, mit Karamell überzogene Windbeutel, die zu einem Aufsatz angerichtet werden.

CURAÇAO: Likör aus unreifen Pomeranzen (Bitterorangen); farblos, blau, rot, orange und grün. Zur Pralinenerzeugung, für Eisspeisen usw.

DAMPFL: Gärprobe aus Hefe, Milch und Mehl.

DAUERGEBÄCK: Gebäck, das längere Zeit haltbar ist, ohne seinen guten Geschmack zu verlieren (Kekse, Makronen, Lebkuchen usw.).

DEKLARIEREN: Zutaten einer Ware auf einer Etikette bezeichnen.

DEXTRIN: Ersatzglasur für Lebkuchen aus gerösteter Stärke.

DEXTROSE: Traubenzucker (Glukose).

DIABETES MELLITUS: Zuckerkrankheit.

DICKZIEHEN: Konservieren von Früchten in mehreren Arbeitsschritten. Austausch der Zellflüssigkeit mit Zucker.

DOUBLIEREN: Zusammensetzen von je zwei Gebäckstücken.

DRAGIEREN: Gebäckstücke, Lebkuchen, Marzipane, Kerne mit einer Zuckerschicht überziehen.

DRESSIEREN: Einer Masse mithilfe von Spritzsack und Tülle eine entsprechende Form geben.

DUCHESSE: Feines Eisgebäck aus Zucker, Eiklar und Haselnüssen, mit Nougat gefüllt.

ECLAIR: Längliches Gebäck aus Brandmasse mit Mokkaobersfüllung.

EIERSTREICHE: Eier, Milch und/oder Wasser zum Bestreichen oder Besprühen von Teigen vor dem Backen.

EINLASSMANIER: Verzierungsart von Torten und Desserts, bei der die Umrisse des Musters mit Schokolade vorgespritzt werden und das Innere mit Gelee oder Fondant ausgefüllt (eingelassen) wird.

EINSETZEN: Schlagoberscreme oder Speiseeis in Formen oder Ringe einfüllen.

ELISEN: Lebkuchenspezialität aus Makronenmasse, die auf Oblaten gebacken wird.

ENTSPANNEN: Frisch gekneteten Teig ruhen lassen, damit er sich beim Ausrollen nicht zusammenziehen kann.

EVAPORIEREN: Eindicken durch Verdampfen von Flüssigkeit (zB Dosenmilch).

FADEN: Zuckerkochprobe (105 bis 109 °C).

FARCE: Glatte, fein gewürzte Fleischfüllung für Pasteten.

FERMENTIEREN: Selbstgärung von Tee, Kaffee- und Kakaobohnen.

FILLIEREN: Gebäcke oder Pralinen mit ganz feinen Kuvertürestrichen versehen.

FLAMBIEREN: Absengen oder Abbrennen mit Alkohol.

FLEURONS: Kleine, ausgestochene Blätterteighalbmonde als Garnitur.

FRUCTOSE: Fruchtzucker.

FÜSSCHEN: Breitlaufen von Schokolade oder Massen. Sie sind unerwünscht am Fuß der Pralinen. Bei Anisplätzchen sind sie dagegen erwünscht.

GARE: Aufgehen eines Teiges im Wärmeschrank.

GARNIEREN: Verzieren von Speisen.

GASHALTEVERMÖGEN: Eigenschaft des Klebereiweißes, die Gärgase im Teig zu halten.

GELEEPROBE: Beim Konfitüre- und Geleekochen etwas Kochgut auf einen kalten Teller geben, um zu sehen, ob die Konfitüre fest wird.

GELIEREN: Absteifen, sulzen lassen.

GERINNEN: Das Festwerden von Eiweiß durch Hitze, Säure uA.

GLACE: Französische Bezeichnung für Speiseeis.

GLASIEREN: Torten, Desserts usw. mit Fondant, Creme oder Schokolade übergießen.

GLUKOSE: Siehe Dextrose. Aus Stärke gewonnener Sirup.

GRELLIEREN: Wenn einer gerührten Fettmenge (zB Canache-, Buttercreme, Abtrieb usw.) zu viel oder zu schnell Flüssigkeit (Obers, Wasser, Eier) zugesetzt wird, kann diese vom Fett nicht aufgenommen werden.

GRILLAGE: Gestoßener Krokant.

GUMMIARABIKUM: Pulverisiertes Gummibaumharz, das, mit Wasser aufgekocht, zum Glasieren von Marzipan und Makronengebäck dient.

GUSS: Gemisch aus Milch, Eiern und sonstigen Zutaten. Zum Ausgießen von Kuchen und Strudeln.

KANDIEREN: Ansetzen von Zuckerkristallen (zB bei Gelees, Früchten, Bonbonkörpern).

KARAMELLISIEREN: Frische Früchte mit Stiel (Kirschen) oder vom Zuckersirup abgetropfte, angetrocknete Belegfrüchte in stark ausgekochten Karamellzucker tunken oder die Früchte damit übergießen und zum Erstarren auf ein Blech legen.

KERNE: Schalenobst (zB Haselnüsse, Walnüsse, Mandeln, Pistazien usw.).

KONFITÜRE: Neue, EU-konforme Bezeichnung für Marmelade und Jam.

KUVERTÜRE (Couverture, Tunkmasse): Schokoladeüberzugsmasse, bestehend aus mindestens 31 % Kakaobutter und 2,5 % fettfreier Kakaotrockenmasse.

LAPPENPROBE: Wenn beim Kochen von Konfitüre, Gelee usw. das Kochgut lappenartig vom Kochlöffel fließt, ist die Kochzeit erreicht, bei der die Konfitüre etc. fest wird.

LÄUTERZUCKER: Durch Aufkochen und Abschäumen gereinigte, zuckerhaltige Flüssigkeit.

MARASCHINO: Feiner, farbloser Likör aus der Schlehkirsche.

MARINIEREN: Dickgezogene und getrocknete Früchte für Stollen oder Kuchen mit Alkohol übergießen und ziehen lassen.

MARONS GLACÉS: Glasierte Maroni (Edelkastanien).

MELANGIEREN: Mit dem Melangeur bearbeiten – fein reiben.

MELIEREN: Verschiedene Zutaten leicht unterziehen.

MISE EN PLACE: Alles Erforderliche für eine Arbeit oder eine Zubereitung bereitstellen.

MODELLIEREN: Marzipan oder anderen Modelliermassen Form und Gestalt geben.

NAPPIEREN: In der Patisserie oder bei Eisspeisen werden Früchte mit heißer Schokolade bzw. Fruchtsauce überzogen.

PARFAIT: Halbgefrorenes.

PASSIEREN: Früchte, Topfen oder Cremen durch ein engmaschiges Sieb oder Passiertuch drücken.

PASTEURISIEREN: Milch oder andere Flüssigkeiten durch Erhitzen keimarm machen.

PATISSERIE: In der Küchenfachsprache der Platz, die Abteilung, in der die warmen und kalten Süßspeisen hergestellt werden.

PATISSIER: (französisch: Pastetenbäcker): Süßspeisenkoch.

PETITS FOURS: Kleine Desserts aus verschiedenen Massen, verschieden gefüllt und ausgefertigt.

PIKIEREN: Walnüsse, Mirabellen, Stachelbeeren usw. vor dem Blanchieren mit dünner Nadel mehrmals durchstechen.

POCHIEREN: Im Wasserbad bei kleiner Flamme knapp unter dem Siedepunkt garziehen.

QUITTENKÄSE: Back- und schnittfeste Konfitüre aus Quitten.

ROYAL: Guss aus Eiern, Zucker, Vanille, Salz und Milch, der meist über aufgelegte Früchte gegeben und mitgebacken wird.

SANDWICH: Zwei oder mehrere Scheiben entrindetes Kastenbrot, die verschieden gefüllt werden.

SCHABLONE:
- Zum gleichmäßigen Aufstreichen von Massen.
- Zum Ausschneiden von Aufsatzteilen.

SCHMINKEN: Marzipanartikel oder Ähnliches mittels Lebensmittelfarbe außen mit einem Pinsel anfärben.

SCHNEE: Eiklar, schaumig geschlagen.

SCHNURREN: Zusammenziehen von zu kurz abgestandenem Blätter- oder Mürbteig beim Backen.

SCHRAPS: Trockene Biskuit- und Kuchenreste (ohne Creme, Marmelade usw.).

SCHWADEN: Entstehender oder erzeugter Dampf im Backofen oder Gärschrank.

SORBET: Mit hohem Frucht-, aber geringem Zuckeranteil hergestelltes Eis.

SORTIMENT: Auswahl von verschiedenen Gebäcken, Bonbons, Teebäckereien usw.

SOUFFLÉ: Sehr leichte Auflaufmasse, die in der Form serviert wird.

SPEKULATIUS: Weihnachtliches Buttergebäck, das vor dem Backen in figürliche Holzformen gepresst wird.

SPRINGERLE: Weihnachtsgebäck, das mittels Holzformen ausgestochen und vor dem langsamen Backen getrocknet wird.

STERILISIEREN: Durch Kochen keimfrei machen.

STRAUBEN: Spezialität, die dünn ausgerollt, schwimmend in Fett gebacken wird.

STROHIG: Blätterteig wird strohig, wenn beim Tourieren zu viel Staubmehl eingearbeitet wurde.

STUPFEN: Mürb- oder Blätterteig mit einer Gabel einstechen. Es verhindert die Blasenbildung beim Backen.

STÜRZEN: Eisbomben, Cremen nach dem Festwerden auf einer Platte oder einem Teller umstülpen.

TABLIEREN:
- Den bis zu einem bestimmten Grad gekochten Zucker am Kesselrand oder auf einer Marmorplatte bearbeiten.
- Aufgelöste Kuvertüre wird ebenfalls zum richtigen Mischen auf Marmor tabliert.

TEIGLING: Ausgerollter, zu Stückware aufgearbeiteter, ungebackener Teig.

TEMPERIEREN: Vorgang, bei dem die zuvor tablierte Schokolade auf die richtige Verarbeitungstemperatur gebracht wird.

TOURIEREN: Fett (Butter oder Margarine) schichtenweise in den Blätterteig, Plunderteig einrollen.

TRAGANT: Baumsaft, der aus Astralagusarten (Kleinasien) gewonnen wird. Er dient zum Binden und Aushärten von Modelliermassen für Tragantaufsätze usw.

TRAMEZZINI: Italienisches Sandwich.

TRÄNKEN: Tortenböden oder Rouladen mit einem Gemisch aus Läuterzucker und Alkohol befeuchten.

TROCKENZIEHEN: Dickgezogene Früchte abtropfen und trocknen lassen (mindestens 20 °C).

VANILLIEREN: Massen, Glasuren, Cremen usw. mit Vanille aromatisieren.

WEGSETZEN: Teiglinge oder Waren auf ein Blech oder Trennpapier legen.

WENDEN:
- Umdrehen eines Bleches im Backofen.
- Eine Roulade auf ein anderes Papier geben.

WIRKEN: Teig zu einer Kugel formen.

ZUSAMMENWASCHEN: Ständiges Abwaschen der Kesselwand während des Zuckerkochens.

SACHREGISTER

T

U

REZEPTREGISTER

KOPIERVORLAGEN FÜR FACHZEICHNEN

Übungsblatt für Randverzierungen und Schriften

Übungsblatt für Randverzierungen und Schriften bei runden Formen

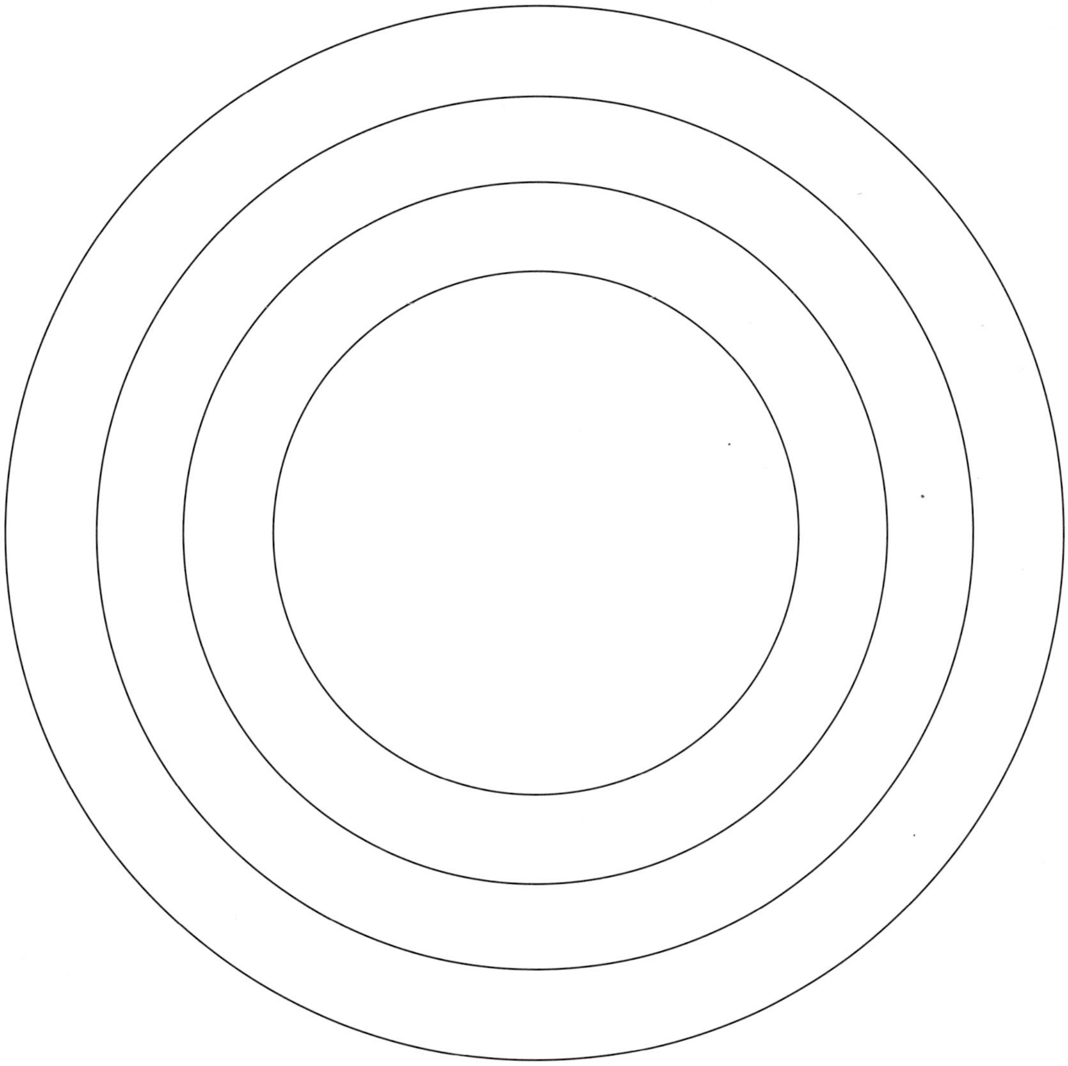

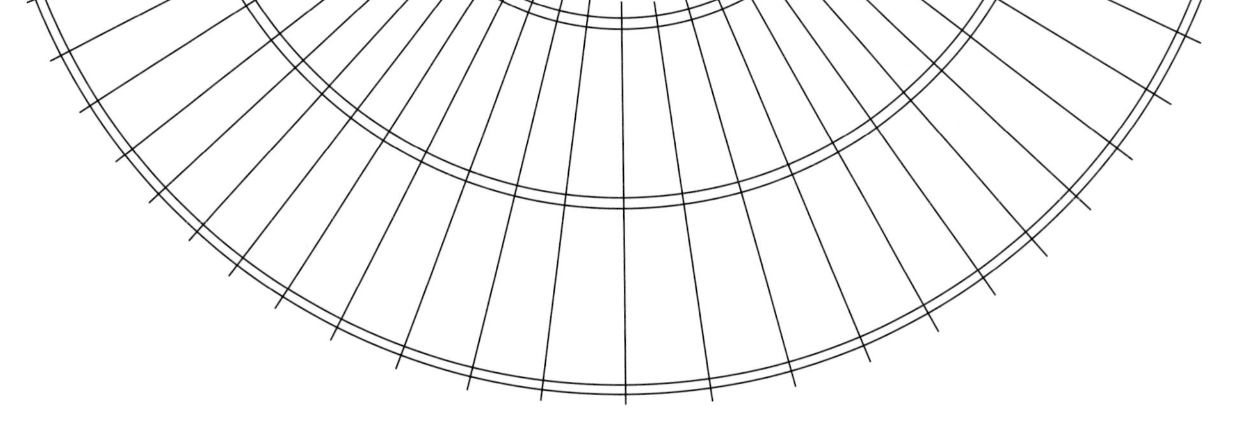

Übungsblatt für Ornamente

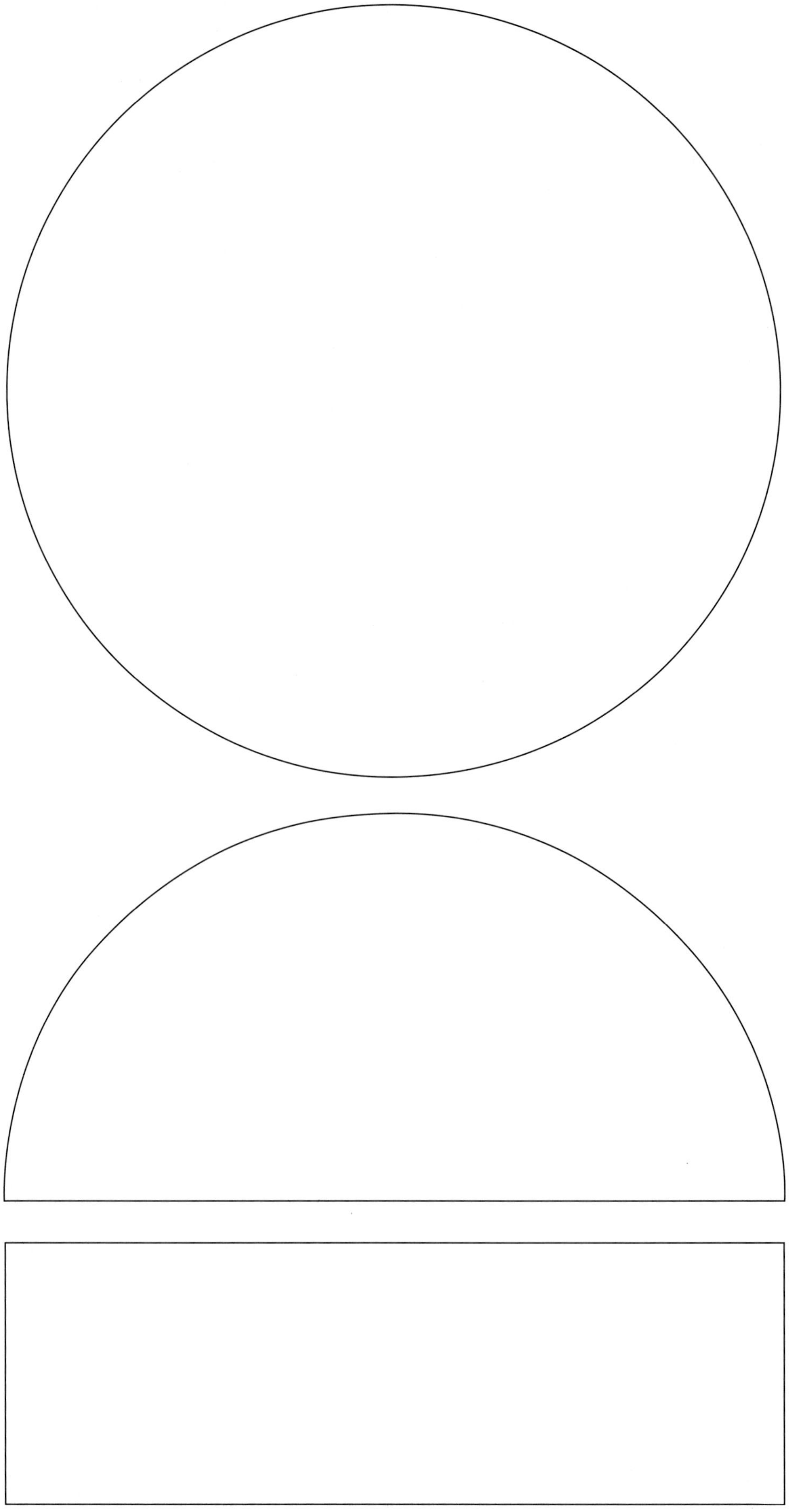

Übungsblätter für Desserts (Originalgrößen)

Geschnittene Dessertformen

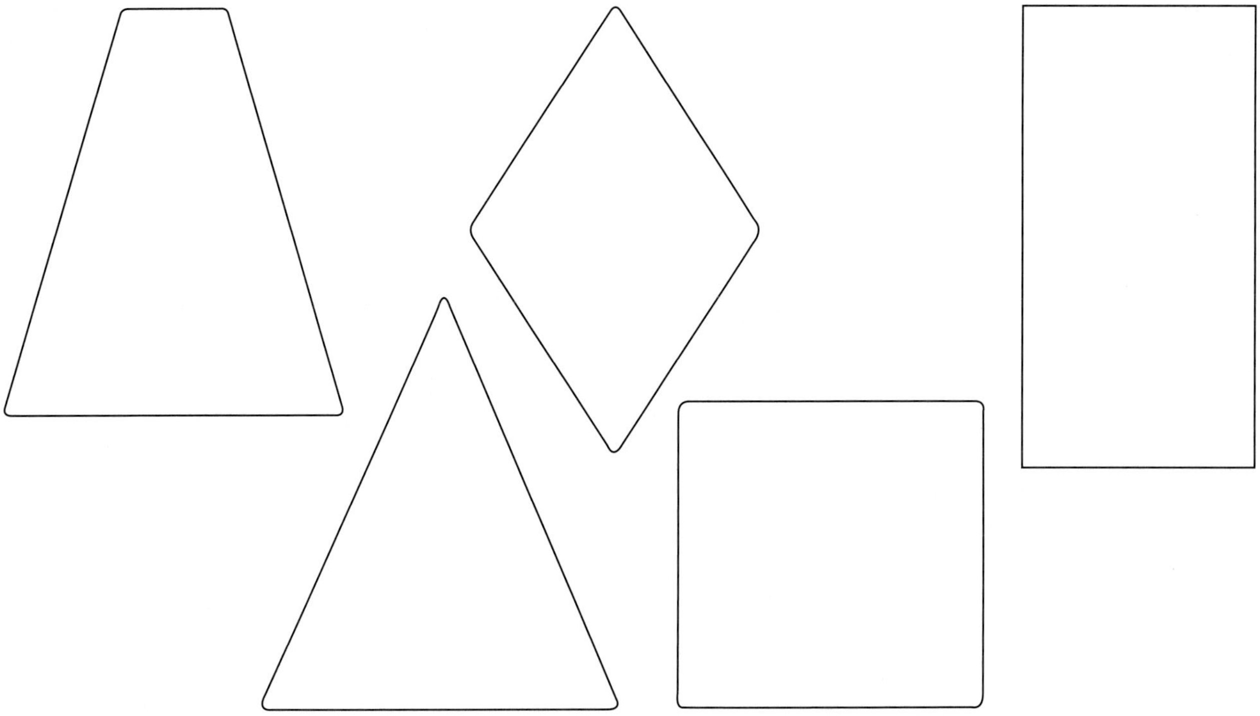

Ausgestochene oder dressierte Dessertformen

Petits-Fours-Formen

Mignonformen

HYGIENEMERKBLÄTTER

MERKBLATT – LEITLINIEN NR. 1

PERSÖNLICHE HYGIENE

UNMITTELBAR VOR ARBEITSBEGINN UND NACH WC-BENÜTZUNG, NACH DEM ANFASSEN VERSCHMUTZTER GEGENSTÄNDE

- Händewaschen, einschließlich Unterarme
- Seife verwenden, wenn erforderlich desinfizieren

KÖRPER- UND HAARPFLEGE

- Tägliche gründliche Reinigung des gesamten Körpers
- Kopf- und Barthaare sauber halten und pflegen
- Fingernägel sauber halten

ERKRANKUNGEN

- (Durchfall, Erbrechen, Wunden, Hauterkrankungen etc.) sofort dem Vorgesetzten melden
- offene Wunden durch wasserdichten Verband abdecken

ARBEITS-KLEIDUNGSSTÜCKE

- regelmäßig, jedoch auf jeden Fall nach Verschmutzung wechseln
- Schuhe sauber halten

Bundesinnungsgruppe
Müller, Bäcker, Konditoren,
Nahrungs- und Genußmittelgewerbe
WIRTSCHAFTSKAMMER ÖSTERREICH

PERSÖNLICHE SAUBERKEIT – DER SCHLÜSSEL ZUR HYGIENE

MERKBLATT – LEITLINIEN NR. 2

VERHALTEN BEIM BE- UND VERARBEITEN VON LEBENSMITTELN

PERSÖNLICHE SAUBERKEIT

- Verschmutzte Hände nur beim dafür vorgesehenen Handwaschbecken reinigen
- Nach WC-Benützung und nach Hantieren mit Müll Hände gründlich reinigen
- Fingernägel kurz und sauber halten
- Kopfbedeckung/Haarschutz tragen
- saubere Arbeitskleidung/ Arbeitsschuhe/gegebenenfalls Schutzkleidung verwenden

HYGIENISCH-SICHERE ARBEITSWEISE

- Nicht auf Lebensmittel husten oder niesen
- Wunden an Händen oder Unterarmen durch wasserdichten Verband abdecken
- Nicht rauchen
- Keine Mahlzeiten einnehmen
- Handschmuck und Armbanduhr ablegen
- Arbeitsplatz/Geräte/Arbeitsflächen/ Laden und Regale sauber halten
- Unsaubere Rohwaren nicht mit Fertigwaren in Berührung bringen
- Nicht mehr benötigte Rohwaren und Fertigprodukte rasch richtig lagern
- Reinigungs- und Desinfektionsmittel gekennzeichnet und von Lebensmitteln getrennt lagern

Bundesinnungsgruppe
Müller, Bäcker, Konditoren,
Nahrungs- und Genußmittelgewerbe
WIRTSCHAFTSKAMMER ÖSTERREICH

SAUBERKEIT – VORAUSSETZUNG FÜR QUALITÄT

MERKBLATT – LEITLINIEN NR. 6

LAGER

WAREN-EINGANG

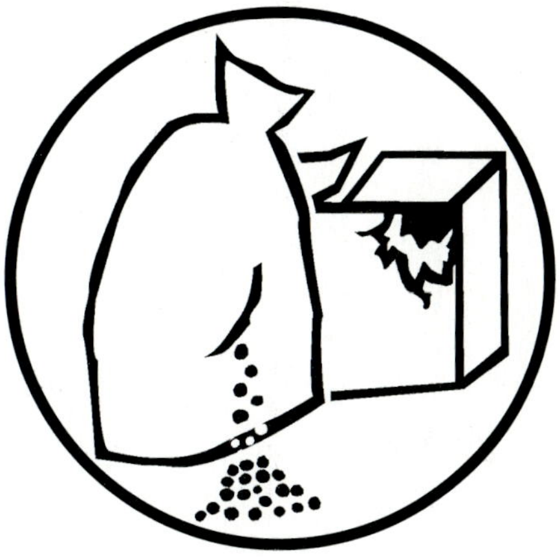

- Waren vor dem Einlagern auf Verderb oder Beschädigung kontrollieren
- Mindesthaltbarkeitsdatum und Lagerbedingungen beachten
- Abgelaufene, verdorbene oder beschädigte Ware zurückweisen und melden

LAGERUNG

- Räume, Regale und Abstellflächen sauber und in Ordnung halten, Wandabstände einhalten
- Geöffnete Packungen wieder verschließen
- Leeres Verpackungsmaterial und Abfälle entfernen
- Auftreten von Schädlingen (Motten, Gespinste, Eigelege, Schaben, Mäuse, Ratten und dgl.) sofort melden
- Reinigungs- und Desinfektionsmittel getrennt und verwechslungssicher lagern

WARENENTNAHME

- Waren vor der Entnahme kontrollieren
- Länger lagernde Ware zuerst verwenden (first in – first out)
- Verdorbene Ware aussortieren, deutlich kennzeichnen und sofort melden

Bundesinnungsgruppe
Müller, Bäcker, Konditoren,
Nahrungs- und Genußmittelgewerbe
WIRTSCHAFTSKAMMER ÖSTERREICH

REINIGUNGSINTERVALLE UND ZUSTAND DER WARE BEACHTEN

MERKBLATT – LEITLINIEN NR. 8

LEBENSMITTEL THERMOMETER

LEBENSMITTEL-
THERMOMETER °C

ERKRANKUNGEN

ARBEITS-

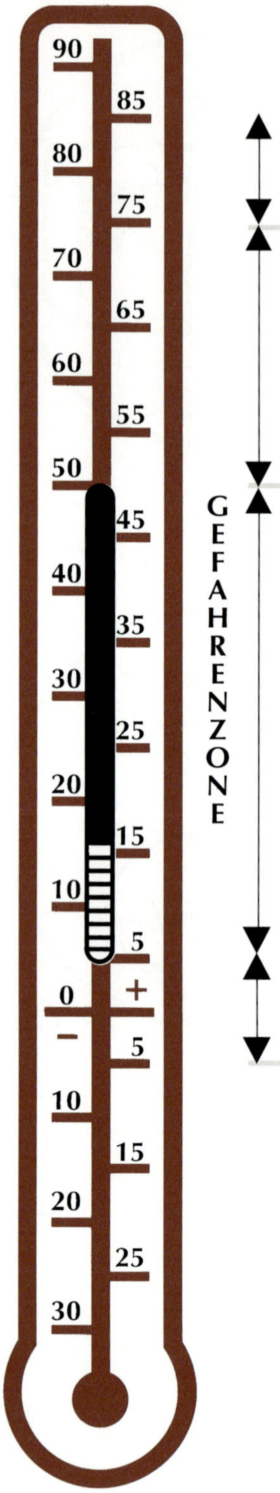

→ heiße Bereitstellung (von Suppen, Saucen, Fleisch etc.) zwischen 75 °C und 82 °C

→ bakteriologisches Wachstum vereinzelt möglich

→ Bakterienverdoppelung alle 20 Minuten bei 37 °C

→ Bakterienverdoppelung ca. alle 40–120 Minuten

→ Vermehrungsgeschwindigkeit herabgesetzt

→ ab –5 °C keine Bakterienvermehrungen mehr; jedoch noch Schimmelwachstum, das jedoch ab –18 °C erliegt Tiefkühltemperaturen ab –18 °C

Bundesinnungsgruppe
Müller, Bäcker, Konditoren,
Nahrungs- und Genußmittelgewerbe
WIRTSCHAFTSKAMMER ÖSTERREICH

TEMPERATUREN BEACHTEN

LITERATURVERZEICHNIS

Heckmann, A., Neues großes Konditoreibuch, Fachbuchverlag Dr. Pfanneberg & Co., Gießen, 1959

Duch, K., Handlexikon der Kochkunst, Band 1, Trauner Verlag, Linz, 1996

Schraemli, H., Das große Lehrbuch der Bar, Fachbücherverlag Union Helvetia, Luzern

Lazelsberger ua., Küchenführung und Servierkunde, Band I, Trauner Schulbuch Verlag, Linz, 1995

Lazelsberger ua., Küchenführung und Servierkunde, Band II, Trauner Schulbuch Verlag, Linz, 1995

Bauer ua., Speisen- und Menükunde, Kochen, Trauner Schulbuch Verlag, Linz, 1997

Schild, E., Der junge Konditor, Band 1, Fachbuchverlag Dr. Pfanneberg & Co., Gießen

Kohlhauser, R., Lehrbuch der Chemie, Salzburger Jugendverlag, Salzburg

Büskens ua., Fachlehre für Konditoren, Band 1, Cornelsen Verlag, Berlin, 1985

Schlieper, C., Ernährung heute, Dr. Felix Büchner – Handwerk und Technik, Hamburg 1994

Bauer ua., Aktuelle Theorie und Praxis der Küche, Band 1, Trauner Schulbuch Verlag, Linz, 1990

Schuhmacher ua., Wiener Süßspeisen, Trauner Verlag, Linz, 1993

Gutmayer ua., Getränkekunde, Trauner Schulbuch Verlag, Linz, 1996

Deisl, E., Ernährungslehre und Lebensmittelkunde, Trauner Schulbuch Verlag, Linz, 1996

Deutsche Gesellschaft für Ernährung (Hrsg.), Richtig gekocht vollwertig ernährt, Frankfurt a. M., 1989

Deutsche Gesellschaft für Ernährung (Hrsg.), Ballaststoffreiche Kost, Frankfurt a. M., 1979

Deutsche Gesellschaft für Ernährung (Hrsg.), Empfehlungen für die Nährstoffzufuhr, Frankfurt a. M., 1991

Deutsche Gesellschaft für Ernährung (Hrsg.), Vollwertig Essen und Trinken, Frankfurt a. M., 1995

Verband unabhängiger Gesundheitsberater (Hrsg.), Vollwert-Ernährung zum Überlegen, Gießen, 1987

Grundstufe Ernährungswirtschaftliche Berufe, Hermann Schroedel Verlag KG, Hannover, 1977

Büsken, H., Fachlehre für Bäcker, Band 1, Cornelsen Verlag, Berlin, 1984

Teubner ua., Das große Buch der Desserts, Gräfe und Unzer, Teubner Edition, Füssen, 1981

Richter, E., Süßes aus Wien, Deuticke Verlag, 1983

Esken, P., Gestalterisches Zeichnen für Konditoren, Dr. Pfanneberg & Co Verlag, Leipzig, 1993

Kindermann ua., Zeichnen und garnieren für Konditoren, Matthaes Verlag, Stuttgart, 1966

Sickel ua., Neue Wege im praktischen Dekor, Matthaes Verlag, Stuttgart, 1963

Bohle ua., Das Maler und Anstreicher Buch, Bohmann Verlag, Wien, 1995

Tonti ua., Dekor 2000, Turin, 1991

Kindermann, Pralinen von A bis Z, Matthaes Verlag, Stuttgart

Proot, I., Marzipan, Matthaes Verlag, Stuttgart, 1994

Skobranek, H., Bäckerei Technologie, Verlag Handwerk und Technik GmbH, Hamburg, 1991

Schünemann ua., Bäckerei–Konditorei–Management 1, Verkaufsstellen Marketing, Gildefachverlag GmbH & Co KG, Alfeld/Leine, 1992

Schünemann ua., Verkaufslehre der Bäckerei und Konditorei, Gildefachverlag GmbH & Co KG, Alfeld/Leine, 1988

Bäcker- und Konditorenfachschule Richemont Luzern (Hrsg.), Schweizer Bäckerei, Luzern, 1993

QUELLENNACHWEIS

Rechteinhaber bekannt:

Seite 18: Ernest Richter, Wien

Seite 66: Aus der aid-Veröffentlichung „Vollwertig essen und trinken nach den 10 Regeln der DGE“ 1016/1995, „Vielseitiges Essen“, Seite 4

Seite 183: Agrolinz Melamin GmbH

Seite 204: Rotor Küchenmaschinen GesmbH, Hallein

Seite 205: Kolb GmbH, Meiningen

Seite 206: Waffeleisen: Ernst Neumärker, Hemer

Seite 206: Melangeur, Universal-Reib- und -Schneidemaschine, Kolb GmbH, Meiningen

Seite 207: Cutter, Passiermaschine, Mixer: Rotor Küchenmaschinen GesmbH, Hallein

Seite 207: Stabmixer, Temperiermaschine, Trempierapparate: Kolb GmbH, Meiningen

Seite 208: Bonbonschneideapparat, Schokoladespäne-Hobelmaschine, Gewürzwaage, Gebäckfüller: Kolb GmbH, Meiningen

Seite 208: Pasteurisator, Obersautomat: Dotter Gastronomiemaschinen, Wolfurt

Seite 209: Oberschlagmaschine, Airbrush, Zitrusfruchtpresse: Kolb GmbH, Meiningen

Seite 209: Freezer, Spachtelmaschine, Softeismaschine: Dotter Gastronomiemaschinen, Wolfurt

Seite 210: Getreidemühle: Osttiroler Getreidemühlen, Waldner GesmbH, Lienz

Seite 210: Aufschnittmaschine, Rechaud: Kolb GmbH, Meiningen

Seite 212: Backöfen: Kolb GmbH, Meiningen

Seite 212: Mikrowellenherd: Elektra Bregenz Aktiengesellschaft, Schwaz

Seite 219, 281, 285, 289, 291, 313, 331, 342, 353: Ernest Richter, Wien

Seite 301, 308: Gabriele Oberleitner, Wien

Seite 364: Schweitzer Ladenbau GesmbH und Co KG, Wels

Rechteinhaber unbekannt:

Seite 11: Laborabbildung

Seite 23: Kohlenhydratreiche Nahrungsmittel

Seite 29: Fettreiche Nahrungsmittel

Seite 43: Mineralstoffe

Seite 47: Vitamine

Seite 52: Aroma- und Farbstoffe

Seite 54: Sportler

Seite 59: Verdauungsorgane

Seite 93: Eier

Seite 112: Obst auf dem Markt

Seite 173: Verdorbene Lebensmittel

Seite 297: Vollkornbackwaren

LANDESÜBLICHE BEZEICHNUNGEN

Österreich	Deutschland	
A		
Apfelspalten	Apfelringe	
Aufstrich	streichfähiger Brotbelag	
B		
bayrische Creme	bayerische Krem	(Schweiz: Creme bavaroise)
Biskotten	Löffelbiskuits	
Biskuit	Biskuit	(Schweiz: Biscuit, Genoise)
Brandteigkrapferl	Windbeutel	(Schweiz: Choux)
Brösel	Paniermehl	
C		
Creme	Krem	
D		
Dampfl	Hefeansatz, Hefevorteig	
E		
Eidotter	Eigelb	
Eiklar	Eiweiß	
Eiklarspritzglasur	Eiweißspritzglasur	
F		
Faschiertes	Hackfleisch	
Fruchtsaft	Fruchtsirup	
G		
Germ	Hefe	
Glukosesirup	Glykose	
Gugelhupf	Napfkuchen	(Schweiz: Gugelhopf)
I		
Indianer	Mohrenkopf	
K		
Karottentorte	Möhrentorte	(Schweiz: Rüeblitorte)
Kastanie	Marone	(Schweiz: Marroni)
Kipferl	Hörnchen	(Schweiz: Gipfeli)
Knödel	Klöße	
Kokosette	Kokosraspel	
M		
Marillen	Aprikosen	
Maroni	Marone	(Schweiz: Marroni)
N		
Nockerln	Klößchen	
Nougat Monte Limar	weißer Nougat	
O		
Obers	süße Sahne	(Schweiz: Rahm)
Oberseis	Sahneeis	(Schweiz: Rahmglacé)
Omelette	Biskuitomelett	
Orangen	Apfelsinen	
P		
Palatschinken	dünner Pfannkuchen (Eierkuchen)	(Schweiz: Crepes, Omelette)
Parfait	Halbgefrorenes	
Powidl	Pflaumenmus	

R		
Rahm	saure Sahne	(Schweiz: saurer Rahm)
Ribiseln	Johannisbeeren	(Schweiz: Trübeli)
S		
Sauce	Tunke, Sauce	
Schlagobers	Schlagsahne	(Schweiz: Schlagrahm)
Schlosserbuben	Dörrpflaumen in Backteig	
Schmalz	Schweinefett	
Schmarren	in kleine Stücke geteilter Eierkuchen	
Schokoladenspäne	Raspelschokolade, Schokoladensplitter	
Stanitzl, Spritztüte	spitze Tüte, Spritztüte	(Schweiz: Cornet)
stocken	fest werden, gerinnen	
T		
Tascherln	Teigtaschen	
Teigkarte	Teigschaber	
Topfen	Quark	(Schweiz: [Speise-]Quark)
Topfeneis	Quarkeis	(Schweiz: [Speise-]Quarkglacé)
V		
Vanillecreme	Patisseriekrem	
verfeinern	veredeln	
W		
Wannenform	Backform, Kastenform	(Schweiz: längliche Backform)
Z		
zerlassen	geschmolzen	

Michael Peschke, Assessor,

Geschäftsführer des Deutschen Konditorenbundes, Mönchengladbach

Leitfaden zum deutschen Lebensmittelrecht

Hier werden jene Gesetze, Verordnungen usw., die in der Praxis der Konditorei in Deutschland erforderlich sind, angeführt. Sie sind in anwendbarer und leicht verständlicher Form geschrieben und im täglichen Berufsalltag umsetzbar.

INHALTSVERZEICHNIS

I QUALITÄTSVORSCHRIFTEN

II HYGIENEVORSCHRIFTEN

III KENNZEICHNUNGS-VORSCHRIFTEN

LEITFADEN ZUM DEUTSCHEN LEBENSMITTELRECHT

Deutsches Lebensmittelrecht für den Konditor

Qualitätsvorschriften	Hygienevorschriften	Kennzeichnungsvorschriften
In den fachlichen Regeln des Konditorenhandwerks liegt bereits ein hoher Qualitätsmaßstab. Ergänzend dazu enthalten verschiedene Verordnungen produktspezifische Qualitätsvorschriften. Die allgemeine Verkehrsauffassung ist einzuhalten. Sie ist bereichsweise in den Leitsätzen des Deutschen Lebensmittelbuchs festgehalten. Ein Abweichen von der Verkehrsauffassung kann in bestimmten Fällen eine Täuschung darstellen.	Hygienevorschriften dienen dem Schutz des Verbrauchers vor Gesundheitsgefährdungen. Branchen übergreifende Rahmenvorschriften zur Personal-, Produkt-, Geräte- und Raumhygiene sind ebenso wie verschiedene produktspezifische Regelungen zu beachten, damit die in der Konditorei verarbeiteten Lebensmittel keiner nachteiligen Beeinflussung ausgesetzt werden.	Die Kennzeichnungsvorschriften verfolgen das Ziel, den Verbraucher über die Eigenschaften der angebotenen Lebensmittel zu informieren. Mangelhafte Kennzeichnung kann zu Beanstandungen der Lebensmittelüberwachung führen. Der Konditor sollte daher wissen, welche Angaben generell im Verkehr mit Lebensmitteln vorgeschrieben sind und welche zusätzlichen Hinweise bei bestimmten Produktgruppen verlangt werden.

I QUALITÄTSVORSCHRIFTEN

1 LEBENSMITTEL- UND BEDARFSGEGENSTÄNDEGESETZ (LMBG)

§ 17 LMBG enthält wichtige Verbote zum Schutz des Verbrauchers vor Täuschung. Fahrlässige Verstöße gegen diese Verbotsvorschriften werden von den Ordnungsbehörden (Lebensmittelüberwachung) beanstandet und als Ordnungwidrigkeiten mit einer Geldbuße geahndet.

1.1 ALLGEMEINES IRREFÜHRUNGSVERBOT GEM. § 17 ABS. 1 NR. 5 LMBG (VERKEHRSVERBOT)

Es ist verboten, Lebensmittel unter irreführenden Angaben, Aufmachungen oder Darstellungen anzubieten oder zu bewerben, wenn diese zur Täuschung geeignet sind und bei der Kaufentscheidung nicht völlig außer Betracht bleiben.
Unter der irreführenden Angabe oder Aufmachung ist die Ware nicht verkehrsfähig.

Irreführende Werbung mit Produktnamen, die für besondere Güte, stehen

Bereits die bloße Bezeichnung eines Erzeugnisses mit einem traditionellen Qualitätsnamen, wie zB Baumkuchen, stellt eine Hervorhebung besonderer Güte dar. Was ein Erzeugnis besonderer Güte ist, richtet sich nach der Verkehrsauffassung. Durch den Hersteller- und Handelsbrauch wurde eine Vielzahl von Produktnamen geprägt, die für besondere Güte stehen. Einige von ihnen führen die Leitsätze für feine Backwaren im besonderen Teil auf:

Backoblaten, Backwaren aus Wiener Masse, Baumkuchen, Baumkuchenspitzen, Baumkuchentorte, Bienenstich, Biskuit, Blätterteiggebäck, Butterkuchen, Butterstreuselkuchen, Dänischer Plunder, Dauerbackwaren besonderer Art, Englische Kuchen, Florentiner, Frankfurter Kranz, Früchtebrot, Käsekuchen, Käsetorte, Kekse, Königskuchen, Königskuchen rheinischer Art, Kopenhagener, Kräcker, Kremtorten, Laugendauergebäcke, Lebkuchen, Makronengebäcke, Marmorkuchen, Nussknacker, Plunder, Sachertorte, Sahnetorte, Sahnekremtorte, Sandkuchen,

Schwarzwälder Kirschtorte, Stollen, Waffeldauergebäck, Zwieback.

Es handelt sich um eine nicht abschließende Aufzählung von Konditoreierzeugnissen besonderer Güte mit ihren Verkehrsbezeichnungen. Beschrieben werden die stofflichen Eigenschaften, Art und mengenmäßige Zusammensetzung der Zutaten, Aufbau und Dekor der Erzeugnisse nach der Verkehrsauffassung. In dem zugehörigen Produktnamen liegt bereits die Information über die charakteristische Beschaffenheit.

Der Käufer erwartet nun zu Recht, dass die nach der Verkehrsauffassung typischen Merkmale des betreffenden Qualitätsproduktes vorhanden sind.

Er wird irregeführt, wenn einem ausdrücklich als hochwertiges Produkt beworbenen Erzeugnis charakteristische Qualitätsmerkmale fehlen.

Irreführende Hinweise auf namensgebende Zutaten

Verschiedene feine Backwaren führen die Bezeichnung einer Zutat in ihrem Namen (zB Butterkuchen). In diesen Fällen verlässt sich der Verbraucher darauf, dass das Endprodukt einen so hohen Gehalt an der namensgebenden Zutat besitzt, wie es nach allgemeiner Verkehrsauffassung üblich ist.

Die Leitsätze für feine Backwaren nennen die Mindestmengen folgender namensgebender Zutaten:

Butter	Nugat
Eier	Persipan
Getreidearten	Pfeffer
Honig	Quark
Mandeln	Rahm
Marzipan	Sahne
Mehrkorn	Schokolade
Milch	Vanille
Nüsse	Vollkorn

Beispiel
Bezeichnung eines Produkts als **Buttergebäck/Butterkuchen**, obwohl es zu wenig bzw. gar keine Butter enthält.
Nach den Leitsätzen für feine Backwaren darf der Verbraucher beim Hinweis „mit Butter" mindestens 10 kg, bei der Bezeichnung „Butterkuchen" mindestens 30 kg Butter oder Milchfetterzeugnisse auf 100 kg Getreide erwarten.

Das Oberlandesgericht Hamburg sah die blickfangmäßig herausgestellte Bezeichnung „Buttergebäck" als Irreführung gem. § 3 des Gesetzes gegen den unlauteren Wettbewerb an, wenn überhaupt keine Butter, stattdessen jedoch Butterreinfett und fraktioniertes Butterfett verarbeitet wurden (Urteil vom 31. 8. 1989).

Irreführende qualitätssteigernde Hinweise

Nach Verarbeitung wertgeminderter Zutaten ist es irreführend, das Enderzeugnis mit qualitätssteigernden Hinweisen zu versehen, wie zB „feinst, extra fein, edel, Spitzenqualität". Eine dennoch mit Hinweisen auf besondere Güte angebotene, jedoch wertgeminderte Ware ist nicht verkehrsfähig.

Beispiel
Kakaohaltige **Fettglasur** enthält überwiegend Hartfette (Erdnuss- oder Kokosfett), jedoch so gut wie keine Kakaobutter, ist also gegenüber Schokolade wertgemindert.
Dementsprechend enthalten die Leitsätze für feine Backwaren die Feststellung, dass zum Überziehen von Erzeugnissen, auf deren besondere Qualität ausdrücklich hingewiesen wird, keine kakaohaltige Fettglasur verwendet werden darf.
Dies gilt ebenso beispielsweise für Baumkuchen, Sachertorte, Biskuit, Oblaten, Lebkuchen, Printen, Spitzkuchen, Dominosteine, Mandel-, Marzipan- und Nussmakronen, Florentiner, Nussknacker, Schlotfeger und Zimtsterne. Unter diesen Produktnamen darf fettglasurhaltige Ware nicht in Verkehr gebracht werden.

Widersprüchliche Angaben sind irreführend

Beispiel
Bezeichnung eines Erzeugnisses als **Sachertorte**, obwohl es anstatt der gebräuchlichen Kuvertüre bzw. der Kakaozuckerglasur mit einer kakaohaltigen Fettglasur überzogen wurde. Allerdings befand sich an der Ware der ausdrückliche Hinweis „mit Fettglasur". Laut Urteil des Oberlandesgerichts München vom 20. 5. 1980 liegt darin eine Irreführung. Das Endprodukt ist danach jedenfalls unter dem Namen „Sachertorte" nicht verkehrsfähig. Selbst der deutliche Hinweis auf die Fettglasur vermag nicht auszuschließen, dass der Verbraucher in seinem Vertrauen, mit einer „Sachertorte" immer ein Erzeugnis höchster Qualitätsstufe zu erwerben, getäuscht wird.

Nach der bisherigen Rechtsprechung beseitigt die Kenntlichmachung wertmindernder Zusätze (zB „mit Fettglasur") nicht die Irreführungsgefahr, falls mit Qualitätsangaben geworben wird. Denn eine gleichzeitige Anpreisung besonderer Güte und eine Hervorhebung wertmindernder Bestandteile schließen sich gegenseitig aus. Die Gefahr einer Irreführung des Verbrauchers kann so jedenfalls nicht beseitigt werden.

Europäische Rechtsentwicklung

Der Europäische Gerichtshof sieht es als unzulässigen Eingriff des Staates an, alleine wegen einer irreführenden Bezeichnung den Verkehr mit einem Lebensmittel ganz zu verbieten, wenn sich durch eine zusätzliche angemessene Etikettierung eine Irreführung des Verbrauchers verhindern lässt.

Diese Rechtsprechung gilt bereits jetzt schon für Importware aus EU-Staaten. Sie wird sich künftig auch auf die im Inland hergestellten und hier in Verkehr gebrachten Produkte auswirken. Denn das Irreführungsverbot des § 17 LMBG ist als Umsetzung der EG-Etikettierungsrichtlinie in deutsches Recht zu betrachten und von den deutschen Behörden im Lichte der Rechtsprechung des Europäischen Gerichtshofes auszulegen.

Es ist noch nicht abzusehen, in welchen Punkten dies zu einer Änderung der deutschen Rechtsprechung im Bereich der feinen Backwaren führen wird.
Für den Konditor empfiehlt es sich daher, das oben dargestellte Irreführungsverbot weiterhin zu beachten. Um Beanstandungen vorzubeugen, sollte er keine Erzeugnisse mit irreführenden Qualitätshinweisen anbieten.

1.2 Besondere Irreführungsverbote gem. § 17 Abs. 1 Nr. 2 LMBG (Möglichkeit der Kenntlichmachung)

Es ist verboten,
- nachgemachte Lebensmittel oder
- aufgrund einer Abweichung von der Verkehrsauffassung wertgeminderte Lebensmittel oder
- geschönte Lebensmittel ohne ausreichende Kenntlichmachung gewerbsmäßig in Verkehr zu bringen.

Das heißt: Ein Erzeugnis mit gewissen Qualitätsmängeln ist bei ausreichender Kenntlichmachung verkehrsfähig. Dies gilt jedoch nur für Konditoreierzeugnisse einfacher Art. Denn bei qualitätsbetonter Ware ist gerade der Hinweis auf Abweichungen in der Qualität eine irreführende Angabe im Sinne von § 17 Abs. 1 Nr. 5 LMBG und verstößt gegen das oben dargestellte allgemeine Irreführungsverbot.

Kenntlichmachung nachgemachter Lebensmittel

Nachgemachte Lebensmittel dürfen gem. § 17 Abs. 1 Nr. 2 a LMBG nur bei ausreichender Kenntlichmachung in Verkehr gebracht werden.

Beispiel 1
Die Verarbeitung **kakaohaltiger Fettglasur** ist auf Erzeugnisse einfacher Art beschränkt und auch dort nur unter ausreichender Kenntlichmachung erlaubt. Da Verwechslungen mit Kakaoerzeugnissen (Schokolade, Kuvertüre, Pralinen) Nahe liegen, sind solche Fettglasuren als nachgemachte Schokoladenüberzugsmasse bzw. bei massiven Ausformungen als nachgemachte Pralinen anzusehen.

Ware einfacher Art ist verkehrsfähig, wenn sie mit einem Schild versehen wird, das die Aufschrift „Kakaohaltige Fettglasur“ trägt. Bei Erzeugnissen in Bissengröße ist die Aufschrift Eiskonfekt zulässig.

Es ist irreführend, mit kakaohaltiger Fettglasur überzogene feine Backwaren mit Hinweisen auf gehobene Qualität oder mit Namen zu versehen, die für besondere Güte stehen (zB Baumkuchen, Sachertorte, Elisenlebkuchen, Printen etc.).

Irreführend sind die Bezeichnungen „Kakaoglasur“ bzw. bei stückiger Ware „Kakaokonfekt“.

Beispiel 2
Persipan ist ein Erzeugnis aus entbitterten Aprikosen- und Pfirsichkernen (Mandelersatz). Es kann ohne weiteres mit dem wertvolleren aus Mandeln hergestellten Marzipan verwechselt werden.
Persipanhaltige feine Backwaren dürfen daher grundsätzlich nur bei Kenntlichmachung (Hinweis auf Persipan) in Verkehr gebracht werden. In den Leitsätzen für feine Backwaren heißt es dazu: „Eine Verwendung von Persipan ist kenntlich zu machen, wenn die Verwendung von Marzipan üblich oder die verwendete Masse als Belag oder Füllung in der angebotenen Form sichtbar oder nach Aussehen, Geruch oder Geschmack mit Marzipan verwechselbar ist.“
Ware einfacher Art ist verkehrsfähig, wenn ihr ein Hinweisschild mit der Aufschrift „Füllung bzw. Belag aus Persipan“ beigefügt wird.

Allerdings ist es trotz entsprechender Kenntlichmachung irreführend, für eine persipanhaltige feine Backware mit Betonung höchster Qualität zu werben oder ihr einen für besondere Güte stehenden Namen zu geben (zB Baumkuchen, Butterstollen, feinste Dominosteine). Persipanhaltige Erzeugnisse sind unter diesen Bezeichnungen bzw. in der typischen Form dieser Spitzenerzeugnisse nicht in Verkehr gebracht werden. Hier wird die Erwartung des Käufers geschützt, dass die als hochwertig angebotene Ware auch höchsten Ansprüchen genügt.

Kenntlichmachung von Wertminderungen

§ 17 Abs. 1 Nr. 2 b des Lebensmittel- und Bedarfsgegenständegesetzes (LMBG) verbietet, Lebensmittel in Verkehr zu bringen,

- die in ihrer Beschaffenheit von der Verkehrsauffassung **abweichen,**
- deswegen **wertgemindert** sind,
- wenn das nicht ausreichend **kenntlich gemacht** wurde.

Zum Schutz des Verbrauchers vor Täuschung muss der Konditor Abweichungen der Beschaffenheit seiner Erzeugnisse von der Verkehrsauffassung kenntlich machen, wenn sie zu einer Wertminderung führen.

Beispiele
Abweichung: Bienenstich wird entsprechend den Leitsätzen für feine Backwaren mit einem gebundenen Belag aus Walnüssen, Haselnüssen und Mandeln versehen.

Werden in Bienenstichen Erdnusskerne anstelle der genannten Ölsamen verarbeitet, so weicht die stoffliche Zusammensetzung des Erzeugnisses von der Verkehrsauffassung ab.

Wertminderung: Die Abweichung hat eine nicht unerhebliche Wertminderung zur Folge. Der Bienenstich erleidet dann nämlich eine Geschmackseinbuße, weil Erdnüsse nicht das typische Aroma von Mandeln, Hasel- und Walnüssen entwickeln. Ein geringerer Genusswert wird im Gesetz ausdrücklich als Beispiel für eine Wertminderung angeführt.

Kenntlichmachung: Bei lose angebotener Ware reicht ein Hinweisschild neben dem Erzeugnis mit der Aufschrift „Belag aus Erdnüssen" als Kenntlichmachung aus.

Wird ein derart von der Verkehrsauffassung abweichendes und dadurch wertgemindertes Erzeugnis ohne Hinweis auf die Qualitätseinbuße zum Verkauf angeboten, ist der Tatbestand einer Verbrauchertäuschung im Sinne von § 17 Abs. 1 Nr. 2 b LMBG erfüllt.

2 Leitsätze für feine Backwaren

Leitsätze sind keine Rechtsnormen, sondern sie beschreiben, welche Beschaffenheit bestimmte Lebensmittel nach der Verkehrsauffassung üblicherweise haben. Soweit weder in einem Gesetz noch in einer Verordnung ausdrückliche Qualitätsvorschriften bestehen, geben die Leitsätze des Deutschen Lebensmittelbuches einen verlässlichen Anhaltspunkt für den Inhalt der allgemeinen Verkehrsauffassung.

2.1 Allgemeine Beurteilungsmerkmale

Feine Backwaren werden aus Teigen oder Massen durch Backen, Rösten, Trocknen, Kochextrusion oder andere Verfahren hergestellt. Die Teige oder Massen werden unter Verwendung von Getreide und/oder Getreideerzeugnissen, Stärke, Fetten und Zuckerarten bereitet. Feine Backwaren unterscheiden sich von Brot und Kleingebäck dadurch, dass ihr Gehalt an Fett und/oder Zuckerarten mehr als 10 Teile auf 90 Teile Getreide und/oder Getreideerzeugnisse und/oder Stärken beträgt. Soweit in den besonderen Beurteilungsmerkmalen angeführt, können bestimmten Erzeugnissen auch geringere Anteile an Fetten und/oder Zuckerarten zugesetzt werden.

Der Begriff „feine Backwaren" schließt die Gebäckkategorie „Dauerbackwaren" ein.

Es folgen Begriffsbestimmungen von Getreide, Getreideerzeugnissen, Fetten, Zuckerarten und Vollei. Schließlich werden die Qualitätsanforderungen genannt, die folgende Erzeugnisse nach der Verkehrsauffassung erfüllen müssen.

Canache	Marzipanfüllungen
Citronat	Mohnfüllungen
Eierkrem	Nugatfüllungen
Fetthaltige Füllungen	Nussfüllungen
Fruchtfüllungen	Orangeat
Fruchtkremfüllungen	Persipan
Füllungen aus Ölsamen	Persipanfüllungen
Kakaohaltige Fettglasur	Schaummassen
Kakaokrem	Schokoladenkrem
Mandelfüllungen	Weinkrem

2.2 Mindestgehalt bei namensgebenden Zutaten

Verschiedene feine Backwaren führen die Bezeichnung einer Zutat in ihrem Namen (zB Butterkuchen). In diesen Fällen verlässt sich der Verbraucher darauf, dass das Endprodukt einen so hohen Gehalt an der namensgebenden Zutat besitzt, wie es nach allgemeiner Verkehrsauffassung üblich ist.

Die Leitsätze für feine Backwaren nennen ua. folgende Mindestmengen namensgebender Zutaten:

Mindestgehalt an Butter und Milchfetterzeugnissen in feinen Backwaren
Bezogen auf 100 kg Getreide, Getreideerzeugnisse oder Stärke

Erzeugnis	Mindestgehalt
Baumkuchen	100 kg*
Blätterteiggebäck	68,3 kg**
Kopenhagener	60,0 kg**
Butterstollen	40,0 kg*
Stollen	30,0 kg**
Quarkstollen	20,0 kg**
Butterkuchen	30,0 kg*
Butterstreuselkuchen	30,0 kg*
Plunder	20,0 kg**
Sandkuchen	20,0 kg**
Königskuchen	20,0 kg**
Nährzwieback	10,0 kg*
Bei besonderem Hinweis auf Butter	10,0 kg*

* *Butter oder die entsprechende Menge Butterreinfett oder Butterfett*
- *10 kg Butter entsprechen 8,2 Butterreinfett oder*
- *8,2 kg fraktioniertem Butterreinfett oder*
- *8,6 kg Butterfett*

** *Butter oder entsprechende Mengen Milchfetterzeugnisse oder Margarine oder praktisch wasserfreie Fette*
- *10 kg entsprechen 10,25 kg Margarine*
- *10 kg Margarine entsprechen 8 kg praktisch wasserfreien Fetten*

Butterkrem enthält mindestens 20 % Butter (Entsprechend Butterreinfett und/oder Butterfett).

Mindestgehalt an Milch
In feinen Backwaren, bezogen auf 100 kg Getreide, Getreideerzeugnisse oder Stärke

Teig	Mindestgehalt
Milchhefeteige	40 l
Andere Teige als Hefeteige mit Milch	20 l
An Teigflüssigkeit bei Nährzwieback	**nur** Vollmilch

Mindestgehalt an Kaffeesahne/-rahm mit 10 % Fettanteil
20 l Milch auf 100 kg Getreide, Getreideerzeugnisse oder Stärke bei Teigen von Sahnebackwaren.

Mindestgehalt an Schlagsahne mit 30 % Fettanteil in Füllungen und Garnierungen

Erzeugnis	Mindestgehalt
Sahnetorten generell	60 %*
Sahnekremtorten	20 %*
Quarksahnetorten	20 %*
Käsesahnetorten	20 %*
Weinsahnetorten	20 %*
Jogurtsahnetorten	20 %*

**der Füllung oder Garnierung*

Mindestgehalt an Speisequark bzw. Quarktrockenprodukten
Bezogen auf 100 kg Getreide, Getreideerzeugnisse oder Stärke

Erzeugnis	Mindestgehalt
Quarkstollen	40 kg
Quarkteig	10 kg
Quarkkuchenmasse	15 %
Käsemasse für Käsekuchen oder Käsetorte	50 %

Käsetorte enthält 150 kg Käsemasse auf 100 kg Getreideerzeugnisse oder Stärke.

Mindestgehalt an Vollei
Bezogen auf 100 kg Getreide, Getreideerzeugnisse oder Stärke

Erzeugnis	Mindestgehalt
Baumkuchen	200 kg
Sachermasse	200 kg
Eibiskuit	133,4 kg
Biskuit	66,7 kg
Wiener Masse	66,7 kg
Eierbackwaren	18,0 kg
Vollei in der Sandmasse	20 %
Vollei in der Masse für Königskuchen	20 %
Vollei im Eierkrem	20 %
Hühnereiklar im Baiser	20 %

Vollei ist die aus dem Inhalt frisch aufgeschlagener Hühnereier mittleren Gewichts (Gewichtsklasse 4 = 55 bis 60 g) geronnene Eimasse oder handelsüblich pasteurisiertes Vollei mit einem Trockenmassengehalt von mindestens 24 %.

2.3 Besondere Beurteilungsmerkmale

Sie gelten für Backoblaten, Backwaren aus Wiener Masse, Baumkuchen, Baumkuchenspitzen, Baumkuchentorte, Bienenstich, Biskuit, Blätterteiggebäck, Butterkuchen, Butterstreuselkuchen, Dänischer Plunder, Dauerbackwaren besonderer Art, Englischer Kuchen, Florentiner, Frankfurter Kranz, Früchtebrot, Käsekuchen, Käsetorte, Kekse, Königskuchen, Königskuchen Rheinischer Art, Kopenhagener, Kräcker, Kremtorten, Laugendauergebäcke, Lebkuchen, Makronengebäcke, Marmorkuchen, Nussknacker, Plunder, Sachertorte, Sahnetorte, Sahnekremtorte, Sandkuchen, Schwarzwälder Kirschtorte, Stollen, Waffeldauergebäck, Zwieback.

3 Leitsätze für Ölsamen und daraus hergestellte Massen und Süsswaren

Die Leitsätze geben die nach allgemeiner Verkehrsauffassung einzuhaltende Mindestqualität folgender Erzeugnisser wieder: Marzipan, Persipan, Nugatmassen, Nugat, Noisette, Nugatkrem, Makronenmasse, Nussmakronenmasse, Persipanmakronenmasse, Marzipanrohmasse, Persipanrohmasse, Nussrohmasse, Erdnussrohmasse, Ölsamenmark, zerkleinerte Ölsamen, geschälte Mandeln, geschälte entbitterte bittere Mandeln, geschälte Pfirsichkerne, geschälte Nusskerne, geschälte Cashewnusskerne und geschälte Erdnusskerne.

4 Kakaoverordnung

Die Kakaoverordnung enthält Vorschriften über die Zusammensetzung und Qualität von Kakaoerzeugnissen. Sie schreibt außerdem vor, wie Kakaoerzeugnisse zu bezeichnen sind:

Schokolade
Schokoladenüberzugsmasse (Kuvertüre)
Milchschokolade
Milchschokoladenüberzugsmasse
Weiße Schokolade
Pralinen
Sahneschokoladenüberzugsmasse
Haushaltsschokolade
Haushaltsmilchschokolade
Gefüllte Schokolade
Sahneschokolade

Diese Bezeichnungen dürfen nur bei Einhaltung der Qualitätsmerkmale verwendet werden.

Beispiele

- Die aus Schokolade bestehende Außenschicht von gefüllter Schokolade muss mindestens 25 % vom Gesamtgewicht des Erzeugnisses erreichen.
- Eine Füllung mit feinen Backwaren ist unzulässig.
- Pralinen müssen zumindest aus 25 % Schokoladenerzeugnissen bestehen. Ihnen dürfen weder Mehl noch Stärke zugesetzt werden.
- Zusätze anderer Lebensmittel, zB Nüsse, Rosinen etc., sind erlaubt, wenn die Art der Zusätze kenntlich gemacht wird und von ihnen folgende Mindestanteile vorhanden sind:

Zusätze	Anteile
Lebensmittelzusätze in Form von sicht- und trennbaren Stücken	Mindestens 5 % Höchstens 40 %
Lebensmittelzusätze nicht unterscheidbar	Höchstens 30 %
Sowohl sichtbare Stücke als auch nicht unterscheidbare Zusätze	Höchstens 40 %
Kaffee und Spirituosen	Mindestens 1 %

Verbot von Pflanzenfett

Die Kakaoverordnung verbietet, den oben genannten Erzeugnissen Pflanzenfett zuzusetzen. Fette und Zubereitungen daraus, die nicht ausschließlich der Milch entstammen, sind unzulässig.
Verstöße gegen diese Vorschriften werden mit Strafe, bei Fahrlässigkeit mit Ordnungsgeld bedroht.

Ausblick auf künftige EG-Kakaorichtlinie

Die Europäische Union möchte den Zusatz von bestimmten Pflanzenfetten bis zu 5 % des Enderzeugnisses zulassen. Damit soll erreicht werden, dass die europäischen Schokoladenhersteller unter gleichen

Wettbewerbsbedingungen produzieren. Derzeit ist nämlich in Dänemark, Finnland, Großbritannien, Irland, Österreich, Portugal und Schweden der Zusatz von Pflanzenfett erlaubt. Eine entsprechende Angleichung der geltenden EG-Richtlinie über Kakao- und Schokoladenerzeugnisse befindet sich im Stadium der Beratung.

Falls eine solche Änderung eintritt, wird der Konditor trotzdem wie bisher mit Kuvertüre bzw. Schokolade ohne Pflanzenfett arbeiten können. Denn die Hersteller wollen diese Sorten auch weiterhin anbieten. Nach dem derzeit vorliegenden Richtlinienentwurf ist die Unterscheidungsmöglichkeit sichergestellt. Pflanzenfetthaltige Schokolade, Kuvertüre und Pralinen sollen ergänzend zur Verkehrsbezeichnung mit dem obligatorischen Hinweis „enthält auch andere pflanzliche Fette als Kakaobutter“ versehen werden.

Es ist vorgesehen, die bereits jetzt vorgeschriebenen Mindestmengen an Kakaobutter in Höhe von 31 % bei Kuvertüre, 18 % bei Schokolade und 20 % bei weißer Schokolade aufrechtzuerhalten. Der Mindestgehalt an Kakaobutter bzw. Gesamtkakaotrockenmasse soll nicht verringert werden. Milchkuvertüre soll einen Gesamtfettgehalt von 31 % aufweisen.

5 KONFITÜRENVERORDNUNG

Die Konfitürenverordnung nennt die erlaubten Zutaten sowie deren mengenmäßige Zusammensetzung im Enderzeugnis und regelt die Verkehrsbezeichnungen ua. folgender Produkte:

Erzeugnis	Zutaten
Konfitüre extra	Zuckerarten und mindestens 450 g Früchte* oder Pülpe einschließlich Zitrusfrüchten aus einer oder mehreren Fruchtarten auf 1.000 g des Endproduktes
Gelee extra	Zuckerarten und mindestens 450 g Saft* oder wässrige Auszüge aus einer oder mehreren Fruchtarten einschließlich Zitrusfrüchten auf 1.000 g des Enderzeugnisses

* *oder mindestens 350 g schwarze Johannisbeeren, Hagebutten und Quitten, 250 g Ingwer, 230 g Kaschuäpfel, 80 g Passionsfrüchte.*
Nicht erlaubt sind Äpfel, Birnen, nicht steinlösende Pflaumen, Melonen, Wassermelonen, Weintrauben, Kürbisse, Gurken, Tomaten.

Erzeugnis	Zutaten
Konfitüre einfach	Zuckerarten und mindestens 350 g Pülpe oder Mark aus einer* oder mehreren Fruchtarten* auf 1.000 g des Endproduktes
Gelee einfach	Zuckerarten und mindestens 350 g Saft* oder wässrige Auszüge einer* oder mehrerer Fruchtarten* auf 1.000 g des Enderzeugnisses
Marmelade	Zuckerwaren und mindestens 200 g Zitrusfrüchte oder Pülpe, Mark, Saft und Schalen von Zitrusfrüchten, davon mindestens 75 g Fruchtfleisch, auf 1.000 g des Enderzeugnisses

* *einschließlich Zitrusfrüchten*

Mindestgehalt von 60 % löslicher Trockenmasse

In Konfitüren, Gelees und Marmelade sind mindestens 60 % lösliche Trockenmasse vorgeschrieben. Sie wird bei 20 °C mit dem Refraktometer ermittelt. Der Mindestwert darf beliebig nach oben überschritten werden. Erzeugnisse, die 60 % lösliche Trockenmasse nicht erreichen, dürfen weder als Konfitüre noch als Gelee oder als Marmelade bezeichnet werden. Diese Regelung bereitet Probleme, wenn der rezeptmäßige Fruchtanteil unverhältnismäßig hoch ist und die lösliche Trockenmasse infolgedessen unter 60 % bleibt. Erlaubt ist in diesen Fällen die Bezeichnung „Fruchtaufstrich“.

Von dieser Regelung sind brennwertverminderte Konfitüren, Gelees und Marmeladen ausgenommen, wenn ihr Brennwert um mindestens 40 % gegenüber regulären Sorten reduziert ist und die Ware vollständig nach der Nährwertkennzeichnungsverordnung deklariert wird.

Bezeichnungsschutz

Die in der Verordnung definierten Produktnamen „Konfitüre, Gelee (jeweils extra und einfach), Marmelade, Maronenkrem, Apfelkraut, Birnenkraut, gemischtes Kraut und Pflaumen- bzw. Zwetschgen-, Zwetschgenmus“ dürfen nur Erzeugnisse tragen, die genau den vorgegebenen Anforderungen an Zutaten und Zusammensetzung entsprechen. Vorsätzliche Verstöße gegen diese Vorschrift werden als Straftat, fahrlässige Verstöße als Ordnungswidrigkeit geahndet.

6 SPEISEEISVERORDNUNG/LEITSÄTZE FÜR SPEISEEIS UND SPEISEEISHALBERZEUGNISSE

Zum Schutz des Verbrauchers vor Täuschung verbietet die **Speiseeisverordnung**, nicht mit der Verkehrsbezeichnung gekennzeichnetes Speiseeis anzubieten. Anzuwenden sind die nach der Verkehrsauffassung üblichen Bezeichnungen, wie sie in den Leitsätzen für Speiseeis festgehalten sind.

In den **allgemeinen Beurteilungsmerkmalen** gehen die **Leitsätze** auf die Art und die Qualität der üblicherweise verwendeten Rohstoffe ein: Milch, Milcherzeugnisse, Ei, Zuckerarten und Früchte werden in der marktüblichen Qualität, dh. auch in getrockneter Form, verarbeitet. Es werden färbende Lebensmittel verwendet und ebenso die Farbstoffe Lactoflavin (Riboflavin), Riboflavin-'5-Phosphat, Alpha-, Beta-, Gammakarotin und Zuckerkulör.

Die **besonderen Beurteilungsmerkmale** beschreiben die nach der Verkehrsauffassung üblichen zehn Speiseeissorten, deren Zusammensetzung und deren gebräuchliche Bezeichnungen:

Speiseeissorten	Zusammensetzung
Kremeis Cremeeis Eierkremeis Eiercremeeis	Mindestgehalt 50 % Milch und auf 1 l Milch 270 g Vollei oder 90 g Eigelb, kein Zusatz von Wasser
Fruchteis	Mindestanteil von 20 % Früchten oder 10 % Zitrusfrüchten bzw. sauren Früchten
Rahmeis Sahneeis Fürst-Pückler-Eis	Mindestgehalt von 18 % Milchfett aus der Zutat Sahne
Milcheis	Mindestens 70 % Milch
Eiskrem Eiscreme	Mindestens 10 % Milchfett
Fruchteiskrem Fruchteiscreme	Mindestens 8 % Milchfett, deutlich wahrnehmbarer Fruchtgeschmack
Einfacheiscreme	Mindestens 3 % Milchfett
(Frucht-)Sorbet	Mindestens 25 % Fruchtanteil bzw. 15 % Anteil an Zitrusfrüchten oder sauren Früchten
Eis mit Pflanzenfett	Mindestens 30 % pflanzliches Fett, wahrnehmbarer Fruchtgeschmack
Kunstspeiseeis	Enthält Aromastoffe, Reaktionsaromen und weitere Farbstoffe

Bei diesen Sorten wird ausschließlich der Milch entstammendes Fett oder Eiweiß verarbeitet. Ausnahmen davon sind Eis mit Pflanzenfett und Kunstspeiseeis.

7 NÄHRWERTKENNZEICHNUNGSVERORDNUNG

Von Begriffen wie „kalorienreduziert", „light", „leicht", „für Kalorienbewusste" gehen auf bestimmte Verbrauchergruppen Kaufanreize aus. Das macht sich die Produktwerbung häufig zunutze. Aus den Slogans geht allerdings nicht immer hervor, in welcher Beziehung und in welchem Umfang der Nährwert des Lebensmittels herabgesetzt wurde. Um hier Klarheit zu schaffen, stellt § 6 der Nährwertkennzeichnungsverordnung Mindestanforderungen auf.

Bei Hinweisen auf verringerten bzw. herabgesetzten Nährwert muss die Reduzierung mindestens 30 % im Vergleich zu herkömmlichen Lebensmitteln betragen. Die Vorschrift verlangt sowohl die Herabsetzung des Brennwertes als auch des Nährstoffgehaltes um jeweils 30 %, wenn die Werbeaussage nicht zwischen beiden Gesichtspunkten unterscheidet. Die Begriffe light bzw. leicht beziehen sich jedoch auf Brennwert und Nährstoffgehalt.

Bezieht sich die Werbeaussage hingegen nur auf den Energiegehalt, zB „kalorienreduziert", so darf der Verbraucher eine Brennwertverringerung um mindestens 30 % erwarten. Richtet sich die Produktwerbung lediglich auf eine Verringerung des Nährstoffgehaltes, zB „mit vermindertem Kohlenhydratgehalt" oder „mit weniger Fett", so müssen diese Nährstoffe um 30 % gegenüber einem herkömmlichen Produkt reduziert sein.

Präzise Grenzwerte legt die Verordnung fest, falls mit geringem Brennwert (kalorienarm) oder geringem Natrium- oder Kochsalzgehalt geworben wird.

Brennwertangaben		
Lebensmittel allgemein	• Kalorienreduziert • Verminderter Brennwert • Brennwertreduziert	Mindestens 30 % Brennwertreduzierung gegenüber üblicher Ware
Lebensmittel allgemein außer Getränken, Suppen, Brühen	• Geringer Brennwert • Kalorienarm	Zulässig sind höchstens 210 kJ oder 50 kcal pro 100 g des Enderzeugnisses
Getränke, Suppen, Brühen	• Geringer Brennwert • Kalorienarm	Zulässig sind höchstens 84 kJ oder 20 kcal pro 100 Milliliter des Enderzeugnisses

Nährstoffangaben		
Lebensmittel allgemein	• Mit vermindertem Kohlenhydratgehalt	Mindestens um 30 % verringerter Kohlenhydratgehalt
Lebensmittel allgemein	• Eiweißvermindert	Mindestens um 30 % verringerter Eiweißgehalt gegenüber üblicher Ware
Lebensmittel allgemein	• Fettvermindert	Mindestens um 30 % verringerter Fettgehalt
Kleingebäck und sonstige Backwaren (auch Brot)	• Kochsalzvermindert • Natriumvermindert	Zulässig sind höchstens 250 Milligramm Natrium pro 100 g des Enderzeugnisses
Lebensmittel allgemein, ausgenommen Getränke	• Geringer Kochsalzgehalt • Geringer Natriumgehalt	Zulässig sind höchstens 120 Milligramm Natrium pro 100 g
Getränke	• Geringer Kochsalzgehalt • Geringer Natriumgehalt	Zulässig sind höchstens 2 Milligramm Natrium im Enderzeugnis

Im Verkehr mit Lebensmitteln oder in der Werbung dürfen nur Angaben verwendet werden, die sich auf den Brennwert (Energiegehalt) beziehen oder auf den Gehalt an Eiweiß, Kohlenhydraten, Fett, Ballaststoffen, bestimmten Vitaminen und Mineralstoffe, Kochsalz sowie Cholesterin hinweisen.

8 VERORDNUNG FÜR DIÄTETISCHE LEBENSMITTEL

Eine wachsende Zahl von Verbrauchern muss sich diätetisch ernähren. Die dabei verfolgten besonderen Ernährungszwecke sind ganz unterschiedlicher Art. Sie reichen von Speisen und Getränken mit niedrigem Brennwert zur Gewichtsüberwachung, über Säuglingsnahrung, Lebensmittel für medizinische Zwecke bis zur Sportlernahrung. Der Verbraucher muss sich auf die entsprechende Eignung der Erzeugnisse verlassen können. Zu seinem Schutz legt daher die Verordnung über diätetische Lebensmittel (DiätVO) die Qualitätsmerkmale fest, die diätetische Erzeugnisse einhalten müssen:

Diätetische Lebensmittel sind gem. § 1 der DiätVO
- für eine besondere Ernährung zweckbestimmt,
- für den betreffenden Ernährungszweck geeignet (Diäteignung),
- mit einem Hinweis auf die Diäteignung versehen,
- in Zusammensetzung oder Herstellung von üblichen Lebensmitteln unterschieden.

Ergänzend zu dieser Begriffsbestimmung trifft die DiätVO zusätzliche Regelungen für spezielle Gruppen von diätetischen Lebensmitteln. Davon sind für den Konditor folgende Gruppen wichtig:

Lebensmittel für Natriumempfindliche

Natriumarme Lebensmittel sind solche, die einen niedrigen Natriumgehalt aufweisen oder natriumfrei sind.

Lebensmittel	Anteile
Natriumarme Lebensmittel	höchstens 120 Milligramm Natrium in 100 g
Natriumarme Getränke	höchstens 2 Milligramm Natrium in 100 Millilitern
Streng natriumarme bzw. streng kochsalzarme Lebensmittel, ausgenommen Getränke	höchstens 40 Milligramm Natrium in 100 g

Lebensmittel für Zöliakiebetroffene

Glutenfreie Lebensmittel enthalten kein Klebereiweiß. Sie sind daher für an Zöliakie oder Sprue erkrankte Patienten verträglich. Bei der Herstellung dürfen keine Erzeugnisse aus Weizen, Roggen, Triticale oder Hafer eingesetzt werden. Stattdessen sind zB Reis, Hirse, Buchweizen, Mais erlaubt.

Lebensmittel für Diabetiker

Lebensmittel für Personen, die unter einer Störung des Glukosestoffwechsels leiden (Diabetiker).

Qualitätsanforderungen gem. § 12 der Diätverordnung

- Kein erhöhter Gehalt an Fett oder Alkohol im Vergleich zu vergleichbaren anderen Lebensmitteln.

- Kein unmittelbarer oder mittelbarer Zusatz von Zuckerarten, nämlich von Dextrose (Traubenzucker), Invertzucker (durch Spaltung von Saccharose gewonnene Mischung aus Traubenzucker und Fruchtzucker), Disacchariden (zB Rohrzucker, Rübenzucker, Milchzucker, Malzzucker etc.), Maltodextrinen und Glukosesirup (Stärkezucker).

- Unzulässig ist auch der mittelbare Zusatz von Zucker, zB Honig (konzentrierte Lösung von Invertzucker).

- Anstelle dieser Zuckerarten dürfen nur Fructose sowie Zuckeraustauschstoffe und Süßstoffe zugesetzt werden.
  Zuckeraustauschstoffe: Sorbit, Mannit, Isomalt, Maltit, Lactit, Xylit.
  Süßstoffe: AcesulfamK, Aspartam, Cyclohexansulfamidsäure, Saccharin, Thaumatin, Neohesperidin DC.

Problematisch aus medizinischer Sicht ist die Verarbeitung von Früchten mit einem hohen natürlichen Gehalt an stoffwechselbelastenden Kohlenhydraten als Bestandteile von Diabetikererzeugnissen. Es geht dabei um die Frage, ob § 12 Abs. 1 DiätVO verletzt wird, wenn Zutaten wie Bananen, süße Birnen, Backobst und Trockenfrüchte, die bis zu 50 % aus Kohlenhydraten bestehen, dem Diabetikererzeugnis zugesetzt werden dürfen. § 12 Abs. 1 DiätVO verbietet bei der Herstellung von Diabetikerware auch den mittelbaren Zusatz von Zuckerwaren.

Eine gerichtliche Entscheidung dazu ist, soweit ersichtlich, bisher nicht gefällt worden. Die Auslegung der Vorschrift ergibt jedoch, dass § 12 DiätVO nicht den Zweck verfolgt, stark kohlenhydrathaltige Früchte von vorneherein als Zutat für Diabetikerware zu verbieten. Rechtlich zulässig ist daher auch die Verwendung von Rosinen, Korinthen, Sultaninen, Backpflaumen, Bananen, Birnen, Feigen, Datteln, Zitronat und Orangeat. Der Diabetiker kann im Rahmen seines persönlichen Diätplans mit Hilfe der Analyse die kontrollierte Aufnahme von Kohlenhydraten steuern.

II HYGIENEVORSCHRIFTEN

Jedermann, der Lebensmittel für andere herstellt oder in Verkehr bringt, muss gewährleisten, dass seine Erzeugnisse

- gesundheitlich unbedenklich sind,
- nicht der Gefahr einer Beeinträchtigung der einwandfreien hygienischen Beschaffenheit ausgesetzt wurden.

Die Ordnungsbehörden überwachen mit Hilfe von Betriebskontrollen und Probeentnahmen, dass ua. die folgenden Rechtsvorschriften zum **Schutz der Gesundheit** und zur **Gewährleistung der Hygiene** eingehalten werden:

- Bundesseuchengesetz
- Lebensmittel- und Bedarfsgegenständegesetz
- Hühnereierverordnung
- Milchverordnung
- Verordnung über tiefgefrorene Lebensmittel
- Hackfleischverordnung
- Getränkeschankanlagenverordnung
- Verordnung über Lebensmittelhygiene

1 GESUNDHEITSZEUGNIS NACH DEM BUNDESSEUCHENGESETZ

Das Gesundheitszeugnis begleitet den Konditor während der gesamten Berufsausübung. Das Bundesseuchengesetz schreibt das Gesundheitszeugnis für die Personen vor, die in den Produktionsräumen einer Konditorei tätig sind (zB in der Backstube und in der kleinen Küche) oder mit Konditoreierzeugnissen und Speiseeis unmittelbar in Berührung kommen.

Angehende Konditoren dürfen ihre Tätigkeit in der Backstube und den übrigen Produktionsräumen erstmals nur dann aufnehmen, wenn sie dem Arbeitgeber ein nicht mehr als sechs Wochen altes Gesundheitszeugnis vorlegen. Es wird vom Gesundheitsamt ausgestellt. Der Arbeitgeber bewahrt das Gesundheitszeugnis im Betrieb auf.

Bei jedem Wechsel der Arbeitsstelle hat der Konditor das seinerzeit erworbene Zeugnis auch dem neuen Arbeitgeber auszuhändigen. Das Gesundheitszeugnis belegt, dass die untersuchte Person weder an seuchenrechtlich bedeutsamen ansteckenden Krankheiten leidet noch seuchenrechtlich relevante Erreger ausscheidet.

2 LEBENSMITTEL- UND BEDARFSGEGENSTÄNDEGESETZ (LMBG)

Das Lebensmittel- und Bedarfsgegenständegesetz (LMBG) schützt den Verbraucher vor gesundheitsgefährdenden Lebensmitteln. § 8 LMBG verbietet die Herstellung, Behandlung und den Verkauf von Lebensmitteln, die die Gesundheit schädigen. Dem Gesundheitsschutz dienen weitere Rechtsverordnungen, die aufgrund des LMBG erlassen wurden.

3 HÜHNEREIERVERORDNUNG

Die Verordnung über die hygienischen Anforderungen an das Behandeln und Inverkehrbringen von Hühnereiern und roheihaltigen Lebensmitteln dient zum Schutz des Verbrauchers, insbesondere vor Salmonellenerkrankungen. Sie schreibt vor:

- Eier müssen ab dem 18. Tag nach dem Legen bei einer Temperatur zwischen + 5 °C und + 8 °C aufbewahrt werden.

- Weiterverarbeitung zu roheihaltigen Konditoreiwaren nur vor Ablauf des Mindesthaltbarkeitsdatum. Nach Herstellung innerhalb von zwei Stunden auf mindestens + 7 °C herunterkühlen oder tiefgefrieren.

- Temperaturgrenzen und Aufbewahrungsfristen für roheihaltige Erzeugnisse (zB Kaltkrems, Sahnezubereitungen, Baisers oder Baisermassen), soweit sie nicht einer ausreichenden Erhitzung unterzogen wurden.

- Roheihaltige Konditoreierzeugnisse bei maximal + 7 °C Aufbewahrungstemperatur innerhalb von 24 Stunden nach Herstellung verkaufen!
  Oder
  Nach Entnahme aus dem Froster (max. – 18 °C) bei maximal + 7 °C aufbewahren und innerhalb von 24 Stunden nach dem Auftauen verkaufen!

- Es besteht die Verpflichtung, Rückstellproben aufzubewahren, wenn mehr als 30 Portionen roheihaltiger Erzeugnisse hergestellt wurden.

- Rückstellproben von roheihaltigen, nicht ausreichend erhitzten Konditoreierzeugnissen sind bei einer Temperatur von max. + 4 °C aufzubewahren, und zwar 96 Stunden, vom Zeitpunkt der Abgabe an den Verbraucher gerechnet.

- Die Proben sind mit dem Datum und der Stunde des Herstellungszeitpunktes zu kennzeichnen.

Verstöße gegen diese Vorschriften werden – mit Ausnahme des ersten Punktes – als Straftaten verfolgt.

Die Vorschriften gelten nicht, wenn die Hühnereier so hoch erhitzt wurden, dass Salmonellen mit Sicherheit abgetötet worden sind.

Empfehlung ohne Rechtscharakter für den Umgang mit frischem Ei und pasteurisiertem Ei

Praktische Hinweise geben die „Hygieneregeln für die Behandlung und Verarbeitung frischer Eier und von pasteurisierten Eiprodukten in Konditoreien und Bäckereien", herausgegeben vom Robert-von-Ostertag-Institut des Bundesgesundheitsamtes in Zusammenarbeit mit der Deutschen Gesellschaft für Hygiene und Mikrobiologie (DGHM) und den Berufsverbänden des Konditorenhandwerks und des Bäckerhandwerks.

Aufschlagen von Eiern

- Eier erst unmittelbar vor dem Verarbeiten am Arbeitsplatz aufschlagen. Hierbei ist sicherzustellen, dass keine anderen Lebensmittel mit Eigelb, Eiweiß oder Schalenresten in Berührung kommen.

- Aufschlagen von Eiern auf Vorrat getrennt von den übrigen Arbeitsbereichen an einem separaten Arbeitsplatz, wenn möglich, in einem separaten Raum.

- Die Gefäße sollten ausschließlich für diesen Zweck verwendet, entsprechend gekennzeichnet und nach der Verwendung gereinigt und desinfiziert werden.

- Die Eierschalen sind unverzüglich von den Arbeitsflächen zu entfernen und in verschließbaren nur für Abfall bestimmten Behältern zu sammeln.

Pasteurisierte Eiprodukte

- **Flüssigei:** Angebrochene Packungen sind zu verschließen. Sie sind bei max. + 4 °C zu lagern und innerhalb von 24 Stunden aufzubrauchen. In dieser Zeit nicht aufgebrauchtes Flüssigei sollte nur für durchzubackende Backwaren weiterverarbeitet werden.

- **Tiefgefrorene Eiprodukte:** Lagertemperatur: – 18 °C. Sie sind entsprechend dem Bedarf rasch aufzutauen und nach dem Auftauen sofort zu verbrauchen.

- **Trockene Eiprodukte:** Lagertemperatur: max. + 15 °C, trocken, direkte Wärmeeinwirkung vermeiden. Die Suspensionen sind umgehend, andernfalls bei kühler Lagerung (+ 5 °C bis + 8 °C) im Laufe des Herstellungstages zu verbrauchen.

4 MILCHVERORDNUNG

Die Milchverordnung enthält Hygienebestimmungen für handwerkliche Hersteller von Speiseeis.

- Es handelt sich zum einen um Vorschriften zur Gerätehygiene und zur Beschaffenheit der Arbeitsflächen sowie zum sorgfältigen Umgang mit Reinigungs- und Desinfektionsmitteln.

- Außerdem werden Personen, die mit Speiseeis umgehen, verpflichtet (Anlage 5 Nr. 1), eine saubere Arbeitskleidung und eine saubere Kopfbedeckung zu tragen, die das Haar vollständig bedeckt.

- Gem. Anlage 10 Ziff. 3.4 muss bei der Kühllagerung von Speiseeis die Kühltemperatur per Hand oder automatisch aufgezeichnet werden.

- Zum anderen nennt Anlage 6 der Milchverordnung mikrobiologische Kriterien für Speiseeis und Milchanteil.

Mikroorganismen	Wert
Salmonellen	keine in 25 g (Grenzwert)
Staphylococcus aureus	100 pro 1 ml (Grenzwert)
Coliforme Keime	100 pro 1 ml (Richtwert)
Koloniezahl	500.000 pro 1 ml (Richtwert)

5 VERORDNUNG ÜBER TIEFGEFRORENE LEBENSMITTEL

Wer gefrostete Ware in seinem Ladengeschäft anbietet, muss die **Lufttemperatur** in den Tiefkühleinrichtungen messen. Dazu müssen Tiefkühltruhen in Verkaufsräumen unter 10 m² Inhalt zur Bevorratung über ein gut sichtbares Thermometer verfügen. Tiefkühlware muss eine Temperatur von mindestens – 18 °C besitzen. Beim Ladenverkauf in Tiefkühltruhen ist eine Abweichung von höchstens 3 °C zugelassen.

Zahlreiche Konditoreien haben ihr Sortiment entsprechend erweitert. Beispielsweise werden Erzeugnisse mit pikanten Füllungen oder Auflagen (zB Quiche Lorraine oder Zwiebelkuchen) in tiefgefrorenem Zustand in Konditoreien zum Verkauf angeboten.

Diese Lebensmittel müssen mit den Angaben „tiefgefroren", „tiefgekühlt", „Tiefkühlkost" oder „gefrostet" gekennzeichnet werden. Bis zur Abgabe an den Verbraucher muss die Temperatur bei – 18 °C oder niedriger gehalten werden.

Auf **Speiseeis** wird diese Vorschrift **nicht** angewandt.

6 HACKFLEISCHVERORDNUNG

- Rohes zerkleinertes Fleisch (Hackfleisch) darf nur bei einer Raumtemperatur von höchstens + 4 °C verarbeitet werden. Lediglich das zur baldigen Abgabe an den Verbraucher angebotene Hackfleisch darf in der Kühltheke bei einer Temperatur von max. + 7 °C aufbewahrt werden.
- Frisches Hackfleisch muss noch am Tage der Herstellung weiterverarbeitet und verkauft werden.
- Nach Ablauf des Herstellungstages ist frisches Hackfleisch durchzuerhitzen.

7 GETRÄNKESCHANKANLAGENVERORDNUNG

In Getränkeleitungen und Zapfarmaturen für Limonade und Bier können sich Bakterien ausbreiten. Sie können beim Zapfen in die Getränke gelangen, ihren Geschmack beeinträchtigen, und möglicherweise auch Krankheiten auslösen. Deswegen schreibt die Getränkeschankanlagenverordnung bestimmte Reinigungsintervalle für die einzelnen Teile der Anlage vor.

Reinigungsintervalle

- Tägliche Reinigung der Anlagenteile, die abwechselnd mit Getränken und der Luft in Berührung kommen.
- Reinigung der Getränkeleitungen und Zapfarmaturen alle zwei Wochen.
- Reinigung der Grundstoffleitungen alle drei Monate.
- Reinigung von beweglichen Teilen der Hinterdruckgasleitungen alle zwölf Monate.

Zusätzliche Reinigungsvorgänge sind in Abhängigkeit von den Betriebsvorgängen und bei jedem Wechsel des Grundstoffs (Getränkeart oder Biermarke) vorgeschrieben.

Wer eine Getränkeschankanlage betreibt, hat ein Betriebsbuch zu führen und es im Betrieb aufzubewahren. Er hat nach jeder Reinigung den Termin, die Art und die Stelle der Reinigung einzutragen. Die Reinigungsperson hat dies zu unterschreiben.

8 VERORDNUNG ÜBER LEBENSMITTELHYGIENE (LMHV)

Seit dem 8. August 1998 regelt die Verordnung über Lebensmittelhygiene die hygienischen Anforderungen an das gewerbsmäßige Herstellen, Behandeln und Inverkehrbringen von Lebensmitteln. Damit wurde die Richtlinie der EG 93/43/EWG über Lebensmittelhygiene vom 14. 7. 1993 in deutsches Recht umgesetzt.

8.1 DAS ALLGEMEINE HYGIENEGEBOT § 3 LMHV

Die zentrale Vorschrift des § 3 LMHV verpflichtet die in einer Konditorei oder in einem Café tätigen Personen, die allgemein gebotenen Hygieneregeln einzuhalten.
Bei Herstellung, Verarbeitung und Verkauf muss die aus hygienischer Sicht erforderliche Sorgfalt angewendet werden. Die Lebensmittel dürfen nicht der Gefahr einer nachteiligen Beeinflussung ausgesetzt sein.

Als nähere Beschreibung des allgemeinen Hygienegebots enthält die Verordnung über Lebensmittelhygiene eine Anlage zu § 3. Diese besteht aus fünf Kapiteln:

- Die Kapitel 1 bis 4 zählen die baulichen Maßnahmen und die Anforderungen an die Vorrichtungen und Geräte auf.

- Kapitel 5 der Anlage zur LMHV enthält die Gebote für den Umgang mit Lebensmitteln und für die Personalhygiene. Es ist daher für alle in der Konditorei Tätigen besonders wichtig!

Personalhygiene

„Personen, die Lebensmittel herstellen, behandeln oder in Verkehr bringen, haben ein hohes Maß an persönlicher Sauberkeit zu halten und müssen angemessene, saubere Kleidung und erforderlichenfalls Schutzkleidung tragen" (Kapitel 5 der Anlage zur LMHV).

Persönliche Sauberkeit bedeutet nicht nur, dass die Mitarbeiter ihre Hände vor Arbeitsbeginn und nach jedem Aufsuchen der Toiletten sorgfältig waschen und desinfizieren, sondern auch, dass sie diese Maßnahmen wiederholen, wenn es ihr spezieller Tätigkeitsbereich erfordert:
- Nach dem Aufschlagen von Eiern
- Vor dem Umgang mit Sahne
- Vor dem Umgang mit Speiseeis
- Vor dem Umgang mit Marzipan, Schokolade und Nugat

Je empfindlicher die Lebensmittel in hygienischer Hinsicht sind, desto höhere Anforderungen werden an die persönliche Sauberkeit gestellt.

Durch mangelnde Reinlichkeit nach dem Aufsuchen der Toilette können Darmbakterien, ggf. sogar Krankheitserreger bei der anschließenden Herstellung bzw. Verarbeitung von Sahne, Krem, Speiseeis, Marzipan, Nugat, Schokolade auf Lebensmittel übertragen werden. Eiweiß- und zuckerhaltige Krem- und Sahnezubereitungen sowie alle Lebensmittel, die nicht durcherhitzt oder durchgebacken werden, stellen eine ideale Lebensgrundlage für Bakterien dar. Innerhalb von 20 Minuten vermehren sich Bakterien auf die doppelte Anzahl. Selbst eine mit Wasser und Seife gereinigte Hand weist Keime auf. Daher ist das Desinfizieren der Hände nach dem Gang zur Toilette unabdingbar!

„Personen mit infizierten Wunden, Hautinfektionen oder Geschwüren dürfen mit Lebensmitteln nicht umgehen, sofern die Möglichkeit besteht, dass Lebensmittel direkt oder indirekt mit pathogenen Mikroorganismen verunreinigt werden" (Kapitel 5 der Anlage zur LMHV).

Das Tragen **sauberer Berufskleidung** (nicht Straßenkleidung) ist am Arbeitsplatz Pflicht. Nach dem Hygienekonzept des Deutschen Konditorenbundes für die persönliche Hygiene im Betrieb ist Hand- und Armschmuck während der Arbeit abzulegen. Der Deutsche Konditorenbund hat außerdem für den Produktionsbereich, für den Verkaufsbereich sowie speziell für Speiseeis, Sahne, Confiserie, Torten, Desserts, Patisserie und pikante Produkte Hygienekonzepte geschaffen und an alle Innungsbetriebe herausgegeben.

Umgang mit Lebensmitteln

Lebensmittel, die einer Kühllagerung bedürfen oder die gekühlt serviert werden, sind nach erfolgter Erhitzung oder Zubereitung so schnell wie möglich auf eine Temperatur zu kühlen, durch die die Gefahr einer nachteiligen Beeinflussung vermieden wird (Kapitel 5 zur LMHV).

Durch Rechtsvorschrift vorgeschriebene Kühllagerung:
- Konsummilch, pasteurisiert, bei höchstens + 10 °C
- Geflügelfleisch, frisch, bei max. + 4 °C
- Frischkäse (-zubereitungen) bei max. + 10 °C
- Hackfleischzubereitungen bei max + 4 °C

- Hackfleisch zur alsbaldigen Abgabe bei max. + 7 °C
- Hühnereier nach dem 18. Tag bei max. + 8 °C

Sachgerechte Kühlung verlangsamt das Wachstum von Keimen deutlich! Leicht verderbliche Rohstoffe wie Milchprodukte (zB Sahne, Milch, Quark, Frischkäse) müssen
- in gekühltem Zustand angeliefert,
- sofort nach Anlieferung in die Kühlung gegeben werden,
- unter angemessen niedrigen Temperaturen weiterverarbeitet,
- zwischengelagert und
- bei sachgerechten Temperaturen zum Verkauf angeboten werden.

Von der lückenlosen Einhaltung einer solchen Kühlkette hängt die mikrobiologische Beschaffenheit des Enderzeugnisses ab.

8.2 Das Vorbeugungsprinzip des § 4 Abs. 1 LMHV

Von besonderer Bedeutung ist das in § 4 Abs. 1 LMHV verankerte Gebot, mithilfe eines planmäßig durchgeführten Verfahrens gesundheitlichen Risiken vorzubeugen und damit die Lebensmittel sicher zu machen. Ziel der Vorschrift ist, das Entstehen gesundheitlicher Gefahren für den Verbraucher schon bei Herstellung, Verarbeitung und Verkauf von Lebensmitteln in gewerblichen Unternehmen möglichst von vorneherein auszuschließen. Daher muss auch die Konditorei bzw. das Café nach einer solchen Sicherheitsstrategie arbeiten. Zur Beherrschung eventueller Gesundheitsgefahren muss der Betrieb ein eigenes System von Maßnahmen und Kontrollen entwickeln und durchführen, für das die LMHV folgende Voraussetzungen aufstellt:

- Prüfung aller Arbeitsabläufe, ob von ihnen gesundheitliche Gefahren ausgehen können

- Bezeichnung der Punkte im Betriebsablauf, an denen diese Gefahren auftreten können

- Entscheidung, welche dieser Punkte die für die Lebensmittelsicherheit kritischen Punkte sind

- Festlegung und Durchführung wirksamer Sicherungsmaßnahmen kritischer Punkte und deren Überwachung

- Regelmäßige Überprüfung des eigenen Sicherheitssystems

Das betriebliche Sicherheitskonzept stellt eine wichtige Anweisung dar, die alle Mitarbeiter sorgfältig einhalten müssen. Welche Maßnahmen und Kontrollen im Einzelfall durchzuführen sind, lässt sich nicht in einer allgemeinen, für jeden Betrieb gültigen Aussage festlegen. Vielmehr führen individuelle Betriebsgröße, Sortimentsgestaltung und Arbeitsabläufe zu unterschiedlichen Sicherheitskonzepten.

Jeder Betriebsinhaber entscheidet in eigener Verantwortung, welche Strategie er anwendet. Der Deutsche Konditorenbund hat für betriebseigene Maßnahmen und Kontrollen ein Musterkonzept entwickelt, das die Grundlage für die betriebliche Umsetzung der LMHV bildet.

8.3 Unterrichtung der Mitarbeiter gem. § 4 Abs. 2 LMHV

„Wer Lebensmittel herstellt, behandelt oder in Verkehr bringt, hat im Rahmen betriebseigener Maßnahmen zu gewährleisten, dass Personen, die mit Lebensmitteln umgehen, entsprechend ihrer Tätigkeit und unter Berücksichtigung ihrer Ausbildung in Fragen der Lebensmittelhygiene unterrichtet oder geschult werden."

Der Normenausschuss für Lebensmittel und landwirtschaftliche Produkte des Deutschen Insituts für Normung (DIN) hat im Auftrag des Bundesministeriums für Gesundheit die Norm DIN 10514 „Lebensmittelhygiene – Hygieneschulung" erarbeitet. Diese Norm soll eine Hilfestellung für die Unterrichtung oder Schulung der Mitarbeiter in Fragen der Lebensmittelhygiene (i.S. von § 4 Abs. 2 LMHV) geben. Sie ist allgemein für alle Branchen der Lebensmittelwirtschaft formuliert. Der Norm **kann** freiwillig gefolgt werden.
Von der DIN-Norm geht keine rechtliche Verpflichtung aus.

III KENNZEICHNUNGSVORSCHRIFTEN

Die zum Verkauf angebotenen Konditoreierzeugnisse müssen mit einer Verbraucherinformation versehen werden. Dabei ist zwischen der Kennzeichnung lose angebotener Ware einerseits und fertig verpackten Erzeugnissen andererseits zu unterscheiden.

1 KENNZEICHNUNGSPFLICHT BEI LOSER WARE

Im Ladengeschäft lose angebotene Erzeugnisse müssen mit folgenden Informationen versehen werden:

- Endpreis, bezogen auf die Verkaufseinheit (Preisangabenverordnung)

Wenn im Einzelfall erforderlich:

- Zusatzstoffe (Zusatzstoff-Zulassungsverordnung)
- Hinweis auf Stärkepuder oder Mehl aus genetisch verändertem Mais (Verordnung (EG) Nr. 1139/98)
- Nährwertkennzeichnung bei nährwertbezogenen Angaben oder Produktwerbung (Nährwert-Kennzeichnungsverordnung)
- Informationen zB für Diabetiker oder natriumempfindliche Personen (Diätverordnung)
- Spezielle produktbezogene Angaben, zB nach den Vorschriften der Kakaoverordnung, der Speiseeisverordnung etc.

Vorteilhaft
Fertigpackungen, die in der Verkaufsstätte zur alsbaldigen Abgabe an den Verbraucher hergestellt und dort – jedoch nicht zur Selbstbedienung – abgegeben werden, sind bezüglich der Kennzeichnungspflichten wie lose angebotene Ware zu behandeln. In der Konditorei ist daher der Aufwand zur Kennzeichnung um so geringer, je mehr lose Ware und Ladenpackungen angeboten werden.

1.1 PREISANGABENVERORDNUNG

Anzugeben sind die Endpreise. Sie müssen sich entweder auf Stück (zB Kopenhagener, Tortenstück) oder Gewicht bzw. Volumen beziehen. Die vorgeschriebenen Bezugsgrößen sind 100 g oder 1 kg bzw. 100 Milliliter oder 1 Liter.

1.2 ZUSATZSTOFFZULASSUNGSVERORDNUNG

Der Gehalt eines Lebensmittels an Zusatzstoffen muss bei Abgabe an den Verbraucher in bestimmtem Umfang kenntlich gemacht werden. Der Konditor hat zwei unterschiedliche Möglichkeiten zur Auswahl, um den Verbraucher zu informieren:

- Das Hinweisschild neben der Ware oder
- die schriftliche Aufzeichnung (Liste).

Hinweisschild neben der Ware

Werden die Angaben auf einem Hinweisschild neben der Ware angebracht, so reicht es nach der Verordnung aus, folgende neun Zusatzstoffgruppen kenntlich zu machen.

Zusatzstoffgruppen	Vorgeschriebener Hinweis
Farbstoffe	„mit Farbstoff"
Konservierungsstoffe	„mit Konservierungsstoff"
Schwefeldioxid bzw. Sulfite von mehr als 10 mg pro Kilogramm (zB Trockenobst)	„geschwefelt"
Zusatzstoffe der Nr. E 901–904, E 912, E 914 (Wachs, Schellack etc.) bei frischen Zitrusfrüchten, Melonen, Äpfeln, Birnen	„gewachst"
Zuckeraustauschstoffe und Süßstoffe	„mit Süßungsmittel" in Verbindung mit der Verkehrsbezeichnung
Antioxidationsmittel	„mit Antioxidationsmittel"
Geschmacksverstärker	„mit Geschmacksverstärker"
Zusatzstoffe der Nr. E 338–341, E 450–452 bei Fleischerzeugnissen	„mit Phosphat"
Eisen-II-gluconat bzw. Eisen-II-lactat bei Oliven	„geschwärzt"

Bei Beschilderung loser Ware sind nur die oben genannten Zusatzstoffe anzugeben.

Auf Hinweisschildern brauchen folgende Zusatzstoffgruppen nicht zu erscheinen:

Backtriebmittel	Säureregulatoren
Emulgatoren	Schaummittel
Festigungsmittel	Schaumverhüter
Feuchthaltemittel	Schmelzsalze
Füllstoffe	Stabilisatoren
Geliermittel	Trägerstoffe
Komplexbildner	Treibgase
Mehlbehandlungsmittel	Trennmittel
Modifizierte Stärken	Überzugsmittel
Säuerungsmittel	Verdickungsmittel

Beispiele aus der Praxis zur Verwendung von Hinweisschildern

1. Das Endprodukt enthält keine deklarationspflichtigen Zusatzstoffe

Eigelbmakronen (kein Hinweisschild)	Für Sorbit als Feuchthaltemittel, Gummiarabikum als Überzugsmittel, Lecithine als Emulgator (Kuvertüre) (kein Hinweisschild)
Dominosteine (kein Hinweisschild)	Für Ascorbinsäure als Mehlbehandlungsmittel, Natriumcarbonat als Backtriebmittel, Pektin als Geliermittel und Lecithine als Emulgator (Kuvertüre) (kein Hinweisschild)

Keine Deklarationspflicht besteht, soweit die genannten Stoffe als Bestandteile von Zutaten in das Enderzeugnis gelangt sind und dort keine technologische, nämlich färbende, konservierende, antioxidierende oder geschmacksverstärkende Wirkung entfalten.

2. Im Endprodukt werden deklarationspflichtige Zusatzstoffe zugesetzt, die im Endprodukt keine technologischen Wirkungen haben

Schwarzwälder Kirschtorte (kein Hinweisschild) Farbstoff Betakarotin in der Butter hat in dunklen Schokoladenböden keine Farbwirkung	Für Ascorbinsäure als Mehlbehandlungsmittel, Lecithine als Emulgatoren (Kakao), Carrageen als Stabilisator (Sahne), Pektin als Geliermittel (Konfitüre) (kein Hinweisschild)
Windbeutel (kein Hinweisschild) Farbstoff Betakarotin in der Butter hat in der eihaltigen Brandmasse keine Farbwirkung, es überwiegt das Eigelb	Für Carrageen als Stabilisator (Sahne) (kein Hinweisschild)

3. Deklarationspflichtige Zusatzstoffe mit technologischer Wirkung im Endprodukt

Apfeltaschen (Hinweisschild „mit Antioxidationsmittel“ erforderlich) Fertig bezogenes Apfelmus enthält das Antioxidationsmittel „Ascorbinsäure“. Es ist in entsprechenden Füllungen im Enderzeugnis technologisch wirksam.	Ascorbinsäure hat zwei unterschiedliche Wirkungen: Als Mehlbehandlungsmittel ist es nicht mit Hinweisschild zu kennzeichnen, hingegen als „Antioxidationsmittel“ ist Ascorbinsäure per Hinweisschild zu kennzeichnen.
Königinpastete (Hinweis auf der Speisekarte „mit Geschmacksverstärker“ erforderlich) Fertig bezogene Fleischzubereitung enthält ggf. Geschmacksverstärker Dinatriumguanylat u. Dinatriuminosinat.	Im Bereich der kleinen Küche verwendete Produkte aus Konserven (Gläsern) enthalten sehr häufig Geschmacksverstärker.

Schriftliche Aufzeichnung (Zusatzstoffliste)

Sie ist eine Auflistung aller im Endprodukt technologisch wirksamen Zusatzstoffe. Die Liste wird nur angewendet, wenn keine Hinweisschilder verwendet werden. Die Zusatzstoffliste muss entweder ausgehängt werden oder dem Verbraucher unmittelbar zugänglich sein. In letzterem Fall muss ein Aushang auf die Liste hinweisen.

Sie enthält

- die vom Konditor unmittelbar zugesetzten Zusatzstoffe (zB Lebensmittelfarben auf Marzipanfiguren),
- die in den verarbeiteten **Zutaten** enthaltenen Zusatzstoffe, soweit diese im Enderzeugnis noch eine technologische Wirkung haben; zu berücksichtigen sind die Zusatzstoffe aus allen Zusatzstoffklassen. Eine Beschränkung auf neun Klassen

wie im Falle einer Kenntlichmachung durch Hinweisschilder ist nicht möglich,

- den Klassennamen (zB Geliermittel) und die E-Nummer des Zusatzstoffs (E–407)
  oder
  den Klassennamen (zB Geliermittel und die Verkehrsbezeichnung Carrageen),
- die Zuordnung zum zusatzstoffhaltigen Lebensmittel (zB Kirsch-Sahne-Torte).

Die Zusatzstoffliste ist eine freiwillige Maßnahme. Wer von dieser Möglichkeit Gebrauch macht, ist von der Pflicht befreit, die Zusatzstoffe mit Hinweisschildern kenntlich zu machen.

Dies gilt ausnahmsweise nicht für die Zuckeraustauschstoffe Isomalt, Lactit, Maltit, Mannit, Sorbit, Xylit und die Süßstoffe Acesulfam K, Aspartam, Cyclohexansulfamidsäure und ihre Salze, Saccharin und seine Salze, Thaumatin, Neohesperidin DC. Diese Süßungsmittel sind auch bei Bestehen einer Zusatzstoffliste stets neben der Ware mit einem Hinweisschild kenntlich zu machen.

1.3 Verordnung (EG) Nr. 1139/98 über die Etikettierung bestimmter aus genetisch veränderten Organismen hergestellter Lebensmittel

Von der Europäischen Union wurde vor gewisser Zeit die Genehmigung erteilt, genetisch veränderten Mais und genetisch veränderte Sojabohnen in Verkehr zu bringen. Im Hinblick darauf verordnete die EU eine entsprechende Etikettierungspflicht für Verarbeitungsprodukte aus und für Lebensmittel, in denen die oben genannten Verarbeitungsprodukte als Zutat enthalten sind, zB Stärkepuder aus Mais in Teigen, Massen oder Krems.

Produkte und Lebensmittel	Vorgeschriebene Etikettierung
Genetisch veränderter Mais: Maisprotein, Maismehl, Maisgrieß, Maisstärke, Quellstärke	„aus genetisch verändertem Mais hergestellt“
Genetisch verändertes Soja: Sojabohnen, -kerne, -sprossen, Sojamehl, Sojaproteinkonzentrate	„aus genetisch veränderten Sojabohnen hergestellt“

Von Seiten der Nahrungsmittelwirtschaft wurde darauf hingewiesen, dass die Etikettierungspflicht nicht für lose Ware gelten kann. Die als Rechtsgrundlage herangezogene Verordnung (EG) Nr. 1139/98 ist eine Ergänzung zur Etikettierungsrichtlinie 79/112/EWG, von der unverpackte Ware in Deutschland weitgehend ausgenommen ist. Dagegen hat die Bundesregierung festgestellt, dass die oben dargestellte Etikettierungspflicht auch **für lose Ware** gilt. Erforderlich ist ein Hinweis auf einem Schild.

Negativliste

Die Europäische Union beabsichtigt, eine Negativliste mit den nicht kennzeichnungspflichtigen Verarbeitungsprodukten aus genetisch verändertem Mais und Soja zu veröffentlichen. Sie soll eine verlässliche Aussage darüber ermöglichen, welche Produkte aus genetisch verändertem Mais und Soja nicht gekennzeichnet werden müssen. Zur Aufnahme in die Liste vorgeschlagen wurden ua. raffiniertes Maisöl, Glukosesirup aus Maisstärke und raffiniertes Sojaöl.

1.4 Nährwertkennzeichnungsverordnung

Der Konditor ist nur zur Nährwertkennzeichnung verpflichtet, wenn er im Hinblick auf ein Erzeugnis **freiwillig nährwertbezogene Angaben** macht. Auslöser dieser Rechtspflicht kann eine Kundeninformation über das Produkt oder eine Werbemaßnahme für das Erzeugnis sein, wenn sie nährwertbezogene Angaben enthält, zB nährstoffreich, fettarm, light.
Spricht der Konditor die Nährwerteigenschaft seiner Produkte gar nicht an, so entsteht auch keine Pflicht zur Nährwertkennzeichnung.

Klarstellung
Gesetzlich vorgeschriebene Angaben (zB „mit Zuckeraustauschstoff Fructose“) oder Rezept- bzw. Qualitätshinweise (zB „mit Butter, mit Ei, mit Pflanzenfett“) oder Geschmacksbeschreibungen (zB „feinherb“) sind keine nährwertbezogenen Angaben.

Pflicht zur Nährwertkennzeichnung bezogen auf 100 g der Ware	
• Brennwert in kJ, in kcal, • Eiweiß in g • Kohlenhydrate in g • Fett in g	Die Angaben beziehen sich auf den Brennwert eines Produkts (zB energiereich, kalorienarm) oder auf Nährstoffe bzw. deren Bestandteile oder auf Nährstoffgruppen (zB angereichert mit Eiweiß, fettvermindert, viel Kohlenhydrate).
• Brennwert in kJ, in kcal, • Eiweiß in g • Kohlenhydrate in g • davon Zucker in g • Fett in g • davon gesättigte Fettsäuren in g • Ballaststoffe in g • Natrium in g	Eine konkrete Bezugnahme auf Zucker, gesättigte Fettsäuren, Ballaststoffe, Natrium, Kochsalz löst eine gesteigerte Informationspflicht aus: Die acht Kennzeichnungselemente sind bindend.

1.5 Verordnung über diätetische Lebensmittel

In der Verordnung für diätetische Lebensmittel ist der sogenannte Packungszwang für Diabetikererzeugnisse verankert. Ausgenommen sind lediglich diätetische Fleischerzeugnisse, diätetischer Käse und **„frische Backwaren für Diabetiker“**. Diese dürfen **lose**, auch im Anschnitt abgegeben werden. Als „frische Backwaren“ im Sinne der DiätVO werden angesehen: Frische feine Backwaren, einschließlich Torten und nicht durchgebackene Konditoreierzeugnisse. Speiseeis, Nugat, Marzipan, Pralinen, Schokolade und Dauerbackwaren werden jedoch nicht zu „frischen Backwaren“ für Diabetiker gerechnet. Sie dürfen also nur in Fertigpackungen angeboten werden.

Die Deklaration loser oder im Anschnitt angebotener Diabetikererzeugnisse muss auf einem **Schild** neben der Ware stehen. Wichtig ist, dass der Kunde die Deklaration und die Ware auf Anhieb und ohne Suchen miteinander in Verbindung bringen kann.

Wer aus gesundheitlichen Gründen auf diätetische Lebensmittel angewiesen ist, muss wissen, wieviel an Nährstoffen er zu sich nimmt. Er benötigt Nährwertangaben, um die Nährstoffzufuhr kontrollieren zu können. Deswegen verlangt die Verordnung über diätetische Lebensmittel eine ausführliche Information für die betroffenen Verbrauchergruppen. Dies sind, abgesehen von den Verbrauchern glutenfreier oder natriumarmer feiner Backwaren, im Bereich der Konditorei in erster Linie die Diabetiker. Diabetikererzeugnisse müssen folgendermaßen gekennzeichnet sein:

- Zur besonderen Ernährung bei Diabetes mellitus im Rahmen eines Diätplanes (der Hinweis „für Diabetiker“ reicht alleine als Angabe eines besonderen Ernährungszwecks nicht aus).
- Besondere qualitative und/oder quantitative Zusammensetzung (zB ohne Zusatz von Saccharose).
- Art und Menge der verwendeten Zuckeraustauschstoffe bezogen auf 100 g (zB 100 g enthalten ... g Zuckeraustauschstoffe Fructose).
- Angabe des durchschnittlichen Gehalts an verwertbaren Kohlenhydraten, Fetten und Eiweißstoffen, bezogen auf 100 g (zB 100 g enthalten 7,7 g Eiweiß, 21,5 g Fett und 43,2 g Kohlenhydrate).
- Angabe des durchschnittlichen physiologischen Brennwerts in Kilojoule oder Kilokalorien bezogen auf 100 g (zB 1.684 kJ).

Für die Berechnung des physiologischen Brennwerts ist § 2 Nr. 3 der NährwertkennzeichnungsVO maßgebend. Brennwert ist der berechnete Energiegehalt eines Lebensmittels.
Folgende Tabelle wird zugrunde gelegt:

1 g Fett	37 kJ bzw. 9 kcal
1 g Eiweiß	17 kJ bzw. 4 kcal
1 g Kohlenhydrate (ausgenommen mehrwertige Alkohole)	17 kJ bzw. 4 kcal
1 g Ethylalkohol	29 kJ bzw. 7 kcal
1 g organische Säure	13 kJ bzw. 3 kcal
1 g mehrwertige Alkohole	10 kJ bzw. 2,4 kcal

1.6 Verordnung über Kakao und Kakaoerzeugnisse

Für Pralinen und Schokoladenarten enthält die Kakaoverordnung eine produktbezogene Kennzeichnungsregelung eigener Art.

Kenntlichmachung	Produkt
Verkehrsbezeichnung gem. Anlage zur Kakaoverordnung, zB Kuvertüre, Milchschokoladenüberzugsmasse, weiße Schokolade, gefüllte Schokolade, Praline, Sahneschokolade ...	Alle Kakaoerzeugnisse
„Mit ...aroma“ bzw. „mit ...geschmack“, ergänzend zur Verkehrsbezeichnung	Wenn der Geschmack zugesetzter Aromen, Gewürze, Geruchs- und Geschmacksstoffe vorherrscht
Art der zugesetzten Lebensmittel in Verbindung mit der Verkehrsbezeichnung, zB „Schokolade mit Haselnüssen“	Nach Zusatz von 5 % bis 40 % anderer Lebensmittel
Art der Füllung	Nur gefüllte Schokolade
mindestens ... % Kakaoanteile	Nur Schokolade, Haushaltsschokolade, Milchschokolade, Haushaltsmilchschokolade, Sahneschokolade und Magermilchschokolade
Schokoladenarten, die außer Schokolade und Kuvertüre verarbeitet wurden, zB Pralinen mit Milchschokolade oder weißer Schokolade	Nur Pralinen und gefüllte Schokolade, wenn auch andere Schokoladenarten als Kuvertüre oder Schokolade verarbeitet wurden
Name oder Firma sowie Anschrift oder Sitz des Herstellers, Verpackers oder Verkäufers	Alle Kakaoerzeugnisse

Die Kennzeichnung erfolgt auf Verpackungen, Behältnissen oder Etiketten von Kakao- und Kakaoerzeugnissen (§ 12 Abs. 1 der Kakaoverordnung).

Beispiele
Fertigpackungen, auch offene Tüten, Geschenkverpackungen aus Porzellan, Ton, Glas mit Pralinen, stanniolierte Schokoladenfiguren oder Pralinen, Aufkleber oder Anhänger aus Pappe, Holz oder Metall an eingewickelten Pralinen.

1.7 Speiseeisverordnung

Speiseeis darf nur in Verkehr gebracht werden, wenn seine **Verkehrsbezeichnung** auf einem Schild neben der Ware oder in einem Aushang angegeben wird.

2 Erleichterung bei Ladenpackungen

Die Lebensmittelkennzeichnungsverordnung (LMKV) berücksichtigt das Interesse von Handwerksbetrieben, in Stoßzeiten auf zuvor fertig verpackte Ware zurückgreifen zu können, ohne die an sich für Fertigpackungen vorgeschriebene Kennzeichnung vollziehen zu müssen.
Aufgrund der Ausnahmeregelung in § 1 Abs. 2 der Lebensmittelkennzeichnungsverordnung werden Ladenpackungen bezüglich der Kennzeichnung wie **lose Ware** behandelt.

Eine **Ladenpackung** ist eine fest verschlossene Packung, die im Unterschied zur Fertigpackung grundsätzlich von der Kennzeichnung mit Verkehrsbezeichnung, Firma und Anschrift des Herstellers, Zutatenliste, QUID, Mindesthaltbarkeitsdatum oder Verbrauchsdatum und Losangabe befreit ist.

Voraussetzungen für eine Ladenpackung

- Die Ladenpackung muss in der Verkaufsstätte hergestellt werden. Dazu gehören auch die unmittelbar mit dem Verkaufsraum verbundenen Nebenräume. Maßgebend ist, dass in der Betriebsstätte überhaupt an den Endverbraucher verkauft wird.
- Die Ladenpackung muss zur „alsbaldigen Abgabe“ an den Verbraucher vorgesehen sein. Das Verpacken muss in der realistischen Absicht erfolgen, die Ladenpackung in wenigen Tagen zu verkaufen.
- Die Ladenpackung darf nicht zur Selbstbedienung angeboten werden.
- Die Ladenpackung muss **in der Verkaufsstätte** an den Endverbraucher abgegeben werden.

3 KENNZEICHNUNG VON FERTIGPACKUNGEN

Begriffsbestimmung für Fertigpackungen laut Eichgesetz: „Fertigpackungen sind Erzeugnisse in Verpackungen beliebiger Art, die in Abwesenheit des Käufers abgepackt und verschlossen werden, wobei die Menge des darin enthaltenen Erzeugnisses ohne Öffnen oder merkliche Änderung der Verpackung nicht verändert werden kann."

Erläuterung

Fertigpackungen liegen nur vor, wenn sie einen festen Verschluss besitzen, der aufgebrochen werden muss, wenn man an den Inhalt gelangen will. Setzt das Öffnen eine Beschädigung der Verpackung voraus oder muss zumindest ein Plastikklipp, Metallklipp oder ein Klebestreifen entfernt werden, so handelt es sich um eine Fertigpackung. Keine Fertigpackungen sind zugefaltete Tüten oder an den Enden zugedrehte Zellophanverpackungen. Sie lassen sich ohne Beschädigung öffnen und wieder schließen.

In diesem Kapitel werden nur die Vorschriften der Lebensmittelkennzeichnungsverordnung, der Loskennzeichnungsverordnung und der Fertigpackungsverordnung behandelt.

Ergänzend sind im Einzelfall weitere Angaben notwendig. Entsprechende Kennzeichnungspflichten finden sich in der

- Preisangabenverordnung,
- Zusatzstoff-Zulassungsverordnung,
- Nährwertkennzeichnungsverordnung (NKV),
- Verordnung (EG) 1139/98,
- Diätverordnung,
- Produktverordnungen, zB Kakaoverordnung, Konfitürenverordnung.

Der Inhalt dieser Vorschriften wurde bereits bei loser Ware genauer erklärt.

In der handwerklichen Konditorei kommen die Vorschriften der Lebensmittelkennzeichnungs-, der Fertigpackungs- und der Loskennzeichnungsverordnung typischerweise nicht oder nur sehr selten zur Anwendung, weil dort nur lose Ware oder allenfalls „Ladenpackungen" angeboten werden. Ladenpackungen werden kennzeichnungsrechtlich wie lose Ware behandelt. Die Lektüre von Abschnitt 2 (Erleichterung bei Ladenpackungen) ist daher wichtig, um zu verstehen, dass die Fertigpackungskennzeichnung in der handwerklichen Konditorei nur eine geringe Bedeutung hat.

Pflichtangaben auf einer Fertigpackung	
Deklaration	**Ausnahmen**
Verkehrsbezeichnung	• Ladenpackungen • Jedoch bei Pralinen, Schokoladenarten und Speiseeis stets anzugeben
Firma und Anschrift des Herstellers	• Ladenpackungen • Einzelne Zuckerfiguren • Größte Einzelfläche der Packung misst weniger als 10 cm • Jedoch bei Pralinen und Schokoladenarten stets anzugeben
Zutatenverzeichnis	• Ladenpackungen • Einzelne Pralinen, Schokoladenarten, Zuckerfiguren • Größte Einzelfläche der Packung misst weniger als 10 cm
Mengenangabe bestimmter Zutaten bzw. Zutatenklassen (QUID)	• Ladenpackungen • Kakaoerzeugnisse (zB Schokoladenarten und Pralinen)
Mindesthaltbarkeitsdatum (MHD) oder Verbrauchsdatum	• Ladenpackungen • Pralinen, Schokoladenarten • Fertigpackungen unter 10 g
Losangabe (Zuordnung zu einer bestimmten Gesamtheit von Verkaufseinheit)	• Ladenpackungen • Fertigpackungen mit unverschlüsseltem Mindesthaltbarkeits- oder Verbrauchsdatum • Speiseeis-Einzelpackungen
Füllmenge nach Gewicht, Volumen oder Stückzahl entsprechend der Verkehrsauffassung	• Speiseeis von 200 Milliliter oder weniger • Feine Backwaren – nicht Dauerbackwaren – von 100 g oder weniger • Zucker und Schokoladenwaren von weniger als 50 g
Grundpreisangabe bezogen entweder auf 1 kg oder – bei Nennfüllmengen bis 250 g oder 250 ml – bezogen auf 100 g oder 100 ml	• Zucker- und Schokoladenarten sowie Dauerbackwaren von weniger als 100 g Füllmenge • Zucker und Schokoladenfiguren, sofern sie überwiegend Einzelstücke unter 50 g sind • Torten und Tortenteile

Pflichtangaben auf einer Fertigpackung	
Deklaration	**Ausnahmen**
Endpreis	• Ladenpackungen Hier ist der Endpreis auf einem Schild neben der Packung anzugeben

3.1 Lebensmittelkennzeichnungsverordnung

Die Unterrichtung des Verbrauchers durch eine einheitliche Kennzeichnungsregelung für alle fertig verpackten Lebensmittel ist das Ziel der Lebensmittelkennzeichnungsverordnung. Sie beruht auf der Richtlinie der Europäischen Gemeinschaften 79/112/EWG vom 18. 12. 1978.

Verkehrsbezeichnung

Die Fertigpackung muss stets die zutreffende Bezeichnung des verpackten Erzeugnisses tragen. Wenn eine Rechtsverordnung wie zB die Kakaoverordnung, die Verkehrsbezeichnungen für diese Produktgruppe bereits festgelegt hat (zB Pralinen), muss diese für die Deklaration der Fertigpackung übernommen werden.

Fehlen solche Rechtsvorschriften, dann sind die nach der Verkehrsauffassung gebräuchlichen Namen anzuwenden (zB Frankfurter Kranz, Kremeis; Beispiele nach den Leitsätzen für feine Backwaren und für Speiseeis). Nur wenn diese Anhaltspunkte fehlen, darf auf eine Beschreibung des Lebensmittels zurückgegriffen werden, zB Fruchtaufstrich.

Firma und Anschrift des Herstellers

Die Fertigpackungen mit Ware aus eigener Herstellung müssen Namen und Anschrift (Ort) der Konditorei tragen.

Verzeichnis der Zutaten einschließlich der Zusatzstoffe

Die Aufzählung muss mit dem Wort „Zutaten" beginnen. Die Zutaten sind in absteigender Reihenfolge ihres Gewichtsanteils aufzuzählen. Maßgebend ist der Herstellungszeitpunkt. Im Falle einer zusammengesetzten Zutat sind deren Zutaten aufzuführen. Trägt sie jedoch eine gebräuchliche Bezeichnung, so kann die zusammengesetzte Zutat in die Zutatenliste aufgenommen werden, gefolgt von der Aufzählung ihrer Zutaten. Diese Aufzählung kann entfallen, wenn die zusammengesetzte Zutat weniger als 25 % am Gewicht des Enderzeugnisses ausmacht. Anzugeben sind jedoch die enthaltenen Zusatzstoffe, Enzyme und Mikroorganismenkulturen, ausgenommen Natrium- und Kaliumjodat.

Eine schriftliche Aufzeichnung aller Zusatzstoffe für das ganze Sortiment befreit nicht von der Aufnahme der Zusatzstoffe in die Zutatenliste. Zusatzstoffe, die dem Produkt als Bestandteil einer Zutat zugesetzt wurden, brauchen nicht deklariert werden, sofern sie im Enderzeugnis keine technologische Wirkung mehr ausüben, zB Trennmittel zur Erhaltung der Rieselfähigkeit von Speisesalz.

Zusatzstoffe müssen in der Zutatenliste mit ihrem Klassennamen und wahlweise mit Verkehrsbezeichnung oder E-Nr. angegeben werden.

Die Zutaten sind grundsätzlich mit ihrer Verkehrsbezeichnung zu benennen. Bei bestimmten Zutaten kann ausnahmsweise ihr Klassenname angegeben werden, zB „Gewürze oder Gewürzmischungen", sofern sie insgesamt nicht mehr als 2 % des Gewichts des Enderzeugnisses ausmachen.

Verarbeitungsprodukte aus genetisch verändertem Mais und Soja sind mit der Ergänzung „genetisch verändert" zu versehen, sofern dies nach der Verordnung (EG) Nr. 1139/98 etikettierungspflichtig ist, zB Stärkepulver aus genetisch verändertem Mais.

Ab 2001 Mengenangabe von Zutaten

Bestimmte Zutaten bzw. Zutatenklassen sind auf der Fertigpackung mit ihrem Mengenanteil anzuführen. Die Menge ist in Prozent des Gesamtgewichts des Enderzeugnisses anzugeben. Da der Fertigstellungszeitpunkt maßgebend ist, muss der Backverlust bei der Berechnung des Gewichtsanteils abgezogen werden. Die Mengenangabe muss entweder aus dem Zutatenverzeichnis hervorgehen oder in der Nähe der Verkehrsbezeichnung stehen. Die Verpflichtung gilt ab 1. Januar 2001. Häufig benutzt man für die neue Verbraucherinformation die englische Abkürzung QUID: quantitativ ingredient declaration. Um festzulegen, in welchen Fällen der prozentuale Anteil von Zutaten am Gesamtgewicht des fertigen Erzeugnisses angegeben werden muss, enthält die Lebensmittelkennzeichnungsverordnung folgende Übersicht: vier QUID-Auslöser und vier Ausnahmen von QUID.

Die vier QUID-Auslöser nennen die Regelfälle, in denen die Mengenangabe Vorschrift ist

1. In der Verkehrsbezeichnung des Erzeugnisses wird der Name einer Zutat oder einer Zutatenklasse genannt.
   Beispiele: „Weinkrem mit 35 % Weißwein", „Früchtebrot mit 50 % Früchten".

2. Die Verkehrsbezeichnung deutet darauf hin, dass das Erzeugnis eine bestimmte Zutat oder Klasse von Zutaten enthält. QUID-Auslöser sind Verkehrsbezeichnungen, mit denen der Verbraucher üblicherweise bestimmte Zutaten auch dann in Verbindung bringt, wenn sie nicht ausdrücklich erwähnt werden.
   Beispiel: „Rote Grütze mit 48 % Fruchtanteil".

3. Eine Zutat wird auf der Fertigpackung hervorgehoben – mit Worten, Bildern oder grafischen Darstellungen.
   Beispiel: Abbildung von Mandeln auf der Verpackung von „Printen mit 25 % Mandeln".

4. Eine Zutat oder Zutatenklasse ist von wesentlicher Bedeutung für die Charakterisierung des Konditoreierzeugnisses und seine Unterscheidung von anderen Lebensmitteln, mit denen es aufgrund seiner Bezeichnung oder seines Aussehens verwechselt werden könnte.
   Beispiel: „Französischer Löffelbiskuit mit 15 % Eianteil".

Die vier Ausnahmen von QUID

1. Die Menge der laut QUID-Auslöser Nr. 1 kennzeichnungspflichtigen Zutat ist für die Wahl des Verbrauchers nicht ausschlaggebend (da unterschiedliche Mengen für die Charakterisierung des betreffenden Lebensmittels nicht wesentlich sind oder es nicht von ähnlichen Lebensmitteln unterscheiden).
   Beispiel: „Hefekranz". Kaufentscheidend ist nicht etwa die Menge der Hefezutat, sondern das Gesamtrezept.

2. Die grundsätzlich mit einer Mengenangabe zu versehende Zutat oder Zutatenklasse wird in geringen Mengen zur Geschmacksgebung verwendet. Beispiel: „Anisplätzchen".

3. Die Mengenangabe der Zutat bzw. Zutatenklasse auf der Fertigpackung ist bereits durch eine andere Rechtsvorschrift vorgeschrieben.
   Beispiel: Die Angabe des Fruchtanteils in Konfitüre, Gelee oder Marmelade ist bereits kraft Konfitürenverordnung vorgeschrieben.
   Achtung: Ein Hinweis auf Mindestgehalte befreit nicht von der Pflicht zur Angabe der tatsächlichen Menge von Zutaten.

4. Die Menge der Zutat oder Zutatenklasse ist nach Abtropfgewicht anzugeben. Beispiel: Ganze Früchte oder Obstsalat, in Fruchtsaft abgepackt.

Mindesthaltbarkeitsdatum über Verbrauchsdatum

Das Mindesthaltbarkeitsdatum eines Lebensmittels ist das Datum, bis zu dem dieses Lebensmittel unter angemessenen Aufbewahrungsbedingungen seine spezifischen Eigenschaften behält: „mindestens haltbar bis ..." unter Angabe von Tag, Monat und Jahr.

Ausnahmen
Die Angabe des Mindesthaltbarkeitsdatums ist nicht erforderlich bei:

- Speiseeis in Portionspackungen, Backwaren, die ihrer Art nach normalerweise innerhalb von 24 Stunden nach ihrer Herstellung verzehrt werden,
- „Zuckerwaren, die fast nur aus Zuckerarten mit Aromastoffen oder Farbstoffen oder
- Aromastoffen und Farbstoffen bestehen".

Bei in mikrobiologischer Hinsicht sehr leicht verderblichen Lebensmitteln, die in kurzer Zeit eine unmittelbare Gefahr für die menschliche Gesundheit darstellen könnten, ist anstelle des Mindesthaltbarkeitsdatums das Verbrauchsdatum anzugeben: „Verbrauchen bis ... (Datum)".

3.2 Loskennzeichnungsverordnung

Grundsätzlich dürfen Lebensmittel nur in Verkehr gebracht werden, wenn sie mit einer Losangabe gekennzeichnet sind.
Auf diese Weise kann das Erzeugnis einer Gesamtheit von Waren zugeordnet werden, die unter gleichen Bedingungen erzeugt, hergestellt oder verpackt wurden. Die Losangabe besteht aus dem Buchstaben L und einer Buchstaben- und/oder Ziffern-Kombination.
Die Pflicht zur Loskennzeichnung gilt nicht für Ladenpackungen und Fertigpackungen mit unverschlüsseltem Mindesthaltbarkeits- oder Verbrauchsdatum.

3.3 Fertigpackungs-Verordnung

Die Verordnung regelt ua. die Verpflichtungen zur Angabe des Grundpreises und der Füllmenge.

Grundpreisangabe

Zusätzlich zur Angabe des Endpreises, der bei Einzelstücken unterschiedlichen Gewichts schwanken kann, ist auf allen Fertigpackungen stets der für die betreffende Ware einheitliche Grundpreis für ein Kilogramm oder einen Liter der Ware anzugeben. Diese Pflicht gilt für fertig verpackte Lebensmittel ab 10 g oder 10 ml aufwärts.
Auf Fertigpackungen, deren Nennfüllmenge 250 g oder ml nicht übersteigt, darf als Grundpreis der Preis für 100 g oder 100 ml des Erzeugnisses angegeben werden.

Nennfüllmengen, bei deren Einhaltung die Grundpreisangabe entfallen darf

Feine Backwaren
10, 20, 25, 30, 40, 50, 100, 125, 150, 175, 200, 250, 300, 400, 500, 600, 750, 1.000, 1.250, 1.500, 1.750, 2.000, 3.000, 4.000, 5.000, 6.000, 7.000, 8.000, 9.000 und 10.000 g.

Figuren aus Schokolade und Zucker
Für diese Produktgruppen gilt dasselbe wie für feine Backwaren. Zusätzlich entfällt hier die Pflicht zur Grundpreisangabe bei Fertigpackungen mit einem Gewicht von 225 g.

Speiseeis
Fertigpackungen in Nennfüllmengen von 300, 500, 750, 1.000, 1.500, 2.000, 2.500, 3.000, 4.000 und 5.000 g brauchen nicht mit einer Grundpreisangabe versehen zu werden.

Schokoladetafeln
Fertigpackungen in Nennfüllmengen von 75, 100, 125, 150, 200, 250, 300, 400 und 500 g.

Ausnahmen
- Torten und Tortenteile,
- figürliche Schokoladen- und Zuckerwaren von weniger als 50 g sowie
- Schokoladenwaren, Zuckerwaren und Dauerbackwaren mit einer Füllmenge von weniger als 100 g (dies gilt nicht für Tafelschokolade mit einem Nenngewicht von 75 g)

brauchen auf der Fertigpackung **nicht mit dem Grundpreis** gekennzeichnet zu werden.

Rechtsentwicklung in der EU

Nach einer neuen Richtlinie der Europäischen Union soll die Befreiung von der Grundpreisangabe bei den oben genannten Gewichtsreihen ab 18. März 2000 entfallen. Dann müsste der Grundpreis auch auf Fertigpackungen der oben dargestellten Nennfüllmengen deklariert werden. Die Richtlinie muss zuerst in deutsches Recht umgesetzt werden.

Füllmenge

Grundsätzlich sind Fertigpackungen mit der Füllmenge zu kennzeichnen, und zwar durch die Angabe des Gewichts, des Volumens oder der Stückzahl. Soweit es nicht gesetzlich geregelt ist, entscheidet die Verkehrsauffassung.
Fertig verpacktes Speiseeis ist nach Volumen (Milliliter) zu kennzeichnen.
Die Stückzahl darf angegeben werden bei figürlichen Zuckerwaren, figürlichen Schokoladenwaren – ausgenommen Pralinen – und Dauerbackwaren von mehr als 5 g Einzelgewicht.

Ausnahmen
- Speiseeis von 200 Milliliter oder weniger,
- feine Backwaren – nicht Dauerbackwaren – von 100 g oder weniger,
- Zucker- und Schokoladewaren von weniger als 50 g

sind von der Pflicht zur Füllmengenangabe ausgenommen.

3.4 Konfitürenverordnung

Auf Konfitüren, Gelees und Marmeladen in Fertigpackungen muss zusätzlich zu den Pflichtangaben der LMKV Folgendes angegeben werden:

- Die verwendeten Früchte in absteigender Reihenfolge des Gewichtsanteils der Ausgangserzeugnisse
- Ggf. Hinweis auf Schalen von Zitrusfrüchten, Blätter von Pelegonium oder Atissimum, Vanille, Vanillin
- Wenn geschmacksbeeinflussend: Zitrussaft, Spirituosen, Wein, Nüsse, Mandeln, Honig, Kräuter, Gewürze
- Ggf. Ethylvanillin
- Hergestellt aus ... g Früchten je 100 g
- Gesamtzuckergehalt ... g je 100 g
- „Nach dem Öffnen kühl aufbewahren", sofern der Gehalt an löslicher Trockenmasse weniger als 63 % beträgt

Bei Marmelade
- mit einem Gehalt an Zitrusschalen: die Angabe, wie die Schale geschnitten ist und
- ohne Gehalt an Zitrusschalen: die Angabe dass sie keine Schalen enthält.

E-Nummern (Auswahl)

Nährwerttabelle
Auszug aus dem
Bundeslebensmittelschlüssel (BLS)

E-Nummern (Auswahl)

Farbstoffe

Dienen zum Färben und Verschönern von Lebensmitteln. Sie sorgen oft nur für ein „appetitanregendes" und verkaufsförderndes Aussehen. Man unterscheidet zwischen Farbstoffen und färbenden Lebensmitteln. Viele Farbstoffe sind nur für bestimmte Lebensmittel zugelassen.

E 100	Kukumin
E 102	Tartrazin
E 104	Chinolingelb
E 110	Gelborange S
E 120	Cochenille, Karmin
E 122	Azorubin
E 124	Cochenillerot A
E 127	Erythrosin
E 128	Rot 2G
E 129	Allurarot AC
E 131	Patentblau V
E 132	Indigotin
E 133	Brillantblau FCF
E 140	Chlorophyll
E 141	Kupferkomplexe der Chlorophylle
E 142	Grün S
E 150 a–d	Zuckerkulör
E 151	Brillantschwarz BN
E 154	Braun FK
E 155	Braun HT
E 160 a	Carotin und Derivate
E 161 b/g	Lutein, Canthaxanthin
E 162	Betanin
E 163	Anthocyane
E 170	Calciumcarbonat
E 171	Titandioxid
E 172	Eisenoxide,Eisenhydroxide
E 173	Aluminium
E 174	Silber
E 175	Gold
E 180	Litholrubin BK

Konservierungsmittel bzw. konservierend wirkende Stoffe

Sie verlängern die Haltbarkeit von Lebensmitteln. Wegen der oft weiten Lieferstrecken sind sie heute fast unabdingbar. Verhindern auch die Entstehung von Pilzgiften. Ihr Einsatz ist mit Höchstmengen auf bestimmte Lebensmittel beschränkt.

E 200–203	Sorbinsäure und ihre Salze
E 210–213	Benzoesäure und ihre Salze
E 214–219	p-Hydroxybenzoesäureester
E 220	Schwefeldioxid
E 221–228	Sulfite
E 230	Biphenyl
E 231	Orthophenylphenol
E 232	Natrium-ortho-phenyl-phenolat
E 233	Thiabendazol
E 234	Nisin
E 235	Natamycin
E 236–238	Ameisensäure und ihre Salze
E 239	Hexamethylentetramin
E 249	Kaliumnitrit
E 250	Natriumnitrit
E 251	Natriumnitrat
E 252	Kaliumnitrat
E 280–283	Propionsäure und ihre Salze
E 284	Borsäure
E 285	Natriumtetraborat (Borax)
E 1105	Lysozym

Antioxidantien und Synergisten

Sie behindern die Reaktionen von Sauerstoff mit Lebensmittelinhaltsstoffen und damit den Verderb. Bestehen aus teils natürlichen, teils synthetischen Stoffen.

E 270	Milchsäure
E 300–304	L-Ascorbinsäure/Vitamin C und ihre Salze
E 306–309	Tocopherole (Vitamin E)
E 310–312	Gallate
E 315	Isoascorbinsäure
E 320	Butylhydroxyanisol (BHA)
E 321	Butylhydroxytoluol (BHT)
E 325–327	Lactate (Salze der Milchsäure)
E 330–333	Zitronensäure und ihre Salze
E 334–337	Weinsäure und ihre Salze
E 339–340	Orthophosphate

Emulgatoren

Durch Emulgatoren lassen sich nicht mischbare Flüssigkeiten, etwa Wasser und Öl, mischen.

E 322	Lecithin
E 470 a	Na-, K-, Ca-Salze der Speisefettsäuren
E 471	Mono- und Diglyceride von Speisefettsäuren
E 472 a–f	verestert mit Essigsäure, Milchsäure, Zitronensäure usw.
E 473	Zuckerester von Speisefettsäuren
E 474	Zuckerglyceride

Süßungsmittel („Zuckeraustauschstoffe")

Sie werden als Zuckerersatz verwendet. Da ihre Süßkraft gering ist, werden sie häufig in Kombination mit künstlichen Süßungsmitteln eingesetzt. Geben den Produkten „Körper", was vor allem für die Herstellung von Backwaren, Cremen und ähnlichem wichtig ist.

E 420 i, ii	Sorbit/Sorbitsirup
E 421	Mannit
E 953	Isomalt
E 965 i, ii	Maltit/Maltitsirup
E 966	Lactit
E 967	Xylit

„Künstliche Süßungsmittel"

Sie haben Süßwirkung, aber keinen oder fast keinen Nährwert. Werden als Ersatz von Zucker eingesetzt, beispielsweise in Limonaden.

E 950	Acesulfam K
E 951	Aspartam
E 952	Cyclamate
E 954	Saccharin
E 957	Thaumatin
E 959	Neohesperidin DC

Stabilisatoren, Verdickungsmittel und Geliermittel

Sie erleichtern die technische Verarbeitung und ermöglichen eine größere Stabilität und Formgebung der Lebensmittel. Werden zum Verdicken von Flüssigkeiten verwendet.

E 400–405	Alginsäure, Alginate
E 406	Agar-Agar
E 407	Carragen
E 410	Johannisbrotkernmehl
E 412	Guarkernmehl
E 413	Tragant
E 414	Gummi arabicum
E 415	Xanthan
E 416	Karayagummi
E 417	Tarakernmehl
E 418	Gellan
E 440 a	Pektin
E 440 b	Amidiertes Pektin
E 1404	Oxidierte Stärke
E 1410	Monostärkephosphat
E 1412	Distärkephosphat
E 1413	Phosphatiertes Distärkephosphat
E 1414	Acetyliertes Distärkephosphat
E 1420	Acetylierte Stärke
E 1440	Hydroxypropylstärke
E 450 i–iii	Natriumdiphosphate
E 460 i	Mikrokristalline Zellulose
E 460 ii	Zellulosepulver
E 461–466	Methylzellulose und Zelluloseverbindungen

Andere Stoffe

Unter diesem Begriff werden mehrere Gruppen von Zusatzstoffen zusammengefasst. Dazu gehören unter anderem:

- **Geschmacksverstärker:** Obwohl selbst geschmacklos, steigern sie den Eigengeschmack von Lebensmitteln.
- **Schaumverhüter:** Verhindern bei der Lebensmittelherstellung störende Schaumbildung.
- **Antiklumpmittel:** Machen rieselfähig und verhindern das Zusammenklumpen von Lebensmitteln wie etwa Salz oder Staubzucker.

E 170	Calciumcarbonat (auch Farbstoff)
E 260–263	Essigsäure und ihre Salze
E 270	Milchsäure
E 290	Kohlendioxid
E 296	Apfelsäure
E 297	Fumarsäure
E 354	Calciumtartrat
E 355	Adipinsäure
E 380	Triammoncitrat
E 422	Glycerin
E 500 i, ii, iii	Natriumcarbonate
E 507	Salzsäure
E 508–511	Chloride
E 512	Zinn(II)-Oxid
E 513–523	Schwefelsäure und Sulfate
E 524–528	Hydroxide
E 529	Calciumoxid
E 530	Magnesiumoxid
E 538	Calciumhexacyanoferrat
E 550–553 a	Silikate
E 553 b	Talkum
E 620–625	Glutaminsäure und Glutamate
E 626–629	Guanylsäure und ihre Salze
E 630–633	Inosinsäure und ihre Salze
E 640	Glycin und Natriumsalze
E 901	Bienenwachs
E 902	Candelillawachs
E 903	Carnaubawachs
E 904	Schellack
E 927 b	Carbamid
E 938	Argon
E 939	Helium
E 941	Stickstoff
E 947	Wasserstoff
E 948	Sauerstoff
E 1200	Polydextrose

Auszug aus dem Bundeslebensmittelschlüssel (BLS)

BLS-Nummer	Lebensmittel Der essbare Teil von 100 g enthält:	kcal	kJ	Eiweiß g	Kohlenhydrate g	Ballaststoffe g	Fett (gesamt) g	Fett MUF g	Cholesterin mg	Vit-C Ascorbinsäure µg	Broteinheiten
B	**Brot**										
B100000	Vollkornbrot	187	784	6,465	37,447	8,528	0,971	0,457			3,12
B211000	Weizenbrot	236	987	8,602	45,047	4,278	2,011	0,793		1	3,75
B291000	Mehrkornbrot	221	924	6,131	45,971	4,704	1,009	0,459			3,83
B300000	Weißbrot	239	1001	7,426	48,500	2,837	1,341	0,484		1	4,04
B400000	Vollkorngebäck (allgemein)	232	935	8,123	43,501	6,569	1,558	0,715			3,63
B781211	Baguette	252	1053	7,810	51,011	2,984	1,410	0,509		1	4,25
B840211	Semmelbrösel	358	1499	10,100	73,515	5,300	2,100	0,734			6,13
C	**Cerealien, Getreideprodukte**										
C111001	Weizen Vollkorn	313	1310	11,730	60,970	10,300	2,000	0,917			5,08
C114011	Weizen Keim	314	1313	26,600	30,635	17,650	9,200	3,806			2,55
C116001	Weizen Grieß	326	1363	9,560	68,910	7,120	0,790	0,361			5,74
C121001	Roggen Vollkorn	294	1231	9,000	59,700	14,000	1,700	0,802			4,97
C133001	Hafer Flocken	370	1548	12,530	63,290	5,430	7,000	2,769			5,27
C140001	Gerste	320	1338	9,840	64,310	9,800	2,100	0,937			5,36
C210001	Weizen Mehl (Type 650–1800)	330	1383	11,790	66,740	4,780	1,300	0,596			5,56
C211011	Weizen Vollkornmehl	309	1293	11,410	59,530	10,000	2,360	1,080			4,96
C216001	Weizen Stärke	351	1470	0,400	85,750	1,200	0,140	0,065			7,15
C220001	Roggen Mehl	324	1355	6,440	71,030	6,500	1,030	0,485			5,92
C221011	Roggen Vollkornmehl	294	1231	9,000	59,700	14,000	1,700	0,802			4,97

Zeichenerklärung: – ... es liegen keine genauen Analysen vor
1 µg ... 1/1000 mg
MUF ... mehrfach ungesättigte Fettsäuren

BLS-Nummer	Lebensmittel Der essbare Teil von 100 g enthält:	kcal	kJ	Eiweiß g	Kohlen-hydrate g	Ballast-stoffe g	Fett (gesamt) g	Fett MUF g	Choles-terin mg	Vit-C Ascorbin-säure µg	Brotein-heiten
C310001	Grünkern	324	1358	10,760	63,250	8,800	2,700	1,236			5,27
C320001	Buchweizen	340	1425	9,070	70,980	3,700	1,730	0,561			5,92
C330001	Hirse	354	1481	9,840	68,760	3,800	3,900	1,666			5,73
C340001	Mais	331	1385	8,540	64,660	9,200	3,800	1,380			5,39
C351001	Reis ungeschält	349	1463	7,220	74,060	2,222	2,200	0,779			6,17
C352001	Reis geschält	349	1460	6,830	77,730	1,390	0,620	0,223			6,48
C446001	Mais Stärke	351	1469	0,400	85,820	1,000	0,080	0,042			7,15
C512011	Müsli	351	1460	6,830	77,730	1,390	0,620	0,223		1732	5,01
C515001	Cornflakes	355	1488	7,150	79,070	4,000	0,600	0,217			6,59
E	**Eier**										
E103500	Eiweißpulver	357	1496	77,300	8,100		1,200	0,162			0,68
E110111	Hühnerei frisch	154	646	12,900	0,700		11,200	1,507	0,4		0,06
E112111	Hühnerei Eidotter frisch	348	1459	16,100	0,300		31,900	4,289	0,3		0,03
E113111	Hühnerei Eiklar frisch	50	208	11,100	0,700		0,200	0,027		300	0,06
F	**Früchte, Obst**										
F081111	Rhabarber frisch	13	55	0,600	1,360	2,300	0,100	0,050		10000	0,11
F110111	Apfel frisch	52	270	0,340	11,430	2,000	0,400	0,212		12000	0,95
F110400	Apfel getrocknet	278	1165	1,822	61,272	10,720	2,144	1,082		38593	5,11
F110600	Apfel Fruchtsaft	49	207	0,315	10,614		0,330	0,166		7428	0,88
F130111	Birne frisch	52	219	0,500	12,400	2,800	0,300	0,114		5000	1,03
F130400	Birne getrocknet	252	1056	2,409	59,746	13,490	1,445	0,550		14453	4,98
F130600	Birne Fruchtsaft	54	226	0,463	12,870		0,247	0,093		3087	1,07
F201000	Marille, Aprikose	42	177	0,900	8,540	1,900	0,100	0,023		9000	0,71

BLS-Nummer	Lebensmittel Der essbare Teil von 100 g enthält:	kcal	kJ	Eiweiß g	Kohlenhydrate g	Ballaststoffe g	Fett (gesamt) g	Fett MUF g	Cholesterin mg	Vit-C Ascorbinsäure µg	Broteinheiten
F201800	Marille Konfitüre	272	1137	0,332	66,178	0,700	0,037	0,008		332	5,51
F201902	Marille Konserve abgetropft	78	328	0,738	17,579	1,674	0,082	0,020		2021	1,47
F202111	Nektarine frisch	57	238	0,900	12,400	2,200	0,100	0,040		8000	1,03
F203111	Pfirsich frisch	41	170	0,800	8,900	2,300	0,100	0,040		10000	0,74
F203902	Pfirsich Konserve abgetropft	76	320	0,655	17,799	2,027	0,082	0,029		2248	1,48
F210111	Kirschen frisch	63	265	0,900	13,300	1,500	0,300	0,091		15000	1,11
F212111	Sauerkirsche frisch	58	241	0,900	11,000	1,040	0,400	0,122		12000	0,92
F212800	Sauerkirsche Konfitüre	277	1160	0,332	67,084	0,383	0,147	0,045		442	5,58
F212902	Sauerkirsche Konserve abgetropft	88	370	0,744	19,034	0,924	0,331	0,100		2719	1,59
F220111	Pflaume frisch	47	197	0,600	10,200	1,700	0,200	0,099		5000	0,85
F220811	Plaume Konfitüre	273	1144	0,221	66,798	0,625	0,074	0,036		184	5,57
F220911	Pflaume Konserve	81	341	0,324	19,246	0,936	0,108	0,054		1562	1,60
F223111	Zwetschke frisch	43	181	0,600	8,800	2,300	0,100	0,050		40000	0,73
F301000	Erdbeere	32	134	0,800	5,500	2,000	0,400	0,233		65000	0,46
F302000	Himbeere	34	142	1,300	4,800	6,700	0,300	0,197		25000	0,40
F303000	Brombeere	30	125	1,200	2,700	6,600	1,000	0,616		17000	0,23
F304000	Heidelbeere	42	176	0,600	7,400	4,900	0,600	0,370		30000	0,62
F305000	Stachelbeere	44	184	0,800	8,500	2,900	0,200	0,123		35000	0,71
F310011	Weintraube	71	297	0,700	15,600	0,800	0,300	0,107		4000	1,30
F320011	Ribisel/Johannisbeere	43	181	1,100	7,300	7,400	0,200	0,100		36000	0,61
F401111	Preiselbeere frisch	39	162	0,300	7,100	2,900	0,500	0,323		12000	0,59
F401800	Preiselbeere Konfitüre	270	1131	0,111	65,647	1,068	0,184	0,119		442	5,47
F406111	Holunderbeere frisch	48	199	2,500	7,400	4,000	0,500	0,329		18000	0,62

BLS-Nummer	**Lebensmittel** Der essbare Teil von 100 g enthält:	kcal	kJ	Eiweiß g	Kohlen-hydrate g	Ballast-stoffe g	Fett (gesamt) g	Fett MUF g	Choles-terin mg	Vit-C Ascorbin-säure µg	Brotein-heiten
F501111	Ananas frisch	59	247	0,460	13,120	1,400	0,150	0,078		19000	1,09
F501411	Ananas getrocknet	289	1211	2,266	64,631	6,897	0,739	0,384		74877	5,39
F501902	Ananas Konserve abgetropft	87	365	0,382	20,287	1,251	0,125	0,062		4336	1,69
F502111	Avocado frisch	217	909	1,900	0,400	3,300	23,500	2,314		13000	0,03
F503111	Banane frisch	95	398	1,150	21,390	2,000	0,180	0,053		12000	1,78
F503400	Banane getrocknet	290	1216	3,513	65,343	6,110	0,550	0,162		29326	5,45
F504400	Dattel getrocknet	285	1194	2,034	66,116	8,849	0,509	0,202		2441	5,51
F505111	Feige frisch	63	264	1,300	12,900	2,040	0,500	0,214		2740	1,01
F505400	Feige getrocknet	284	1190	5,862	58,174	9,200	2,255	0,965		9885	4,85
F508111	Passionsfrucht frisch	80	335	2,400	13,440	1,450	0,400	0,158		24000	1,12
F509111	Wassermelone frisch	38	160	0,600	8,280	0,240	0,200	0,079		6000	0,69
F514111	Kiwi frisch	61	255	1,000	10,770	3,900	0,630	0,249		71000	0,90
F516111	Mango frisch	60	252	0,600	12,800	1,700	0,450	0,084		38700	1,07
F530000	Zuckermelone (Honigmelone)	38	160	0,600	8,280	0,240	0,200	0,067		6000	0,69
F601111	Zitrone frisch	56	235	0,700	8,080	1,300	0,600	0,310		53000	0,67
F603111	Orange frisch	47	197	1,000	9,190	2,200	2,000	0,068		50000	0,77
F603600	Orange Fruchtsaft	45	188	0,925	8,794	0,226	0,165	0,056		30857	0,73
F604111	Grapefruit frisch	50	209	0,600	8,950	0,580	0,150	0,058		44000	0,75
F606111	Mandarine frisch	50	210	0,700	10,100	1,700	0,300	0,123		30000	0,84
F840111	Rosinen	298	1247	2,460	66,200	5,400	0,550	0,195		1000	5,52
F840211	Sultaninen	298	1247	2,460	66,200	5,400	0,550	0,195		1000	5,52
G	**Gemüse**										
G060111	Küchenkräuter frisch	55	232	3,700	8,000	5,300	0,800	0,449		70000	0,67

BLS-Nummer	Lebensmittel Der essbare Teil von 100 g enthält:	kcal	kJ	Eiweiß g	Kohlen-hydrate g	Ballast-stoffe g	Fett (gesamt) g	Fett MUF g	Choles-terin mg	Vit-C Ascorbin-säure µg	Brotein-heiten
G065111	Dill frisch	55	232	3,700	8,000	5,300	0,800	0,449		70000	0,67
G081111	Schnittlauch frisch	27	114	3,580	1,600	6,000	0,600	0,374		47000	0,13
G085111	Zitronenmelisse frisch	42	177	3,501	5,000	3,000	0,799	0,448		45000	0,42
G088111	Kräutermischung frisch	55	232	3,700	8,000	5,300	0,800	0,449		70000	0,67
G104111	Feldsalat	14	60	1,840	0,700	1,800	0,360	0,207		35000	0,06
G105000	Kopfsalat	12	49	1,250	1,060	1,600	0,220	0,133		13000	0,09
G250000	Petersilienblatt	53	220	4,430	7,380	4,250	0,400	0,237		166000	0,62
G280000	Kresse (Gartenkresse)	38	159	4,200	1,780	3,000	1,400	0,806		59000	0,15
G451111	Spargel weiß frisch	18	74	1,900	2,040	1,400	0,140	0,072		19898	0,17
G470111	Porree/Lauch frisch	26	107	2,240	3,210	2,200	0,340	0,207		24000	0,26
G480111	Zwiebeln frisch	28	117	1,250	4,910	1,810	0,250	0,109		8133	0,41
G484811	Perlzwiebel gesäuert	37	156	0,775	7,872	0,905	0,100	0,045		5252	0,66
G490111	Knoblauch frisch	142	593	6,050	28,410	1,810	0,120	0,069		14000	2,37
G520111	Gurke frisch	12	51	0,600	1,810	0,540	0,200	0,089		8000	0,15
G540111	Paprikaschoten frisch	20	85	1,170	2,910	3,591	0,300	0,167		139000	0,24
G560111	Tomaten frisch	17	73	0,950	2,600	0,950	0,210	0,099		24543	0,17
G560922	Tomaten Konserve gegart	15	61	0,872	2,017	0,901	0,193	0,091		5634	0,17
G660111	Knollensellerie frisch	19	81	1,700	2,250	4,200	0,300	0,147		8250	0,19
G691111	Radieschen frisch	15	61	1,050	2,130	1,630	0,140	0,056		22000	0,18
G895411	Karottensalat Sauerkonserve	14	57	0,501	2,379	1,776	0,098	0,055		1711	0,19
H	**Hülsenfrüchte, Schalenobst, Öl- ua, Samen**										
H110101	Erdnuss frisch	561	2350	25,250	8,290	10,930	48,100	13,749			0,69
H120101	Walnuss frisch	654	2738	14,400	10,600	6,140	62,500	42,660		2600	0,88

BLS-Nummer	Lebensmittel Der essbare Teil von 100 g enthält:	kcal	kJ	Eiweiß g	Kohlen-hydrate g	Ballast-stoffe g	Fett (gesamt) g	Fett MUF g	Choles-terin mg	Vit-C Ascorbin-säure µg	Brotein-heiten
H130101	Haselnuss frisch	636	2662	11,960	10,540	8,220	61,600	6,457		3000	0,88
H150400	Kokosnuss Raspeln	610	2555	6,200	6,400	20,000	63,260	1,013		1000	0,53
H210101	Mandel süß frisch	569	2383	18,720	3,700	15,180	54,100	10,271		800	0,31
H230000	Edelkastanien/Maroni	173	724	2,480	35,970	8,370	1,900	0,745		27000	3,00
H250000	Pistazie	574	2405	17,640	11,550	10,610	51,600	7,622		7000	0,96
H310000	Kürbiskern	560	2344	24,400	14,220	8,800	45,600	23,628		200	1,19
H320011	Pinienkern	575	2408	24,000	7,300	7,200	50,700	22,733		1900	0,61
H410111	Leinsamen	372	1558	24,400		35,000	30,900	20,793			
H420111	Sesam	559	2339	17,720	10,200	11,180	50,400	22,308			0,85
H430111	Sonnenblumenkern	574	2405	22,470	12,330	6,300	49,000	30,166			1,03
H450111	Mohn	472	1976	20,200	4,200	20,500	42,200	30,661			0,35
H510000	Oliven	143	600	1,380	1,760	2,360	13,900	1,302			0,15
K	**Kartoffeln, Pilze**										
K120114	Kartoffeln ungeschält	57	239	1,632	11,848	1,801	0,088	0,045		13600	0,99
K130111	Pommes Frites	71	298	2,040	14,810	2,251	0,110	0,057		17000	1,23
K230000	Kartoffelstärke Mehl	341	1427	0,570	83,100	0,100	0,100	0,053			6,93
K280111	Kartoffelchips (verzehrfertig)	535	2242	5,480	40,600	3,000	39,400	20,708		8000	3,38
K701111	Champignon frisch	15	64	2,740	0,560	2,030	0,240	0,131		4900	0,01
K718111	Steinpilz frisch	20	83	3,603	0,530	6,890	0,400	0,220		2500	0,01
L	**Lebensmittel für spezielle Ernährung**										
L131111	Mehlmischung für Brot glutenfrei	349	1461	1,952	82,675	1,968	0,617	0,324			6,89
L133511	Weißbrot glutenfrei	243	1017	1,100	54,700	1,582	1,846	1,108			4,56
L312011	Sorbit	236	990		99,000						8,25

BLS-Nummer	Lebensmittel Der essbare Teil von 100 g enthält:	kcal	kJ	Eiweiß g	Kohlen-hydrate g	Ballast-stoffe g	Fett (gesamt) g	Fett MUF g	Choles-terin mg	Vit-C Ascorbin-säure µg	Brotein-heiten
L313011	Xylit	236	990		99,000						8,25
L314011	Mannit	236	990		99,000						
L321011	Konfitüre/Marmelade mit Fruchtzucker für Diabetiker	111	463	0,357	29,974	0,334	0,128	0,040		3468	2,50
L327011	Kuvertüre mit Fruchtzucker für Diabetiker	409	1712	11,060	67,358	6,546	10,055	0,323	1,0	2000	5,61
L330011	Diabetikerschokolade	409	1712	11,060	67,358	6,546	10,055	0,323	1,0	2000	5,61
M	**Milch, Milchprodukte, Käse**										
M012000	Schafskäse	236	990	17,000			18,800	0,870	45,0		
M032111	Mozarella	255	1066	19,000			19,800	0,468	46,0		
M110100	Kuhmilch entrahmt	36	151	3,500	5,000		0,100	0,003	2,0	1000	0,42
M111311	Kuhmilch Trinkmilch vollfett	64	269	3,300	4,760		3,501	0,129	13,0	1700	0,40
M120000	Sauermilch	64	266	3,399	4,000		3,500	0,129	13,0	1000	0,33
M130000	Kefir	50	208	3,400	4,100		1,500	0,055	6,0	1000	0,34
M140100	Jogurt entrahmt	38	159	4,300	4,200		0,100	0,003	1,0	1000	0,35
M150000	Buttermilch	36	150	3,200	4,010		0,500	0,019	3,0	1000	0,33
M160000	Molke	25	104	0,820	4,700		0,240	0,009	2,0	1000	0,39
M171000	Kaffeeobers	203	849	2,800	3,600		20,000	0,738	65,0	1000	0,30
M172000	Sauerrahm	117	488	3,100	3,300		10,000	0,368	37,0	1000	0,28
M173800	Schlagobers 30 % Fett	288	1207	2,500	3,200		30,000	1,106	90,0	1000	0,27
M180000	Kondensmilch	133	557	6,500	9,700		7,500	0,276	28,0	1000	0,81
M300000	Hartkäse	294	1233	31,900			18,200	0,671	43,0		
M304000	Emmentaler	383	1604	28,700			30,000	1,106	90,0		
M306600	Parmesan Vollfettstufe	414	1842	32,300			34,800	1,282	82,0		
M401000	Edamer	354	1482	24,800			28,300	1,043	59,0	1	

BLS-Nummer	Lebensmittel Der essbare Teil von 100 g enthält:	kcal	kJ	Eiweiß g	Kohlen-hydrate g	Ballast-stoffe g	Fett (gesamt) g	Fett MUF g	Choles-terin mg	Vit-C Ascorbin-säure µg	Brotein-heiten
M402000	Gouda	365	1527	25,500			29,200	1,076	114,0		
M403000	Tilsiter	354	1482	26,300			27,700	1,020	95,0		
M501000	Butterkäse	299	1250	21,700			23,500	0,866	54,0		
M502000	Edelpilzkäse	303	1270	22,000			24,001	0,885	59,0		
M601000	Brie	362	1517	16,800			33,200	1,223	93,0		
M602000	Camembert	288	1204	21,000			22,800	0,841	70,0	1	
M710000	Frischkäse	335	1403	11,000	2,500		31,500	1,161	103,0	200	0,21
M710800	Frischkäse Doppelrahmstufe	335	1403	11,000	2,500		31,500	1,161	103,0	200	0,21
M713100	Topfen Magerstufe	75	315	13,500	4,000		0,200	0,008	1,0	700	0,33
M713300	Topfen Halbfettstufe	100	418	10,800	3,600		4,400	0,162	16,0	600	0,30
M713600	Topfen Vollfettstufe	157	656	8,500	3,000		12,200	0,449	36,0		0,25
M730000	Sauermilchkäse	131	549	30,000			0,700	0,026	3,0		
M770000	Schmelzkäse	327	1371	13,200	0,900		30,400	1,120	85,0	1	0,08
M780000	Kochkäse	122	511	13,800	3,700		5,600	0,206	14,0		0,31
M882000	Vollmilchpulver	494	2070	25,300	38,000		26,300	0,969	98,0	10000	3,17
M884000	Magermilchpulver	368	1541	35,500	51,500		0,900	0,033	3,0	10000	4,29
M887000	Molkenpulver	353	1480	10,900	68,000		1,100	0,041	4,0	5000	5,67
N	**Nichtalkoholische Getränke: Kaffee, Tee, Wasser**										
N200000	Fruchtsaftgetränke	47	198	0,170	11,200	0,345	0,032	0,015		6365	0,93
N310000	Limonaden	42	174		10,000					1	0,83
N330000	Colagetränk (coffeinhaltig)	61	254	3,320	10,850						0,90
N331000	Colagetränke kalorienarm	4	15		0,100						0,01
N410900	Kaffee trocken	173	723	10,300	1,500	64,900	12,700	4,983			0,13

BLS-Nummer	Lebensmittel Der essbare Teil von 100 g enthält:	kcal	kJ	Eiweiß g	Kohlen-hydrate g	Ballast-stoffe g	Fett (gesamt) g	Fett MUF g	Choles-terin mg	Vit-C Ascorbin-säure µg	Brotein-heiten
N420900	Kaffee Instantpulver trocken	339	1419	15,900	63,700	0,190	0,470	0,184			5,31
N440900	Kaffee Instant encoffeiniert trocken	339	1419	15,900	63,700	0,190	0,470	0,184			5,31
N630900	Tee schwarz trocken	156	655	26,400	0,800	55,400	5,200	2,373			0,07
N710900	Früchtetee trocken	353	1477	12,000	65,000	10,000	4,200	1,663			5,42
N720900	Kräutertee trocken	356	1489	12,100	65,500	10,100	4,250	1,683			5,46
P	**Alkoholische Getränke**										
P100011	Bier	42	177	0,500	3,120						0,26
P210011	Weißwein trocken	72	302	0,200	0,100						0,01
P253011	Rotwein mittel Qualitätswein	66	277	0,220	2,400					1800	0,20
P321000	Sekt	79	330	0,160	3,500						0,29
P355000	Most	43	179	1,000							0,08
P500000	Liköre	242	1015		29,000						2,42
P532111	Maraschino	318	1331	1,000	28,300						2,36
P536211	Grand Marnier	318	1331	1,000	28,300						2,36
P620011	Weinbrand	237	994		1,980						0,17
P701011	Weingeist	237	994		1,980						0,17
P741011	Rum	231	969								
P753111	Kirschwasser	242	1,015								
Q	**Öle, Fette, Butter**										
Q120000	Olivenöl	881	3689		0,200		99,600	9,332	1,0		0,02
Q220000	Weizenkeimöl	879	3,682				99,500	61,353			
Q250000	Kürbiskernöl	879	3682				99,500	51,557			
Q260000	Maiskeimöl	883	3696				99,900	55,294	1,0		

BLS-Nummer	Lebensmittel Der essbare Teil von 100 g enthält:	kcal	kJ	Eiweiß g	Kohlen-hydrate g	Ballast-stoffe g	Fett (gesamt) g	Fett MUF g	Choles-terin mg	Vit-C Ascorbin-säure µg	Brotein-heiten
Q310000	Walnussöl	879	3682				99,500	68,202	1,0		
Q320000	Sonnenblumenöl	882	3693				99,800	61,443	1,0		
Q340000	Distelöl (Safloröl)	879	3682				99,500	74,386			
Q400000	Margarine	709	2970	0,200	0,400		80,000	19,426	7,0	100	0,03
Q482011	Ziehmargarine	709	2970	0,200	0,400		80,000	16,138	7,0	100	0,03
Q550000	Kokosfett	878	3677	0,800	0,010		99,000	1,399	1,0		
Q620000	Sauerrahmbutter	741	3101	0,670	0,600		83,200	3,067	240,0	200	0,05
Q630000	Süßrahmbutter	741	3101	0,670	0,600		83,200	3,067	240,0	200	0,05
Q651011	Butter mit Kräutern 73 % Fett	650	2721	0,600	0,500		73,000	2,691	202,0	5000	0,04
Q683011	Butterschmalz	880	3686	0,250			99,500	3,667	340,0		
Q860000	Schweineschmalz/-fett	882	3691	0,100			99,700	10,771	86,0		
Q960011	Fritierfett überwiegend pflanzliches Fett	383	3699				99,980	13,382	30,0		
Q990000	Majonäse	743	3112	1,490	2,000		82,500	11,041	237,0		0,17
R	**Rezeptzutaten**										
R111011	Speisesalz										
R112011	Meersalz										
R120000	Essig	19	79	0,400	0,600						0,05
R130000	Senf	86	361	6,000	6,000	1,000	3,999	0,917			0,50
R141100	Tomatenketschup	110	460	2,100	24,000	0,900	0,300	0,142		2000	1,99
R160000	Tomatenmark	74	309	4,500	12,900	2,800	0,200	0,095		38000	1,07
R200000	Gewürze	304	1272	7,400	60,000	5,910	3,300	0,693			5,00
R218011	Zimt	272	1131	3,900	56,000	24,350	3,200	0,715			4,67
R221011	Oregano (Wilder Majoran)	338	1414	11,000	49,500	14,960	10,300	5,769			4,13

BLS-Nummer	**Lebensmittel** Der essbare Teil von 100 g enthält:	kcal	kJ	Eiweiß g	Kohlenhydrate g	Ballaststoffe g	Fett (gesamt) g	Fett MUF g	Cholesterin mg	Vit-C Ascorbinsäure µg	Broteinheiten
R242011	Gewürznelken	414	1732	6,000	52,000	9,620	20,100	2,814			4,33
R251211	Paprika edelsüß	317	1326	14,800	34,900	20,900	13,000	8,365			2,91
R253011	Anis	357	1496	17,600	35,400	14,600	15,900	1,562			2,95
R254011	Kardamon	336	1405	10,800	57,200	11,290	6,700	0,658			4,77
R258111	Pfeffer schwarz	285	1192	10,900	52,000	13,130	3,300	0,996			4,33
R258211	Pfeffer weiß	322	1348	10,400	64,300	4,340	2,100	0,634			5,36
R271011	Muskatnuss	527	2207	5,800	45,000	4,020	36,300	0,324			3,75
R281011	Weihnachtsgebäck – Gewürzmischung	326	1363	8,151	45,201	12,070	15,738	1,736		23760	3,77
R282011	Brotgewürzmischung	355	1486	17,754	36,442	14,317	15,128	2,183		1650	3,04
R361011	Vanillin naturidentisch	16	65								
R382111	Zitronenschale	89	374	1,503	16,000		0,300	0,155		129000	1,33
R382211	Orangenschale gerieben	125	524	1,600	25,000		0,179	0,067		136000	2,08
R421111	Backpulver	155	651	0,520	37,800		0,001				3,15
R422000	Hefe (Germ)	313	1311	36,000	32,000		4,200	2,112			2,67
R422211	Trockenhefe	313	1311	36,000	32,000		4,200	2,112			2,67
R423011	Sauerteig	336	1407	9,570	66,710	10,484	1,457	0,693			5,56
R431000	Tortengusspulver	351	1470	0,302	86,000	1,700	0,080	0,008			7,17
R241011	Kapern Gewürz	414	1732	6,000	52,000	9,620	20,100	2,814			4,33
R452011	Vanillinzucker	405	1697		99,800						8,32
R255011	Koriander	313	1311	12,400	25,900	29,120	17,800	1,748			2,16
R257011	Piment	308	1290	6,100	50,500	21,640	8,700	2,847			4,21
R468000	Gelatine	343	1435	84,400							
R470000	Stärke	351	1469	0,400	85,820	1,000	1,080	0,042			7,15

BLS-Nummer	Lebensmittel Der essbare Teil von 100 g enthält:	kcal	kJ	Eiweiß g	Kohlen-hydrate g	Ballast-stoffe g	Fett (gesamt) g	Fett MUF g	Choles-terin mg	Vit-C Ascorbin-säure µg	Brotein-heiten
R480000	Pudding-/Saucen-/Cremespeisenpulver	382	1600	0,600	92,000	0,500	0,700	0,365			7,67
S	**Süßwaren, Zucker, Schokolade, Eis**										
S111000	Zucker weiß	405	1697		99,800						8,32
S112000	Zucker braun Rohzucker	396	1656		97,400						8,12
S118000	Fruchtzucker	405	1697		99,800						8,32
S120000	Honig	306	1283	0,380	75,070					2400	6,26
S124000	Kunsthonig	336	1406	0,150	82,500						6,88
S145011	Nuß–Nougat–Creme süß	417	1746	8,001	74,247	4,695	9,315	1,099		1300	6,19
S210000	Cremeeis	188	786	6,595	19,837		8,987	0,749	187,0	2383	1,65
S220000	Fruchteis	132	551	1,297	28,057	0,609	1,362	0,108	5,0	4124	2,34
S350000	Fondant	357	1496		88,000						7,33
S420000	Marzipan angewirkt	459	1920	6,084	68,568	4,934	17,583	3,383		260	5,71
S421011	Marzipan Rohmasse	512	2143	12,168	37,335	9,867	35,165	6,667		520	3,11
S450000	Nougat	474	1985	5,229	65,010	4,971	21,353	2,109		954	5,42
S472911	Cocktailkirsche	265	1108	0,390	64,325	0,525	0,105	0,031		525	5,36
S476111	Zitrone kandiert	262	1098	0,320	62,498	0,455	0,210	0,109		18550	5,21
S476211	Orange kandiert	259	1084	0,425	62,887	0,770	0,070	0,024		17500	5,24
S490011	Krokant	451	1890	2,392	81,948	1,644	12,320	1,291		600	6,83
S510011	Haushaltsschokolade	477	1996	4,356	62,265	7,201	23,300	0,753	1,0		5,19
S530000	Milchschokolade	536	2245	9,200	54,100	1,360	31,500	0,994	9,0		4,51
S560011	Zartbitterschokolade	496	2078	7,128	43,822	11,783	32,700	1,054	1,0		3,65
S580011	Schokolade weiß	542	2268	5,060	62,490		30,135	1,003	20,0	2000	5,21
S660000	Schokoladenstreuselflocken	442	1851	6,336	59,357	10,474	19,780	0,635			4,95

BLS-Nummer	Lebensmittel Der essbare Teil von 100 g enthält:	kcal	kJ	Eiweiß g	Kohlen-hydrate g	Ballast-stoffe g	Fett (gesamt) g	Fett MUF g	Choles-terin mg	Vit-C Ascorbin-säure µg	Brotein-heiten
S670000	Schokoladenüberzugsmasse	396	1657	10,043	63,915	10,146	10,679	0,341		1100	5,33
S710000	Kakaopulver	342	1433	19,800	10,840	32,730	24,500	0,773			0,90
S723011	Kakaopulver – Getränk löslich	391	1683	5,500	77,400	6,000	6,000	0,189			6,45
T	**Fisch und Fischerzeugnisse**										
T410611	Lachs geräuchert	138	579	19,475			6,710	1,741	37,0	1	
T751021	Krabbe klein (Shrimps) gegart	93	390	18,896	0,775		1,508	0,510	145,0	1194	0,06
T860111	Sardellenpaste	195	817	15,352	8,173	0,095	11,265	6,484	10,0	381	0,68
U	**Fleisch**										
U100111	Rind Fleisch frisch	155	651	19,600			8,580	0,357	60,0		
U111011	Rind Filet mager	121	508	21,200			4,000	0,194	70,0		
U300111	Kalb Fleisch frisch	125	523	19,270			5,280	0,584	70,0		
U520111	Schwein Kotelett frisch	133	558	21,600			5,150	0,534	60,0		
U500111	Schwein Fleisch frisch	161	672	20,400			8,800	0,913	70,0		
W	**Wurstwaren, Fleischwaren**										
W140000	Salami	310	1323	17,157	0,192	0,057	27,778	3,181	65,0	2	0,02
W211000	Frankfurter	295	1236	15,141	0,278	0,101	26,282	3,018	53,0	22801	0,02
W231200	Schinkenwurst	287	1203	15,050	0,269	0,120	25,440	2,877	57,0	22794	0,02
W274000	Preßkopf	268	1122	21,823	0,215	0,070	20,153	2,252	63,0	22604	0,02
W314000	Kalbsleberwurst	322	1348	17,039	1,538	0,139	27,849	3,338	188,0	23620	0,13
W415000	Schwein Speck (Frühstücksspeck)	697	2918	4,700			76,700	8,817	57,0		
Y	**Gerichte**										
Y036002	Faschiertes/Hackfleisch	249	1042	21,714	4,502	0,367	55,985	1,576	78,0	499	0,38
Y568002	Huhngericht, Kochfleisch	248	1037	18,307	0,185	0,140	19,527	2,992	90,9	269	0,01